Peter Gerdsen • Gesammelte Werke

Band 2

Mensch und Wissenschaft

Wandel in der Nachrichtentechnik
[1994]

Digitale Signalverarbeitung
in der Nachrichtenübertragung –
Elemente, Bausteine, Systeme
und ihre Algorithmen
[1997]

herausgegeben und eingeleitet
von
Hamid Reza Yousefi

gefördert durch
Peter-Gerdsen-Stiftung

Traugott Bautz
Nordhausen 2016

Bibliografische Information der Deutschen Bibliothek
Die Deutsche Bibliothek verzeichnet diese Publikation
in Der Deutschen Nationalbibliographie;
detaillierte bibliografische Daten sind im Internet
über http://dnb.ddb.de abrufbar.

Verlag Traugott Bautz GmbH
99734 Nordhausen 2016

Printed in Germany
ISBN 978-3-95948-060-4
www.bautz.de

Inhalt

Worum geht es in diesem Band?

Band 1:

Der erste Band umfasst die erste Sektion der Gesamtausgabe von Peter Gerdsen mit folgenden Schriften: 13 natur- und ingenieurwissenschaftliche Abhandlungen aus den Jahren 1966-1979 sowie die Monographie ›Hochfrequenzmesstechnik – Messgeräte und Messverfahren‹ aus dem Jahr 1982. Charakteristisch für diese Periode ist, dass die Aufsätze 1966-1970 aus der Industriezeit Gerdsens, die praktische Anwendungen aus der Farbfernsehtechnik behandeln, während der Lehrtätigkeit 1971-1982 eine theoretische Vertiefung für das wissenschaftliche Fundament der studentischen Ausbildung erfahren. Die Hochfrequenzmesstechnik, die als konstitutives Element der Natur- und Ingenieurwissenschaften eine verbindende Bedeutung für Gerdsens Schriften hat, dokumentiert unter dem Paradigma der analogen Nachrichtentechnik eine Kulmination seines Wirkens.

Band 2:

Der vorliegende zweite Band beschreibt einen vertiefenden Weg des Denkens von Peter Gerdsen. In den 1980er Jahren vollzieht sich ein allmählicher Paradigmenwechsel von der analogen zur digitalen Nachrichtentechnik, welche die Gebiete der Signalübertragung und -verarbeitung umfasst. Dabei tritt an die Stelle der Signaldarstellung durch eine kontinuierliche Spannungszeitfunktion eine solche durch eine Zahlenfolge.

Die Signalverarbeitung wird nicht mehr mit einer Schaltung aus elektrischen und elektronischen Bauelementen durchgeführt, sondern mit einem Zahlenfolgen verarbeitenden Rechenwerk, welches durch einen Signalprozessor realisiert wird. Damit entsteht die Aufgabe, klassische Schaltungen der analogen Signalverarbeitung in Algorithmen für Signalprozessoren umzusetzen. Die neue digitale Nachrichtentechnik ist der analogen hinsichtlich der Präzision weit überlegen.

Diese veränderte Situation erforderte ein radikales Umdenken sowohl bei den Ingenieuren in der Praxis als auch bei den Studenten. Eingeleitet wird der vorliegende Band der Gesamtausgabe von Peter Gerdsen durch den Aufsatz ›Wandel in der Nachrichtentechnik‹, der in der ›Nachrichtentechnischen Zeitschrift NTZ – Fachmagazin für Telekommunikation und Informationstechnik‹ im November 1997 erschien. Der Aufsatz stellt die Grundzüge des Paradigmenwechsels dar, um diesen in der nachrichtentechnischen Öffentlichkeit zur Diskussion zu stellen.

Mit der anschließenden Monographie ›Digitale Signalverarbeitung in der Nachrichtenübertragung – Elemente, Bausteine, Systeme und ihre Algorithmen‹ gibt Peter Gerdsen der neuen Situation insbesondere für die Ausbildung der Studenten ein sicheres Fundament. Die 1. Auflage des Buches erscheint 1993; auf Grund des großen Erfolges erfolgt 1997 eine 2. Auflage in wesentlich erweiterter Form, die Gegenstand des vorliegenden 2. Bandes der Gesamtausgabe ist. Dabei bezieht sich die Erweiterung hauptsächlich auf die Berücksichtigung von Simulationsprogrammen in der digitalen Signalverarbeitung. Damit wird einem Trend Rechnung getragen, Systeme nach ihrem Entwurf durch Simulation auf einem Computer auf ihre Eigenschaften hin zu überprüfen.

Solche Simulationsprogramme, die auch für die Schaltungen der analogen Nachrichtentechnik entwickelt wurden, sind durch die ständig steigenden Reichenleistungen der Computer möglich geworden. Die Monographie ist geprägt sowohl durch ihren Lehrbuchcharakter, der in zahlreichen Übungsaufgaben zum Ausdruck kommt, als auch von einer gründlichen Darstellung des neuen Gebietes der Nachrichtentechnik.

[1994] Wandel in der Nachrichtentechnik

Seit etwa 25 Jahren hat die Digitale Signalverarbeitung eine stürmische Entwicklung durchgemacht und sich jetzt endgültig als eine eigenständige Realisierungsalternative in der elektrischen Nachrichtentechnik etabliert. Dabei sind neue Methodiken und Betrachtungsweisen entwickelt worden, die auch die bisherige analoge Technik in einem anderen Licht erscheinen lassen. Diese neuen Aspekte, die besonders in der Buchveröffentlichung zu Tage treten, werden im Folgenden untersucht.[1]

Wandel in der Entwicklungsmethodik

Aufbauend auf den Grundlagen der Elektrizitätlehre der Physik begann die elektrische Nachrichtentechnik ausgestattet mit einem relativ niedrigem technologischen Bestand an Bauelementen ihren Siegeszug vor allem durch Intuitionen und Erfindungsreichtum. Im Vordergrund des Interesses standen Systeme der Signalübertragung. Bestandteile solcher Systeme sind immer auch signalverarbeitende Systeme. Filterung, Modulation, Demodulation, Mischung und Gleichrichtung sind Beispiele zur Signalverarbeitung, die zum Kernbereich der analogen Nachrichtentechnik gehören. Durchgeführt wurde diese Signalverarbeitung von Schaltungen, die aus Widerständen, Induktivitäten, Überträgern, Kapazitäten, Dioden und Transistoren bestehen. Gefunden wurden diese Schaltungen zunächst in einer intuitiv-experimentellen Vorgehensweise. Analyse und Berechnung solcher Schaltungen waren deshalb seit jeher ein wichtiges Betätigungsfeld von Nachrichtentechnikern. Ergebnis der Analyse ist die mathematische Beschreibung des Zusammenhangs zwischen Eingangs- und Ausgangssignal eines Signalverarbeitungsblocks.

Eine Abkehr von dieser klassischen Entwicklungsmethodik wurde durch die teilweise Ablösung der Analogtechnik durch digitale Signalverarbeitung eingeleitet. Bild 1 gibt einen Überblick über die Stufen des Umbruchs in der

---

[1] Vgl. Gerdsen, Peter und Peter Kröger: *Digitale Signalverarbeitung in der Nachrichtenübertragung,* Wiesbaeden 1993.

Entwicklungsmethodik. Man begann zunächst damit, die Eigenschaften analoger Schaltungen durch Digitale Verarbeitung wegen ihrer bekannten Vorteilen wie Genauigkeit, Reproduzierbarkeit und fehlenden Bauelementetoleranzen nachzubilden. Nach diesem Übergangsstadium wurde dann eine neue Sichtweise eingeführt, indem der Entwicklungsablauf umgekehrt wurde.

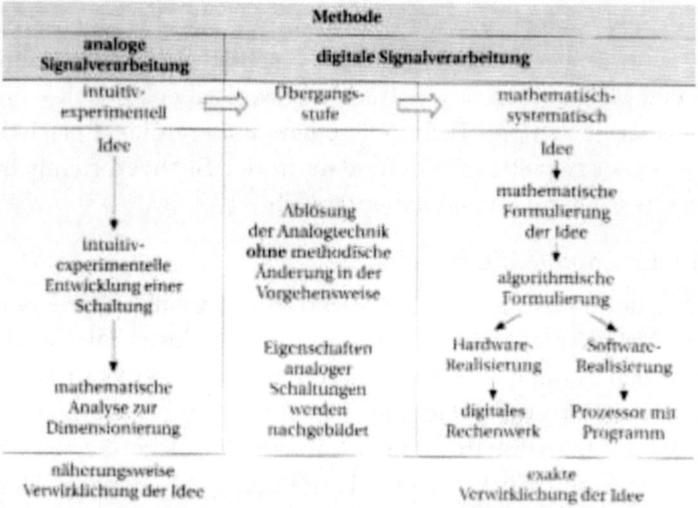

Bild 1. Veränderte Sichtweise in der Signalverarbeitung

Am Anfang steht heute eine Signalverarbeitungsidee. Diese wird mathematisch durch Gleichungen beschrieben, die den Zusammenhang zwischen Eingangs- und Ausgangsgröße eines Signalverarbeitungsblocks herstellen. Diese Gleichungen werden mit Hilfe eines Prozessors als Digitalrechner berechnet. Dazu werden die in der Symbolsprache der Mathematik formulierten Gleichungen in eine algorithmische Formulierung übersetzt, die eine Handlungsanweisung für das Rechenwerk des Prozessors darstellt. Damit ist eine neue mathematisch-systematische Entwicklungsmethodik entstanden. Dabei zeigt sich, dass viele analoge, schaltungstechnisch gelöste Signalverarbeitungen nur sehr unvollkommene Realisierungen der zugrunde liegenden mathematischen Idee sind. So lassen sich also bei der Entwicklung signalverarbeitender Systeme

1. die intuitiv-experimentelle Methode und
2. die mathematisch-systematische Methode

unterscheiden. Mit der 1. Methode begann die elektrische Nachrichtentechnik ihre stürmische Entwicklung. Die Digitale Signalverarbeitung förderte die 2. Methode zu Tage, Hierin sind Signale, Signalübertragung und Signalverarbeitung mathematische Ideen, für die die Elektrotechnik lediglich eine Darstellungs- und Realisierungsgrundlage ist. Die Unterschiede in der Methode und im Ergebnis lassen sich am besten an einem Beispiel verdeutlichen.

Beispiel: AM-Empfänger

Bild 2 zeigt die stark vereinfachten Signalverarbeitungsblöcke eines AM-Empfängers, wie er in konventioneller analoger Schaltungstechnik realisiert wird. In Superhet-Empfängerkonzepten wird das hochfrequente Eingangssignal der Antenne zunächst durch eine Mischung in einen Zwischenfrequenzbereich (ZF) verschoben, in dem mit Hilfe eines ZF-Filters die geforderte Selektivität erzielt wird. Der Vorkreis dient zur Unterdrückung der Spiegelfrequenzen. An die ZF-Stufe schließt sich die Demodulation des niederfrequenten Signal an, die im Fall der AM durch einen Spitzenwertgleichrichter realisiert wird.

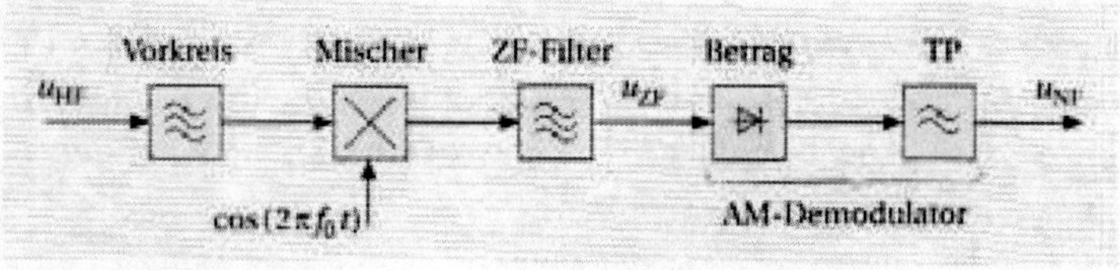

Bild 2. Konventioneller Superhet-AM-Empfänger

Der diesem konventionellen Konzept zu Grunde liegende intuitiv-experimentelle Ansatz geht von der eigentlichen Aufgabe der Demodulation aus; die vorangestellte Mischung ist hierbei lediglich ein Hilfsmittel und kann als ein in weiten Frequenzgrenzen durchstimmbarer Bandpass gesehen werden, der die geforderte Selektivität gewährleistet. Als direkt durchstimmbarer Bandpass nach einem Geradeausempfänger-Prinzip wäre er nicht realisierbar. Die Nachteile dieser Schaltungstechnik liegen in dem geforderten Aufwand für das ZF-Filter und in dem i.a. mit durchstimmbaren Vorkreis. Ferner muss die ZF-Mittenfrequenz sehr viel größer als die höchste NF-Signalfrequenz sein, damit die Demodulation in dieser einfachen Schaltungstechnik hinreichend gute Ergebnisse liefert.

Mit einem Ansatz einer mathematisch-systematischen Vorgehensweise lässt sich dagegen ein ganz anderes Konzept finden, das durch Digitale Signalverarbeitung realisiert, keine dieser Nachteile kennt. Man geht hierbei zunächst von der primären Aufgabe der spektralen Verschiebung des hochfrequenten Eingangssignals in eine niederfrequente Lage aus (Nullage). Dann ist keine ZF-Stufe notwendig und an die Frequenzverschiebung schließt sich direkt die Hüllkurven-Demodulation an. Von der Definition her ist Mischung die Verschiebung des Spektrums

$$\underline{U}_{HF}(f) = \int_{-\infty}^{\infty} u_{HF}(t)\, e^{-j\,2\pi\, f\, t}\, dt$$

des Signals $u_{HF}(t)$. Soll dieses Spektrum auf der Frequenzachse um einen Betrag f_T der Trägerfrequenz in die Nullage verschoben werden, so ist nach dem Verschiebungssatz der Fourier-Transformation

$$\underline{U}_{HF}(f + f_T) = \int_{-\infty}^{\infty} [u_{HF}(t) e^{-j2\pi f_T\, t}]\, e^{-j2\pi f\, t}\, dt$$

das Signal u(t) mit einem komplexen Signal $exp(-j2\pi f_T\, t)$ zu multiplizieren. In der digitalen Signalverarbeitung wird diese mathematische Vorstellung direkt umgesetzt, indem gemäß obiger Gleichung das Signal $u_{HF}(t)$ mit einer komplexen Schwingung $exp(-j2\pi f_T\, t)$ multipliziert wird. Dies erfordert eine komplexwertige Signalverarbeitung, wie in Bild 3 gezeigt.

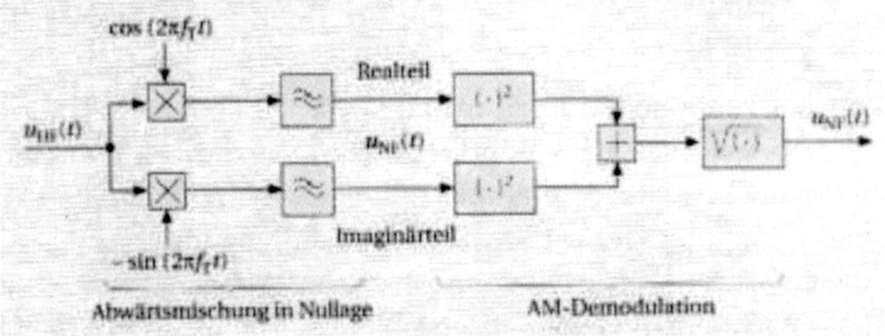

Bild 3. AM-Empfänger mit Digitaler Signalverarbeitung nach[2]

Ein komplexes Signal bedeutet dabei eine zweikanalige Ausführung für Real- und Imaginärteil. Am Ausgang des zweikanaligen Mischers entsteht

---

2 Ebenda.

ein Spektrum in Nullage uNF(t) (Basisbandsignal); das ist die komplexe Hüllkurve des modulierten Signals. Die Tiefpässe dienen zur Selektion, wie dies in Bild 2 das ZF-Filter bewirkt, nun allerdings in der Nullage. Die AM-Demodulation geschieht durch Betragsbildung aus dem Real- und Imaginärteil dieses Basisbandsignals mittels Quadrieren und Wurzelkennlinie.

Man erkennt an dem Beispiel die neue, von einer schaltungstechnisch losgelöste Sichtweise. Durch den mathematisch-systematischen Ansatz ergibt sich eine andere, direktere Lösung der Empfängeraufgabe und, wenn die gezeigten Teilfunktionen in digitaler Signalverarbeitung realisiert werden, die Vorteile hinsichtlich Realisierungsaufwand und Genauigkeit. Bemerkenswert ist, dass das Spiegelfrequenzproblem nicht existent ist und dass hierbei keinerlei Einschränkungen hinsichtlich der Trägerfrequenzlage bei der Demodulation auftritt.

Signalverarbeitung in der Literatur

Bei der analogen und der digitalen Signalverarbeitung handelt es sich heute um zwei weniger miteinander konkurrierende als vielmehr einander ergänzende Realisierungsmethoden. Während die Entstehung der analogen Signalverarbeitung mittels Schaltungstechnik bis in die Anfangszeiten der elektrischen Nachrichtentechnik zurückreicht, liegt der Beginn der digitalen Signalverarbeitung etwa 25 Jahre zurück. So ist auch auf dem Gebiet der digitalen Signalverarbeitung in dieser Zeit ein umfangreiches Schrifttum entstanden. Daher soll einmal untersucht werden, wie sich die Entwicklung der beiden Gebiete überhaupt vollzogen hat und wie sich dies in der Literatur widerspiegelt, wobei nur wichtige, umfassende Buchveröffentlichungen berücksichtigt werden sollen. Gemäß Bild 4 kann man grob fünf Entwicklungslinien unterscheiden, die zeitlich nacheinander beginnen und zum Teil bis in die Gegenwart hineinreichen.

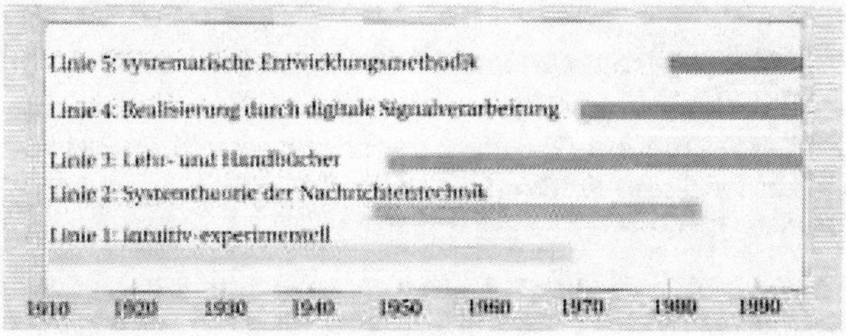

Bild 4. Entwicklungslinien der Signalverarbeitung in der Nachrichtentechnik

Linie 1: Gekennzeichnet ist diese Linie durch eine stürmische Entwicklung auf der Basis einer einfachen technologischen Grundlage angefacht durch Reichtum an Intuitionen und Ideen. Die Entwicklungsmethodik ist intuitiv-experimentell und die Denkweise sehr bauelementebezogen. Grundlage der analogen Signalverarbeitung bildeten die Elektronenröhren und die aus Spulen und Kondensatoren aufgebauten Filter. Modulation, Mischung und Gleichrichtung wurden realisiert. Ein besonders reichhaltiges Schrifttum entstand zur Theorie der Filter.[3] Der Beginn dieser Linie reicht in die Anfänge der elektrischen Nachrichtentechnik zurück. Charakteristisch sind die Arbeiten z.B. von Marconi aus der Zeit vor dem 1. Weltkrieg.

Linie 2: Eingeleitet wurde diese Linie durch eine Phase der Reflexion mit der Fragestellung ›Was machen wir hier eigentlich?‹. Diese Phase führte in den beiden Veröffentlichungen: ›Küpfmüller, K.: Systemtheorie der elektrischen Nachrichtentechnik‹ und ›Shannon, C.E.: A mathematical Theory of Communication‹ zur Herausarbeitung des mathematischen Kerns der Signale und Systeme der Nachrichtentechnik. Besonderes Merkmal der Bemühungen war die Loslösung vom speziellen Inhalt der Nachricht und der speziellen Realisierung eines Systems. Die Veröffentlichung von Shannon, die danach mit dem Begriff Informationstheorie belegt wurde, zeigte grundsätzliche Grenzen der Nachrichtentechnik auf und damit den Nachrichtentechnikern, wie weit ihre Lösungen noch von dem entfernt waren, was theoretisch möglich war. Die beiden Bücher von Küpfmüller und Shannon erschienen im Jahre 1949, in deren Folge eine Reihe von Büchern erschienen, von denen stellvertretend[4], genannt seien.

Linie 3: Gekennzeichnet wird diese Linie, die im Jahre 1944 beginnt, durch groß angelegte, das Gesamtgebiet umfassende Lehr- und Handbücher. Stellvertretend seinen hier[5], genannt.

---

3 Vgl. Barkhausen, Heinrich: *Lehrbuch der Elektronenröhren,* Bd. I, II, III, IV, Hirzel 1964; Cauer, Wilhelm: *Theorie der linearen Wechselstromschaltungen,* Leipzig 1942; Feldkeller, Richard: *Einführung in die Siebschaltungstheorie der elektrischen Nachrichtentechnik,* Hirzel 1950 und Feldkeller, Richard: *Einführung in die Theorie der Hochfrequenzbandfilter*, Hirzel 1960.

4 Vgl. Kreß, Dieter und Ralf Irmer: *Angewandte Systemtheorie - Kontinuierliche und zeitdiskrete Signalverarbeitung,* Oldenburg 1990; Marko, Hans: *Methoden der Systemtheorie.* Die Spektraltransformationen und ihre Anwendungen, Springer 1977 und Khinchin, A. I.: *Mathematical foundations of information theory,* New York 1957.

5 Vgl. Vilbig, Fritz: *Lehrbuch der Hochfrequenztechnik Akademische Verlagsgesellschaft,*

Linie 4: Eingeleitet wird diese Linie durch den Beginn der Entwicklung der digitalen Signalverarbeitung, die ihre Entwicklung zunächst als Stapelverarbeitung auf Großrechnern im Zeitraum 1970 - 1980 begann. Mit dem Aufkommen leistungsfähiger Signalprozessoren etablierte sich diese Art der Signalverarbeitung als eigenständige Realisierungsalternative zur analogen Signalverarbeitung. Charakteristisch für die Linie 4 ist, dass vielfach die Eigenschaften analoger Schaltungen durch digitale Realisierungen nachzubilden versucht wird; neue Betrachtungsweisen treten nicht auf. Die Buchveröffentlichungen haben ihren Schwerpunkt in der mathematischen Grundlegung und auf dem Gebiet der Filter. Stellvertretend seien genannt.[6]

Linie 5: Eingeleitet wird diese Linie auf dem Gebiet der digitalen Signalverarbeitung. Die digitale Signalverarbeitung und auch die analoge Schaltungstechnik gelangen in die Phase der systematischen Anwendung und der Konsolidierung. Dabei treten drei sehr charakteristische Merkmale zu Tage:

1. die mathematisch-systematische Entwicklungsmethodik,
2. die Hierarchiebildung aus Elementen, Bausteinen, Teilsystemen und Systemen,
3. die Zusammenstellung von Bausteinen für Standardanwendungen.

Voll zum Tragen kommen alle drei Gesichtspunkte in der Buchveröffentlichung ›Gerdsen, P.; Kröger, P.: Digitale Signalverarbeitung in der Nachrichtentechnik, Springer 1993‹. Andere Veröffentlichungen berücksichtigen Teilaspekte. Besonders hervorzuheben ist dabei das Buch ›Tietze, U.; Schenk, Ch.: Halbleiterschaltungstechnik, Springer 1969‹, das eine ausgezeichnete Zusammenstellung von Bausteinen für Standardanwendungen vorwiegend der analogen Signalverarbeitung bietet, jedoch eine Hierarchiebildung vermissen lässt. Die Merkmale 1. und 2. finden allerdings dabei keine Berücksichtigung. Beide Veröffentlichungen haben den Charakter von Arbeitsbüchern für Ingenieure, deren Aufgabe in der Realisierung, Implementierung und Umsetzung mathematischer Ideen liegt.

Leipzig 1944, 1953, 1960; Meinke, Hans Heinrich und Friedrich Wilhelm Gundlach: *Taschenbuch der Hochfrequenztechnik,* Springer 1962 und Zinke, Otti und Heinrich Brunswig: *Lehrbuch der Hochfrequenztechnik,* Springer 1973.

6 Kronmüller, Heinz: *Digitale Signalverarbeitung,* Springer 1991: Lücker, Raimund: *Grundlagen digitaler Filter,* Springer 1980; Lacroix, Arild: *Digitale Filter,* Oldenbourg 1980 und Azizi, Seyed A.: *Entwurf und Realisierung digitaler Filter,* Oldenbourg 1988.

Darstellung der Signalverarbeitung

Wie die letzte Linie der Literaturentwicklung zeigte, sollte eine moderne Darstellung der Digitalen Signalverarbeitung einer Reihe von Kriterien genügen, die im Folgenden verdeutlicht werden sollen.

Ziel der Bemühungen in der digitalen Signalverarbeitung sind die Rechenvorschriften zur Berechnung der Ausgangszahlenfolge aus der Eingangszahlenfolge. Da diese Berechnung auf einem Rechenwerk durchgeführt wird, ist die Rechenvorschrift als Folge von Handlungsanweisungen für das Rechenwerk zu formulieren. Eine solche zeitliche Aufeinanderfolge von Handlungsanweisungen wird Algorithmus genannt. Die höheren Programmiersprachen ALGOL, deren Bezeichnung sich von Algorithmic Language herleitet, und Pascal sind Sprachen zur Beschreibung von Algorithmen. Am Anfang der Systementwicklung mittels einer digitalen Signalverarbeitung steht die mathematische Formulierung der Signalverarbeitungsidee in der Symbolsprache der Mathematik (Bild 6).

zunehmende Implementierungsnähe	Beschreibungsart	Sprache	abnehmendes Abstraktionsniveau
	mathematisch	Symbolsprache der Mathematik	
	grafisch	grafische Symbole	
	algorithmisch	Pascal	

Bild 6. Beschreibungsarten eines digitalen signalverarbeitenden Systems (nach[7])

Auf Grund der Komplexität und des Abstraktionsniveaus digitaler signalverarbeitender Systeme wird zusätzlich eine graphische Beschreibung in Form von Blockdiagrammen benutzt. Aus der mathematisch formulierten Signalverarbeitungsaufgabe leitet sich schließlich die algorithmische Beschreibung des Systems als Handlungsanweisung für das Rechenwerk ab.

Diese Vorgehensweise beim Entwurf der Systeme und die Darstellungsstufen der digitalen Signalverarbeitung ist die Grundlage der Buchveröffentlichung[8], die sich damit besonders an Ingenieure wendet, welche mathema-

---

[7] Vgl. Gerdsen, Peter und Peter Kröger: *Digitale Signalverarbeitung in der Nachrichtenübertragung*, Springer 1993.

[8] Ebenda.

tische Signalverarbeitungsideen realisieren sollen; denn die aus der mathematischen Formulierung hergeleitete algorithmische Beschreibung ist die eigentliche Implementierungsgrundlage.

Algorithmen-Baukasten

Grundlage jeder modernen Systementwicklung ist eine Modularisierung der Gesamtaufgabe in hierarchisch gegliederte Teilaufgaben. Dadurch werden umfangreiche Systeme erst überschaubar und man kann durch entsprechende Abspaltung von Standardfunktionen einen hohen Wiederverwendbarkeitswert der Teile erreichen. In der Schaltungstechnik wird diese Methode seit langem eingesetzt. Hier bilden die Schaltungselemente eine untere Hierarchiestufe, aus denen sich komplexere Bausteine, Teilsysteme und Gesamtsysteme kombinieren lassen. Bewährte Schaltungen auf den verschiedenen Hierarchiestufen, die man immer wieder verwendet, wurden mit großem Erfolg systematisch gesammelt und in speziellen Handbüchern zusammengetragen. Dadurch wurden sie einem breitem Anwenderkreis gewissermaßen als Baukasten verfügbar gemacht. Als Standardwerk ist hier zu nennen.[9]

Es ist leicht einzusehen, dass man auch bei der Digitalen Signalverarbeitung zum effektiven Entwerfen einen Lösungskatalog für Standardaufgaben benötigt. Analog zur Schaltungssymbolik in der Schaltungstechnik benutzt man hier Symbole für verschiedene mathematische Operationen und die Hardware-Implementierung entspricht hierbei der algorithmischen Darstellung für die verschiedene Teile eines Gesamtsystems. Man erhält so einen Algorithmen-Baukasten, in dem die Algorithmen für Standardaufgaben der Digitalen Signalverarbeitung geordnet werden können und zu komplexeren System-Algorithmen kombiniert werden können. Einen derartigen Algorithmen-Lösungskatalog für das Gebiet der Nachrichtenübertragung findet man in[10], dessen Baukasten in Bild 7 gezeigt ist.

---

[9] Vgl. Tietze, Ulrich und Christoph Schenk: *Halbleiter-Schaltungstechnik* (1993), Wiesbaden ²1969.

[10] Vgl. Gerdsen, Peter und Peter Kröger: *Digitale Signalverarbeitung in der Nachrichtenübertragung,* Wiesbaeden 1993.

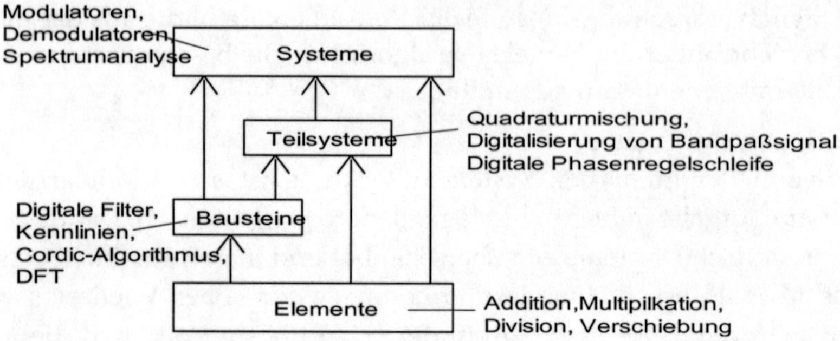

Bild 7. Systemhierarchie eines Algorithmen-Baukastens (nach[11])

In der untersten Ebene der Systemhierarchie findet man einfache Elemente der digitalen Signalverarbeitung; dies sind einfache mathematische Operationen wie Addition, Multiplikation, Division und die Verschiebung von Zahlenfolgen. Aus diesen Elementen lassen sich Bausteine bilden, wie z.B. die Digitalen Filter, die nichtlinearen Kennlinien, der Cordic-Algorithmus, die Schwingungserzeugung und die Diskrete Fourier-Transformation. Bausteine und Elemente können in der nächsten Hierarchiestufe zu Teilsystemen und schließlich zu Gesamtsystemen zusammensetzt werden, für die im Bild einige Beispiele der Nachrichtenübertragung aufgeführt sind.

Die Anwendung einer mathematisch-systematischen Entwicklungsmethodik mit der algorithmischen Darstellung der Signalverarbeitung und in Verbindung mit der Hierarchiebildung aus einem Baukasten schaffen damit die Grundlagen für einen effizienten Entwurf für komplexe Systeme der Nachrichtenübertragung.

---

[11] Ebenda.

[1997] Digitale Signalverarbeitung in der Nachrichtenübertragung – Elemente, Bausteine, Systeme und ihre Algorithmen

Vorwort zur zweiten Auflage

Die Autoren freuen sich, dass die freundliche Aufnahme und der rasche Verkauf der ersten Auflage ihnen die Möglichkeit gibt, die ›Digitale Signalverarbeitung in der Nachrichtenübertragung‹ in überarbeiteter und in wesentlichen Punkten stark erweiterter Form neu herauszugeben.

Wichtiges Merkmal des Buches ist es, dass der Leser nicht nur distanziert lesend abstrakte Inhalte aufnimmt, sondern nach dem Prinzip ›learning by doing‹ dazu angehalten wird, selbst auf dem Wege der Simulation, Systeme der digitalen Signalverarbeitung zu studieren. Grundlage für die Funktionssimulation ist dabei das Programm MATLAB/SIMULINK und für die algorithmische Simulation das von uns entwickelte Programm DSV_SIM.

Dieses Merkmal wird in der zweiten Auflage durch die Aufnahme eines umfangreichen Kapitels ›PC-Übungen mit MATLAB/SIMULINK und DSV_SIM‹ weiter ausgebaut. Die Übungen, die sich auf die Gebiete Filter, Mischung, Abtastung, Modulation, Spektralmesstechnik sowie Schwingungserzeugung beziehen, geben eine praktische Anleitung zur Entwicklung von Systemen. Zu diesen Übungsaufgaben enthält der Anhang vollständige Lösungen.

Um dem Leser den Einstieg in das selbständige Arbeiten mit den Simulationsprogrammen zu erleichtern, wurden in den Anhang Einführungen in MATLAB, in SIMULINK und in DSV_SIM aufgenommen. Dabei sollen die Einführungen in die sehr umfangreichen Programme MATLAB und SIMULINK deren Handbücher natürlich nicht ersetzen. Sie können aber den Einsteiger über manche Schwierigkeit hinweghelfen. Zur Erleichterung des Einstiegs in die Übungsaufgaben wurden besondere Werkbank-Dateien erstellt, die alle Simulink-Blöcke enthalten, welche zur Lösung einer Aufgabe erforderlich sind. Diese Werkbank-Dateien befinden sich auf der Begleitdiskette zum Buch.

Außerdem enthält die beigefügte Diskette eine von uns selbst entwickelte Toolbox DsvCom. Sie besteht aus einer Reihe von Script- und Function-Files sowie einer umfangreichen Ergänzung zur Standard Simulink-Library. Man findet hier all die Bausteine und Systeme der Signalverarbeitung fertig konstruiert vor, die im Buch behandelt werden. Diese Toolbox kann auch eine wertvolle Hilfe beim selbständigen Weiterarbeiten des Lesers sein.

Ein wichtiges Merkmal des Buches ist neben der mathematischen und graphischen Beschreibung der Systeme eine algorithmische Beschreibung in Pascal-Notation. Diese beschreibt ein System prozessorunabhängig mit großer Implementierungsnähe und ist Grundlage für die algorithmische Simulation mit DSV_SIM. Um dem Leser im Rahmen dieses Buches auch einen Eindruck von der Assemblerprogrammierung zu geben, haben wir DSV_SIM durch einen virtuellen Prozessor ergänzt.

So hoffen wir, mit den Erweiterungen der zweiten Auflage den Wünschen der Leser der ›Digitalen Signalverarbeitung in der Nachrichtenübertragung‹ weitgehend zu entsprechen und ihnen den Einstieg in dieses interessante Gebiet noch besser und noch praxisnäher darzubringen.

Unseren Lesern möchten wir danken für die vielen, wertvollen Hinweise zur Verbesserung dieses Buches. Unser Dank gilt Herrn cand. el. Jasper Friese für das Korrekturlesen und schließlich möchten wir uns beim Springer-Verlag, insbesondere Herrn Dipl.-Ing. Lehnert, für die bewährt gute Zusammenarbeit bedanken.

Hamburg, im Frühjahr 1996
Peter Gerdsen und Peter Kröger

Vorwort zur ersten Auflage

Signale sind physikalische Darstellungen von Nachrichten. Diese können aufgefasst werden als Informationen im Zustand der Übertragung. Signalübertragung aber ist nicht möglich ohne Signalverarbeitung. Filterung, Modulation, Demodulation, Mischung und Gleichrichtung sind Beispiele zur Signalverarbeitung, die zum Kernbereich der analogen Nachrichtentechnik gehören. Durchgeführt wird diese Signalverarbeitung von Schaltungen, die aus Widerständen, Induktivitäten, Überträgern, Kapazitäten, Dioden und Transistoren bestehen. Analyse und Berechnung solcher Schaltungen sind ein wichtiges Betätigungsfeld von Nachrichtentechnikern. Ergebnis der Analyse ist die mathematische Beschreibung des Zusammenhangs zwischen

Eingangs und Ausgangssignal. So wird ein Filter z.B. durch eine lineare Differentialgleichung mit konstanten Koeffizienten beschrieben.

Auf der Grundlage des Abtasttheorems für Zeitvorgänge lassen sich analoge Signale in Zahlenfolgen und diese auch wieder zurück in analoge Signale verwandeln. Dabei werden die Zahlen digital, in der Regel als Dualzahlen, dargestellt. Man spricht von der Digitalisierung eines analogen Signals. Dies wird von der Digitalen Übertragungstechnik genutzt, die der analogen Übertragungstechnik hinsichtlich Genauigkeit und Verzerrungsfreiheit in weiten Bereichen überlegen ist. Es bietet sich an, die bei der Übertragung anfallenden Verarbeitungsaufgaben nun mit den digital dargestellten Zahlenfolgen durchzuführen.

Man betritt dann das Gebiet der Digitalen Signalverarbeitung, das eine Reihe interessanter Aspekte aufweist. Während bisher Eingangs- und Ausgangssignal eines Verarbeitungssystems durch eine SCHALTUNG miteinander verknüpft waren, wird jetzt die Ausgangszahlenfolge nach einer bestimmten RECHENVORSCHRIFT aus der Eingangszahlenfolge berechnet. Die Berechnung wird in der Regel von einem nach einem PROGRAMM arbeitenden DIGITALRECHNER durchgeführt. Befindet sich dieser Digitalrechner als integrierte Schaltung in einem Baustein, so spricht man von einem MIKROPROZESSOR. Ist die Architektur dieses Prozessors speziell auf die Belange der Echtzeitverarbeitung zugeschnitten, so nennt man ihn SIGNALPROZESSOR.

So entsteht die Situation, dass an die Stelle der Schaltungen der klassischen Signalverarbeitung Rechenvorschriften bzw. Programme treten: Es wird HARDWARE durch SOFTWARE ersetzt. Viele Schaltungen erscheinen jetzt als unvollkommene Realisierungen bestimmter Rechenvorschriften. In digitaler Technik sind Signalverarbeitungen möglich geworden, für die sich keine Schaltungen finden lassen bzw. für die Schaltungen zu aufwendig sind.

Viele Bücher, die sich mit dem Thema der Digitalen Signalverarbeitung beschäftigen, haben den Titel DIGITALE FILTER und behandeln vorzugsweise die theoretischen Grundlagen und den Entwurf der Filter, ausgehend von der Z-Transformation. Filter sind jedoch nur ein Teilaspekt in der Nachrichtenübertragungstechnik. Andere Teilaufgaben der Übertragungstechnik wie Modulation, Mischung, Codierung, Schwingungserzeugung sowie Messtechnik werden heute ebenfalls durch Digitale Signalverarbeitung gelöst. Das vorliegende Buch will deshalb den Bogen weiter spannen, indem es gezielt auf diese Teilaufgaben in der Nachrichtenübertragungstechnik eingeht.

Eine möglichst anwendungs- und praxisnahe Darstellung der Thematik wird angestrebt. Im Vordergrund sollen daher die Rechenvorschriften bzw. ALGORITHMEN stehen, die zu bestimmten Signalverarbeitungsaufgaben gehören und die der Ausgangspunkt einer Realisierung, z.B. auf einem Signalprozessor sind. Auf eine Darstellung der Algorithmen in einer prozessorspezifischen Assemblersprache wird bewusst verzichtet, um die Thematik von vornherein nicht zu sehr auf eine spezielle Hardware-Realisierung einzuengen. Stattdessen wird eine möglichst neutrale, d.h. prozessorunabhängige Darstellung der Algorithmen in Form der höheren Programmiersprache PASCAL gewählt. Der Übergang von dieser Hochsprache in ein Signalprozessor-Assemblerprogramm ist für einen geübten Software-Entwickler dann leicht selbst zu vollziehen.

Damit ergibt sich der folgende Aufbau des Buches. Nach der Einleitung werden zunächst die Grundlagen der Digitalen Signalverarbeitung behandelt. Dabei handelt es sich um eine mathematisch-signaltheoretische Beschreibung mit den Kennzeichen eines hohen Abstraktionsniveaus und großer Implementierungsferne. Die Beantwortung der Frage nach der Realisierung erfordert eine algorithmische, aus der mathematisch-signaltheoretischen Darstellung hergeleitete Beschreibung. Sie ist Gegenstand des Hauptkapitels 3. Die abschließenden Kapitel 4 und 5 behandeln schließlich Fragen der Realisierung und des Entwurfs, d.h., den Übergang von den Algorithmen zu den Rechenwerken.

Das Buch richtet sich als Lehrbuch vornehmlich an Studenten der Nachrichtentechnik, Datentechnik und Technischen Informatik sowie an in der Praxis tätige Entwicklungsingenieure dieser Fachgebiete. Es setzt Grundlagenwissen in der Systemtheorie, speziell in der analogen und digitalen Nachrichtenübertragungstechnik voraus. Zum Verständnis der behandelten Algorithmen sollten Grundkenntnisse in der Programmiersprache PASCAL oder einer anderen Programmiersprache vorhanden sein.

Dem Buch liegt eine Diskette bei, auf der sich die behandelten Algorithmen sowie ein Simulationsprogramm als Pascal-Quelltexte befinden. Das Simulationsprogramm ist auf einem handelsüblichen PC ablauffähig, so dass der Leser die Algorithmen praktisch nachvollziehen und sie ggf. durch eigene Algorithmen ergänzen kann.

Hamburg, im Frühjahr 1993
Peter Gerdsen und Peter Kröger

Einleitung

Digitale Signalverarbeitung, kurz DSV genannt, ist ein Gebiet der Ingenieurwissenschaft, das sich in den letzten 20 Jahren sehr schnell entwickelt hat. Verursacht wurde diese Entwicklung durch Fortschritte in der Rechnertechnik und in der Herstellung integrierter Schaltungen. In der Anfangszeit wurde Digitale Signalverarbeitung als Stapelverarbeitung auf Großrechenanlagen durchgeführt. Dabei wurden mit auf Magnetband aufgezeichneten und in Form von Zahlenfolgen vorliegenden Meßergebnissen meist Spektralanalysen, Filterungen und Korrelationsanalysen vorgenommen.

Mit zunehmender Verarbeitungsgeschwindigkeit der Rechenwerke wurde dann auch eine Echtzeitverarbeitung möglich. Es standen zunächst Systeme im Vordergrund, die mit den Methoden der analogen Schaltungstechnik nicht realisierbar waren. Später sind dann aber auch Signalverarbeitungen digital gelöst worden, welche bis dahin zum Kernbereich der analogen Schaltungstechnik gehörten, z.B. Schwingungserzeugung, Modulation und Demodulation. Die Gründe liegen in der in der Regel höheren Qualität der Signalverarbeitung und ihrer hohen Wirtschaftlichkeit, die durch Kriterien wie vereinfachte Produktion, einfache Wartung, Zuverlässigkeit, Stabilität und Programmierbarkeit beschrieben werden. So hat sich die digitale Signalverarbeitung neben der analogen Signalverarbeitung durch Schaltungstechnik als eine ergänzende, eigenständige Methode durchgesetzt.

Prinzip der DSV

Wichtige Beispiele klassischer Signalverarbeitung sind z.B. Filterung, Modulation und Mischung. Durchgeführt wird die Signalverarbeitung durch Schaltungen aus Widerständen, Kondensatoren, Spulen, Transistoren und Dioden. Die Berechnung dieser Schaltungen ergibt ein System von Gleichungen, mit denen sich die Ausgangssignale aus den Eingangssignalen berechnen lassen. Das Abtasttheorem zeigt nun, dass sich unter bestimmten Voraussetzungen analoge Signale durch Zahlenfolgen darstellen lassen:

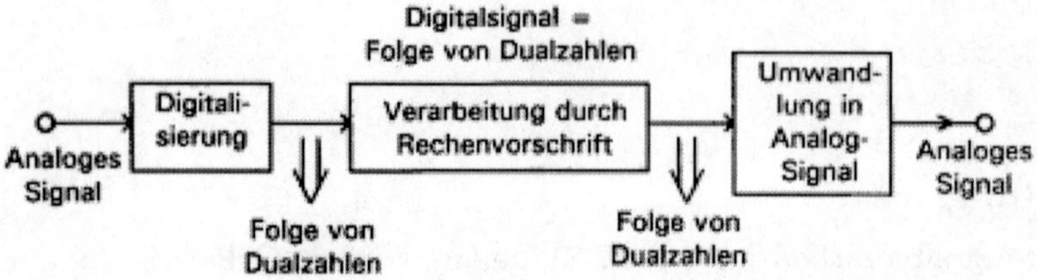

Bild 1 Prinzip der Digitalen Signalverarbeitung

Digitale Signalverarbeitung heißt dann, dass eine aus einem analogen Signal abgeleitete Eingangszahlenfolge mit Hilfe des Systems von Gleichungen in eine Ausganszahlenfolge umgerechnet wird. Diese Folge lässt sich dann wieder in ein analoges Signal verwandeln.

Merkmale der DSV

Folgende Merkmale sind charakteristisch: Alle Signalverarbeitungen der analogen Technik lassen sich durch digitale Signalverarbeitung ersetzen. Die Signalverarbeitungen der digitalen Technik werden mit größerer Präzision, größerer Stabilität und weniger Abgleichvorgängen durchgeführt und sind unabhängig von Speisespannungsschwankungen, Temperaturschwankungen, Alterungen sowie von Toleranzen. Es können auch Signalverarbeitungen durchgeführt werden, die in analoger Schaltungsechnik nicht realisierbar oder nicht wirtschaftlich sind.

Die Geschwindigkeit der Signalverarbeitung wird nur von der Rechengeschwindigkeit der Prozessoren bestimmt und ist von den physikalischen Gesetzmäßigkeiten, wie z.B. Einschwingzeiten von Filtern, unabhängig. Dies zeigt sich auf dem Gebiet der Spektrumanalyse, wo die Analysezeit bei analogen Analysatoren von der Einschwingzeit der Filter entscheidend beeinflußt wird.

Einsatzgebiete der DSV

Wichtige Anwendungsgebiete der digitalen Signalverarbeitung sind Nachrichtenübertragungstechnik, Telekommunikation sowie Sprachverarbeitung, Bildverarbeitung, Radartechnik, Sonartechnik und Geophysik.

In neuerer Zeit spielt auch die Sensortechnik innerhalb der digitalen Signalverarbeitung eine wichtige Rolle. Die Auswertung und Verarbeitung der vom Sensor gelieferten Informationen unmittelbar nach ihrer Entstehung hat große Vorteile. Kennzeichnend für diese Anwendungsgebiete ist, dass die bei ihnen erforderliche Signalverarbeitung durch analoge Schaltungstechnik nicht mit der Qualität und Präzision realisiert werden kann, wie dies bei der digitalen Signalverarbeitung der Fall ist.

Betrachtet man die innerhalb der aufgeführten Anwendungsgebiete zum Einsatz kommenden Methoden zur Lösung der Probleme, so sind insbesondere die Spektralanalyse, allgemeine Filter, Schwingungserzeugung, nichtlineare Kennlinien, Modulation und Demodulation, die adaptiven Entzerrerfilter, die Korrelationsverfahren und die Optimalfilter als die Methoden zu nennen, bei denen digitale Signalverarbeitung große Vorteile hat.

1. Grundlagen der DSV

Digitale Signalverarbeitung bedeutet die Verarbeitung von Digitalsignalen. Das sind Signale, die in der Form von Zahlenfolgen vorliegen, wobei die Zahlen häufig Dualzahlen sind. So wie die Zahlenfolgen in der Regel durch Abtasten analoger Signale enstanden sind, hat sich auch die digitale Signalverarbeitung in enger Anlehnung an die analoge Signalverarbeitung durch Schaltungen mit elektronischen und elektrischen Bauelementen entwickelt. Bild 1.1

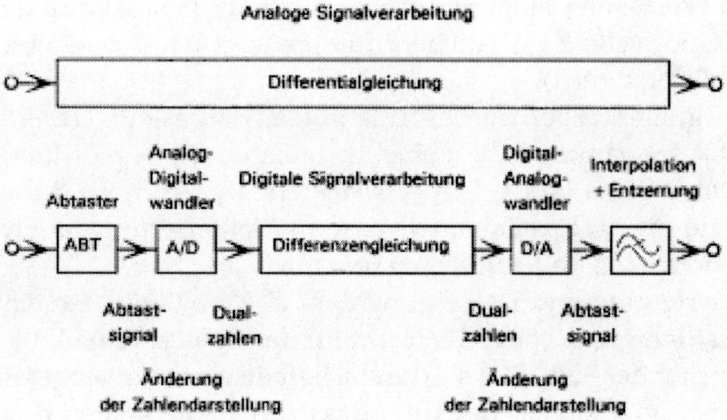

Bild 1.1. Analoge und digitale Signalverarbeitung

zeigt den Übergang von der analogen zur digitalen Signalverarbeitung. Betrachtet man die Signalverarbeitung am Beispiel eines Filters der analogen Schaltungstechnik, so lässt sich das Ausgangssignal mit Hilfe einer Differentialgleichung aus dem Eingangssignal berechnen. Den Übergang auf ein digitales System bewirkt der Vorgang der Digitalisierung. Dabei wird durch äquidistantes Abtasten mit einer Abtastperiodendauer τ_A dem Eingangssignal eine Folge von Funktionswerten entnommen. Die so entstehenden Zahlen werden am Ausgang des Abtasters durch proportionale Flächen von Impulsen gleicher Form und Dauer dargestellt.

Im Analog-Digital-Wandler wird die Zahlendarstellung geändert, die Impulse des Abtastsignals werden in Dualzahlen verwandelt. Die Filterung wird dann durch Lösung einer Differenzengleichung bewirkt, die an die Stelle der Differentialgleichung tritt. Der Digital-Analog-Wandler setzt die Dualzahlen am Ausgang in ein Abtastsignal um, das dann mit einem Interpolation und Entzerrung bewirkenden analogen Filter in ein analoges Signal verwandelt wird.

1. 1. Zahlenfolgen

Am Anfang und Ende jeder digitalen Signalverarbeitung stehen Zahlenfolgen. Signale sind physikalische bzw. mathematische Darstellungen von Nachrichten. Analoge Signale werden durch kontinuierliche Funktionen dargestellt. Dabei gilt die Definition:

Ist jedem Wert einer laufenden reellen Veränderlichen t durch irgendeine Vorschrift eine reelle Zahl y zugeordnet, so sagt man, y sei eine Funktion von t und schreibt $y=f(t)$.

Digitale Signale werden durch Zahlenfolgen dargestellt. Dabei gilt die Definition: Ist jeder ganzen Zahl k eine reelle Zahl $y(k)$ zugeordnet, so spricht man von einer Folge $\{y(k)\}$. Die verschiedenen y-Werte sind die Elemente der Folge und die ganzen Zahlen dienen zur Numerierung der Elemente der Folge, um sie in eine Reihenfolge zu bringen.

Bei der Herleitung und Darstellung der Gesetzmäßigkeiten der Verarbeitung von Zahlenfolgen spielt die Herkunft der Zahlen keine Rolle. Am häufigsten ist sicher der Fall, dass sie durch Digitalisierung analoger Signale entstehen; es ist jedoch auch denkbar, dass das Zahlenmaterial statistischer Jahrbücher beispielsweise mit Hilfe der Schnellen Fourier-Transformation auf Periodizitäten untersucht wird.

1. 1. 1. Digitalisierung eines analogen Tiefpaßsignals

Der Vorgang der Digitalisierung eines analogen Signals beinhaltet die Funktionen der Zeitquantisierung, der Amplitudenquantisierung und der Codierung.

Zeitquantisierung bedeutet die Umwandlung in ein Abtastsignal mit Hilfe eines Abtasters, während die Amplitudenquantisierung und Codierung durch einen Analog-Digital-Wandler bewirkt werden. Die Amplitudenquantisierung ergibt sich aus der begrenzten Stellenzahl der vom Wandler erzeugten Dualzahlen und Codierung ist die Darstellung der Abtastwerte durch einen bestimmten Zahlencode.

Zwar können analoge Signale immer abgetastet werden, jedoch ist ihre spätere Wiedergewinnung nur möglich, wenn das Abtasttheorem erfüllt wird. Die wichtigsten Bedingungen dieses Theorems sind: Das analoge Signal muss bandbegrenzt sein, d.h. es muss eine Signalgrenzfrequenz f_{gs} geben, oberhalb derer das Signal keine spektralen Komponenten mehr aufweist. Für das Spektrum

$$\underline{U}(f) = \int_{-\infty}^{\infty} u(t) \exp(-j2\pi ft)\, dt \qquad (1.1)$$

eines Signals u(t) muss also gelten:

$$\underline{U}(f) = 0 \quad \text{für} \quad |f| \geqq f_{gs}. \qquad (1.2)$$

- Die Abtastfrequenz f_A, als Kehrwert des zeitlichen Abstandes T_A zwischen zwei Abtastzeitpunkten muss mindestens doppelt so hoch wie die Signalgrenzfrequenz fgs sein:

$$f_A > 2\, f_{gs} \qquad . \qquad (1.3)$$

Sind diese beiden Bedingungen erfüllt, so kann das analoge Signal u(t) aus seinen Abtastwerten $u(nT_A)$ wiedergewonnen werden. Dieser Sachverhalt findet seinen Niederschlag in der Interpolationsformel des Abtasttheorems (siehe Anhang 6.4), die es ermöglicht, das analoge Signal

$$u(t) = \sum_{n=-\infty}^{\infty} u(nT_A) \frac{\sin \pi \frac{t-nT_A}{T_A}}{\pi \frac{t-nT_A}{T_A}} \qquad T_A = \frac{1}{2f_{gs}} \qquad (1.4)$$

aus den Abtastwerten $u(nT_A)$ zu berechnen. Wichtig für das Verständnis der Zusammenhänge ist die Interpretation dieser Formel. Das analoge Signal wird also durch eine unendliche Summe von um ganzahlige Vielfache der Abtastperiode gegeneinander verschobenen si-Funktionen dargestellt. Die si-Funktion

$$g(t) = \frac{1}{T_A} \frac{\sin \pi \frac{t}{T_A}}{\pi \frac{t}{T_A}} \tag{1.5}$$

ist die Impulsantwortfunktion eines idealisierten Tiefpasses mit Frequenzgang

$$\underline{F}(f) = \mathrm{rect}(\frac{f}{2f_g}) \tag{1.6}$$

und der Grenzfrequenz $f_g = 1/2T_A$. Somit ergibt sich die analoge Funtion u(t) als Antwort des Tiefpasses auf eine periodische Folge von Dirac-Impulsen, deren Flächen gleich den Abtastwerten der Funktion u(t) sind. Diese Dirac-Impulse entstehen durch Multiplikation der Funktion u(t) mit einem Dirac-Puls

$$\delta_{per}(t) = T_A \sum_{n=-\infty}^{\infty} \delta(t - nT_A) \quad . \tag{1.7}$$

Damit erhält man die in Bild 1.2 dargestellte zeitdiskrete Übertragungsstrecke

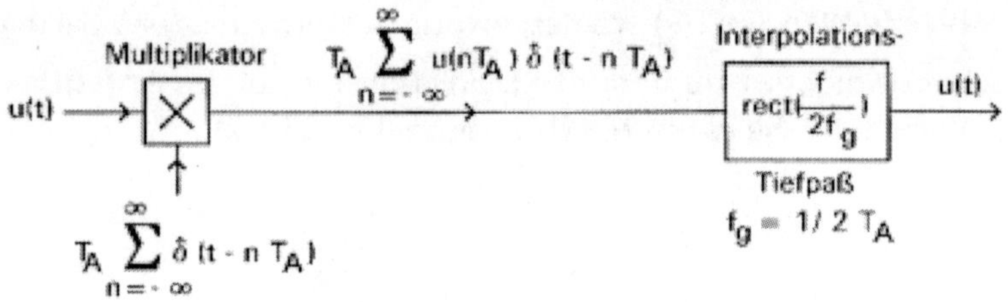

Bild 1.2. zeitdiskrete Übertragungsstrecke

Der Multiplikator bewirkt in diesem Zusammenhang eine ideale Abtastung; er erzeugt Dirac-Impulse, deren Flächeninhalte den Funktionswerten $u(nT_A)$ proportional sind. Der nachfolgende Tiefpaß bewirkt eine Interpolation und erzeugt wieder das analoge Signal. Diese Übertragungsstrecke ist zwar vollkommen ideal, jedoch wegen der Dirac-Impulse nicht direkt realisierbar. Fügt man nach dem Multiplikator als Formfilter einen Tiefpaß ein, der die Dirac-Impulse in flächengleiche Rechteckimpulse umformt, so bleibt der Gesamtfrequenzgang erhalten, wenn auf der Empfangsseite ein Entzerrerfilter mit dem inversen Frequenzgang des Formfilters vorgesehen wird. So ergibt sich die in Bild 1.3 gezeigte realisierbare Übertragungsstrecke.

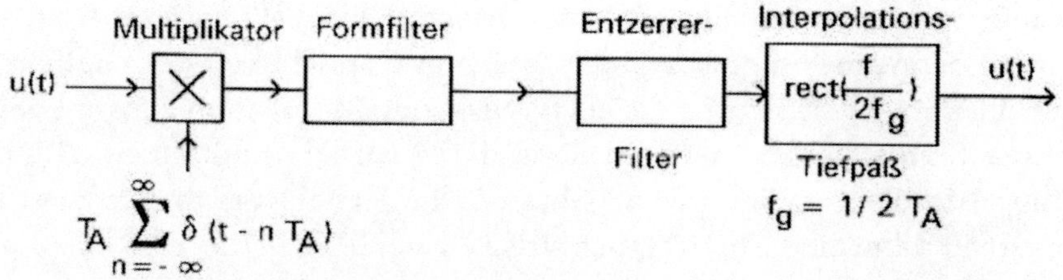

Bild 1.3. realisierbare Strecke

Das aus äquidistanten Impulsen bestehende Abtastsignal am Ausgang des Multiplikators bzw. des Formfilters ist die physikalische Darstellung der Zahlenfolge $\{u(nT_A)\}$, wobei die Zahlenwerte den Flächeninhalten der Impulse proportional sind. Diese Art der Codierung ist besonders sinnvoll, weil Impulse beim Durchgang durch ein Tiefpaßsystem ihren Flächeninhalt nicht verändern und somit bei der Übertragung trotz Verzerrung keine Information verlieren. Verwendet man

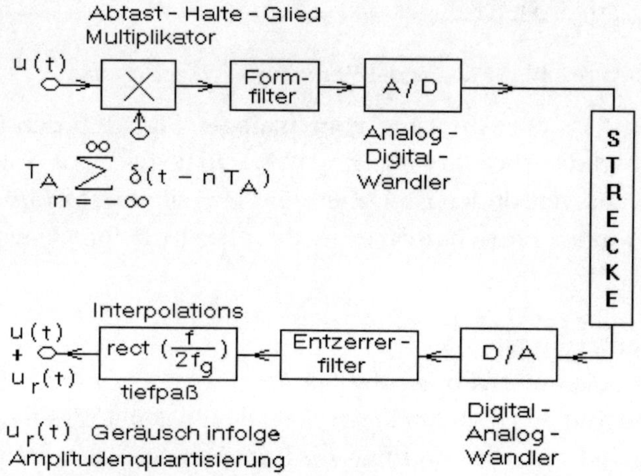

Bild 1.4. Strecke mit Amplitudenquantisierung

Rechteckimpulse von der Dauer einer Abtastperiode T_A, so sind Multiplikator und Formfilter eine modellartige Beschreibung eines Abtast-Halte-Gliedes. In der Regel wird die dem Abtastsignal zugrunde liegende Zahlendarstellung durch den Einsatz eines Analog-Digital-Wandlers geändert. Man hat dann eine Folge von Dual-Zahlen und spricht von der Digitalisierung eines analogen Signals, die auch Puls-Code-Modulation genannt wird. Auf der Empfängerseite müssen dann die Dualzahlen mit einem Digital-Analog-Wandler wieder in ein Abtast-Halte-Signal verwandelt werden. Man erhält dann eine Übertragungsstrecke nach Bild 1.4, die die Grundlage für die digitale Verarbeitung analoger Signale darstellt. Zu beachten ist das von der Stellenzahl der Dualzahlen abhängige Quantisierungsgeräusch. Zwischen die beiden Wandlerblöcke fügt sich dann, wie in Bild 1.5 gezeigt, der eigentliche Signalverarbeitungsblock ein, in dem aus einer Eingangszahlenfolge nach einem bestimmten Algorithmus eine Ausgangszahlenfolge berechnet wird.

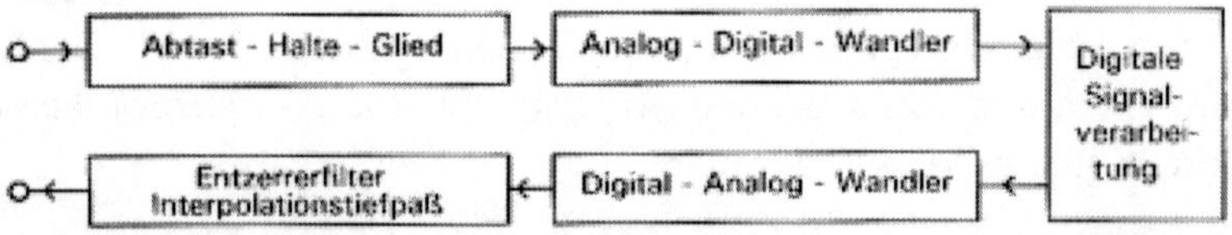

Bild 1.5Aufwand für die Signal-Wandlung

Man erkennt, dass der Übergang vom analogen Signal in den Bereich der Dualzahlen und die Rückverwandlung in ein analoges Signal mit einem gewissen Aufwand verbunden ist. Daher wird eine digitale Verarbeitung analoger Signale umso wirtschaftlicher je komplexer die Signalverarbeitungsaufgabe ist.

1. 1. 2. Elementarfolgen

Zahlenfolgen, die innerhalb der digitalen Signalverarbeitung eine wichtige Rolle spielen, sind aus dem analogen Bereich abgeleitet. Besonders häufige Anwendung finden die Sprungfolge, die Impulsfolge, die Sinusfolge und die relle Exponentialfolge.

Sprungfolge:

Diese in Bild 1.6 dargestellte Folge leitet sich von der Sprungfunktion her und ist

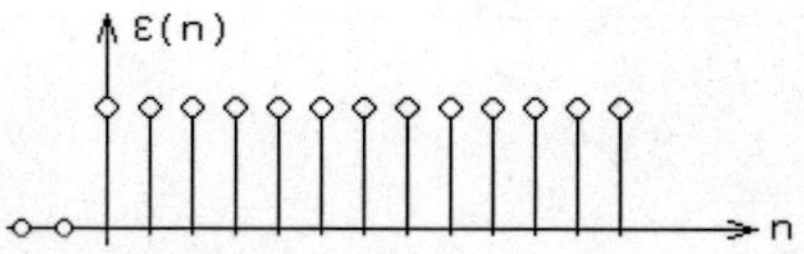

Bild 1.6 Sprungfolge

durch die Zuordnung

$$\varepsilon(n) = \begin{cases} 1 & \text{für } n \geq 0 \\ 0 & \text{sonst} \end{cases} \tag{1.8}$$

definiert.

Impulsfolge:

Diese in Bild 1.7 dargestellte Folge, die auch Dirac-Folge genannt wird, leitet sich von der Impulsfunktion her und ist

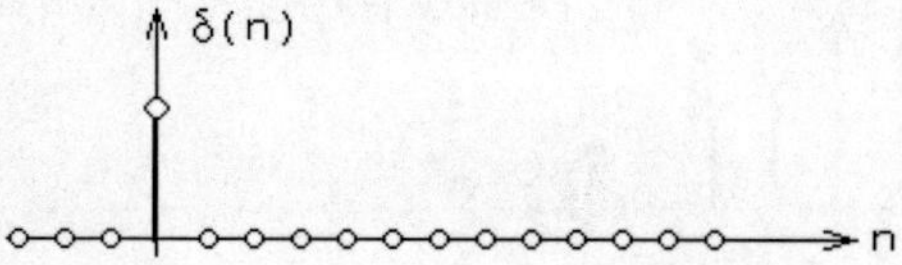

Bild 1.7. Impulsfolge

durch die Zuordnung

$$\delta(n) = \begin{cases} 1 & \text{für } n = 0 \\ 0 & \text{sonst} \end{cases} \tag{1.9}$$

definiert.

Sinusfolge:

Diese in Bild 1.8 dargestellte Folge, die sich von der Sinusschwingung herleitet, ist bestimmt durch die Kenngrößen Scheitelwert $\hat{x}$, bezogene Frequenz f' und Nullphasenwinkel.

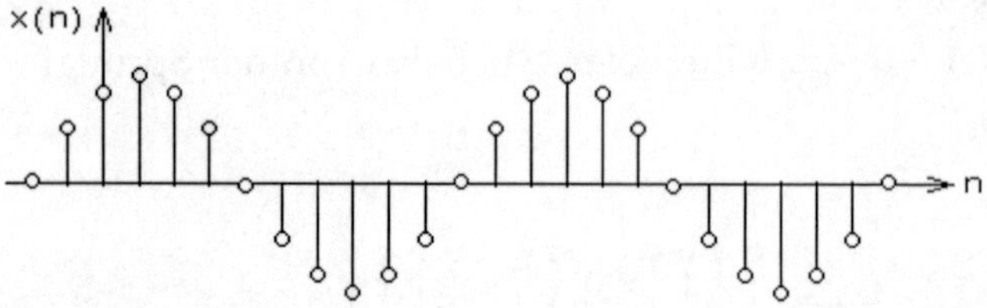

Bild 1.8 Sinusfolge

Ihre Definition ist

$$x(n) = \hat{x}\ \cos(\ 2\pi\, f'\, n + \psi\ ) \qquad (1.10)$$

Dabei ist die Frequenz f' eine reine Zahl; ihr Kehrwert ist die bezogene Periodendauer T', die die Anzahl der Folgenelemente pro Periode angibt. Bei der Abtastung einer analogen Sinusspannung gilt $f' = f / f_A$.

Reelle Exponentialfolge:
Diese in Bild 1.9 dargestellte Folge

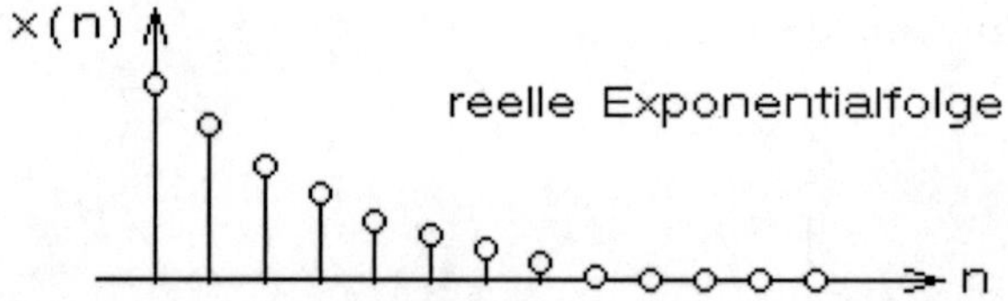

Bild 1.9. relle Exponentialfolge

ist durch

$$x(n) = \hat{x}\ \exp(\ a\, n\ ) \qquad |\, a\, | < 1\ ,\ a \text{ reell} \qquad (1.11)$$

definiert.

1. 1. 3. Z-Transformation
Bei analogen Signalen und Systemen unterscheidet man den Zeitbereich und den Frequenzbereich. Die Signalbeschreibung im Zeitbereich ist eine Spannungszeitfunktion. Systeme können durch eine Differentialgleichung beschrieben werden. Sind die Systeme linear und zeitinvariant, so erhält man lineare Differentialgleichungen mit konstanten Koeffizienten. Zur Berech-

nung des Ausgangssignalssignals bei gegebenem Eingangssignal ist die Lösung der Differentialgleichung erforderlich. An dieser Stelle setzen Nachrichtentechniker die Fourier-Transformation ein. Wegen der bei ihr auftretenden Konvergenzschwierigkeiten wird sie häufig durch die Laplace-Transformation ersetzt. Durch die Transformation wird eine Differentialgleichung in eine algebraische Gleichung übergeführt und damit die Lösung des Problems wesentlich vereinfacht. Man erhält die Laplace-Transformierte des Ausgangssignals. Die erforderliche Rücktransformation in den Zeitbereich wird bekanntlich mit Hilfe von Korrespondenztabellen durchführt.

Geht man zu zeitdiskreten Signalen und Systemen über, so entsprechen den Zeitfunktionen die Zahlenfolgen, der Differentialgleichung die Differenzengleichung und der Laplace-Transformation die Z-Transformation, die eine Differenzengleichung in eine algebraische Gleichung überführt.

Bei der Definition der Z-Transformation wird von einer idealen Abtastung ausgegangen. Diese entsteht, wie in Bild 1.10 dargestellt,

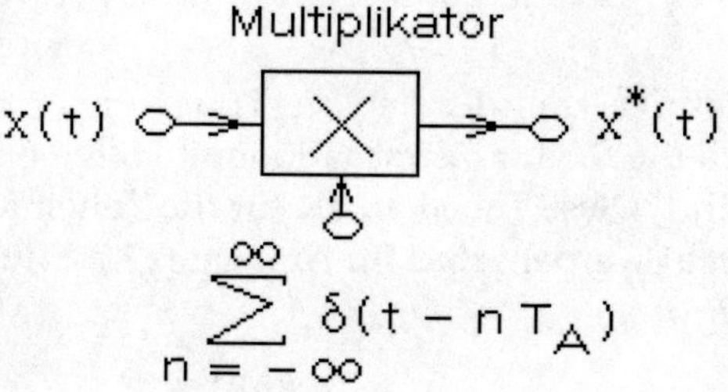

Bild 1.10. Ideale Abtastung

wenn das analoge Signal x(t) mit einem Dirac-Puls multipliziert wird. Am Ausgang des Abtasters hat man dann ein ideales Abtastsignal

$$x^*(t) = x(t) \sum_{n=-\infty}^{\infty} \delta(t-nT_A) \quad , \tag{1.12}$$

bzw. nach Umformung

$$x^*(t) = \sum_{n=-\infty}^{\infty} x(nT_A)\, \delta(t-nT_A) \quad , \tag{1.13}$$

d.h., eine Folge von Dirac-Impulsen verschiedenen Flächeninhalts. In diesem Abtastsignal steckt die Information in den Zahlen $x(nT_A)$. Man kann das Abtastsignal $x^*(t)$ als Darstellung der Zahlenfolge $\{x(nT_A)\}$ als Zeitfunktion auffassen. Das Abtastsignal $x^*(t)$ wird nun einer Laplace-Transformation unterzogen. Man erhält die Laplace-Transformierte

$$X^*(s) = L\{x^*(t)\} = \int_{-\infty}^{\infty} x^*(t) \exp(-st)\, dt = \sum_{n=-\infty}^{\infty} x(nT_A) \exp(-sT_A n). \tag{1.14}$$

Mit der Substitution $\exp(sT_A) = z$ wird daraus

$$L\{x^*(t)\}\Big|_{\exp(sT_A)=z} = \sum_{n=-\infty}^{\infty} x(n)\, z^{-n} \quad . \tag{1.15}$$

Damit wird einer Zahlenfolge $\{x(n)\}$ eine gebrochen rationale Funktion von z zugeordnet, die man die Z-Transformierte X(z) der Zahlenfolge x(n) nennt. Die Berechnung dieser Funktion wird Z-Transformation genannt. Sie leistet für Zahlenfolgen das, was die Laplace-Transformation für Zeitfunktionen erbringt.

So wie bei der Fourier- und der Laplace-Transformation wird die Transformation und auch die Rücktransformation mit Hilfe von Korrespondenztabellen durchgeführt. Diese Tabellen, die für die Zahlenfolgen und für Rechenregeln aufgestellt werden, sind im Anhang 6.2.2 bzw. 6.2.3 aufgeführt. Man schreibt häufig

$$Z[\{x(n)\}] = X(z) \quad . \tag{1.16}$$

Verbreitet ist auch die Verwendung des Zuordnungssymbols: x(n) o—. X(z).

Die Bedeutung der Z-Transformation beruht auf folgenden Sachverhalten:

1. Einer Zahlenfolge in Form einer Tabelle wird eine gebrochen rationale Funktion zugeordnet.
2. Eine Differenzengleichung wird in eine algebraische Gleichung überführt.
3. Entwurfsverfahren für zeitdiskrete Systeme beruhen in der Regel auf dem z-Bereich.

1. 1. 4. Beschreibung einer DSV

Zur Orientierung soll zunächst auf analoge Systeme eingegangen werden. Sie werden üblicherweise durch Schaltungen beschrieben, die festlegen, wie die elektronischen Bauelemente zur Durchführung einer bestimmten Signalverarbeitungsaufgabe miteinander zu verbinden sind. Die Berechnung solcher Schaltungen ergibt mathematische Gleichungen, die es ermöglichen, Ausgangssignale bei gegebenen Eingangssignalen zu ermitteln. Solche Gleichungen sind z.B. Differentialgleichungen. Diese können, wenn sie linear sind und konstante Koeffizienten haben, mit der Laplace-Transformation in den Bildbcrcich übergeführt werden und führen dort auf die Übertragungsfunktion F(s). Man kann nun die mathematischen Gleichungen und speziell die Differentialgleichung als eine abstraktere Systembeschreibung ansehen als die Angabe einer Schaltung. Häufig ist es sogar so, dass die Schaltungen nur sehr unvollkommene Beschreibungen dessen sind, was mathematisch gewollt ist.

Zeitdiskrete Systeme, bei denen die verarbeiteten Signale Zahlenfolgen sind, können durch mathematische Gleichungen beschrieben werden. So kann unter einem zeitdiskreten System eine Rechenvorschrift verstanden werden, die festlegt, wie aus einer Eingangszahlenfolge eine Ausgangszahlenfolge berechnet wird.

1. 1. 4. 1. Differenzengleichung

Den Differentialgleichungen der analogen Systeme entsprechen bei digitalen Systemen die Differenzengleichungen. Dabei handelt es sich um eine Rechenvorschrift, bei der der gegenwärtige Wert der Ausgangsfolge $\{y(n)\}$ aus dem gegenwärtigen Wert der Eingangsfolge $\{x(n)\}$ sowie aus vergangenen Werten von Eingangs- und Ausgangsfolge berechnet wird. Am wichtigsten sind die linearen Differenzengleichungen mit konstanten Koeffizienten. Für ein System 2. Ordnung gilt dann die Gleichung

$$y(n) = A_0\, x(n)+A_1\, x(n-1)+A_2\, x(n-2)-B_1\, y(n-1)-B_2\, y(n-2) \quad . (1.17)$$

Liegt allgemein die Ordnung N vor, so gilt

$$y(n) = \sum_{i=0}^{M} A_i\, x(n-i) - \sum_{i=1}^{N} B_i\, y(n-i) M \leq N \,. \quad (1.18)$$

Die Eigenschaften des durch eine Differenzengleichung beschriebenen Systems werden durch die Koeffizienten A_i und B_i festgelegt.

1. 1. 4. 2. Übertragungsfunktion

Zur Übertragungsfunktion H(z) des zeitdiskreten Systems gelangt man, wenn man die Z-Transformation auf die Differenzengleichung des Systems anwendet. Mit den dem Anhang entnommenen Korrespondenzen

$$x(n) \circ\!\!-\!\!\bullet X(z) \text{ und } \qquad x(n-i) \circ\!\!-\!\!\bullet X(z)\, z^{-i} \qquad (1.19)$$

läßt sich beispielsweise die Differenzengleichung durch gliedweise Transformation in den z-Bereich überführen. Man erhält dann

$$Y(z) = A_0X(z) + A_1X(z)z^{-1} + A_2X(z)z^{-2} - B_1Y(z)z^{-1} + B_2Y(z)z^{-2}. \qquad (1.20)$$

Bildet man jetzt den Quotienten der Z-Transformierten von Ausgangs- und Eingangsfolge, so ergibt sich die Übertragungsfunktion

$$H(z) = \frac{Y(z)}{X(z)} = \frac{A_0 + A_1\, z^{-1} + A_2\, z^{-2}}{1 + B_1\, z^{-1} + B_2\, z^{-2}} \qquad . \qquad (1.21)$$

Allgemein gilt für die Übertragungsfunktion die Definition:

$$H(z) = \frac{Z[\{y(n)\}]}{Z[\{x(n)\}]} = \frac{Y(z)}{X(z)} \qquad . \qquad (1.22)$$

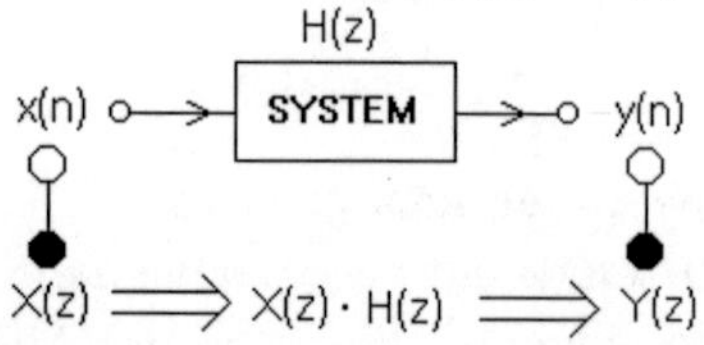

Bild 1.11. Berechnung der Systemantwort

Mit dieser Definition ergibt sich das folgende einfache, in Bild 1.11 dargestellte Schema zur Berechnung der Ausgangsfolge eines Systems aus der Eingangsfolge:

1. Transformation der Eingangsfolge in den z-Bereich,
2. Berechnung der Z-Transformierten der Ausgangsfolge durch Multiplikation der Z-Transformierten der Eingangsfolge mit der Übertragungsfunktion,
3. Rücktransformation der Z-Transformierten der Ausgangsfolge in den Folgenbereich.

1. 1. 4. 3. Impulsantwortfolge

So wie im analogen Bereich die Impulsantwortfunktion die Antwort eines Systems auf einen Dirac-Impuls darstellt, ist die Impulsantwortfolge bei den diskreten Systemen die Antwort auf eine Diracfolge. Berechnet man, wie in Bild 1.12 dargestellt, mit Hilfe der Übertragungsfunktion H(z)

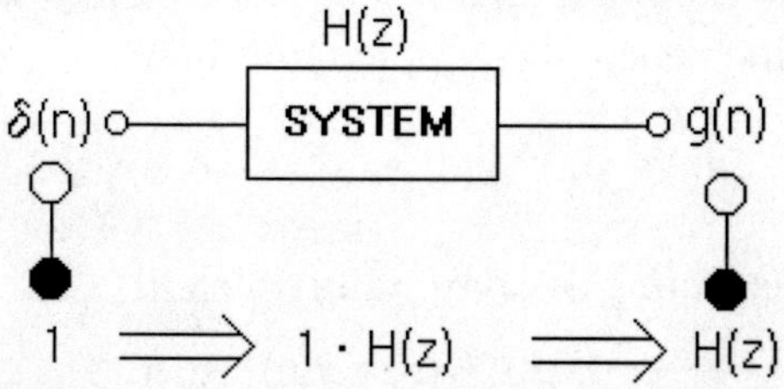

Bild 1.12. Ermittlung der Impulsantwortfolge

die Impulsantwortfolge g(n), so ergibt sich diese als inverse Z-Transformierte der Übertragungsfunktion H(z). Damit erweist sich die Impulsantwortfolge als eine vollständige Systembeschreibung. Dann muss sich aber auch die Ausgangsfolge direkt mit Hilfe der Impulsantwortfolge aus der Eingangsfolge berechnen lassen.

Eine Folge {x(n)} kann, wie in Bild 1.13 gezeigt, durch eine Summe von gegeneinander verschobenen Dirac-Folgen dargestellt werden, die mit den Elementen der Folge gewichtet wurden. In mathematischer Formulierung erhält man dann

$$x(n) = \sum_{m=-\infty}^{\infty} x(m)\,\delta(n-m) \qquad . \qquad (1.23)$$

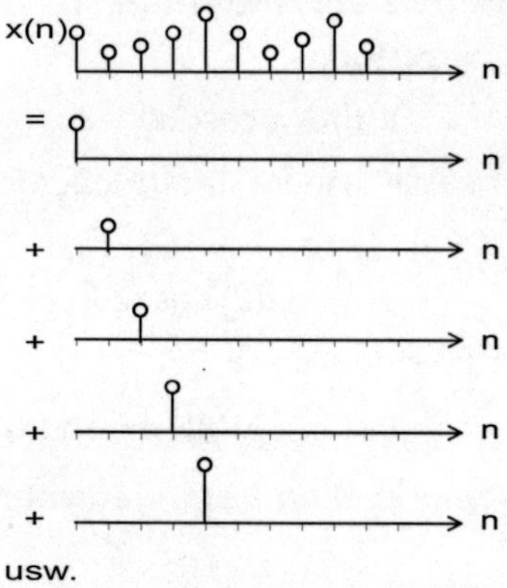

Bild 1.13. Entstehung der Faltungssumme

Man nennt dies eine Faltungssumme. Sie entspricht der Faltungsoperation für kontinuierliche Funktionen. Durch die Faltungssumme zweier Folgen x(n) und y(n) wird eine neue Folge v(n) entsprechend

$$v(n) = x(n) * y(n) = \sum_{m=-\infty}^{\infty} x(m)\, y(n - m) \tag{1.24}$$

gebildet. Die Faltungssumme ist kommutativ. Es gilt:

$$x(n) * y(n) = y(n) * x(n) \quad . \tag{1.25}$$

Liegt an einem System mit der Impulsantwortfolge g(n) die Eingangsfolge x(n), so lässt sich die Ausgangsfolge durch eine Faltungssumme berechnen. Die Eingangfolge lässt sich durch eine Summe von gegeneinander verschobenen mit den Elementen der Eingangsfolge gewichteten Dirac-Folgen darstellen. Deshalb kann die Ausgangsfolge als Summe von mit den Elementen der Eingangsfolge gewichteten gegeneinander verschobenen Impulsantwortfolgen formuliert werden. Es gilt:

$$y(n) = \sum_{m=-\infty}^{n} x(m)\, g(n - m) \quad . \tag{1.26}$$

1. 1. 4. 4. Komplexer Frequenzgang

Grundlage für diesen Begriff ist die Sinusanregung eines diskreten Systems. Wird an den Eingang die Sinusfolge

$$x(n) = \hat{x} \cos(2\pi f'n + \psi_x) \tag{1.27}$$

gelegt, so antwortet ein lineares System darauf ebenfalls mit einer Sinusfolge gleicher Frequenz

$$y(n) = \hat{y}(f') \cos(2\pi f'n + \psi_y(f')) \tag{1.28}$$

Dann wird als komplexer Frequenzgang

$$\underline{H}(f') = |\underline{H}(f')| \exp[j\varphi(f')] \tag{1.29}$$

eine komplexe Funktion einer reellen Veränderlichen f' definiert. Deren Betrag

$$|\underline{H}(f')| = \frac{\hat{y}(f')}{\hat{x}} \tag{1.30}$$

wird Amplitudengang genannt und ist der Quotient der Scheitelwerte von Ausgangs- und Eingangsfolge. Deren Winkel

$$\varphi(f') = \psi_y(f') - \psi_x \tag{1.31}$$

heißt Phasengang und ergibt sich als Differenz der Nullphasenwinkel von Ausgangs- und Eingangsfolge.

Zur Berechnung des komplexen Frequenzgangs $\underline{H}(f')$ aus der Übertragungsfunktion H(z) wird von einer komplexen Schwingung

$$\underline{x}(n) = \hat{x}\exp(j(2\pi f'n + \psi_x)) = \underline{X}\exp(j2\pi f'n) \text{ mit } \underline{X} = \hat{x}\exp(j\,\psi_x) \tag{1.32}$$

ausgegangen. Die komplexe Schwingung

$$\underline{y}(n) = \underline{Y}\exp(2\pi f'n) \tag{1.33}$$

am Ausgang ergibt sich dann durch Faltung der Eingangsfolge mit der Impulsantwortfolge

$$\underline{y}(n) = \underline{x}(n) * g(n) = \sum_{m=0}^{\infty} g(m)\,\underline{X}\exp(j2\pi f'(n-m))$$

$$= \left[\sum_{m=0}^{\infty} g(m)\exp(-j2\pi f'm)\right]\underline{X}\exp(j2\pi f'n)\,. \tag{1.34}$$

Der komplexe Frequenzgang

$$\underline{H}(f') = \frac{\underline{y}(n)}{\underline{x}(n)} = \sum_{m=0}^{\infty} g(m)\exp(-j2\pi f'm) \tag{1.35}$$

ergibt sich dann als Quotient der komplexen Schwingungen am Ausgang und am Eingang. Die Übertragungsfunktion H(z) ist die Z-Transformierte der Impulsantwortfolge. Daher gilt:

$$H(z) = \sum_{m=0}^{\infty} g(m)\,z^{-m}\,. \tag{1.36}$$

Der Vergleich von (1.35) und (1.36) ergibt

$$\underline{H}(f') = H(z)\Big|_{z=\exp(j2\pi f')}\,. \tag{1.37}$$

D.h., man erhält den komplexen Frequenzgang, indem man in der Übertragungsfunktion H(z) die Variable $z = \exp(j2\pi f')$ setzt.

1. 2. Diskrete Fourier-Transformation (DFT): Analyse von Zahlenfolgen

Signale als physikalische Darstellungen von Nachrichten werden durch Spannungszeitfunktionen beschrieben. Zur Ermittlung des Übertragungsverhaltens von Systemen zerlegt man diese Spannungszeitfunktionen in Elementarfunktionen, die als Aufbauelemente für beliebige Funktionen dienen können. Kennt man nun das Übertragungsverhalten für die Aufbauelemente, so lässt es sich auch für alle Signale angeben, die sich aus Linearkombinationen der Elemente ergeben.

Besondere Bedeutung in der Meßtechnik hat eine Sinusspannung als Aufbauelement. Untersucht wird das Verhalten von Kanälen bei der Übertragung von Sinussignalen, um daraus Rückschlüsse auf die Übertragungseigenschaften bei beliebigen Signalen zu ziehen. In diesem Zusammenhang ist die Zerlegung eines Signals in seine Aufbauelemente bzw. die Ermittlung seines Spektrums eine wichtige Aufgabe. Für die meßtechnische Ermittlung des Spektrums ist eine besondere Klasse von Meßgeräten, die man Spektrumanalysatoren nennt, entwickelt worden.

1. 2. 1. Fourier-Transformation von Zahlenfolgen

Die Spektraltheorie lässt sich im Bereich der Zahlenfolgen genau so entwickeln, wie es aus dem Bereich der analogen Signale bekannt ist. Aus der Transformation periodischer Signale folgt die Transformation nichtperiodischer Signale. Erfordert die Transformation im Bereich der analogen Signale eine Integration über einen unendlich ausgedehnten Zeitbereich, so entspricht dem im Bereich der Zahlenfolgen eine Summation über unendlich viele Folgenelemente.

Gerätetechnisch durchführbar ist nur die Kurzzeit-Fourier-Transformation. Sie wird im Bereich der Zahlenfolgen Diskrete Fourier-Transformation mit der Abkürzung DFT genannt.

1. 2. 1. 1. Fourier-Transformation periodischer Zahlenfolgen

Eine periodische Zeitfunktion

$$u(t) = u(t - n\,T_0) \qquad n \text{ ganze Zahl} \tag{1.38}$$

mit der Periode T_0 lässt sich in eine Fourier-Reihe

$$u(t) = \sum_{k=-\infty}^{\infty} \underline{c}_k \exp\left(j\, 2\, \pi\, k \frac{t}{T_0}\right) \tag{1.39}$$

entwickeln. Der Kehrwert der Periode T_0 wird Grundfrequenz $f_0 = 1/T_0$ genannt. Die Glieder der Fourier-Reihe sind dabei Sinus- bzw. Cosinusschwingungen, deren Frequenzen ganzzahlige Vielfache der Grundfrequenz f_0 sind. Die Fourier-Koeffizienten

$$\underline{c}_k = \frac{1}{T_0} \int_{-T_0/2}^{+T_0/2} u(t) \exp\left(-\, j\, 2\, \pi\, k \frac{t}{T_0}\right) dt \tag{1.40}$$

werden durch Integration berechnet. Dieses Konzept einer Fourier-Reihe lässt sich auch auf periodische Zahlenfolgen übertragen. Eine periodische Zahlenfolge

$$x(n) = x(n + i\, N_o) \qquad i \text{ ganze Zahl} \tag{1.41}$$

mit der Periode N_o lässt sich in eine Fourier-Reihe

$$x(n) = \sum_{k=0}^{N_o-1} \underline{c}_k \exp\left(j\, 2\, \pi\, k \frac{n}{N_o}\right) \tag{1.42}$$

entwickeln. Der Kehrwert der Periode N_o wird bezogene Grundfrequenz $f_o'=1/N_o$ genannt. Die Glieder der Fourier-Reihe sind dabei Sinus- bzw. Cosinusfolgen, deren bezogene Frequenzen ganzzahlige Vielfache der Grundfrequenz f_o' sind. Entscheidender Unterschied zur Fourier-Reihe kontinuierlicher Funktionen ist, dass nur N_o Glieder benötigt werden.

Die Existenz der Fourier-Reihe für periodische Zahlenfolgen werde durch die Ermittlung einer Formel für die Koeffizienten $\underline{c}_k$ gezeigt. Man multipliziert dazu die Reihe mit dem Faktor $\exp(-j2\pi\, n\, i/N_o)$ und erhält

$$x(n) \exp(-j2\pi\, n\, i/N_o) = \left(\sum_{k=0}^{N_o-1} \underline{c}_k \exp(j2\pi\, k\, n/N_o) \right) \exp(-j2\pi\, n\, i/N_o) \tag{1.43}$$

Anschließend werden die Produkte auf beiden Seiten von n=0 bis $n = N_o$-1 aufsummiert. Auf der rechten Seite werden die beiden e -Funktionen zusammengefaßt. So ergibt sich:

$$\sum_{n=0}^{N_o-1} x(n) \exp(-j2\pi\, n\, i/N_o) = \sum_{n=0}^{N_o-1} \sum_{k=0}^{N_o-1} \underline{c}_k \exp\left[j\, 2\pi(k-i)\, n\, /N_o\right] . \qquad (1.44)$$

Man vertauscht auf der rechten Seite die Reihenfolge der Summationen und erhält

$$\sum_{k=0}^{N_o-1} \underline{c}_k \sum_{n=0}^{N_o-1} \exp\left[j\, 2\pi(k-i) \frac{n}{N_o}\right] . \qquad (1.45)$$

In diesem Ausdruck ist

$$\sum_{n=0}^{N_o-1} \exp\left[j\, 2\pi(k-i) \frac{n}{N_o}\right] = \begin{cases} N_o \text{ für } k = i \\ 0 \quad \text{für } k \neq i \end{cases} , \qquad (1.46)$$

denn die e-Funktion hat für k = i den Wert 1, während für $k \neq i$ die Summe von N_o gleichmäßig über den Einheitskreis verteilten Zeigern gebildet wird.

In (1.45) und so auch in (1.44) verbleibt ein von Null verschiedener Summand $\underline{c}_k N_o$ und man erhält die Koeffizienten

$$\underline{c}_i = \frac{1}{N_o} \sum_{n=0}^{N_o-1} x(n)\ \exp\left(-j\, 2\pi \frac{n\, i}{N_o}\right) . \qquad (1.47)$$

Gibt man ihnen wieder den Index k und faßt sie als eine periodische Zahlenfolge c(k) auf, so ergibt sich das folgende Gleichungssystem

$$\underline{c}(k) = \frac{1}{N_o} \sum_{n=0}^{N_o-1} x(n) \ \exp\left(-j\, 2\pi \frac{n\,k}{N_o}\right) \tag{1.48}$$

$$x(n) = \sum_{k=0}^{N_o-1} \underline{c}(k) \ \exp\left(j\, 2\pi \frac{n\,k}{N_o}\right) \quad . \tag{1.49}$$

Gl. (1.48) und (1.49) stellen ein Transformationspaar dar, durch welches der Frequenzbereich für periodische Folgen begründet wird.

1. 2. 1. 2. Fourier-Transformation nichtperiodischer Zahlenfolgen

Gl. (1.49) zeigt, dass eine periodische Zahlenfolge x(n) mit der Periode N_o durch eine Fourier-Reihe mit N_o Gliedern dargestellt werden kann. Die Berechnung der Fourier-Koeffizienten nach Gl. (1.48) erfolgt ebenfalls mit einer Summe aus N_o Summanden. Bei der Herleitung der Transformation für nichtperiodische Zahlenfolgen geht man von einem Transformationspaar aus, bei dem die Laufvariablen von $\frac{-N_o}{2}$ bis $\frac{+N_o}{2} - 1$ laufen. Dies führt lediglich zu einer geänderten Definition der Fourier-Koeffizienten. Man setzt in den Gl. (1.48) und (1.49) $\underline{c}'(k)$ statt $\underline{c}(k)$ und die Grenzen $\frac{-N_o}{2}$ sowie $\frac{+N_o}{2} - 1$ und vollzieht den Grenzübergang $No \longrightarrow \infty$. Die Reihendarstellung der Folge x(n) nach Gl. (1.49) lässt sich als Zerlegung in spektrale Komponenten auffassen, deren Frequenzen

$$f_k = k\, f_o' = k \frac{1}{N_o} \tag{1.50}$$

ganzzahlige Vielfache einer Grundfrequenz f_o' sind. Beim Grenzübergang wird aus der diskreten Frequenz k f_o' die kontinuierliche Frequenz f', aus $\underline{c}'(k)$ das Differential $d\underline{c}'(f')$ und aus der Grundfrequenz $f_o'=1/N_o$, die gleich dem Abstand zwischen den Spektrallinien ist, das Differential df'. Aus der

Summe in Gl. (1.49) wird ein Integral, weil die Frequenz f' eine kontinuierliche Variable ist. So gewinnt man das für nichtperiodische Folgen gültige Transformationspaar

$$\frac{d\underline{c}'(f')}{df'} = \sum_{n=-\infty}^{\infty} x(n) \exp(-j2\pi\, f'\, n) = \underline{X}(f') \qquad (1.51)$$

$$x(n) = \int_{-1/2}^{1/2} \frac{d\underline{c}'(f')}{df'} \exp(-j2\pi\, f'\, n)\, df' \quad . \qquad (1.52)$$

Die so definierte Spektralfunktion hat die Periode 1; somit ist für die Berechnung der Folge x(n) aus den Spektralwerten eine Integration nur über eine Periode erforderlich. Zwischen der Fourier-Transformierten einer Zahlenfolge x(n) und ihrer Z-Transformierten

$$Z\,\{x(n)\} = X(z) = \sum_{n=-\infty}^{\infty} x(n)\, z^{-n} \qquad (1.53)$$

gibt es einen Zusammenhang. Setzt man in der Definitionsgleichung $z = \exp(j2\pi f')$, so erhält man die Fourier-Transformierte

$$\underline{X}(f') = \sum_{n=-\infty}^{\infty} x(n) \exp\,(-j2\pi\, f'\, n) \qquad (1.54)$$

der Zahlenfolge x(n). Man kann also die Fourier-Transformierte ansehen als die auf dem Einheitskreis der z-Ebene berechnete Z-Transformierte der Zahlenfolge. Damit lassen sich zur Ermittlung der Fourier-Transformierten von Zahlenfolgen Korrespondenz-Tabellen der Z-Transformation verwenden.
In Abschn. 1.1.3 wurde das durch die ideale Abtastung einer Zeitfunktion x(t) entstandene Abtastsignal

$$x^*(t) = \sum_{n=-\infty}^{\infty} x(n)\, \delta\,(t-nT_a) \qquad (1.55)$$

aufgefaßt als die Zeitfunktions-Darstellung der Folge x(n) der Abtastwerte. Wird diese Zeitfunktion nun der Fourier-Transformation unterzogen, so erhält man die Frequenzfunktion

$$\underline{X}^*(f) = \sum_{n=-\infty}^{\infty} x(n) \exp(-j\, 2\pi f\, T_A n) \quad , \tag{1.56}$$

die für $f' = f \cdot T_A$ mit der Frequenzfunktion $\underline{X}(f')$ nach Gl.(1.54) übereinstimmt.

1. 2. 2. Kurzzeit-Fourier-Transformation von Zahlenfolgen

Die mathematische Fourier-Transformation

$$\underline{U}(f) = \int_{-\infty}^{\infty} u(t) \exp(-j2\pi f t)\, dt \quad , \tag{1.57}$$

die einer reellen Zeitfunktion u(t) mit der Einheit V eine komplexe Frequenzfunktion $\underline{U}(f)$ mit der Einheit V/Hz zuordnet, kann meßtechnisch nicht durchgeführt werden, weil sie Idealisierungen enthält, die physikalisch nicht gegeben sind. Dies wird deutlich, wenn die Zeit nicht mehr, wie in Bild 1.14 dargestellt, einfach als mathematische Variable, sondern als physikalische Größe aufgefaßt wird.

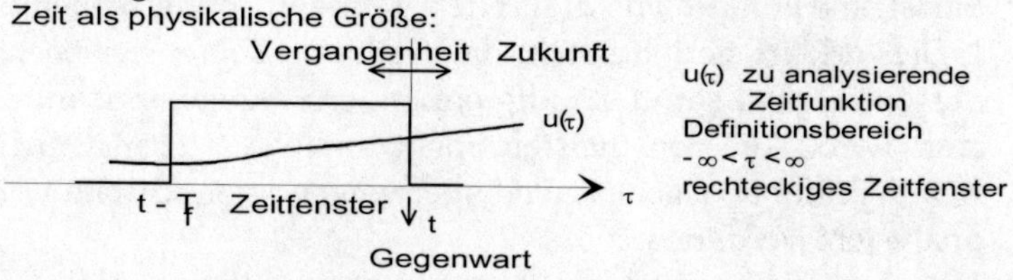

Bild 1.14. Fouriertransformation

Auf der Zeitachse τ gibt es einen Zeitpunkt t, der die Gegenwart kennzeichnet; zukünftige Werte können dem Analysator nicht bekannt sein, die Analyse kann sich also nur auf vergangene Werte erstrecken. Dies bedeutet, dass eine zu analysierende Zeitfunktion mit einem Zeitfenster belegt wird, bzw. mit einer Fensterfunktion multipliziert wird, die für zukünftige Werte verschwindet.

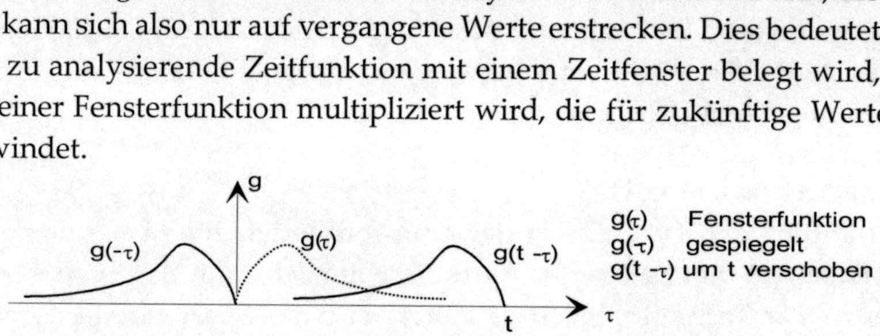

Bild 1.15. Impulsantwortfunktion und Zeitfenster

Auch kann sich die Integration nicht beliebig weit in die Vergangenheit erstrecken, sie beginnt frühestens mit dem Einschalten eines Analysators. Somit gibt es auch eine bestimmte Fensterbreite. Aus dem Vorstehenden folgt, dass die mathematische Fourier-Transformation nur angenähert werden kann. Statt der Zeitfunktion selbst wird die mit einer Fensterfunktion multiplizierte Zeitfunktion transformiert.

Die als Impulsantwortfunktion definierte Fensterfunktion wird, wie es Bild 1.15 zeigt, an der Ordinate gespiegelt und um t nach rechts verschoben. Damit erhält man die Transformationsgleichung

$$\underline{U}(f,t) = \int_{-\infty}^{\infty} u(\tau)\, g(t-\tau)\, \exp(-j\, 2\pi f\tau)\, d\tau \quad , \qquad (1.58)$$

die Kurzzeit-Fouriertransformation genannt wird. Die obere Grenze kann durch t ersetzt werden, weil die an der Ordinate gespiegelte und um t verschobene Fensterfunktion für Zeitwerte > t verschwindet. Zwei Punkte sind bei der Kurzzeit-Fouriertransformation besonders zu beachten:

1. Sie ist eine Funktion nicht nur der Frequenz, sondern auch der Zeit t. Dies erklärt sich dadurch, dass sich das Zeitfenster nach rechts verschiebt und somit ständig ein anderer Signalausschnitt analysiert wird. Auf den meisten Spektrumanalysatoren werden stehende Bilder beobachtet, weil überwiegend periodische Vorgänge analysiert werden.
2. Die Kurzzeit-Fouriertransformierte hat die Einheit Volt [V], weil die Fensterfunktion als Impulsantwortfuntion die Einheit [s^{-1}] hat.

Alle Spektrumanalysatoren messen grundsätzlich unabhängig von ihrer Realisierung immer die Kurzzeit-Fourier-Transformierte. Diese Kurzzeit-Fourier-Transformation lässt sich nun vollstänig auf den Bereich der Zahlenfolgen übertragen. Sie wird dann überwiegend Diskrete Fourier-Transformation bzw. abgekürzt DFT genannt

1. 2. 2. 1. Herleitung der DFT

Zur Ermittlung der Kurzzeit-Fourier-Transformierten einer i.a. komplexen Zahlenfolge $\underline{z}(n)$ von Zeitwerten wird diese zunächst mit der Exponentialfolge $\exp(-j2\pi f'n)$ multipliziert. Dadurch wird das Spektrum der Zahlenfolge entsprechend dem Verschiebungssatz der Fouriertransformation auf der Frequenzachse verschoben. Der selektiv interessierende Spektralbereich wird dann in der Nullage durch einen Tiefpaß mit der Impulsantwortfolge g(n) herausgefiltert.

Am Ausgang des Tiefpasses entsteht die Kurzzeit-Fourier-Transformierte

$$\underline{F}_D(f',n) = [\ \underline{z}(n) \exp(-j\,2\pi f'n)\ ] * g(n) \tag{1.59}$$

durch Faltung des Produkts $\underline{z}(n)$ exp(-j 2pf'n) mit der Impulsantwortfolge g(n). Die Kurzzeit-Fourier-Transformierte ist eine Funktion der Frequenz und der Folgennummer n. Man erhält mit der Definition der Faltungssumme

$$\underline{F}_D(f',n) = \sum_{i=-\infty}^{\infty} \underline{z}(i)\ g(n-i) \exp(-j\,2\pi f'i) \quad . \tag{1.60}$$

In diesem Ausdruck bildet die an der Ordinate gespiegelte und um n verschobene Impulsantwortfolge g(n - i) ein über der i-Achse gleitendes Fenster.

Hinsichtlich dieses Fensters haben sich eine Reihe von Festlegungen durchgesetzt:

1. Das Fenster ist begrenzt und umfaßt N Folgenelemente.
2. Es wird durch

$$g(n) = \frac{1}{N} w(n) \tag{1.61}$$

eine Fensterfunktion w(n) definiert.

3. Die Fensterfunktion w(n) genügt der Symmetriebedingung

$$w(n) = w(\,[N-1] - n\,) \tag{1.62}$$

sowie der Bedingung

$$w(n) = \begin{cases} 0 & \text{für } n \geq N \\ 0 & \text{für } n < 0 \end{cases} \quad . \tag{1.63}$$

Die Rechteck-Fensterfunktion

$$w(n) = \varepsilon(n) - \varepsilon(n-N) \quad , \tag{1.64}$$

die den obigen Bedingungen genügt, ist die einfachste Fensterfunktion und bildet bei Betrachtungen hinsichtlich des Fensters den Ausgangspunkt. Mit diesem Fenster erhält man für die Kurzzeit-Fourier-Transformierte

$$\underline{F}_D(f',n) = \frac{1}{N} \sum_{i=n-(N-1)}^{n} \underline{z}(i) \exp(-j\,2\pi f'i) \tag{1.65}$$

Bei sehr vielen Betrachtungen lässt man das Fenster nicht gleiten und setzt n=N-1. Damit ergibt sich für die Kurzzeit-Fourier-Transformierte

$$\underline{F}_D(f') = \frac{1}{N} \sum_{i=0}^{N-1} \underline{z}(i) \exp(-j\, 2\pi\, f' i) \quad . \tag{1.66}$$

In dieser speziellen Form ist sie in der Literatur am häufigsten zu finden und wird dort meistens als Diskrete Fourier-Transformierte bezeichnet.

Bei der DFT nach Gl. (1.66) wird durch das Fenster ein Bereich von N Elementen ausgeblendet. Denkt man sich diesen Bereich periodisch fortgesetzt, so lässt er sich in die Fourier-Reihe

$$\underline{z}_{per}(n) = \sum_{k=0}^{N-1} \underline{c}(k) \exp(j\, 2\pi\, k\, n/N) \tag{1.67}$$

entwickeln. Die Folgen $\underline{z}(n)$ und $\underline{z}_{per}(n)$ stimmen im Summationsbereich der Gl. (1.66) überein. Setzt man daher (1.67) in (1.66) ein, so erhält man

$$\underline{F}_D(f') = \frac{1}{N} \sum_{i=0}^{N-1} \sum_{k=0}^{N-1} \underline{c}(k) \exp(j\, 2\pi\, k\, i/N) \quad \exp(-j\, 2\pi\, f' i) \, . \tag{1.68}$$

Durch Vertauschen der Reihenfolge der Summationen und Zusammenfassen der e-Funktionen wird daraus

$$\underline{F}_D(f') = \frac{1}{N} \sum_{k=0}^{N-1} \underline{c}(k) \sum_{i=0}^{N-1} \exp(-j\, 2\pi\, (f' - k/N)\, i) \quad . \tag{1.69}$$

Mit der Summenformel

$$\sum_{i=0}^{N-1} x^i = \frac{1 - x^N}{1 - x} \tag{1.70}$$

erhält man

$$\sum_{i=0}^{N-1} \exp(-j\,2\pi\,(f' - k/N)\,i) = \frac{1 - \exp(-j\,2\pi\,(f' - k/N)\cdot N)}{1 - \exp(-j\,2\pi\,(f' - k/N))}$$

$$= \frac{\sin(\pi[f' - \frac{k}{N}]\,N)}{\sin(\pi[f' - \frac{k}{N}])} \exp(\pi[f' - \frac{k}{N}](N-1)) \,. \qquad (1.71)$$

Setzt man (1.72) in (1.69) ein, so gilt für die Kurzzeit-Fourier-Transformierte

$$\underline{F}_D(f') = \frac{1}{N} \sum_{k=0}^{N-1} \underline{c}(k) \frac{\sin(\pi[f' - \frac{k}{N}]\,N)}{\sin(\pi[f' - \frac{k}{N}])} \exp(\pi[f' - \frac{k}{N}](N-1)) . \qquad (1.72)$$

Setzt man in (1.72) f'=m/N, so sind in der Summe von den N Gliedern alle null bis auf das Glied mit k=m und es ergibt sich wegen

$$\lim_{k \to m} \frac{\sin(\pi[\frac{m-k}{N}]\,N)}{\sin(\pi[\frac{m-k}{N}])} \exp(\pi[\frac{m-k}{N}](N-1))) = 1 \quad (1.73)$$

die Beziehung

$$\underline{F}_D(m\,\frac{1}{N}) = \frac{1}{N}\,\underline{c}(m) \qquad . \qquad (1.74)$$

Damit erhält man die Interpolationsformel

$$\underline{F}_D(f') = \sum_{k=0}^{N-1} \underline{F}_D(\frac{k}{N}) \frac{\sin(\pi[f' - \frac{k}{N}]\,N)}{\sin(\pi[f' - \frac{k}{N}])} \exp(\pi[f' - \frac{k}{N}](N-1)) \quad (1.75)$$

Die Kurzzeit-Fourier-Transformierte einer Zahlenfolge ist also vollständig bestimmt durch ihre Abtastwerte bei den Vielfachen der Frequenz 1/N; Zwischenwerte lassen sich an Hand der Interpolationsformel ermitteln. Daher setzt man in der Kurzzeit-Fourier-Transformierten nach Gl. (1.66) f'=m/N und erhält

$$\underline{F}_D(m) = \frac{1}{N} \sum_{i=0}^{N-1} \underline{z}(i) \exp(-j\, 2\pi\, m\, i/N) \quad . \quad (1.76)$$

Gl. (1.76) ermöglicht die Berechnung von N Spektralwerten aus N Zeitwerten. Die inverse DFT

$$\underline{z}(i) = \sum_{m=0}^{N-1} \underline{F}_D(m) \exp(j\, 2\pi\, m\, i/N) \qquad (1.77)$$

leistet das Umgekehrte; sie ermittelt aus N Spektralwerten N Zeitwerte. Der Beweis der Gl. (1.77) ergibt sich durch Einsetzen von (1.76) in (1.77), wobei man die Laufvariable i durch k ersetzt. Man erhält

$$\underline{z}(i) = \sum_{m=0}^{N-1} \left\{ \frac{1}{N} \sum_{k=0}^{N-1} \underline{z}(k) \exp(-j\, 2\pi\, m\, k/N) \right\} \exp(j\, 2\pi\, m\, i/N). \quad (1.78)$$

Durch Zusammenfassen der e-Funktionen und Vertauschen der Reihenfolge der Summation ergibt sich

$$\underline{z}(i) = \frac{1}{N} \sum_{k=0}^{N-1} \underline{z}(k) \sum_{m=0}^{N-1} \exp\left(j\, 2\pi\, m \frac{i-k}{N}\right) \qquad (1.79)$$

Dabei gilt

$$\sum_{m=0}^{N-1} \exp\left(j\, 2\pi\, m \frac{i-k}{N}\right) = \begin{cases} 0 & \text{für } i \neq k \\ N & \text{für } i = k \end{cases} , \qquad (1.80)$$

weil die Summe von gleichmäßig über den Einheitskreis verteilten Zeigern null ist. So ergibt sich

$$\underline{z}(i) = \frac{1}{N} \underline{z}(i) \cdot N \quad , \qquad (1.81)$$

womit (1.77) bewiesen ist.

1. 2. 2. 2. Spektraler Leckeffekt und Lattenzauneffekt

Die diskrete Fourier-Transformierte weist zwei störende Effekte auf, deren Auswirkungen am besten bei der Analyse einer Sinusfolge aufzuzeigen sind. Die Fourier-Transformierte

$$\underline{F}(f') = \sum_{n=-\infty}^{\infty} \underline{z}(n) \exp(-j\, 2\pi\, f'n) \tag{1.82}$$

einer komplexen Sinusfolge $\underline{z}(n) = \exp(j\, 2\pi\, f_0'n)$ erhält man durch Einsetzen

$$\underline{F}(f') = \sum_{n=-\infty}^{\infty} \exp(-j\, 2\pi\, [f' - f_0']\, n) \quad . \tag{1.83}$$

Für $f' \neq k + f'_0$, k ganzzahlig, erhält man die Addition unendlich vieler, gleichmäßig über den Einheitskreis verteilter Zeiger, die den Wert null ergeben, so dass sich

$$\underline{F}(f') = \sum_{k=-\infty}^{\infty} \delta\,(f'-f'_0 - k) \tag{1.84}$$

ergibt. Geht man zur Kurzzeit-Fourier-Transformierten

$$\underline{F}_D(f') = \frac{1}{N} \sum_{n=0}^{N-1} \underline{z}(n)\, w(n) \exp(-j\, 2\pi\, f'\, n) \tag{1.85}$$

über, so ist eine Fensterfunktion zu wählen. Berechnet werden soll wieder das Spektrum der Zahlenfolge $\underline{z}(n)=\exp(j2\pi f_0'n)$ wobei der Standardfall des Rechteckfensters angenommen wird. Man erhält

$$\underline{F}_D(f') = \frac{1}{N} \sum_{n=0}^{N-1} \exp(j\, 2\pi\, f_0'\, n)\ \exp(-j\, 2\pi\, f'\, n) \tag{1.86}$$

Unter Anwendung der Summenformel (1.70) und einigen Umformungen wird daraus

$$\underline{F}_D(f') = \frac{1}{N}\ \frac{\sin(\pi\,[f' - f_0']\, N)}{\sin(\pi\,[f' - f_0'])}\ \exp\,[-j\, \pi\, (f' - f_0')\, (N-1)\,]. \tag{1.87}$$

Diese Frequenzfunktion hat an den Stellen $f'=k+f_0'$ (k ganzzahlig) den Wert 1 wie bei der allgemeinen Fourier-Transformation. Die Unmöglichkeit, bei der Transformation über alle Elemente einer Folge zu summieren, die bei der Kurzzeit-Fourier-Transformation durch das Fenster beschrieben wird, hat also zur Folge, dass das Spektrum über der Frequenzachse ›verschmiert‹ zu sein scheint. Eine Schwingung mit der Frequenz f_0' hat nicht mehr ein Linienspektrum, sondern eine kontinuierliche Frequenzfunktion mit einem Verlauf, wie er in Bild 1.16 zu sehen ist.

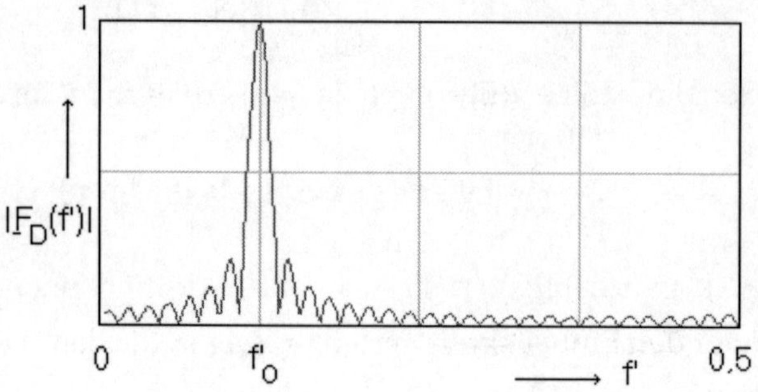

Bild 1.16. Spektraler Leckeffekt der Kurzzeit-Fourier-Transformation

Die Spektralfunktion hat im Bereich $0 < f' < 0{,}5$ ein Hauptmaximum an der Stelle $f' = f_0'$ sowie Nebenzipfel rechts und links entlang der Frequenzachse. In der angelsächsischen Literatur ist für diesen Effekt der Begriff "spectral leakage", in deutscher Übersetzung "spektraler Leckeffekt" geprägt worden[1]. Der spektrale Verlauf berechnet sich allgemein aus der Faltung der Kurzzeit-Fourier-Transformierten der Fensterfunktion w(n)

$$\underline{W}_D(f') = \frac{1}{N} \sum_{n=0}^{N-1} w(n) \exp(-j\, 2\pi\, f'\, n) \qquad (1.88)$$

mit dem Spektrum der Sinusfolge nach Gl. (2.84)

$$\underline{F}_D(f') = \underline{F}(f') * \underline{W}_D(f') \quad . \qquad (1.89)$$

Wichtige Konsequenzen des Leckeffektes sind:

1. Auf Grund der spektralen Verbreiterung einer Spektrallinie können nicht mehr beliebig dicht beieinander liegende Linien unterschieden werden.
2. Da sich die Ausläufer der Frequenzfunktion einer Linie dem Maximum der Frequenzfunktion einer anderen Linie überlagern, entstehen Fehler in der Höhe der Linien.

---

[1] Vgl. Hesselmann, Norbert: *Digitale Signalverarbeitung,* Vogel-Verlag 1983.

Um diese Auswirkungen des Leckeffektes zu mildern, wird der Fensterfunktion w(n) eine gegenüber dem Rechteck modifizierte Form gegeben, mit dem Ziel, den verbreiterten Verlauf, mit dem die Spektrallinie einer Sinusschwingung dargestellt wird, zu verändern. So werden die verschiedenen Fensterfunktionen durch die Eigenschaften der durch sie hervorgerufenen Spektralfunktion charakterisiert. Man unterscheidet bei dieser Spektralfunktion das Hauptmaximum und die Nebenzipfel. Damit lassen sich eine Reihe an Fensterparametern definieren: dB-Bandbreite des Hauptmaximums, Abstand des 1. Nebenzipfels vom Hauptmaximum in dB, Abfall der Nebenzipfel in dB pro Oktave. Nachfolgend seien drei, häufig verwendete Fensterfunktionen angeführt.

Rechteckfenster:

$$w(n) = \varepsilon(n) - \varepsilon(n - N) \tag{1.90}$$

Bartlett-Fenster (Dreieckfenster):

$$w(n) = \begin{cases} \frac{2n}{N-1} & \text{für } 0 \le n \le \frac{N-1}{2} \\ 2 - \frac{2n}{N-1} & \text{für } \frac{N-1}{2} < n \le N-1 \\ 0 & \text{sonst} \end{cases} \tag{1.91}$$

Hanning-Fenster ($\cos^2$-Fenster):

$$w(n) = \begin{cases} \frac{1}{2}\left[1 - \cos\left(\frac{2\pi n}{N-1}\right)\right] & \text{für } 0 \le n \le N-1 \\ 0 & \text{sonst} \end{cases} \tag{1.92}$$

Hinsichtlich der verschiedenen Parameter dieser Fenster sei auf verwiesen.[2] In Abschn. 1.2.2.1 wurde gezeigt, dass die Frequenzfunktion der Kurzzeit-Fourier-Transformierten vollständig durch ihre Werte bei Vielfachen der Frequenz 1/N bestimmt ist. Daher wird f'=m/N gesetzt und die Berechnung dieser Diskreten Fourier-Transformierten in der Form

---

[2] Ebenda.

$$\underline{F}_D(m) = \frac{1}{N} \sum_{i=0}^{N-1} \underline{z}(i) \exp(-j\, 2\pi\, m\, i / N) \qquad (1.93)$$

durchgeführt. Dabei tritt dann der nach der englischen Bezeichnung picket fence genannte Lattenzaun-Effekt zu Tage[3]. Der Lattenzauneffekt umfaßt 2 Erscheinungen:

1. Setzt man in der Kurzzeit-Fourier-Transformierten (1.87) einer Schwingung mit der Frequenz f_0'

$$f' = m \frac{1}{N} \text{und} \qquad f_0' = m_0 \frac{1}{N} \quad , \qquad (1.94)$$

so ergibt sich

$$\underline{F}_D(m) = \frac{1}{N} \frac{\sin(\pi\, [m - m_0]\,)}{\sin(\pi \frac{m - m_0}{N})} \exp(-j\, \pi \frac{m - m_0}{N} (N - 1)\,)\,. \qquad (1.95)$$

Damit hat $\underline{F}_D(m)$ nur an der Stelle $m = m_0$ einen von Null verschiedenen Wert; die übrigen Linien sind verschwunden.

2. Ist die Frequenz f_0' einer Schwingung kein ganzzahliges Vielfaches von 1/N, so liegt das Maximum der Frequenzfunktion zwischen zwei Frequenzwerten, die von der DFT berechnet werden und die somit beide nicht den richtigen Wert haben.

1. 3. Digitale Filter: Filterung von Zahlenfolgen

Filter sind wichtige Schaltungsbausteine der analogen Signalverarbeitung. Bei der Filterung eines Signals wird das Signalspektrum gezielt verändert. Man erhält die Fourier-Transformierte des Ausgangssignals durch Multiplikation der Fourier-Transformierten des Eingangssignals mit dem komplexen Frequenzgang des Filters. Häufig soll der Betrag des Spektrums verändert werden, indem bestimmte Bereiche unterdrückt und andere durchgelassen werden. Dann sind bestimmte Vorschriften hinsichtlich des Amplitudenganges zu machen. Man spricht von frequenzselektiven Filtern mit den Grundformen Hochpaß, Tiefpaß, Bandpaß und Bandsperre. Es gibt jedoch auch Vorschriften, die im Zeitbereich formuliert werden, wie z.B. Differentiation und Integration. Allerdings können solche Vorschriften dann auch

[3] Ebenda.

wieder in den Frequenzbereich transformiert werden, wo sie zur Formulierung eines bestimmten komplexen Frequenzgangs führen.

Alle Vorstellungen und Zielsetzungen der analogen Filtertechnik lassen sich in den zeitdiskreten Bereich übertragen. Digitale Filter werden durch die Übertragungsfunktion H(z) und den aus ihr abgeleiteten komplexen Frequenzgang $\underline{H}(f')$ beschrieben. Die Übertragungsfunktion eines Systems 2. Ordnung

$$H(z) = \frac{Y(z)}{X(z)} = \frac{A_0 + A_1 z^{-1} + A_2 z^{-2}}{1 + B_1 z^{-1} + B_2 z^{-2}} \tag{1.96}$$

mit den Filterkoeffizienten A_0 bis B_2 lässt sich als Produkt

$$H(z) = H_z(z)\, H_n(z) \tag{1.97}$$

zweier Übertragungsfunktionen $H_z(z)$ und $H_n(z)$ mit

$$H_z(z) = A_0 + A_1 z^{-1} + A_2 z^{-2} \tag{1.98}$$

und

$$H_n(z) = \frac{1}{1 + B_1 z^{-1} + B_2 z^{-2}} \tag{1.99}$$

beschreiben.

Ein System mit einer Übertragungsfunktion ohne Nennerpolynom, wie dies bei $H_z(z)$ der Fall ist, wird nichtrekursives System genannt, weil der gegenwärtige Wert der Ausgangsfolge auf Grund des gegenwärtigen Wertes und vergangener Werte nur der Eingangsfolge berechnet wird und somit keine Rüchkopplung besteht.

Hat die Übertragungsfunktion ein Nennerpolynom, wie dies bei $H_n(z)$ der Fall ist, so spricht man von einem rekursiven System, weil der gegenwärtige Wert der Ausgangsfolge nicht nur auf Grund des gegenwärtigen Wertes der Eingangsfolge, sondern auch auf Grund vergangener Werte der Ausgangsfolge berechnet wird und somit eine Rückkopplung besteht.

Rekursive und nichtrekursive Systeme haben sehr unterschiedliche Eigenschaften und werden daher in getrennten Abschnitten behandelt.

1. 3. 1. Entwurf rekursiver Systeme

Die Entwurfsmethoden, die auf rekursive Filter führen, eignen sich hauptsächlich für die Realisierung von Tiefpässen, Hochpässen, Bandpässen und

Bandsperren sowie auch von Allpässen mit ähnlichen Eigenschaften wie bei analogen Filtern. Zu beachten sind bei ihnen die später zu besprechenden Wortlängeneffekte, die zu Schwingungen und Grenzzyklen führen können. Von den Entwurfsverfahren werden hier die bilineare Transformation und die impulsinvariante Transformation vorgestellt.[4] Beide Methoden gehen von analogen Filtern als Referenz aus und transformieren sie in den Bereich der Zahlenfolgen. Dies ist deshalb von Vorteil, weil es im analogen Bereich nicht nur eine Reihe von Entwurfsverfahren, sondern auch in Form von Filterkatalogen vorliegende Sammlungen von Filtern für verschiedene Anwendungen gibt.

1. 3. 1. 1. Bilineare Transformation

Ausgangspunkt bildet die Übertragungsfunktion F(s) eines analogen Filters. Gesucht wird dann die Übertragungsfunktion H(z) eines diskreten Filters, welches das Frequenzverhalten des analogen Filters nachbildet. Die in Abschn. 1.1.3 erläuterte Herleitung der Z-Transformation zeigt, dass die Substitution $\exp(sT_A) = z$ den Zusammenhang zwischen der s-Ebene des analogen Bereichs und der z-Ebene des diskreten Bereichs herstellt. Die komplexen Frequenzen s der s-Ebene werden auf die Abtastfrequenz f_A bezogen. So erhält man mit $s'=s/f_A$ die Beziehung $\exp(s')=z$. Normiert man die Übertragungsfunktion des analogen Referenzfilters auf die Abtastfrequenz f_A, so ergibt sich eine Übertragungsfunktion der Variablen z, indem man in der normierten Übertragungsfunktion F(s') die Substitution $s'=\ln(z)$ durchführt. Die so entstehende Übertragungsfunktion ist nicht rational und daher lässt sich aus ihr keine Differenzengleichung herleiten. Man verwendet deshalb die Reihenentwicklung für den natürlichen Logarithmus

$$\ln(z) = 2\left[\frac{z-1}{z+1} + \frac{1}{2}\left(\frac{z-1}{z+1}\right)^2 + \frac{1}{3}\left(\frac{z-1}{z+1}\right)^3 + ..\right] \tag{1.100}$$

und bricht diese Reihe nach dem 1. Glied ab. Die Substitution lautet dann

$$s' = 2\frac{z-1}{z+1} \quad , \tag{1.101}$$

[4] Azizi, Seyed A.: *Entwurf und Realisierung digitaler Filter,* Oldenbourg 1988 und Lacroix, Arild: *Digitale Filter,* Oldenbourg 1980

mit der aus der Übertragungsfunktion F(s') des analogen Referenzfilters eine realisierbare Übertragungsfunktion H(z) eines diskreten Filters entsteht, das das Frequenzverhalten des Referenzfilters approximiert. Bei dieser sog. bilinearen Transformation werden alle Punkte einer mit f' bezifferten Frequenzachse des Referenzfilters bestimmten Punkten der mit f_d' bezifferten Frequenzachse des diskreten Filters zugeordnet. Diese Zuordnung gewinnt man, indem man in der Substitutionsgleichung mit $s' = j2\pi f'$ und $z = \exp(j2\pi f_d')$ in beiden Bereichen auf die Frequenzen übergeht.
Aus Gl. (1.101) erhält man dann

$$j\,2\pi\,f' = 2\,\frac{\exp(j\,2\pi\,f_d') - 1}{\exp(j\,2\pi\,f_d') + 1} \qquad (1.102)$$

und nach Umformung

$$f' = \frac{1}{\pi}\tan(\,\pi\,f_d') \quad . \qquad (1.103)$$

Wichtige Frequenzpunkte wie z.B. Bandmittenfrequenzen und Grenzfrequenzen, sind also bei dem Referenzfilter so festzulegen, dass sie nach der Transformation an den gewünschten Stellen liegen. Gesucht ist z.B. ein digitaler Tiefpaß 1. Ordnung, der das analoge Referenzsystem

$$F(s') = \frac{1}{1+s'T'} \qquad \text{mit } T' = \frac{1}{2\pi f'_g} \qquad (1.104)$$

und der 3dB-Grenzfrequenz f'_g approximiert. Gl. (1.101) in (1.104) eingesetzt ergibt die Übertragungsfunktion des digitalen Systems

$$H(z) = \frac{1}{1 + 2T'\,\frac{z-1}{z+1}} = \frac{1}{1+2T'} \cdot \frac{1+z^{-1}}{1 + \frac{1-2T'}{1+2T'}\,z^{-1}} \qquad (1.105)$$

Durch Vergleich mit der allgemeinen Übertragungsfunktion eines digitalen Systems 1. Ordnung

$$H(z) = \frac{A_0 + A_1 z^{-1}}{1 + B_1 z^{-1}} \qquad (1.106)$$

lassen sich die Koeffizienten des Digitalsystems für eine bestimmte Grenzfrequenz berechnen:

$$A_0 = \frac{1}{1+2T'} = \frac{\pi f'_g}{1+\pi f'_g} \qquad A_1 = A_0$$

$$B_1 = \frac{1 - 2T'}{1+2T'} = \frac{\pi f'_g - 1}{\pi f'_g - 1} \tag{1.107}$$

In diesen Bestimmungsgleichungen wird f'_g gemäß

$$f'_g = \frac{1}{\pi} \tan(\pi\, f'_{dg}) \tag{1.108}$$

so gewählt, dass letztlich das Digitalsystem die gewünschte 3dB-Grenzfrequenz f'_{dg} erhält.

1. 3. 1. 2. Impulsinvariante Transformation

Ausgangspunkt bildet hier die Impulsantwortfunktion g(t) eines analogen Referenzfilters mit der Übertragungsfunktion F(s). Die Impulsantwortfunktion

$$g(t) = L^{-1}\{ F(s) \}, \tag{1.109}$$

die sich als inverse Laplace-Transformierte der Übertragungsfunktion F(s) ergibt, hat die Einheit s^{-1}. Um zu einem dem analogen Referenzfilter entsprechenden Digitalfilter zu gelangen, macht man die Elemente der Impulsantwortfolge des zu bestimmenden Digitalfilters gleich den mit der Abtastperiode T_A multiplizierten Abtastwerten der Impulsantwortfunktion des analogen Referenzfilters. Man erhält also die Impulsantwortfolge des Digitalfilters aus den Abtastwerten einer mit f_A abgetasteten Impulsantwort g(t) des Referenzfilters

$$g(n) = T_A \quad g(t)\big|_{t=n\,T_A} \quad . \tag{1.110}$$

Damit ergibt sich das folgende Entwurfsschema:

1. Zu einer gegebenen Übertragungsfunktion F(s) des analogen Referenzfilters wird die Impulsantwortfunktion g(t) bestimmt.
2. Die Impulsantwortfolge des Digitalfilters ergibt sich entsprechend Gl. (2.110).
3. Die Übertragungsfunktion des Digitalfilters erhält man als Z-Transformierte der Impulsantwortfolge g(n): $H(z) = Z\{g(n)\}$.

Das Verfahren sei an einem einfachen Beispiel erläutert. Hat das analoge Referenzfilter die Übertragungsfunktion

$$F(s) = \frac{1}{1 + \frac{s}{2\pi f_g}} \qquad (1.111)$$

mit der 3 dB-Grenzfrequenz f_g, so erhält man durch inverse Laplace-Transformation die Impulsantwortfunktion

$$g(t) = 2\pi\, f_g\; \exp(\,-2\pi\, f_g\, t\,) \quad . \qquad (1.112)$$

Setzt man darin $t = n\,T_A$, so ergibt sich die Impulsantwortfolge

$$g(n) = T_A \cdot g(nT_A) = 2\pi\, f_g\, T_A \exp(\,-2\pi\, f_g\, T_A\, n\,)$$
$$= 2\pi\, f'_g \exp(\,-2\pi\, f'_g\, n\,) \qquad (1.113)$$

des gesuchten Digitalfilters. Durch Z-Transformation dieser Folge entsteht die Übertragungsfunktion

$$H(z) = \frac{A_0}{1 + B_1\, z^{-1}} \qquad (1.114)$$

mit den Koeffizienten

$$A_0 = 2\pi\, f'_g \quad \text{und} \quad B_1 = -\exp(\,-2\pi\, f'_g\,) \quad . \qquad (1.115)$$

1. 3. 2. Entwurf nichtrekursiver Systeme

Nichtrekursive Systeme, die auch Transversalfilter genannt werden, haben eine Reihe hervorragender Eigenschaften. Man kann bei ihrer Dimensionierung Amplituden- und Phasengang voneinander unabhängig vorgeben. Somit ist auch ein linearer Phasengang möglich, den es bei den analogen Filtern nicht gibt. Nichtrekursive Systeme sind immer stabil, weil es keine Rückführungen gibt. Daher sind auch keine Grenzzyklus-Schwingungen auf Grund der endlichen Wortbreite möglich. Die Impulsantwortfolge ist begrenzt und gleich der Folge der Filterkoeffizienten.

1. 3. 2. 1. Fourier-Approximation

Während die Eigenschaften eines Systems durch die Koeffizienten der Übertragungsfunktion H(z) festgelegt sind, finden sich die Anforderungen an das System meist in einem bestimmten komplexen Frequenzgang $\underline{H}(f')$ wieder. Daher ist als Grundlage für den Entwurf die Berechnung der Koeffizienten aus dem komplexen Frequenzgang anzustreben. Die Übertragungsfunktion

$$H(z) = \sum_{k=0}^{N} A_k z^{-k} \tag{1.116}$$

eines nichtrekursiven Systems der Ordnung N kann (bei geradem N) mit den Substitutionen k = m + N/2 und $A_{m+N/2} = c_m$ auf die Form

$$H(z) = z^{-N/2} \sum_{m=-N/2}^{N/2} c_m z^{-m} \tag{1.117}$$

gebracht werden. Den Übergang zum komplexen Frequenzgang vermittelt die Substitution $z = \exp(j2\pi f')$. Man erhält

$$\underline{H}(f') = \left[\sum_{m=-N/2}^{N/2} c_m \exp(-j2\pi f' m) \right] \exp(-j2\pi f' N/2)$$

$$= \underline{H}_1(f') \cdot \underline{H}_2(f') \,. \tag{1.118}$$

Im folgenden wird der komplexe Frequenzgang

$$\underline{H}_1(f') = \sum_{m=-N/2}^{N/2} c_m \exp(-j2\pi f' m) \tag{1.119}$$

untersucht. Dabei gilt:

$$\left|\underline{H}(f')\right| = \left|\underline{H}_1(f')\right| \qquad \mathrm{arc}(\underline{H}(f')) = \mathrm{arc}(\underline{H}_1(f')) - 2\pi f' N/2 \,. \tag{1.120}$$

Der Ausdruck (1.119) kann als eine endliche Fourier-Reihe aufgefaßt werden. Um beliebige Frequenzgänge $\underline{H}(f')$ durch die Reihe darstellen zu können, wird der Grenzübergang N-->∞ durchgeführt:

$$\underline{H}_1(f') = \sum_{m=-\infty}^{\infty} c_m \exp(-j2\pi f' m) \quad . \tag{1.121}$$

Die Koeffizienten dieser Reihe ergeben sich bekanntlich zu:

$$c_m = \int_{-1/2}^{1/2} \underline{H}_1(f') \exp(j2\pi f' m) \, df' \quad . \tag{1.122}$$

Nützlich ist eine Umformung durch Einsetzen der Exponentialform des komplexen Frequenzgangs. Mit $\underline{H}_1(f') = \left|\underline{H}_1(f')\right| \exp[j\varphi(f')]$ erhält man

$$c_m = \int_{-1/2}^{1/2} \left|\underline{H}_1(f')\right| \exp\left[j\left(2\pi f'm + \varphi(f')\right)\right] df' . \quad (1.123)$$

Durch Anwendung der Euler'schen Formel für die e-Funktion und weil der Imaginärteil eine ungerade Funktion ist und somit seine Integration null ergibt, wird daraus

$$c_m = 2 \int_{0}^{1/2} \left|\underline{H}_1(f')\right| \cos[2\pi f'm + \varphi(f')]\, df' \quad . \quad (1.124)$$

Diese Gleichung ermöglicht die Berechnung der Koffizienten des Transversalfilters und zeigt, dass sich Amplituden- und Phasengang von einander unabhängig festlegen lassen, worauf letztlich auch die große Bedeutung dieses Filtertyps beruht. Die Koeffizienten c_m beziehen sich auf eine Übertragungsfunktion

$$H_1(z) = \sum_{m=-N/2}^{N/2} c_m\, z^{-m} \quad , \quad (1.125)$$

die den gewünschten Amplituden- und Phasengang approximiert, aber nicht realisierbar ist, weil den negativen Werten der Laufvariablen negative Laufzeiten entsprechen. Realisierbar ist die Übertragungsfunktion

$$H(z) = H_1(z) \cdot H_2(z) = z^{-N/2} \sum_{m=-N/2}^{N/2} c_m\, z^{-m} \quad . \quad (1.126)$$

Dies bedeutet, dass dem gewünschten Amplituden- und Phasengang approximierenden System eine Verzögerungsleitung in Kette geschaltet ist. Dem Vergleich mit (1.116) und der Substitution k=m+N/2 entnimmt man die Filterkoeffizienten

$$A_k = c_{k-N/2} \qquad k = 0.....N \quad . \quad (1.127)$$

Abschließend sei noch auf eine Eigenart der Gl.(1.126) eingegangen. Die Laufvariable m und die Ordnungszahl N sind ganzzahlig. Bei ungerader Ordnungszahl müßte m den nicht ganzzahligen Wert N/2 annehmen. In diesem Fall lässt man die Laufvariable m die ungeradzahligen Werte zwischen -N und +N durchlaufen und ersetzt bei den Summanden in z^{-m} die Variable m durch m/2. An die Stelle der Substitution $k = m + \frac{N}{2}$ tritt damit $k = \frac{m+N}{2}$ und es gilt für die Filterkoeffizienten

$$A_{\frac{k+N}{2}} = c_k \text{ bzw. } A_k = c_{2k-N} \qquad k=0...N. \qquad (1.128)$$

1. 3. 2. 2. Fenstertechnik

Die N Koeffizienten eines Transversalfilters mit dem komplexen Frequenzgang

$$\underline{H}(f') = \sum_{n=0}^{N-1} A_n \exp(-j2\pi f'n) \qquad (1.129)$$

und der Ordnung N-1 wurden im vorigen Abschnitt unter der Annahme einer unendlich hohen Ordnungszahl berechnet. Die Beschränkung auf eine endliche Ordnungszahl lässt sich dann durch die Multiplikation der Folge A_n mit einer Rechteck-Fensterfunktion

$$w(n) = \varepsilon(n) - \varepsilon(n - N) \qquad (1.130)$$

berücksichtigen. Der komplexe Frequenzgang erhält dann die Form

$$\underline{H}(f') = \sum_{n=-\infty}^{\infty} A_n\, w(n)\, \exp(-j2\pi f'n) . \qquad (1.131)$$

Dieser Ausdruck beschreibt eine Diskrete Fourier-Transformation; der komplexe Frequenzgang des Transversalfilters kann interpretiert werden als die diskrete Fourier-Transformierte der Folge der Koeffizienten des Transversalfilters. Im Abschnitt über die diskrete Fourier-Transformation wurde gezeigt, dass die Begrenzung durch die Fensterfunktion einen Leckeffekt in der Spektralfunktion zur Folge hat. Die gleiche Verfälschung ergibt sich somit beim Transversalfilter mit den unter der Annahme einer unendlich hohen Ordnungszahl berechneten Koeffizienten durch die Beschränkung auf eine endliche Ordnungszahl. So wie sich durch eine geeignete, von der Rechteck-Form abweichende Gestaltung der Fensterfunktion die Verfälschung der Spektralfunktion durch den Leckeffekt verringern läßt, kann auch beim Transversalfilter die Abweichung des tatsächlichen Frequenzgangs von dem der Berechnung zugrunde gelegten Frequenzgang durch Multiplikation der Folge der Koeffizienten mit einer geeigneten Fensterfunktion wesentlich abmildern.

Auf der Grundlage der diskreten Fourier-Transformation lässt sich ebenfalls eine Berechnung der Koeffizienten durchführen. Setzt man in (1.129) f' = m/N, so erhält man

$$\underline{H}(m) = \sum_{n=0}^{N-1} A_n \exp(-j2\pi\, mn/N) \quad . \tag{1.132}$$

Darin sind $\underline{H}(m)$ die Abtastwerte des komplexen Frequenzgangs an den Stellen f' = m/N; sie ergeben sich durch diskrete Fourier-Transformation der Impulsantwortfolge A_n. Die inverse DFT liefert dann

$$A_n = \frac{1}{N} \sum_{m=0}^{N-1} \underline{H}(m) \exp(+\, j2\pi\, mn/N) \quad , \tag{1.133}$$

also die Koeffizienten des Transversalfilters.

1. 4. Veränderung der Abtastfrequenz

Im allgemeinen gibt es innerhalb eines digitalen signalverarbeitenden Systems nur eine Abtastfrequenz. Das Abtasttheorem fordert, dass die spektrale Komponente mit der höchsten Frequenz durch mindestens zwei Folgenelemente pro Periode dargestellt wird. Wird nun innerhalb der Signalverarbeitung eine Bandbegrenzung durch Tiefpässe vorgenommen, so werden mehr Signalelemente aufgewendet als das Abtasttheorem erfordert. In diesem Fall ist eine Herabsetzung der Abtastfrequenz sinnvoll, um Rechenzeit zu sparen. Aber auch eine Heraufsetzung der Abtastfrequenz kann geboten sein, wenn bei der Signalverarbeitung eine Ausdehnung des Spektralbereichs entsteht oder wenn der Interpolationsaufwand verringert werden soll.

1. 4. 1. Interpolation

Am Ende einer digitalen Signalverarbeitung wird die Ausgangszahlenfolge mit einem Rekonstruktionstiefpaß wieder in ein analoges Signal verwandelt. Die Anforderungen an diesen Tiefpaß sind umso geringer je niedriger die bezogene Signalgrenzfrequenz bzw. je höher die Anzahl der Folgenelemente der entsprechenden Periode ist. Eine niedrigere bezogene Signalgrenzfrequenz lässt sich, wie an der Übertragungsstrecke in Bild 1.17 gezeigt, durch Rekonstruktion und erneute Abtastung mit

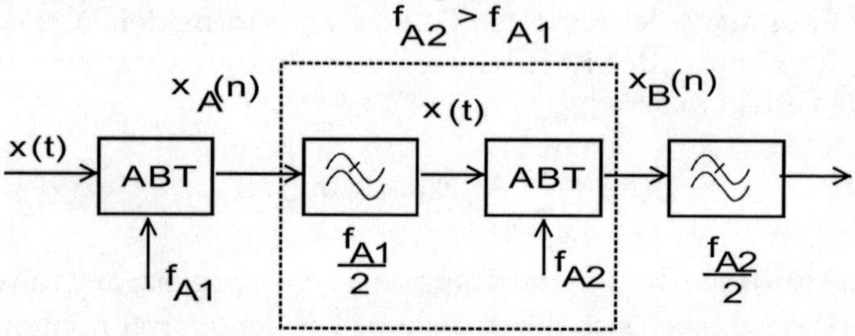

Bild 1.17. erneute Abtastung mit erhöhter Abtastfrequenz

erhöhter Abtastfrequenz erreichen. Stellt die Zahlenfolge $x_A(n)$ eine Sinusfolge dar, so hat die die gleiche analoge Sinusfunktion darstellende Folge $x_B(n)$ mehr Folgenelemente pro Periode.

Es ist nun zu überlegen, wie die Zahlenfolge $x_B(n)$ direkt aus der Zahlenfolge $x_A(n)$ zu gewinnen ist. Ein Ansatz dazu ist das Einfügen von Nullen zwischen 2 Folgenelementen von $x_A(n)$. Bild 2.18 zeigt das Symbol für diese Erhöhung der Abtastfrequenz.

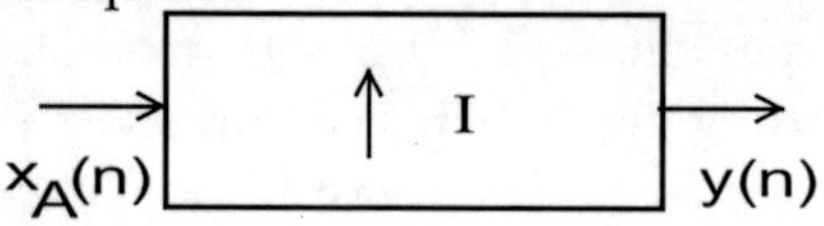

Bild 1.18. Symbol der Abtastratenerhöhung (Interpolation)

Dabei gilt

$$y(n) = \begin{cases} x_A\left(\frac{n}{I}\right) & \text{für } n = 0, \pm I, \pm 2I, \ldots \\ 0 & \text{sonst} \end{cases} \qquad (1.134)$$

mit I als natürlicher Zahl. Allerdings ist die Zahlenfolge y(n) von $x_B(n)$ noch sehr verschieden. Was zur Gewinnung der Folge $x_B(n)$ zu geschehen hat, zeigt eine Betrachtung der Spektren.

Die oberen Teilbilder von Bild 1.19 zeigen die Spektren der zu den Folgen $x_A(n)$ und $x_B(n)$ gehörenden Abtastsignale (s. Abschn. 1.2.1.2). Man erkennt die periodische Wiederholung der Spektren der abgetasteten Signale. Das 3. Teilbild zeigt das noch herzuleitende Spektrum eines zur Zahlenfolge y(n) gehörenden Abtastsig-nals.

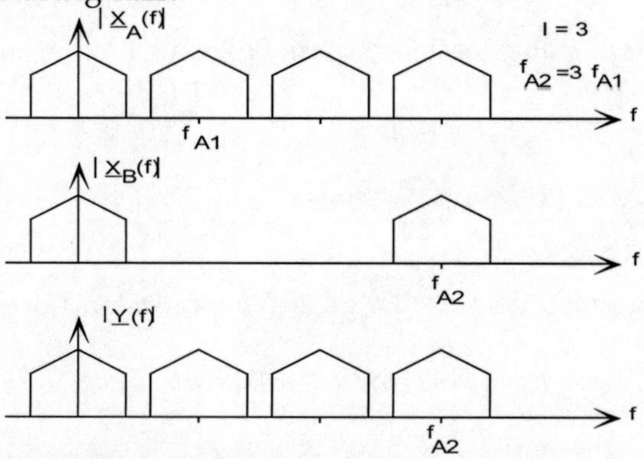

Bild 1.19. Spektren bei der Erhöhung der Abtastfrequenz (I = 3)

Man erkennt, dass das Spektrum $\underline{Y}(f)$ mit Hilfe eines digitalen Tiefpasses der Grenzfrequenz $f_{A1}/2$ in das Spektrum $\underline{X}_B(f)$ übergeführt werden kann. Somit entsteht für die direkte Gewinnung der Folge $x_B(n)$ aus der Folge $x_A(n)$ das Schema nach Bild 1.20.

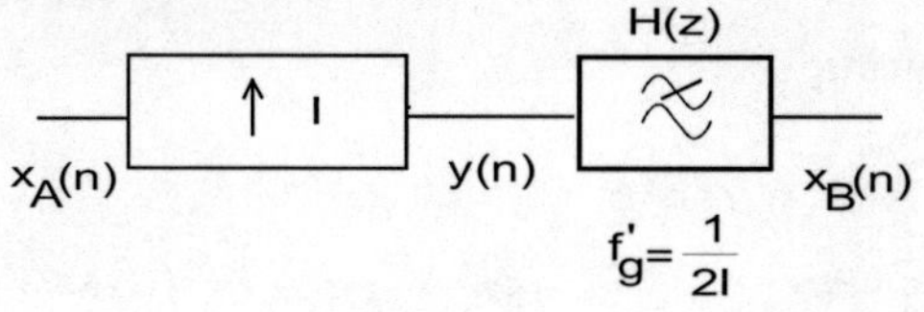

Bild 1.20. Interpolation mit einem Tiefpaß bei Erhöhung der Abtastfrequenz

Nach der Einfügung von I - 1 Nullen zwischen zwei Elementen der Folge $x_A(n)$ erfolgt eine Interpolation mit einem digitalen Tiefpaß der bezogenen Grenzfrequenz $f_g'=1/2\,I$.

Zu zeigen ist noch die Entstehung des Spektrums $\underline{Y}(f)$. Man kann sich die Zahlenfolge

$$y(n) = x_B(n)\, p(n) \tag{1.135}$$

durch Multiplikation der Folge $x_B(n)$ mit der periodischen Folge

$$p(n) = \begin{cases} 1 & \text{für } n = 0, \pm I, \pm 2I, \ldots \\ 0 & \text{sonst} \end{cases} \tag{1.136}$$

entstanden denken. Dabei lässt sich diese Folge als Fourierreihe (s. Abschn. 1.2.1.1)

$$p(n) = \frac{1}{I} \sum_{k=0}^{I-1} \exp(j\, 2\pi \frac{n\,k}{I}) \tag{1.137}$$

darstellen. Setzt man in dem zur Folge y(n) gehörenden Abtastsignal

$$y(t) = \sum_{n=-\infty}^{\infty} y(n)\, \delta\,(t - n\, T_{A2}) \tag{1.138}$$

die Gl. (1.135) und (1.137) ein, so ergibt sich

$$y(t) = \sum_{n=-\infty}^{\infty} \left(x_B(n)\, \frac{1}{I} \sum_{k=0}^{I-1} \exp(j\, 2\pi \frac{n\,k}{I}) \right) \delta\,(t - n\, T_{A2}), \tag{1.139}$$

bzw. nach Umformung

$$y(t) = \frac{1}{I} \sum_{k=0}^{I-1} \left(\sum_{n=-\infty}^{\infty} x_B(n)\; \exp(j\, 2\pi \frac{n\,k}{I})\, \delta\,(t - n\, T_{A2}) \right). \tag{1.140}$$

Dieses Abtastsignal kann man sich entstanden denken durch Abtastung einer Zeitfunktion

$$x_B(t) \exp(\, j2\pi \frac{k\,t}{I\,T_{A2}}) \tag{1.141}$$

mit der Abtastfrequenz $f_{A2}=1/T_{A2}$. Die Multiplikation der Zeitfunktion $x_B(t)$ mit

$$\exp(\,j2\pi\,\frac{k\,t}{I\,T_{A2}}) \qquad (1.142)$$

bedeutet eine I - fache Verschiebung des Spektrums von $x_B(t)$ um k f_{A2}/I entsprechend der Summation von k = 0 bis I - 1. Somit entsteht das Spektrum von y(t) aus dem Spektrum $x_B(t)$ durch entsprechende Verschiebung.

1. 4. 2. Dezimation

Ein analoges Signal x(t) mit der Signalgrenzfrequenz f_{gs1} werde einer Tiefpaßfilterung unterzogen. Das Ausgangssignal y(t) habe die Signalgrenzfrequenz $f_{gs2}=f_{gs1}/D$ mit D als natürlicher Zahl. Diese Filterung kann auch durch digitale Signalverarbeitung vollzogen werden, wie es Bild 1.21 zeigt.

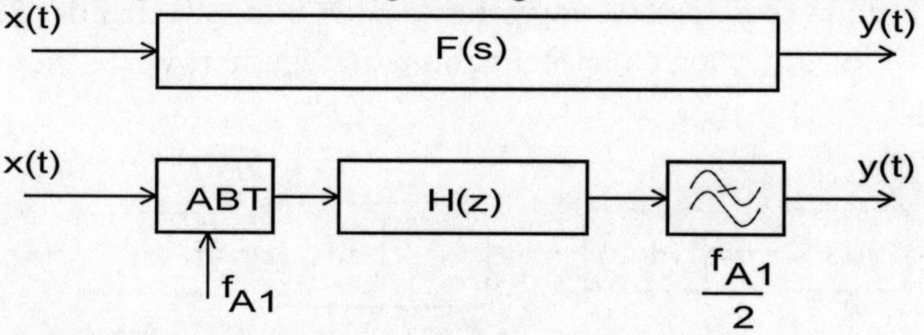

Bild 1.21. Tiefpaßfilterung durch digitale Signalverarbeitung

Dabei muss das analoge Signal x(t) mit einer Frequenz $f_{A1} \geq 2f_{gs1}$ abgetastet werden. Wird nach dem Rekonstruktionstiefpaß erneut abgetastet, so ist hier nur noch eine Abtastfrequenz $f_{A2} \geq 2f_{gs2}$ erforderlich, wobei wegen $f_{gs2} = f_{gs1}/D$ die Beziehung $f_{A2} = f_{A1}/D$ gilt. Die Übertragungsstrecke mit erneuter Abtastung ist in Bild 1.22 dargestellt.

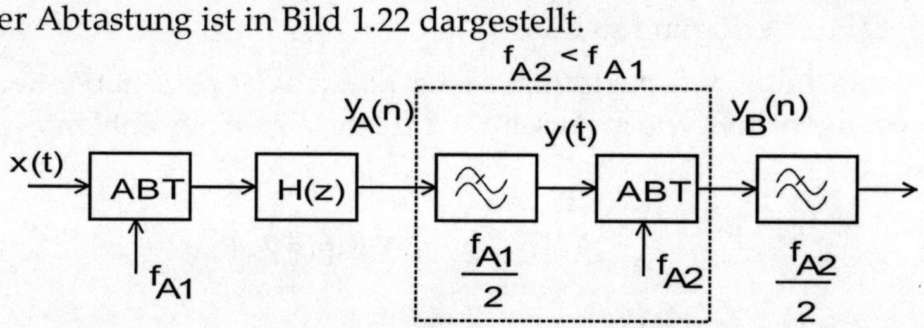

Bild 1.22. erneute Abtastung nach digitaler Filterung

Die Zahlenfolge $y_A(n)$ am Ausgang des digitalen Tiefpaß mit der diskreten Übertragungsfunktion H(z) und die Zahlenfolge $y_B(n)$ nach der Abtastung mit $f_{A2} = f_{A1}/D$ sind eng miteinander verwandt. Man gewinnt $y_B(n)$, indem man von $y_A(n)$ nur jeden D-ten Wert nimmt. Dieser Vorgang wird Dezimation genannt und mit dem Symbol nach Bild 1.23 gekennzeichnet.

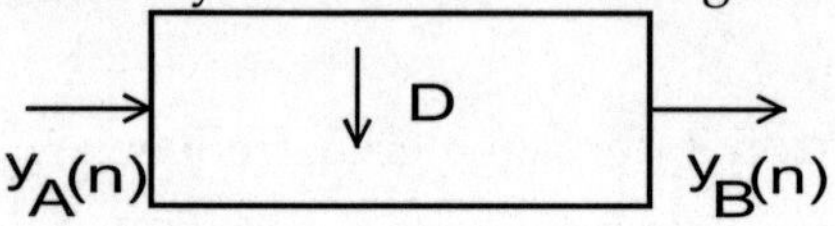

Bild 1.23. Symbol für die Dezimation

Man erhält dann die Übertragungsstrecke nach Bild 1.24, bei der nach der digitalen Tiefpaßfilterung eine Dezimation durchgeführt wird. Dies hat den Vorteil, daß

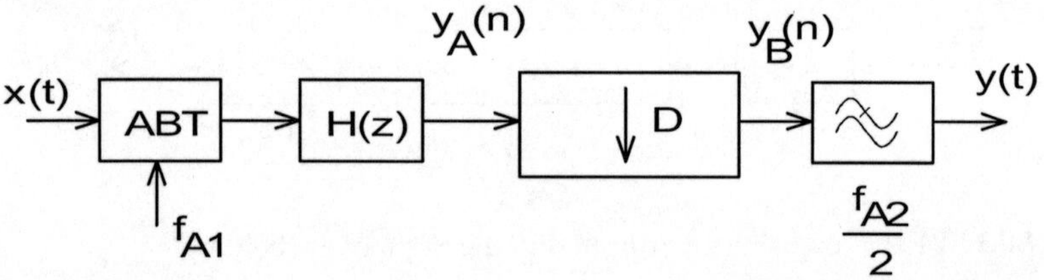

Bild 1.24. Übertragungsstrecke mit Dezimation nach digitaler Filterung

bei einer nachfolgenden Signalverarbeitung die größere Abtastperiode $T_{A2}=T_{A1}\cdot D$ zur Verfügung steht.

Zur Untersuchung der spektralen Auswirkungen der Dezimation wird davon ausgegangen, daß, wie in Abschn. 1.2.1.2 gezeigt, einer Zahlenfolge y(n) ein Spektrum

$$\underline{Y}(f') = \sum_{n=-\infty}^{\infty} y(n)\ \exp(-j\ 2\pi\ f'\ n) \tag{1.143}$$

zugeordnet ist. Dieses Spektrum lässt sich auch durch Fourier-Transformation des idealen Abtastsignals

$$\sum_{n=-\infty}^{\infty} y(n\,T_A)\,\delta(t - n\,T_A) \tag{1.144}$$

gewinnen, wenn man den Verschiebungssatz anwendet und $f' = n\,T_A$ setzt. Bild 1.25 zeigt die Spektren $\underline{Y}_A(f)$ und $\underline{Y}_B(f)$ der den Zahlenfolgen $y_A(n)$ und

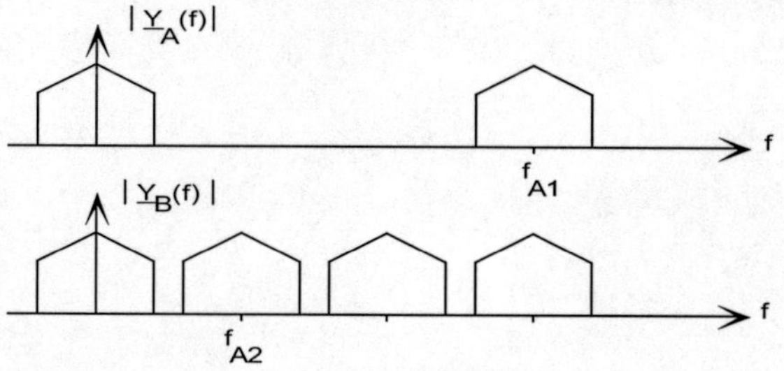

Bild 1.25. Spektren der Zahlenfolgen vor und nach dem Dezimierer

$y_B(n)$ entsprechenden Abtastsignale. Aus dem Bild 1.25 lässt sich ablesen, dass sich das Spektrum

$$\underline{Y}_B(f) = \frac{1}{D} \sum_{i=0}^{D-1} \underline{Y}_A(f - i\,f_{A2}) \tag{1.145}$$

durch Parallelverschiebung und Summation aus dem Spektrum $\underline{Y}_A(f)$ gewinnen läßt. Das Spektrum der Zahlenfolge $y_A(n)$ enthält die bezogene Frequenz $f'=f/f_{A1}$ und das Spektrum der Zahlenfolge $y_B(n)$ die bezogene Frequenz $f''=f/f_{A2}$. Mit diesen bezogenen Frequenzen erhält man dann

$$\underline{Y}_B\left(\frac{f}{f_{A2}}\right) = \frac{1}{D} \sum_{i=0}^{D-1} \underline{Y}_A\left(\frac{f}{f_{A2}}\,\frac{f_{A2}}{f_{A1}} - i\,\frac{f_{A2}}{f_{A1}}\right) \quad ,(1.146)$$

bzw. mit $f_{A2} = f_{A1}/D$

$$\underline{Y}_B\,(f'') = \frac{1}{D} \sum_{i=0}^{D-1} \underline{Y}_A\left(\frac{f'' - i}{D}\right) \quad . \tag{1.147}$$

2. Algorithmen der DSV

Den Schaltungen der analogen Signalverarbeitung entsprechen Algorithmen in der digitalen Signalverarbeitung. Diese Algorithmen sind Rechenvorschriften zur Berechnung einer Ausgangszahlenfolge aus einer Eingangszahlenfolge. Häufig wird in der digitalen Signalverarbeitung etwas bewirkt, was früher durch analoge Schaltungstechnik gelöst wurde. Daher gibt es viele Algorithmen, die in Anlehnung an die analoge Schaltungstechnik entstanden sind. Meist sind jedoch Algorithmen, die direkt von der mathematisch-signaltheoretischen Beschreibung ausgehen, wirksamer. Während die analoge Schaltungstechnik vollkommen festgelegt wird durch die Angabe der Schaltung, ist dies bei der digitalen Signalverarbeitung nicht der Fall. Vielmehr sagen die Schaltungsunterlagen eines digitalen signalverarbeitenden Systems über die Art der Signalverarbeitung in der Regel überhaupt nichts aus. Somit stellt sich die Frage nach einer geeigneten Methode zur Darstellung der Algorithmen.

2. 1. Struktur und Beschreibung algorithmischer Systeme

Ein System der analogen Signalverarbeitung ist vollständig beschrieben durch die Angabe seines Schaltbildes mit der Spezifikation der Bauelemente. Betrachtet man als Beispiel eines solchen Systems einen Empfänger der Nachrichtenübertragungstechnik, so lässt sich ein hierarchischer Aufbau erkennen: Der Empfänger enthält u.a. einen Mischer, einen Zwischenfrequenzverstärker und einen Demodulator. Ein Zwischenfrequenzverstärker besteht aus Filtern und Verstärkern, die wiederum aus Dioden, Transistoren, Spulen und Kondensatoren zusammengesetzt sind. Im folgenden soll die Struktur und Beschreibung eines Systems der digitalen Signalverarbeitung systematisch dargestellt werden.

2. 1. 1. Hierarchischer Systemaufbau

Ein System der digitalen Signalverarbeitung leitet aus Eingangszahlenfolgen an Hand definierter Rechenvorschriften Ausgangszahlenfolgen ab. Diese

Rechenvorschriften beschreiben die Signalverarbeitung, die aus dem Hardware-Aufbau in der Regel nicht zu erkennen ist. Die Berechnung der Ausgangszahlenfolgen wird auf Rechenwerken durchgeführt, die bestimmte elementare Rechenoperationen durchführen können. Diese Elemente bilden die unterste Hierarchieebene eines digitalen signalverarbeitenden Systems. Für die hier zu entwickelnde Systematik wird von den mathematischen Operationen Addition zweier Zahlenfolgen, Multiplikation einer Zahlenfolge mit einer reellen Konstanten, Multiplikation zweier Zahlenfolgen, Division zweier Zahlenfolgen, Verschiebung einer Zahlenfolge um ein Folgenelement ausgegangen. Aufbauend auf diesen Elementen können auf der nächsten Hierarchieebene Bausteine entwickelt werden. Hier wollen wir uns auf die für die Nachrichtenübertragungstechnik wichtigen Bausteine beschränken: Digitale Filter, Nichtlineare Kennlinie, Cordic-Algorithmus, Schwingungserzeugung, Diskrete Fourier-Transformation.
Die Rechenvorschrift für den Baustein Digitales Filter ist die Differenzengleichung, so z.B.

$$y(n) = A_0\, x(n) + A_1\, x(n-1) + A_2\, x(n-2) - B_1\, y(n-1) - B_2\, y(n-2)\,. \qquad (2.1)$$

Sie zeigt, dass die mathematischen Operationen Addition, Multiplikation mit einer Konstanten und Verschiebung
benötigt werden. Aus den Elementen und den Bausteinen lassen sich bereits eine Reihe komplizierterer Systeme zusammensetzen. Es wird noch gezeigt, dass immer wieder bestimmte Einheiten auftauchen, die aus Elementen und Bausteinen bestehen. Solche Einheiten, die Teilsysteme genannt werden sollen, sind Quadraturmischung, Digitalisierung eines Bandpaßsignals, Digitale Phasenregelschleife.

Damit können mit Hilfe der Elemente, Bausteine und Teilsysteme kompliziertere Systeme wie z.B. die in Abschn. 2.7.1.2 vorgestellte Zoom-DFT nach dem Überlagerungsverfahren zur Spektrumanalyse entwickelt werden. Dieses System enthält das Element Multiplikation zweier Variabler, die Bausteine, Digitale Filter, Diskrete Fourier-Transformation, Schwingungserzeugung, das Teilsystem und Quadraturmischung. Die so entstehende Systemhierarchie wird durch das Diagramm nach Bild 2.1 dargestellt. Dabei soll diese Systemhierarchie gleichzeitig als Gliederungsgrundlage des Hauptkapitels ALGORITHMEN der DSV dienen.

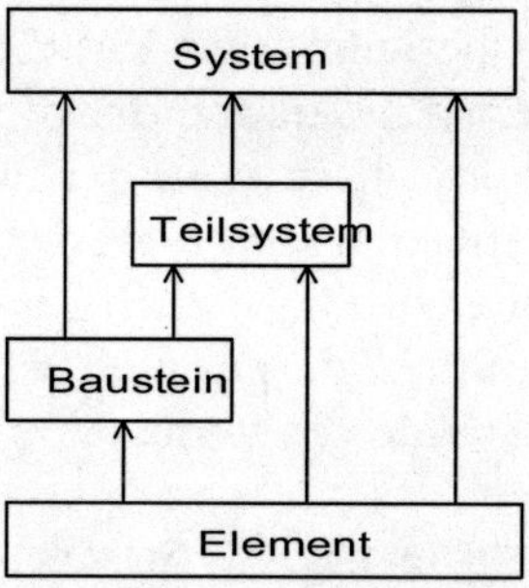

Bild 2.1. Systemhierarchie eines digitalen, signalverarbeitenden Systems

Bei den Systemen wurde eine Beschränkung auf die Gebiete der analogen Übertragungstechnik, der digitalen Übertragungstechnik und der Meßtechnik vorgenommen.

2. 1. 2. Beschreibungsverfahren

Zunächst sei etwas über die Beschreibungsverfahren analoger signalverarbeitender Systeme gesagt. Ziel der Bemühungen sind Schaltungen mit den Dimensionierungen der Bauelemente. Die Signalverarbeitung wird durch das Schaltbild beschrieben, das angibt in welcher Weise die erforderlichen Bauelemente zusammenzuschalten sind. Anschließend erfolgt eine Analyse der Schaltung, welche ein die Schaltung beschreibendes System von mathematischen Gleichungen als Ergebnis hat. Dieses Gleichungssystem liefert die Grundlage für die Dimensionierung der Bauelemente und weist nach, in wieweit die Schaltung die Funktion erfüllt ist.

Somit kennt die analoge Signalverarbeitung 2 Beschreibungsverfahren: das Schaltbild mit der Dimensionierung der Bauelemente und die das Schaltbild beschreibenden mathematischen Gleichungen.

Ziel der Bemühungen in der digitalen Signalverarbeitung sind die Rechenvorschriften zur Berechnung der Ausgangszahlenfolge aus der Eingangszahlenfolge. Da diese Berechnung auf einem Rechenwerk durchgeführt wird, ist die Rechenvorschrift als Folge von Handlungsanweisungen für das Rechenwerk zu formulieren. Eine solche zeitliche Aufeinanderfolge von Handlungsanweisungen für das Rechenwerk wird ALGORITHMUS genannt. Die höheren Programmiersprachen ALGOL, deren Bezeichnung sich von Algorithmic Language herleitet, und PASCAL sind Sprachen zur Beschreibung von Algorithmen. Am Anfang der digitalen Signalverarbeitung steht ihre mathematische Formulierung in der Symbolsprache der Mathematik. Auf Grund der Komplexität und des Abstraktionsniveaus digitaler, signalverarbeitender Systeme wird zusätzlich eine graphische Beschreibung benutzt. So entsteht das in Bild 2.2 dargestellte Schema der Beschreibung eines digitalen, signalverarbeitenden Systems.

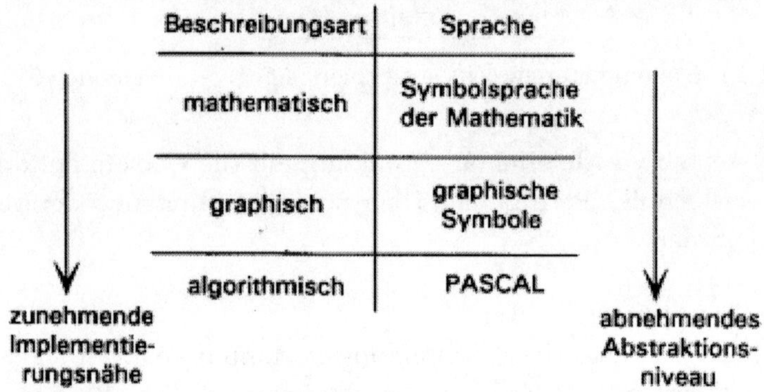

Bild 2.2. Beschreibungsarten eines digitalen, signalverarbeitenden Systems

Dabei ist für jede Beschreibungsart eine Sprache mit einem bestimmten Wortschatz erforderlich. Im Abschn. 2.1.1 wurden 4 Hierarchieebenen eingeführt. Grundsätzlich können in jeder Ebene alle 3 Beschreibungarten Anwendung finden.

2. 1. 2. 1. Mathematische Darstellung

Am Anfang der Entwicklung eines digitalen, signalverarbeitenden Systems steht seine Beschreibung in der hier nicht zu erläuternden Symbolsprache der Mathematik. Dabei sind verschiedene Aspekte zu beachten: die Möglichkeit der Beschreibung im z-Bereich und im Folgenbereich, die Möglichkeit der Beschreibung mit unterschiedlichem Komprimierungsgrad und die Beschreibung auf den verschiedenen Hierarchieebenen.

Diese Aspekte sollen an Hand von Beispielen erläutert werden. Ein digitales Filter 2. Ordnung, das in die Hierarchieebene der Bausteine gehört, kann entweder durch die Übertragungsfunktion

$$H(z) = \frac{Y(z)}{X(z)} = \frac{A_0 + A_1\,z^{-1} + A_2\,z^{-2}}{1 + B_1\,z^{-1} + B_2\,z^{-2}} \tag{2.2}$$

oder durch die Differenzengleichung

$$y(n) = A_0\,x(n) + A_1\,x(n\text{-}1) + A_2\,x(n\text{-}2) - B_1\,y(n\text{-}1) - B_2\,y(n\text{-}2) \tag{2.3}$$

beschrieben werden. Beide Beschreibungsarten sind durch die Z-Transformation miteinander verknüpft.

Durch die diskrete Fourier-Transformation wird einer Zahlenfolge $\underline{x}(n)$ eine Zahlenfolge $\underline{Y}(m)$ zugeordnet. Die mathematische Beschreibung dieser Zuordnung erfolgt zunächst durch die Summenformel

$$\underline{Y}(m) = \frac{1}{N} \sum_{n=0}^{N-1} \underline{x}(n) \exp(-j2\pi\frac{nm}{N}) \quad . \tag{2.4}$$

Diese komprimierte Form der Beschreibung ist die Kurzschreibweise eines Gleichungssystems. Dabei ist im Falle des Filters die Differenzengleichung implementierungsnäher als die Übertragungsfunktion und bei der diskreten Fourier-Transfor-mation das Gleichungssystem implementierungsnäher als die Summenformel.

2. 1. 2. 2. Graphische Darstellung

In diesem Abschnitt gilt es, für die Hierarchieebenen zur graphischen Beschreibung eine Sprache mit einem Wortschatz in Form einer Menge von graphischen Symbolen festzulegen. Von Bedeutung ist die graphische Beschreibung in mehrfacher Hinsicht:

1. Angesicht der Komplexität von Systemen der Signalverarbeitung erhöht sie insbesondere zusammen mit der Hierarchiebildung die Übersichtlichkeit.
2. Angesichts des hohen Abstraktionsniveaus von Systemen der Signalverarbeitung erleichtert sie das Verständnis.
3. Auf der Hierarchieebene der Bausteine ermöglicht die graphische Beschreibung die Herleitung besonders effektiver Algorithmen. Beispiele dafür sind die Bausteine Digitale Filter und Diskrete Fourier-Transformation.

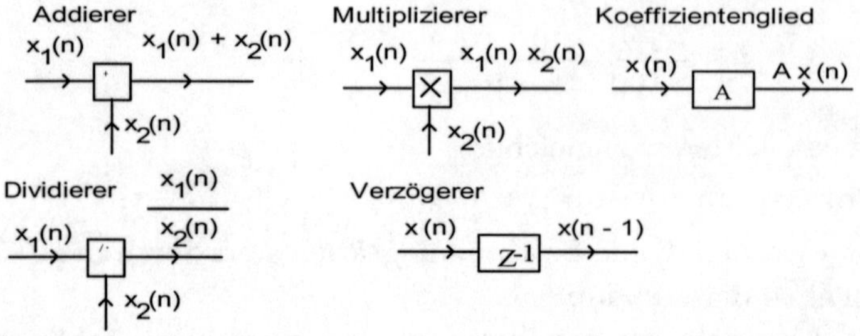

Bild 2.3. Graphik-Symbole für die Hierarchieebene der Elemente

Für die Hierarchieebene der Elemente werden die in Bild 3.3 zusammengestellten Graphiksymbole definiert:

Addierer:	Addition zweier Folgen,
Multiplizierer:	Multiplikation zweier Folgen,
Koeffizientenglied:	Multiplikation einer Folge mit einer Konstanten,
Dividierer:	Division zweier Folgen,
Verzögerer:	Verschiebung einer Folge um 1,

Die Elemente der 1. Hierarchieebene führen grundlegende mathematische Operationen aus. Somit können ihre graphischen Darstellungen auch Operator-Symbole genannt werden.

Zur graphischen Beschreibung der Bausteine der 2. Hierarchieebene gelangt man, indem man die Operatorsymbole zu einem DIGITALEN NETZWERK verknüpt. Die Entwicklung solcher digitalen Netzwerke ist unter anderem Gegenstand des Abschn. 2.3.1.1. Die Teilsysteme der 3. Hierarchieebene bestehen aus Bausteinen und Elementen. Dabei werden die Bausteine nicht mehr als digitale Netzwerke dargestellt, sondern durch das in Bild 2.4 dargestellte Bausteinsymbol, in das der Name des Bausteins eingetragen wird.

Bild 2.4. Symbol zur Darstellung eines Bausteins in der Ebene der Teilsysteme

Die graphische Beschreibung des Teilsystems, bestehend aus Baustein- und Operatorsymbolen, wird TEILSYSTEMDIAGRAMM genannt. Die Systeme der 4. Hierarchieebene bestehen aus Teilsystemen, Bausteinen und Elementen. Dabei werden die Teilsysteme nicht mehr durch Baustein- und Operatorsymbol dargestellt, sondern durch das in Bild 2.5 dargestellte Teilsystemsymbol, in das der Name des

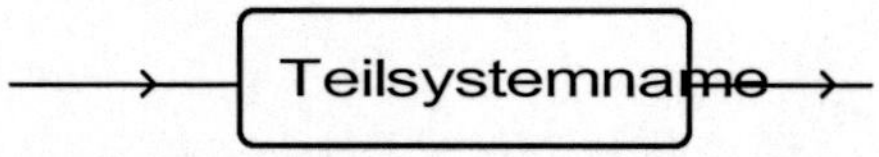

Bild 2.5. Symbol zur Darstellung eines Teilsystems in der Ebene des Systems

Teilsystems eingetragen wird. Die graphische Beschreibung des Systems enthält schließlich Teilsystem-, Baustein- und Operatorsymbole und wird SYSTEMDIAGRAMM genannt.

2. 1. 2. 3. Algorithmische Darstellung

Für die Beschreibung der Signalverarbeitung durch Algorithmen als zeitliche Abfolge von Handlungsanweisungen für ein Rechenwerk wird die Programmiersprache PASCAL gewählt. Sie stellt die Algorithmen hardwareunabhängig dar. Ist das nach diesen Algorithmen arbeitende Rechenwerk ein Signalprozessor, so ist die PASCAL- Formulierung der Algorithmen in die Assemblersprache des Prozessors zu übersetzen. Diese Übersetzungsaufgabe kann durch einen Compiler übernommen werden; er ist die Schnittstelle zwischen der einem ständigen Wandel unterliegenden, hardwareabhängigen Assembler-Sprache und der hardwareunabhängigen PASCAL-Formulierung darstellt. Ein kleines digitales signalverarbeitendes System sei in der Symbolsprache der Mathematik durch

$$y(n) = A_0\, x(n) + A_1\, x(n-1) - B_1\, y(n-1) \qquad (2.5)$$

beschrieben. Die dazugehörige algorithmische Beschreibung muss dann von den Gegebenheiten eines Rechenwerkes ausgehen. In PASCAL-Notation kann dies durch eine entsprechende Variablen- Deklaration erfolgen. Es werden Speicherplätze für die Konstanten A_0, A_1 und B_1 sowie für die gegenwärtigen und vergangenen Werte der Elemente der Eingangs- und Ausgangsfolge x0, x1, y0 und y1 benötigt. Die Elemente der Eingangsfolge werden dem Register eines Analog-Digital-Wandlers entnommen, während die berechneten Elemente der Ausgangsfolge in das Register eines Digital-Analog-Wandlers zu schreiben sind. So ergibt sich die folgende Variablen-Deklaration:

```
var
  A0, A1, B1 : real;
  x0, x1, y0, y1 : real;
  AD_Wandler, DA_ Wandler :real;
```

Die Formulierung des Algorithmus als zeitliche Aufeinanderfolge von Operationen des Rechenwerks ergibt dann:

```
begin
Start:   x0 := AD_Wandler;
         y0 := A0 * x0 + A1 * x1 - B1 * y1;
         DA_Wandler := y0;
         x1 := x0;
         y1 := y0;
         goto Start;
         end.
```

Die in diesem Buch in Pascal formulierten Algorithmen sind auf einer Begleitdiskette enthalten (s. Anhang 6.8). Zusammen mit einer steuernden Programmumgebung kann man die Algorithmen auf einem PC ablaufen lassen. Zur Ausgabe der Zahlenfolgen in Form von Signaloszillogrammen sind in den Algorithmen zusätzliche Signalvariablen deklariert. Um einen Bezug zwischen algorithmischer und graphischer Darstellung zu gewährleisten, sind wie in Bild 2.6 gezeigt, in die graphische Darstellung der Diagramme neben den Zahlenfolgen oftmals auch die Signalvariablen übernommen worden.

Bild 2.6. Signalvariable in Diagrammen

Signalvariable in den Diagrammen tauchen in Kursivschrift mit den Kürzeln u_0, u_1, u_2 usw. auf, Zahlenfolgen werden normal geschrieben x(n), y(n).

2. 2. Algorithmische Elemente: Mathematische Operationen

Ein System der digitalen Signalverarbeitung berechnet Ausgangszahlenfolgen aus gegebenen Eingangszahlenfolgen nach bestimmten Rechenvorschriften auf einem Rechenwerk, das bestimmte elementare Rechenoperationen ausführen kann. Zur Beschreibung von Systemen der digitalen Signalverarbeitung wurden im vorigen Abschnitt die mathematischen Operationen Addition zweier Zahlenfolgen, Multiplikation einer Zahlenfolge mit einer Konstanten, Multiplikation zweier Zahlenfolgen, Division zweier Zahlenfolgen, Verschiebung einer Zahlenfolge eingeführt.

Diese Elemente bilden in der Systemhierarchie die unterste Ebene und haben daher eine direkte Beziehung zur Hardware, d.h., zu dem die Operationen durchführenden Rechenwerk. Die Definition der obigen mathematischen Operationen als Elemente erfolgte aus den Erfordernissen der digitalen Signalverarbeitung. Demgegenüber entstehen die Grundoperationen des Rechenwerkes aus den Möglichkeiten der Hardware. Daher sollen in diesem Abschnitt die als Elemente eingeführten mathematischen Operationen auf dem Hintergrund bestimmter Merkmale von Rechenwerken beleuchtet werden. Solche Merkmale sind die Zahlendarstellung und die Grundoperationen des Rechenwerkes.

2. 2. 1. Zahlendarstellung

Bei den Grundgegebenheiten eines Rechenwerkes steht an der 1. Stelle die Art der Zahlendarstellung. Die digitale Signalverarbeitung verwendet Dualzahlen in der Form der Festkommazahlen und der Gleitkommazahlen. Von besondere Bedeutung sind dabei folgende Merkmale und Eigenschaften der Zahlendarstellung: die Stellenzahl, die Codierung negativer Zahlen und der Zahlenbereich.

Da den Festkommazahlen in der digitalen Signalverarbeitung aufgrund der mit ihnen möglichen höheren Verarbeitungsgeschwindigkeit die größere Bedeutung zukommt, werden die Probleme der Stellenzahlbegrenzung, der Codierung negativer Zahlen und der Überschreitung des Zahlenbereichs vorrangig für die Festkommazahlen beschrieben.

2. 2. 1. 1. Festkommazahlen

Das verwendete Zahlensystem wird durch seine Basis b gekennzeichnet. Ein Zahlensystem verwendet außer der Null b-1 verschiedene Ziffern. In der Rechnertechnik wird das Zahlensystem mit der Basis 2, das Dualsystem, verwendet. Es kennt nur zwei Ziffern, die "0" und die "1". Der Wert einer Zahl z mit 4 Vorkomma- und 2 Nachkommastellen in einem Zahlensystem mit der Basis b ermittelt sich durch das Polynom

$$z = a_3 b^3 + a_2 b^2 + a_1 b^1 + a_0 b^0 + a_{-1} b^{-1} + a_{-2} b^{-2}, \qquad (2.6)$$

für das die Kurzschreibweise

$$a_3 \; a_2 \; a_1 \; a_0 \; a_{-1} \; a_{-2} \qquad (2.7)$$

verwendet wird, wobei das Komma zwischen der Ziffer mit dem Exponenten "0" und der Ziffer mit dem Exponenten "-1" gesetzt wird. Mit dieser Festlegung ist eine eindeutige Zuordnung zwischen Polynom und Kurzschreibweise gegeben.

Die Darstellung der Zahl als Polynom führt auf die Festkommazahlen. Wendet man im Dezimalsystem z.B. 6 Stellen auf, so ist die größte positive Zahl 999999 und die kleinste positive Zahl 0.00001. Zur Darstellung negativer Zahlen finden zwei Systeme Anwendung: Zweierkomplementdarstellung, Vorzeichen-Betrag-Darstellung.

2. 2. 1. 2. Zweierkomplementdarstellung

Zur Erläuterung der Zweierkomplementdarstellung wird zunächst von der Situation im Zehnersystem ausgegangen. Man definiert als Zehnerkomplement A^* der positiven Zahl A diejenige positive Zahl, die zu A hinzuaddiert einen Übertrag hervorruft. Bei einer Stellenzahl von 3 ergibt sich beispielsweise

$A = 436$
$A^* = 564$

$A + A^* = 1000$

Man vereinbart das Weglassen des Übertrags und benutzt das Zehnerkomplement als Darstellung einer negativen Zahl. Genauso geht man im Dualsystem vor:

$A = 0.101101$
$A^* = 1.010011$

$A + A^* = 10.000000$
|
Übertrag

Im Zahlenbereich $-1 < z < +1$ ist bei einer Stellenzahl $n = 7$

$z = 0.111111$

die größte positive Zahl. Die größte negative Zahl ist

$$z = 1.000001,$$

denn es gilt:

```
  0.111111
  1.000001 +
 ------------
 10.000000
```

Die kleinste positive Zahl ist

$$z = 0.000001$$

Eine 1 vor dem Dualpunkt kennzeichnet also eine negative Zahl.
Es gilt:

$$A + A^* = 10.000000$$

Durch Umformung wird daraus

$$A^* = 10.000000 - 0.000001 - A + 0.000001$$

In diesem Ausdruck ist

$$A' = 10.000000 - 0.000001 - A$$

das Einerkomplement der Zahl A. Es ist nämlich

```
 10.000000
 - 0.000001
 ----------
  1.111111
```

Subtrahiert man von diesem Wert z.B. eine Dualzahl

$$A = 0.110101$$

so erhält man

$$A' = 1.001010$$

Somit gilt folgende Regel für die Bildung des Zweierkomplement: 1. Invertieren der Nullen und Einsen, 2. Addieren von 0.000001 bei 6 Stellen nach dem Dualpunkt.

2. 2. 1. 3. Wortlängenbegrenzung

Bei der Digitalisierung eines Signals entstehen Codeworte; so wird dann auch die notwendige Beschränkung auf eine begrenzte Stellenzahl mit Wortlängenbegrenzung bezeichnet. Grundsätzlich kann die Wortlängenbegrenzung durch Abschneiden oder Runden erfolgen.

Abschneiden

Betrachtet wird eine Zahl z mit dem Wertebereich $-1 < z < +1$. Bei der Darstellung dieses Wertes als z.B. vierstellige Dualzahl im Zweierkomplement erhält man den durch Abschneiden wortlängenbegrenzten Wert

$$[z] = v\,.\,d_{-1}\,d_{-2}\,d_{-3} = d_{-1}\,2^{-1} + d_{-2}\,2^{-2} + d_{-3}\,2^{-3} \quad \text{für } v = 0 \tag{2.8}$$

mit v als Vorzeichenbit und Dualziffern d_1, d_2, d_3. Die kleinste positive Zahl hat den Wert $[z] = 0.001$. Somit kann sich die Zahl [z] nur in Sprüngen von 2^{-3} ändern. Der Wert von [z] ist ein ganzzahliges Vielfaches von 2^{-3}. Diese Quantisierung einer kontinuierlichen Größe lässt sich an Hand einer Abschneidekennlinie nach Bild 2.7 darstellen.

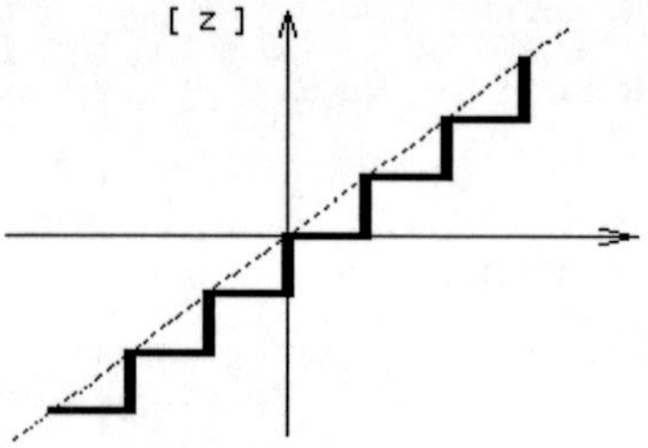

Bild 2.7. Abschneidekennlinie

Das Abschneiden von Stellen hat also zur Folge, dass Werte der kontinuierlichen Größe z, die zwischen zwei Quantisierungsstufen der abgeschnittenen Größe [z] liegen, der niedrigeren Quantisierungsstufe zugeordnet werden. Ist z.B. die kontinuierliche Größe $z = 0.001$, so erfolgt beim Abschneiden auf zwei Stellen nach dem Dualpunkt eine Zuordnung zur abgeschnittenen Größe $[z] = 0.00$. Soll z.B. auf n Stellen nach dem Dualpunkt abgeschnitten werden, so lässt sich dies mathematisch in der Form

$$[z] = 2^{-n}\,\mathrm{Int}(z\,2^{n}) \tag{2.9}$$

formulieren.

Runden

Die Wortlängenbegrenzung nach einem Rechenschritt führt zu Fehlern. Beim Abschneiden werden alle Werte zwischen zwei Quantisierungsstufen der niedrigeren Quantisierungsstufe zugeordnet. Der so entstehende Fehler lässt sich halbieren, indem man die Werte der unteren Hälfte des Quantisierungsintervalls der niedrigeren Quantisierungsstufe und Werte der oberen Hälfte einschließlich des mittleren Wertes der oberen Quantisierungsstufe zuordnet. Man spricht dann vom Runden. Diese Art der Quantisierung lässt sich an Hand der Rundungskennlinie nach Bild 2.8 darstellen.

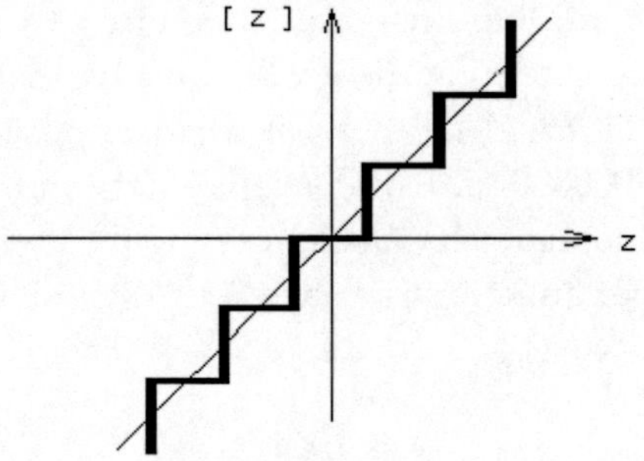

Bild 2.8. Rundungskennlinie

Beim Runden wird folgendermaßen verfahren. Es soll

$$z = 0.1001101 \qquad (2.10)$$

auf vier Stellen nach dem Dualpunkt gerundet werden. Zunächst wird abgeschnitten; es ergibt sich ein Rest

$$R = 0.0000101 \quad . \qquad (2.11)$$

Beim Runden auf vier Stellen nach dem Dualpunkt entstehen Quantisierungsintervalle der Größe 2^{-4}. Zu prüfen ist, ob der Rest größer, gleich oder kleiner als die Hälfte des Quantisierungsintervalls ist. In den ersten beiden Fällen wird die abgeschnittene Zahl aufgerundet, sonst abgerundet. Das Aufrunden bedeutet, dass zur abgeschnittenen Zahl das Quantisierungsintervall hinzuaddiert wird. Abrunden bedeutet, dass die gerundete gleich der abgeschnittenen Zahl ist. Im Beispiel ist $R > 2^{-5}$; somit ist die gerundete Zahl

$$[\, z\,] = 0.1001 + 0.0001 = 0.1010 \quad . \qquad (2.12)$$

Für das Runden ergibt sich folgende mathematische Formulierung. Soll auf n Stellen nach dem Dualpunkt gerundet werden, so erhält man

$$[\, z\,] = 2^{-n}\, \mathrm{Int}(\, [\, z + 2^{-(n+1)}\,]\, 2^{n}\,) = 2^{-n}\, \mathrm{Int}(\, z\, 2^{n} + 2^{-1}\,) \quad . \qquad (2.13)$$

2. 2. 1. 4. Überlauf

Bei binärer Zahlendarstellung endlicher Wortlänge ist der darstellbare Zahlenbereich begrenzt. Wird der Zahlenbereich überschritten, so spricht man von einem Überlauf (engl. overflow). Wichtig für die digitale Signalverarbeitung ist, welchen Wert das Ergebnis einer Operation im Falle einer Zahlenbereichsüberschreitung annimmt. Für einen Zahlenbereich $-1 < z < +1$ ist im Falle der Zweierkomplementdarstellung die größte positive Zahl bei einer Gesamtstellenzahl n = 7: 0.111111. Zählt man die kleinste positive Zahl 0.000001 hinzu, so erhält man 1.000000, d.h. die negative Zahl mit größtem Betrag. Dieses Verhalten bei Zahlenbereichsüberschreitung im Zweierkomplement lässt sich durch eine Überlaufkennlinie nach Bild 2.9 beschreiben.

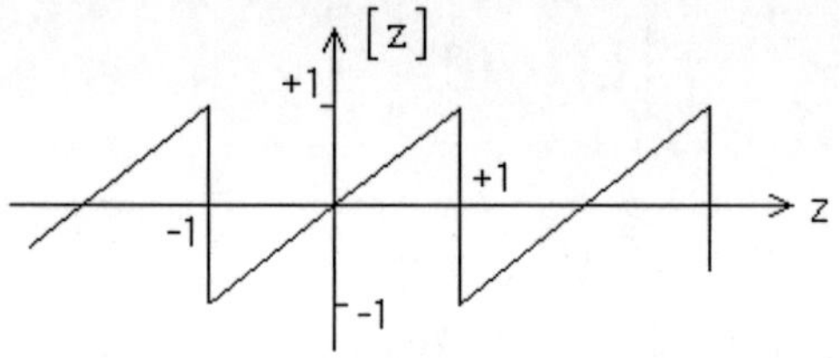

Bild 2.9. Überlaufkennlinie der Zweierkomplement-Darstellung

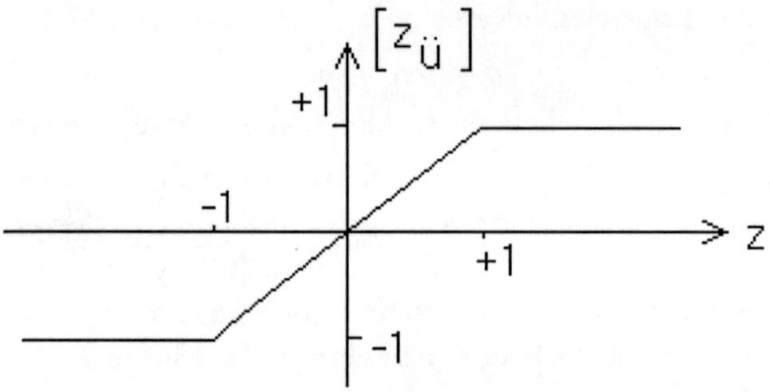

Bild 2.10. Überlaufkennlinie mit Sättigungscharakter

Die Sprünge in der Überlaufkennlinie sind die Ursache für störende Effekte bei der digitalen Signalverarbeitung, zu deren Vermeidung eine Überlaufkennlinie mit Sättigungscharakter nach Bild 2.10 durch geeignete Maßnahmen im Rechenwerk zu implementieren ist .

2. 2. 1. 5. Gleitkommazahlen

Zu den Gleitkommazahlen gelangt man, wenn man bei gegebener Stellenzahl den Zahlenbereich erweitern will. Man bildet sie aus einer Mantisse < 1 und einem Exponenten. Bei 6 Stellen könnte z.B. eine vierstellige Mantisse und ein zweistelliger Exponent gebildet werden. Dann ist $0.999\ 10^{99}$ die maximale positive Zahl und $0.001\ 10^{1}$ die kleinste positive Zahl. Dieser große Zahlenbereich wird noch größer, wenn Mantisse und Exponent auch negative Werte annehmen können.

Die Gleitkommadarstellung bietet gegenüber der Festkommadarstellung den Vorteil eines bei gleicher Stellenzahl erheblich größeren Zahlenbereichs, weist jedoch folgende Nachteile auf: Die Durchführung der arithmetischen Operationen ist aufwendiger und erfordert vergleichsweise längere Rechenzeiten. Sowohl bei der Addition als auch bei der Multiplikation treten auf Grund der erforderlichen Wortlängenreduzierung bei der Normierung und Entnormierung Fehler auf.

2. 2. 2. Addition

Neben der Multiplikation gehört die Addition zu den grundlegenden Rechenoperationen, auf die alle Berechnungen bei der Ermittlung der Elemente der Ausgangsfolge aus denen der Eingangsfolge zurückgeführt werden. Bei der Festkomma-Zweierkomplement-Zahlendarstellung sind im Zusammenhang mit der Addition zwei Sachverhalte hervorzuheben:

Während es bei einer Festlegung der Zahlen z auf einen Bereich $-1 < z < +1$ durch fortgesetzte Multiplikationen nicht zu einer Überschreitung des Zahlenbereichs kommen kann, ist dies durch Additionen durchaus möglich. Dadurch können dann als Folge der Überlaufkennlinie nach Bild 2.9 Überlaufschwingungen auftreten. Ein Mittel zur Unterdrückung dieser Schwingungen besteht in der Verwendung einer Sättigungskennlinie nach Bild 2.10. Anschaulich kann man sich die Wirkung dadurch erklären, dass die Sättigungskennlinie periodischen Erscheinungen entgegenwirkt, während die Periodizität der Zweierkomplement-Überlaufkennlinie solche Erscheinungen begünstigt.

Eine Besonderheit der Zweierkomplementdarstellung liegt darin, dass bei fortgesetzten Additionen das im Zahlenbereich liegende Endergebnis auch dann richtig ist, wenn Zwischenergebnisse außerhalb des Zahlenbereichs lagen.

2. 2. 3. Multiplikation

Während im Rechenwerk von Prozessoren in der Regel die Operationen der Addition und Stellenverschiebung immer vorgesehen sind, muss dies bei der Multiplikation nicht unbedingt der Fall sein.

Die Multiplikation verdient wegen ihres Aufwandes besondere Beachtung; dabei sollen einige Gesichtspunkte herausgestellt werden: Ist im Prozessor in Hardware ein Multiplikationsrechenwerk realisiert, dann steht ein besonderer Multiplikationsbefehl zur Verfügung. Für die Multiplikation wird ein erheblicher Teil der Kristallfläche aufgewendet, (ca. 30 %der Gesamtfläche). Ist ein Hardware-Multiplizierer nicht vorhanden, so muss eine Multiplikations-Ersatzlösung in Software gefunden werden, die wenig Rechenzeit beansprucht.

Bei den Ersatzlösungen, mit denen die Multiplikation umgangen wird, gibt es im wesentlichen zwei Ansätze: 1. das Tabellenverfahren und 2. die Zurückführung auf Addition und Stellenverschiebung. Zu unterscheiden ist dabei zwischen der Multiplikation mit einer Konstanten und der Multiplikation zweier Variabler.

2. 2. 3. 1. Multiplikation mit einer Konstanten

Beim Tabellenverfahren wird für jede Konstante eine Tabelle der möglichen Multiplikationsergebnisse angelegt. Die Größe, die mit der Konstanten multipliziert werden soll, bildet dann die Adresse des Tabellenplatzes, an dem das Produkt gefunden wird.

Daneben ist auch die Zurückführung auf die Operationen der Stellenverschiebung und der Addition möglich. Das Prinzip besteht darin, dass die Konstante als Summe bzw. Differenz von Zweierpotenzen dargestellt wird; denn die Verschiebung einer Dualzahl z.B. um n Stellen nach links entspricht einer Multiplikation mit 2^n. Soll z.B. der Inhalt des Speicherplatzes x mit der Konstanten K = 0.1640625 multipliziert und das Ergebnis im Speicherplatz y abgelegt werden, so stellt man die Konstante in der Form $K = 2^{-3} + 2^{-5} + 2^{-7}$ dar. In Pascal-Formulierung ergibt sich dann

```
var x, y : real
begin
 y := (2^-3 + 2^-5 + 2^-7) * x
end.
```

Ein für Zwecke der digitalen Signalverarbeitung geeigneter Prozessorbefehl ist eine Kombination aus Addition und Stellenverschiebung und hat die Form

$$A := A \pm B * 2 \wedge \pm N \quad . \tag{2.14}$$

Die Multiplikation mit der Konstanten des vorigen Beispiels erfordert dann die Befehlsfolge

```
y := 0;
y := y + x * 2^-3;
y := y + x * 2^-5;
y := y + x * 2^-7;
```

2. 2. 3. 2. Multiplikation zweier Variabler

Ist ein Hardware-Multiplizierer nicht vorhanden, so lässt sich die Multiplikation zweier Variabler auf der Grundlage einer zweidimensionalen Tabelle durchführen. Diese Tabelle muss dann alle möglichen Multiplikationsergebnisse enthalten. Für den Ablauf der Multiplikation sind neben der Tabelle Register für Multiplikand und Multiplikator sowie für das Produkt erforderlich. Diese Gegebenheiten führen bei positiven 8 Bit Zahlen für Multiplikand und Multiplikator auf die Variablen-Deklaration

```
var
Tabelle : array [1..255;0..255] of word;
Multiplikand : byte;
Multiplikator : byte;
Produkt : word;
```

Die Multiplikation wird dann durch einen einfachen Tabellenzugriff erledigt. Die entsprechende PASCAL-Notation ist

```
Produkt := Tabelle[Multiplikand;Multiplikator];
```

Multiplikand und Multiplikator sind also die beiden Adressen des Speicherplatzes in dem das Produkt zu finden ist.

2. 2. 4. Division

Nicht alle Rechenwerke sind für die mathematische Operation der Division ausgerüstet. Daher werden an dieser Stelle zwei für die Belange der digitalen Signalverarbeitung geeignete Verfahren vorgestellt: die Zurückführung der Division auf eine Kehrwertbildung mit anschließen-der Multiplikation und die Zurückführung der Division auf eine Multiplikation.

Beim **ersten Verfahren** wird die Division

$$z = \frac{x}{y} \tag{2.15}$$

auf die Multiplikation mit dem Kehrwert des Divisors y zurückgeführt. Dabei wird im 1. Schritt der Kehrwert

$$v = \frac{1}{y} \tag{2.16}$$

des Divisors y gebildet. Die Kehrwertbildung kann mit einer Hyperbelkennlinie durchgeführt werden. Hinweise zur Realisierung finden sich im Abschn. 2.3.2 (Nichtlineare Kennlinie). Im 2. Schritt wird dann die Multiplikation

$$z = v\ x \tag{2.17}$$

durchgeführt.

Beim **zweiten Verfahren,** das sich an die Division zweier analoger Signale mit Hilfe eines Multiplizierers und eines Operationsverstärkers anlehnt [16], wird die Division auf eine Multiplikation zurückgeführt. In einem Regelkreis nach Bild 2.11 wird das Produkt z(n) y(n) aus dem Quotienten z(n) und dem Nenner y(n) gleich dem Zähler x(n) gemacht. Es ist also nach Abschluß des Regelvorgangs $z(n) \cdot y(n) = x(n)$ und damit

$$z(n) = \frac{x(n)}{y(n)} \quad . \tag{2.18}$$

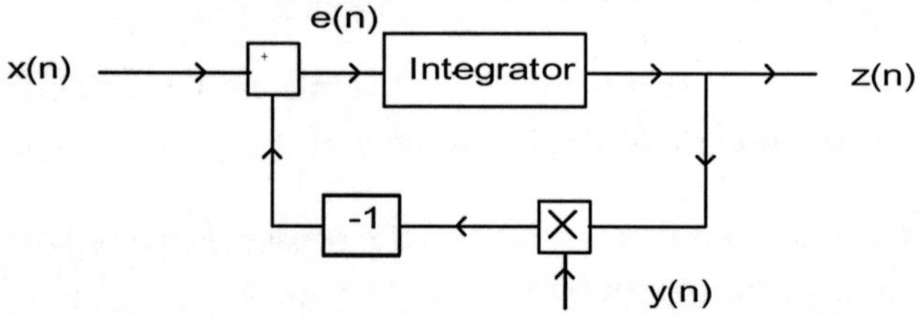

Bild 2.11. Division mit Regelkreis

Im Regelkreis wird dabei eine Integralregelung durchgeführt, um eine bleibende Regelabweichung zu vermeiden. Die Differenz e(n) zwischen dem Produkt z(n) y(n) und dem Zähler x(n) wird einem Integrator zugeführt, an

---

[16] Vgl. Tietze, Ulrich und Christoph Schenk: *Halbleiterschaltungstechnik,* Springer 1998.

dessen Ausgang der Quotient z(n) entsteht. Für den in Abschn. 3.3.1.6 erläuterten Integrator gilt:

$$z(n) = \frac{1}{T_I'} \sum_{i=0}^{n} e(i) \quad . \tag{2.19}$$

Wie dort gezeigt wird, lässt sich diese Integratorgleichung in die Differenzengleichung

$$z(n) = \frac{1}{T_I'} e(n) + z(n-1) \tag{2.20}$$

umsetzen. Mit der Differenz

$$e(n) = x(n) - y(n)\, z(n) \tag{2.21}$$

erhält man die Differenzengleichung

$$z(n) = z(n-1) + \frac{1}{T_I'} [\, x(n) - y(n)\, z(n)\,] \tag{2.22}$$

des Systems zur Durchführung der Division.

2. 2. 5. Verzögerung

Bei dem Element Verzögerung einer Zahlenfolge um einen Schritt, der im Zeitbereich einer Verzögerung um eine Abtastperiodendauer entspricht, handelt es sich nicht um eine mathematische Operation im eigentlichen Sinne. Der Vorgang ist zwar für die digitale Signalverarbeitung von grundlegender Bedeutung, beinhaltet aber nicht mehr als die Zwischenspeicherung der Folgenelemente. Dies wird deutlich, wenn für den Vorgang eine algorithmische Beschreibung entwickelt wird.

Es werde die Verschiebung einer Folge x(n) um N = 4 Schritte betrachtet. Für die verschobene Folge y(n) gilt dann in mathematischer Beschreibung

$$y(n) = x(n-N) \tag{2.23}$$

Zur Übertragungsfunktion H(z) eines diese Folgenverschiebung bewirkenden Blocks gelangt man, indem man diese Gleichung der Z-Transformation unterzieht. Mit der Z-Transformierten Y(z) der verschobenen Folge und der Z-Transformierten X(z) der Eingangsfolge erhält man

$$Y(z) = X(z)\; z^{-N} \tag{2.24}$$

und die Übertragungsfunktion

$$H(z) = z^{-N} \quad , \qquad (2.25)$$

die sich in N verschiedene Faktoren zerlegen läßt. Mit dieser Zerlegung gelangt man zu der in Bild 2.12 dargestellten graphischen Beschreibung der Verschiebung einer Folge um N Schritte.

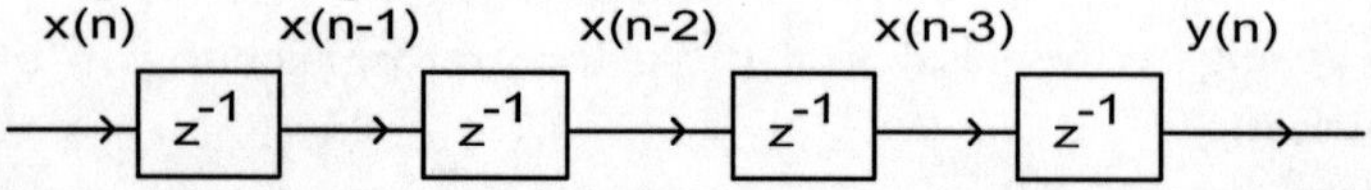

Bild 2.12. graphische Beschreibung der Verschiebung einer Folge um N = 4 Schritte

Zu einer algorithmischen Formulierung des Vorgangs gelangt man, indem man nicht nur für die Elemente der Eingangs- und Ausgangsfolge, sondern auch für die Elemente der jeweils um einen Schritt weiter verschobenen Folgen jeweils einen Speicherplatz vorsieht. Dies erfolgt durch die Variablendeklaration

```
VAR
x0 : real; {x(n)}
x1 : real; {x(n - 1)}
x2 : real; {x(n - 2)}
x3 : real; {x(n - 3)}
y0 : real; {y(n)}
```

Im weiteren wird angenommen, dass die Elemente der Eingangsfolge x(n) einem A/D-Wandler entnommen und die Elemente der Ausgangsfolge y(n) in das Register eines D/A-Wandlers geschrieben werden. Mit der entsprechenden Variablen-Deklaration

```
VAR AD_Wandler : real;
DA_Wandler : real;
```

erhält man dann für die Verzögerung der Folge x(n) um 4 Schritte die algorithmische Formulierung

```
x1 := 0; x2 := 0; x3 := 0 ;
Start: x0 := AD_Wandler;
y0 := x3;
x3 := x2;
x2 := x1;
x1 := x0;
DA_Wandler := y0;
goto Start;
```

Diese Anweisungsfolge stellt einen Umspeichermechanismus dar. Beim periodischen Durchlaufen der Anweisungen findet ein Weiterreichen der Folgenelemente von Speicherplatz zu Speicherplatz statt.

2. 3. Algorithmische Bausteine

Dieser Abschnitt soll wichtige Bausteine digitaler signalverarbeitender Systeme von der mathematisch-signaltheoretischen Beschreibung über Blockschaltbilder bis zur algorithmischen Darstellung in einer Pascal-Notation erläutern. Folgende 5 Bausteine sind für die später zu behandelnden analogen und digitalen Übertragungssysteme sowie für die meßtechnischen Systeme wichtig, weil sie dort immer wieder Verwendung finden: Digitale Filter, Nichtlineare Kennlinie, Cordic-Algorithmus, Schwingungserzeugung, Diskrete Fourier-Transformation.

2. 3. 1. Digitale Filter

In den folgenden Abschnitten sollen die digitalen Filter im Gegensatz zum Abschnitt Grundlagen der DSV von den algorithmischen Aspekten her untersucht werden.[17] Dabei spielt die graphische Beschreibung des Filters durch ein digitales Netzwerk aus graphischen Symbolen eine wichtige Rolle.

2. 3. 1. 1. Filternetzwerke

In der Symbolsprache der Mathematik lässt sich ein digitales Filter durch seine Übertragungsfunktion

$$H(z) = \frac{Y(z)}{X(z)} = \frac{A_0 + A_1 z^{-1} + A_2 z^{-2} + ... + A_m z^{-M}}{1 + B_1 z^{-1} + B_2 z^{-2} + ... + B_n z^{-N}} \quad (2.26)$$

beschreiben. Als Grundlage für eine Realisierung sowie auch für eine algorithmische Beschreibung ist zusätzlich die graphische Beschreibung des Filters durch ein digitales Netzwerk bestehend aus den graphischen Symbolen für die Addition, die Multiplikation mit einer Konstanten und die Verschiebung mit Verzögerern wichtig. Für eine Übertragungsfunktion H(z) können verschiedene digitale Netzwerke entwickelt werden. Man bezeichnet Netzwerke als kanonisch, wenn sie ein Minimum an Verzögerern enthalten. Das

---

[17] Fliege, Norbert: *Digitale Filter mit dem Signalprozessor 2920,* Eletronik 3/4, 1981.

sind N Verzögerer bei einer Übertragungsfunktion mit einem Nennerpolynom vom Grade N. Die Übertragungsfunktion H(z) lässt sich z.B. für den Fall M = N = 4 als Produkt eines transversalen Faktors

$$H_1(z) = A_0 + A_1\, z^{-1} + A_2\, z^{-2} + A_3\, z^{-3} + A_4\, z^{-4} = \frac{Y_1(z)}{X_1(z)} \qquad (2.27)$$

und eines rein rekursiven Faktors

$$H_2(z) = \frac{1}{1 + B_1\, z^{-1} + B_2\, z^{-2} + B_3\, z^{-3} + B_4\, z^{-4}} = \frac{Y_2(z)}{X_2(z)} \qquad (2.28)$$

darstellen. Ein digitales Netzwerk für die transversale Übertragungsfunktion $H_1(z)$ ergibt sich, wenn Gl. (2.27) in der Form

$$Y_1(z) = A_0\, X_1(z) + A_1\, X_1(z)\, z^{-1}$$
$$+ A_2\, X_1(z)\, z^{-2} + A_3\, X_1(z)\, z^{-3} + A_4\, X_1(z)\, z^{-4} \qquad (2.29)$$

geschrieben wird. Man erhält $Y_1(z)$ als Summe von Termen $A_i\, X_1(z)\, z^{-i}$. So entsteht das Filternetzwerk nach Bild 2.13.

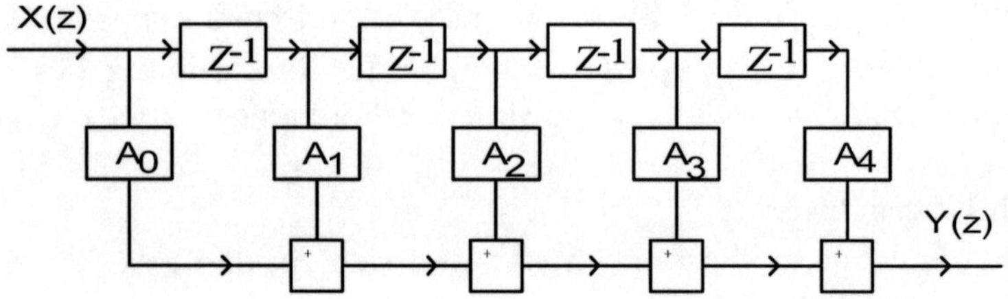

Bild 2.13. Filternetzwerk für ein transversales Filter 4. Ordnung

Das Polynom der transversalen Übertragungsfunktion $H_1(z)$ lässt sich auch in der dem Horner Schema zugrundeliegenden Form schreiben, z.B. wieder für M = 4:

$$H_1(z) = (((A_4\, z^{-1} + A_3)\, z^{-1} + A_2)\, z^{-1} + A_1)\, z^{-1} + A_0 = \frac{Y_1(z)}{X_1(z)} \qquad (2.30)$$

Durch Ausmultiplizieren gewinnt man

$$Y_1(z) = [[[A_4\, X_1(z)\, z^{-1} + A_3\, X_1(z)]\, z^{-1} + A_2\, X_1(z)]\, z^{-1}$$
$$+ A_1\, X_1(z)]\, z^{-1} + A_0\, X_1(z) \qquad , \qquad (2.31)$$

woraus sich das Netzwerk nach Bild 2.14 ergibt.

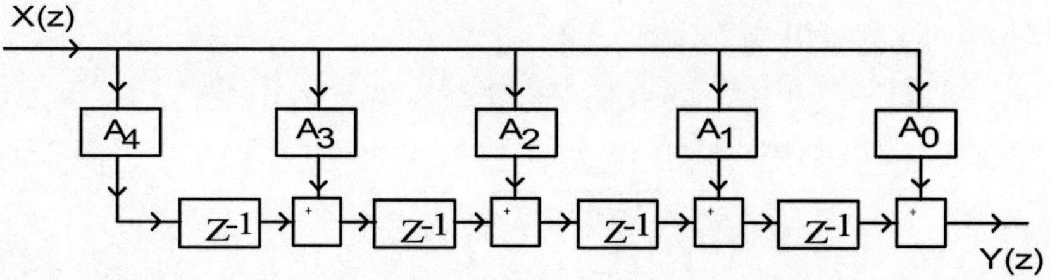

Bild 2.14 Filternetzwerk für ein transversales Filter 4. Ordnung auf der Grundlage der Polynomschreibweise nach Horner

Ein digitales Netzwerk für die rein rekursive Übertragungsfunktion $H_2(z)$ ergibt

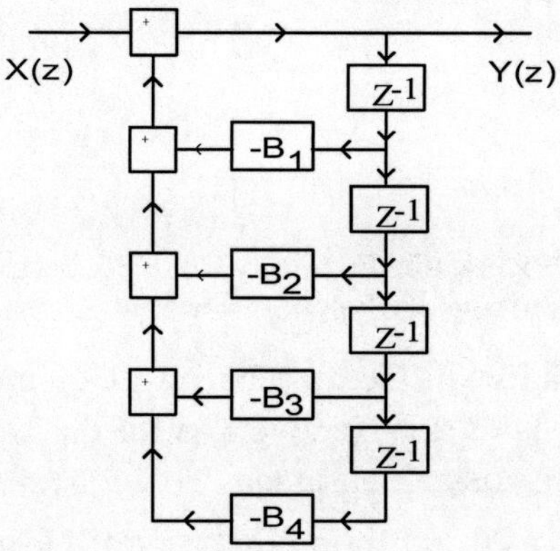

Bild 2.15 Filternetzwerk für die rein rekursive Übertragungsfunktion

sich, wenn Gl. (2.28) durch Ausmultiplizieren auf die Form

$$Y_2(z) = X_2(z) - B_1 X_2(z) z^{-1} - B_2 X_2(z) z^{-2} - B_3 X_2(z) z^{-3} - B_4 X_2(z) z^{-4} \qquad (2.32)$$

gebracht wird. Daraus lässt sich das Netzwerk nach Bild 2.15 ablesen. Schreibt man das Nennerpolynom der Übertragungsfunktion $H_2(z)$ in der Horner'schen Form, so ergibt sich

$$H_2(z) = \frac{1}{(((B_4 z^{-1} + B_3) z^{-1} + B_2) z^{-1} + B_1) z^{-1} + 1} = \frac{Y_2(z)}{X_2(z)} \qquad (2.33)$$

und ausmultipliziert

$$Y_2(z) = X_2(z) - \{ [[[B_4 Y_2(z) z^{-1} + B_3 Y_2(z)] z^{-1} + B_2 Y_2(z)] z^{-1} + B_1 \ Y_2(z)] z^{-1} \}. \qquad (2.34)$$

Daraus lässt sich ebenfalls ein zweites Filternetzwerk ablesen (s. Bild 2.16).

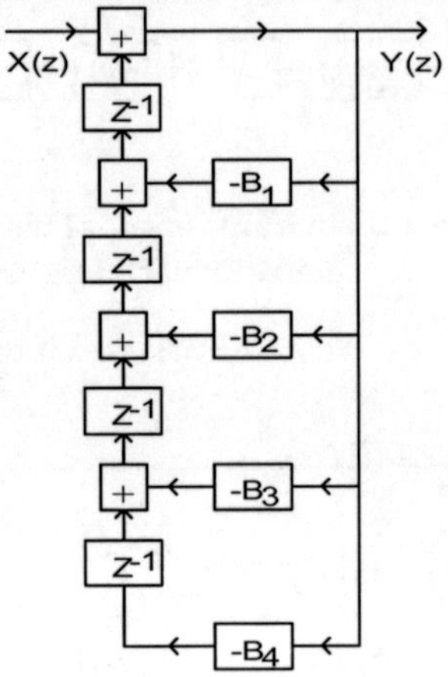

Bild 2.16 Filternetzwerk für die rein rekursive Übertragungsfunktion H2(z) auf der Grundlage der Polynomschreibweise nach Horner

Ein digitales Netzwerk für die Gesamtübertragungsfunktion H(z) lässt sich auf verschiedene Weise aus den Netzwerken für die Teilübertragungsfunktionen $H_1(z)$ und $H_2(z)$ zusammensetzen. Üblich ist die Konstruktion eines kanonischen Netzwerkes durch Kombination der Netzwerke aus Bild 2.14 und Bild 2.16, wie weiter unten gezeigt wird.

2. 3. 1. 2. Grundalgorithmus

Am Beispiel eines Filters 2. Ordnung mit der Übertragungsfunktion

$$H(z) = \frac{Y(z)}{X(z)} = \frac{A_0 + A_1 z^{-1} + A_2 z^{-2}}{1 + B_1 z^{-1} + B_2 z^{-2}} \qquad (2.35)$$

und der Differenzengleichung

$$y(n) = A_0 x(n) + A_1 x(n-1) + A_2 x(n-2) - B_1 y(n-1) - B_2 y(n-2) \qquad (2.36)$$

soll zunächst der Grundalgorithmus erläutert werden.

Der gegenwärtige Wert der Ausgangsfolge y(n) wird berechnet aus dem gegenwärtigen Wert x(n) der Eingangsfolge sowie den vergangenen Werten der Eingangsfolge x(n-1), x(n-2) und der Ausgangsfolge y(n-1), y(n-2). Bei einer algoritmischen Darstellung des Rechenablaufs in Pascal sind diesen Werten und den Konstanten zunächst Speicherplätze zuzuordnen. Dies geschieht für die Konstanten der Differenzengleichung mit der typisierten Konstantenvereinbarung

```
CONST
A0 : real = ;
A1 : real = ;
A2 : real = ;
B1 : real = ;
B2 : real = ;
```

und für die Werte der Eingangs- und Ausgangsfolge mit der Variablenvereinbarung

```
VAR
x0 = : real ; { x(n) }
x1 = : real ; { x(n-1) }
x2 = : real ; { x(n-2) }
y0 = : real ; { y(n) }
y1 = : real ; { y(n-1) }
y2 = : real ; { y(n-2) }
```

Der jeweils neue Wert der Eingangsfolge werde dem Register eines A/D-Wandlers entnommen und der neu berechnete Wert der Ausgangsfolge zur Ausgabe in das Register eines D/A-Wandlers geschrieben. Dementsprechend wird für diese beiden Register vereinbart:

```
VAR
AD_Wandler : Word:          DA_Wandler : Word;
```

Für die Berechnung der Elemente der Ausgangsfolge ist die Differenzengleichung die Berechnungsvorschrift. Wesentlich dabei ist, dass der gegenwärtige Wert x_o der Eingangsfolge zu dem um einen Schritt zurückliegenden Wert x_1 wird, wenn der nächste Wert der Ausgangsfolge berechnet wird. Entsprechendes gilt für die weiter zurückliegenden Werte der Eingangs- und Ausgangsfolge. Das bedeutet, dass nach jeder Berechnung eines Wertes der Ausgangsfolge ein Umspeichern der Speicherinhalte zu erfolgen hat (s. Bild 2.17).

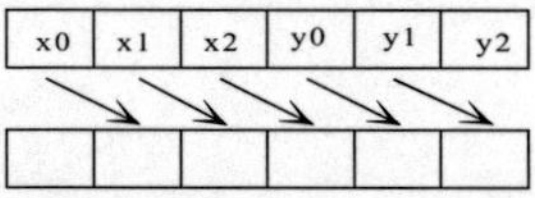

Bild 2.17. Umspeichern der Speicherinhalte

Damit erhält man für die Differenzengleichung die Pascal-Anweisungsfolge

```
Start:    x0 := AD_Wandler;
          y0 := A0 * x0 + A1 * x1 + A2 * x2
          - B1 * y1 - B2 * y2
          DA_Wandler := y0;
          x2 := x1;
          x1 := x0;
          y2 := y1;
          y1 := y0;
          GOTO := Start;
```

Dies ist der Algorithmus eines Digitalfilters 2. Ordnung. Vor dem Eintritt in die obige endlose Schleife sind noch die Anfangsbedingungen festzulegen.

```
x1 := 0;
x2 := 0;
y1 := 0;
y2 := 0;
```

Im Zusammenhang mit der Implementierung des Algorithmus sollen noch 2 Aspekte in den folgenden Abschnitten behandelt werden: 1. Die Differenzengleichung ist in Teildifferenzengleichungen zu zerlegen; denn die Rechenwerke erledigen in einem Schritt eine Multiplikation und eine Addition. 2. Das Umspeichern der Registerinhalte ist nach Möglichkeit zu umgehen, da das Umspeichern bei hoher Filterordnungszahl sehr zeitaufwendig ist und viele Anwendungen dies wegen der hohen Anforderungen an die Rechengeschwindigkeit nicht zulassen.

2. 3. 1. 3. Kanonisches Netzwerk

Sowohl für die Zerlegung der Gesamtdifferenzengleichung in Teilgleichungen als auch für die Vermeidung des Umspeicherns der Registerinhalte kann ein kanonisches Netzwerk als Ausgangspunkt dienen[18]. Das zur Übertragungsfunktion

---

[18] Ebenda.

$$H(z) = H_1(z)\,H_2(z) = \frac{Y(z)}{X(z)} = \frac{A_0 + A_1 z^{-1} + A_2 z^{-2}}{1 + B_1 z^{-1} + B_2 z^{-2}} \qquad (2.37)$$

gehörende Netzwerk ist in Bild 2.18 wiedergegeben. Man erhält es durch Zusammenschaltung der Bilder 2.14 und 2.16.

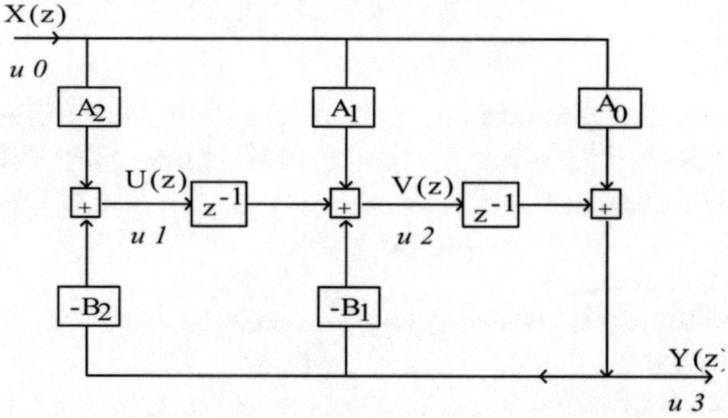

Bild 2.18 kanonisches Netzwerk eines Systems 2. Ordnung aus H1(z) u. H2(z)

Zur Herleitung eines Algorithmus wird zunächst für jeden Addierer eine Gleichung aufgestellt. Neben der Eingangsgröße X(z) und der Ausgangsgröße Y(z) werden 2 weitere Größen U(z) und V(z) für die Addiererausgänge benötigt. In der Reihenfolge vom Ausgang zum Eingang hin erhält man dann

$$\begin{aligned} Y(z) &= A_0\,X(z) + V(z)\,z^{-1} \\ V(z) &= A_1\,X(z) + U(z)\,z^{-1} - B_1\,Y(z) \\ U(z) &= A_2\,X(z) \qquad\qquad - B_2\,Y(z) \end{aligned} \qquad (2.38)$$

Durch inverse Z-Transformation wird dieses Gleichungssystem in den Folgenbereich transformiert. Damit ergibt sich das Differenzengleichungssystem

$$\begin{aligned} y(n) &= A_0\,x(n) + v(n-1) \\ v(n) &= A_1\,x(n) + u(n-1) - B_1\,y(n) \\ u(n) &= A_2\,x(n) \qquad\qquad - B_2\,y(n) \end{aligned} \qquad (2.39)$$

Die Gesamtdifferenzengleichung wird somit in 3 Teilgleichungen zerlegt. Das Umspeichern der Registerinhalte des vorangegangenen Abschnitts wird

nun vermieden, wenn man für u(n) und u(n - 1) sowie für v(n) und v(n - 1) jeweils denselben Speicherplatz vorsieht.
Mit den Variablenzuordnungen

u0 : x(n)
u1 : u(n), u(n - 1)
u2 : v(n), v(n - 1)
u3 : y(n)

erhält man dann die folgende algorithmische Pascal-Formulierung, in der die Filterkoeffizienten für einen Tiefpaß als Konstante deklariert sind.

```
{IIR-Filter 2. Ordnung }
PROCEDURE dsv; {DSV-Programm}
var u0,u1,u2,u3 :real;
const a0 = 0.02064411; {Filterkoeffizienten für Tiefpaß}
 a1 = 0.04128823;
 a2 = 0.02064411;
 b1 = -1.60460323;
 b2 = 0.68717968;

begin
u0:=0; u1:=0; u2:=0; u3:=0; {Rücksetzen aller Speicher}

repeat
 {ab hier die Verarbeitungsprozeduren}
 u0:= AD_Wandler; {Abtastung}
 u3 := a0*u0 + u2;
 u2 := a1*u0 - b1*u3 +u1;
 u1 := a2*u0 - b2*u3;
DA_Wandler := u3;
end;
end;
```

Der neue Wert u3 der Ausgangsfolge wird mit dem neuen Wert der Eingangsfolge u0 und dem vergangenen Wert u2 mit

```
u3 := a0*u0 + u2;
```

berechnet; denn der Wert u2 entstammt dem vergangenen Durchlauf. Die Anweisung

```
u2 := a1*u0 - b1*u3 +u1;
```

ergibt den u2-Wert für den nächsten Durchlauf aus dem gegenwärtigen u0-Wert, dem vergangenen u1-Wert und dem gerade berechneten u3-Wert. Die letzte Anweisung ermittelt den u1-Wert

```
u1 := a2*u0 - b2*u3;
```

für den nächsten Durchlauf aus dem gegenwärtigen Wert u0 und aktuellen u3.

2. 3. 1. 4. Modulo-Adressierung

Dieser hier für das System 2. Ordnung erläuterte Algorithmus vermeidet das Umspeichern der Registerinhalte durch Verändern der entsprechenden Adressen. Zur Formulierung des Algorithmus wird für die gegenwärtigen und vergangenen Werte der Eingangs- und Ausgangsgröße je ein Array vereinbart.

```
VAR
x : array[0..2] of real;
y : array[0..2] of real;
```

Die Zerlegung der Gesamtdifferenzengleichung wird derart vorgenommen, dass die Produkte A_i * x(n - i) in einem als Akkumulator verwendeten Register aufsummiert werden. Dafür wird vereinbart

```
VAR
Accu : real;
```

Man erhält dann mit der Vereinbarung

```
VAR
i : integer;
```

für eine Laufvariable zur Adressierung der Speicherzellen im Array den Filter-Algorithmus:

```
i := -1 ; Accu := 0;
Start:i:= ( i + 1 ) MOD 3;
x[i] := AD_Wandler;
y[i] := Accu ; Accu := 0;
Accu := Accu + A0 * x[i]; i := (i + 1 ) Mod 3;
Accu := Accu + A1 * x[i]; i := (i + 1 ) Mod 3;
Accu := Accu - B1 * x[i]; i := (i + 1 ) Mod 3;
Accu := Accu + A2 * x[i]; i := (i + 1 ) Mod 3;
Accu := Accu - B2 * x[i]; i := (i + 1 ) Mod 3;
DA_Wandler := Accu;
Goto Start;
```

Das Umspeichern der Registerinhalte wird hier also auf eine Adressenberechnung verlagert, die in diesem Fall ein einfaches Inkrementieren der Adresse modulo 3 beinhaltet.

2. 3. 1. 5. Halbband-Tiefpaß mit Dezimation

Wird innerhalb einer digitalen Signalverarbeitung ein Tiefpaß mit der Grenzfrequenz f_g' benötigt, so bietet sich eine Realisierung als linearphasiges Transversalfilter mit der Ordnungszahl N an. Mit Hilfe der Gl. (1.127) und (1.123) des Abschn. 1.3.2.1 erhält man als Lösung für die Koeffizienten des Tiefpasses mit der Übertragungsfunktion

$$H(z) = \sum_{k=0}^{N} A_k z^{-k} \qquad (2.40)$$

den Ausdruck

$$A_k = 2 f_g' \frac{\sin(2k - N)\pi f_g'}{(2k - N)\pi f_g'} = 2 f'_g \,\mathrm{si}\,[(2k-N)\pi f_g'] \qquad (2.41)$$

Dabei wird ein idealer Tiefpaß mit rechteckförmigem Amplitudengang $|\underline{H}_1(f')| = \mathrm{rect}(f'/2f'_g)$ approximiert.

Zu einer günstigen Realisierung gelangt man, wenn man die Grenzfrequenz f_g' so wählt, dass möglichst viele Koeffizienten A_k null werden. Setzt man $f_g' = 1/4$, so erhält man für die Koeffizientenformel

$$A_k = \frac{1}{2} \frac{\sin(2k - N)\pi/4}{(2k - N)\pi/4} \qquad (2.42)$$

und jeder 2. Koeffizient wird bei gerader Ordnungszahl N Null. Dieser Filtertyp wird Halbbandfilter oder Equibandfilter genannt, weil das nutzbare Frequenzband durch die Grenzfrequenz halbiert wird und somit Durchlaßbereich und Sperrbereich gleich groß sind. Bei allen durch 4 teilbaren Ordnungen verschwinden die Koeffizienten A_0 und A_N. Halbbandfilter lassen sich vorteilhaft in Kaskadenanordnungen einsetzen. Dabei verwendet man identische Filterblöcke, die eine hohe Sperrdämpfung besitzen. Dann kann man nach jedem Filterblock eine Dezimation um den Faktor 2 durchführen (s. Abschn. 1.4.2). Die bezogene Grenzfrequenz wird so mit jeder Stufe um den Faktor 2 reduziert. Bild 2.19 zeigt das Systemdiagramm dieser Anordnung.

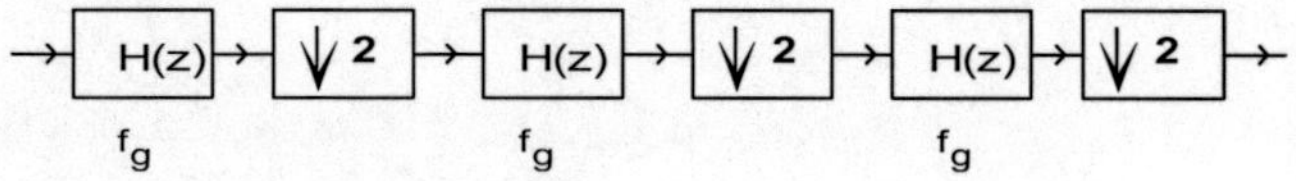

Bild 2.19. Kaskadierung von Tiefpässen mit Dezimation

Halbbandtiefpässe, bei denen jeder 2. Koeffizient Null wird, haben mehrere Vorteile. Sie benötigen weniger Konstantenmultiplikationen und die Dezimationsmöglichkeit nach jeder Stufe vergrößert die Abtastperiodendauer. Durch die Kaskadierung im Zusammenwirken mit der Dezimation kann man wesentlich unter 0.25 liegende Grenzfrequenzen erreichen. Wenn nach einem

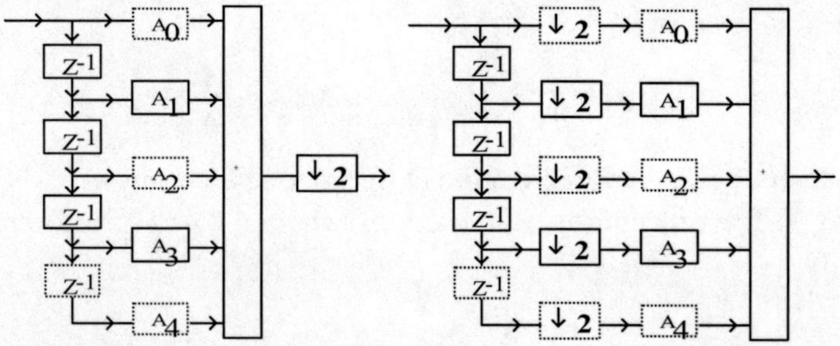

Bild 2.20 Transversalfilter mit Verschiebung der Dezimation und Ao=A2=A4=0

Filter jeder 2. Wert weggelassen wird, so muss in dem Filter auch nur jeder 2. Wert berechnet werden. Dies zeigt Bild 2.20. Die Dezimation kann durch die Zweige des Transversalfilters hindurchgeschoben und vor die Konstantenmultiplikation gelegt werden.

2. 3. 1. 6. Integrator

Die Definition des Integrators stammt aus dem Bereich der analogen Signale und Systeme. Das Ausgangssignal eines analogen Integrators

$$u_a(t) = \frac{1}{T_I} \int_0^t u_e(\vartheta)\ d\vartheta \tag{2.43}$$

entsteht aus dem Eingangssignal $u_e(t)$ durch Integration.

Zur Entwicklung eines entsprechenden Systems im Folgenbereich werden hier zwei Wege beschritten: 1. Überführung des Integrals in eine Summe, 2. Entwicklung eines diskreten Systems mit einem komplexen Frequenzgang, der mit dem des analogen Systems im Bereich

$$-\frac{1}{2} < f' < +\frac{1}{2} \tag{2.44}$$

übereinstimmt.

Während der erste Weg zum Ziel hat, ein Analogon für die Operation der Integration im Folgenbereich zu definieren, geht es im zweiten Weg darum, die Integration durch eine zeitdiskrete Summe in Form einer spektralen Betrachtung zu approximieren.

Die direkte Überführung des Integrals in eine Summe zur Entwicklung eines digitalen Integrators mit der Eingangsfolge x(n) und der Ausgangsfolge y(n) ergibt

$$y(n) = \frac{1}{T_I'} \sum_{k=0}^{n} x(k) \quad \text{mit } T_I' = \frac{T_I}{T_A} \quad . \tag{2.45}$$

Zur Entwicklung der entsprechenden Differenzengleichung wird diese Gleichung der Z-Transformation unterzogen. Mit der Korrespondenz (s. Anhang 6.2.3)

$$\sum_{k=0}^{n} x(k) \quad \text{o---}\bullet \quad X(z)\,\frac{z}{z-1} \tag{2.46}$$

erhält man

$$Y(z) = \frac{1}{T_I'}\,\frac{z}{z-1}\,X(z) \quad . \tag{2.47}$$

Daraus ergibt sich die Übertragungsfunktion

$$H(z) = \frac{\frac{1}{T_I'}}{1 - z^{-1}} = \frac{Y(z)}{X(z)} \quad . \tag{2.48}$$

Mit der Substitution $z = \exp(j2\pi f')$ entsteht daraus der komplexe Frequenzgang

$$\underline{H}(f') = \frac{\frac{1}{T_I'}}{1 - \exp(-j\,2\pi\, f')} = \frac{1}{2\,T_I'}\,\frac{1}{\sin(\pi\, f')}\,\exp(j\,\pi(f' - 1/2)) \tag{2.49}$$

Aus der Übertragungsfunktion gewinnt man die Gleichung

$$Y(z) = \frac{1}{T_I'}\,X(z) + Y(z)\,z^{-1} \ , \tag{2.50}$$

aus der durch inverse Z-Transformation die Differenzengleichung

$$y(n) = \frac{1}{T_I'}\, x(n) + y(n-1) \tag{2.51}$$

hervorgeht. Als Integrator ergibt sich somit ein rekursives System 1. Ordnung mit den Koeffizienten $A_0 = 1/T'_i$ und $B_1 = -1$.

Eine vollkommen andere Lösung ergibt sich, wenn man den Weg über den komplexen Frequenzgang geht. Man unterzieht die analoge Integratorgleichung (2.43) der Fourier-Transformation und erhält

$$\underline{U}_a(f) = \frac{1}{j\, 2\pi\, f\, T_I}\, \underline{U}e(f) \quad . \tag{2.52}$$

Der komplexe Frequenzgang des analogen Integrators wird dann

$$\underline{H}(f') = \frac{\underline{U}_a(f')}{\underline{U}_e(f')} = \frac{1}{2\pi\, f'\, T_I'}\, \exp(-j\frac{\pi}{2})\,, \tag{2.53}$$

wenn man die bezogenen Größen $f'=f/f_A$ und $T_I'= T_I\, f_A$ einführt.

Wie in Abschn. 1.3.2.1 gezeigt, lässt sich bei der Dimensionierung eines Transversalfilters Amplituden- und Phasengang vorgeben und somit ein komplexer Frequenzgang $\underline{H}(f')$ realisieren, der im Bereich

$$-\frac{1}{2} < f' < +\frac{1}{2} \tag{2.54}$$

den eines analogen Integrators approximiert, wobei die Qualität der Approximation von der Ordnungszahl des Transversalfilters abhängt. Durch Einsetzen von (2.53) in (1.120) und (1.124) erhält man

$$c_m = 2 \int_0^{1/2} \frac{1}{2\pi T_I'}\, \frac{1}{f'} \cos[2\pi f' m - \frac{\pi}{2}]\, df' \quad . \tag{2.55}$$

Die Integration, die mathematisch die Ermittlung eines Flächeninhalts bedeutet, ist zunächst nur für kontinuierliche Funktionen definiert nicht aber für Zahlenfolgen. Der komplexe Frequenzgang ist sowohl für analoge als auch für diskete Systeme definiert. Daher soll im Bereich der Zahlenfolgen unter einem Integrator ein System verstanden werden, das im Bereich (3.54) den gleichen komplexen Frequenzgang hat wie ein analoger Integrator. Das System, das durch die Überführung des Integrals in eine Summe entsteht, ist somit eine grobe Näherung, die aber bei niedriger bezogener Frequenz häufig ausreicht.

2. 3. 1. 7. Differentiator

Die Definition des Differentiators stammt ebenfalls aus dem Bereich der analogen Signale und Systeme. Das Ausgangssignal

$$u_a(t) = T_D \frac{d\,u_e(t)}{d\,t} \qquad (2.56)$$

entsteht aus dem Eingangssignal $u_e(t)$ durch Differentiation. Zur Entwicklung eines entsprechenden Systems im Folgenbereich werden wieder zwei Wege beschritten: 1. Überführung des Differentialquotienten in einen Differenzenquotienten, 2. Entwicklung eines diskreten Systems mit einem komplexen Frequenzgang, der mit dem des analogen Systems im Bereich

$$-\frac{1}{2} < f' < +\frac{1}{2} \qquad (2.57)$$

übereinstimmt.

Die Annäherung des Differentialquotienten durch einen Differenzenquotienten ergibt

$$u_a(t) = T_D \frac{u_e(t) - u_e(t - \Delta t)}{\Delta t} \quad . \qquad (2.58)$$

Setzt man $\Delta t = T_A$, $t = n\,T_A$ und $T_D' = T_D\,f_A$, so erhält man die Differenzengleichung

$$y(n) = T_D' \; [\, x(n) - x(n-1) \,] \qquad (2.59)$$

eines diskreten Systems. Unterzieht man sie der Z-Transformation, so ergibt sich

$$Y(z) = T_D' \; [\, X(z) - X(z)\, z^{-1} \,] \qquad (2.60)$$

und die Übertragungsfunktion eines nichtrekursiven Systems

$$H(z) = \frac{Y(z)}{X(z)} = T_D' \, [1 - z^{-1}] \quad . \qquad (2.61)$$

Mit der Substitution $z = \exp(j\, 2\pi\, f')$ entsteht daraus der komplexe Frequenzgang

$$\underline{H}(f') = T_D' \,(1 - \exp(-j\, 2\pi\, f'))$$
$$= 2\, T_D' \sin(\pi\, f') \exp(-j\, \pi\, (f' - 1/2)) \, . \qquad (2.62)$$

Die andere, exaktere Lösung ergibt sich, wenn man den Weg über den komplexen Frequenzgang geht. Man unterzieht die analoge Differentiatorgleichung (2.56) der Fourier-Transformation und erhält

$$\underline{U}_a(f) = j\,2\pi\, f\, T_D\, \underline{U}_e(f) \quad . \tag{2.63}$$

Der komplexe Frequenzgang des analogen Differentiators wird dann

$$\underline{F}(f') = \frac{\underline{U}_a(f')}{\underline{U}_e(f')} = 2\pi\, f'\, T_D'\, \exp(j\,\pi/2) \quad , \tag{2.64}$$

wenn man die bezogenen Größen $f'=f/f_A$ und $T_D' = T_D\, f_A$ einführt.

Wie in Abschn. 1.3.2.1 gezeigt, lässt sich mit Hilfe eines Transversalfilters im Folgenbereich ein komplexer Frequenzgang $\underline{H}(f')$ realisieren, der im Bereich $-\frac{1}{2} < f' < \frac{1}{2}$ den eines analogen Differentiators approximiert, wobei die Qualität der Approximation von der Ordnungszahl des Transversalfilters abhängt. Auch die Differentiation ist für kontinuierliche Funktionen definiert, nicht aber für Zahlenfolgen. Der komplexe Frequenzgang ist sowohl für analoge als auch für diskrete Systeme definiert. Daher soll im Bereich der Zahlenfolgen unter einem Differentiator ein System verstanden werden, das im Bereich $-\frac{1}{2} < f' < \frac{1}{2}$ den gleichen komplexen Frequenzgang hat wie ein analoger Differentiator. Das System, das durch die Überführung des Differentialquotienten in einen Differenzenquotienten entsteht ist somit eine Näherung, die aber für niedrige bezogene Frequenzen häufig ausreicht.

2. 3. 1. 8. Hilbert-Transformator

Neben der Fourier-Transformation und der Laplace-Transformation ist die Hilbert-Transformation eine der in der Nachrichtentechnik wichtigen Integraltransformationen. Diese, auf den Mathematiker Hilbert zurückgehende Transformation, stellt einen Zusammenhang zwischen Real- und Imaginärteil des Spektrums eines kausalen Signals her sowie zwischen Dämpfungs- und Phasenfunktion eines Minimum-Phasen-Systems. Eine wichtige Rolle spielt die Hilbert-Transformation zudem in der Theorie des analytischen Signals, die eine Erweiterung der Modulationslehre darstellt, sowie bei den Verfahren zur Erzeugung von Einseitenbandsignalen. Zunächst soll die Hilbert-Transformation für den analogen Bereich hergeleitet werden.

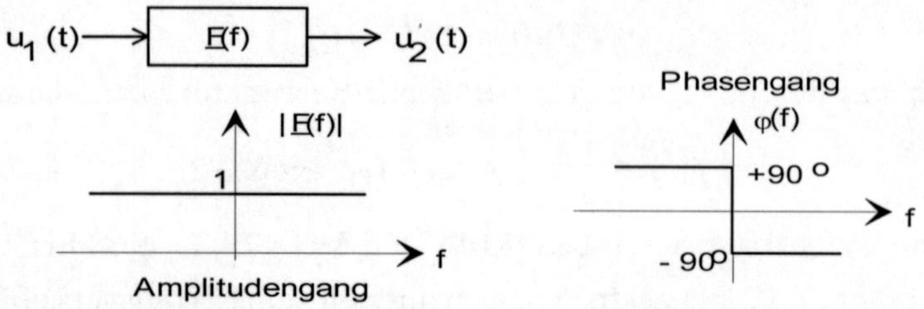

Bild 2.21. Hilbert-Transformator

In der Nachrichtentechnik werden Filter mit folgenden Eigenschaften eingesetzt: Der Amplitudengang ist frequenzunabhängig konstant gleich 1 und die spektralen Komponenten von Eingangs- und Ausgangssignal sind um 90 Grad phasenverschoben.

Ein solches Filter, dessen Amplituden- und Phasengang Bild 2.21 zeigt, ist also ein Allpaß und wird Quadraturfilter oder Hilbert-Transformator genannt. Der komplexe Frequenzgang eines Hilbert-Transformators hat die Form

$$\underline{F}(f) = \exp(-j\frac{\pi}{2}\,\mathrm{sgn}(f)) = -j\,\mathrm{sgn}(f)\ . \tag{2.65}$$

Als nächstes werde die Impulsantwort ermittelt. Man erhält sie als inverse Fourier-Transformierte des komplexen Frequenzgangs. Der Fourier-Korrespondenz-Tabelle (Anhang 6.1.2) entnimmt man

$$-j\,\mathrm{sgn}(f) \bullet\!\!-\!\!\circ \frac{1}{\pi t}\ . \tag{2.66}$$

Mit der Impulsantwortfunktion

$$g(t) = \frac{1}{\pi t} \tag{2.67}$$

des Hilbert-Transformators lässt sich das Ausgangssignal

$$u_2(t) = \int_{-\infty}^{\infty} \frac{1}{\pi\tau}\, u_1(t-\tau)\, d\tau \tag{2.68}$$

aus dem Eingangssignal durch Faltung berechnen. Das dabei auftretende Integral

$$u_2(t) = \frac{1}{\pi} \int_{-\infty}^{\infty} \frac{u_1(t-\tau)}{\tau}\, d\tau \tag{2.69}$$

wird Hilbert-Integral und die Transformation des Signals $u_1(t)$ in das Signal $u_2(t)$ Hilbert-Transformation genannt.

Zu beachten ist, dass die Impulsantwort des Hilbert-Transformators nicht kausal ist. Sie ist die Antwort auf einen Dirac-Impuls und vor seinem Auftreten schon vorhanden. Dies widerspricht dem Kausalitätsprinzip.

Es gibt mehrere Wege, um im Bereich der Zahlenfolgen ein System zur Hilbert-Transformation herzuleiten. Einer besteht darin, das Hilbert-Integral, wie es Bild 2.22 zeigt, durch eine unendliche Summe zu ersetzen.

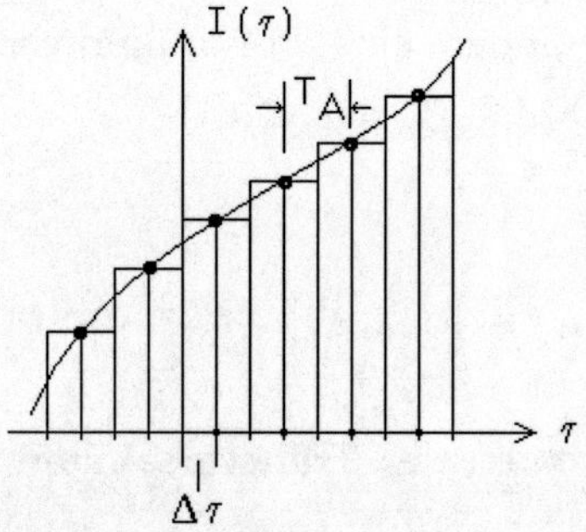

Bild 2.22. Integration des Hilbert-Integrals

Die Fläche unter dem Graphen der Funktion

$$I(\tau) = \frac{u(t-\tau)}{\tau} \tag{2.70}$$

ergibt sich als Summe der Flächeninhalte von Rechtecken entsprechend Bild 2.22. Man erhält

$$u_2(t) = \frac{1}{\pi} \sum_{m=-\infty}^{\infty} \frac{u_1(t-[2m+1]\Delta\tau)}{[2m+1]\Delta\tau}\, 2\Delta\tau \quad . \tag{2.71}$$

Durch Abtasten der kontinuierlichen Zeitfunktion entsprechend $t=kT_A$ mit T_A=Dt erhält man die Differenzengleichung eines diskreten Hilbert-Transformators:

$$u_2(k) = \sum_{m=-\infty}^{\infty} \frac{2}{\pi[2m+1]} u_1(k - [2m+1]) \quad . \qquad (2.72)$$

Dieser Ausdruck ist, da m nur ganze Zahlen durchläuft, identisch mit

$$u_2(k) = \sum_{m=-\infty}^{\infty} c_m u_1(k - m) \; ; \quad c_m = \frac{1 - \cos(\pi m)}{\pi m} . \qquad (2.73)$$

Ein ganz anderer Weg geht vom komplexen Frequenzgang aus. Dieser ist eine Größe, die nicht nur im kontinuierlichen Bereich, sondern auch in gleicher Weise im diskreten Bereich definiert ist. Mit Hilfe eines Transversalfilters lässt sich im diskreten Bereich ein komplexer Frequenzgang realisieren, der im Bereich $-\frac{1}{2} < f' < +\frac{1}{2}$ mit dem eines kontinuierlichen Hilbert-Transformators übereinstimmt. Mit Hilfe des Integrals

$$c_m = 2 \int_0^{\frac{1}{2}} \left| \underline{H}_1(f') \right| \cos[2\pi f' m + \varphi(f')] \, df' \qquad (2.74)$$

lassen sich die Koeffizienten des Transversalfilters aus Amplitudengang und Phasengang ermitteln. Im Integrationsbereich ist $\left| H(f') \right| = 1$ und $\varphi(f') = -\pi/2$. Die Integration ergibt dann

$$c_m = 2 \int_0^{\frac{1}{2}} \cos(2\pi f' m - \frac{\pi}{2}) \, df' = \frac{1 - \cos(\pi m)}{\pi m} \qquad (2.75)$$

und führt somit zum gleichen Ergebnis. Die Koeffizienten c_m beziehen sich auf die nicht realisierbare Übertragungsfunktion

$$H_1(z) = \sum_{m=-N/2}^{N/2} c_m \, z^{-m} \quad . \qquad (2.76)$$

Realisierbar wird das System durch Kettenschaltung eines Verzögerungsgliedes mit der Übertragungsfunktion

$$H_2(z) = z^{-N/2} \quad . \tag{2.77}$$

Somit wird also nicht die Hilbert-Transformierte der Eingangsfolge, sondern der um N/2 Schritte verzögerten Eingangsfolge gebildet. Die Koeffizienten des zugehörigen Transversalfilters ermitteln sich dann zu

$$a_k = c_{k-N/2} = \frac{1 - \cos[\pi(k - N/2)]}{\pi(k - N/2)} \quad . \tag{2.78}$$

Bild 2.23 zeigt bespielhaft die Realisierung eines Hilbert-Transformators als Transversalfilter für N = 4

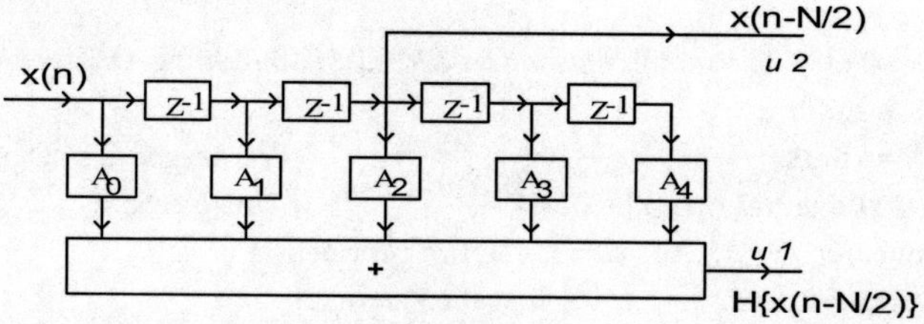

Bild 2.23. Hilbert-Transformator für N = 4

Das folgende Programmlisting ist eine Pascal-Prozedur für einen Hilbert-Transformator. Damit der Transformator über einen weiten Frequenzbereich einen hinreichend konstanten Amplitudengang aufweist, muss ein Transversalfilter hinreichend großer Ordnungszahl benutzt werden. Im Programmbeispiel ist die Ordnungszahl durch die Konstante N zu 64 gewählt worden. Die Prozedur errechnet hieraus zunächst anhand Gleichung (2.78) die notwendigen Filterkoeffizienten und legt sie im Array a[0..N] ab.

Die DSV-Verarbeitung besteht dann lediglich aus Programmschritten zur Lösung der Differenzengleichung des Filters und im Abgriff des um N/2 Schritte verzögerten Referenzsignals.

```
PROCEDURE dsv; {Hilbert-Transformator N-ter Ordnung}
var k,mitte : integer;
var u1,u2,summe : real;
var a : array[0..64] of real; {Filterkoeffizienten 64.Ordnung}
 x : array[0..64] of real; {Speicherwerte des Filters}
const N=64;
const inport = $...; {Portadressen für Ein- und Ausgänge}
          outport1= $...;
          outport2= $...;
begin
  mitte:=round(N/2);
```

```
    for k:=0 to N do
      begin
        x[k]:=0;       {Rueuecksetzen der Speicher}
       if k<>mitte then a[k]:= (1-cos(k*pi-mitte*pi))/(k*pi- mitte*pi);
           {Koeffizienten berechnen je nach Ordnungszahl N}
      end;
  a[mitte]:=0; {mittlerer Koeff. immer 0 bei gerader Ordnungszahl}
  repeat                {ab hier die Verarbeitungsprozedur}
   x[0]:=port(inport);              {Abtastung}
     summe:=0;
    for k:=0 to N do summe := summe + a[k]*x[k];  {Filterung, Differenzengleichg.}
      u1 := summe;
      u2 := x[mitte];                              {Verzoegerung,Referenz}
   for k:=N downto 1 do x[k]:=x[k-1];              {Umspeichern}
   port(outport1) :=u1; {Ausgabe Hilberttransformierte}
   port(outport2) :=u2;             {Ausgabe Referenz}
  until....;
  end;
```

Mit Hilfe einer Programmsimulation, in der an den Eingang des Transformators eine gewobbelte Sinusschwingung im Frequenzbereich $0 < f' < 0{,}1$ gelegt wird, lässt sich das Verhalten der Prozedur studieren. Bild 2.24 zeigt ein Oszillogramm der zueinander hilberttransformierten Ausgangssignale u_1 und u_2.

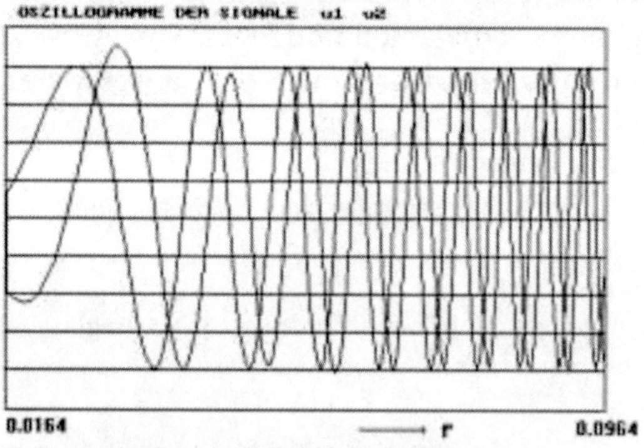

Bild 2.24. Oszillogramm der Ausgangssignale

Man erkennt die typische 90°-Phasenverschiebung zwischen den beiden Ausgangssignalen des Transformators und eine konstante Amplitude. Nur im unteren Frequenzbereich ist der Amplitudengang des Systems nicht konstant, so dass sich hier Abweichungen in den Amplituden ergeben. Dies lässt sich durch Erhöhung der Ordnungszahl oder mit speziellen Filterentwurfsverfahren verbessern.[19]

2. 3. 2. Nichtlineare Kennlinie

In der analogen Schaltungstechnik spielen elektronische Bauelemente mit einer nichtlinearen Kennlinie für Aufgaben wie z.B. Modulation, Mischung und Frequenzvervielfachung eine wichtige Rolle. Dabei sollen speicherfreie Bauelemente betrachtet werden, die keine Induktivitäten und Kapazitäten besitzen. Diese Bauelemente, bei denen das Ausgangssignal eine bestimmte Funktion des Eingangssignals ist, haben ihre Entsprechung in der digitalen Signalverarbeitung und finden sich hier als algorithmischer Baustein wieder.

2. 3. 2. 1. Prinzip

Der algorithmische Baustein Nichtlineare Kennlinie ist die Realisierung einer reellen Funktion einer reellen Veränderlichen. Bild 2.25 zeigt die schematische Darstellung als Block.

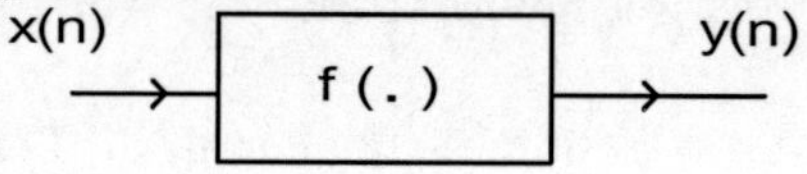

Bild 2.25 Nichtlineare Kennlinie

Die gegenwärtigen Elemente der Ausgangsfolge y(n) berechnen sich aus den gegewärtigen Elementen der Eingangsfolge x(n) nach einer bestimmten Rechenvorschrift. So werden die Werte der Eingangsfolge bestimmten Werten der Ausgangsfolge zugeordnet. Diese Zuordnung kann auch durch eine Tabelle festgelegt werden. Eine nichtlineare Kennlinie lässt sich in Pascal mit

---

[19] Vgl. McClellan, James H. u.a.: *A computer program for designing optimum FIR linear phase filters, IEEE Transactions on Audio and Electroacoustics,* Vol. AU-21, No.6, Dec.1973 und ders. McClellan u.a.: *A unified approach to the design of optimum FIR linear phase digital filters, IEEE Transactions on Circuit Theory,* Vol. CT-20, No.6, Nov. 1973.

einer Funktionsprozedur formulieren. So erhält man z.B. für eine quadratische Kennlinie:

```
VAR
FUNCTION Nichtlineare_Kennlinie(x:real):real;
BEGIN
{Definition der Rechenvorschrift: z.B. quadratische Kennlinie}
Nichtlineare_Kennlinie := x^2;
END;
```

Die Pascal-Realisierung des Blocks Nichtlineare Kennlinie erfolgt dann durch die Anweisung

```
y := Nichtlineare_Kennlinie(x);
```

Bei der Definition der nichtlinearen Kennlinie durch eine Tabelle wird ein eindimensionales Array vereinbart

```
VAR
Nichtlineare_Kennlinie: array[1..256] of real;          ,
```

wobei der Umfang naturgemäß begrenzt ist. Die unabhängige Variable x ist in diesem Fall vom Typ Byte oder Word. Die Pascalrealisierung des Blocks Nichtlineare Kennlinie erfolgt dann durch die Anweisung

```
y := Nichtlineare_Kennlinie[x];
```

Grundsätzlich lassen sich also aus algorithmischer Sicht diese 2 Verfahren zur Realisierung einer nichtlinearen Kennlinie hervorheben: Berechnung der Funktionswerte nach einer Rechenvorschrift und Aufsuchen des Funktionswerte in einer Tabelle.

Das Tabellenverfahren ist wesentlich schneller als die Berechnung der Funktionswerte; dabei wird der Geschwindigkeitsgewinn mit Speicherplatz erkauft. Während das Problem bei der Berechnung der Funktionswerte in der Rechenzeit liegt, besteht der Nachteil des Tabellenverfahrens darin, dass die unabhängige Variable nicht wertkontinuierlich ist.

2. 3. 2. 2. Übersicht

Nichtlineare Kennlinien finden in der Signalverarbeitung vielfältige Anwendungen, wie die folgenden Beispiele zeigen. Wird nach dem Relaxationsprinzip (s. Abschn. 2.3.4.2) eine Schwingung mit dreiecksförmigem Verlauf erzeugt, so ist eine Umwandlung in eine Sinusschwingung mit einer nichtlinearen Kennlinie möglich, die im Bereich von -90° bis +90° eine Sinusfunktion realisiert. Bei der Demodulation einer gleichzeitig amplituden- und phasenmodulierten Schwingung entstehen Real- und Imaginärteil einer komplexen Hüllkurve (s. Abschn. 2.4.1.3).

Die Amplitudeninformation ergibt sich dann als Wurzel aus der Summe der Quadrate von Real- und Imaginärteil. Diese Wurzelbildung wird dabei durch Einsatz eines Bausteins mit einer nichtlinearen Wurzelkennlinie erreicht. Die Phaseninformation erhält man als Arcustangens des Quotienten aus Imaginär- und Realteil. Auch hier wird dann eine entsprechende nichtlineare Kennlinie eingesetzt. Eine FM-Demodulation mit einem trägerfrequenten Verzögerungsdemodulator erfordert den Einsatz einer nichtlinearen Kennlinie mit einem Arcussinusverlauf, um die sinusförmige Demodulationskennlinie zu linearisieren.

2. 3. 2. 3. Spektrale Gesichtspunkte

Die durch Digitalisierung analoger Signale entstandenen Zahlenfolgen und die durch digitale Signalverarbeitung aus ihnen abgeleiteten Folgen werden stets im Zusammenhang mit den ihnen entsprechenden Zeitfunktionen gesehen. Nur wenn das Abtasttheorem beachtet wird, sind die Zahlenfolgen ein Abbild der Zeitfunktionen. Das Abtasttheorem (s. Abschn. 1.1.1) erfordert eine mehr als doppelt so hohe Abtastfrequenz wie die Signalgrenzfrequenz der bandbegrenzten abgetasteten Signale.

Wird nun in der digitalen Signalverarbeitung eine nichtlineare Kennlinie eingesetzt, so entstehen höherfrequente spektrale Komponenten, für die das Abtasttheorem nicht mehr unbedingt erfüllt ist und auf die deshalb weniger als 2 Folgenelemente pro Periode entfallen. Beim Übergang vom Folgenbereich in den Zeitbereich ist eine korrekte Rekonstruktion dieser spektralen Komponenten nicht möglich.

Zur Untersuchung dieses Effektes wird ein Sinussignal mit einer Frequenz unterhalb der halben Abtastfrequenz auf die zeitdiskrete Strecke nach Bild 2.26 gegeben,

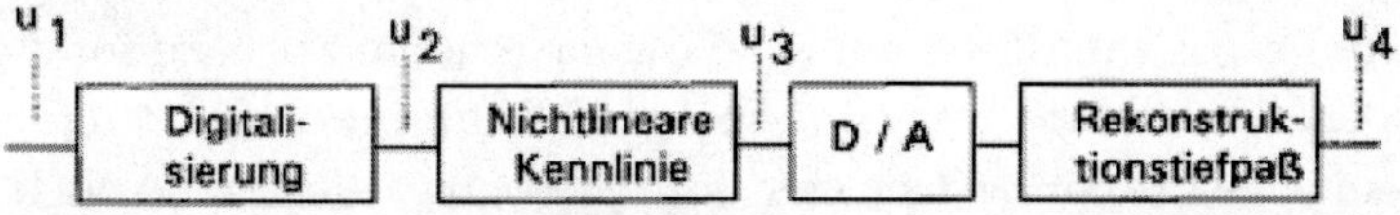

Bild 2.26. zeitdiskrete Strecke mit nichtlinearer Kennlinie

wobei die nichtlineare Kennlinie durch digitale Signalverarbeitung realisiert wird. Bild 2.27 zeigt die Spektren an den Ausgängen der Übertragungssysteme der zeitdiskreten Strecke. Durch Digitalisierung ensteht zunächst das mit f_A periodisch fortgesetztes Linienspektrum $|\underline{U}_2(f)|$. Nach Passieren einer nichtlinearen Kennlinie entstehen im Signalspektrum $|\underline{U}_3(f)|$ Oberschwingungen, die i.a. über die Grenzfrequenz $f_A/2$ des Rekonstruktionstiefpasses hinausragen. Ferner entsteht durch die periodische Fortsetzung ein Aliasingfehler, weil nicht mehr mindestens zwei Abtastwerte pro höchster spektraler Komponente aufgewendet werden. Am Ausgang des Rekonstruktionstiefpasses $|\underline{U}_4(f)|$ werden alle spektralen Komponenten der nichtlinearen Kennlinie oberhalb von $f_A/2$ unterdrückt und außerdem erscheinen durch Spiegelung unerwünschte spektrale Komponenten.

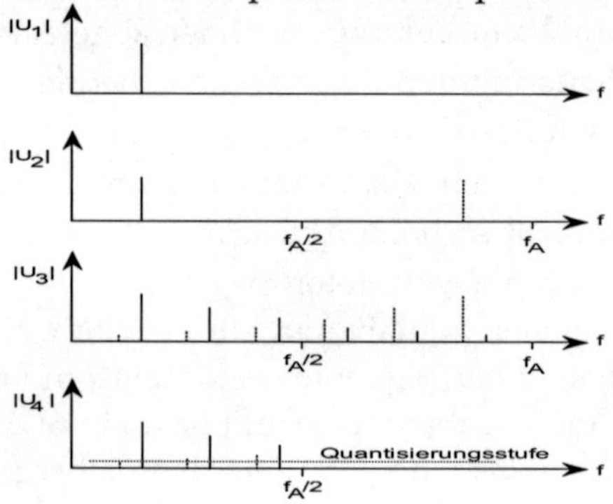

Bild 2.27. Spektren bei zeitdiskreter Strecke mit nichtlinearer Kennlinie

Um die spektralen Eigenschaften der gewünschten nichtlinearen Kennlinie hinreichend genau zu erreichen, muss die Abtastrate entsprechend hoch gewählt werden, d.h. die nach der Kennlinie vorliegende höchste spektrale Komponente muss mindestens mit 2 Folgenelementen pro Periode dargestellt werden. Als höchste, relevante spektrale Komponente wird dann praktisch diejenige festgelegt, welche eine Amplitude hat, die gerade noch durch die Quantisierung der Strecke aufgelöst werden kann.

2. 3. 2. 4. Polynomapproximation

Die Berechnung der Elemente der Ausgangsfolge aus den Elementen der Eingangsfolge zur Realisierung einer nichtlinearen Kennlinie kann mit einer

Polynomapproximation durchgeführt werden[20]. Ausgenutzt wird dabei die Darstellung der Kennlinie durch eine unendliche Reihe

$$f(x) = \sum_{i=0}^{\infty} a_i x^i , \qquad (2.79)$$

die die Kennlinienfunktion f(x) einer reellen Veränderlichen x auf die Grundoperationen der digitalen Signalverarbeitung nach Abschn. 3.2 zurückführt. Diese Reihe muss bei der Berechnung nach endlich vielen Gliedern abgebrochen werden. Man erhält dann eine Approximation

$$f_{app}(x) = \sum_{i=0}^{N} a_i x^i \qquad (2.80)$$

des tatsächlichen Wertes f(x) in der Form eines Polynoms vom Grade N. Bei dieser Approximation ist die Vorgabe eines Wertebereichs für die Eingangsgröße der Kennlinie erforderlich. Die Anzahl der erforderlichen Glieder der Reihe ist dann so zu bestimmen, dass innerhalb des Wertebereichs die Abweichung

$$\left| f(x) - f_{app}(x) \right| \qquad (2.81)$$

kleiner als die kleinste darstellbare Zahl ist. Für eine 16-stellige Festkomma-Dualzahl z im Zweierkomplement mit dem Zahlenbereich

$$-1 < z < +1 \qquad (2.82)$$

ist die kleinste darstellbare Zahl 2^{-15}.

Bricht man die unendliche Reihe nach dem 6. Glied ab, so hat man ein Polynom 5. Grades, das für die Berechnung auf einem Rechenwerk in der Horner'schen Form

$$y = a_0 + x (a_1 + x (a_2 + x (a_3 + x (a_4 + x a_5)))) \qquad (2.83)$$

dargestellt wird. Der Ablauf der Berechnung des y-Wertes für einen gegebenen x-Wert lässt sich am einfachsten algorithmisch beschreiben.

Mit der typisierten Konstantenvereinbarung

```
CONST
A0 : real = ;
```

[20] Vgl. Mehrgardt, Sönke: *32 Bit-Prozessor erzeugt analoge Signale,* Elektronik, Heft 7, 1984.

```
A1 : real = ;
A2 : real = ;
A3 : real = ;
A4 : real = ;
A5 : real = ;
```

und der Variablenvereinbarung

```
VAR
y : real;
y1 : real;
y2 : real;
y3 : real;
y4 : real;
y5 : real;
x : real;
```

erhält man:

y_5 := A5;

y_4 := A4 + x * y_5;

y_3 := A3 + x * y_4;

y_2 := A2 + x * y_3;

y_1 := A1 + x * y_2;

y := A0 + x * y_1.

Als abschließendes Beispiel sei die Sinuskennlinie betrachtet. Die Sinusfunktion wird durch die Reihe

$$\sin(x) = x - \frac{x^3}{3!} + \frac{x^5}{5!} - \frac{x^7}{7!} + \ldots \tag{2.84}$$

dargestellt. Bei einer Optimierung der Koeffizienten lässt sich mit einer Approximation 5. Grades in der Form

$$\sin_{opt}(x) = 0.9997\,x - 0.165629\,x^3 + 0.0074886\,x^5 \tag{2.85}$$

für den Bereich

$$-\frac{\pi}{2} < x < \frac{\pi}{2} \tag{2.86}$$

eine 14-Bit Genauigkeit erreichen, d.h., die Abweichung

$$\left| \sin(x) - \sin_{opt}(x) \right| \tag{2.87}$$

ist im Wertebereich < 2^{-14}.

2. 3. 2. 5. Tabellenverfahren

Dieses Prinzip bei der Berechnung einer Funktion besteht darin, dass das Argument der Funktion die Adresse des Speicherplatzes darstellt, in dem der entsprechende Funktionswert abgelegt ist. Bei dem Tabellenverfahren werden komplizierte mathematische Operationen durch einen Tabellenzugriff ersetzt. Dieser Tabellenzugriff ist in jedem Fall die am schnellsten durchzuführende Operation, Es wird also Rechengeschwindigkeit auf Kosten des Speicherplatzes gewonnen.

Jedoch kann bei dieser Realisierung einer nichtlinearen Kennlinie, die jedem Wert x der Eingangsvariablen einen bestimmten Wert der Ausgangsvariablen zuordnet, der Wert x der Eingangsvariablen nur ganzzahlige Vielfache eines Grundbetrages Δx annehmen. Ist der Wertebereich der Eingangsvariablen

$$x_1 \leq x \leq x_2 \quad , \qquad (2.88)$$

so erhält man für die Anzahl n der Werte, die die Eingangsvariable annehmen kann,

$$n = \frac{x_2 - x_1}{\Delta x} \quad . \qquad (2.89)$$

Damit werden n Tabellenplätze, d.h. Speicherplätze benötigt. Kann keine Einschränkung hinsichtlich der Werte der Eingangsvariablen hingenommen werden, so muss der Grundbetrag Δx gleich der kleinsten darstellbaren Zahl gemacht werden. Bei einer 16-Bit Zweierkomplement-Festkommazahl z mit dem Wertebereich

$$-1 < z < +1 \qquad (2.90)$$

wäre $\Delta x = 2^{-15}$. Setzt man den Wertebereich der Eingangsvariablen mit $x_1 = -1$ und $x_2 = +1$ fest, so ergibt sich ein Bedarf von $n = 2^{16}$ Speicherplätzen. Soll dieser Bedarf reduziert werden, so sind grundsätzlich zwei Verfahren anwendbar, die allerdings die Rechengeschwindigkeit etwas vermindern.

1. Verfahren

Der Wert der Ausgangsvariablen wird mit Hilfe einer Interpolationsformel und einer Grobtabelle, die relativ wenig Plätze enthält, berechnet. Aus einem Wert x der Eingangsvariablen ermittelt man die Adresse k der Tabelle als

Quotient $x/\Delta x_{grob}$, wobei der Divisionsrest R fortgelassen wird. Bei linearer Interpolation ergibt sich dann der Wert y der Ausgangsvariablen

$$y = y_k + (y_{k+1} - y_k)\,R \tag{2.91}$$

aus den Werten y_k und y_{k+1} für die Adressen k und k+1 und dem Divisionsrest R.

2. Verfahren

Statt einer Tabelle mit n Plätzen werden zwei Tabellen benutzt: eine Grobtabelle mit n_{grob} Plätzen und eine Feintabelle mit n_{fein} Plätzen. Bei der Grobtabelle wird der Wertebereich der Eingangsvariablen in n_{grob} Schritte

$$\Delta x_{grob} = \frac{x_2 - x_1}{n_{grob}} \tag{2.92}$$

unterteilt. Diese Tabelle enthält die Funktionswerte für die Werte

$$x_k = x_1 + k\,\Delta x_{grob} \qquad 0 \le k \le n_{grob} \tag{2.93}$$

der Eingangsvariablen. Die Feintabelle unterteilt die Schrittweite der Grobtabelle in n_{fein} Teilschritte

$$\Delta x_{fein} = \frac{\Delta x_{grob}}{n_{fein}} \tag{2.94}$$

und enthält damit die Funktionswerte für die Werte der Eingangsvariablen

$$x_j = j\,\Delta x_{fein} \qquad 0 \le j \le n_{fein} \quad . \tag{2.95}$$

Ist nun Dx_{fein} die kleinste darstellbare Zahl oder die kleinste vorkommende Änderung der Eingangsvariablen, so lässt sich jeder vorkommende Wert der Eingangsvariablen x in der Form

$$x = x_k + x_j = x_1 + k\,\Delta x_{grob} + j\,\Delta x_{fein} \tag{2.96}$$

darstellen. Darin sind k und j die Adressen der Plätze in der Grob- und der Feintabelle und in der Grobtabelle befindet sich bei der Adresse k=0 der Funktionswert $y(x_1)$. Erforderlich ist dann eine Formel, mit der sich der endgültige Funktionswert aus den Teilfunktionswerten der beiden Tabellen berechnen läßt. Für den Fall der Sinusfunktion liegt diese Formel als Additionstheorem (mit x_1=0) vor:

$$y = \sin(k\Delta x_{grob} + j\Delta x_{fein}) = \sin(k\Delta x_{grob}) \cdot \cos(j\Delta x_{fein})$$

$$+ \cos(k\Delta x_{grob}) \cdot \sin(j\Delta x_{fein}) \qquad (2.97)$$

Die hier auftauchenden Cosinus-Funktionen benötigen keine zusätzlichen Tabellen, da der Cosinus durch einen Adressenversatz, der einer Winkeländerung um 90° entspricht, aus der entsprechenden Sinus-Tabelle gelesen werden kann. Der Speicherplatzbedarf sinkt bei diesem Verfahren von $n_{grob} \cdot n_{fein}$ Plätzen auf $n_{grob} + n_{fein}$ Plätze.

2. 3. 2. 6. Gleichrichtung und Begrenzung

Die Betrachtung dieser Kennlinien soll in enger Anlehnung an die analoge Schaltungstechnik erfolgen. Sie lassen sich durch einfache Rechenvorschriften darstellen, die auf Rechenwerken leicht zu realisieren sind. Die Kennlinie eines **Zweiweggleichrichters** zeigt Bild 2.28. Sie lässt sich mathematisch durch eine Betragsbildung darstellen. Man erhält

$$y = |x|. \qquad (2.98)$$

Bild 2.29 zeigt die Kennlinie eines **Einweggleichrichters**. Sie lautet mathematisch:

$$y = \frac{x + |x|}{2}. \qquad (2.99)$$

In Bild 2.30 ist die Kennlinie eines **Begrenzers** zu sehen. Sie lässt sich mathematisch durch

$$y = \frac{|x+a| - |x-a|}{2} \qquad (2.100)$$

ausdrücken.

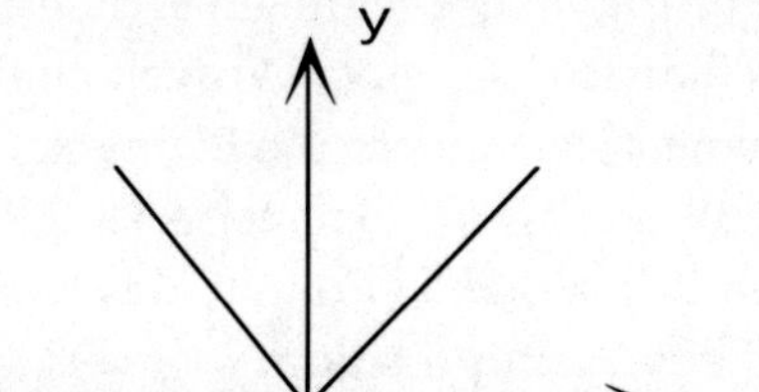

Bild 2.28. Kennlinie des Zweiweggleichrichters

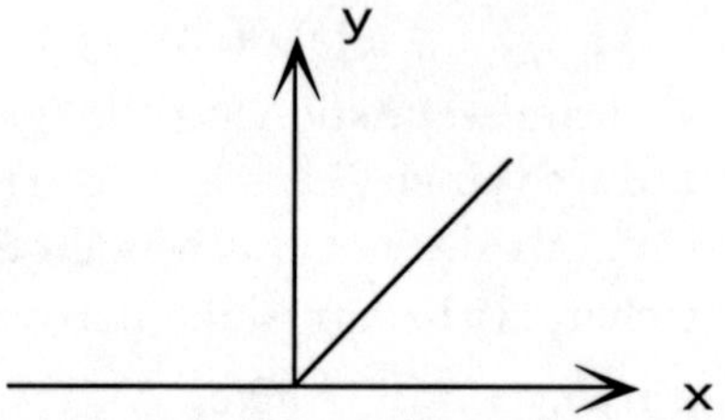

Bild 2.29. Kennlinie eines Einweggleichrichters

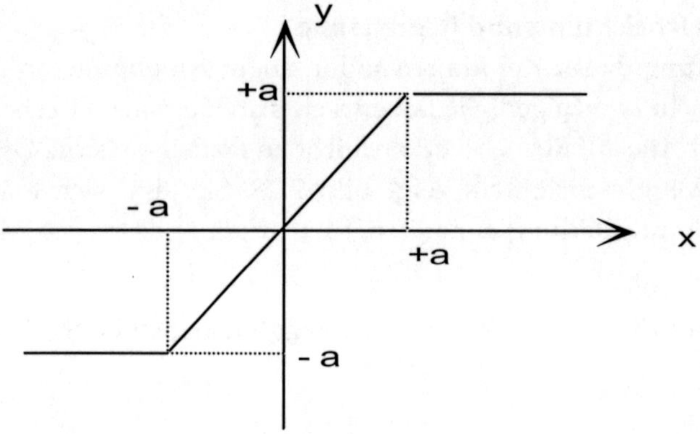

Bild 2.30 Kennlinie eines Begrenzers

Auf die Problematik eines Begrenzers im Zusammenhang mit der Frequenzdemodulation wird in Abschn. 2.5.3 eingegangen.

2. 3. 2. 7. Wurzelkennlinie

Bei einer Reihe von Algorithmen der digitalen Signalverarbeitung durchlaufen Zahlenfolgen einen Baustein mit einer Wurzelkennlinie. Dabei entstehen die Elemente der Ausgangsfolge, indem die Elemente der Eingangsfolge radiziert werden. Die Realisierung des Bausteins ist z.B. möglich durch eine Polynomapproximation der Wurzelkennlinie, das Iterationsverfahren oder die Zurückführung auf eine Multiplikation.

Im folgenden wird die **Zurückführung auf eine Multiplikation** näher erläutert. Dies Verfahren soll auf der Grundlage einer Zweierkomplementdarstellung einer Dualzahl im Bereich $-1 < x \; +1$ erläutert werden. Bei einer Stellenzahl $N = 16$ und positivem Vorzeichen erhält man die Polynomdarstellung

$$x = b_1 2^{-1} + b_2 2^{-2} + ... + b_{14} 2^{-14} + b_{15} 2^{-15} \quad . (2.101)$$

Das Ergebnis des Radizierens

$$y = \sqrt{x} \quad (2.102)$$

soll ebenfalls in der gleichen Zahlendarstellung, in der Form

$$y = a_1 2^{-1} + a_2 2^{-2} + ... + a_{14} 2^{-14} + a_{15} 2^{-15} \quad (2.103)$$

ermittelt werden. Somit handelt es sich darum, die Ziffern

$$a_1, a_2, ... a_{14}, a_{15} \quad (2.104)$$

der Dualzahl y zu ermitteln. Für N - 1 Stellen wird durch eine Abfrage festgestellt, ob die entsprechende Ziffer eine 0 oder eine 1 ist. Dieser Vorgang des Radizierens lässt sich am einfachsten algorithmisch beschreiben. Zunächst wird vereinbart:

```
VAR x : word; {Eingangswert}
y : word; {Ergebnis}
yz : word; {Zwischenergebnis}
a : array [1..15] of byte; {Feld für die Ziffern des Ergebnisses als Dualzahl}
k := byte; {Laufvariable}
N : byte; {Stellenzahl}.
```

Man erhält dann:

```
begin
N := 16; x := 0.234574; y:= 0; yz := 0;        {Startwerte}
for k := 1 to N - 1 do
begin
        yz := yz + 2^-k
        if yz^2 < x then begin
                y := y + 2^-k;
                a[k] := 1
                end
                else a[k] := 0;
end.
```

2. 3. 3. CORDIC-Algorithmus

In der Nachrichtenübertragungstechnik spielen komplexe Signale eine wichtige Rolle. Dabei ist die Umrechnung von der Komponentenform auf die Exponentialform von besonderem Interesse. Ausgehend von Real- und Imaginärteil sind dann der Winkel, der sich als Arcustangens des Quotienten aus Real- und Imaginärteil ergibt, und der Betrag, der als Wurzel aus der Summe der Quadrate von Real- und Imaginärteil entsteht, zu berechnen. Zusätzlich ist die Berechnung der Funktionswerte des Sinus und des Cosinus eine in der digitalen Signalverarbeitung häufige Aufgabe. Diese Berechnungen lassen sich mit dem CORDIC-Algorithmus in einer sehr effizienten Weise durchführen.[21] Die Effizienz beruht darauf, dass der Algorithmus im wesentlichen mit den Operationen der Stellenverschiebung und der Addition auskommt. Das Kunstwort CORDIC ist abgeleitet aus der englischen Bezeichnung Coordinate Rotating Digital Computing.

2. 3. 3. 1. Grundlagen

Ausgangspunkt bei der Darstellung der Grundlagen bildet eine durch ihren Realteil x_0 und ihren Imaginärteil y_0 bestimmte komplexe Zahl, die durch einen Punkt $P_0 = [x_0; y_0]$ in der Gauß'schen Zahlenebene graphisch dargestellt werden kann (Bild 2.31).

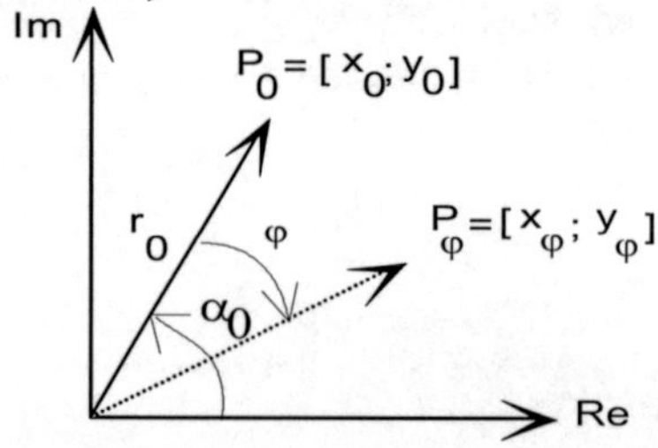

Bild 2.31. Drehung eines Zeigers in der Gauß'schen Zahlenebene

Dieser Punkt wird durch einen vom Ursprung ausgehenden Zeiger gekennzeichnet. Die Länge des Zeigers bzw. der Betrag der komplexen Zahl

$$r_0 = \sqrt{x_0^2 + y_0^2} \tag{2.105}$$

und der Winkel gegen die Abszisse des Koordinatensystems

$$\alpha_0 = \arctan(\frac{y_0}{x_0}) \tag{2.106}$$

sind die Bestimmungsstücke der komplexen Zahl in ihrer Exponentialform. Der Zeiger soll um einen Winkel φ im Uhrzeigersinn gedreht werden. Die Koordinaten x_φ und y_φ des Punktes P_φ nach der Drehung lassen sich aus

---

[21] Vgl. Spaniol, Otto: *Arithmetik in Rechenanlagen,* Teubner 1976.

den Koordinaten des Punktes P_0 und dem Drehwinkel φ berechnen. Man erhält aus Bild 3.31 mit den Additionstheoremen

$$x_\varphi = r_0 \cos(\alpha_0 - \varphi) = r_0 [\cos(\alpha_0) \cos(\varphi) + \sin(\alpha_0) \sin(\varphi)] \tag{2.107}$$

$$y_\varphi = r_0 \sin(\alpha_0 - \varphi) = r_0 [\sin(\alpha_0) \cos(\varphi) - \cos(\alpha_0) \sin(\varphi)] \tag{2.108}$$

Setzt man hierin

$$x_0 = r_0 \cos(\alpha_0) \text{ und } y_0 = r_0 \sin(\alpha_0) \quad , \tag{2.109}$$

so ergibt sich das Gleichungssystem

$$\begin{aligned} x_\varphi &= x_0 \cos(\varphi) + y_0 \sin(\varphi) \\ y_\varphi &= y_0 \cos(\varphi) - x_0 \sin(\varphi) \end{aligned} \tag{2.110}$$

zur Berechnung der Koordinaten nach der Drehung φ im Uhrzeigersinn aus denen vor der Drehung. Der Drehwinkel φ wird in eine Summe von n Teilwinkeln $\Delta\varphi_i$ zerlegt. Es gilt dann

$$\varphi = \sum_{i=1}^{n} \Delta\varphi_i \quad . \tag{2.111}$$

Die Drehung des Zeigers um den Winkel φ erfolgt somit in Teilschritten. Es ergeben sich dann die Koordinaten des i+1 -ten Schrittes aus den Koordinaten des i-ten Schrittes durch Anwendung der Gl. (2.110):

$$\begin{aligned} x_{i+1} &= x_i \cos(\Delta\varphi_i) + y_i \sin(\Delta\varphi_i) \\ y_{i+1} &= y_i \cos(\Delta\varphi_i) - x_i \sin(\Delta\varphi_i) \end{aligned} \quad . \tag{2.112}$$

Zusätzlich gilt für den nach i+1 Schritten zurückgelegten Winkel

$$\varphi_{i+1} = \varphi_i + \Delta\varphi_i \quad . \tag{2.113}$$

Die Drehung eines komplexen Zeigers mit Hilfe der Gleichungssysteme (2.110) und (2.112) ermöglicht nun die Berechnung von Betrag und Winkel sowie der Funktionswerte des Sinus und des Cosinus.

2. 3. 3. 2. Umformung des Gleichungssystems

Als nächstes wird das Gleichungssystem (2.112) so umgeformt, dass zur Durchführung der Koordinatendrehung nur noch die Operationen Addition, Stellenverschiebung und Tabellenzugriff, also weder eine Multiplikation noch die Berechnung von Sinus und Cosinus erforderlich sind. Dazu wird $\Delta\varphi_i = \delta_i \, \Delta\phi_i$ mit $\delta_i = \mathrm{sgn}(\Delta\varphi_i)$ und $\Delta\phi_i = |\Delta\varphi_i|$ substituiert. Außerdem werden die Cosinusterme ausgeklammert. So ergibt sich

$$x_{i+1} = \cos(\Delta\phi_i)\,[\, x_i + y_i\,\delta_i \tan(\Delta\phi_i)\,]$$
$$y_{i+1} = \cos(\Delta\phi_i)\,[\, y_i - x_i\,\delta_i \tan(\Delta\phi_i)\,] \qquad (2.114)$$

und zusätzlich

$$\varphi_{i+1} = \varphi_i + \delta_i\,\Delta\phi_i\,. \qquad (2.115)$$

Das Gleichungssystem (2.114) bewirkt die schrittweise Drehung des Zeigers einer komplexen Zahl. Die einzelnen Schritte macht man nicht gleich groß, sondern setzt

$$\Delta\phi_i = \arctan(\,2^{-i}\,) \qquad . \qquad (2.116)$$

Mit der Abkürzung

$$K_i = \cos[\,\arctan(\,2^{-i}\,)\,] \qquad (2.117)$$

erhält man dann das Gleichungssystem (3.114) in der Form

$$x_{i+1} = K_i\,(\,x_i + y_i\,\delta_i\,2^{-i}\,)$$
$$y_{i+1} = K_i\,(\,y_i - x_i\,\delta_i\,2^{-i}\,) \qquad . \qquad (2.118)$$

Neben der Addition gibt es im Klammerausdruck die Multiplikation mit 2^{-i} , die einer Stellenverschiebung entspricht, und die Multiplikation mit δ_i , die nur einen evtl. Vorzeichenwechsel bedeutet. Zum Faktor K_i kann folgende Überlegung gemacht werden. Beginnt man die schrittweise Drehung mit i = 0, so erhält man nach dem 1. Schritt

$$x_1 = K_0\,(\,x_0 + y_0\,\delta_0\,2^{-0}\,)$$
$$y_1 = K_0\,(\,y_0 - x_0\,\delta_0\,2^{-0}\,) \qquad (2.119)$$

und nach dem 2. Schritt

$$x_2 = K_1\,(\,x_1 + y_1\,\delta_1\,2^{-1}\,)$$
$$y_2 = K_1\,(\,y_1 - x_1\,\delta_1\,2^{-1}\,) \qquad . \qquad (2.120)$$

Setzt man die Ergebnisse des 1. Schrittes ein, so ergibt sich

$$x_2 = K_1\,[\,K_0\,(\,x_0 + y_0\,\delta_0\,2^{-0}\,) + K_0\,(\,y_0 - x_0\,\delta_0\,2^{-0}\,)\,\delta_1\,2^{-1}]$$
$$y_2 = K_1\,[\,K_0\,(\,y_0 - x_0\,\delta_0\,2^{-0}\,) - K_0\,(\,x_0 + y_0\,\delta_0\,2^{-0}\,)\,\delta_1\,2^{-1}] \qquad (2.121)$$

Das bedeutet, dass man bei der schrittweisen Berechnung von (3.118) zunächst auf die jeweilige Multiplikation mit K_i verzichten kann und stattdessen die Multiplikation einmalig nach dem n-ten Schritt mit einem Korrekturfaktor

$$K_n = K_0 \cdot K_1 \cdot K_2 \ldots = \prod_{i=0}^{n} K_i \qquad (2.122)$$

durchführt. Man erhält so ein neues Gleichungssystem

$$\begin{aligned} \xi_{i+1} &= \xi_i + \eta_i \, \delta_i \, 2^{-i} \\ \eta_{i+1} &= \eta_i - \xi_i \, \delta_i \, 2^{-i} \end{aligned} \qquad (2.123)$$

Im ersten Schritt wird $\xi_0 = x_0$ und $\eta_0 = y_0$ gesetzt und nach n Schritten wird der Übergang auf das ursprüngliche Gleichungssystem mit

$$x_n = K_n \, \xi_n \text{ und } y_n = K_n \, \eta_n \qquad (2.124)$$

vollzogen. Wie man der nachfolgenden Tabelle entnehmen kann, nähert sich der Wert des Faktors K_n für steigendes n einem Grenzwert und ist für n>15 praktisch von n unabhängig.

Tabelle 3.1. Korrekturfaktor K_n in Abhängigkeit von der Schrittzahl n

n	K_n
2	0,613571991078
4	0,607648256256
6	0,607277644094
8	0,607254479333
12	0,607252941041
14	0,607252935386
16	0,607252935032
19	0,607252935009

Bei hinreichend großer Schrittzahl kann deshalb die Multiplikation in (2.124) mit einem konstanten Korrekturfaktor K_n=0,607252935 erfolgen.

2. 3. 3. 3. Betrag und Winkel

Sind Realteil x_0 und Imaginärteil y_0 einer komplexen Zahl gegeben, so lassen sich Betrag und Winkel auf folgende Weise ermitteln. Der Zeiger wird schrittweise in die Abszisse hineingedreht. Die Drehung wird durch das Gleichungssystem

$$x_\varphi = x_0 \cos(\varphi) + y_0 \sin(\varphi)$$

$$y_\varphi = y_0 \cos(\varphi) - x_0 \sin(\varphi) \qquad (2.125)$$

beschrieben. Das Kriterium für das Erreichen der Abszisse ist dabei das Verschwinden des Imaginärteils y_φ. Nach Erreichen der Abszisse ist dann die x-Koordinate

$$x_\varphi = \mathrm{sign}(x_0) \sqrt{x_0^2 + y_0^2} \qquad (2.126)$$

der Betrag der komplexen Zahl und der zurückgelegte Winkel

$$\varphi = \arctan(\frac{y_0}{x_0}) \qquad (2.127)$$

gleich dem Winkel α_0 der komplexen Zahl. Dabei ergibt sich der zurückgelegte Winkel aus der Summation aller Teildrehungen

$$\varphi = \sum_{i=1}^{n} \Delta\varphi_i \text{ mit } \Delta\varphi_i = \delta_i \arctan(2^{-i}) \quad . \qquad (2.128)$$

Für die Formulierung eines Algorithmus in Pascal mögen die Variablen

```
var x,y,betrag,phi : real;
```

für Realteil, Imaginärteil, Betrag und Phase deklariert sein. Die untenstehende Prozedur errechnet aus x und y die Werte betrag und phi. Die Prozedur führt die Iterationen innerhalb einer WHILE-Schleife für mindestens 15 Schritte aus und außerdem solange, bis eine vorgegebene Schranke unterschritten wird. Nach der letzten Iteration erfolgen (einmalig) die Multiplikation mit K_n und eine Fallunterscheidung für den Winkel bezüglich des Quadranten.

```
PROCEDURE cordic;
   var x_neu,y_neu : real;
              i,di : integer;
             ln2,b : real;
const kn = 0.607252935;           {Korrekturfaktor}
Function sign(a:real): boolean;  {ermittelt Vorzeichen}
begin
      if a > 0 then sign:=true else sign:=false;
end;
begin
ln2 := ln(2);
phi:=0;
i:=0;
```

```
while (i < 15) or (abs(y) > 0.00001) do
                                  {Schranke u. mind. 15 Schritte}
begin
  if sign(x) = sign(y) then di:=1 else di:=-1;  {Drehsinn festlegen}
  b := exp(-i*ln2);                          {b = 2^(-i)}
  phi:=phi + di*arctan(b);         {Winkel-Akkumulation}
  x_neu := x + y*di*b; {naechste Koordinaten / Iteration}
  y_neu := y - x*di*b;
  i:=i+1;
  x:=x_neu; y:=y_neu;
end;
x:=x*kn;   {Korrektur mit K_n}
betrag:=abs(x);
if x < 0 then
if phi < 0 then phi:=pi+phi else phi:=phi-pi; {Winkelkorrektur}
end; {CORDIC}
```

In jedem Iterationsschritt ist der Drehsinn δ_i, im Programm die Variable di, festzulegen. Es bedeuten di =+1 Rechtsdrehung und di = -1 Linksdrehung. Wie Bild 2.32 zeigt, hängt der Drehsinn vom Quadranten ab, in dem sich der komplexe Zeiger beim jeweiligen Iterationsschritt befindet.

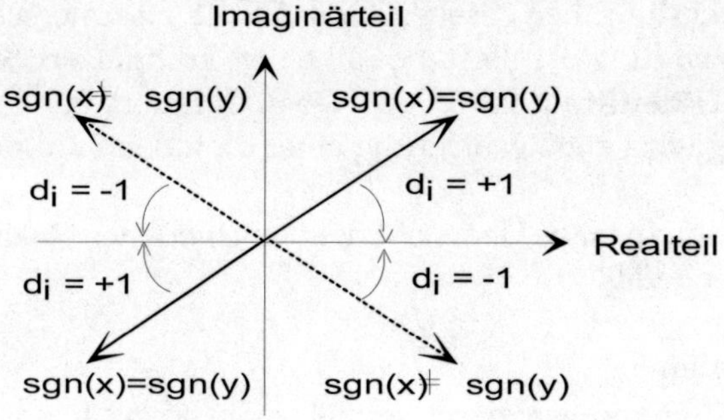

Bild 2.32. Festlegung des Drehsinns

Der Drehsinn kann aus dem Vergleich der Vorzeichen für Real- und Imaginärteil entnommen werden, und zwar gilt:

$$\delta_i = +1 \text{ für } \operatorname{sgn}(x) = \operatorname{sgn}(y)$$

$$\delta_i = -1 \quad \text{für } \operatorname{sgn}(x) \neq \operatorname{sgn}(y) \tag{2.129}$$

2. 3. 3. 4. Sinus und Cosinus

Für die Ermittlung der Funktionswerte des Sinus und des Cosinus geht man wieder vom Gleichungssystem (2.125) aus. Dabei setzt man für die x-Koordinate von P_0 den Wert $x_0 = 0$ und für die y-Koordinate den Wert $y_0 = 1$. Damit erhält das Gleichungssystem (2.125) die Form

$$x_\varphi = \sin(\varphi)$$

$$y_\varphi = \cos(\varphi) \qquad (2.130)$$

Der Winkel φ ist dann schrittweise solange zu verändern, bis die Differenz zu einem Winkel, für den die Funktionswerte des Sinus und des Cosinus zu ermitteln sind, verschwindet.

2. 3. 4. Schwingungserzeugung

In diesem Abschnitt wird der Baustein Schwingungserzeugung in mathematischer, graphischer und algorithmischer Beschreibung vorgestellt. Aufgabe des Bausteins ist es, eine periodische Zahlenfolge zu erzeugen.[22] Dabei sind folgende Vorgaben zu machen: die auf die Abtastfrequenz bezogene Frequenz bzw. die Anzahl der Folgen-elemente pro Periode und der Folgenverlauf während einer Periode.

Von der Anwendung her gesehen sind 2 Fälle zu unterscheiden: 1. Die Schwingungserzeugung ist Bestandteil einer komplexen Signalverarbeitung, wie z.B. bei der Modulation und Demodulation, oder 2. die Schwingungserzeugung wird zur Realisierung eines digitalen Funktionsgenerators benutzt.

Zunächst werden in einer Übersicht die verschiedenen Realisierungsprinzipien zusammengefaßt.

2. 3. 4. 1. Prinzipien

Der Baustein Schwingungserzeugung soll in der Regel für die Signalverarbeitung innerhalb eines komplizierten Systems eine periodische Zahlenfolge erzeugen:

$$x(n) = x(n - i\,N) \qquad i \text{ ganze Zahl} \qquad (2.131)$$

[22] Vgl. Mehrgardt, Sönke: *32 Bit-Prozessor erzeugt analoge Signale, Elektronik,* Heft 7, 1984.

Hierbei ist N die Periodendauer und f' = 1/N die bezogene Frequenz. Wird dagegen die Zahlenfolge über einen Digital-Analog-Wandler und ein Rekonstruktionsfilter in ein analoges Signal verwandelt, so liegt ein durch digitale Signalverarbeitung realisierter Funktionsgenerator vor. Diese beiden Anwendungen werden durch Bild 2.33 veranschaulicht.

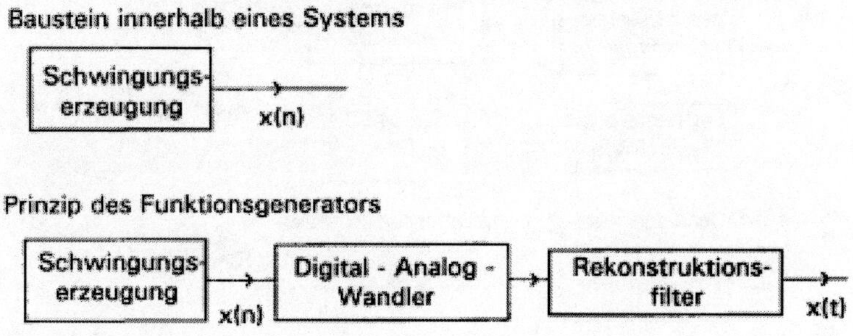

Bild 2.33. Schwingungserzeugung

Ist der zeitliche Abstand zwischen den Elementen der Folge x(n) die Dauer T_A, so besitzt das analoge Signal x(t) die Periodendauer $T = N\,T_A$ und die Frequenz $f = 1/T = 1/(N\,T_A)$.

Zur Erzeugung einer periodischen Zahlenfolge x(n) gibt es grundsätzlich 2 Verfahren: 1. das Relaxationsverfahren und 2. das Verfahren mit einem konjugiert komplexen Polpaar.

Beide Verfahren haben ihr Analogon bei den zeitkontinuierlichen Systemen. Das Relaxationsverfahren erzeugt zunächst periodische ansteigende Sägezahnfolgen, absteigende Sägezahnfolgen, Dreiecksfolgen oder Trapezfolgen.

Dabei können die Dreiecks- und die Trapezfolge von den Sägezahnfolgen abgeleitet werden. Eine periodische Zahlenfolge ist neben der bezogenen Frequenz durch den Verlauf der Folge innerhalb der Periode bestimmt. Um nun periodische Folgen mit verschiedenem Kurvenverlauf innerhalb der Periode zu erzeugen, wird die Schwingungserzeugung nach dem Relaxationsverfahren mit einer nichtlinearen Kennlinie oder einem Bandpaßfilter kombiniert (s. Bild 2.34). Während mit einer nichtlinearen Kennlinie grundsätzlich ein beliebiger Verlauf innerhalb der Periode erreicht werden kann, entsteht durch die Bandpaßfilterung immer eine Sinusfolge.

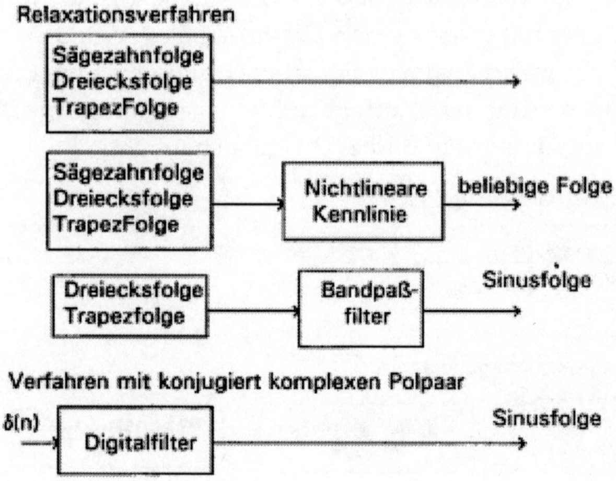

Bild 2.34. Verfahren der Schwingungserzeugung

Das Verfahren mit einem konjugiert komplexen Polpaar beruht auf einem digitalen Filter, das auf eine Dirac-Folge mit einer Dauersinusfolge antwortet. Wichtige Varianten der beiden Verfahren sind: der SIN/COS-Generator, der 2 um 90° phasenverschobene Sinusfolgen erzeugt und der Digital Controlled Oscillator (DCO), der eine periodische Folge er-zeugt, deren bezogene Frequenz durch eine Zahlenfolge eingestellt werden kann.

2. 3. 4. 2. Relaxationverfahren

Zur theoretischen Herleitung des Relaxationsverfahrens wird von der ansteigenden Folge

$$y(n) = \varepsilon(n)\, n \qquad (2.132)$$

ausgegangen, die am Ausgang eines Filters mit der Eingangsfolge

$$x(n) = \varepsilon(n) \qquad (2.133)$$

entsteht. Die Z-Transformierten der Eingangs- und Ausgangsfolge entnimmt man der Korrespondenztabelle und erhält

$$X(z) = \frac{z}{z-1} \quad Y(z) = \frac{z}{(z-1)^2} \quad . \qquad (2.134)$$

Damit lässt sich die Übertragungsfunktion des Filters zu

$$H(z) = \frac{Y(z)}{X(z)} = \frac{1}{z - 1} \tag{2.135}$$

angeben. Man gewinnt daraus

$$Y(z) = X(z)\, z^{-1} + Y(z)\, z^{-1} \tag{2.136}$$

und durch inverse Z-Transformation die Differenzengleichung

$$y(n) = y(n - 1) + x(n - 1) \quad . \tag{2.137}$$

Bild 2.35 zeigt ein digitales Netzwerk des Filters.

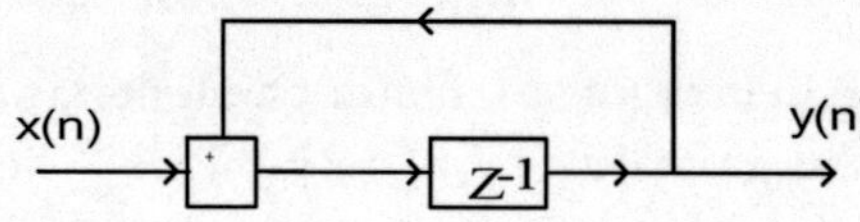

Bild 2.35. Digitales Netzwerk

Zu der in Bild 2.36 gezeigten periodischen Sägezahnfolge y(n) gelangt man,

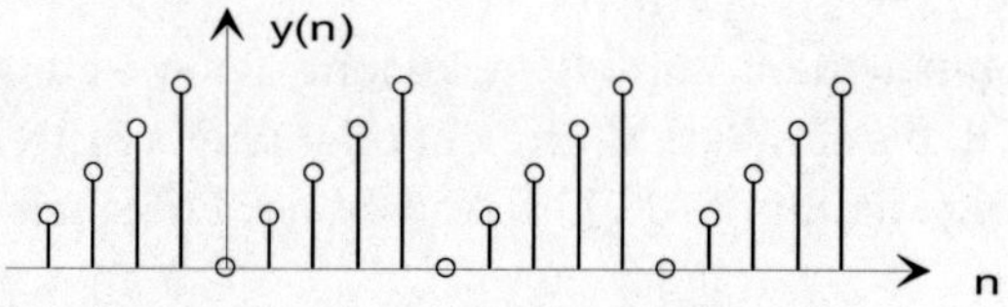

Bild 2.36. ansteigende, periodische Sägezahnfolge

indem man in dem rückgekoppelten digitalen Netzwerk nach dem Addierer einen Rücksetzmechanismus in Form eines Blocks mit einer periodischen, nichtlinearen Kennlinie einfügt. Die Eingangsgröße x_a und die Ausgangsgröße x_e dieser Kennlinie sind durch die Gleichung

$$x_a = x_e \mod M \tag{2.138}$$

verknüpft. Das Diagramm dieser Kennlinie zeigt Bild 2.37

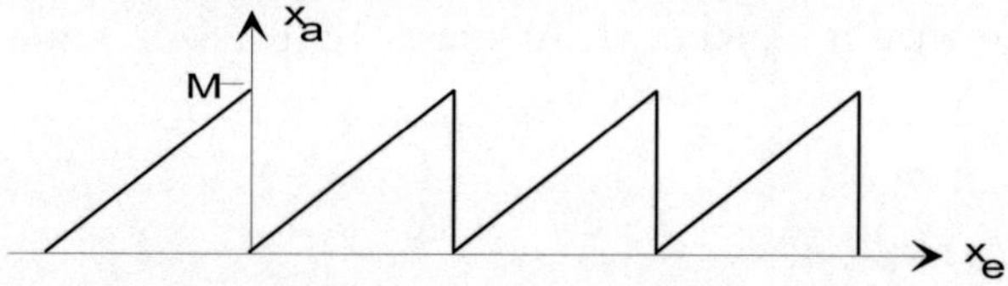

Bild 2.37. Diagramm der Kennlinie xa = xe mod M

Die Kennlinie bewirkt das Rücksetzen der Ausgangsgröße x_a bei Erreichen des Wertes M; ihr Maximalwert ist M-1. So ergibt sich das in Bild 2.38 gezeigte

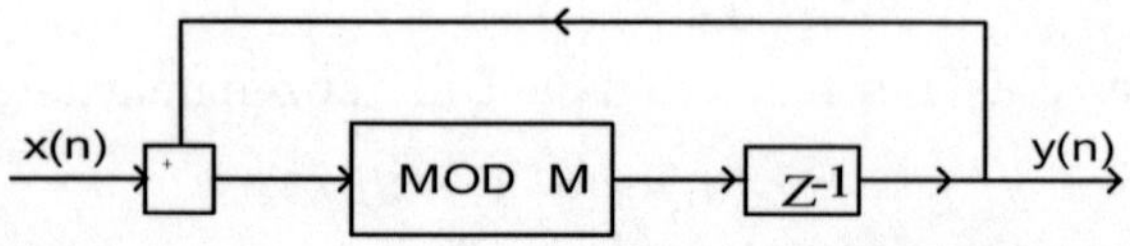

Bild 2.38. Digitales Netzwerk eines Relaxationsoszillators

rückgekoppelte, einen Relaxationsoszillator darstellende digitale Netzwerk, das eine periodische Ausgangsfolge y(n) nach Bild 2.36 liefert, wenn am Eingang eine Folge x(n) = ε(n) liegt. Die Zusammenfassung des Addierers mit der modulo-Kennlinie wird auch Modulo-Addierer genannt. Verallgemeinert man die Sprungfolge am Eingang in der Form

$$x(n) = K\,\varepsilon(n) \quad , \qquad (2.139)$$

so wird von Folgenelement zu Folgenelement die Ausgangsfolge y(n) um den Wert K erhöht, bis ein Wert M erreicht oder überschritten wird. Der Maximalwert der Folge ist nun M-K. Die Anzahl der Folgenelemente pro Periode ergibt sich zu

$$T' = \frac{M}{K} \qquad (2.140)$$

Die bezogene Frequenz der periodischen Sägezahnfolge ist dann

$$f' = \frac{1}{T'} = \frac{K}{M} < 0{,}5 \quad . \qquad (2.141)$$

Man kann sie also über den Wert K einstellen bzw. verändern, wobei $K<M/2$ sein muß, damit eine Periode mindestens 2 Folgenelemente aufweist bzw. $f' < 0{,}5$ ist.

Der beschriebene Relaxationsoszillator für eine periodische, ansteigende Sägezahnfolge wird im folgenden zu einem Teilbaustein zusammengefaßt. Mit

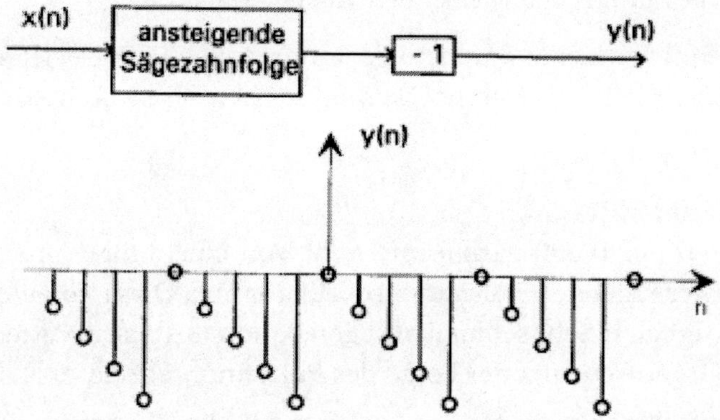

Bild 2.39. Zur Erzeugung einer abfallenden, periodischen Sägezahnfolge

seiner Hilfe lassen sich dann die periodische abfallende Sägezahnfolge, Dreiecksfolge und Trapezfolge erzeugen. Die abfallende Sägezahnfolge erhält man durch Multiplikation der ansteigenden Folge mit -1. Bild 2.39 zeigt das Diagramm eines Relaxationsoszillators für eine abfallende periodische Sägezahnfolge. Zur Dreiecksfolge gelangt man, indem man zur ansteigenden Sägezahnfolge -M/2 addiert, die so entstehende Folge durch eine Zweiweggleichrichterkennlinie bzw. eine Betragsbildung hindurchlaufen läßt, -M / 4 addiert und anschließend mit 4 multipliziert. Bild 2.40 zeigt das Diagramm des Relaxationsoszillators für eine periodische Dreiecksfolge.

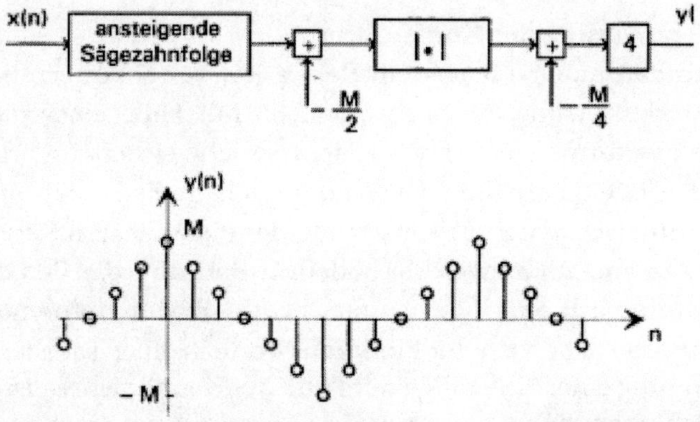

Bild 2.40. Zur Erzeugung einer periodischen Dreiecksfolge

Schließlich ergibt sich eine Trapezfolge, indem man die Dreiecksfolge durch einen Baustein mit einer Begrenzerkennlinie nach Bild 2.30 hindurchlaufen läßt.

2. 3. 4. 3. Bandpaßfilterung

Das Verfahren der Bandpaßfilterung geht von einem eine Dreiecks- oder Trapezfolge erzeugenden Relaxationsoszillator aus. Diese Folge durchläuft dann einen digitalen, sehr schmalbandigen Bandpaß, dessen Mittenfrequenz f_m' auf die Grundfrequenz der Folge des Relaxationsoszillators abgestimmt wird. Ein einfacher, geeigneter Bandpaß hat z.B. die Übertragungsfunktion

$$H(z) = \frac{1}{1 - 2\, r \cos(2\pi f_m')\, z^{-1} + r^2 z^{-2}} \qquad (2.142)$$

Darin ist die Größe r der Abstand der beiden konjugiert komplexen Pole vom Ursprung der z-Ebene. Dieser Abstand bestimmt die Selektivität des Filters und sollte Werte im Bereich 0.8 bis 0.99 haben. Bezeichnet man die Eingangsfolge des Filters mit x(n) und die Ausgangsfolge mit y(n), so erhält man für die Differenzengleichung

$$y(n) = x(n) + 2\, r \cos(2\pi f_m')\, y(n-1) - r^2\, y(n-2) \qquad (2.143)$$

Das Prinzip des Bandpaßverfahrens macht deutlich, dass auf diese Weise Sinusfolgen erzeugt werden. Allerdings ist die Genauigkeit der Folgenwerte begrenzt und von der Selektivität des Bandpaßfilters abhängig.

2. 3. 4. 4. Veränderung der Kurvenform

Hier geht es darum, eine nach dem Relaxationsverfahren erzeugte, ansteigende Sägezahnschwingung nach Bild 2.36 mit Hilfe einer nichtlinearen Kennlinie zu verformen, um so vom Sägezahn abweichende Verläufe innerhalb einer Periode zu erhalten. Es soll der wichtige Fall einer Sinusschwingung betrachtet werden. Zur Realisierung der nichtlinearen Kennlinie kommen nach Abschn. 2.3.2 zwei Methoden in Betracht: die Berechnung der Funktionswerte nach einer Rechenvorschrift, z.B. durch Polynomapproximation oder das Aufsuchen der Funktionswerte in einer Tabelle.

Die Erzeugung einer Sinusfolge mit Hilfe der Kennlinienrealisierung wird im folgenden unter algorithmischen Gesichtspunkten betrachtet.

Berechnung der Funktionswerte

Die Folgenelemente der generierten Sinusfolge werden in ein Ausgangsregister geschrieben. Zur Erzeugung der Sägezahnschwingung nach dem Relaxationsverfahren wird eine Variable x beginnend bei null in einer Endlos-Schleife um einen Wert inkrementiert und bei Erreichen eines Wertes x_{max} auf null gesetzt. Die Frequenz der Folge ergibt sich dann als Quotient aus dem Inkrement und x_{max}. Für eine Pascal-Notation dieser Vorgänge wird zunächst vereinbart:

```
var
        x,xmax,inc: real;
        Ausgangs_Register: real;
        frequ:real; {Frequenz}
```

Zur Berechnung der Funktionswerte des Sinus wird eine Funktionsprozedur deklariert:

```
var
        function Sinus(x: real) :real;
        begin
        {Berechnung z.B. durch Polynomapproximation}
        end;
```

Damit ergibt sich für die Erzeugung der Sinusfolge die folgende Pascal-Notation:

```
begin
        x:= 0;
        xmax := 2 * pi;
        inc := frequ * xmax;
        stop: x := x + inc;
        if x > xmax then x := 0;
        Ausgangs_Register := Sinus(x);
        goto stop
end:
```

Die Veränderung der Frequenz erfolgt also über eine Variation des Inkrements.

Berechnung nach dem Tabellenverfahren

Das Prinzip besteht darin, dass eine Tabelle angelegt wird, die zu allen möglichen Argumenten des Sinus zwischen 0 und 2π die entsprechenden Funktionswerte enthält. Vereinbart man mit

```
var
Sinus: array[1..xmax] of real;
```

ein Array, in das die Funktionswerte des Sinus einer Periode geschrieben werden, so ist im obigen Programm nur die Zeile mit dem Funktionsaufruf

```
Ausgangs_Register := Sinus(x);
```

durch die Zeile mit dem Tabellenaufruf

```
Ausgangs_Register := Sinus[x];
```

zu ersetzen.

Grundsätzlich werden bei der Schwingungserzeugung mit einer nichtlinearen Kennlinie nach dem Tabellenverfahren die Folgenelemente einer Periode gespeichert und periodisch ausgelesen. Deshalb wird die Tabelle umso länger je niedriger die Frequenz f' ist. Soll die Frequenz veränderbar sein, so ist dies durch Überspringen von Tabellenplätzen möglich. Die Frequenz kann dann in Schritten von ganzzahligen Vielfachen der kleinstmöglichen Frequenz geändert werden. Somit wird die Tabellenlänge durch die kleinste einstellbare Frequenz oder die kleinste realisierbare Frequenzänderung bestimmt. Zur Reduzierung des Speicherbedarfes kann mit 2 Tabellen (s. Abschn. 2.3.2.5) gearbeitet werden, deren Werte mit Hilfe des Additionstheorems zusammenzusetzen sind.

Für eine algorithmische Beschreibung wird zunächst eine Grobtabelle der Länge *ngrob* und eine Feintabelle der Länge *nfein* vereinbart:

```
var
Tabelle_grob : array[1..ngrob] of real;
Tabelle_fein : array[1..nfein] of real;
```

vereinbart. Die Inhalte der Grobtabelle ergeben sich aus

```
for i = 1 to ngrob do
begin
Tabelle_grob[i] := sin(2 * π * i / ngrob );
end;
```

und diejenigen der Feintabelle aus

```
for i = 1 to nfein do
begin
Tabelle_fein[i] := sin(2 * π * i / (nfein * ngrob ));
end;
```

Dabei wird der unterste Argumentbereich der Grobtabelle durch die Feintabelle in xfein Teile geteilt. Das Auslesen der Tabellen zur Erzeugung einer

Sinusschwingung vorgegebener Frequenz zeigt das folgende Pascal-Programm.

```
sprung := ; {Festlegung der Frequenz}
i := - sprung;
Start : i := i + sprung;
if i > nfein then
        begin
        i := 0
        j := j + 1;
        if j > ngrob then j := 0;
        end;
k := j + ngrob / 4; {Adressenversatz für cos (90 Grad)}
if k > ngrob then k := k - ngrob;
{Additionstheorem :}
Ausgangs_Register := Tabelle_grob[j] * Tabelle_fein[k]
                        + Tabelle_grob[k] * Tabelle_fein[i];
goto Start;
```

2. 3. 4. 5. Konjugiert komplexes Polpaar

Das Verfahren geht von einem Übertragungssystem mit der Übertragungsfunktion H(z) aus, das gemäß Bild 2.41 auf eine Dirac-Folge mit einer einer exponentiell ansteigenden Sinusfolge

$$\varepsilon(n) \exp(a\, n) \sin(2\pi f_0'\, n) \tag{2.144}$$

antwortet. Die Übertragungsfunktion

$$H(z) = \frac{A_1\, z^{-1}}{1 + B_1\, z^{-1} + B_2\, z^{-2}} \tag{2.145}$$

mit den Konstanten

$$\begin{aligned} A_1 &= \exp(a) \sin(2\pi f_0') \\ B_1 &= - 2 \exp(a) \cos(2\pi f_0') \\ B_2 &= \exp(2\, a) \end{aligned} \tag{2.146}$$

ergibt sich als Z-Transformierte der Antwort des Systems mit der Sinusfolge nach (2.144) auf eine Dirac-Folge. Bezeichnet man die Eingangsfolge des Systems mit x(n) und die Ausgangsfolge mit y(n), so erhält man die der Übertragungsfunktion entsprechende Differenzengleichung

$$y(n) = A_1\, x(n - 1) - B_1\, y(n - 1) - B_2\, y(n - 2)\ . \tag{2.147}$$

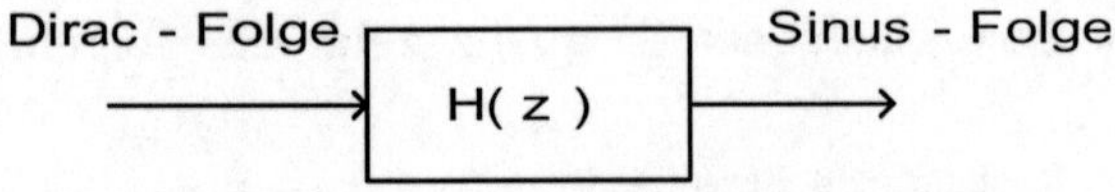

Bild 2.41. Zur Schwingungserzeugung mit konj. komplexem Polpaar

Eine Sinusfolge mit konstantem Scheitelwert entsteht für a = 0. Das Übertragungssystem hat ein konjugiert komplexes Polpaar

$$z_{1,2} = \exp(a)\ [\ \cos(2\pi f_0') \pm j \sin(2\pi f_0')\ ] \qquad (2.148)$$

das für a = 0 auf dem Einheitskreis der z-Ebene liegt und verantwortlich ist für die Schwingungsfähigkeit des Systems. Die Lage des Polpaars wird durch die Koeffizienten B_1 und B_2 bestimmt, wobei B_1 die Frequenz der Sinusfolge festlegt. Wird nur B_1 verändert, so ergibt sich neben einer Variation der Frequenz auch eine Änderung des Scheitelwerts, die aber durch eine entsprechende Verschiebung des Koeffizienten A_1 aufgefangen werden kann.

2. 3. 4. 6. Sinus-Cosinus-Generator

Erfolgt eine digitale Signalverarbeitung auf der Grundlage der in Abschn. 2.4.1 beschriebenen Quadratursignalverarbeitung, so ist häufig ein Sinus-Cosinus-Generator erforderlich. Dieser Baustein erzeugt 2 um 90° Grad gegeneinander phasenverschobene Sinusfolgen

$$y_s(n) = \sin(2\pi f_0' n) \text{ und } \qquad y_c(n) = \cos(2\pi f_0' n) \qquad (2.149)$$

für die ständig

$$\sqrt{y_s^2(n) + y_c^2(n)} = 1 \qquad (2.150)$$

gilt.

Beide Verfahren zur Erzeugung einer Sinusfolge, das Relaxationsverfahren mit einer nichtlinearen Kennlinie und das Verfahren mit einem konjugiert komplexen Polpaar, lassen sich so modifizieren, dass sich 2 um 90° phasenverschobene Sinusfolgen ergeben.

Beim Relaxationsverfahren mit einer nichtlinearen Kennlinie über einen Tabellenzugriff entsteht die um 90° phasenverschobene Cosinusfolge durch einen entsprechenden Adressenversatz. Werden eine Grob- und eine Feintabelle verwendet, so entsteht der endgültige Funktionswert mit Hilfe des Additionstheorems für $\sin(\alpha + \beta)$. Zur Erzeugung der 90° phasenverschobenen Folge wird dann zusätzlich das Additionstheorem für $\cos(\alpha + \beta)$ benutzt.

Bei dem auf einem konjugiert komplexen Polpaar beruhenden Verfahren wird in Erweiterung der Ausführungen des vorigen Abschnitts ein System mit einem Eingang und zwei Ausgängen entwickelt. Es reagiert auf eine Dirac-Folge an seinem ersten Ausgang mit einer Sinusfolge

$$\varepsilon(n)\,\sin(2\pi\, f_0'\, n) \tag{2.151}$$

und an zweiten Ausgang mit einer Cosinusfolge

$$\varepsilon(n)\,\cos(2\pi\, f_0'\, n)\ . \tag{2.152}$$

Dementsprechend lassen sich 2 Übertragungsfunktionen angeben, die sich als Z-Transformierte der Folgen an den beiden Ausgängen ergeben. Man erhält für den Sinus-Ausgang

$$H_{sin}(z) = \frac{A_1\, z^{-1}}{1 + B_1\, z^{-1} + B_2\, z^{-2}} \tag{2.153}$$

mit den Konstanten

$$\begin{aligned} A_1 &= \sin(2\pi\, f_0') \\ B_1 &= -\,2\cos(2\pi\, f_0') \\ B_2 &= 1 \end{aligned} \tag{2.154}$$

und für den Cosinus-Ausgang

$$H_{cos}(z) = \frac{A_0' + A_1'\, z^{-1}}{1 + B_1\, z^{-1} + B_2\, z^{-2}}\ . \tag{2.155}$$

Für $H_{cos}(z)$ ergeben sich die gleichen Nennerkoeffizienten wie bei der Übertragungsfunktion $H_{sin}(z)$ und die Zählerkoeffizienten haben die Werte

$$\begin{aligned} A_0' &= 1 \\ A_1' &= -\cos(2\pi\, f_0') \end{aligned}\ . \tag{2.156}$$

Es lässt sich nun das in Bild 2.42 gezeigte digitale Netzwerk

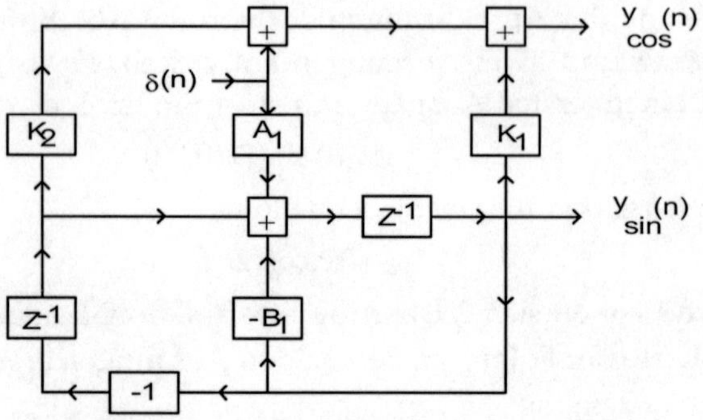

Bild 2.42. Digitales Netzwerk eines Sin/Cos-Oszillators nach.23

mit einem Eingang und zwei Ausgängen entwickeln, das entsprechend den beiden Übertragungsfunktionen 4 Koeffizientenglieder enthält. Neben den Koeffizienten A_1 und $-B_1$ sind 2 Glieder mit

$$K_1 = \frac{1}{\tan(2\pi\, f_0')} \qquad K_2 = \frac{1}{\sin(2\pi\, f_0')} \tag{2.157}$$

vorhanden.

2. 3. 5. Diskrete Fourier-Transformation (DFT)

Die diskrete Fourier-Transformation ist ein wichtiger Baustein digitaler signalverarbeitender Systeme.[24] Der Baustein findet Anwendung z.B. in Systemen mit einer adaptiven Einstellung von Equalizer-Filtern und in auf digitaler Grundlage arbeitenden Spektrumanalysatoren. Im Abschnitt Grundlagen wurde das Transformationspaar der diskreten Fourier-Transformation

$$\underline{F}(m) = \frac{1}{N} \sum_{n=0}^{N-1} \underline{z}(n) \exp(-j2\pi \frac{nm}{N}) \tag{2.158}$$

---

[23] Vgl. Schüßler, Hans W.: *Digitale Signalverarbeitung,* Bd.I: Analyse diskreter Signale und Systeme, Springer 1988.

[24] Vgl. Azizi, Seyed Ali: *Meßtechnische Anwendung der schnellen Fourier-Transformation (FFT),* NTZ, Band 34, Heft 3, 4, 5 1981 und Sidney C. Burrus u.a.: *DFT/ FFT and Convolution Algorithms,* John Wiley & Sons, 1985, Texas Instruments Inc.

$$\underline{z}(n) = \sum_{m=0}^{N-1} \underline{F}(m) \exp(+j2\pi \frac{nm}{N}) \tag{2.159}$$

hergeleitet. Es ermöglicht die Berechnung von N komplexen Frequenzwerten $\underline{F}(m)$ aus N komplexen Zeitwerten $\underline{z}(n)$ und umgekehrt. Komplexe Zeitwerte entstehen bei der Anwendung des Frequenzlupenverfahrens nach dem Überlagerungsprinzip (s. Abschn. 2.7.1.2). Von Bedeutung ist nun weniger die analytische Berechnung dieser Gleichungen mit Hilfe von Summenformeln, sondern ihre möglichst schnelle Ermittlung mit Hilfe eines Rechenwerkes. Dazu muss die mathematisch-signaltheoretische Formulierung der Gl. (2.158) und (2.159) in eine algorithmische Beschreibung übergeführt werden, die durch eine graphische Beschreibung in Form eines digitalen Netzwerks ergänzt wird. Die Verfahren zur Ermittlung der DFT-Summe lassen sich in 2 Gruppen zusammenfassen: 1. mathematische Verfahren: direkte Ermittlung der DFT-Summe Schnelle Fourier-Transformation rekursive Berechnung der DFT-Summe. 2. Filter-Verfahren Goertzel-Algorithmus Chirp-Z-Transformation.

Eine besondere Bedeutung kommt dem Verfahren der Schnellen Fourier-Transformation zu. Da es aber vom Prinzip her alle N Frequenzwerte berechnet, sind andere Verfahren wirksamer, wenn nur wenige Frequenzwerte benötigt werden. Zerlegt man die DFT-Summenformel in 2 reelle Gleichungen, so wird deutlich, dass die Berechnung der Sinus- und Cosinusfunktion eine wichtige Rolle spielt. Die reelle Funktion einer reellen Veränderlichen wurde als Baustein Nichtlineare Kennlinie eingeführt. Dabei ist im Zusammenhang mit der DFT-Summe eine rekursive Ermittlung der SIN- und COS-Werte möglich, da die Eingangswerte um einen konstanten Betrag inkrementiert werden.

2. 3. 5. 1. Direkte Programmierung

Zunächst wird die mathematische Beschreibung der DFT direkt in eine algorithmische Beschreibung übergeführt. Die komplexe Summenformel

$$\underline{F}(m) = \frac{1}{N} \sum_{n=0}^{N-1} \underline{z}(n) \exp(-j2\pi \frac{m\,n}{N}) \tag{2.160}$$

wird zunächst in zwei reelle Gleichungen zerlegt. Mit

$$\underline{F}(m) = \mathrm{Re}\{\underline{F}(m)\} + j\,\mathrm{Im}\{\underline{F}(m)\} \tag{2.161}$$

und

$$\underline{z}(n) = \mathrm{Re}\{\underline{z}(n)\} + j\,\mathrm{Im}\{\underline{z}(n)\} \tag{2.162}$$

erhält man unter Anwendung der Eulerschen Formel

$$\mathrm{Re}\{\underline{F}(m)\}=\frac{1}{N}\sum_{n=0}^{N-1}\left(\mathrm{Re}\{\underline{z}(n)\}\cos(2\pi\frac{m\,n}{N})+\mathrm{Im}\{\underline{z}(n)\}\sin(2\pi\frac{m\,n}{N})\right) \tag{2.163}$$

und

$$\mathrm{Im}\{\underline{F}(m)\}=\frac{1}{N}\sum_{n=0}^{N-1}\left(\mathrm{Im}\{\underline{z}(n)\}\cos(2\pi\frac{m\,n}{N})-\mathrm{Re}\{\underline{z}(n)\}\sin(2\pi\frac{m\,n}{N})\right) \tag{2.164}$$

Für die N komplexen Zeit- und Frequenzwerte werden Arrays vereinbart. So erhält man die im folgenden gezeigte, direkte Programmierung der reelen DFT-Summen.

```
VAR zr, zi, fr, fi : ARRAY [0..N-1] of REAL;
ag : REAL; m,n: INTEGER;
CONST N = ..;
BEGIN
    FOR m := 0 TO N-1 DO
    BEGIN
        fr[m]:=0; fi[m]:=0; ag := 2*pi*m/N;
          FOR n := 0 TO N-1 DO
          BEGIN
           fr[m] := fr[m] + zr[n]*cos(ag*n) + zi[n]*sin(ag*n);
           fi[m] := fi[m] + zi[n]*cos(ag*n) – zr[n]*sin(ag*n);
          END;
          fr[m]:=fr[m]/N; fi[m]:=fi[m]/N;
    END
  END.
```

Es sei daran erinnert, dass die mathematisch-signaltheoretische Formulierung der DFT nach Gl. (2.160) und das Pascalprogramm lediglich zwei verschiedene Beschreibungen der Signalverarbeitung darstellen, die mit der Zahlenfolge $\{\underline{z}(n)\}$ durchgeführt wird (vergl. Bild 2.2).

Zeitaufwand

Die Summenformel der DFT

$$\underline{F}(m) = \frac{1}{N} \sum_{n=0}^{N} \underline{z}(n) \exp(-j2\pi \frac{m\,n}{N}) \tag{2.165}$$

zur Berechnung der Frequenzwerte aus den Zeitwerten kann als die Kurzschreibweise eines Gleichungssystems aus N Gleichungen mit N Unbekannten angesehen werden. Für N = 4 erhält man mit

$$\underline{W}_N = \exp(-j \frac{2\pi}{N}) \tag{2.166}$$

das Gleichungssystem

$$\begin{aligned}
\underline{F}(0) &= \underline{z}(0)\ \underline{W}_4^0 + \underline{z}(1)\ \underline{W}_4^0 + \underline{z}(2)\ \underline{W}_4^0 + \underline{z}(3)\ \underline{W}_4^0 \\
\underline{F}(1) &= \underline{z}(0)\ \underline{W}_4^0 + \underline{z}(1)\ \underline{W}_4^1 + \underline{z}(2)\ \underline{W}_4^2 + \underline{z}(3)\ \underline{W}_4^3 \\
\underline{F}(2) &= \underline{z}(0)\ \underline{W}_4^0 + \underline{z}(1)\ \underline{W}_4^2 + \underline{z}(2)\ \underline{W}_4^4 + \underline{z}(3)\ \underline{W}_4^6 \\
\underline{F}(3) &= \underline{z}(0)\ \underline{W}_4^0 + \underline{z}(1)\ \underline{W}_4^3 + \underline{z}(2)\ \underline{W}_4^6 + \underline{z}(3)\ \underline{W}_4^9
\end{aligned} \tag{2.167}$$

Die Berechnung erfordert somit

1. N^2 komplexe Multiplikationen,
2. N(N-1) komplexe Additionen und
3. N^2 Werte der Sinus- und Cosinusfunktion.

Die Berechnung der DFT-Summe ist also eine sehr viel Rechenleistung verbrauchende Signalverarbeitung. Daher haben Verfahren zur Reduzierung des damit verbundenen Zeitaufwands große Bedeutung. Der Zeitaufwand wird ganz wesentlich bestimmt durch die Anzahl der erforderlichen Multiplikationen. Aber auch die Berechnung der Kreisfunktionen z.B. durch eine Reihenentwicklung erfordert viel Zeit. Während die Anzahl der Multiplikationen durch den Algorithmus der Schnellen Fourier-Transformation reduziert werden kann, lässt sich die Berechnung der Sinus- und Cosinuswerte durch die Anlage einer Tabelle umgehen. Soll eine Tabelle nicht eingerichtet werden, so lässt sich der Aufwand zur Ermittlung der Kreisfunktionen auch durch eine rekursive Berechnung reduzieren. Schließlich ist noch eine Reduzierung des Aufwandes zur Ermittlung der DFT-Summe bei reellen Zeitwerten möglich.

Berechnung der Kreisfunktionen mit Tabelle

Die Summenformel zur Berechnung der DFT würde zunächst eine Tabelle mit N^2 Sinus- und N^2 Cosinuswerten erfordern. Wegen der Periodizität der Kreisfunktionen gilt jedoch

$$\exp(j\,2\pi\,\frac{r}{N}) = \exp(j\frac{2\pi}{N}\,(r \bmod N)) \qquad (2.168)$$

Somit sind also nur N verschiedene Sinus- und Cosinuswerte erforderlich. Zur Anlage der Tabelle wird vereinbart:

```
var
        si : array [0..N-1]; {Sinustabelle}
        co : array [0..N-1]; {Cosinustabelle}
```

Die Tabelle wird dann erstellt durch die Anweisungsfolge

```
tr := 2*pi/N;
for i := 0 to N - 1 do
begin
si[i] := sin(i*tr);
co[i] := cos(i * tr);
end;
```

Bei der Berechnung der DFT kann dann die Anweisung

```
A := sin(i*tr);
```

die den Aufruf eines Unterprogramms zur Berechnung der Sinusfunktion auf Grund einer Reihenentwicklung mit vielen Multiplikationen und Additionen zur Folge hat, ersetzt werden durch einen Tabellenzugriff in der Form

```
i := i mod N; A := si[i];
```

Rekursive Berechnung der Kreisfunktionen

Grundlage für dieses Verfahren sind die Additionstheoreme

$$\begin{aligned} \sin(a + b) &= \sin a \cos b + \cos a \sin b \\ \cos(a + b) &= \cos a \cos b - \sin a \sin b \end{aligned} \quad , \qquad (2.169)$$

sowie die Tatsache, dass bei der Berechnung der DFT-Summe das Argument der Kreisfunktionen um einen konstanten Betrag inkrementiert wird. Zu berechnen sind

$$\cos(\frac{2\pi}{N} m\,n) \quad \text{sowie} \quad \sin(\frac{2\pi}{N} m\,n)$$

für einen festen Wert von m und laufenden Index n. Dabei werden dann $\sin(\frac{2\pi}{N} m\,(n+1))$ und $\cos(\frac{2\pi}{N} m\,(n+1))$ aus $\sin(\frac{2\pi}{N} m\,n)$ und $\cos(\frac{2\pi}{N} m\,n)$ berechnet. Mit Hilfe der Additionstheoreme erhält man dann

$$\begin{aligned} \sin(\frac{2\pi}{N} m\,(n+1)) &= \sin(\frac{2\pi}{N} m\,n)\cos(\frac{2\pi}{N} m) + \cos(\frac{2\pi}{N} m\,n)\sin(\frac{2\pi}{N} m) \\ \cos(\frac{2\pi}{N} m\,(n+1)) &= \cos(\frac{2\pi}{N} m\,n)\cos(\frac{2\pi}{N} m) - \sin(\frac{2\pi}{N} m\,n)\sin(\frac{2\pi}{N} m) \end{aligned} \qquad (2.170)$$

Die Berechnung der Funktionswerte des Sinus und des Cosinus erfordert hier jeweils nur 2 Multiplikationen und 1 Addition und ist somit weniger aufwendig als die Ermittlung über eine Reihenentwicklung. Allerdings ist zu beachten, dass durch Akkumulation von Rechenungenauigkeiten erhebliche Fehler auftreten können.

Reelle Zeitwerte

Eine weitere Beschleunigung der Berechnung ist möglich, wenn die Zeitwerte reell sind. In diesem Fall gilt für die Frequenzwerte

$$\underline{F}(m) = \underline{F}^{*}(N - m) \quad . \qquad (2.171)$$

Somit genügt es, nur die Hälfte der Frequenzwerte mit Hilfe der Summenformel zu ermitteln. Die übrigen Werte können mit den Gleichungen

$$\begin{aligned} \mathrm{Re}\{\underline{F}(m)\} &= \mathrm{Re}\{\underline{F}(N - m)\} \\ \mathrm{Im}\{\underline{F}(m)\} &= -\,\mathrm{Im}\{\underline{F}(N - m)\} \end{aligned} \qquad (2.172)$$

bestimmt werden.

2. 3. 5. 2. Schnelle Fourier-Transformation (FFT)

Eine wesentliche Reduzierung der erforderlichen komplexen Multiplikationen bei der Berechnung der DFT-Summe wird erreicht durch den Algorithmus der Schnellen Fourier-Transformation mit der englischen Bezeichnung Fast Fourier Transform, die mit der Abkürzung FFT auch im Deutschen verwendet wird.[25] Somit handelt es sich nicht um eine neue Transformation,

---

[25] Vgl. Cooley, James W. u.a.: *An Algorithm for the Machine Calculation of Complex Fourier Series,* Math. Computation 19 (1965) und Brigham, E. Oran: *FFT-Schnelle Fourier-Transformation,* Oldenbourg 1982.

sondern um ein Verfahren zur effektiven Berechnung der DFT-Summe. Im Folgenden wird der Algorithmus in Einzelschritten hergeleitet. Diese Herleitung basiert auf dem in [7] vorgestellten Verfahren, das als das klassische FFT-Verfahren anzusehen ist. Die Berechnung der N Frequenzwerte

$$\underline{F}(m) = \sum_{n=0}^{N-1} \underline{z}(n) \exp(-j\, 2\pi \frac{n\, m}{N}) \tag{2.173}$$

eines Satzes von N Zeitwerten $\{\underline{z}(n)\}$ mit geradzahligem N kann zurückgeführt werden auf die Berechnung von 2 Sätzen mit je N / 2 Frequenzwerten

$$\underline{G}(m) = \sum_{n=0}^{\frac{N}{2}-1} \underline{z}(2\,n) \exp(-j\, 2\pi \frac{m\, n}{N/2}) \tag{2.174}$$

und

$$\underline{U}(m) = \sum_{n=0}^{\frac{N}{2}-1} \underline{z}(2\,n+1) \exp(-j\, 2\pi \frac{m\, n}{N/2}) \tag{2.175}$$

Dabei enthält der eine Satz N/2 Zeitwerte $\{\underline{z}(2n)\}$ mit geradzahligem Index und der andere Satz N/2 Zeitwerte $\{\underline{z}(2n+1)\}$ mit ungeradzahligem Index, gewonnen aus den Zeitwerten des ursprünglichen Satzes $\{\underline{z}(n)\}$ mit N Zeitwerten.

Man hat dann statt N^2 nur noch $2\,(N/2)^2$ Multiplikationen. Die Ermittlung der N Frequenzwerte des vollständigen Zeitwertesatzes erfolgt dann an Hand der Beziehungen

$$\underline{F}(m) = \underline{G}(m) + \exp(-j\, 2\pi \frac{m}{N})\, \underline{U}(m) \tag{2.176}$$

$$\underline{F}(m + \frac{N}{2}) = \underline{G}(m) - \exp(-j\, 2\pi \frac{m}{N})\, \underline{U}(m) \quad . \tag{2.177}$$

Um dies zu zeigen, faßt man die geradzahligen und die ungeradzahligen Zeitwerte zu Untergruppen zusammen. Man erhält dann aus Gl. (2.173) den Ausdruck

$$\underline{F}(m) = \sum_{n=0}^{\frac{N}{2}-1} \underline{z}(2n) \exp(-j\,2\pi \frac{m\,2n}{N})$$

$$+ \sum_{n=0}^{\frac{N}{2}-1} \underline{z}(2\,n+1) \exp(-j\,2\pi \frac{m\,(2n+1)}{N}) \quad . \qquad (2.178)$$

Durch Umformung wird daraus

$$\underline{F}(m) = \sum_{n=0}^{\frac{N}{2}-1} \underline{z}(2n) \exp(-j\,2\pi \frac{m\,n}{N/2})$$

$$+ \exp(-j\,2\pi \frac{m}{N}) \sum_{n=0}^{\frac{N}{2}-1} \underline{z}(2\,n+1) \exp(-j\,2\pi \frac{m\,n}{N/2}) \quad . \qquad (2.179)$$

Mit den Abkürzungen (2.174) und (2.175) hat man dann Gl. (2.176) gewonnen. Diese Gleichung ermöglicht die Berechnung von N/2 Frequenzwerten. Zur Berechnung der übrigen Frequenzwerte ist eine weitere Gleichung erforderlich. Macht man in Gl. (2.179) die Substitution $m = m' + N/2$, so ergibt sich

$$\underline{F}(m' + N/2) = \sum_{n=0}^{\frac{N}{2}-1} \underline{z}(2n) \exp(-j\,2\pi \frac{(m'+N/2)\,n}{N/2})$$

$$+ \exp(-j\, 2\pi \frac{(m'+N/2)}{N}) \sum_{n=0}^{\frac{N}{2}-1} \underline{z}(2\,n+1) \exp(-j\, 2\pi \frac{(m'+N/2)\,n}{N/2}) \quad (2.180)$$

Wegen

$$\exp(-j\, 2\pi \frac{(m'+N/2)\,n}{N/2}) = \exp(-j\, 2\pi \frac{m'\,n}{N/2}) \quad (2.181)$$

und

$$\exp(-j\, 2\pi \frac{(m'+N/2)}{N}) = -\exp(-j\, 2\pi \frac{m'}{N}) \quad (2.182)$$

wird daraus mit der Substitution m' = m

$$\underline{F}(m + N/2) = \sum_{n=0}^{\frac{N}{2}-1} \underline{z}(2n) \exp(-j\, 2\pi \frac{m\,n}{N/2})$$

$$- \exp(-j\, 2\pi \frac{m}{N}) \sum_{n=0}^{\frac{N}{2}-1} \underline{z}(2\,n+1) \exp(-j\, 2\pi \frac{m\,n}{N/2}) \quad (2.183)$$

und man hat mit den Abkürzungen (2.174) und (2.175) den Ausdruck (2.177) gewonnen.

Bei der Berechnung der Spektralwerte $\underline{G}$(m) und $\underline{U}$(m) lässt sich wieder eine Unterteilung in Untergruppen vornehmen. Die Bildung von Untergruppen lässt sich fortsetzen bis Zweiergruppen entstehen. Um die Untergruppenbildung zu verdeutlichen, ist es nützlich, für die weitere Darstellung des Verfahrens auf eine graphische Beschreibung durch ein digitales Netzwerk mit Hilfe von Graphiksymbolen überzugehen. Wendet man z.B. die graphische Beschreibung mit den Symbolen des Abschn. 2.1.2.2 auf die Gleichung

$$\underline{F}(m) = \underline{G}(m) + \exp(-j\, 2\pi \frac{m}{N})\ \underline{U}(m) \quad (2.184)$$

an, so erhält man das digitale Netzwerk nach Bild 2.43.

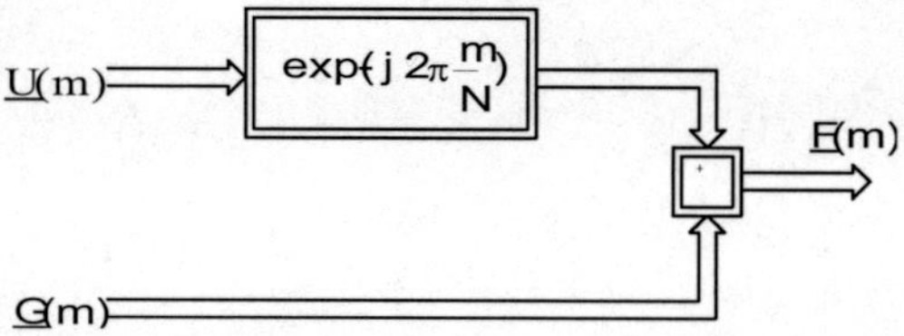

Bild 2.43. graphische Beschreibung der Gl. (3.184) durch ein digitales Netzwerk

In Erweiterung der Symbolgebung des Abschn. 2.1.2.2 werden hierbei allerdings doppelt gestrichene Symbole verwendet, da die Signale komplexwertig sind und dementsprechend ihre Verarbeitung komplex, d.h. zweikanalig auszuführen ist.

Die digitalen Netzwerke zur Beschreibung eines FFT-Algorithmus haben jedoch eine solche Komplexität, dass in diesem Fall eine Modifikation der Symbole erfolgt. In dieser Modifikation besteht das digitale Netzwerk aus Punkten, die durch Linien verbunden sein können (Bild 2.44). Die Linien sind in der Regel unterbrochen und enthalten eine Zahl, die der Exponent n von $\underline{W}_N = \exp(-j\,2\pi/N)$ ist. Jeder Punkt steht für einen Wert, der mit einem Faktor $\underline{W}_N{}^n$ multipliziert wird, wenn die Zahl n in einer von dem Punkt nach rechts führenden Linie steht.

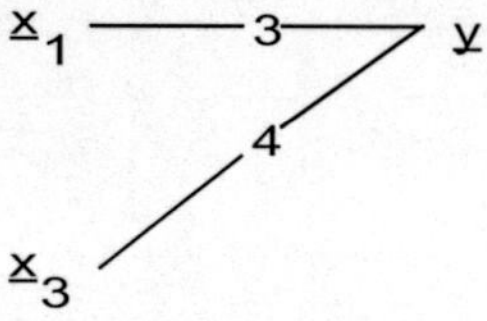

Bild 2.44. digitales Netzwerk der Gl. (3.185)

Der Wert eines Punktes ist gleich der Summe der Werte, die von links über Linien an ihn herangeführt werden. Das Netzwerk von Bild 2.44 beschreibt auf diese Weise die Gleichung

$$\underline{Y} = \underline{x}_1\,\underline{W}_N{}^3 + \underline{x}_3\,\underline{W}_N{}^4 \qquad (2.185)$$

Die DFT-Summe für N = 4 wird mit Hilfe des Gleichungssystems (2.167) errechnet. Das entsprechende digitale Netzwerk ist in Bild 2.45 wiedergegeben, wobei die Zahlen in den Linien der Übersichtlichkeit halber fortgelassen wurden.

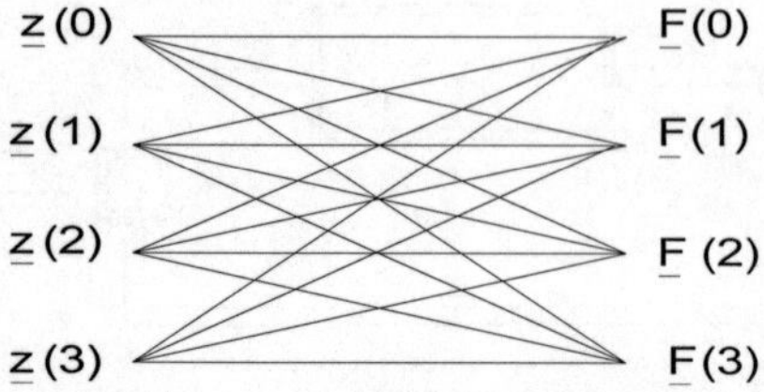

Bild 2.45. digitales Netzwerk für eine DFT mit N = 4

Das Verfahren der Bildung von Untergruppen soll nun an einem Zeitwertesatz mit N = 8 erläutert werden. Auch bei den folgenden digitalen Netzwerken werden die Zahlen der Übersichtlichkeit halber fortgelassen. Das digitale Netzwerk nach Bild 2.46 zeigt die Bildung von Vierergruppen. Statt einer DFT mit N = 8 wird zweimal eine DFT mit N = 4 durchgeführt. Allerdings müssen zusätzlich die endgültigen

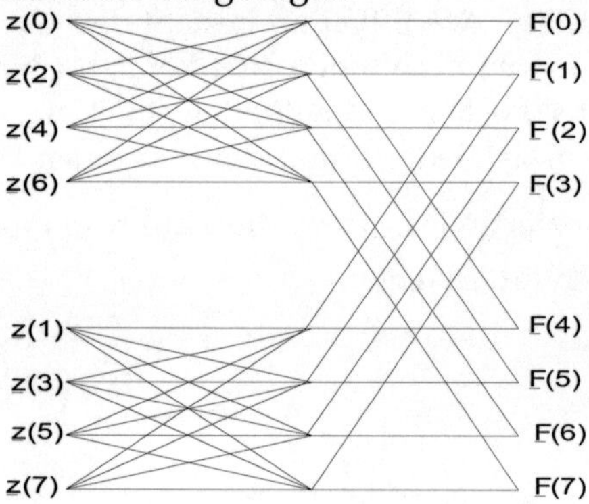

Bild2.46. Bildung von Vierergruppen bei einer 8-Punkte-DFT

Spektralwerte aus denen der Untergruppen mit den Gl. (2.176) und (2.177) berechnet werden. Bildet man nun bei der Berechnung der DFT der Vierergruppen wieder Untergruppen, so erhält man das digitale Netzwerk nach Bild2.47.

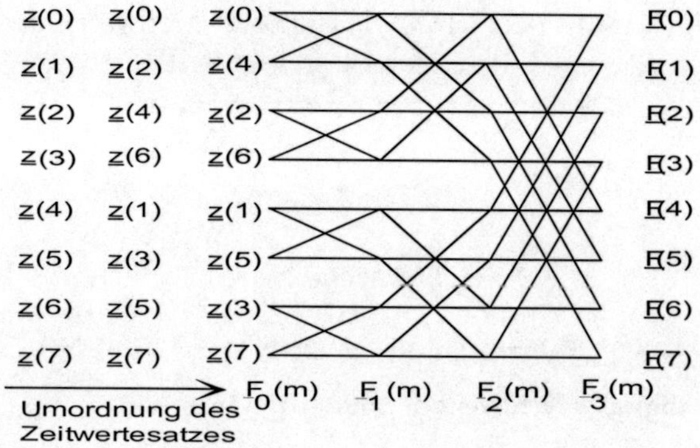

Bild 2.47. digitales Netzwerk für eine FFT mit N = 8

Die Frequenzwerte der Vierergruppen werden aus den Frequenzwerten einer viermal zu bildenden 2-Punkte-DFT ermittelt. Somit werden die endgültigen Frequenzwerte in 3 Stufen gebildet. Für die Frequenzwerte der einzelnen Stufen wird die indizierte Bezeichnung $\underline{F}_l(m)$ gewählt. Man hat dann für $l = 3$ die endgültigen Frequenzwerte und für $l = 0$ die umgeordneten Zeitwerte, deren Reihenfolge sich durch die Bildung von Untergruppen ändert.

Die ständig wiederkehrende Operation ist somit die Berechnung der Frequenzwerte einer Gruppe aus den Frequenzwerten von 2 Untergruppen entsprechend den Gl. (2.176) und (2.177). Es bietet sich an, diese Gleichungen für die indizierte Bezeichnung der Frequenzwerte umzuschreiben. Man erhält dann mit der Gruppengröße M:

$$\underline{F}_l(m) = \underline{F}_{l-1}(m) + \exp(-j\,2\pi\frac{m}{M})\,\underline{F}_{l-1}(m+\frac{M}{2}) \qquad (2.186)$$

$$\underline{F}_l(m+\frac{M}{2}) = \underline{F}_{l-1}(m) - \exp(-j\,2\pi\frac{m}{M})\,\underline{F}_{l-1}(m+\frac{M}{2}) \qquad (2.187)$$

$$\text{mit} \quad 0 \le m \le \frac{M}{2} - 1 \quad .$$

Für M = 8 interpretieren sich die Gl. (2.186) und (2.187) wie folgt. Man hat 2 Frequenzwertesätze $\{\underline{F}_{l-1}(m)\}$ mit $0 \le m \le 3$ und $\{\underline{F}_{l-1}(m)\}$ mit $4 \le m \le 7$ und berechnet daraus den Frequenzwertesatz $\{\underline{F}_l(m)\}$ mit $0 \le m \le 7$. In Bild 2.48

werden die Gl. (2.186) und (2.187) als digitales Netzwerk beschrieben, für das

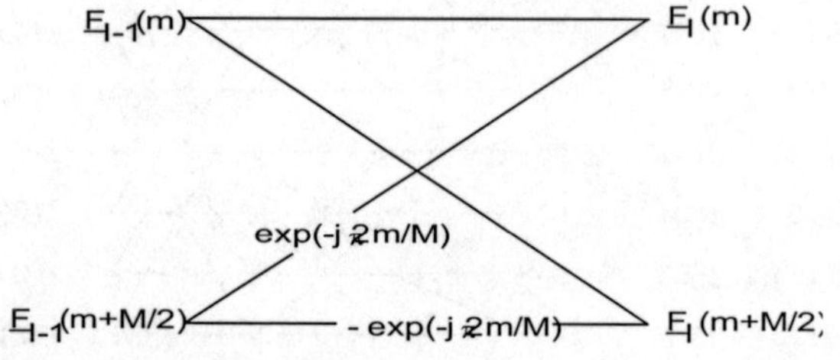

Bild 2.48. digitales Netzwerk der Butterfly-Operation

auf Grund der Ähnlichkeit mit einem Schmetterling sich die englische Bezeichnung Butterfly durchgesetzt hat. Die fortlaufende Bildung von Untergruppen bei dem FFT-Algorithmus erfordert, dass die Anzahl $N = 2^g$ der Zeitwerte eine Zweierpotenz ist. Bild 2.47 zeigt, dass bei der Durchführung des FFT-Algorithmus $\gamma \frac{N}{2}$ Butterfly-Operationen ausgeführt werden. Da eine Butterfly-Operation 2 komplexe Multiplikationen enthält, beträgt die Gesamtzahl der erforderlichen Multiplikationen N ld(N) statt N^2 wie bei der DFT.

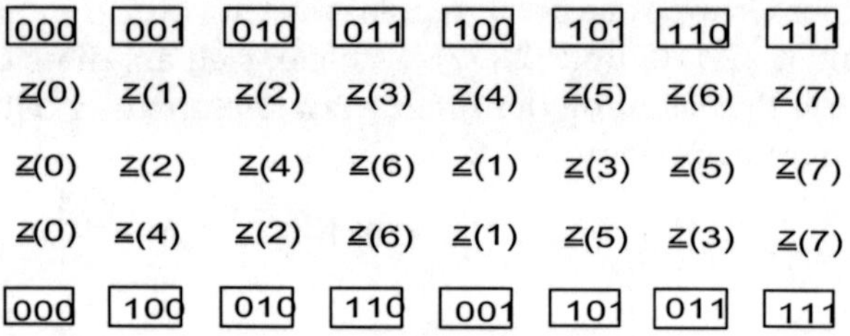

Bild 2.49. Umordnung des Zeitwertesatzes durch Bitreversal

Bei der Umordnung des Zeitwertesatzes tritt eine Gesetzmäßigkeit in Erscheinung, die man als Bitreversal bezeichnet. In Bild 2.49 wird die Umordnung durch fortlaufende Untergruppenbildung für N = 8 gezeigt, wobei die Zeitwerte vor und nach der Umordnung mit Dualzahlen numeriert werden. Man erkennt, dass die Dualzahlen an ihrer mittleren Stelle gespiegelt werden.

Nachdem durch Umformungen der DFT-Summenformel an Hand digitaler Netzwerke der FFT-Algorithmus erläutert wurde, soll jetzt mit seiner algorithmischen Formulierung begonnen werden.

Umsortieren der Zeitwerte mit Bitreversal

Die Umordnung der Zeitwerte bzw. der Werte des Originalbereichs in den Zeitwerte-Arrays zr und zi erfolgt auf der Basis einer indizierten Adressierung mit einem Index-Array

```
br : array[0..N-1] of integer;
```

Die Frequenzwerte der FFT mögen sich in den Arrays fr und fi befinden. Durch eine IN PLACE COMPUTATION werden in jeder der γ = ld N Stufen der FFT diese Felder der Frequenzwerte benutzt, d.h. überschrieben, um so Speicherplatz einzusparen. Nach der Berechnung in der letzten Stufe stehen dann in fr und fi die endgültigen Frequenzwerte zur Verfügung. Dann können in der 0. Stufe fr und fi als Ziel-Felder für die Umsortierung der Zeitwerte benutzt werden. Die Umsortierung geschieht mit einer Anweisungsfolge:

```
for i:=0 to N-1 do {Umsortieren der Zeitwerte}
begin
la := br[i];
fr[i]:=zr[la]; fi[i]:=zi[la];
end;
```

Als nächstes ist die Anlage der Tabelle der umsortierten Indices zu beschreiben. Dabei wird für jeden ursprünglichen Index nacheinander eine Umwandlung der Dezimalzahl in eine Dualzahl, mit dieser das Bitreversal und anschließend die Dezimalumwandlung der revertierten Dualzahl vorgenommen. Letztere stellt dann den umgeordneten Index dar, der im Array br abgelegt wird. Der gesamte Algorithmus lässt sich wie folgt in Pascal beschreiben:

```
const g = 8; {N = 2^g -Punkte FFT}
var d : array[0..g-1] of integer; {Feld für Dualzahlen}
for i:=0 to N-1 do {Bit-Reversal-Tabelle b[i] anlegen}
  begin
    z:=i;
    for j:=0 to g-1 do {dezi -> dual}
      begin
        a := z div 2;
```

```
        d[j] := z - 2*a;
        z := a;
    end;
    for j := 0 to g div 2 -1 do {Bit-Reversal}
    begin
     a := d[j];
     d[j] := d[g-j-1];
            d[g-j-1] := a;
     end;
    r := 0;
    for j := 0 to g-1 do {dual -> dezi}
     r := r + 1 shl(j)*d[j]; {r = r + 2^j * d[j]}
br[i] := r; {umsortierter Index}
end;
```

Darin ist die Pascal-Konstante g für γ vereinbart. Im Beispiel ist g = 8, also eine 256- Punkte FFT gesucht. Das Array d nimmt die Dualzahlen auf. Alle übrigen Größen sind Hilfsvariable, deren Deklaration der Übersichtlichkeit halber fortgelassen wurde. Die Umwandlung von Dezimal- in Dualdarstellung und die Rückwandlung basiert auf der Polynomdarstellung der Dualzahlen mit Zweierpotenzen.

Butterflyoperation

Ein zentraler Rechenvorgang innerhalb des FFT-Algorithmus ist die Butterfly-Operation nach Gl. (2.186) und (2.187). Sie soll zunächst in reeller Schreibweise angegeben werden. Da sich die beiden Gleichungen für die untere und obere Hälfte der Punkte nur hinsichtlich eines Vorzeichens unterscheiden, werden sie mit zwei Vorzeichen zusammengefaßt. Man erhält dann:

$$\mathrm{Re}\,\{\underline{F}_{l-1}(m)\} + j\,\mathrm{Im}\,\{\underline{F}_{l-1}(m)\} \pm \left(\cos\frac{2\pi}{M}m - j\,\sin\frac{2\pi}{M}m\right)\cdot\left(\mathrm{Re}\,\{\underline{F}_{l-1}(m+\frac{M}{2})\} + j\,\mathrm{Im}\,\{\underline{F}_{l-1}(m+\frac{M}{2})\}\right)$$

$$= \mathrm{Re}\,\{\underline{F}_{l-1}(m)\} + j\,\mathrm{Im}\,\{\underline{F}_{l-1}(m)\}$$

$$\pm \cos\frac{2\pi}{M}m\cdot\mathrm{Re}\,\{\underline{F}_{l-1}(m+\frac{M}{2})\} \pm j\,\cos\frac{2\pi}{M}m\cdot\mathrm{Im}\,\{\underline{F}_{l-1}(m+\frac{M}{2})\}$$

$$\mp j\,\sin\frac{2\pi}{M}m\cdot\mathrm{Re}\,\{\underline{F}_{l-1}(m+\frac{M}{2})\} \pm \sin\frac{2\pi}{M}m\cdot\mathrm{Im}\,\{\underline{F}_{l-1}(m+\frac{M}{2})\}$$

$$= \begin{cases} \mathrm{Re}\,\{\underline{F}_l(m)\} \quad + j\ \mathrm{Im}\,\{\underline{F}_l(m)\} \text{für oberes Vorzeichen} \\ \mathrm{Re}\,\{\underline{F}_l(m+\frac{M}{2})\} + j\ \mathrm{Im}\,\{\underline{F}_l(m+\frac{M}{2})\} \text{für unteres Vorzeichen} \end{cases} \qquad (2.188)$$

$$\text{mit} \qquad 0 \le m \le \frac{M}{2} - 1 \quad .$$

Vor der Formulierung des Algorithmus in Pascal ist zunächst eine Zuordnung zwischen Formelgrößen und Variablen des Programms zu treffen:

Formelgröße	Pascal-Variable
m	r
$\mathrm{Re}\,\{\underline{F}_l(m)\}$	xr
$\mathrm{Im}\,\{\underline{F}_l(m)\}$	xi
$\mathrm{Re}\,\{\underline{F}_l(m+\frac{M}{2})\}$	yr
$\mathrm{Im}\,\{\underline{F}_l(m+\frac{M}{2})\}$	yi
$\mathrm{Re}\,\{\underline{F}_{l-1}(m)\}$	fr[r]
$\mathrm{Im}\,\{\underline{F}_{l-1}(m)\}$	fi[r]

Damit erhält man für Gl. (2.188) folgende Pascal-Umsetzung:

```
v := M/2;
tr := 2 * pi/M;
ar := tr * r;
z1 := cos(ar) * fr[r+v];
z2 := cos(ar) * fi[r+v];
z3 := sin(ar) * fr[r+v];
z4 := sin(ar) * fi[r+v];
xr := fr[r] + z1 + z4;
xi := fi[r] - z3 + z2;
yr := fr[r] - z1 - z4;
yi := fi[r] + z3 - z2;
fr[r] := xr;
fi[r] := xi;
fr[r+v] := yr;
fi[r+v] := yi;
```

Auch hierbei wird das Prinzip der IN PLACE COMPUTATION angewendet (s. Bild 2.50). Man berechnet aus $\underline{F}_{l-1}(m)$ und $\underline{F}_{l-1}(m+\frac{M}{2})$ zunächst die Ergebnisse $\underline{F}_l(m)$ sowie $\underline{F}_l(m+\frac{M}{2})$ und überschreibt damit die Speicherplätze für $\underline{F}_{l-1}(m)$ und $\underline{F}_{l-1}(m+\frac{M}{2})$.

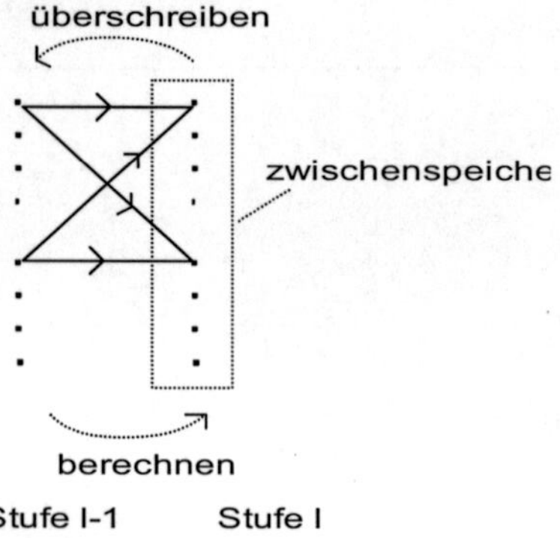

Bild 2.50. In Place Computation

Im obigen Butterfly-Algorithmus sind die Werte der trigonometrischen Funktionen durch Funktionsaufrufe gewonnen. Ein erheblicher Geschwindigkeitsgewinn lässt sich auch hier erzielen, wenn diese Operationen durch Tabellenzugriff realisiert wird (siehe nächster Abschnitt).

FFT-Algorithmus

Vorhanden seien eine Sinus- und eine Cosinus-Tabelle sowie die Zeitwerte in bereits umgeordneter Reihenfolge in den Arrays fr und fi für die Frequenzwerte.

Aus dem Signalflußplan nach Bild 2.47 geht hervor, dass der FFT-Algorithmus sich als dreifache Laufanweisung darstellt:

1. Bei einer FFT mit $N=2^\gamma$ Punkten wird der Algorithmus in **γ Schritten** vollzogen. Die Schritte werden mit einem Index l versehen. es gilt

   $$1 \leq l \leq \gamma$$

2. Innerhalb jedes Schrittes sind $\mathbf{2^{\gamma-l}}$ **Gruppen** zu bilden. Sie werden mit einem Index i versehen, für den gilt

$$0 \leq i \leq 2^{\gamma-1} - 1$$

3. Innerhalb jeder Gruppe jedes Schrittes sind **2^{l-1} Butterfly-Operationen** auszuführen, die aus den Frequenzwerten von zwei Untergruppen die Frequenzwerte der Gruppe bilden. Die Butterfly-Operationen einer Gruppe werden mit dem Index j versehen, für den gilt

$$0 \leq j \leq 2^{l-1} - 1.$$

Damit ergibt sich für das FFT-Programm diese Struktur:

```
for l := 1 to g do
begin
 for i := 0 to 2^(g-l)-1 do
   begin
    for j := 0 to 2^(l-1)-1 do
          begin
 ┌─────────────────────┐
 │ Butterfly-Operation │
 └─────────────────────┘
          end
          end
    end;
 end;
```

Zur Einführung der Butterfly-Operation des vorangegangenen Abschnittes in diese dreifache Laufanweisung sind noch einige Randbedingungen zu beachten. Im Butterfly-Algorithmus ist die Variable r die Nummer der Butterfly. Bei der dreifachen Laufanweisung ist die Variable j die Nummer innerhalb der Gruppe. Somit muss mit der Variablen i zur Nummerierung der Gruppen gesetzt werden:

$$r = j + i * 2^l ,$$

worin $2^l = M$ die Gruppengröße des jeweiligen Schrittes ist. Soll mit Sinus- und Cosinus-Tabellenzugriffen gearbeitet werden, so ist zu bedenken, dass ein Aufruf der Form

```
si (ar)
```

die Sinusfunktion

```
sin (2*pi*ar/N)
```

berechnet. Da bei dem aktuellen Durchlauf der Butterfly die Gruppengröße nicht N sondern $M = 2^l$ ist, muss vor jeder Butterfly-Operation

$$ar = j * \frac{N}{2^l} \tag{2.189}$$

gesetzt werden.
Multiplikationen und Divisionen mit Zweierpotenzen lassen sich in Pascal einfach und schnell mit den shift-Befehlen shl und shr durchführen. Beispielsweise lautet die Anweisung für Gl.(2.189)

$$ar := j * N \text{ shr } l \quad . \tag{2.190}$$

Abschließend sei nun das gesamte FFT-Programm mit Umordnung der Zeitwerte, Laufanweisungen, der Butterfly-Operation sowie allen Deklarationen gezeigt. Es arbeitet mit Sinus- und Cosinus-Tabellenzugriff und löst Multiplikationen und Divisionen durch shift-Befehle. Zu beachten ist, dass aus programmtechnischen Gründen die Feldgröße N mit der Variablen *feldlaenge* belegt wurde.

```
{FFT-Programm}
PROCEDURE dsv; {DSV-Programm}
var u0, u1, u2, u3 : real {Hilfvariable zum Oszilloskopieren}

var zr,zi: array[0..feldlaenge-1] of real;   {Re,Im der Zeitwerte}
 fr,fi: array[0..feldlaenge-1] of real        {Re,Im der Frequenzwerte}
 br : array[0..feldlaenge-1] of integer;      {Umsortier-Index-Feld}
 si,co: array[0..feldlaenge-1] of real;       {sinus u. cos-Tabelle}
 a,z,l,j,la,r,ar,v : integer;
tr: real;
 z1,z2,z3,z4,xr,xi,yr,yi :real;

const g = 8;                    {2^g-Punkte FFT}
var d : array[0..g-1] of integer; {Umwandlung}

begin
tr := 2*pi/feldlaenge;

for i:=0 to feldlaenge-1 do {sin und cos-Tabelle anlegen}
begin
   si[i] := sin(i*tr);
   co[i] := cos(i*tr);
end;

for i:=0 to feldlaenge-1 do       {Umsortier- Tabelle b[0..] anlegen}
```

```
begin
z:=i;
for j:=0 to g-1 do {dezi -> dual}
begin
 a := z div 2;
 d[j] := z - 2*a;
 z := a;
 end;
 for j := 0 to g div 2 -1 do {Bit-Reversal}
begin
a := d[j];
d[j] := d[g-j-1];
d[g-j-1] := a;
end;

r := 0;
for j := 0 to g-1 do {dual -> dezi}
begin
r := r + 1 shl(j)*d[j];
end;
br[i] := r; {umsortierter Index}
end;

for i:=1 to feldlaenge do
begin
zr[i-1]:=inputfeld[i]; zi[i-1]:=0; {Abtastung}
end;

for i:=0 to feldlaenge-1 do {Umsortieren der Zeitwerte}
begin
la := br[i];
fr[i]:=zr[la]; fi[i]:=zi[la];
end;

for l:= 1 to g do
begin
for i:=0 to 1 shl(g-l) -1 do
begin
for j:=0 to 1 shl(l-1) -1 do
begin
```

```
r := j + i* 1 shl(l);                   {Beginn der Butterfly}
ar:= j * feldlaenge shr(l);
v := 1 shl(l-1);

z1 := co[ar] * fr[r+v];
z2 := co[ar] * fi[r+v];
z3 := si[ar] * fr[r+v];
z4 := si[ar] * fi[r+v];
xr := fr[r] + z1 + z4;
xi := fi[r] - z3 + z2;
yr := fr[r] - z1 - z4;
yi := fi[r] + z3 - z2;
fr[r] := xr; fi[r] := xi;
fr[r+v] := yr; fi[r+v] := yi;
end;
end;
end;

for i:= 1 to feldlaenge do              {Ausgabe mit DSV-Programmsystem}
begin
u0:=inputfeld[i];                       {reelle Zeitwerte}
u1:=fr[i-1]/feldlaenge;                 {Frequenzwerte Realteilteil}
u2:=fi[i-1]/feldlaenge;                 Frequenzwerte Imaginärteil}
u3:=sqrt(sqr(u1) + sqr(u2));            {Frequenzwerte Betrag}
case schnittstelle1 of
0: outputfeld1[i]:=u0;
1: outputfeld1[i]:=u1;
2: outputfeld1[i]:=u2;
3: outputfeld1[i]:=u3;
end;
case schnittstelle2 of
0: outputfeld2[i]:=u0;
1: outputfeld2[i]:=u1;
2: outputfeld2[i]:=u2;
3: outputfeld2[i]:=u3;
end;
end;
end; {PROCEDURE}
```

Die Prozedur ist in das mitgelieferte DSV-Programmsystem DSV_SIM eingebettet (siehe hierzu Abschnitt 4.2.2). Sie liest die Zeitwerte als Abtastwerte aus dem Array *inputfeld* und schreibt die errechneten Frequenzwerte in zwei Arrays mit Namen *outputfeld1* und *outputfeld2*, welche durch das Programmsystem oszillographisch dargestellt werden. Wahlweise können dabei Zeitwerte, Realteil, Imaginärteil oder der Betrag zur Anzeige gebracht werden. In Bild 2.51 ist das Betragsspektrum einer Sinusfolge dargestellt, welches mit dem Algorithmus gewonnen wurde.

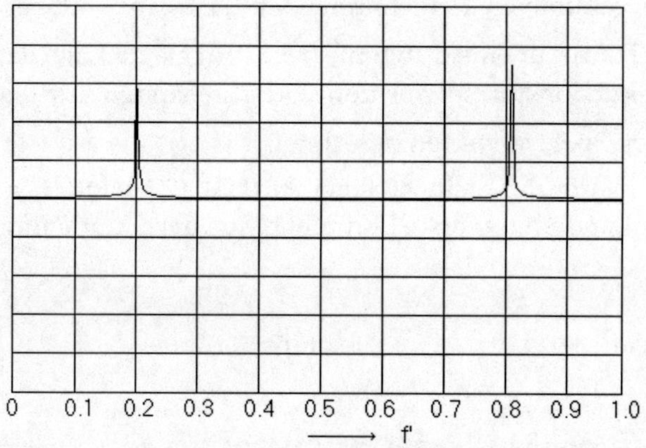

Bild 2.51 Spektralanalyse einer Sinusfolge (f '=0,2) mit FFT-Algorithmus

2. 3. 5. 3. Rekursive Diskrete Fourier-Transformation (RDFT)

Wie im Abschnitt 1.2.2 ausgeführt wurde, ist die Diskrete Fourier-Transformation die Kurzzeit-Fourier-Transformation einer Zahlenfolge $\underline{z}(n)$ und somit nicht nur eine Funktion der bezogenen Frequenz f', sondern auch der Folgennummer n. Charakteristisch für diese DFT ist eine bestimmte Fensterbreite N. Für den Fall des Rechteckfensters erhält man die Frequenzfunktion

$$\underline{F}(f',n) = \frac{1}{N} \sum_{i=n-(N-1)}^{n} \underline{z}(i) \exp(-j2\pi f' i) \quad . \qquad (2.191)$$

Die in der Literatur häufig angegebene Schreibweise der DFT bezieht sich auf eine bestimmte Lage des Zeitfensters. Für n = N-1 erhält man dann die DFT-Summe

$$\underline{F}(f') = \frac{1}{N} \sum_{i=0}^{N-1} \underline{z}(i) \exp(-j2\pi f' i) \quad , \qquad (2.192)$$

die nur noch eine Funktion der Frequenz f' ist. Soll nun die DFT sowohl als Funktion der Frequenz f' als auch der Folgennummer der zu analysierenden Zahlenfolge $\underline{z}(n)$ bestimmt werden, so entsteht ein gewaltiger Rechenaufwand, weil bei jeder Verschiebung des Fensters um ein Folgenelement das gesamte Spektrum neu berechnet werden muß. An dieser Stelle setzt das Verfahren der rekursiven Berechnung der DFT ein.[26] Dabei werden die Spektralwerte $\underline{F}(f',n)$ für eine durch $n = n^*+1$ festgelegte Lage des Fensters an Hand einer Rekursionsformel aus den vorhergehenden, für die Fensterlage $n = n^*$ geltenden Spektralwerten berechnet.

Zur Herleitung der Rekursionsformel wird Gl. (2.191) für $n = n^*$ in 2 Summanden zerlegt, indem der erste Summand aus der Summenformel herausgeszogen wird:

$$\begin{aligned} \underline{F}(f',n^*) &= \frac{1}{N} \sum_{i=n^*-(N-1)}^{n^*} \underline{z}(i) \exp(-j2\pi f' i) \\ &= \frac{1}{N} \underline{z}(n^*-[N-1]) \exp(-j\,2\pi f' (n^*-[N-1])) \\ &\quad + \frac{1}{N} \sum_{i=n^*+1-(N-1)}^{n^*} \underline{z}(i) \exp(-j2\pi f' i) \quad . \qquad (2.193) \end{aligned}$$

Als nächstes wird der Spektralwert für das um ein Folgenelemen verschobene Fenster betrachtet und ebenfalls in 2 Summanden zerlegt. Indem hierbei der letzte Summand aus der Summenformel herausgezogen wird, erhält man

$$\begin{aligned} F(f',n^*+1) &= \frac{1}{N} \sum_{i=n^*+1-(N-1)}^{n^*+1} z(i) \exp(-j2\pi f' i) \\ &= \frac{1}{N} z(n^*+1) \exp(-j\,2\pi f' (n^*+1)) \end{aligned}$$

[26] Vgl. Halberstein, J. Hans: *Recursive Complex Fourier Analysis for Real-Time Application*, Proc. IEEE, 1966, Bd.54, S.903 und Klemm, Rolf: *Zur rekursiven Berechnung der diskreten Fourier-Transformation*, NTZ, Bd. 30, Heft 2, 1977.

$$+ \frac{1}{N} \sum_{i = n^*+1-(N-1)}^{n^*} z(i) \exp(-j2\pi f' i) \,. \quad (2.194)$$

Durch Elimination des Terms

$$\frac{1}{N} \sum_{i = n^*+1-(N-1)}^{n^*} \underline{z}(i) \exp(-j2\pi f' i) \quad (2.195)$$

erhält man dann mit Hilfe der Gl. (2.193) und (2.194) die Rekursionsformel der RDFT:

$$\underline{F}(f',n^*+1) = \underline{F}(f',n^*) + \frac{1}{N} \underline{z}(n^*+1) \exp(-j\, 2\pi f' (n^*+1))$$
$$- \frac{1}{N} \underline{z}(n^*-[N-1]) \exp(-j\, 2\pi f' (n^*-[N-1])) \quad . \quad (2.196)$$

Man kann aus Gl. (2.196) einige Eigenschaften ablesen, durch die sich die RDFT von der FFT unterscheidet: 1. Die Ordnung der RDFT ist beliebig. Bei der FFT muss N faktorisierbar sein. Im allgemeinen werden Zweierpotenzen für N gefordert. 2. Die Frequenzen f' können beliebig, ganz oder gebrochen sein und sind nicht (wie bei der FFT) auf Vielfache von 1/N beschränkt. 3. Die RDFT nach Gl. (2.196) benötigt bei N Frequenzen insgesamt 2 N komplexe Multiplikationen und erfordert damit weniger Aufwand als die FFT mit N ld(N) komplexen Multiplikationen. 4. Nachteilig bei der RDFT ist, dass sich auf Grund der Rekursion Rechenungenauigkeiten akkumulieren. Durch die Beschränkung auf diskrete Frequenzen f' = m/N lässt sich die Rekursionsformel (2.196) etwas vereinfachen. Man erhält

$$F(m,n^*+1) = F(m,n^*) + \frac{1}{N} z(n^*+1) \exp(-j\, 2\pi \frac{m\,(n^*+1)}{N})$$
$$- \frac{1}{N} z(n^*-[N-1]) \exp\left(-j\, 2\pi \frac{m\,(n^*-[N-1])}{N}\right). \quad (2.197)$$

Zerlegt man in Gl. (2.197) die 2. Exponentialfunktion in Faktoren, so erhält man mit exp(-j 2p m) = 1 die Rekursionsformel

$$\underline{F}(m,n^*+1) = \underline{F}(m,n^*)$$
$$+ \frac{1}{N} \exp(-j\, 2\pi \frac{m\,(n^*+1)}{N}) \left[\, \underline{z}(n^*+1) - \underline{z}(n^*-[N-1])\right]. \quad (2.198)$$

Vom Prinzip her lässt sich die RDFT auf unbegrenzte Zahlenfolgen anwenden. Dem Beginn einer Zahlenfolge können also beliebig viele Nullen vorausgehen. Man betrachtet Werte $n \geq 0$. Für n=0 bis n=N-1 sei $\underline{z}(n)=0$. Die eigentliche von 0 verschiedene Zahlenfolge beginnt dann bei n=N.

Die Rekursion kann dann mit $n^*=N-1$ begonnen werden. Dabei ist dann $\underline{F}(m,n^*)=0$. Nach N Rekursionen hat sich das Spektrum erstmalig aufgebaut und wird weiter fortlaufend berechnet. Zur Formulierung eines Algorithmus in Pascal muss Gl. (2.198) in die reelle Schreibweise überführt werden. Man erhält für reelle Zeitfolgen $\underline{z}(n)=z(n)$:

$$\begin{aligned} \mathrm{Re}\,\{\underline{F}(m,n^*+1)\} &= \mathrm{Re}\,\{\underline{F}(m,n^*)\} \\ &+ \frac{1}{N}\cos\left(2\pi\,\frac{m(n^*+1)}{N}\right)\left(z(n^*+1) - z(n^* - [N-1])\right) \end{aligned} \tag{2.199}$$

$$\begin{aligned} \mathrm{Im}\,\{\underline{F}(m,n^*+1)\} &= \mathrm{Im}\,\{\underline{F}(m,n^*)\} \\ &- \frac{1}{N}\sin\left(2\pi\,\frac{m(n^*+1)}{N}\right)\left(z(n^*+1) - z(n^* - [N-1])\right). \end{aligned} \tag{2.200}$$

In den Formeln tritt die Differenz von jeweils zwei Folgenelementen auf, die an den Grenzen des Zeitfensters liegen. Ist $z(n^*+1)$ der gegenwärtige Wert, dann ist $z(n^* - [N-1])$ ein um N Schritte zurückliegender Wert. Das gleitende Fenster ist in einem Programm als ein Array der Tiefe N zu realisieren. An seiner ersten Position wird bei jedem Schritt n der aktuelle Folgenwert gespeichert, wobei zuvor die Inhalte der übrigen Positionen jeweils um ein Feldelement verschoben werden (Umspeichern). In dem nachfolgenden Programm werden die Folgenelemente in einem Array z[n] gespeichert. Die Zuordnung zwischen weiteren Formelgrößen und Variablen ist:

Formelzeichen	Variable
N	z_max
n^*+1	n
$z(n^*+1)$	z[0]
$z(n^*-[N-1])$	z[z_max -1]
$\mathrm{Re}\{\underline{F}(m,n^*+1)\}$	fr[m]
$\mathrm{Im}\{\underline{F}(m,n^*+1)\}$	fi[m]

```
const f_max = 256; {maximal zu analysierende Frequenz}
```

```
const z_max = 256; {Zeitfensterbreite}

var z : array[0..z_max -1] of real; {Zeitfenster}
fr : array[0..f_max -1] of real; {Realteile Spektrum}
fi : array[0..f_max -1] of real; {Imaginärt.Spektrum}
n : integer                  {Schritt}

PROCEDURE rdft;
var i : integer;

begin
for i := 0 to z_max do z[i]:=0;
for i := 0 to f_max do begin fr[i]:=0; fi[i]:=0; end;
n:=0;

repeat
n:=n+1;
for i := (z_max-1) downto 1 do
begin
z[i]:=z[i-1];                      {Umspeichern}
end;
z[0] := AD_WANDEL;                          {Abtasten}
for i:=0 to f_max-1 do                      {Rekursion}
begin
fr[i]:=fr[i] + cos(2*pi*i*n/z_max)/z_max * (z[0]-[z_max-1]);
fi[i]:=fi[i] - sin(2*pi*i*n/z_max)/z_max * (z[0]-z[z_max-]);
outputfeld[i] := sqrt(sqr(fr[i]) + sqr(fi[i]));
end;

until
end;
```

Die Prozedur löscht zunächst alle Arrays und setzt den Startschritt auf n=0. Danach läuft die Prozedur in eine Endlosschleife. Hierin werden nacheinander die Folgenelemente im Zeitfenster umgespeichert, im Element z[0] der aktuelle Abtastwert gespeichert, die Rekursionen für den Realteil und Imaginärteil des Spektrums berechnet und das Betragsspektrum in einem Array *outputfeld* gespeichert.

Die Neuberechnung und das Abspeichern der Spektralwerte nach jedem Folgenschritt geschieht mit einer IN PLACE COMPUTATION.

Der Algorithmus lässt sich im Hinblick auf die Rechengeschwindigkeit verbessern, wenn die trigonometrischen Funktionsaufrufe durch Tabellenzugriff auf eine Cosinus- und Sinus-Tabelle ersetzt werden.

2. 3. 5. 4. Chirp-Z-Transformation

Dieses Verfahren zur Berechnung der DFT-Summe beruht auf der Multiplikation des zu analysierenden Zeitsignals mit einem Chirp-Signal und der Filterung mit Transversalfiltern.[27] Unter einem Chirp-Signal wird in der Nachrichtentechnik eine Schwingung verstanden, deren Momentanfrequenz

$$f(t) = \frac{1}{2\pi}\frac{d\,\Phi}{dt} = K\,t \qquad (2.201)$$

linear mit der Zeit ansteigt. Durch Integration erhält man daraus den Winkel Φ und so mit dem Scheitelwert $\hat{u}$ die Zeitfunktion

$$u(t) = \hat{u}\cos(\,\pi\,K\,t^2\,) \qquad (2.202)$$

des Chirp-Signals. Der englische Begriff Chirp, der im Deutschen zwitschern bedeutet, ist auf den Höreindruck eines Chirpsignals zurückzuführen. Die Beziehungen des Verfahrens zur Z-Transformation werden nicht dargestellt; von Interesse ist nur ein Algorithmus zur Berechnung der DFT-Summe. Das Eigentümliche des Verfahrens besteht darin, dass eine kontinuierlich in den Analysator hineinlaufende Zeitfolge z(n) eine Ausgangsfolge hervorruft, deren Elemente die Frequenzwerte des Spektrums sind.

Zur Herleitung des Algorithmus wird von der DFT als Kurzzeit-Fourier-Transformierter der Zahlenfolge z(n) mit Rechteckfenster ausgegangen. Die berechneten Frequenzwerte

$$\underline{F}(m,n) = \frac{1}{N}\sum_{i=n-(N-1)}^{n} \underline{z}(i)\,\exp(-j2\pi\frac{m\,i}{N}) \qquad (2.203)$$

---

[27] Vgl. Brodersen,R. Willms u.a.: *A 500 Stage CCD Transversal Filter for Spectral Analysis,* IEEE Trans. Electron. Device, Vol. ED-23, pp 143-152, Feb. 1976 und ders.: *Comparison between the CCD-CZT and the digital FFT,* Proc. 1975 Naval Electron. Lab. Center, Int. Conf. on the Application of Charge-coupled Device, Oct. 29-31, 1975, pp. 267-281 und Rienecker, Wolfgang: *Monolithisch integrierbare Filter in CTD-Technologie,* Elektronik, Heft ½, 1980.

sind also eine Funktion der Folgennummer m des Spektrums und der Folgennummer n der Zeitfolge z(n). Mit der Substitution $-2mi = (m - i)^2 - i^2 - m^2$ erhält man den Ausdruck

$$\underline{F}(m,n) = \frac{1}{N}\left[\sum_{i=n-(N-1)}^{n} \underline{z}(i)\exp(-j\pi\frac{i^2}{N})\exp(j\pi\frac{(m-i)^2}{N})\right]\exp(-j\pi\frac{m^2}{N}) \qquad (2.204)$$

Darin kann die Summe aufgefaßt werden als Faltung der beiden Folgen

$$\left\{\underline{z}(n)\exp(-j\pi\frac{n^2}{N})\right\} \text{ und } \left\{w(n)\exp(j\pi\frac{n^2}{N})\right\} \text{ mit } w(n) = \varepsilon(n) - \varepsilon(n - N). \qquad (2.205)$$

Um die Faltung mit einem Transversalfilter durchführen zu können wird eine weitere Laufvariablensubstitution durchgeführt. Man setzt $m - i = k$ und erhält

$$\underline{F}(m,n) = \frac{1}{N}\left[\sum_{k=m-n+(N-1)}^{m-n} \underline{z}(m-k)\exp(-j\pi\frac{(m-k)^2}{N})\exp(j\pi\frac{k^2}{N})\right]\exp(-j\pi\frac{m^2}{N}) \qquad (2.206)$$

Damit der Summenausdruck das Ausgangssignal eines Transversalfilters darstellt, wird zusätzlich die Substitution $m = n$ vorgenommen. Man erhält dann

$$\underline{F}(n,n) = \frac{1}{N}\left[\sum_{k=0}^{N-1} \underline{z}(n-k)\exp(-j\pi\frac{(n-k)^2}{N})\exp(j\pi\frac{k^2}{N})\right]\exp(-j\pi\frac{n^2}{N}) \qquad (2.207)$$

In diesem Ausdruck stellt die Summe das Ausgangssignal eines Transversalfilters mit den Koeffizienten $\exp(j\pi\frac{k^2}{N})$ $k=0...N-1$ dar, an dessen Eingang die Folge $z(n)\exp(-j\pi\frac{n^2}{N})$, gelegt wird. Damit kann für die Bildung der Frequenzwerte $\underline{F}(n,n)$ das in Bild 2.52 gezeigte Systemdiagramm mit komplexen Signalen

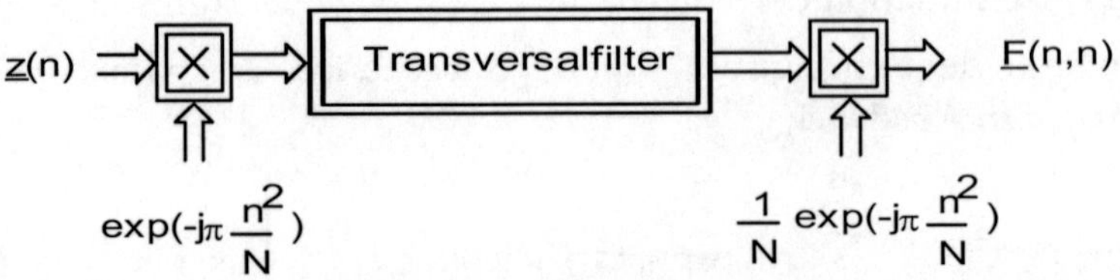

Bild 2.52. komplexes Systemdiagramm zur Chirp-Z-Transformation

angegeben werden. Entscheidend für die Zurückführung der DFT-Summe nach Gl. (2.203) auf das Systemdiagramm nach Bild 2.52 war die einschränkende Substution m = n. Die Folge davon war, dass statt der Frequenzwerte $\underline{F}(m,n)$ Frequenzwerte $\underline{F}(n,n)$ berechnet werden; dies wiederum bedeutet, dass die Nummer des berechneten Frequenzwertes mit der Folgennummer der Zeitfolge übereinstimmt. Dieser Sachverhalt ist so zu interpretieren, dass die nacheinander ausgegebenen Frequenzwerte nicht für die gleiche Lage des Fensters berechnet werden; jeder weitere Frequenzwert gilt für ein um einen Schritt verschobenes Fenster. Laufen also die Zeitwerte der Eingangsfolge kontinuierlich in das System hinein, so entsteht am Ausgang die periodische Folge der Frequenzwerte mit der Periode N.

Vor einer algorithmischen Formulierung muss noch mit Hilfe der Eulerschen Formel ein Systemdiagramm entwickelt werden, in dem es nur reelle Folgen gibt. Die Eingangsfolge $\underline{z}(n)$ soll als reell angenommen werden. Wird nur der Betrag der Frequenzwerte benötigt, so ergeben sich diese als Betrag der Faltungssumme aus der Impulsantwortfolge $\underline{g}(n)$ des Transversalfilters und dem Produkt der beiden Folgen z(n) und $\exp(-j\,\pi n^2/N)$ dividiert durch N; denn die Multiplikation mit der Folge $\exp(-j\,\pi\, n^2/N)$ entfällt bei der Betragsbildung. Man erhält also

$$\left|\underline{F}(n,n)\right| = \left|\frac{1}{N} z(n) \left[\cos(\pi\frac{n^2}{N}) - j\sin(\pi\frac{n^2}{N}) \right] * \left[\mathrm{Re}\{g(n)\} + j\,\mathrm{Im}\{g(n)\} \right]\right| \quad (2.208)$$

Durch Ausmultiplizieren ergibt sich

$$\left|\underline{F}(n,n)\right| = \frac{1}{N}\Big|\left[z(n)\cos(\pi\frac{n^2}{N}) * \mathrm{Re}\{g(n)\} + z(n)\sin(\pi\frac{n^2}{N}) * \mathrm{Im}\{g(n)\}\right]$$

$$+ j\left[z(n)\cos(\pi\frac{n^2}{N}) * \mathrm{Im}\{g(n)\} - z(n)\sin(\pi\frac{n^2}{N}) * \mathrm{Re}\{g(n)\}\right]\Big|. \quad (2.209)$$

Diesem Ausdruck lässt sich direkt das Systemdiagramm nach Bild 2.53 entnehmen.

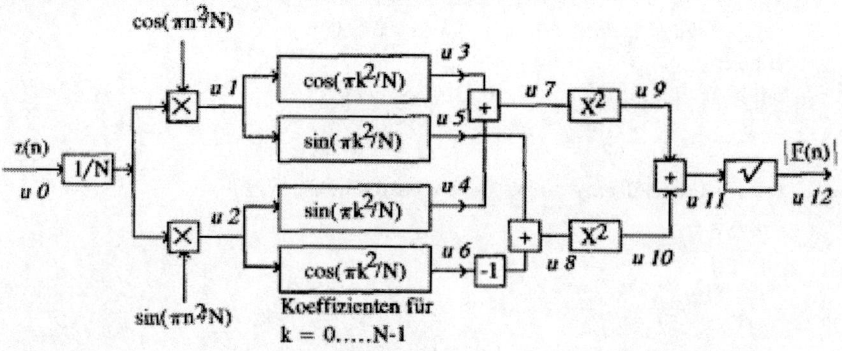

Bild 2.52. reelles Systemdiagramm zur Chirp-Z-Transformation

In dem nachfolgenden Pascal-Algorithmus sind die Filterkoeffizienten in zwei Arrays der Dimension N abgelegt, und zwar die cos-Werte in a1[0..N-1] und die sin-Werte in a2[0..N-1]. Bei der Multiplikation der Eingangsfolge z(n) mit $\cos(\pi n^2/N)$ und $\sin(\pi n^2/N)$ kann dann ebenfalls auf diese Tabellen zugegriffen werden, wenn die Periodizität der Funktionen berücksichtigt wird. Die beiden oberen und die beiden unteren Transversalfilter können jeweils mit gemeinsamen Laufzeitspeichern ausgestattet werden. Dies sind im Programm die Arrays ta für das Signal u1 und tb für das Signal u2.

```
{Chirp-Z-Transformation}
{Filterkoeffizienten und cos/sin-Werte liegen in Arrays}

PROCEDURE dsv; {DSV-Programm}
var u0,u1,u2,u3,u4,u5,u6,u7,u8,u9,u10,u11,u12 :real;

const N = 250;          {Ordnungszahl}
var a1,a2 : array[0..N-1] of real;{Filterkoeffizienten}
ta,tb : array[0..N-1] of real; {Transversalfilter
speicher}
k,n : integer;
ar : longint;
begin
```

```
for k:=0 to N-1 do
begin
a1[k] := cos( pi * sqr(k)/N); {Filterkoeff. berechnen}
a2[k] := sin( pi * sqr(k)/N); {bzw. sin/cos-Tabelle
anlegen}
ta[k]:= 0; tb[k]:= 0;               {Filter loeschen}
end;

for n := 1 to feldlaenge do {ab hier die Bearbeitung}
begin

u0 := AD_wandel;                               {Abtastung}

ar:=n;                  {Multiplikation mit sin/cos)}
if ar > N then ar := ar - trunc(ar/N)*N; {Period
izität}
u1:= u0 * a1[ar-1]/N;
 u2:= u0 * a2[ar-1]/N;

ta[0]:=u1; tb[0]:=u2;

u3:=0; u4:=0; u5:=0; u6:=0;                {filtern}
for k:=0 to N-1 do
begin
u3 := u3 + a1[k]*ta[k];
u5 := u5 + a2[k]*ta[k];
u4 := u4 + a2[k]*tb[k];
u6 := u6 + a1[k]*tb[k];
end;

u7:=u3 + u4;
u8:=u5 - u6;

for k:=N-1 downto 1 do Umspeichern der Filter}
begin
ta[k]:=ta[k-1];
tb[k]:=tb[k-1];
 end;

u9:=sqr(u7); u10:=sqr(u8);
```

```
u11 := u9 + u10 ;

u12 := sqrt(u11);
outputfeld[n] := u12;          {Spektralwert speichern}

end;
end;
```

Der Algorithmus beginnt zunächst mit der Berechnung der Filterkoeffizienten bzw. der Sinus- und Cosinus-Tabelle. Hiernach werden die Laufzeitspeicher der Transversalfilter gelöscht. Danach beginnt die Bearbeitung für eine bestimmte Anzahl von Abtastwerten (*feldlaenge*). Am Ende jedes Schrittes n wird der Spektralwert F(n) —im Programm die Variable u12— in einem Array *outputfeld* gespeichert.

Die folgenden Bilder zeigen die Wirkungsweise des Chirp-Z-Transformators. An den Eingang wurde eine amplitudenmodulierte Schwingung gelegt. Der Analysebereich erstreckt sich von n=0 bis n=1000.

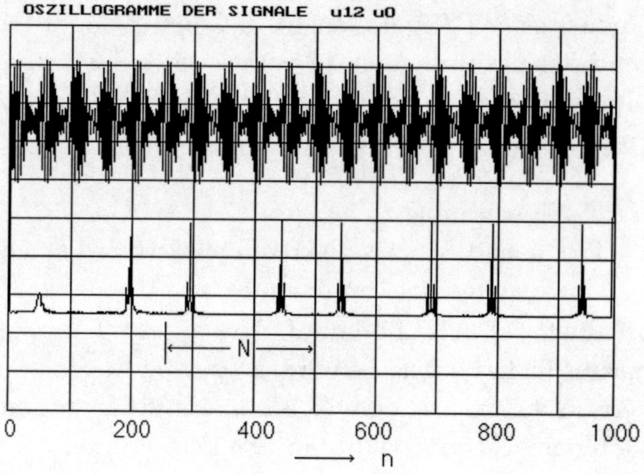

Bild 2.54 Eingangs- und Ausgangssignal bei der Chirp-Z-Transformation Filterordnung N = 250

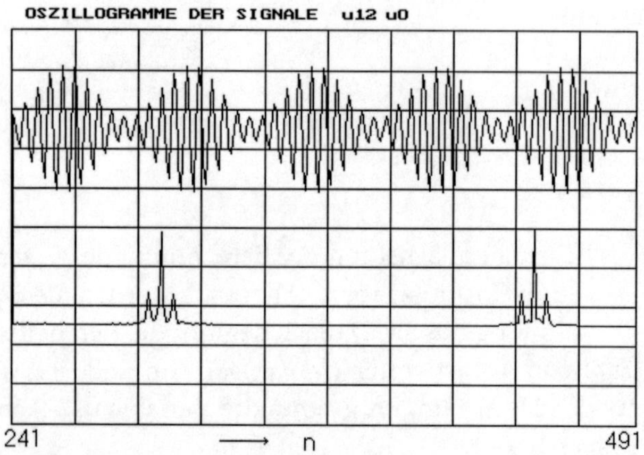

Bild 2.55 Ausschnitt des Oszillogramms nach Bild 0.0

Der Transformator liefert für jeden Folgenwert z(n) einen Spektralwert F(n) mit gleichem Index n. Die DFT, also auch der Chirp-Z-Algorithmus erzeugt ein entsprechend der Ordnungszahl N periodisches Spektrum. Allerdings müssen die Filter in der ersten Periode einschwingen, so dass die Periodizität des Spektrums erst für n >N eintritt.

2. 3. 5. 5. Goertzel-Algorithmus

Sollen nicht alle Frequenzwerte des diskreten Spektrums berechnet werden, sondern werden nur wenige Spektrallinien benötigt, so ist der Goertzel-Algorithmus vorteilhaft.[28] Er beruht darauf, dass aus der Formel für die DFT-Summe ein lineares Filter hergeleitet wird, an dessen Ausgang ein bestimmter Spektralwert erscheint, nachdem N Werte der zu analysierenden Folge in den Eingang hineingeschoben wurden. Die DFT-Formel

$$\underline{X}(m) = \frac{1}{N} \sum_{i=0}^{N-1} x(i) \exp(-j2\pi \frac{i\,m}{N}) \qquad (2.210)$$

[28] Vgl. Marganitz, Alfred: *Anwendung des Goertzelalgorithmus zur Detektion von Sinussignalen*, Frequenz, Heft 44, 9-10, 1990, S. 258-261.

wird rechtsseitig mit dem Term exp(j2pm) multipliziert, der für ganzzahlige Werte von m den Wert 1 hat. Man erhält dann

$$\underline{X}(m) = \frac{1}{N} \sum_{i=0}^{N-1} x(i) \exp(-j2\pi\frac{i\,m}{N})\, e^{j2\pi m} \quad . \qquad (2.211)$$

Durch Zusammenfassung der beiden e-Funktionen wird daraus

$$\underline{X}(m) = \frac{1}{N} \sum_{i=0}^{N-1} x(i) \exp(j\frac{2\pi}{N} m(N-i)) \quad , \qquad (2.212)$$

In dieser Schreibweise kann die DFT-Summe interpretiert werden als Faltungssumme der rellen Folge {x(n)} und der komplexen Folge $\{\exp(j\,\frac{2\pi mn}{N})\}$ Die Faltung ergibt eine Folge

$$\underline{y}(n) = \frac{1}{N} \sum_{i=-\infty}^{\infty} x(i) \exp(j\frac{2\pi}{N} m(n-i)) \quad . \qquad (2.213)$$

Hat in diesem Ausdruck die Folge {x(n)} von null verschiedene Werte nur im Bereich von n=0 bis N-1, so erhält man den Frequenzwert

$$\underline{X}(m) = \underline{y}(n)\big|_{n=N} \qquad (2.214)$$

als Ergebnis der Faltung nach N Schritten. Faßt man die Folge $\{\exp(j\frac{2\pi}{N}\, mn)\}$ als Impulsantwortfolge eines Filters auf, so entsteht der Frequenzwert am Ausgang des Filters nach N Schritten, wenn die Folge {x(n)} an den Eingang gelegt wird. Bei der Realisierung wird die komplexe Impulsantwortfolge mit der Euler'schen Formel in die beiden rellen Folgen $\{\cos(2\pi\frac{mn}{N})\}$ und $\{\sin(2\pi\frac{mn}{N})\}$ zerlegt. Die Übertragungsfunktionen der erforderlichen Filter ergeben sich als Z-Transformierte der Impulsantwortfolgen. Dann entsteht der Realteil des Frequenzwertes nach N Schritten am Ausgang eines Filters mit der Übertragungsfunktion

$$H_r(z) = \frac{z(z - \cos(2\pi\frac{m}{N}))}{z^2 - 2\,z\cos(2\pi\frac{m}{N}) + 1} \tag{2.215}$$

und der Imaginärteil des Frequenzwertes am Ausgang eines Filters mit der Übertragungsfunktion

$$H_i(z) = \frac{z\sin(2\pi\frac{m}{N})}{z^2 - 2\,z\cos(2\pi\frac{m}{N}) + 1} \quad . \tag{2.216}$$

Bringt man die Übertragungsfunktionen, die dem Anhang 6.2.2 entnommen werden können, auf die Normalform

$$H(z) = \frac{A_0 + A_1\,z^{-1} + A_2\,z^{-2}}{1 + B_1\,z^{-1} + B_2\,z^{-2}} \quad , \tag{2.217}$$

so erhält man für die Koeffizienten des Realteilfilters

$$\begin{aligned} &A_o = 1 \quad A_1 = -\cos(2\pi\frac{m}{N}) A_2 = 0 \\ &B_1 = -2\cos(2\pi\frac{m}{N}) B_2 = 1 \end{aligned} \tag{2.218}$$

und für die Koeffizienten des Imaginärteilfilters

$$\begin{aligned} &A_o = 0\; A_1 = \sin(2\pi\frac{m}{N}) A_2 = 0 \\ &B_1 = -2\cos(2\pi\frac{m}{N}) B_2 = 1 \end{aligned} \quad . \tag{2.219}$$

Die Goertzel-Filter sind quasistabil; die Pole ihrer Übertragungsfunktionen liegen auf dem Einheitskreis. Infolge von Quantisierungsfehlern können bei der praktischen Realisierung leicht Instabilitäten auftreten, wobei sich am Filterausgang wilde Überlaufschwingungen einstellen. Dieser Effekt lässt sich dadurch verhindern, dass nach einer endlichen Anzahl an Folgenelementen der Filterausgang wieder auf einen definierten Wert zurückgestellt wird, wobei die Verzögerungsglieder jeweils auf null gesetzt werden.

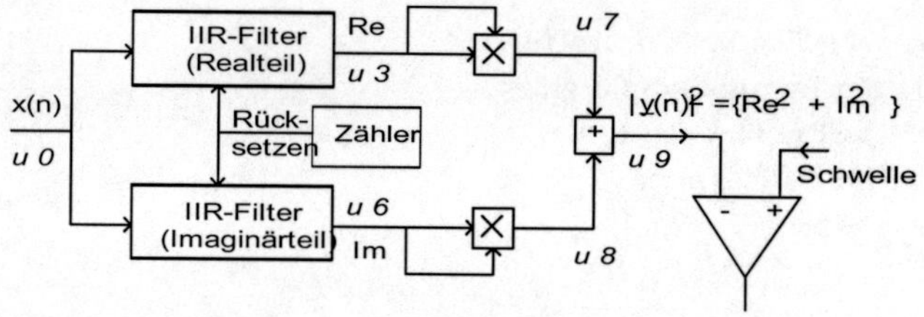

Bild 2.56 Signaldetektor mit Goertzelfilter

Der Goertzel-Algorithmus lässt sich vorteilhaft zur Detektion von Sinus-Signalen mit einer bestimmten Frequenz und einem Mindestamplitudenwert einsetzen. Praktische Bedeutung erlangen solche Detektoren z.B. bei der Erkennung von Meldesignalen in Dual Tone Mehrfrequenz- Einrichtungen (DTMF) der Fernsprechtechnik.

Das Systemdiagramm eines Signaldetektors zeigt Bild 2.56. Nach einer bestimmten Zahl von Abtastwerten setzt ein Zähler die beiden Filter, die auf die zu detektierende Nennfrequenz dimensioniert sind, zurück. Liegt nun am Eingang des Systems eine Sinusfolge x(n) mit der Nennfrequenz an, so erscheint am Ausgang eine rasch ansteigende Folge y(n), die in Verbindung mit einem Komperator am Ende der Zählperiode ausgewertet werden kann. In der nachstehenden Pascal-Prozedur werden zunächst aus der Nennfrequenz (Konstante fx) nach den Gl. (2.218) und (2.219) die Filterkoeffizienten für die beiden Signalpfade berechnet und den Variablen ar0, ar1.....bi2 zugewiesen.

Die Signalverarbeitung ist als Endlosschleife realisiert. Auf die Realisierung des Komparators wurde verzichtet. Die Variable z stellt einen Zähler für Abtastwerte dar, der bei einem Stand von 100 zum Rücksetzen der Filterspeicher führt.

```
PROCEDURE dsv;  Goertzel-Filter mit Rücksetzen}
var u0,u1,u2,u3,u4,u5,u6,u7,u8,u9 :real;
var ar0,ar1,ar2,br1,br2 : real; {Realteilkoeffizienten}
var ai0,ai1,ai2,bi1,bi2 : real;     {Imaginärteilkoeffizienten}
const fx= 0.2; {zu detektierende Nennfrequenz}
var z : integer;        {Rücksetzzähler}

begin
u1:=0; u2:=0; u4:=0; u5:=0; {Rücksetzen aller Speicher}
z:=0;
```

```
{Berechnung Filterkoeffizienten für fx}
ar0:=1;    ar1:=-cos(2*pi*fx);   ar2:=0;
 br1:=2*cos(2*pi*fx); br2:=-1;
ai0:=0;    ai1:=sin(2*pi*fx);    ai2:=0;
bi1:=2*cos(2*pi*fx);  bi2:=-1;

repeat
{ab hier die Verarbeitungsprozedur}
u0:=AD_WANDLER                          {Abtastung}
z:=z+1;
if z=100 then {Rücksetzen nach 100 Abtastwerten}
 begin
 z:=0;
 u1:=0; u2:=0; u4:=0; u5:=0;
 end;

u3 := ar0*u0 + u2;            {Realteilfilterung}
u2 := ar1*u0 + br1*u3 +u1;
u1 := ar2*u0 + br2*u3;

u6 := ai0*u0 + u5;    {Imaginärteilfilterung}
u5 := ai1*u0 + bi1*u6 +u4;
u4 := ai2*u0 + bi2*u6;
u7 :=u3*u3; u8:=u6*u6;        {Quadrieren}
u9:= (u7+u8)/5000; {Addieren und Skalieren}

DA_WANDLER(u9);                         {Ausgabe}
until....;
end;
```

Die Programmsimulation zeigt die Detektionsfähigkeit des Goertzel-Filters für harmonische Signale. Wenn die Nennfrequenz f'_X am Eingang des Filters anliegt, so steigt seine Ausgangsfolge sehr schnell an und erreicht vor dem Rücksetzen die gedachte Entscheidungsschwelle (Bild 2.57). Weicht die Eingangsfrequenz nur um 5% von der Nennfrequenz ab, so liegt das Ausgangssignal erheblich unterhalb der Schwelle (Bild 2.58). Man sieht, dass sich das Filter damit auch sehr gut zur Detektion harmonischer Signale innerhalb eines verrauschten Signals einsetzen läßt.

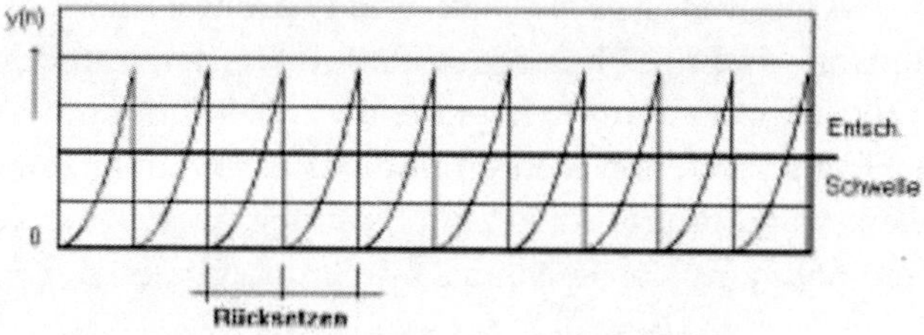

Bild 3.57 Goertzel-Filter, Ausgangsfolge für f' = f'x

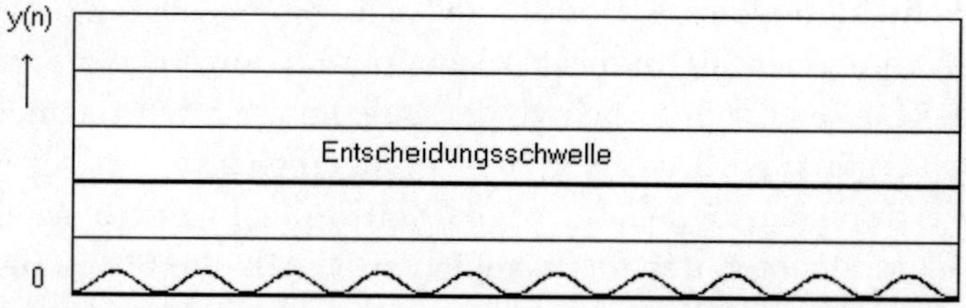

Bild 3.58 Goertzel-Filter, Ausgangsfolge für f' = f'x +/- 0,05 . f'x

2. 4. Algorithmische Teilsysteme

In den Systemen der Nachrichtenübertragungstechnik, die durch digitale Signalverarbeitung gelöst werden, sind die Quadratursignalverarbeitung, die Digitalisierung eines Bandpaßsignals und die digitale Phasenregelschleife häufig vorkommende Signalverarbeitungen, die aus Bausteinen bestehen und somit als Teilsysteme zusammengefaßt werden.

2. 4. 1. Quadratursignalverarbeitung

In der Nachrichtenübertragungstechnik ist die Modulation eines Sinusträgers von großer Bedeutung. Eine Sinusspannung

$$x(t) = a \cos(2\pi f_0 t + \psi) \qquad (2.220)$$

ist festgelegt durch die 3 Bestimmungsstücke Amplitude a, Frequenz f_0 und Nullphasenwinkel ψ. Werden diese Größen zeitabhängig gemacht, so spricht man von einer Modulation der Sinusspannung, die dann auch als Trägerschwingung bezeichnet wird. Entsprechend den 3 Bestimmungsstücken lassen sich Amplituden-, Frequenz- und Phasenmodulation unterscheiden. Die Frequenz- und die Phasenmodulation werden unter dem Oberbegriff Winkelmodulation zusammengefaßt; denn bei Eintonmodulation können beide nicht unterschieden werden und bei der Frequenzmodulation ist der Nullphasenwinkel proportional zum Zeitintegral der Modulationsspannung. Zur Vereinfachung des Rechnens mit Sinussignalen der Form

$$x(t) = a(t)\ \cos[\,2\pi f_0 t + \psi(t)] \quad , \tag{2.221}$$

die amplituden- und winkelmoduliert sind, ist es zweckmäßig, die aus der Theorie der Wechselstromschaltungen bekannte komplexe Darstellung harmonischer Schwingungen auf modulierte harmonische Schwingungen auszudehnen. Während eine harmonische Schwingung durch Hinzufügen einer um 90° in der Phase gedrehten Schwingung als Imaginärteil zu einem komplexen Signal ergänzt wird, muss in der Verallgemeinerung dieses Prinzips ein Signal x(t) durch ein Signal als Imaginärteil ergänzt werden, bei dem alle spektralen Komponenten des ursprünglichen Signals um 90° in der Phase verschoben sind. Dieser Übergang zu einem komplexen Signal spielt in der digitalen Signalverarbeitung eine wichtige Rolle. Es eröffnen sich im Bereich der Modulation und Demodulation Signalverarbeitungen, die sich gerade in digitaler Technik effektiv realisieren lassen und für die es in der analogen Schaltungstechnik kein Äquivalent gibt. Real- und Imaginäteil der komplexen Signale werden auch Quadratursignale genannt. Ihre Verwendung wird mit Quadratursignalverarbeitung bezeichnet.[29]

2. 4. 1. 1. Hilbert-Transformation

Den Schlüssel zur Quadratursignalverarbeitung bildet der Hilbert-Transformator[30], der zu einem Signal ein Quadratursignal bildet, dessen spektrale Komponenten um 90° gegenüber denjenigen des Ursprungssignals gedreht sind. Die entsprechenden theoretischen Grundlagen wurden bereits in Abschn. 2.3.1.8 behandelt. Da der Hilbert-Transformator ein nichtkausales Sys-

---

29 Vgl. Kühne, Friedrich: *Modulationssysteme mit Sinusträger*, Teil I: Allgemeine Theorie, Teil II Spezielle Modulationssysteme, A.E.Ü., Bd. 24, Heft 3, 1970, S. 139-150.

30 Vgl. Bendat, S. Julius: *The Hilbert Transform and Application to Correlation Measurements*, Brüel & Kjaer GmbH Burrus, 1985.

tem ist, muss ein Ansatz gefunden werden, der zu einem kausalen realisierbaren System führt. Für die Quadratursignalverarbeitung ist wichtig, dass aus einem reellen Signal x(n), wie in Bild 2.59 gezeigt, zwei zu einander hilberttransformierte Signale y(n) und H{y(n)} abgeleitet werden.

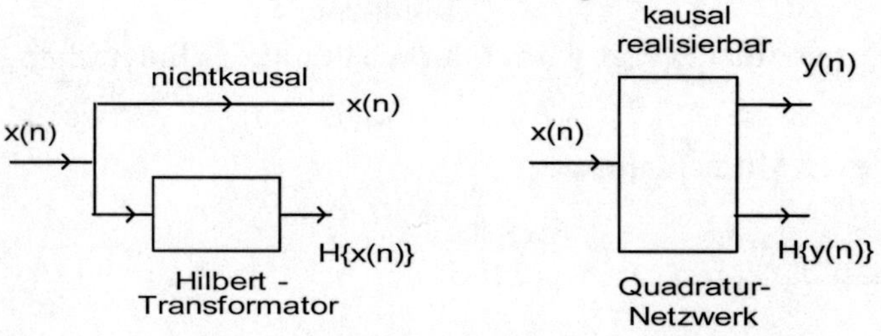

Bild 2.59. Zur Realisierbarkeit der Hilbert-Transformation

Im Idealfall gilt dabei y(n) = x(n - N). Damit wird also die Hilbert-Transformierte des um N Schritte verzögerten Eingangssignals gebildet. Grundsätzlich lassen sich Quadraturnetzwerke sowohl durch transversale als auch durch rekursive digitale Netzwerke näherungsweise realisieren. Der Idealfall, dass das um N Schritte verzögerte Eingangssignal und dessen Hilbert-Transformierte gebildet werden, lässt sich mit einem Transversalfilter hinsichtlich des Phasenganges exakt und hinsichtlich des Amplitudenganges näherungsweise realisieren. Entwurf, Dimensionierung und algorithmische Beschreibung eines solchen Transversalfilters finden sich in Abschn. 2.3.1.8. In einer Vielzahl von Anwendungsfällen interessiert der absolute Phasengang nur in zweiter Linie, während eine möglichst gut approximierte Phasendrehung von 90° zwischen 2 Signalen von entscheidender Bedeutung ist. Dann kann das Quadraturnetzwerk durch rekursive digitale Allpaß-Ketten mit relativ geringem Aufwand realisiert werden. In diesem Fall erhält man eine hinsichtlich des Amplitudenganges exakte Lösung. Die 90°-Phasendrehung kann dagegen nur in einem Frequenzband inneralb einer vorgegebenen Genauigkeit approximiert werden.

2. 4. 1. 2. Analytisches Signal

Zur Berechnung von Spannungen und Strömen in Netzwerken bei Sinuserregung wird die komplexe Methode eingesetzt. Dabei wird eine reelle Schwingung

$$u(t) = \hat{u} \cos(2\pi ft + \varphi) \quad (2.222)$$

zu einer komplexen Schwingung ergänzt, indem eine um 90° phasenverschobene Schwingung

$$\hat{u} \sin(2\pi ft + \varphi) \quad (2.223)$$

als Imaginärteil hinzugefügt wird. Man erhält mit der Eulerschen Formel

$$e^{j\alpha} = \cos\alpha + j\sin\alpha \quad (2.224)$$

den komplexen Momentanwert

$$\underline{u}(t) = \hat{u}\, e^{j\varphi}\, e^{j2\pi ft} \quad . \quad (2.225)$$

Darin enthält die komplexe Amplitude

$$\underline{U} = \hat{u}\, e^{j\varphi} \quad (2.226)$$

die beiden Bestimmungsstücke einer Schwingung, nämlich Scheitelwert $\hat{u}$ und Nullphasenwinkel φ.

Zu dem analytischen Signal gelangt man durch Verallgemeinerung der komplexen Methode: Ein reelles Signal u(t) wird durch Hinzufügen der Hilbert-Transformierten dieses Signals als Imaginärteil zu einem komplexen Signal, das analytisches Signal genannt wird, ergänzt.[31] Die spektralen Komponenten der Hilbert-Transformierten H{u(t)} eines Signals u(t) sind sämtlich um 90° gegenüber dem Ausgangssignal verschoben.

Ein analytisches Signal kann entweder in Komponentenform

$$\underline{u}(t) = u(t) + j\, H\{\, u(t)\, \} \quad (2.227)$$

oder in Exponentialform

$$\underline{u}(t) = U(t)\, e^{j\psi(t)} \quad (2.228)$$

dargestellt werden. Der Betrag

$$U(t) = |\,\underline{u}(t)\,| = \sqrt{u^2(t) + H^2\{\, u(t)\, \}} \quad (2.229)$$

wird Hüllkurve und

$$\psi(t) = \arctan\left(\frac{H\{\, u(t)\, \}}{u(t)} \right) \quad (2.230)$$

Momentanphase des Signals u(t) genannt.

---

31 Schüßler, Hans W.: *Netzwerke, Signale und Systeme,* Bd.II: Theorie kontinuierlicher und diskreter Signale und Systeme, Springer 1984 und Spataru, Alexandru: *Theorie der Informationsübertragung, Signale und Störungen,* Vieweg 1973.

Wird die Momentanphase nach der Zeit differenziert, so erhält man die Momentanfrequenz

$$f(t) = \frac{1}{2\pi} \frac{d\,\psi(t)}{dt} \quad . \tag{2.231}$$

Wird der Betrag quadriert

$$U^2(t) = u^2(t) + H^2\{ u(t) \} \tag{2.232}$$

und nach der Zeit differenziert, so ergibt sich

$$U(t) \frac{d\,U(t)}{dt} = u(t) \frac{d\,u(t)}{dt} + H\{ u(t) \} \frac{d\,H\{ u(t) \}}{dt} \tag{2.233}$$

Für U(t)=u(t) bzw. H{u(t)}=0 ergibt sich $\frac{d\,U(t)}{dt} = \frac{d\,u(t)}{dt}$, d.h. beide Funktionen besitzen in diesen Punkten dieselbe Tangente. Daher kann U(t) die Hüllkurve des Signals u(t) genannt werden.

Die Bildung des analytischen Signals kann symbolisch durch ein Teilsystemdiagramm beschrieben werden. Der in Bild 2.60 gezeigte Signalverarbeitungsblock mit einem

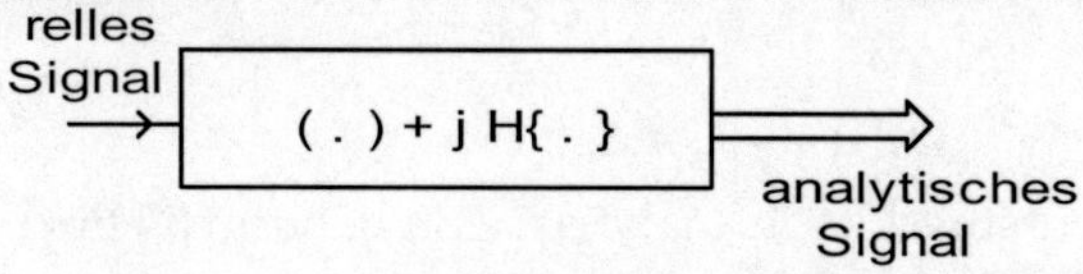

Bild 2.60. Bildung des analytischen Signals

reellen Eingangs- und einem komplexen Ausgangssignal hat einen komplexen Frequenzgang $\underline{F}(f)$, der aus der Zerlegung des obigen Blockes in zwei Einzelblöcke, wie in Bild 2.61 gezeigt, abgelesen werden kann.

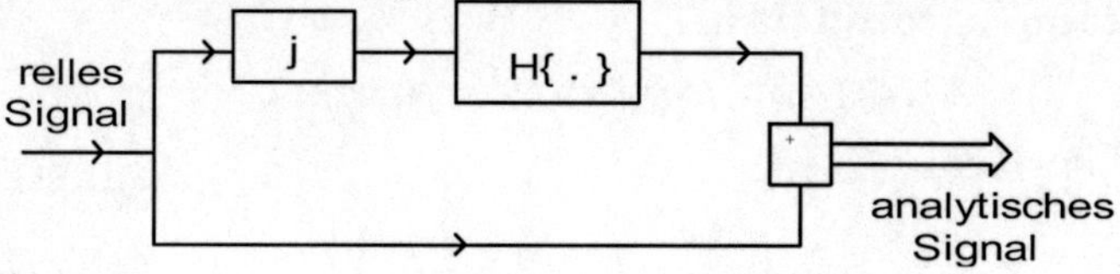

Bild 2.61. Zerlegung in Einzelblöcke

Man erhält $\underline{F}(f) = 1 + \text{sgn}(f)$; denn nach Abschn. 2.3.1.8 ist der komplexe Frequenzgang des Hilbert-Transformator - j sgn(f). Das Betragsspektrum eines reellen Eingangssignals ist eine gerade Funktion und sein Phasenspektrum eine ungerade Funktion der Frequenz. Dieses zweiseitige Spektrum wird also durch die Bildung des analytischen Signals in ein einseitiges Spektrum verwandelt. Allgemein gilt: Ein komplexes Zeitsignal, dessen Imaginärteil die Hilbert-Transformierte seines Realteils ist, besitzt stets ein Spektrum, das für negative Frequenzen verschwindet.

Führt man die Signalverarbeitung nicht mit dem reellen, sondern mit dem daraus gebildeten analytischen Signal durch, wie dies Bild 2.62 zeigt, so ergeben sich besonders im Bereich der Moduationslehre völlig neue Möglichkeiten. Nach der Signalverarbeitung erfolgt dann durch Realteilbildung der Übergang auf ein reelles Signal.

Bild 2.62. Kompexe Signalverarbeitung

3.4.1.3 Komplexe Hüllkurve

Das obige Konzept des analytischen Signals lässt sich vorteilhaft auf die Modulationslehre anwenden. Betrachtet man ein gleichzeitig amplituden- und winkelmoduliertes Signal

$$x(t) = a(t) \cos[2\pi f_o t + \psi(t)] \quad , \tag{2.234}$$

so entsteht das entsprechende analytische Signal durch Hinzufügen der Hilbert-Transformierten

$$x(t) = a(t) \sin[2\pi f_o t + \psi(t)] \tag{2.235}$$

als Imaginärteil. Mit der Euler'schen Formel wird daraus

$$\underline{x}(t) = a(t) \exp(j\,(2\pi f_o t + \psi(t)) \quad . \tag{2.236}$$

Durch Umformung erhält man

$$\underline{x}(t) = a(t) \exp(j\,\psi(t))\ \exp(j 2\pi f_o t) \quad . \tag{2.237}$$

Darin wird der Term

$$a(t) \exp(j\,\psi(t)) \tag{2.238}$$

als komplexe Hüllkurve bezeichnet. Diese ist eine gleichzeitig amplituden- und winkelmodulierte Schwingung als analytisches Signal mit der Mittenfrequenz null. Durch Abwärtsmischung wird dieses Signal vor einer weiteren Signalverarbeitung, wie z.B. vor einer Demodulation, angestrebt.

3.4.1.4 Quadraturmischung

Mischung ist ein wichtiger Vorgang in der Nachrichtenübertragungstechnik. Erreicht werden soll dabei die Verschiebung eines Signalspektrums auf der Frequenzachse. Die übliche Realisierung dieses Vorgangs benutzt, wie in Bild 2.63 dargestellt, einen Multiplikator mit einem Bandfilter.

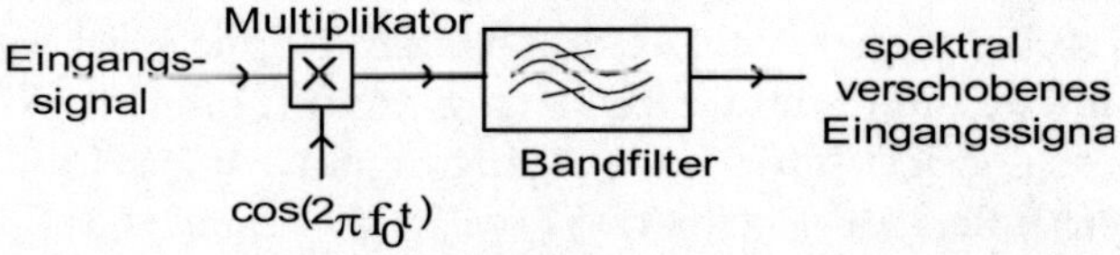

Bild 2.63. Realisierung der Mischung mit reellem Signal

Ein bekannter Nachteil dieses Verfahrens ist seine Doppeldeutigkeit. Es gibt immer zwei Signalbänder, die in den Durchlaßbereich des Bandfilters verschoben werden. Man nennt diese beiden Bänder ein Spiegelfrequenzpaar. Eines der beiden Spiegelfrequenzsignale muss vor der Mischung durch ein Bandfilter unterdrückt werden.

Zur Quadraturmischung gelangt man über den Verschiebungssatz der Fourier-Transformation. Es gilt die Korrespondenz

$$\underline{x}(t)\, \exp(j2\pi f_o t) \bullet\!\!-\!\!\circ\; \underline{X}(f - f_o) \qquad , \qquad (2.239)$$

d.h., die Multiplikation mit der komplexen Schwingung $\exp(j2pf_o t)$ bewirkt eine Verschiebung des Signalspektrums um den Betrag f_o nach rechts. Einer Mischung unterzogen werden ausschließlich Bandpaßsignale und diese entstehen in der Regel durch die Modulation eines Sinusträgers. Bei der Quadraturmischung gemäß Bild 2.64 wird zunächst das analytische Signal gebildet und dann die Multiplikation mit der komplexen Schwingung durchgeführt.

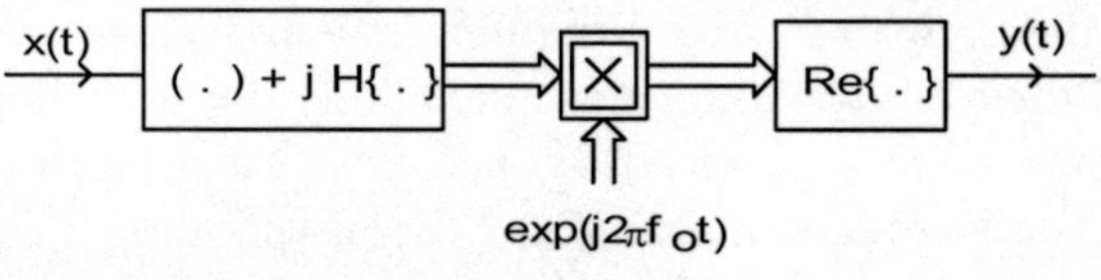

Bild 2.64. Prinzip der Quadraturmischung

Die anschließende Realteilbildung liefert dann das spektral verschobene Signal y(t).

Bemerkenswert an dieser Art der Mischung ist, dass es keine Doppeldeutigkeit gibt. Nach der Bildung des analytischen Signals liegt ein einseitiges Spektrum vor, das dann um einen bestimmten Betrag verschoben wird. Durch Realteilbildung wird daraus wieder ein reelles Signal mit einem zweiseitigen Spektrum. Bei der Realisierung des einfachen Schemas nach Bild 2.64 ist allerdings zu beachten, dass ein komplexes Signal ein geordnetes Paar zweier reeller Signale ist. Die durch einen Doppelstrich gekennzeichneten Signalpfade sind somit zweikanalig auszuführen. Ist x(t) das Eingangssignal, so ergibt sich für das Ausgangssignal

$$y(t) = \mathrm{Re}\{ (x(t) + j\, H\{ x(t) \}) (\cos(2\pi f_0 t) + j \sin(2\pi f_0 t) \}$$

$$= x(t) \cos(2\pi f_0 t) - H\{ x(t) \} \sin(2\pi f_0) \quad . \qquad (2.240)$$

Bild 2.65 zeigt das entsprechende Blockschaltbild mit ausschließlich reellen Signalpfaden.

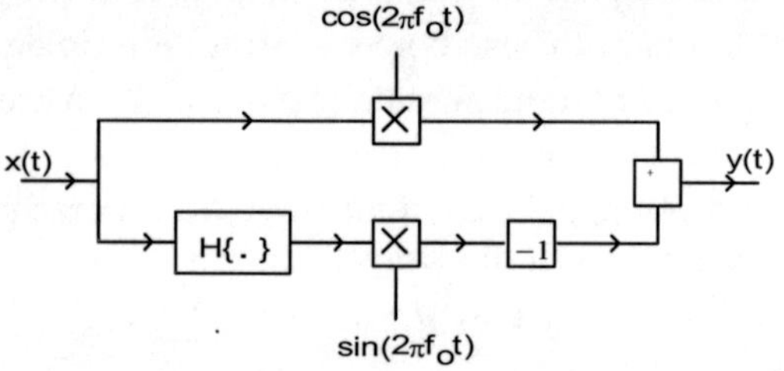

Bild 2.65 Quadraturmischer

Grundsätzlich werden bei der Mischung unterschieden: die Aufwärtsmischung und die Abwärtsmischung.

Von besonderer Bedeutung in der digitalen Signalverarbeitung sind die Sonderfälle der Abwärtsmischung in die Nullage und der Aufwärtsmischung von der Nullage in eine trägerfrequente Lage. Der Fall der Abwärtsmischung ist naturgemäß deshalb sehr häufig, weil bei digitaler Signalverarbeitung eine möglichst niedrige Frequenzlage angestrebt wird. Bei einem Signal in der Nullage sind wiederum zwei Fälle zu unterscheiden: das relle Tiefpaßsignal und die komplexe Hüllkurve eines Basisbandsignals.

Das reelle Tiefpaßsignal ist in der Regel die physikalische Darstellung der zu übertragenden Nachricht. Bei der komplexen Hüllkurve handelt es sich hingegen um ein Quadratursignal, welches das analytische Signal eines modulierten Sinusträgers mit der Frequenz null darstellt.

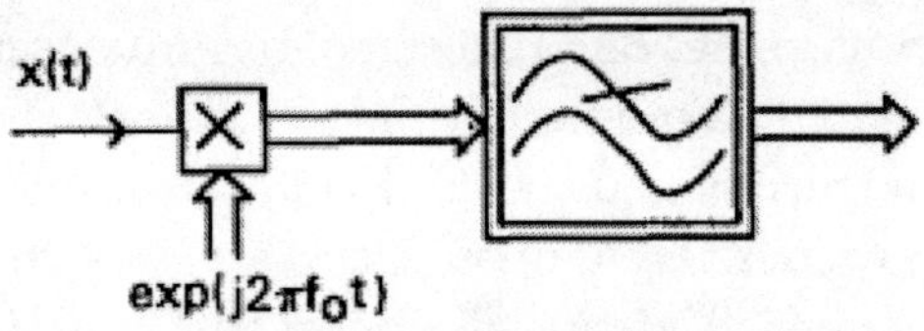

Bild 2.66. Abwärts-Quadraturmischung ohne Hilbert-Transformator

Der erforderliche Hilbert-Transformator bei der Bildung des analytischen Signals stellt einen nicht unerheblichen Aufwand dar. In dem sehr häufigen Fall der Abwärtsmischung in die Nullage kann er jedoch vermieden werden (Bild 2.66). Das reelle Bandpaßsignal gelangt in dieser Variante direkt zur Multiplikation mit der komplexen Schwingung $\exp(j2pf_0t)$ und durchläuft danach einen Tiefpaß, der spektrale Anteile doppelter Frequenz unterdrückt. Am Ausgang des Tiefpasses ergibt sich dann das gleiche Signal wie nach der Multiplikation in dem Schema nach Bild 2.64.

Die Entstehung eines analytischen Signals ergibt sich auch aus einer Korrespondenz der Hilbert-Transformation. Es gilt

$$H\{\, x(t)\cos(2\pi f_0 t)\,\} = x(t)\sin(2\pi f_0 t) \quad \text{für } \underline{X}(|f| \geq f_0) = 0 \quad (2.241)$$

d.h., wird ein reelles Signal mit 2 um 90° gegeneinander phasenverschobenen Sinusschwingungen multipliziert, so sind die Produkte zueinander hilberttransformiert, wenn das Spektrum des reellen Signals oberhalb der Frequenz der Sinusschwingungen verschwindet. So lässt sich schließlich das komplexe Diagramm des Abwärtsmischers von Bild 2.66 nach Bild 2.67 umsetzen, welches nur noch relle Signalpfade besitzt.

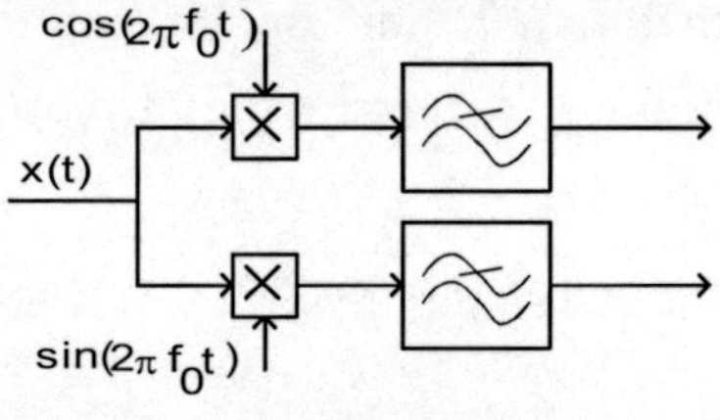

Bild 2.67. Abwärts-Quadraturmischung ohne Hilbert-Transformator mit reellen Signalpfaden

2. 4. 2. Digitalisierung eines Bandpaßsignals

Die digitale Verarbeitung eines Bandpaßsignals erfordert seine Überführung in eine Zahlenfolge durch Abtasten ohne Informationsverlust. Dies ist dann gegeben, wenn es möglich ist, aus der Zahlenfolge das ursprüngliche analoge Bandpaßsignal wiederzugewinnen. Das im Abschnitt Grundlagen behandelte Abtasttheorem für Tiefpaßsignale sagt aus, dass die spektrale Komponente eines Signals mit der höchsten Frequenz mindestens zweimal im Verlaufe ihrer Periodendauer abgetastet werden muß. Ist die obere Signalbandgrenze f_{go}, so gilt für die Abtastfrequenz $f_A>2_{go}$. Es zeigt sich jedoch, dass für Bandpaßsignale eine wesentlich geringere Abtastfrequenz, also eine Unterabtastung möglich ist. Im Interesse einer günstigen technischen Realisierung sind folgende Gesichtspunkte wichtig: 1. Die Abtastfrequenz sollte so niedrig wie möglich sein, da die Anforderungen an die Verarbeitungsgeschwindigkeit bei komplexen Signalverarbeitungen sehr hoch ist. 2. Im Abschnitt Grundlagen wurde dargestellt, wie ein Abtaster modellartig durch einen Multiplikator mit nachgeschaltetem Formfilter beschrieben werden kann. Dieser Multiplikator legt es nahe, den Abtaster gleichzeitig für eine Abwärtsmischung zu verwenden. 3. Ist eine Abwärtsmischung in die Nulllage möglich, so ist nur noch eine Verarbeitung von Niederfrequenzsignalen erforderlich. In den folgenden Abschnitten sollen die verschiedenen Aspekte der Digitalisierung von Bandpaßsignalen dargestellt werden.[32]

2. 4. 2. 1. Unterabtastung eines Bandpaßsignals

Die Bandpaßsignale der Nachrichtentechnik sind in vielen Fällen durch Modulation eines Sinusträgers entstanden. So entsteht aus einem bandbegrenzten Niederfrequenzsignal $u_{NF}(t)$ mit der Signalgrenzfrequenz f_S durch Amplitudenmodulation einer Trägerschwingung $\cos(2\pi f_T\, t)$ mit der Trägerfrequenz f_T das Bandpaßsignal

$$u_{BP}(t) = u_{NF}(t) \cos(2\pi f_T t) \qquad (2.242)$$

---

[32] Kammeyer, Karl-Drik u.a.: *Digitale Signalverarbeitung, -Filterung und Spektralanalyse,* Teubner 1988 und Schüßler, Hans W.: *Netzwerke, Signale und Systeme,* Bd. II: *Theorie kontinuierlicher und diskreter Signale und Systeme,* Springer 1984.

mit der Bandbreite $b = 2\,f_S$. Hat das Niederfrequenzsignal das Spektrum $\underline{U}_{NF}(f)$, so erhält man für das Spektrum des Bandpaßsignals

$$\underline{U}_{BP}(f) = \frac{1}{2}\,\underline{U}_{NF}(f-f_T) + \frac{1}{2}\,\underline{U}_{NF}(f+f_T) \qquad (2.243)$$

mit der Mittenfrequenz f_T. Wird dieses Signal auf den Eingang eines idealen Abtasters, wie er modellartig in Bild 2.68 dargestellt ist, gegeben,

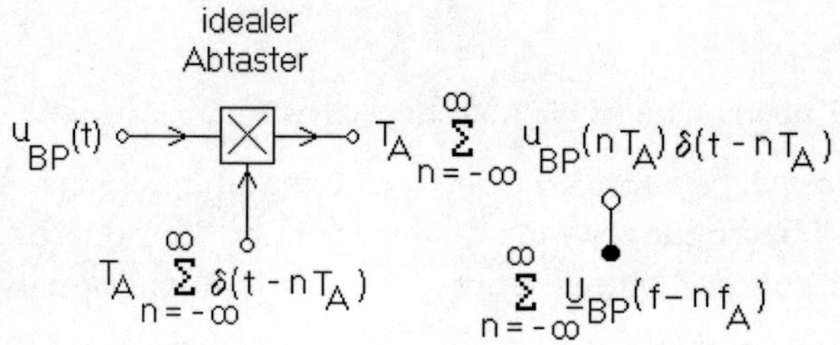

Bild 2.68. ideale Abtastung

so entsteht am Ausgang ein ideales Abtastsignal $u_{BPa}(t)$. Dieses ist die physikalische Darstellung der Zahlenfolge $u_{BP}(n) = u_{NF}(n)\cos(2p\,f_T'\,n)$ mit der bezogenen Frequenz f_T'. Das Abtastsignal hat ein Spektrum

$$\underline{U}_{BPa}(f) = \sum_{n=-\infty}^{\infty} \left\{ \frac{1}{2}\,\underline{U}_{NF}(f-nf_A-f_T) + \frac{1}{2}\,\underline{U}_{NF}(f-nf_A+f_T) \right\}. \qquad (2.244)$$

Die Abtastung erfolgt ohne Informationsverlust, wenn durch die periodische Wiederholung des Bandpaßspektrums, wie in Bild 2.69 dargestellt, keine spektrale Überlappung eintritt. Dann kann mit Hilfe eines Bandpasses das Spektrum des ursprünglichen, analogen Bandpaßsignals herausgesiebt werden.

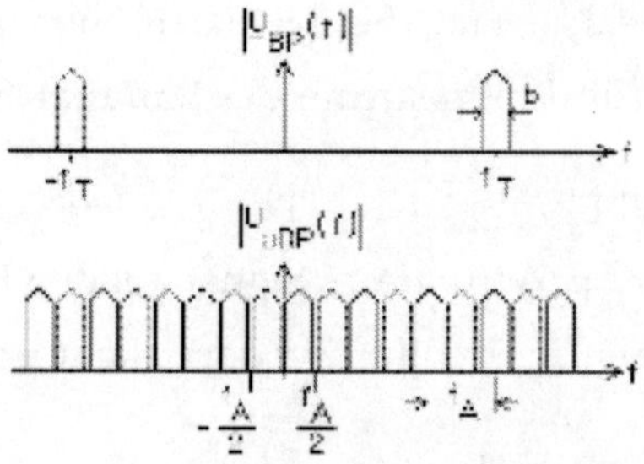

Bild 2.69. überlappungsfreie Abtastung eines Bandpaßsignals

Zur Vermeidung der spektralen Überlappungen sind, wie sich Bild 2.69 entnehmen läßt, 2 Bedingungen einzuhalten. Bei der Formulierung dieser Bedingungen ist von der Mittenfrequenz f_T des Bandpaßsignals und seiner Bandbreite b auszugehen.

1. Die untere Bandgrenze f_T - b/2 muss ein ganzzahliges Vielfaches der Bandbreite b sein. Es muss also gelten:

$$f_T - \frac{b}{2} = \lambda\, b \qquad \lambda \text{ natürliche Zahl} \quad . \tag{2.245}$$

Durch Umformung wird daraus

$$f_T = b\,\frac{2\,\lambda + 1}{2} \quad . \tag{2.246}$$

2. Die Abtastfrequenz muss doppelt so groß wie die Bandbreite sein. Es muss gelten:

$$f_A = 2\,b\,. \tag{2.247}$$

Bei gegebenen Werten von Mittenfrequenz f_T und Bandbreite b ist die Bedingung (2.245) in der Regel nicht erfüllt. Dann muss eine größere Bandbreite b' = q b mit q > 1 angesetzt und in den Gl. (2.245), (2.246) und (2.247) b durch q b ersetzt werden. Bild 2.69 lässt erkennen, dass sich im Bereich $- f_A/2 < f < + f_A/2$ das Bandpaß-Spektrum in Regellage mit einer Mittenfrequenz $f_m = f_A/4$ befindet. Dieser Fall ergibt sich, wenn der Wert λ in Gl. (2.245) gerade ist. Für einen ungeraden Wert von λ befindet sich das Spektrum in Kehrlage. Schickt man also bei geradzahligem λ das Abtastsignal durch einen Interpolationstiefpaß mit der Grenzfrequenz $f_A/2$, so entsteht an dessen Ausgang eine amplitudenmodulierte Schwingung, deren Trägerfrequenz den Wert $f_A/4$ hat.

Es können also folgende Ergebnisse festgehalten werden: 1. Die Abtastung eines Bandpaßsignals der Bandbreite b' erfordert eine doppelt so große Abtastfrequenz $f_A = 2\ b'$. Es ist nicht erforderlich, die spektrale Komponente des Signals mit der höchsten Frequenz mindestens 2 mal pro Periode abzutasten. 2. Die bei der Digitalisierung entstehende Zahlenfolge ist die gleiche, als wäre das Signal vor der Abtastung auf eine Mittenfrequenz gleich der halben Bandbreite b' des Bandpaßsignals heruntergemischt worden.

Damit ist bei einem Bandpaßsignal eine erhebliche Unterabtastung zulässig. Eine Herabmischung in die Nullage, die bei einer Amplitudenmodulation einer Demodulation entspricht, ist nicht möglich. Die Trägerfrequenz eines Bandpaßsignals der Nachrichtentechnik enthält keine Information. Bei der durch den Abtastvorgang hervorgerufenen periodischen Wiederholung des Originalspektrums gibt es ein Spektrum in einer niedrigst möglichen Frequenzlage. Daher ist die Abtastfrequenz f_A nur so hoch zu wählen, dass die spektrale Komponente mit der höchsten Frequenz dieses Spektrums mindestens zweimal pro Periode abgetastet wird. Setzt man in der Zeitfunktion (0.0) $t=n\ T_A$ so erhält man $u_{BP}(n)=u_{NF}(n)\cos(2\pi f_T' n)$. Liegt Unterabtastung vor, so ist die bezogene Frequenz f_T' in der Regel sehr viel größer als 0,5. Auf Grund der Periodizität der Cosinusfunktion gilt

$$\cos(2\pi f_T' n) = \cos(2\pi f_T'^{*} n) \qquad (3.248)$$

mit

$$f_T'^{*} = f_T' - k\,0.5 \qquad . \qquad (3.249)$$

Hierbei nimmt k den größten, ganzzahligen Wert an, für den $f_T'^{*}$ noch positiv ist. So zeigt sich, dass die bei der Abtastung entstehende Zahlenfolge die gleiche ist, als hätte die abgetastete Funktion die Trägerfrequenz $f_T'^{*} f_A$.

Soll der technisch nicht interessante Fall der Wiederherstellung der Originalfunktion realisiert werden, so sind auf der Empfangsseite die Zahlen durch Dirac-Impulse darzustellen. Dann kann mit einem Bandpaß das Spektrum in der Originalfrequenzlage herausgesiebt werden.

2. 4. 2. 2. Bildung eines analytischen Signals

Bei dem im vorigen Abschnitt gezeigten System muss die Abtastfrequenz sehr exakt eingehalten werden, um eine Überlappung der Spektren zu vermeiden. Bildet man mit Hilfe eines Hilbert-Transformators ein analytisches Signal, so ist dies nicht mehr der Fall. Außerdem hat diese Art der Signalverarbeitung den Vorteil, dass das Spektrum durch die Abtastung in die Nullage verschoben werden kann.

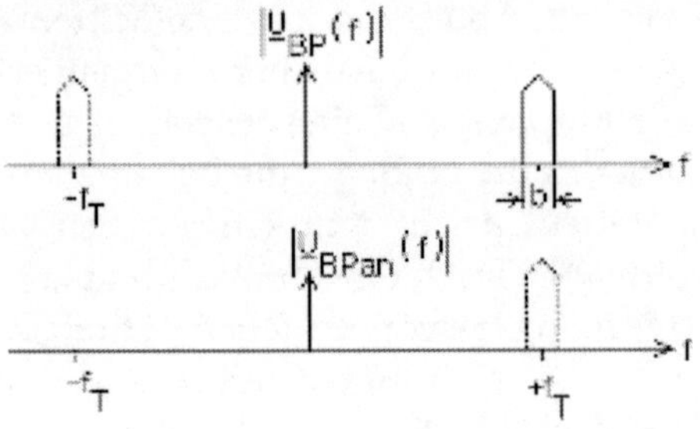

Bild 2.70. einseitiges Spektrum eines analytischen Bandpaß-Signals

Man multipliziert das in Bild 2.70 oben gezeigte Spektrum des Bandpaßsignals

$$\underline{U}_{BP}(f) = \frac{1}{2}\underline{U}_{NF}(f-f_T) + \frac{1}{2}\underline{U}_{NF}(f+f_T) \tag{2.250}$$

mit dem komplexen Frequenzgang

$$\underline{F}(f) = -\,j\,\mathrm{sgn}(f) \tag{2.251}$$

eines Hilbert-Transformators.

Die Hilbert-Transformierte des Bandpaßsignals hat ein Spektrum

$$\underline{U}_{BPH}(f) = -\,j\frac{1}{2}\underline{U}_{NF}(f-f_T) + j\frac{1}{2}\underline{U}_{NF}(f+f_T) \tag{2.252}$$

und das analytische Bandpaßsignal

$$\underline{u}_{BPan}(t) = u_{BP}(t) + j\,H\{u_{BP}(t)\} \tag{2.253}$$

hat dann ein einseitiges Spektrum

$$\underline{U}_{BPan}(f) = \underline{U}_{NF}(f - f_T) \quad , \tag{2.254}$$

wie es im unteren Teil von Bild 2.70 zu sehen ist.

Wird jetzt das analytische Signal abgetastet, so ist zur Vermeidung von Überlappungen nur die Bedigung $f_A > b$ einzuhalten. Eine komplexe Zahl ist ein geordnetes Paar zweier, Real- und Imaginärteil genannter, reeller

Zahlen. Für die Signalverarbeitung des analytischen Signal bedeutet dies, wie in Bild 2.71 gezeigt, dass zwei Signalpfade zu realisieren sind.

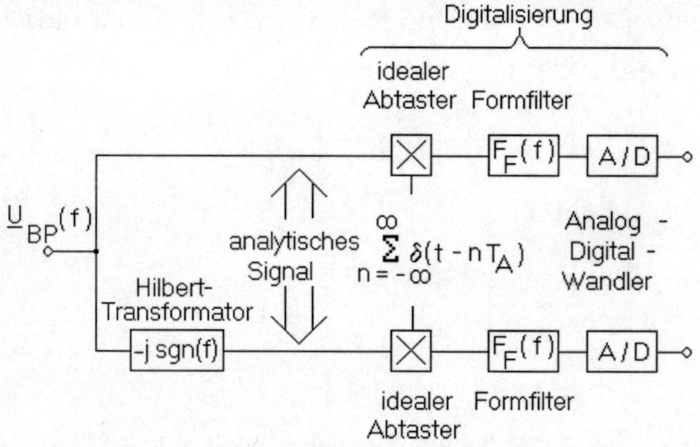

Bild 2.71 Bildung und Abtastung des analytischen Signals

Die ideale Abtastung des analytischen Signals ergibt das Spektrum

$$\underline{U}_{BPana}(f) = \sum_{n=-\infty}^{\infty} \underline{U}_{NF}(f - f_T - nf_A) \quad . \tag{2.255}$$

Ist die Mittenfrequenz f_T des Bandpaßsignals ein ganzzahliges Vielfaches der Abtastfrequenz f_A, so entsteht das gleiche Spektrum wie bei der Abtastung des niederfrequenten Signals $u_{NF}(t)$. Setzt man nämlich in (2.255) $f_T = k^* f_A$ mit k^* als natürlicher Zahl, so ergibt sich mit der Substitution $m = n + k^*$

$$\underline{U}_{BPana}(f) = \sum_{m=-\infty}^{\infty} \underline{U}_{NF}(f - m\, f_A) \quad . \tag{2.256}$$

Damit ist eine Mischung in die Nullage erreicht worden, die bei der Abtastung eines reellen Bandpaßsignals nicht möglich ist.

2. 4. 2. 3. Analytisches Signal durch Quadraturabwärtsmischung

Der vorige Abschnitt zeigte die Vorteile bei der Abtastung eines analytischen Signals. Nachteilig war die Notwendigkeit einer Hilbert-Transformation vor der Abtastung. Bei der Verarbeitung von Bandpaßsignalen ist es vorteilhaft, ihre Spektren durch Quadraturmischung in die Nullage zu verschieben. In Abschn. 2.4.1 wurde gezeigt, dass dazu das relle Bandpaßsignal der Mittenfrequenz f_T mit $\sin(2\pi f_0 t)$ und $cos(2\pi f_0 t)$ zu multiplizieren und danach einer Tiefpaßfilterung zu unterziehen ist.

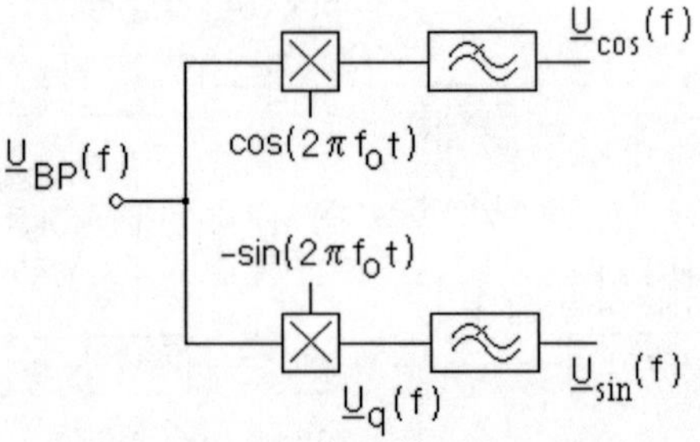

Bild 2.72. Bildung eines analytischen Signals durch Quadraturabwärtsmischung

Dabei entsteht ein analytisches Signal, ohne dass ein Hilbert-Transformator eingesetzt wurde. Bild 2.72 zeigt das Systemdiagramm für die Quadraturmischung. An den Ausgängen dieses Mischers liegen dann Tiefpaßsignale mit einer Signalgrenzfrequenz, die gleich der halben Bandbreite des Bandpaßsignals ist. Werden diese Tiefpaßsignale abgetastet, so ist die erforderliche Abtastfrequenz gleich der Bandbreite. Für die Digitalisierung eines Bandpaßsignals bei gleichzeitiger Mischung in die Nullage wählt man f_0=f_T und erhält dann das komplette Systemdiagramm nach Bild 2.73.

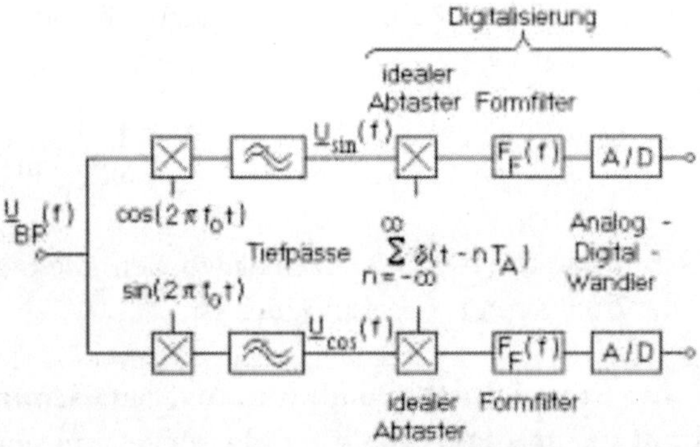

Bild 2.73. Digitalisierung eines Bandpaßsignals mit vorheriger Verschiebung des Signalspektrums in die Nullage

Damit sind die beiden Forderungen Mischung in die Nullage sowie Abtastung mit der weichen Bedingung $f_A > b$ ohne Hilbert-Transformator verwirklicht worden. Es sind allerdings zwei Multiplikatoren und zwei Tiefpässe aufzuwenden.

Die Spektren an den Ausgängen der Tiefpässe erhält man durch Faltung des Bandpaßsignal-Spektrums

$$\underline{U}_{BP}(f) = \frac{1}{2}\,\underline{U}_{NF}(f-f_T) + \frac{1}{2}\,\underline{U}_{NF}(f+f_T) \tag{2.257}$$

mit den Fourier-Transformierten der Sinus- und der Cosinusschwingung und Fortlassen der hochfrequenten Anteile. Berücksichtigt man ferner der größeren Allgemeinheit wegen einen geringen Versatz Δf zwischen der Trägerfrequenz f_T und der Mischfrequenz f_0, so ergeben sich an den Ausgängen der Tiefpässe folgende Spektren für den cos- und den sin-Kanal:

$$\underline{U}_{cos}(f) = \frac{1}{4}\,\underline{U}_{NF}(f - \Delta f) + \frac{1}{4}\,\underline{U}_{NF}(f + \Delta f) \tag{2.258}$$

$$\underline{U}_{sin}(f) = \frac{1}{4}\exp(-\,j\pi/2)\;\underline{U}_{NF}(f - \Delta f) + \frac{1}{4}\exp(+\,j\pi/2)\;\underline{U}_{NF}(f + \Delta f) \tag{2.259}$$

mit

$$\Delta f = f_0 - f_T \quad . \tag{2.260}$$

Die in die Nullage verschobenen Spektren $\underline{U}_{cos}(f)$ und $\underline{U}_{sin}(f)$ sind exakt zueinander hilbert-transformiert.

2. 4. 2. 4. Zeitversetzte Abtastung

Das Systemdiagramm nach Bild 2.73 enthält Multiplikatoren für die Herabmischung in die Nullage und in der Modell-Darstellung des Abtasters. Daher sollte es möglich sein, die Herabmischung in die Nullage durch die Abtaster selbst zu erreichen, wobei die 90°-Verschiebung der beiden Sinusschwingungen, wie in Bild 2.74 gezeigt, durch einen Zeitversatz bei der Abtastung berücksichtigt wird.[33]

---

[33] Vgl. Kammeyer,Karl-Dirk: *Ein Verfahren zur digitalen Demodulation frequenzmodulieter Signale,* AEÜ 36, 1982, H.7/8, S. 292 und Rosenkranz, Werner: *Digitale Systeme und optimierte Algorithmen zum Empfang frequenzmodulierter Signale,* Habilitationsschrift Universität Erlangen-Nürnberg, 1989.

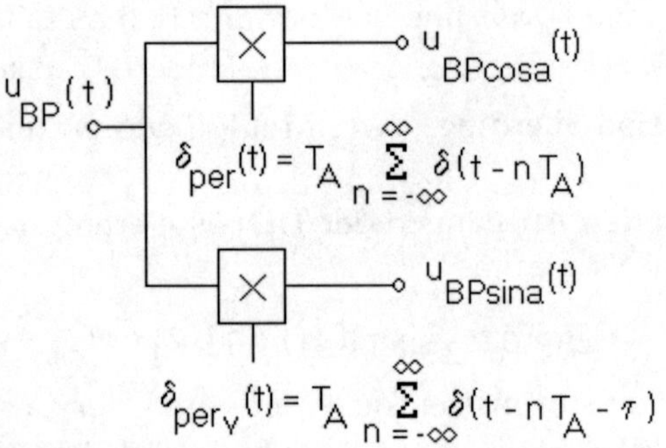

Bild 2.74. zeitversetzte Abtastung

Daß dabei auch eine Multiplikation mit einer Sinusschwingung gegeben ist, lässt die Reihendarstellung des Abtaster-Dirac-Pulses

$$\delta_{per}(t) = T_A \sum_{n=-\infty}^{\infty} \delta(t-nT_A) = 1 + \sum_{k=1}^{\infty} 2\cos(2\pi\, kf_A\, t) \quad (2.261)$$

erkennen, mit dem die Zeitfunktion bei der idealen Abtastung multipliziert wird. Die Fourier-Transformierte des Dirac-Pulses ist

$$\Delta_{per}(f) = \sum_{n=-\infty}^{\infty} \delta(f-nf_A) \quad . \quad (2.262)$$

Das Spektrum eines um τ zeitversetzten Dirac-Pulses

$$\delta_{perv}(t) = T_A \sum_{n=-\infty}^{\infty} \delta(t - nT_A - \tau) \quad (2.263)$$

ergibt sich durch Multiplikation des Spektrums mit exp(-j2pf t). Dieser Faktor ist von n unabhängig und kann daher hinter das Summenzeichen gesetzt werden. So erhält man für das Spektrum des um τ verschobenen Dirac-Pulses

$$\Delta_{perv}(f) = \sum_{n=-\infty}^{\infty} \exp(-j2\pi f\tau)\, \delta(f-nf_A) \quad . \quad (2.264)$$

Da die Diracfunktion nur an den Stellen von null verschieden ist, an denen ihr Argument verschwindet, kann in der e-Funktion $f=nf_A$ gesetzt werden. So erhält man für das Spektrum

$$\Delta_{perv}(f) = \sum_{n=-\infty}^{\infty} \exp(-j\,2\pi\, n\, f_A\, \tau)\, \delta(f-nf_A) \quad . \tag{2.265}$$

Aus dem Bandpaßsignalspektrum $\underline{U}_{BP}(f) = \frac{1}{2}\underline{U}_{NF}(f-f_T) + \frac{1}{2}\underline{U}_{NF}(f+f_T)$ entstehen somit durch Faltung mit den Spektren der Dirac-Pulse die Spektren der Abtastsignale des Cosinus-Kanals

$$\underline{U}_{BPcosa}(f) = \frac{1}{2} \sum_{n=-\infty}^{\infty} \{ \underline{U}_{NF}(f-nf_A - f_T) + \underline{U}_{NF}(f-nf_A + f_T) \} \tag{2.266}$$

und des Sinus-Kanals

$$\underline{U}_{BPsina}(f) = \frac{1}{2} \sum_{n=-\infty}^{\infty} \exp(-j2\pi nf_A\tau) \{ \underline{U}_{NF}(f-nf_A - f_T) + \underline{U}_{NF}(f-nf_A + f_T)\} \quad . \tag{2.267}$$

Um eine Herabmischung in die Nullage zu erreichen, wird die Abtastfrequenz so gewählt, dass die Bandmittenfrequenz f_T ein ganzzahliges Vielfaches der Abtastfrequenz f_A ist. Dabei wird wieder zwecks größerer Allgemeinheit eine Frequenzablage Δf zugelassen. Mit $f_T + \Delta f = k^* f_A$ erhält man für die Spektren des Cosinus-Kanals

1. $$\underline{U}_{BPcosa}(f) = \frac{1}{2} \sum_{n=-\infty}^{\infty} \Big\{ \underline{U}_{NF}(f - [n + k^*]\, f_A - \Delta f) + \underline{U}_{NF}(f - [n-k^*] f_A + \Delta f) \Big\} \tag{2.268}$$

und des Sinus-Kanals

$$\underline{U}_{BPsina}(f) = \frac{1}{2} \sum_{n=-\infty}^{\infty} \exp(-j2\pi nf_A\tau)\ \Big\{ \underline{U}_{NF}(f - [n + k^*]\, f_A - \Delta f)$$

$$+ \underline{U}_{NF}(f - [n - k^*]\, f_A + \Delta f)\Big\}. \qquad (2.269)$$

In den Signalen der beiden Kanäle sind Spektralanteile in Nullage für $n = \pm k^*$ enthalten, die man mit idealen Tiefpässen der Grenzfrequenz $f_A/2$ zurückgewinnen kann. Am Ausgang der Tiefpässe entstehen dann die Signale des Cosinus-Kanals

$$\underline{U}_{cos}(f) = \frac{1}{2}\, \underline{U}_{NF}(f - \Delta f) + \frac{1}{2}\, \underline{U}_{NF}(f + \Delta f) \qquad (2.270)$$

und des Sinus-Kanals

$$\underline{U}_{sin}(f) = \frac{1}{2} \exp(+j2\pi k^* f_A \tau)\, \underline{U}_{NF}(f - \Delta f)$$

$$+ \frac{1}{2} \exp(-\, j2\pi k^* f_A \tau)\, \underline{U}_{NF}(f + \Delta f). \qquad (2.271)$$

Die Gl. (3.270) und (3.271) sind dann zu einander hilbert-transformiert, wenn gilt

$$2\pi k^* f_A \tau = \frac{\pi}{2} + 2\pi\, m \qquad m \text{ ganze Zahl} \quad . \qquad (2.272)$$

Diese Bedingung wird durch eine geeignete Wahl des Zeitversatzes τ erfüllt. Man erhält für den erforderlichen Zeitversatz

$$\tau = \frac{T_A}{4}\, \frac{1 + 4\, m}{k^*} \quad . \qquad (2.273)$$

Die Abtastfrequenz f_A muss größer als die Bandbreite b sein; dabei muss f_A so gewählt werden, dass das Verhältnis der Bandmittenfrequenz f_T zur Abtastfrequenz f_A ganzzahlig gleich k^* ist.

Hinsichtlich der Realisierung der zeitversetzten Abtastung gibt es neben dem Betrieb zweier Abtaster auch die Möglichkeit, wie in Bild 2.75 gezeigt, nur mit einem Abtaster zu arbeiten.

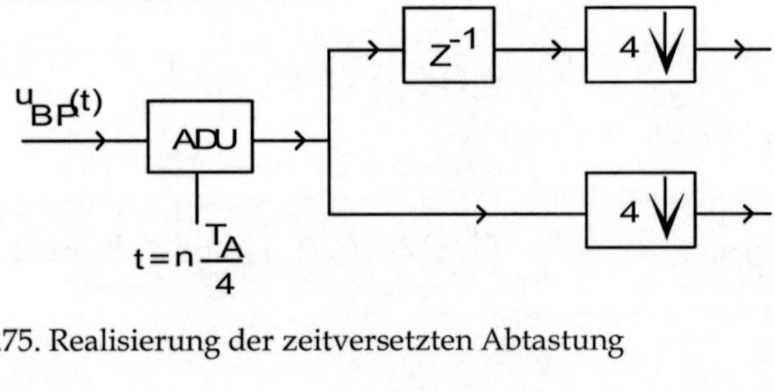

Bild 2.75. Realisierung der zeitversetzten Abtastung

Dieser wird dann mit der vierfachen Abtastfrequenz betrieben; danach erfolgt eine Aufteilung in 2 Zweige, wobei in einem Zweig um einen Schritt verzögert und darauf in beiden um den Faktor 4 dezimiert wird. Dadurch wird ein Zeitversatz von $\tau = T_A/4$ realisiert. In diesem Fall muss die Abtastfrequenz so gwählt werden, dass sich

$$\frac{1 + 4\,m}{k^*} = 1 \qquad (2.274)$$

ergibt.

2. 4. 2. 5. Zusammenfassung

Bei Bandpaßsignalen ist eine erhebliche Unterabtastung möglich, ohne dass ein Informationsverlust eintritt. Voraussetzung dafür ist, dass bei der periodischen Wiederholung des Spektrums des Bandpaßsignals infolge der Abtastung keine Überlappungen auftreten. Dies erfordert eine sehr genau einzuhaltende Abtastfrequenz. Eine weichere Bedingung für die Abtastfrequenz erhält man, wenn ein Bandpaßsignal mit nur einem Band auf der positiven Frequenzachse gebildet wird. Ein solches Signal entsteht, wenn mit Hilfe eines Hilbert-Transformators ein analytisches Signal gebildet wird. Ein zusätzlicher Vorteil dieses Verfahrens ist, dass bei geeigneter Wahl der Abtastfrequenz auch ein Signalband in der Nullage entsteht.

Die Bildung eines analytischen Signals ist aber nicht nur wegen der weichen Bedingung für die Abtastfrequenz von Bedeutung, sondern wegen erheblicher Vorteile bei der Signalverarbeitung.

2. 4. 3. Digitale Phasenregelschleife

Phasenregelschleifen, engl.: Phase Locked Loop (PLL), sind in der analogen und digitalen Nachrichtenübertragungstechnik von besonderer Bedeutung. Wichtige Anwendungsgebiete sind Trägerregeneration, Taktregeneration, FM-Demodulation.

Während es zur FM-Demodulation auch Alternativen gibt, ist die Phasenregelschleife bei der Takt- und Trägerregeneration unverzichtbar. Dabei gilt es zwischen einem Sender- und einem Empfängeroszillator eine phasenstarre Kopplung herzustellen. Im Prinzip gelingt dies auch mit anderen Prinzipien; dafür zu sorgen, dass die wiedergewonnene Schwingung auch bei sehr niedrigem Signal-Geräusch-Abstand einen kleinen Phasenjitter aufweist, ist nur mit der Phasenregelschleife möglich. Dies beruht darauf, dass die Phasenregelschleife eine Tiefpaßcharakteristik für Phasenschwankungen aufweist.

2. 4. 3. 1. Prinzip

Wesentliche Bestandteile der analogen Phasenregelschleife sind der Phasendetektor, das Schleifenfilter und der spannungsgesteuerte Oszillator, wie dies blockschaltbildartig in Bild 2.76 wiedergegeben ist.

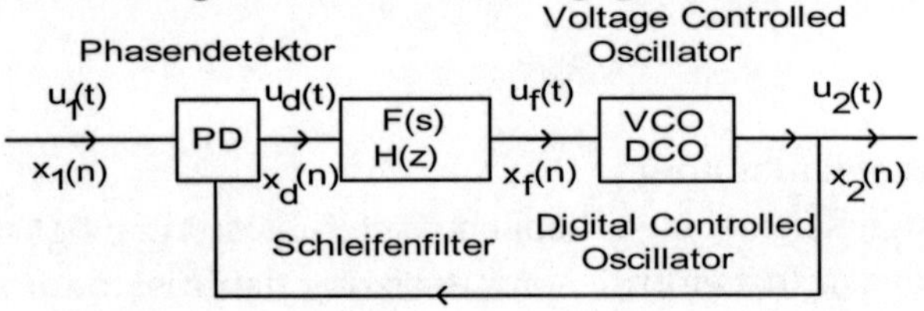

Bild 2.76. Phasenregelschleife

Dieses Prinzip lässt sich auch verwirklichen, wenn die Signale keine Spannungs-Zeit-Funktionen, sondern Zahlenfolgen sind.[34] Aus dem spannungsgesteuerten Oszillator, engl.: voltage controlled oscillator, abgekürzt VCO, mit dem Steuersignal $u_f(t)$ und der Sinusspannung $u_2(t)$ wird dann ein digital controlled oscillator, abgekürzt DCO. Das Signal dieses DCO ist dann eine Sinusfolge $x_2(n)$ mit einer Frequenz proportional zu den Elementen einer steuernden Zahlenfolge $x_f(n)$. Das analoge Schleifenfilter mit der Übertragungsfunktion F(s) wird zu einem Zahlenfolgen verarbeitenden digitalen Filter mit der Übertragungsfunktion H(z). Als digitales Äquivalent zum analogen Phasendetektor mit den beiden Eingangssignalen $u_1(t)$ und $u_2(t)$ sowie dem Ausgangssignal $u_d(t)$ wird ein digitaler Phasendetektor benötigt, bei dem die Elemente der Ausgangsfolge $x_d(n)$ proportional zur Differenz der Nullphasenwinkel der beiden Eingangssinusfolgen $x_1(n)$ und $x_2(n)$ gleicher Frequenz sind. Die Phasenregelschleife wird dann auch Digital Phase Locked Loop (DPLL) genannt.

---

[34] Vgl. Langston, J. Linda: *uC chip implements high speed modems digitally,* electronic design, 24.6.1982 und Schönfelder, Helmut: *Digitale Filter in der Videotechnik,* Drei-R-Verlag, 1988.

Trifft auf die Phasenregelschleife ein Signal mit einer in der Regel etwas von der Frequenz des DCO abweichenden Frequenz, so setzt zunächst ein Frequenzregelvorgang ein, der die Frequenz des DCO mit der des Eingangssignals zur Übereinstimmung bringt. Danach beginnt ein Phasenregelvorgang, der eine phasenstarre Kopplung der DCO-Schwingung mit der Eingangsschwingung bewirkt. Neben der Takt- und Trägerrückgewinnung ist die Demodulation frequenzmodulierter Signale ein wichtiges Anwendungsgebiet der Phasenregelschleife. In diesem Fall entsteht am Schleifenfilterausgang das demodulierte Niederfrequenzsignal; denn bei Frequenzänderungen am Eingang der Schleife bleibt der Synchronismus erhalten. Dies erfordert dann entsprechend der DCO-Kennlinie ein frequenzproportionales Signal am Eingang des DCO. Bild 2.77 zeigt das Blockschaltbild für den Fall der Frequenzdemodulation.

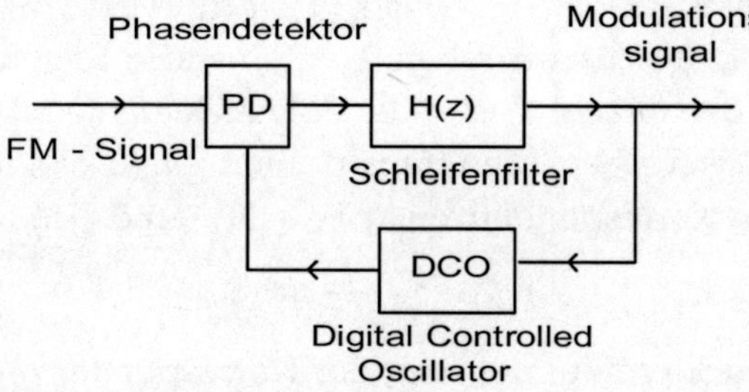

Bild 2.77. Phasenregelschleife zur Frequenzdemodulation

Dabei sind zwei Möglichkeiten zu unterscheiden: Trägerfrequente DPLL und Basisband-DPLL.

Für die Belange der Digitalen Signalverarbeitung ist es vorteilhaft, ein trägerfrequentes Bandpaßsignal zunächst durch Quadraturmischung in die Nullage zu verschieben.

2. 4. 3. 2. Trägerfrequente DPLL

Zunächst gilt es, für die digitale Phasenregelschleife den Digital Controlled Oscillator, das Schleifenfilter und den Phasendetektor in der gleichen Weise zu beschreiben, wie es bei der analogen Schleife der Fall ist. Dabei tritt dann an die Stelle der Laplace-Transformation die Z-Transformation, an die Stelle der Differentiation die Differenzbildung und an die Stelle der Integration die Summation.

Digital Controlled Oszillator

Die verschiedenen Prinzipien der Schwingungserzeugung wurden in Abschn. 2.3.4 erläutert. Charakteristisch für die DPLL ist, dass die Frequenz f' der Schwingung über eine steuernde Folge $x_f(n)$ eingestellt werden kann. Da die DPLL mit einem Phasendetektor arbeitet und ein Übertragungssystem für Nullphasenwinkel darstellt, soll jede Frequenzänderung des DCO durch eine Veränderung des Nullphasenwinkels dargestellt werden. Die DCO-Schwingung kann in der Form

$$x_2(n) = \hat{x}_2 \cos[\,\varphi(n)\,] \qquad (2.275)$$

geschrieben werden. Dabei gilt für den Zusammenhang zwischen dem Argument j(n) und der im allgemeinen Fall nicht konstanten Frequenz f'

$$\varphi(n+1) - \varphi(n) = 2\pi\, f'(n)\,, \qquad (2.276)$$

denn die Winkel-Differenz zwischen 2 aufeinander folgenden Folgenelementen muss mit der Anzahl T' =1/f' der Folgenelemente pro Periode multipliziert den Wert 2π ergeben. Man transformiert Gl. (2.276) in den z-Bereich und erhält mit den Korrespondenzen j(n) o--· F(z) und f'(n) o--· F'(z)

$$\Phi(z) = 2\pi \frac{1}{z-1} F'(z) \quad . \qquad (2.277)$$

Für diesen Ausdruck entninmmt man der Korrespondenz-Tabelle die Formel

$$\varphi(n) = 2\pi \sum_{i=0}^{n-1} f'(i) \quad , \qquad (2.278)$$

die den Winkel j(n) durch Summation aus der Frequenz f' berechnet. Bei einem DCO ist nun die Frequenz f' von einer steuernden Größe $x_f(n)$ abhängig. Für die lineare Näherung dieser Abhängigkeit kann allgemein

$$f'(n) = f_0' + \frac{K_0}{2\pi} x_f(n) \qquad (2.279)$$

mit der DCO-Konstanten K_0 geschrieben werden. Setzt man (2.279) in (2.278) ein, so erhält man

$$\varphi(n) = 2\pi\, f_0'\, n + K_0 \sum_{i=0}^{n-1} x_f(i) \quad . \qquad (2.280)$$

Durch Einsetzen von (2.280) in (2.275) erhält man das DCO-Signal

$$x_2(n) = \hat{x}_2 \cos[\,2\pi f_0'\, n \;+\; K_0 \sum_{i=0}^{n-1} x_f(i)\,] \quad . \qquad (2.281)$$

Somit ist die Darstellung der DCO-Schwingung (2.281) mit einer konstanten Frequenz f_0' und einem von x_f abhängigen Nullphasenwinkel

$$\vartheta_2(n) = K_0 \sum_{i=0}^{n-1} x_f(i) \qquad (2.282)$$

der Beschreibung mit einer von x_f abhängigen Frequenz äquivalent.

Schleifenfilter

Bevorzugt eingesetzt wird hier ein der analogen Technik entsprechendes Filter mit kombiniertem Proportional-Integral-Verhalten. Einer analogen Integration entspricht im Bereich der Zahlenfolgen eine Summation. So entsteht aus einer Eingangsfolge x(n) die Ausgangsfolge

$$y(n) = \sum_{i=0}^{n-1} x(i) \quad . \qquad (2.283)$$

Aus der Z-Transformierten dieses Ausdrucks

$$Y(z) = \frac{1}{z-1} X(z) \qquad (2.284)$$

ergibt sich die entsprechende Übertragungsfunktion

$$H_I(z) = \frac{1}{z-1} \quad . \qquad (2.285)$$

Ein kombiniertes Proportional-Integral-Verhalten ergibt dann das in Bild 2.78

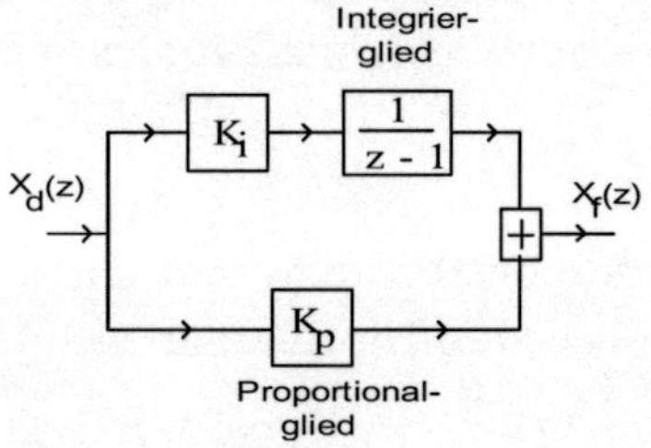

Bild 2.78. Netzwerk des Schleifenfilters

dargestellte digitale Filter-Netzwerk. Mit der Konstanten K_i für den Integralanteil und der Konstanten K_p für den Proportionalanteil erhält man die Übertragungsfunktion

$$H_{PI}(z) = \frac{K_P\, z + (K_I - K_P)}{z - 1} = \frac{X_f(z)}{X_d(z)}\,. \qquad (2.286)$$

Phasendetektor

Grundsätzlich sind hier 2 Prinzipien von Bedeutung: 1. Das Ausgangssignal wird durch Multiplikation mit anschließender Tiefpaßfilterung erzeugt. Der Tiefpaß hat die Aufgabe, die bei der Multiplikation entstehende doppelte Frequenz der Schwingung zu unterdrücken, auf die der DCO einrasten soll. Bei sehr niedriger Trägerfrequenz beeinflußt dieser Tiefpaß die dynamischen Eigenschaften der Schleife, die durch das Schleifenfilter bestimmt werden sollen. Dies kann zu Dimensionierungsproblemen führen. 2. Das Ausgangssignal wird durch Quadratursignalverarbeitung mit Hilfe eines Hilbert-Transformators erzeugt. Eine doppelte Frequenz entsteht dabei nicht. Somit sind auch keine Tiefpässe erforderlich.

Zunächst sei das aus der analogen Technik bekannte Verfahren mit **Multiplikation und Tiefpaßfilterung** erläutert (s. Bild 2.76). Die Mitte der Kennlinie des Phasendetektors ergibt sich bei einer Phasenverschiebung der Eingangssignale um 90°. Daher wird die Eingangsschwingung mit einer Sinusschwingung

$$x_1(n) = \hat{x}_1 \sin[\, 2\pi\, f_0'\, n + \vartheta_1(n)\,] \qquad (2.287)$$

und die DCO-Schwingung mit einer Cosinusschwingung

$$x_2(n) = \hat{x}_2 \cos[\, 2\pi\, f_0'\, n + \vartheta_2(n)\,] \qquad (2.288)$$

angesetzt. Der Multiplikator bildet hieraus zunächst mit einer Multiplikatorkonstanten das Produkt

$$x_a = K_M\, x_1\, x_2 \quad . \qquad (2.289)$$

Unter Benutzung des Additionstheorems und unter Weglassung des durch den Tiefpaß zu unterdrückenden Terms ergibt sich für die Phasendetektor-Ausgangsgröße

$$x_d(n) = K_d \sin[\vartheta_1(n) - \vartheta_2(n)] \qquad (2.290)$$

mit der Phasendetektorkonstanten

$$K_d = \frac{1}{2} K_M \hat{x}_1 \hat{x}_2 \quad . \qquad (2.291)$$

Als nächstes sei der **Phasendetektor mit Quadratursignalverarbeitung** beschrieben. Dabei werden das Eingangssignal $x_1(n)$ und das DCO-Signal $x_2(n)$, wie in Bild 2.79 gezeigt, zu analytischen Signalen ergänzt und einer komplexen Multiplikation unterzogen.

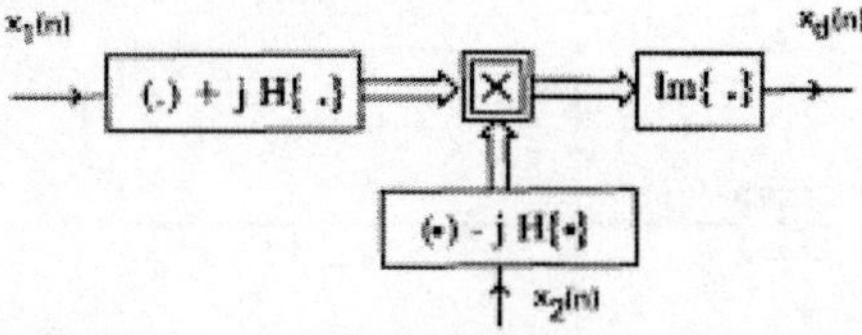

Bild 2.79. Phasendetektor mit Quadratursignalverarbeitung: komplexes Systemdiagramm

Der Imaginärteil des Produkts ist dann das Phasendetektorausgangssignal $x_d(n)$. Dem Eingangssignal

$$x_1(n) = \hat{x}_1 \cos[\, 2\pi f_0' n + \vartheta_1(n)] \qquad (2.292)$$

wird die Hilbert-Transformierte als positiver Imaginärteil und dem DCO-Signal

$$x_2(n) = \hat{x}_2 \cos[\, 2\pi f_0' n + \vartheta_2(n)\,] \qquad (2.293)$$

als negativer Imaginärteil hinzugefügt. So entstehen die beiden analytischen Signale

$$\begin{aligned} \underline{x}_1(n) &= \hat{x}_1 \exp[\, j\, 2\pi f_0' n + \vartheta_1(n)] \\ \underline{x}_2(n) &= \hat{x}_2 \exp(\, -[j\, 2\pi f_0' n + \vartheta_2(n)]) \end{aligned} \quad . \qquad (2.294)$$

Die Multiplikation und Imaginärteilbildung ergibt mit der Multiplikator-Konstanten K_M das Phasendetektorausgangssignal

$$x_d(n) = K_M \hat{x}_1 \hat{x}_2 \sin[\, \vartheta_1(n) - \vartheta_2(n)\,] \quad . \qquad (2.295)$$

Da das Eingangs- und das DCO-Signal mit Cosinusfunktionen angesetzt wurden, ergibt sich keine 90°-Verschiebung bei verschwindenden $x_d(n)$.

Zu einem reellen Systemdiagramm gelangt man, wenn man die analytischen Signale in ihrer Komponentenform miteinander multipliziert:

$$x_d(n) = \mathrm{Im}\Big\{ K_M [\hat{x}_1 \cos\big(2\pi f_0' n + \vartheta_1(n)\big) + j \hat{x}_1 \sin\big(2\pi f_0' n + \vartheta_1(n)\big)\,]$$

$$[\hat{x}_2 \cos(2\pi f_0' n + \vartheta_2(n)) - j\,\hat{x}_2 \sin(2\pi f_0' n + \vartheta_2(n))] \}$$

$$= K_M \hat{x}_1 \hat{x}_2 [\sin(2\pi f_0' n + \vartheta_1(n)) \cos(2\pi f_0' n + \vartheta_2(n))$$

$$- \sin[2\pi f_0' n + \vartheta_2(n)] \cos[2\pi f_0' n + \vartheta_1(n)]. \qquad (2.296)$$

Hieraus lässt sich das reelle Systemdiagramm nach Bild 2.80 ablesen. Als DCO wird dabei ein Sinus/Cosinus-Generator nach Abschn. 2.3.4.6 benötigt.

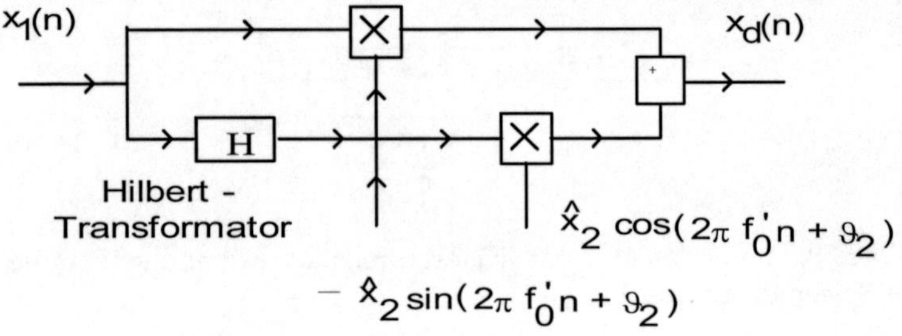

Bild 2.80. reelles Systemdiagramm des Phasendetektors

Phasenübertragungsfunktion

Im eingerasteten Zustand ist die Phasenregelschleife ein Übertragungssystem mit Tiefpaß-Charakter für die Nullphasenwinkel. Zur Beschreibung dieses Systems dient die Phasenübertragungsfunktion H(z). Um sie zu gewinnen transformiert man die Gleichungen für den DCO, das Schleifenfilter und den Phasendetektor in den Z- Bereich. Macht man für die Phasendetektorgleichung (2.290) eine lineare Näherung, so erhält man nach Transformation in den z-Bereich mit den Zuordnungen $\vartheta_1(n)$ o--• $\Theta_1(z)$ und $\vartheta_2(n)$ o--• $\Theta_2(z)$

$$X_d(z) = K_d [\Theta_1(z) - \Theta_2(z)] \quad . \qquad (2.297)$$

Die Z-Transformation der DCO-Gleichung (2.282) ergibt

$$\Theta_2(z) = X_f(z)\ K_0 \frac{1}{z-1} \quad . \qquad (2.298)$$

Durch Zusammenfassung der Gl. (2.298), (2.297) und (2.286) erhält man mit der Schleifenverstärkung $K_s = K_d K_0$ die Phasenübertragungsfunktion

$$H(z) = \frac{\Theta_2}{\Theta_1} = K_s K_P \frac{z + \frac{K_J - K_P}{K_P}}{z^2 + z(K_s K_P - 2) + (1 + K_s [K_I - K_P])} \qquad (2.299)$$

2. 4. 3. 3. Basisband-DPLL

Hauptanwendungsfall ist die Demodulation eines frequenzmodulierten Signals

$$x_1(t) = \hat{x}_1 \cos\left(2\pi f_T t + \vartheta_1(t) \right) \tag{2.300}$$

mit dem Scheitelwert $\hat{x}_1$, der Trägerfrequenz f_T und dem Nullphasenwinkel $\vartheta_1(t)$. Der Nullphasenwinkel

$$\vartheta_1(t) = K \int_0^t x_m(\tau)\, d\tau \tag{2.301}$$

ist dem Integral des Modulationssignals $x_m(t)$ proportional. Das frequenzmodulierte Signal wird digitalisiert und spektral durch Quadraturmischung in die Nullage verschoben. So ergibt sich die analytische Zahlenfolge

$$\underline{x}_1(n) = \hat{x}_1 \exp(j\, \vartheta_1(n)) = \hat{x}_1 \cos[\, \vartheta_1(n)\,] + j\, \hat{x}_1 \sin[\, \vartheta_1(n)\,] \tag{2.302}$$

die an den Eingang einer Basisband-DPLL gelegt wird. Am Schleifenfilterausgang entsteht dann das Modulationssignal $x_m(n)$. Für die Zahlenfolge des Nullphasenwinkels gilt dann

$$\vartheta_1(n) = K \int_0^n x_m(\tau)\, d\tau \quad . \tag{2.303}$$

Im folgenden werden die Elemente für eine Basisband-DPLL hergeleitet. Dabei entstehen die Basisband-Versionen des Phasendetektors und des DCO. Dem Phasendetektor werden das analytische Signal (2.302) und ein analytisches DCO-Signal

$$\underline{x}_2(n) = \hat{x}_2 \exp(j\, \vartheta_2(n)) = \hat{x}_2 \cos[\, \vartheta_2(n)\,] + j\, \hat{x}_2 \sin[\, \vartheta_2(n)\,] \tag{2.304}$$

zugeführt. Real- und Imaginärteil dieses DCO-Signals sind 2 um 90° gegeneinander verschobene Schwingungen, deren Frequenz wegen der Basisband-Lage den Wert null hat. Der Nullphasenwinkel ist

$$\vartheta_2(n) = K_0 \sum_{i=0}^{n} x_f(i) \quad , \tag{2.305}$$

wobei $x_f(n)$ das den DCO steuernde Signal ist.

Die Rechenvorschrift für den Phasendetektor, der ein reelles, zur Differenz $\vartheta_1(n)$ - $\vartheta_2(n)$ der beiden Nullphasenwinkel proportionales Ausgangssignal erzeugt, lautet

$$x_d(n) = \mathrm{Im}\{ \underline{x}_1 \underline{x}_2^* \} = \mathrm{Im}\{ \hat{x}_1 \exp(j\vartheta_1(n)) \, \hat{x}_2 \exp(-j\vartheta_2(n))\}$$

$$= \mathrm{Im}\{ \hat{x}_1 \hat{x}_2 \exp(j[\vartheta_1(n) - \vartheta_2(n)]) \} = \hat{x}_1 \hat{x}_2 \sin[\vartheta_1(n) - \vartheta_2(n)]. \quad (2.306)$$

Bild 2.81 zeigt das dieser Rechenvorschrift entsprechende komplexe Systemdiagramm. Zur Realisierung gelangt man durch Multiplikation der Quadratursignale in

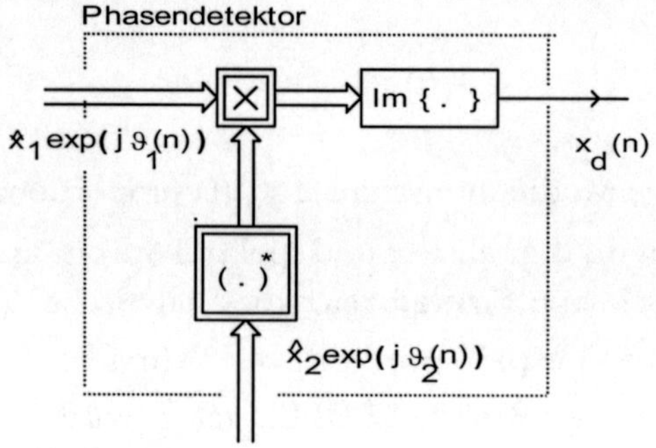

Bild 2.81. Basisband-Phasendetektor

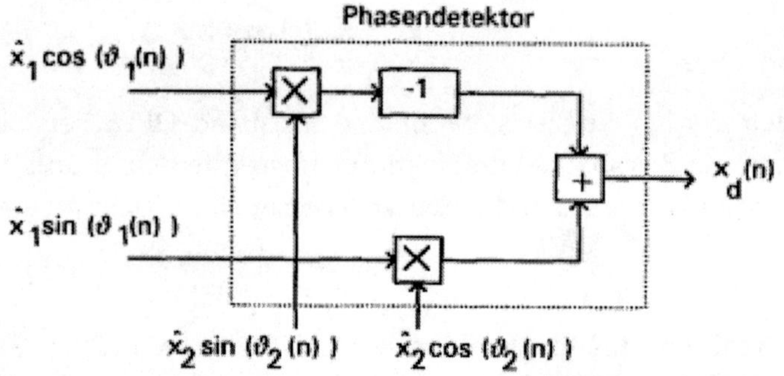

Bild 2.82. Zweikanalige Ausführung des Phasendetektors

Komponentenform:

$$x_d(n) = \mathrm{Im}\{ [\hat{x}_1 \cos(\vartheta_1) + j \, \hat{x}_1 \sin(\vartheta_1)] \; [\hat{x}_2 \cos(\vartheta_2) - j \, \hat{x}_2 \sin(\vartheta_2)] \}$$

$$= \hat{x}_1 \sin(\vartheta_1) \, \hat{x}_2 \cos(\vartheta_2) - \hat{x}_1 \cos(\vartheta_1) \, \hat{x}_2 \sin(\vartheta_2) \, . (2.307)$$

Daraus ergibt sich die in Bild 2.82 gezeigte, zweikanalige Ausführung des Phasendetektors.

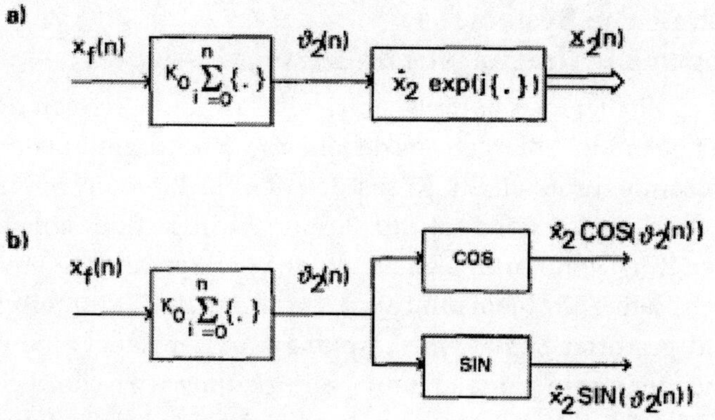

Bild 2.83. Basisband-DCO mit a komplexem und b reellem Systemdiagramm

Als nächstes ist ein Basisband-DCO zu entwickeln. Ist $x_f(n)$ die steuernde Eingangsgröße des DCO, so erhält man im allgemeinen Fall für dessen Ausgangssignal

$$x_2(n) = \hat{x}_2 \cos\left[\, 2\pi f_0' n + K_0 \sum_{i=0}^{n} x_f(i) \,\right] \quad . \qquad (2.308)$$

Beim Basisbandsignal ist die Bandmittenfrequenz f_0' null. Somit wird daraus

$$x_2(n) = \hat{x}_2 \cos\left[\, K_0 \sum_{i=0}^{n} x_f(i) \,\right] \quad . \qquad (2..309)$$

Das entsprechende Quadratursignal ist dann

$$\underline{x}_2(n) = \hat{x}_2 \exp\left(j\, K_0 \sum_{i=0}^{n} x_f(i) \right) \quad . \qquad (2.310)$$

Das komplexe Systemdiagramm eines Basisband-DCO zeigt Bild 2.83a, während Bild 2.83b die reelle, zweikanalige Version darstellt, bei der eine Sinus- und eine Cosinus-Kennlinie erforderlich werden.

2. 5. Algorithmische Systeme in der analogen Übertragungstechnik

In diesem Abschnitt werden komplexe Systeme aus dem Bereich der Nachrichtentechnik behandelt, die sich aus den im vorigen Abschnitt behandelten Bausteinen zusammensetzen. Ein Kernstück der Nachrichtentechnik ist die Modulationslehre, bei der Bandpaßsignale eine wichtige Rolle spielen. Während die Erzeugung von Bandpaßsignalen auf der Senderseite einer Übertragungsstrecke keine Probleme aufwirft, erfordert die Verarbeitung stark verzerrter und gestörter Signale im Empfänger in der Regel einen erheblichen Aufwand, der nur in digitaler Signalverarbeitung wirtschaftlich ist. Zudem lassen sich adaptive Entzerrer, wie sie in hochwertigen Empfängern zum Einsatz kommen, überhaupt nur in digitaler Signalverarbeitung realisieren.

2. 5. 1. Empfängerkonzept

Beim Entwurf eines nach dem Prinzip der digitalen Signalverarbeitung funktionierenden Empfängers ist es das Bestreben, einen möglichst großen Teil der Signalverarbeitungsaufgaben digital zu lösen.[35] Die Digitalisierung der Empfängeraufgaben hat jedoch ihre Grenzen in der Verarbeitungsgeschwindigkeit sowie der Amplitudenauflösung.

Gibt man das Gemisch aus vielen Sendesignalen direkt auf einen Analog-Digital-Wandler, so ist eine sehr große Dynamik und damit eine unrealistisch große Wortbreite erforderlich. Außerdem wird eine so hohe Abtastfrequenz benötigt, dass die Leistungsfähigkeit jedes Rechenwerkes überfordert wäre. Daher ist bei einem digitalen Empfänger in jedem Fall eine analoge Vorverarbeitung erforderlich, die einen Vorkreis, einen Mischer, einen ZF-Verstärker und ein ZF-Filter umfaßt.

Bild 2.84 zeigt blockschaltbildartig den Analogteil eines digitalen Empfängers und die Schnittstelle zwischen analoger und digitaler Signalverarbeitung.

---

[35] Vgl. Rosenkranz, Werner: *Digitale Systeme und optimierte Algorithmen zum Empfang frequenzmodulierter Signale,* Habilitationsschrift Universität Erlangen-Nürnberg, 1989.

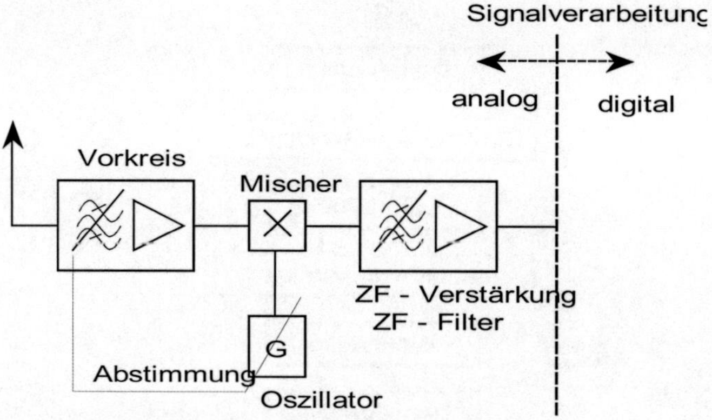

Bild 2.84. Analoge und Digitale Signalverarbeitung bei einem digitalen Empfänger

Der Übergang in das digitale System wird dann mit dem Bandpaßsignal eines Senders in der ZF-Lage vollzogen. Die erforderliche Abtastfrequenz richtet sich entsprechend dem Abtasttheorem für Bandpaßsignale nach der Bandbreite der Signale. Mit der Abtastung kann eine Herabmischung in die Nullage und eine Quadratursignalerzeugung verbunden werden. Der zur Erreichung der erforderlichen Selektivität notwendige Aufwand wird auf das analoge und das digitale System verteilt. Dabei wird der Filteraufwand auf der analogen Seite nur soweit getrieben, wie es mit Rücksicht auf die Abtastfrequenz erforderlich ist. Nach der Digitalisierung des Bandpaßsignals erfolgt dann die endgültige ZF-Filterung mit dem Basisbandsignal durch einen komplexen, d.h. zweikanaligen Tiefpaß. Weitere wichtige Stationen der digitalen Signalverarbeitung im Empfänger sind das adaptive Entzerrerfilter, die Begrenzung bei FM-Signalen, die Demodulation, die Decodierung z.B. bei Stereo-Signalen.

Die Grobstruktur einer digitalen Signalverarbeitung in einem Empfänger ist in Bild 2.85 blockschaltbildartig für den FM-Empfang dargestellt.

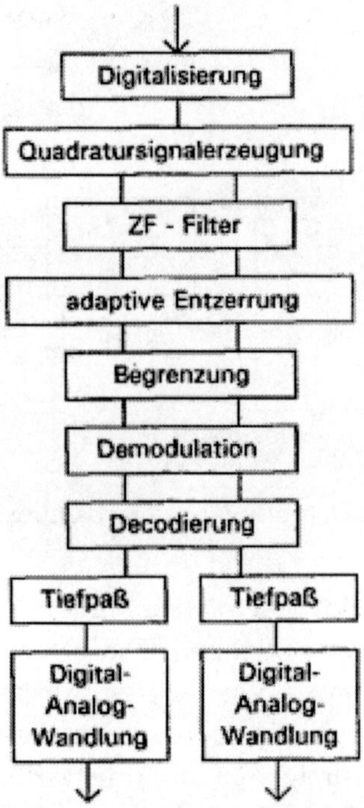

Bild 2.85 Grobstruktur der digitalen Signalverarbeitung im FM-Empfänger

Besondere Bedeutung kommt dem adaptiven Entzerrerfilter zu. Solche Filter, die sich automatisch dem Signal anpassen, können in analoger Technik mit vertretbarem Aufwand und ausreichender Stabilität nicht realisiert werden. Wichtig sind solche Filter bei Mobilfunk-Empfängern. Hier kann es durch sich ständig ändernde Ausbreitungsbedingungen zu Verzerrungen kommen, die ein ständig zu veränderndes Entzerrerfilter erfordern.

2. 5. 2. Amplitudendemodulation

Die Zweiseitenbandamplitudenmodulation mit Träger, wie sie z.B. im Mittelwellenrundfunk verwendet wird, ermöglicht zwar die einfache Hüllkurvendemodulation, ergibt aber nicht den größtmöglichen Signal-Geräusch-Abstand. Eine Verbesserung der Qualität entsteht, wenn die gesamte Sendeleistung in ein Seitenband gesteckt und der Träger unterdrückt wird. Dies erfordert auf der Empfängerseite einen aufwendigeren Einseitenbanddemodulator. Aber auch bei einer Zweiseitenbandamplitudenmodulation lässt sich auf 2 Wegen durch eine aufwendigere Demodulation im Empfänger ein Gewinn an Empfangsqualität erzielen: Ersatz des Hüllkurvendemodulators durch einen Produktdemodulator, der eine Trägerregeneration erfordert. Auswertung nur eines Seitenbandes mit der Möglichkeit, auf das weniger gestörte Seitenband umzuschalten.

2. 5. 2. 1. Produktdemodulation

Das Verfahren der Produktdemodulation für Zweiseitenband-AM-Signale findet in der analogen Schaltungstechnik nur selten Anwendung, weil es den Zusatz eines mit dem Träger des Senders phasenstarr gekoppelten empfängerseitigen Trägers erfordert. Diese phasenstarre Kopplung ist, besonders wenn der Sender aus Gründen der Sörsicherheit nur einen Trägerrest überträgt, nur mit einer Phasenregelschleife zu erreichen. In digitaler Signalverarbeitung lässt sich günstig ein Konzept verwirklichen, das eine Quadraturmischung verwendet und dann einen phasenstarren Trägerzusatz nicht benötigt.

Im folgenden wird davon ausgegangen, dass das analoge, zu demodulierende Bandpaßsignal in eine tiefe Frequenzlage herabgemischt und dann auf der Grundlage des Abtasttheorems für Tiefpaßsignale digitalisiert wurde. Die Bandpaßzahlenfolge

$$u_{HF}(n) = u_{NF}(n) \cos(2\pi f_m' n) \tag{2.311}$$

mit dem nicht negativen Niederfrequenzsignal $u_{NF}(n)$ und der Bandmittenfrequenz f_m' wird, wie in dem komplexen Systemdiagramm nach Bild 2.86 gezeigt, zunächst einer Quadraturabwärtsmischung

Bild 2.86. komplexes Systemdiagramm zur Produktdemodulation

in die Nullage unterzogen. Dazu wird die Zahlenfolge $u_{HF}(n)$ mit der Exponentialschwingung $\exp(j2\pi f_0' n + \psi(n))$ multipliziert und anschließend tiefpaßgefiltert. Diese Tiefpaßfilterung erfüllt hier einen doppelten Zweck: Sie ist erforderlich, um für den Vorgang der Abwärtsmischung die spektralen Anteile bei der doppelten Trägerfrequenz zu unterdrücken, kann aber gleichzeitig für eine ausreichende Filterselektivität des Empfangssystems sorgen. Die Multiplikation mit der Exponentialschwingung bewirkt hier das, was in der analogen Schaltungstechnik als Trägerzusatz bezeichnet wird. Dabei wird davon ausgegangen, dass die Frequenz f_0' des zugesetzten Trägers etwas von der Mittenfrequenz f_m' des Bandpaßsignals um $\Delta f' = f_m' - f_0'$ abweicht. Diese Frequenzabweichung wird durch den linear mit der Folgennummer anwachsenden Nullphasenwinkel $\psi(n) = -2\pi\,\Delta f'\,n$ berücksichtigt. Als Ergebnis der Multiplikation erhält man dann unter Verwendung der Euler'schen Formel und der Additionstheoreme die komplexe Folge

$$\underline{u}_M(n) = u_{NF}(n)\cos(2\pi f_m' n)\,\{\cos[2\pi f_m' n + \psi(n)] + j\sin[2\pi f_m' n + \psi(n)]\}$$

$$= \{\frac{1}{2}u_{NF}(n)\cos[\psi(n)] + \frac{1}{2}u_{NF}(n)\cos[4\pi f_m' n + \psi(n)]\}$$

$$+ j\,\{\frac{1}{2}u_{NF}(n)\sin[\psi(n)] + \frac{1}{2}u_{NF}(n)\sin[4\pi f_m' n + \psi(n)]\}. \quad (2.312)$$

Nach der Tiefpaßfilterung entsteht daraus

$$\underline{u}_{MF}(n) = \frac{1}{2}u_{NF}(n)\cos[\psi(n)] + j\frac{1}{2}u_{NF}(n)\sin[\psi(n)]. \quad (2.313)$$

Man erhält dann das zu demodulierende Niederfrequenzsignal

$$u_{NF}(n) = 2\left|\underline{u}_{MF}(n)\right| \quad (2.314)$$

durch Betragsbildung. Real- und Imaginärteil des komplexen Signals nach der Tiefpaßfilterung müssen also quadriert, addiert und einer Radizierung unterworfen werden.

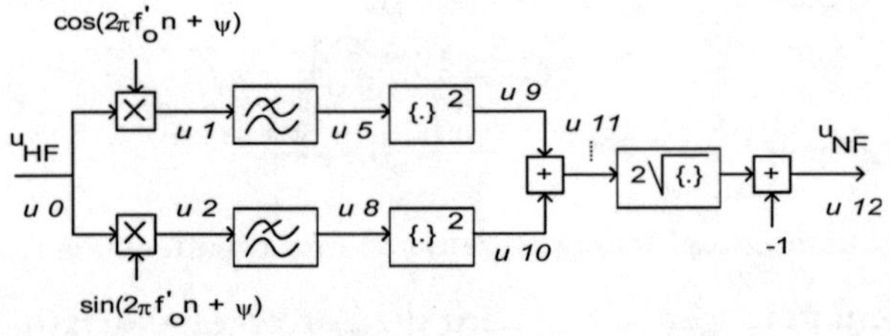

Bild 2.87. reelles Systemdiagramm zur Produktdemodulation

So entsteht aus (2.312) das reelle Systemdiagramm nach Bild 2.87. Der Ausgangsaddierer dient zur Unterdrückung eines Gleichanteiles, wenn, wie im allgemeinen üblich, im AM-Signal der Träger nicht unterdrückt ist. Bemerkenswert ist, dass bei diesem System der Träger nicht nur mit beliebigem Nullphasenwinkel ψ, sondern auch mit einer Frequenzabweichung zugesetzt werden darf.

Die nachfolgende Pascal-Prozedur beschreibt den Algorithmus der digitalen Signalverarbeitung. Die Tiefpässe sind hier als rekursive Filter (nur) 2. Ordnung gewählt worden. In der Praxis müssen, um eine ausreichende Empfängerselektivität zu erzielen, Filter mit einer wesentlich höheren Ordnungszahl eingesetzt werden. Für die Abwärtsmischung mit der Trägerfrequenz kann durch die Konstante psi im Programm eine beliebige Trägerphase eingestellt werden.

```
PROCEDURE dsv; {AM-Demodulator mit Quadraturabwärtsmischung}
var u0,u1,u2,u3,u4,u5,u6,u7,u8,u9,u10,u11,u12 :real;
var fo: real;                           {Trägerfrequenz}
var i : integer;
const a0 = 0.00024141; {Filterkoeffizienten}
a1 = 0.00048282;
a2 = 0.00024141;
b1 = 1.95600539;
b2 = -0.95697104;

fo = 0.2; {Trägerfrequenz für Abwärtsmischung}
psi = 75; {beliebige Trägerphase für Abwärtsmischung}

begin
u3:=0; u4:=0; u5:=0; u6:=0; u7:=0; u8:=0;
          {Rücksetzen aller Speicher}
i:=0;

repeat
{ab hier die Verarbeitungsprozeduren}
u0:= AD_WANDLER;                                {Abtastung}

u1:=u0 * cos(2*pi*fo*i + psi);  {Abwärtsmischung}
u2:=u0 * sin(2*pi*fo*i + psi);

u5 := a0*u1 + u4;                      {NF-TP-Filter}
```

```
u4 := a1*u1 + b1*u5 +u3;
u3 := a2*u1 + b2*u5;

u8 := a0*u2 + u7;                          {NF-TP-Filter}
u7 := a1*u2 + b1*u8 +u6;
u6 := a2*u2 + b2*u8;

{Betragsbildung mit Gleichsignalunterdr.}
u9 := u5*u5; u10 := u9*u9;
u11:= u9+u10;
u12:= 2*sqrt(u11) - 1;

DA_WANDLER(u12);                                {Ausgabe}
i := i+1;
until....;
end;
```

Bild 2.88 veranschaulicht die Ergebnisse der Programmsimulation für den Demodulator, wenn eine zweitonmodulierte AM-Schwingung eingespeist wird.

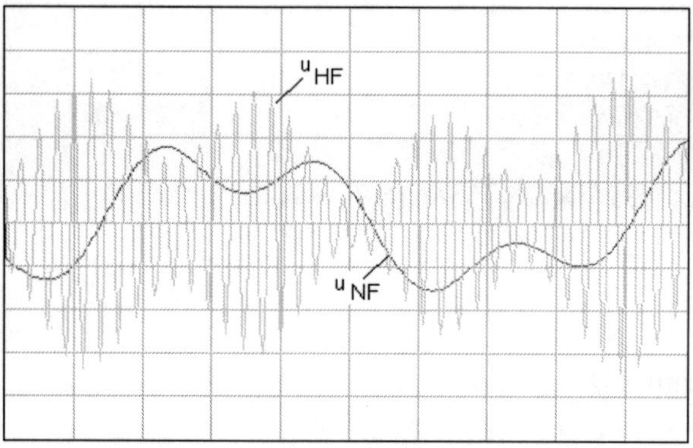

Bild 2.88. Demodulator-Simulation (Träger f'o = 0,2 Modulationsgrad m = 0,5)

2. 5. 2. 2. Prinzip der Einseitenbanddemodulation

Grundlage für die Einseitenbandtechnik (ESB) bildet eine komplexe Signalverarbeitung. Ein ESB-*Modulator* lässt sich als Quadraturmischer aufbauen, wie er bereits in Bild 2.65 dargestellt wurde. Nach der Bildung eines analytischen Basisbandsignals wird aufwärts gemischt und ein reelles Bandpaßsignal erzeugt.

Bei dem ESB-*Demodulator* wird aus dem reellen Bandpaßsignal das entsprechende analytische Signal mit einem einseitigen Spektrum gebildet. Mit diesem Signal wird die Demodulation und Herausfilterung eines Seitenbandes durchgeführt. Eine anschließende Realteilbildung lässt wieder ein reelles Signal mit einem zweiseitigen Spektrum entstehen. Als Beispiel werden 3 im Frequenzmultiplex angebotene, amplitudenmodulierte Bandpaßsignale mit den Mittenfrequenzen f_{m1}, f_{m2}, f_{m3} betrachtet (Bild 2.90). Nach der Bildung des analytischen Signals gemäß Bild 2.89 entsteht zunächst ein einseitiges Frequenzmultiplex-Spektrum. Durch Multiplikation mit $\exp(-j\,2\pi\, f_{m2}\, t)$ wird dann das Signal mit der Mittenfrequenz f_{m2} nach dem Verschiebungssatz der Fourier-Transformation in die Nullage verschoben (unteres Spektrum). Nach der Verschiebung in die Nullage kann die Selektion eines Signalspektrums bzw. eines Seitenbandes dieses Signalspektrums durch eine Tiefpaßfilterung erfolgen.

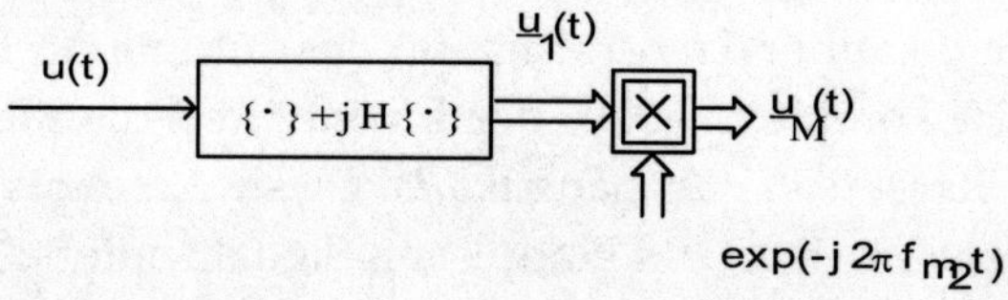

Bild 2.89. Verschiebung des einseitigen Spektrums in die Nullage

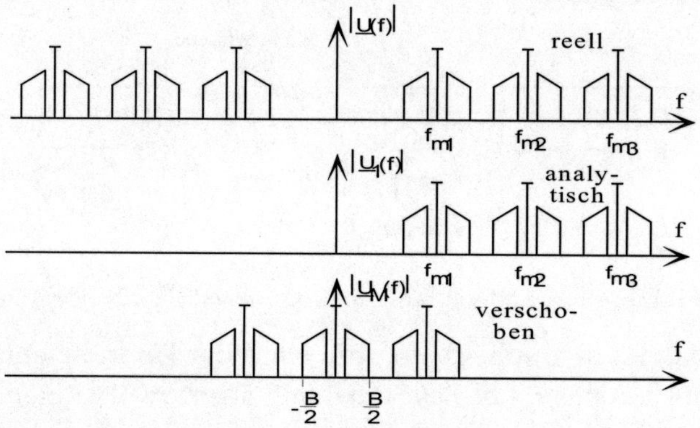

Bild 2.90. Spektren zum Diagramm nach Bild 2.89

Die Verschiebung des Signalspektrums in die Nullage ist im Falle der Amplitudenmodulation identisch mit der Demodulation des Signals. Die Selektion eines Signalbandes kann dann mit einem Tiefpaß vorgenommen werden.

Im folgenden soll nun nur das obere Seitenband ausgewertet werden. Der erforderliche Tiefpaß benötigt dann im Idealfall einen einseitigen Frequenzgang

$$\underline{F}(f) = \begin{cases} 1 \text{ für } 0 < f < B/2 \\ \\ 0 \text{ sonst} \end{cases} , \qquad (2.315)$$

wenn das amplitudenmodulierte Bandpaßsignal die Bandbreite B hat. Die entsprechende Impulsantwortfunktion

$$\underline{g}(t) = \int_{-\infty}^{\infty} \underline{F}(f) \exp(j\,2\pi\, f\, t)\, df = \int_{0}^{B/2} \exp(j\,2\pi\, f\, t)\, df$$

$$= \frac{B}{2} \frac{\sin(2\pi\; B/2\, t)}{2\pi\; B/2\, t} + j \frac{B}{2} \frac{1 - \cos(2\pi\; B/2\, t)}{2\pi\; B/2\, t} \qquad (2.316)$$

wird durch inverse Fourier-Transformation des komplexen Frequenzgangs gewonnen und ist komplex, wobei der Imaginärteil die Hilbert-Transformierte des Realteils ist (siehe Anhang 6.3.2). Dieses Ergebnis bedeutet, dass in den beiden Signalzweigen des komplexen Signals unterschiedliche Filter vorzusehen sind. Bild 2.91 zeigt die kompexe Signalverarbeitung zur Selektion und Demodulation

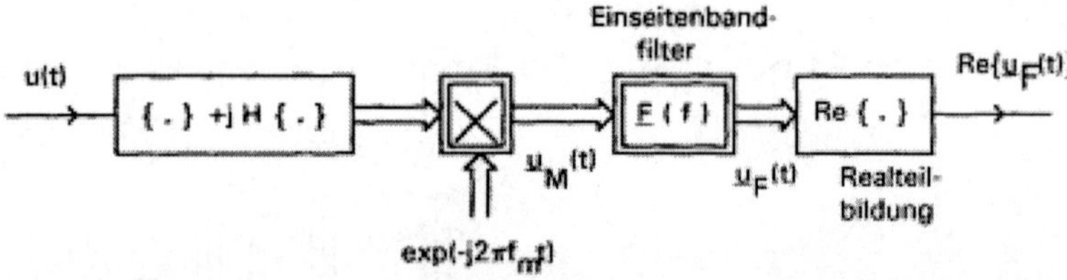

Bild 2.91. Einseitenbandempfang mit komplexer Signalverarbeitung

eines Seitenbandes in graphischer Form. Nach der Filterung entsteht durch Realteilbildung wieder ein reelles Signal mit einem zweiseitigen Spektrum.

2. 5. 2. 3. Reelles Blockschaltbild

Im vorigen Abschnitt wurde die Selektion und Demodulation eines Seitenbandes in komplexer Darstellung hergeleitet. Zur Entwicklung eines reellen Blockschaltbildes wird das Ausgangssignal des Multiplikators bestimmt, wobei die komplexen Größen in ihren Komponenten dargestellt werden. Man erhält mit dem reellen Bandpaßsignal u(t) am Ausgang des Multiplikators

$$\underline{u}_M(t) = [\, u(t)\ \cos(2\pi f_m t) + H\{u(t)\} \sin(2\pi f_m t)\,] + j\ [\, H\{u(t)\} \cos(2\pi f_m t) - u(t)\ \sin(2\pi f_m t)\,]. \quad (2.317)$$

Dieses Signal durchläuft dann ein Filter mit einer komplexen Impulsantwortfunktion. Das Ausgangssignal $\underline{u}_F(t)$ des Filters ergibt sich durch Faltung des Eingangssignals mit der Impulsantwortfunktion nach Gl. (3.316). Da sich eine Realteilbildung anschließt, ist nur der Realteil des Faltungsprodukts von Bedeutung. Er ergibt sich zu

$$\mathrm{Re}\{\, \underline{u}_F(t)\, \} = \mathrm{Re}\{\, \underline{u}_M(t) * \underline{g}(t)\, \}$$

$$= \mathrm{Re}\{\, [\, \mathrm{Re}\{\, \underline{u}_M(t)\, \} + j\, \mathrm{Im}\, \{\, \underline{u}_M(t)\, \}\,] * [\, \mathrm{Re}\{\, \underline{g}(t)\, \} + j\, \mathrm{Im}\{\, \underline{g}(t)\, \}\,]\, \}$$

$$= \mathrm{Re}\{\, \underline{u}_M(t)\, \} * \mathrm{Re}\{\, \underline{g}(t)\} - \mathrm{Im}\{\, \underline{u}_M(t)\} * \mathrm{Im}\{\, \underline{g}(t)\}. \quad (2.318)$$

Das entsprechende Blockdiagramm zeigt Bild 2.92.

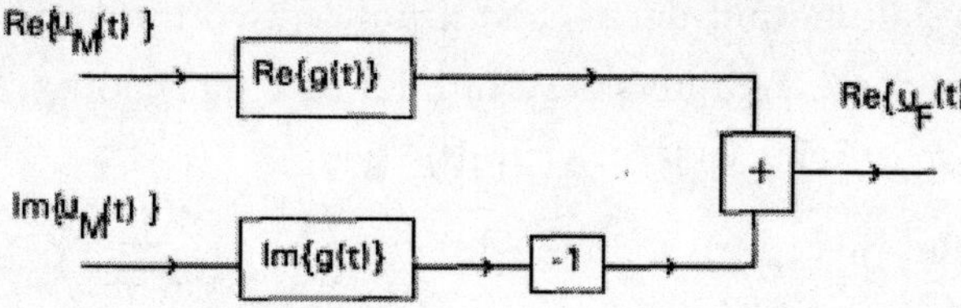

Bild 2.92. reelles Bockschaltbild zur komplexen Filterung mit Realteilbildung

Der komplexe Frequenzgang $\underline{F}(f)$ des Einseitenbandfilters lässt sich als Produkt zweier Frequenzgänge

$$\underline{F}(f) = \underline{F}_1(f)\, \underline{F}_2(f) \quad (2.319)$$

darstellen, wobei der Frequenzgang

$$\underline{F}_1(f) = \begin{cases} 1 \text{ für } |f| < B/2 \\ 0 \text{ sonst} \end{cases} \tag{2.320}$$

für die Filterselektivität sorgt und eine reelle Impulsantwortfunktion hat, während der Frequenzgang

$$\underline{F}_2(f) = \frac{1}{2}[1 + \mathrm{sgn}(f)] \tag{2.321}$$

für die Separierung des oberen Seitenbandes sorgt. Zum Frequenzgang $\underline{F}_2(f)$ gehört eine komplexe Impulsantwortfunktion

$$\underline{g}_2(t) = \frac{1}{2}\delta(t) + j\frac{1}{2\pi t} \quad . \tag{2.322}$$

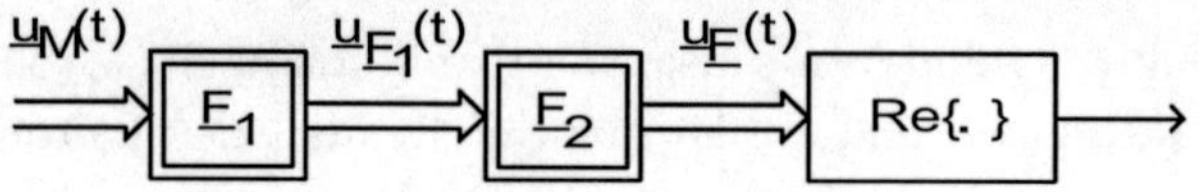

Bild 2.93. Zerlegung des Einseitenbandfilters

Bild 2.93 zeigt den Signalpfad mit den beiden Teilfiltern in komplexer Darstellung. Das Signal am Ausgang des 1. Teilfilters

$$\underline{u}_{F1}(t) = \underline{u}_M(t) * g_1(t) = \mathrm{Re}\{\underline{u}_M(t)\} * g_1(t) + j\,\mathrm{Im}\{\underline{u}_M(t)\} * g_1(t) \tag{2.323}$$

entsteht durch Faltung mit der reellen Impulsantwortfunktion $g_1(t)$. Vom Ausgangssignal des 2. Teilfilters wird nur der Realteil benötigt. Man erhält

$$\begin{aligned} \mathrm{Re}\{\underline{u}_F(t)\} &= \mathrm{Re}\{\underline{u}_{F1}(t) * \underline{g}_2(t)\} \\ &= \mathrm{Re}\Big\{[\mathrm{Re}\{\underline{u}_{F1}(t)\} + j\,\mathrm{Im}\{\underline{u}_{F1}(t)\}] * [\frac{1}{2}\delta(t) + j\frac{1}{2\pi t}]\Big\} \\ &= \frac{1}{2}\mathrm{Re}\{\underline{u}_{F1}(t)\} * \delta(t) - \frac{1}{2}\mathrm{Im}\{\underline{u}_{F1}(t)\} * \frac{1}{\pi t} \quad . \end{aligned} \tag{2.324}$$

Aus den Gleichungen für die Teilfilterausgangssignale lässt sich dann das reelle Blockschaltbild für die komplexe Filterung bei 2 Teilfiltern herleiten, wie es in Bild 2.94 dargestellt ist. In den beiden Signalpfaden erscheint je ein Tiefpaß mit dem

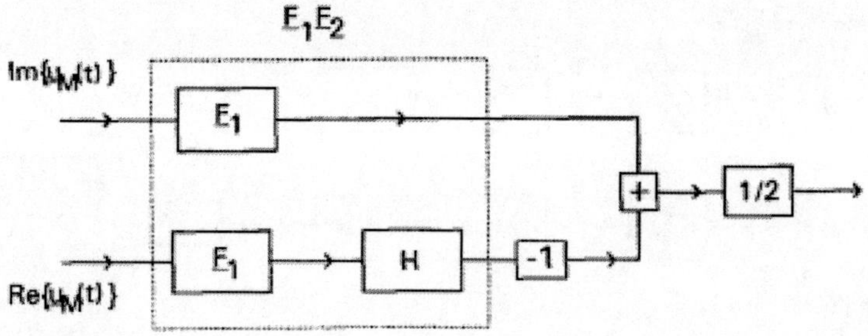

Bild 2.94. reelles Blockschaltbild zur komplexen Filterung bei 2 Teilfiltern

Frequenzgang $\underline{E}_1(f)$ und im unteren Pfad zusätzlich ein Hilbert-Transformator; denn die Funktion $1/\pi\, t$ aus Gl. (2.324) ist die Impulsantwortfunktion eines Hilbert-Transformators.

Das komplexe Systemdiagramm nach Bild 2.89 zur Verschiebung des einseitigen Spektrums in die Nullage erfordert die Bildung des analytischen Signals mit einem Hilbert-Transformator. Wichtig ist nun, dass dieser Transformator vermieden werden kann. Wird nämlich das reelle Bandpaßsignal u(t) direkt mit $\exp(-j2\pi f_m t)$ multipliziert, so wird der rechte Teil des zweiseitigen Spektrums in die Nullage verschoben. Durch eine nachfolgende Tiefpaßfilterung erhält man das gleiche Signal $\underline{u}_M(t)$ wie am Ausgang des Systemdiagramms nach Bild 3.89. In dem Gesamtsystem kann diese Tiefpaßfilterung entfallen, weil die nachfolgende Selektion eines Seitenbandes die Tiefpässe $\underline{E}_1$ enthält. So ergibt sich dann das reelle Systemdiagramm nach Bild 2.95.

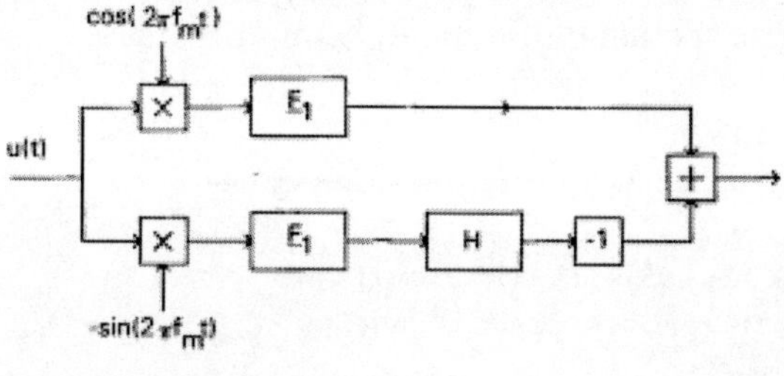

Bild 2.95. reelles Blockdiagramm zur Selektion und Demodulation eines Seitenbandes

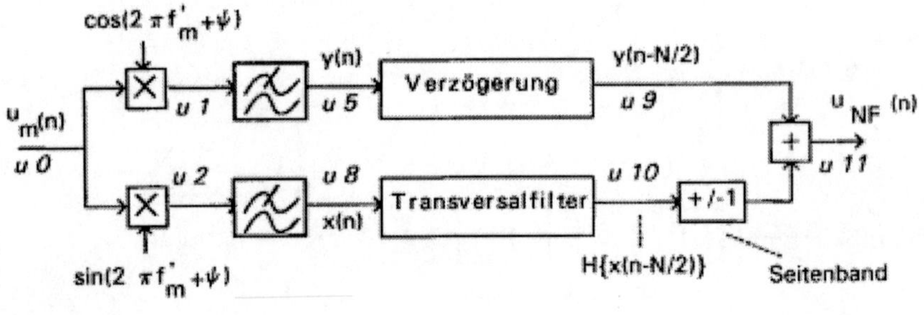

Bild 2.96. ESB-Demodulator mit Realisierung des Hilbert-Transformators

Zur Entwicklung einer Pascal-Prozedur wird der Hilbert-Transformator durch ein Transversalfilter der Ordnungszahl N realisiert, dessen Koeffizienten nach Gl.(2.78) gewählt werden. Dazu muss im oberen Signalpfad eine Verzögerungskette um die Hälfte der Ordnungszahl des Transversalfilters eingefügt werden. Man kommt dann zu einem Blockschaltbild, wie es Bild 2.96 zeigt. Die Spektralverschiebung erfolgt hierin mit $\exp(+j2\pi f_m t)$ nach rechts und durch die Wahl des Vorzeichens vor der Additionsstelle kann das obere (+1) oder das untere Seitenband (-1) demoduliert werden.
In der nachfolgenden Prozedur sind die Tiefpässe als rekursive Filter 2. Ordnung und das Transversalfiter 64. Ordnung gewählt worden (Const N=64). Die Prozedur errechnet am Beginn zunächst die notwendigen Transversalfilterkoefizienten und legt sie im Array a[0..64] ab. Sie läuft dann in eine Endlosschleife der Signalverarbeitung. Das Transversalfilter ist als Differenzengleichung mit einem Umspeichermechanismus im Array x[0..64] gelöst worden. Die Verzögerung wird durch ein Umspeichern im Array y[0..32] erreicht. Die boolsche Variable upperside beinhaltet das zu demodulierende Seitenband.

```
PROCEDURE dsv;
{ESB-Demodulator mit Quadraturabwaertsmischung}

var u0,u1,u2,u3,u4,u5,u6,u7,u8,u9,u10,u11 :real;
var i,k,mitte : integer; var upperside : boolean;
var summe :real;
var a : array[0..64] of real; {Hilbert-Filterkoeffizienten}
 y : array[0..32] of real; {Speicherwerte der Verzoegerung}
 x : array[0..64] of real;{Speicherwerte Hilbert-Transform.}
```

```
const N=64;                                  {Ordnung des Transversalfilters}

const a0 = 0.0009451; {TP-Filterkoeffizienten fuer fg'=0.01}
a1 = 0.00189019;      {nach Bilineartransformation}
a2 = 0.0009451;
b1 = 1.91201401;
b2 = -0.91579439;

psi = -120; {beliebige Traegerphase}

begin
u3:=0; u4:=0; u5:=0; u6:=0; u7:=0; u8:=0;
{Ruecksetzen aller Speicher}

mitte:=N div 2;
for k:=0 to N do
begin
x[k]:=0; {Ruecksetzen der Hilbert-Speicher}
if k<>mitte then
        a[k]:= (1-cos(k*pi-mitte*pi))/(k*pi-mitte*pi);
{Koeffizienten Hilbert-Filter berechnen}
end;
a[mitte]:=0;
for i:=0 to (N div 2) do y[i]:=0;
        {Ruecksetzen des Verzoegerungspeichers}
i:=0;
repeat
{ab hier die Verarbeitungsprozeduren}
 u0:=DA_WANDLER                                {Abtastung}

u1:=u0 * cos(2*pi*fm*i + psi*pi/180);     {Abwaertsmischung}
u2:=u0 * sin(2*pi*fm*i + psi*pi/180);

u5 := a0*u1 + u4;      {NF-TP-Filter}
u4 := a1*u1 + b1*u5 +u3;
u3 := a2*u1 + b2*u5;

u8 := a0*u2 + u7;      {NF-TP-Filter}
u7 := a1*u2 + b1*u8 +u6;
```

```
u6 := a2*u2 + b2*u8;

x[0]:= u8;                          {Hilbert-Transformation}
summe:=0;
for k:=0 to N do summe := summe + a[k]*x[k];
{Differenzengleichung Transversalfilter}
u10 := summe;
for k:=N downto 1 do x[k]:=x[k-1];          {Umspeichern}

y[0]:= u5;                                  {Verzoegerung}
u9 := y[N div 2];
for k:=(N div 2) downto 1 do y[k]:=y[k-1];          {Umspeichern}

if upperside then u11 := u9 + u10
else u11 := u9 - u10;
        {Realteilbildung oberes/unteres Seitenband}
DA_WANDLER(u11);                                        {Ausgabe}
i:=i+1;
until....
end;
```

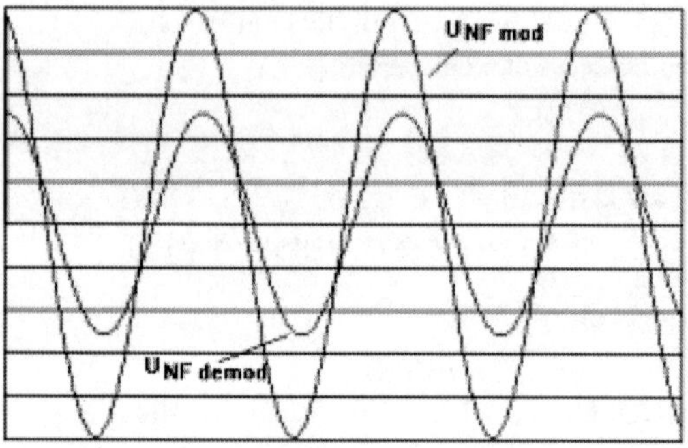

Bild 2.97. Eintonmodulation (Phasenverschiebung)

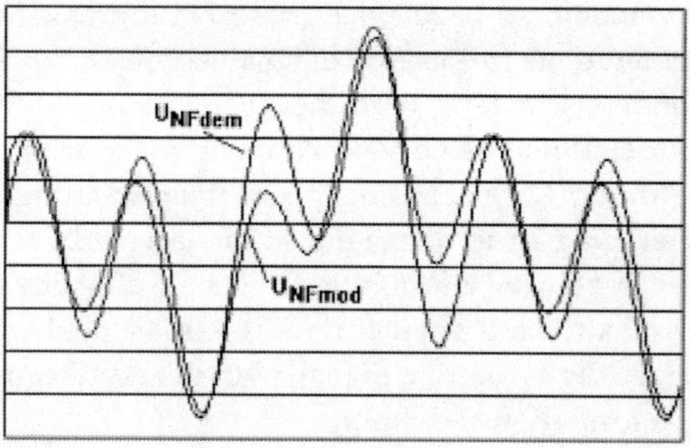

Bild 2.98. Mehrtonmodulation (Phasenverzerrungen)

In den Bildern 2.97 und 2.98 sind Simulationsergebnisse gezeigt, die mit der Pascal-Prozedur gewonnen wurden. Es ist jeweils das modulierende und das vom Progamm demodulierte NF-Signal dargestellt. Man erkennt die für ESB-Demodulation ohne Trägerrückgewinnung typischen Phasenverzerrungen bei Mehrtonmodulation.

2. 5. 3. Frequenzdemodulation

Frequenzmodulierte Signale werden in einer Vielzahl von Anwendungsbereichen der Nachrichtentechnik eingesetzt. Einige Beispiele sind der UKW-Rundfunk, die Fernsehtonsignal-Übertragung, die SECAM-Farbsignalübertragung und die Videorecorder-Luminanz-Aufzeichnung.

Die Vorteile einer Übertragung mit Frequenzmodulation, nämlich die proportional zum Frequenzhub ansteigende Störsicherheit, ergeben sich nur, wenn auf der Empfängerseite vor der Demodulation eine Amplitudenbegrenzung durchgeführt wird. Bei digitaler Signalverarbeitung im Empfänger treten jedoch gegenüber amplitudenmodulierten Signalen einige Besonderheiten zu Tage.[36]

2. 5. 3. 1. Problematik digitalisierter FM-Signale

Die Information einer in der Frequenz modulierten Sinusschwingung liegt in den Nulldurchgängen. Wird ein solches Signal digitalisiert, d.h. in eine

36 Vgl. Demmer,W. u.a.: *Digitale Signalverarbeitung von FM-modulierten Signalen,* NTZ, Bd 37, H7, 1984.

Zahlenfolge verwandelt, so lassen sich diese Nulldurchgänge nicht mehr einfach rekonstruieren, da im Bereich der Zahlenfolgen der Zeitbezug verloren geht. Besonders schwierig wird dies, wenn dem FM-Signal AM-Störungen überlagert sind und beide Modulationssignale sich im gleichen Frequenzbereich befinden. Die bei analoger Signalverarbeitung durchgeführte Amplitudenbegrenzung ist in der digitalen Signalverarbeitung nicht möglich. Ein digitaler Begrenzer würde nur zu einer Auflösungsreduktion der Signale führen, im Extremfall zu einer Ein-Bit-Auflösung. Da aber der Informationsgehalt eines digitalisierten Signals von der Auflösung abhängt, bedeutet dies eine Informationsreduktion.

2. 5. 3. 2. Überblick über die Demodulationsalgorithmen

Wird eine Trägerschwingung

$$x(t) = \hat{x} \cos(2\pi f_T t) \qquad (2.325)$$

mit der Trägerfrequenz f_T und dem Scheitelwert $\hat{x}$ mit dem Modulationssignal $x_M(t)$ frequenzmoduliert, so entsteht mit der Konstanten K das FM-Signal

$$x(t) = \hat{x} \cos\left(2\pi f_T t + K \int_0^t x_M(\tau)\, d\tau \right) \qquad . (2.326)$$

Dieses Bandpaßsignal wird digitalisiert und die so entstehende Zahlenfolge mit einem geeigneten Algorithmus demoduliert. Bei der Auswahl des algorithmischen Verfahrens sind 2 Gesichtspunkte von Bedeutung: 1. die Wahl der Abtastfrequenz f_A und 2. die Möglichkeit der Amplitudenbegrenzung.

Die **Abtastfrequenz** sollte so niedrig wie möglich gehalten werden, da bei Echtzeitverarbeitung die Berechnungen innerhalb einer Abtastperiode abgeschlossen sein müssen. Dies spricht für die Herabmischung des frequenzmodulierten Bandpaßsignals in die Nullage. Dabei entsteht ein komplexes Basisbandsignal mit dem Realteil

$$x_{cos}(t) = \hat{x} \cos\left(K \int_0^t x_M(\tau)\, d\tau \right) \qquad (2.327)$$

und dem Imaginärteil

$$x_{sin}(t) = \hat{x}\,\sin\left(K \int_0^t x_M(\tau)\, d\tau \right) . \qquad (2.328)$$

Die Abtastfrequenz muss dann lediglich größer als die Bandbreite sein. Bei der Abtastung entstehen Zahlenfolgen, die durch zeitversetzte Abtastung auch direkt aus (2.326) erzeugt werden können. So unterscheidet man also zwischen trägerfrequenten Demodulationsalgorithmen und Basisband-Demodulationsalgorithmen.

Neben der Abtastfrequenz ist die Möglichkeit der **Begrenzung** bei der Demodulation von FM-Signalen wichtig, weil dies die Voraussetzung für einen hohen Signal-Geräusch-Abstand am Demodulatorausgang ist. Wie im vorigen Abschnitt ausgeführt wurde, kann dabei das Verfahren der analogen Technik nicht angewendet werden; statt dessen wird die Elimination eines zeitabhängigen Scheitelwerts mit Hilfe einer Division durchgeführt. Diese Rechenoperation führt bei verschwindendem oder sehr klein werdendem Nenner zu Problemen. In dieser Hinsicht ist der Begrenzungsalgorithmus für das Basisbandsignal günstiger als der entsprechende für das trägerfrequente Signal, weil beim Basisbandverfahren der Nenner nicht verschwindet.

Die wichtigsten algorithmischen Demodulationsverfahren lassen sich in 4 Gruppen einteilen[37]:

1. FM-Demodulation mit FM/AM-Wandler,
2. FM-Demodulation mit Phasenwandler,
3. FM-Verzögerungsdemodulator,
4. FM-Demodulation mit DPLL.

Vom Prinzip her lassen sich die 4 Gruppen entweder als Basisband- oder als trägerfrequentes System realisieren. Im folgenden werden die ersten 3 Gruppen im einzelnen beschrieben, während hinsichtlich des DPLL-Demodulators auf Abschn. 2.4.3 verwiesen wird.

---

[37] Vgl. Rosenkranz, Werner: *Digitale Systeme und optimierte Algorithmen zum Empfang frequenzmodulierter Signale,* Habilitationsschrift Universität Erlangen-Nürnberg, 1989.

2. 5. 3. 3. Trägerfrequenter FM/AM-Wandler

Dieses Demodulationsverfahren ist von den entsprechenden Methoden der analogen Technik abgeleitet. Dabei wird an der Flanke eines frequenzselektiven Filters die Frequenzmodulation in eine entsprechende Amplitudenmodulation umgewandelt. Man spricht deshalb auch von Flankendemodulation. Im folgenden soll der in Bild 2.99 gezeigte digitale Flankendemodulator beschrieben werden.[38] Er besteht aus einem Transversalfilter N-ter Ordnung mit linearer Phase, einem Verzögerer und einem Dividierer.

Der Demodulator hat im wesentlichen zwei wichtige Vorteile: Das demodulierte Signal ist von der Amplitude des FM-Signals unabhängig. Bei der Demodulation entsteht nicht die doppelte Trägerfrequenz, deren Entfernung durch Tiefpaßfilterung schwierig sein kann.

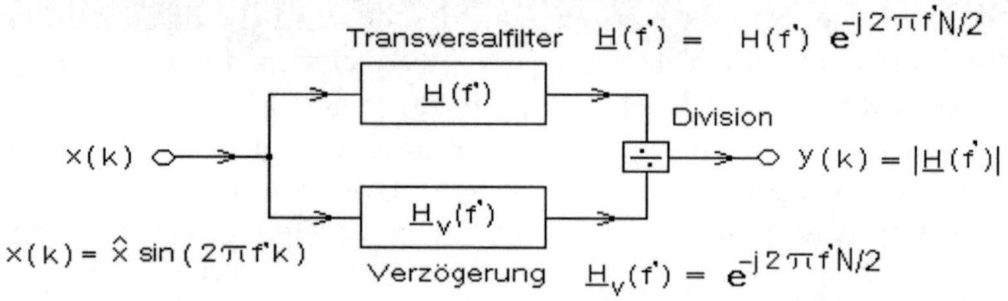

Bild 2.99. Trägerfrequenter Flankendemodulator

Für sehr kleine Signale, d.h. für den Fall, dass Zähler und Nenner gegen Null gehen, wird eine Korrekturschaltung benötigt, damit auch bei einer Division durch Null gültige Werte entstehen. Für das erforderliche Transversalfilter sind verschiedene Lösungen möglich. Zwei Beispiele werden vorgestellt.

1. Beispiel: Die Übertragungsfunktion

$$H(z) = -1 + 2\,z^{-1} - z^{-2} \qquad (2.329)$$

ergibt einen komplexen Frequenzgang

$$\underline{H}(f') = 4\,\sin^2(\pi f')\,\exp(-j2\pi f') \qquad . (2.330)$$

Die dafür erforderliche Übertragungsfunktion des Verzögerungsgliedes ist dann

$$H_V(z) = z^{-1} \qquad (2.331)$$

[38] Vgl. Draheim, Paul: *Digitalisierung der Videosignalverarbeitung,* Elektronik 1984, Sonderheft, Nr. 54.

mit dem komplexen Frequenzgang

$$\underline{H}_V(f') = \exp(-j\,2\pi f') \quad . \tag{2.332}$$

Mit der Eingangsfolge

$$x(k) = \hat{x}\ \sin(2\pi f'k) \tag{2.333}$$

erhält man dann für die Ausgangsfolge

$$y(k) = 4\sin^2(\pi f') \quad . \tag{2.334}$$

Diese Folge, die unabhängig von der Amplitude des Eingangssignals ist, hängt nur von der Frequenz des Eingangssignals ab. Dabei ist diese Frequenzabhängigkeit die statische Demodulationskennlinie.

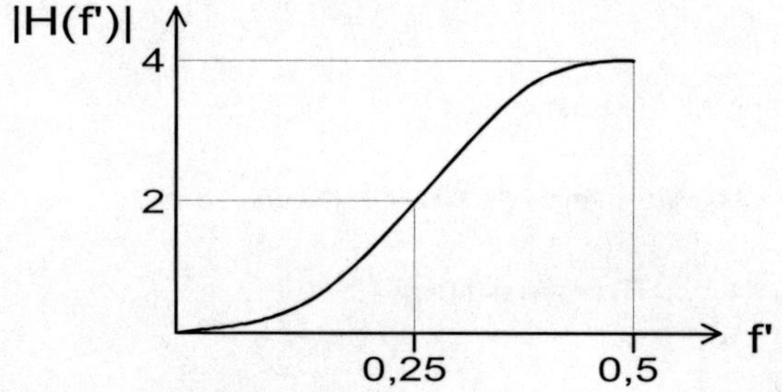

Bild 2.100. Statische Demodulationskennlinie

Bild 2.100 zeigt diese Kennlinie für das vorliegende Beispiel. Die Kennlinienmitte befindet sich bei f'=0,25.

Zur Entwicklung einer Pascal-Prozedur für den Demodulator muss in das Systemdiagramm des Demodulators nach Bild 2.99 für das Filter das entsprechende digitale Netzwerk eingesetzt werden. Man erhält dann Bild 2.101, für das im Anschluß ein Programmlisting abgedruckt ist.

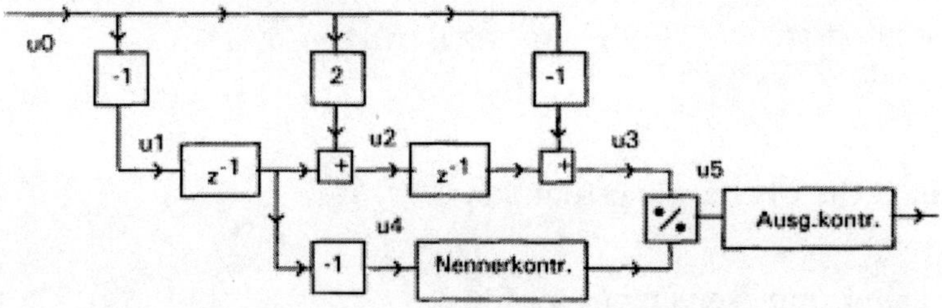

Bild 2.101 Systemdiagramm eines Flankendemodulators

```
PROCEDURE dsv;                {Flankendemodulator}
```

```
const inport = $...;   {Portadressen für Ein- und Ausgang}
outport = $...;
var u0,u1,u2,u3,u4,u5, old_u5 :real;

const a0 = -1;                  {Filterkonstanten}
a1 = 2;
a2 = -1;

begin
u1:=0; u2:=0; u3:=0; u4:=0; {Ruecksetzen aller Speicher}
old_u5:= 0.5;

repeat
u0:= port(inport);    {Abtastung}
u4:=-u1;
if abs(u4) < 0.0000001 then u4 :=0.0000001; {Nennerkontrolle}

u3 := a0*u0 + u2;     {Transversalfilter}
u2 := a1*u0 + u1;
u1 := a2*u0;

u5:=u3/u4;                      {Division}

if abs(u5 - old_u5) > 0.1 then u5 := old_u5;
                                {Ausgangs-Kontrolle zum}
                                {vorangehenden Abtastwert}
old_u5:=u5;
{Uebernahme des alten Wertes falls zu groß}

port(outport):=u5;              {Ausgabe}
until....
end;
```

2. Beispiel: Die Übertragungsfunktion

$$H(z) = 1 + z^{-4} \tag{2.335}$$

ergibt einen komplexen Frequenzgang

$$\underline{H}(f') = 2\cos(4\pi f')\, e^{-4\pi f'} \quad . \tag{2.336}$$

Der erforderliche Frequenzgang des Verzögerungsgliedes ist dann

$$\underline{H}_V(f') = e^{-j4\pi f'} \quad . \tag{2.337}$$

Bild 2.102 zeigt das Systemdiagramm dieses Demodulators.

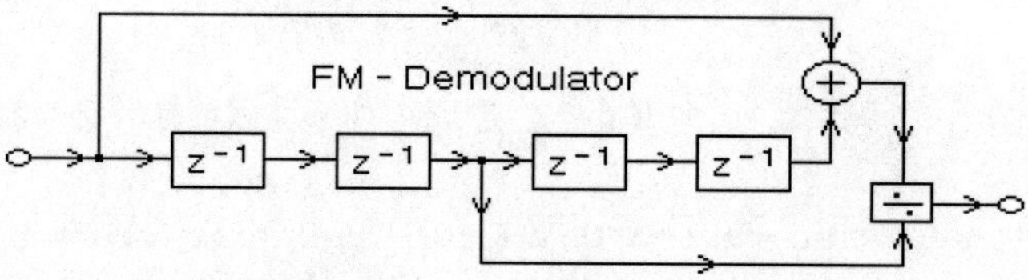

Bild 2.102 Systemdiagramm zu Beispiel 2

2. 5. 3. 4. Basisband-Phasenwandler-Demodulator

Bei diesem Demodulatorprinzip, dessen Systemdiagramm in Bild 2.103 dargestellt ist, wird eine frequenzmodulierte, mit Amplitudenschwankungen behaftete Cosinusschwingung

$$g(n) = a(n)\cos(2\pi f_m{}'n + K\int_{-\infty}^{n} v(\tau)d\tau) \tag{2.338}$$

durch Quadraturmischung spektral in die Nullage verschoben. Dabei entstehen die beiden zueinander hilberttransformierten Signale

$$g_1(n) = a(n)\sin(K\int_{-\infty}^{n} v(\tau)d\tau)$$

$$g_2(n) = a(n)\cos(K\int_{-\infty}^{n} v(\tau)d\tau) \quad . \tag{2.339}$$

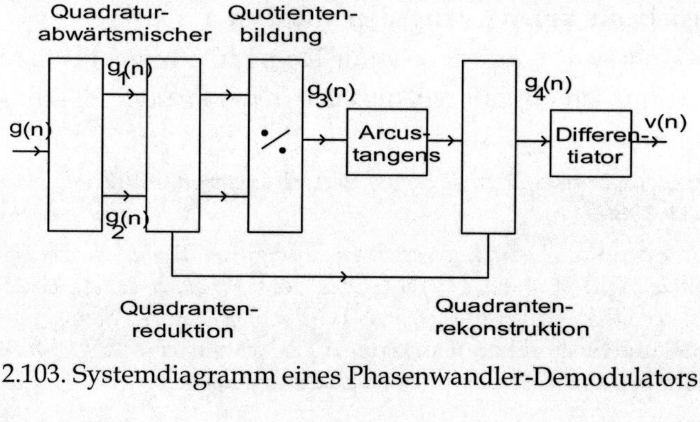

Bild 2.103. Systemdiagramm eines Phasenwandler-Demodulators

Durch Division wird der von Amplitudenschwankungen unabhängige Quotient

$$g_3(n) = \frac{g_1(n)}{g_2(n)} = \tan\left(K \int_{-\infty}^{n} v(\tau)d\tau \right) \tag{2.340}$$

gebildet, der eine nichtlineare Arcustangens-Kennlinie durchläuft. Am Ausgang dieses Bausteins erhält man dann das Signal

$$g_4(n) = K \int_{-\infty}^{n} v(\tau)d\tau \tag{2.341}$$

aus dem mit Hilfe eines differenzierenden Transversalfilters das Modulationssignal v(n) gewonnen wird. Die Signale $g_1(n)$ und $g_2(n)$ lassen sich als Real- und Imaginärteil eines komplexen Zeigers verstehen, dessen Phase durch den Arcustangens ihres Quotienten zu bilden ist. Dies wird durch eine vor der Division liegende Quadrantenreduktion[39], die nach der nichtlinearen Kennlinie wieder rückgängig gemacht wird, erleichtert. Die Herabmischung des FM-Signals in die Nullage ist nur näherungsweise möglich, weil die dafür erforderliche Trägerfrequenz prinzipiell nicht aus dem FM-Signal gewonnen werden kann. Dies hat einen ständig anwachsenden Nullphasenwinkel zur Folge, der bei der Quadrantenreduktion laufende Umschaltungen zur Folge hat. Die dadurch entstehenden Phasensprünge verursachen am Ausgang des Differenzierers impulsartige Störungen, die durch ein Tiefpaßfilter beseitigt werden können.

2. 5. 3. 5. Basisband-Verzögerungsdemodulator

Dieser auf Kammeyer[40], zurückgehende Demodulator gehört in die Gruppe der Verzögerungsdemodulatoren, die auch in der analogen Technik zur FM-

---

39 Vgl. Mehrgardt, Sönke: *Digitale Signalverarbeitung auch in Videorecordern,* Elektronik, Heft 11, 1986.

40 Vgl. Kammeyer, Karl-Drik: *Ein Verfahren zur digitalen Demodulation frequenzmodulierter Signale,* AEÜ 36, 1982, H.7/8, S. 292; ders. *Probleme der ADU-Genauigkeit in einem digitalen UKW-Empfangssystem,* NTG-Fachberichte 84: Neue Aspekte der Informations- und Systemtheorie und ders.: *Realisierung einer digitalen FM-Demodulationseinheit für den Einsatz im UKW-Zwischenfrequenzbereich,* Frequenz Bd. 37,

Demodulation eingesetzt werden. Bild 2.104 zeigt die Basisband-Version dieses Demodulatortyps, die eine komplexe Signalverarbeitung erfordert. Eine Beseitigung von

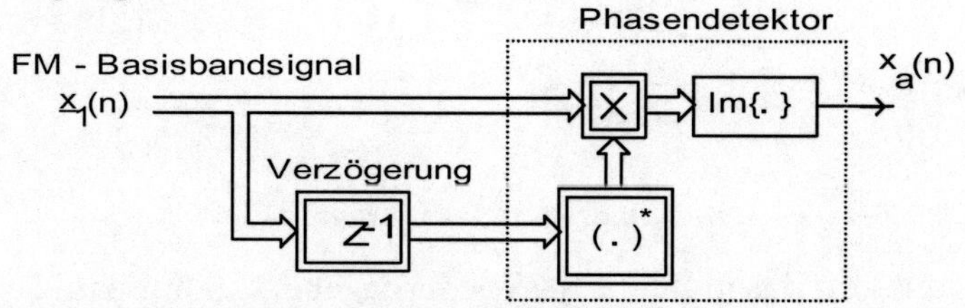

Bild 2.104. Basisband-Verzögerungsdemodulator

Amplitudenschwankungen findet nicht statt und muss daher vorweg durchgeführt werden. Der Demodulator besteht lediglich aus einem Verzögerungsglied, welches um einen Schritt verzögert, und einem Basisband-Phasendetektor, dessen Systemdiagramm mit Bild 2.81 angegeben wurde. Mit dem Basisband-Eingangssignal

$$\underline{x}_1(n) = \exp(j\,\vartheta_1(n)) \tag{2.342}$$

ergibt sich das reelle Ausgangssignal dieses Phasendetektors

$$\begin{aligned} x_a(n) &= \operatorname{Im}\{ \exp(j\,\vartheta_1(n)) \cdot \exp(-j\,\vartheta_1(n-1)) \} \\ &= \operatorname{Im}\{ \exp(j\,\vartheta_1(n) - \vartheta_1(n-1)) \} = \sin(\vartheta_1(n) - \vartheta_1(n-1)) \end{aligned} \tag{2.343}$$

als Imaginärteil des Produkts des komplexen Eingangssignals und des um einen Schritt verzögerten, konjugiert komplexen Eingangssignals und ist dann dem Sinus der Differenz der Nullphasenwinkel proportional. Das reelle Systemdiagramm, das in Bild 2.105 gezeigt wird, erhält man, wenn die Multiplikation und Imaginärteilbildung nach Gl. (2.343) in Komponentenform durchgeführt wird. Es ergibt sich die Gleichung

$$x_a(n) = -\cos(\vartheta_1(n))\sin(\vartheta_1(n-1)) + \sin(\vartheta_1(n))\cos(\vartheta_1(n-1)), \tag{2.344}$$

aus der sich Bild 2.105 ablesen läßt.

1983, S. 16-22.

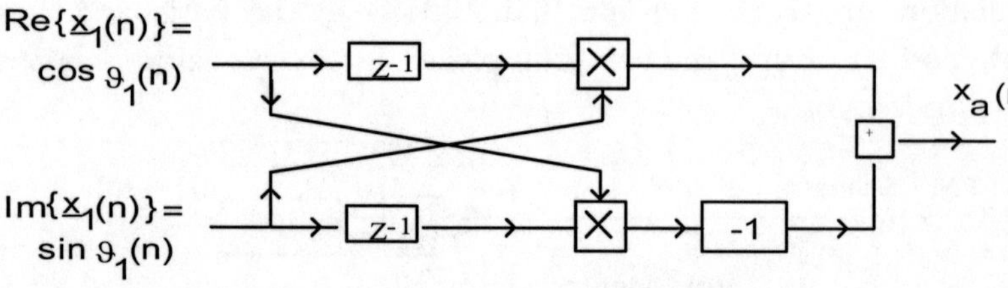

Bild 2.105. relles Systemdiagramm des Demodulators

Im folgenden wird das in Bild 2.106 wiedergegebene, komplette Systemdiagramm des FM-Demodulators untersucht, welches die Quadraturmischung einer frequenzmodulierten Zahlenfolge in die Nullage, die Begrenzung und die eigentliche Demodulation nach Bild 2.105 enthält.

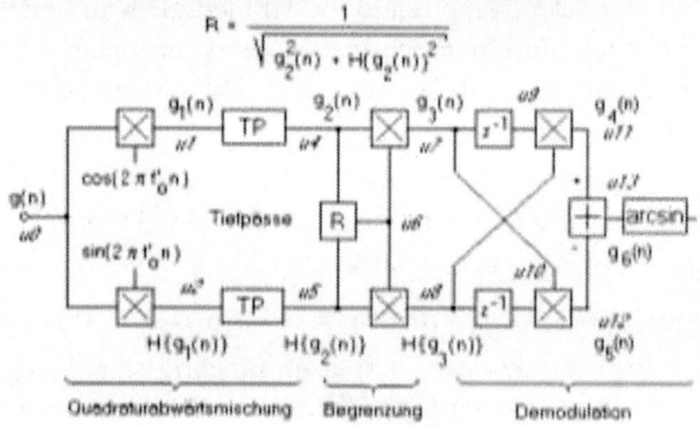

Bild 2.106. Demodulation einer frequenzmodulierten Zahlenfolge

Ausgangspunkt sei ein analoges, frequenzmoduliertes Signal mit einer gleichzeitigen Amplitudenmodulation:

$$u(t) = \hat{u}(t)\cos(2\pi f_m t + K\int_{-\infty}^{t} u_{NF}(\tau)d\tau) \quad . \qquad (2.345)$$

Durch Abtasten entsteht daraus mit $t = nT_A$ die Zahlenfolge

$$g(n) = a(n)\cos(2\pi f_m{}' \, n + K\int_{-\infty}^{n} v(\tau)d\tau) \quad , \qquad (2.346)$$

die zunächst einer Quadraturabwärtsmischung in die Nullage unterzogen wird. Danach erfolgt eine Multiplikation dieser Zahlenfolge mit $\cos(2\pi f_o{}' n)$ und $\sin(2\pi f_o{}' n)$. Macht man $f_o{}' = f_m{}'$, so erfolgt eine Herabmischung in die Nullage, wobei die Terme mit doppelter Frequenz von den Tiefpässen unterdrückt werden. An den Ausgängen der Tiefpässe entstehen so die beiden zueinander hilberttransformierten Zahlenfolgen

$$g_2(n) = a(n)\cos\left(K\int_{-\infty}^{n} v(\tau)d\tau\right) \qquad \text{und}$$

$$H\{g_2(n)\} = a(n)\sin\left(K\int_{-\infty}^{n} v(\tau)d\tau\right) \quad , \qquad (2.347)$$

die zunächst den Begrenzer durchlaufen. Die Elimination der durch Störungen hervorgerufenen zusätzlichen Amplitudenmodulation a(n) durch den Begrenzer lässt sich im Basisband günstiger als bei den trägerfrequenten Demodulatoren realisieren. In dem mit R bezeichneten Block wird der Kehrwert der Hüllkurve a(n) des analytischen Signals gebildet. Die Hüllkurve ergibt sich als Wurzel aus der Summe der Quadrate von Real- und Imaginärteil des analytischen Signals. So erhält man durch Kehrwertbildung den Faktor

$$R = \frac{1}{a(n)} = \frac{1}{\sqrt{g_2^2(n) + H\{g_2(n)\}^2}} \quad , (2.348)$$

mit dem zur Elimination des Amplitudenfaktors a(n) Real- und Imaginärteil des analytischen Signals multipliziert werden. Von Vorteil ist dabei, dass der Amplitudenfaktor nicht sehr klein ist oder gar verschwindet und so numerische Probleme bei der Division nicht auftreten. Damit entstehen an den Ausgängen der Multiplikatoren des Begrenzers die Zahlenfolgen

$$g_3(n) = \cos\left(K\int_{-\infty}^{n} v(\tau)d\tau\right) \text{ und } \qquad H\{g_3(n)\} = \sin\left(K\int_{-\infty}^{n} v(\tau)d\tau\right) . \qquad (2.349)$$

Sie enthalten keine Amplitudenmodulation mehr und werden der Demodulationseinheit zugeführt. An deren Multiplikatoren werden die Signale

$$g_4(n) = g_3(n-1)\, H\{g_3(n)\} \quad \text{sowie}$$

$$g_5(n) = g_3(n)\, H\{g_3(n-1)\}$$

gebildet, aus denen sich durch die Subtraktion $g_4(n) - g_5(n)$ und die Anwendung einer arcsin-Kennlinie das NF-Signal ergibt. Der Ausdruck

$$g_4(n) = \cos\left(K \int_{-\infty}^{n-1} v(\tau)d\tau\right) \sin\left(K \int_{-\infty}^{n} v(\tau)d\tau\right) \tag{2.350}$$

wird mit dem Additionstheorem

$$\sin a \cos b = \frac{1}{2}\left[\sin(a-b) + \sin(a+b)\right] \tag{2.351}$$

umgeformt zu

$$g_4(n) = \frac{1}{2}\left\{\sin\left[K \int_{-\infty}^{n} v(\tau)d\tau - K \int_{-\infty}^{n-1} v(\tau)d\tau\right] + \sin\left[K \int_{-\infty}^{n} v(\tau)d\tau + K \int_{-\infty}^{n-1} v(\tau)d\tau\right]\right\}. \tag{2.352}$$

Eine Aufteilung des Integrationsbereiches ermöglicht eine weitere Umformung in

$$g_4(n) = \frac{1}{2}\left\{\sin\left[K \int_{n-1}^{n} v(\tau)d\tau\right] + \sin\left[2K \int_{-\infty}^{n-1} v(\tau)d\tau + K \int_{n-1}^{n} v(\tau)d\tau\right]\right\}. \tag{2.353}$$

Der Ausdruck

$$g_5(n) = \cos\left(K \int_{-\infty}^{n} v(\tau)d\tau\right) \sin\left(K \int_{-\infty}^{n-1} v(\tau)d\tau\right) \tag{2.354}$$

wird mit dem Additionstheorem umgeformt zu

$$g_5(n) = \frac{1}{2}\left\{\sin\left[K \int_{-\infty}^{n-1} v(\tau)d\tau - K \int_{-\infty}^{n} v(\tau)d\tau\right] + \sin\left[K \int_{-\infty}^{n-1} v(\tau)d\tau + K \int_{-\infty}^{n} v(\tau)d\tau\right]\right\}. \tag{2.355}$$

Die Aufteilung des Integrationsbereiches ermöglicht eine weitere Umformung in

$$g_5(n) = \frac{1}{2}\left\{-\sin\left[K \int_{n-1}^{n} v(\tau)d\tau\right] + \sin\left[2K \int_{-\infty}^{n-1} v(\tau)d\tau + K \int_{n-1}^{n} v(\tau)d\tau\right]\right\}. \tag{2.356}$$

Bildet man die Differenz

$$g_6(n) = g_4(n) - g_5(n) = \sin(K \int_{n-1}^{n} v(\tau)d\tau) \quad , \qquad (2.357)$$

so erhält man mit der Näherung $\int_{n-1}^{n} v(\tau)d\tau \approx v(n)$ den Ausdruck

$$g_6(n) \approx \sin(K\, v(n)) \quad , \qquad (2.358)$$

der nach Durchlaufen der arcsin-Kennlinie in das Niederfrequenzsignal v(n) übergeht. Dazu ist erforderlich, dass das Argument der Sinusfunktion in den Grenzen

$$-\frac{\pi}{2} < K\, v(n) < +\frac{\pi}{2} \qquad (2.359)$$

bleibt.

Das folgende Programmbeispiel zeigt, wie der Demodulator als Pascal-Prozedur zu realisieren ist. Die im Programm verwendeten Variablen sind Bild 2.106 zu entnehmen, wobei für die innere Struktur der digitalen Tiefpässe weitere Variable deklariert sind.

Es sind einfache rekursive Tiefpässe 2. Ordnung eingesetzt worden, deren Filterkoeffizienten auf eine obere NF-Frequenz f'_g = 0,05 dimensioniert sind. Wie die nachfolgenden Bilder der Programmsimulation zeigen, lassen sich damit bereits sehr gute Ergebnisse erzielen.

```
{FM-Demodulator mit Quadraturabwaertsmischung}


PROCEDURE dsv;
var i : integer;
var u0,u1,u2,u3,u4,u5,u6,u7,u8,u9,u10,u11,u12,u13,
                        u14,u15,u16,u17,u18 :real;      nenner : real;
const a0 = 0.00015518;
{TP-Filterkoeffizienten fuer f'g = 0.05}
a1 = 0.00031035;
a2 = 0.00015518;
b1 = 1.96480536;
b2 = -0.96542606;

const inport = $....;
outport= $....;
```

```
begin        {Ruecksetzen aller Speicher}
u0:=0; u1:=0; u2:=0; u3:=0; u4:=0; u5:=0; u6:=0; u7:=0; u8:=0; u9:=0; u10:=0; u11:=0;
u12:=0; u13:=0; u14:=0;u15:=0; u16:=0; u17:=0; u18:=0;
i:=0;

repeat
u0:=port(inport);                          {Abtastung}

 u1:=u0*cos(2*pi*fm*i);                    {Abwaertsmischung}
u2:=u0*sin(2*pi*fm*i);

u4 := a0*u1 + u17; {TP-Filter oberer Kanal}
u17:= a1*u1 + b1*u4 +u15;
u15:= a2*u1 + b2*u4;

u5 := a0*u2 + u18; {TP-Filter unterer Kanal}
u18:= a1*u2 + b1*u5 +u16;
u16:= a2*u2 + b2*u5;

nenner:= sqrt(sqr(u4) + sqr(u5));                         {Amplitudenregelung}
if abs(nenner) < 0.000001 then nenner := 0.000001; {Nennerkontrolle}
u6:=1/nenner;
u7:=u4*u6;
u8:=u5*u6;

u11:=u9*u8; {Demodulation des FM-Basisbandsignals}
u12:=u10*u7;
u13:=u11-u12;

u14:=5*arctan(u13/sqrt(1-sqr(u13)));
{arcsin-Korrektur}
port(outport) := u14;                              {Ausgabe}

u9:=u7;                        {Verzoegern}
u10:=u8;

i:=i+1;
until.....
END;
```

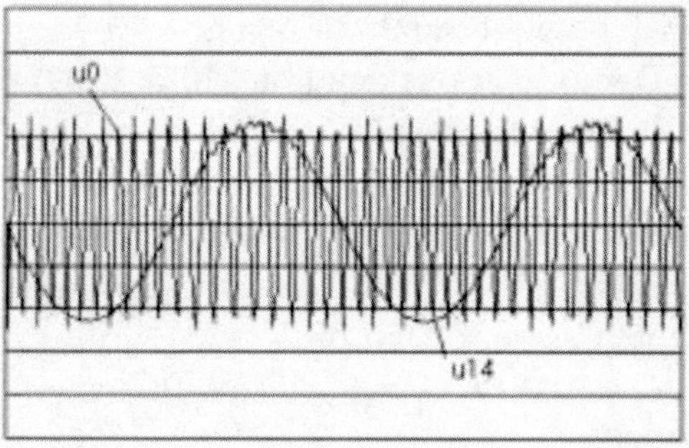

Bild 2.107. HF-Eingangs- und NF-Ausgangsspannung

(Mittenfrequenz f'_m=0,2 Niederfrequenz f' =0,01 Phasenhub $\Delta\Phi$ = 3)

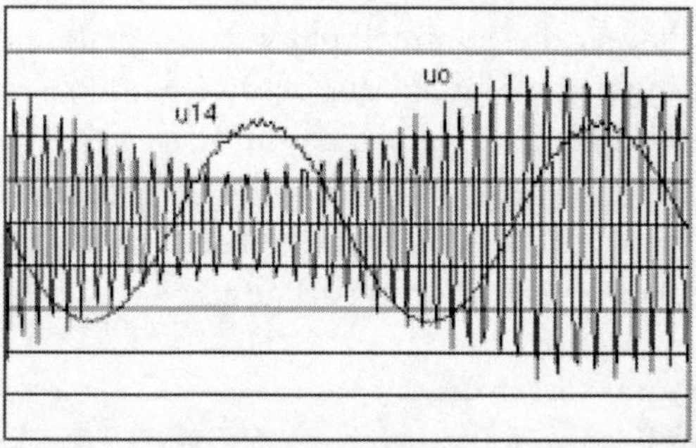

Bild 2.108. HF-Eingangsspannung mit Amplitudenstörung (gleiche Parameter wie oben)

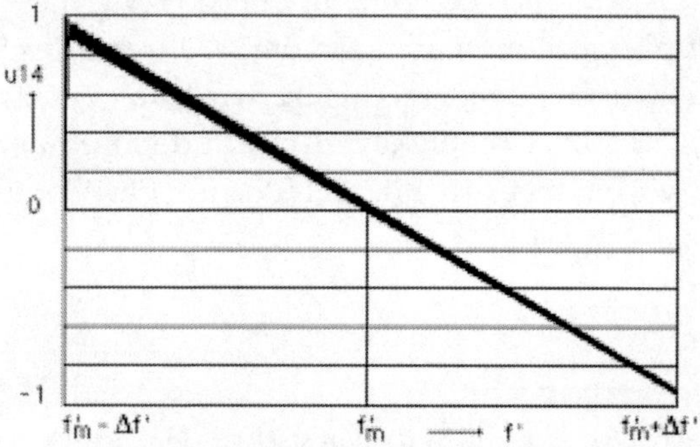

Bild 2.109. Statische Demodulationskennlinie (Mittenfrequenz f'_m=0,2 Frequenzhub $\Delta f'$ =0,04)

Der Demodulator hat, bedingt durch die arcsin-Korrektur, eine hohe Linearität der statischen Demodulationskennlinie (Bild 2.109) und ist durch den Begrenzungsalgorithmus sehr unempfindlich gegen Amplitudenstörungen (Bild 2.108). Die im NF-Ausgangssignal überlagerten hochfrequenten Störungen sind bedingt durch die relativ schwache Dämpfung der Tiefpässe 2. Ordnung. Werden Tiefpässe höherer Ordnung programmiert, so werden diese Störkomponenten besser bedämpft.

2. 5. 4. Stereo-Decoder

Die Stereo-Tonübertragung erfordert auf der Sende- und Empfangsseite ein kompatibles Multiplexverfahren; denn der Stereo-Eindruck beruht auf der Übertragung zweier Tonsignale.[41] Die Kompatibilität bedeutet, dass einkanalige Mono-Empfänger die Summe beider Tonsignale wiedergeben, während Stereo-Empfänger die Signale der beiden senderseitigen Mikrophone auf die Lautsprecher geben. Erforderlich dafür ist senderseitig eine Codierung und empfängerseitig eine entspechende Decodierung. Beide sind ein Einsatzgebiet für die digitale Signalverarbeitung. Im folgenden werden Algorithmen für die Stereo-Decodierung erläutert.[42]

2. 5. 4. 1. Übertragungsverfahren

Zur Erreichung der Kompatibilität werden die beiden senderseitigen Signale r(t) und l(t) für den rechten und den linken Kanal zu einem Summensignal r(t) + l(t) und einem Differenzsignal r(t) - l(t) verknüpft. Beide Signale haben ein Spektrum von 50 Hz bis 15 KHz. Zur Übertragung dieser Signale wird ein Frequenzmultiplexverfahren angewendet. Während das Summensignal in der ursprünglichen Frequenzlage bleibt, wird das Spektrum des Differenzsignals durch eine Zweiseitenband-Amplitudenmodulation mit unterdrücktem Träger verschoben. In Bild 2.110 wird der Codierungsvorgang blockschaltbildartig dargestellt.

---

[41] Vgl. Freyer, Ulrich: *Nachrichtenübertragungstechnik,* Hanser-Verlag.

[42] Rosenkranz, Werner: *Digitale Systeme und optimierte Algorithmen zum Empfang frequenzmodulierter Signale,* Habilitationsschrift Universität Erlangen-Nürnberg, 1989

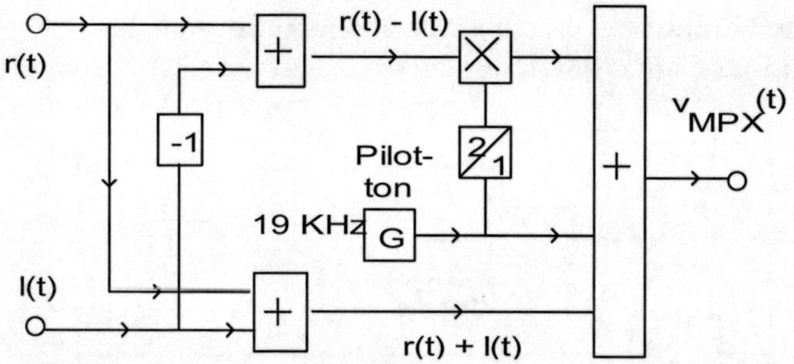

Bild 2.110. Bildung des Stereo-Multiplex-Signals

Die Trägerfrequenz des modulierten Sinusträgers beträgt 38 KHz; das Spektrum erstreckt sich dann von 23 KHz bis 53 KHz. Zur Trägerrückgewinnung für die Demodulation wird ein Pilotton von 19 KHz überlagert, so dass im Empfänger lediglich eine Frequenzverdoppelung erforderlich ist. Bild 2.111 zeigt das Spektrum

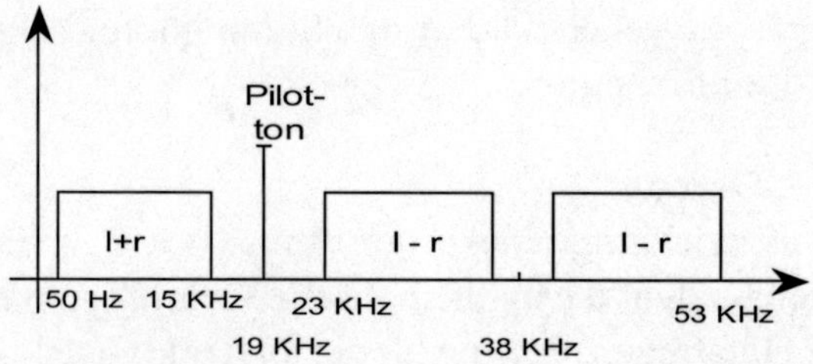

Bild 2.111. Spektrum des Stereo-Multiplex-Signals des resultierenden Signals, das dem FM-Sender zugeführt wird.

2. 5. 4. 2. Analoger Decoder

Zur Gewinnung des Links- und des Rechts-Signals aus dem Stereo-Multiplex-Signal können drei schaltungstechnische Methoden unterschieden werden[43]: 1. das Hüllkurven-Verfahren, 2. das Matrix-Verfahren und 3. das Schalter-Verfahren.

Das Hüllkurven-Verfahren erfordert den geringsten schaltungstechnischen Aufwand. Dabei wird dem um das Pilotsignal verminderten Multiplex-Signal der Hilfsträger so zugefügt, dass nach der Überlagerung zwei

43 Vgl. *Telefunken-Laborbuch,* Bd 4, AEG-Telefunken, 1968.

verschiedene Hüllkurven entstehen, von denen die eine das Rechts- und die andere das Links-Signal darstellt.

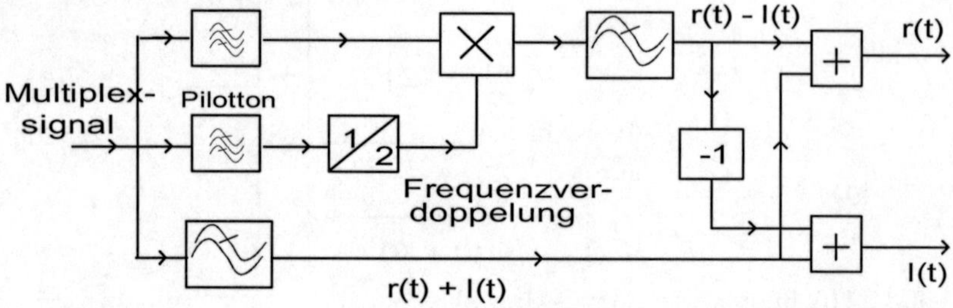

Bild 2.112. Decoder nach dem Matrix-Verfahren

Bei dem im Bild 2.112 dargestellten Matrixverfahren werden das Summensignal mit einem Tiefpaß und der Pilotton sowie das AM-Signal mit Bandpässen herausgesiebt. Der Pilotton wird in der Frequenz verdoppelt und dann zur Produktdemodulation des AM-Signals verwendet. Aus Summen- und Differenzsignal entstehen dann durch Summen- und Differenzbildung das Rechts- und das Linkssignal.

2. 5. 4. 3. Digitaler Decoder

Am Anfang der Entwicklung eines Algorithmus zur Decodierung des Stereo-Multiplex-Signals steht die mathematische Formulierung. Aus Bild 2.110 lässt sich mit der Hilfsträgerfrequenz f_H die folgende Gleichung für das Stereo-Multiplex-Signal ablesen:

$$v_{MPX} = \frac{1}{2}[\, l(t) + r(t)\,] + \frac{1}{2}[l(t) - r(t)\,] \sin(\, 2\pi f_H t\,) + \hat{p} \sin(\, 2\pi \frac{f_H}{2} t\,)\,. \quad (2.360)$$

Bei digitaler Signalverarbeitung ist nun eine mathematische Operation erforderlich, die die Erzeugung der beiden Originalsignale r(t) und l(t) aus dem Multiplexsignal $v_{MPX}(t)$ ermöglicht. Auf einfache Weise lassen sich die Originalsignale aus dem Multiplexsignal durch Multiplikation mit zwei Abmischfunktionen

$$f_{al}(t) = 1 + 2 \sin(\, 2\pi f_H t\,) \quad f_{ar}(t) = 1 - 2 \sin(\, 2\pi f_H t\,) \quad (2.361)$$

gewinnen. Dazu müssen die Abmischfunktionen vorher synchron, phasenrichtig und mit dem genauen Amplitudenverhätnis 2 : 1 erzeugt worden sein. Bild 2.113 zeigt den den Vorgang blockschaltbildartig.

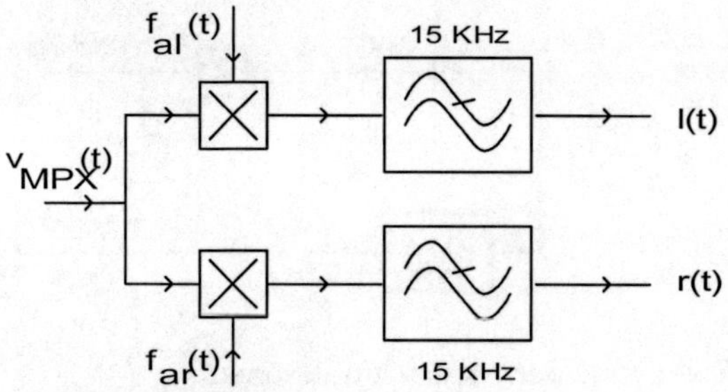

Bild 2.113. Trennung der Kanäle

Am Ausgang der Multiplikatoren erhält man:

$$v_{MPX}(t)\ f_{al}(t) = l(t) + l_{HF}(t)$$

$$v_{MPX}(t)\ f_{ar}(t) = r(t) + r_{HF}(t) \quad . \tag{2.362}$$

Das heißt, den Originalsignalen l(t) und r(t) sind die Störsignale $l_{HF}(t)$ und $r_{HF}(t)$ überlagert, die aber mit Tiefpässen unterdrückt werden können. Die Entstehung des Originalsignals durch die Multiplikation des Multiplexsignals mit der Abmischfunktion wird am Beispiel des Links-Signals gezeigt. Die Multiplikation

$$v_{MPX}(t)\,[\,1 + 2\sin(\,2\pi f_H t\,)\,] \tag{2.363}$$

ergibt

$$l(t) + [\tfrac{3}{2}\,l(t) + \tfrac{1}{2}\,r(t)\,]\ \sin(\,2\pi f_H t\,)$$
$$+ [\tfrac{1}{2}\,r(t) - \tfrac{1}{2}\,l(t)\,]\ \cos(\,2\pi\, 2\, f_H t\,)$$
$$+ \hat{p}\sin(\,2\pi\tfrac{f_H}{2}t\,) + \hat{p}\cos(\,2\pi\tfrac{f_H}{2}t\,) - \hat{p}\cos(\,2\pi\,\tfrac{3\,f_H}{2}t\,)\,. \tag{2.364}$$

Man erhält also ein Störspektrum, welches von der Pilotfrequenz $f_H/2$ bis zur doppelten Hilfsträgerfrequenz f_H vermehrt um den Spektralbereich des Originalsignals reicht. Ein Tiefpaß mit einer Grenzfrequenz von 15 KHz unterdrückt das Störspektrum.

Die Erzeugung der für die Decodierung erforderlichen Abmischfunktionen ist in Bild 2.114 zu sehen. Es wird zunächst aus dem Multiplexsignal der Pilotton mit

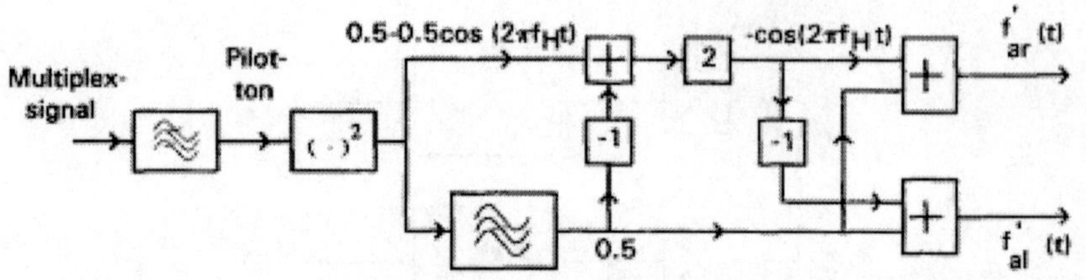

Bild 2.114. Erzeugung der Abmischfunktionen

einem schmalen, rekursiven Bandpaß herausgefiltert, an dessen Ausgang das Pilotsignal

$$\sin(2\pi \frac{f_H}{2} t) \tag{2.365}$$

entsteht. Durch Quadrieren dieses Signals wird eine Frequenzverdoppelung erreicht. Es entsteht das Signal

$$\frac{1}{2} [1 - \cos(2\pi\, f_H t)] \tag{2.366}$$

aus dem mit Hilfe einer Bandsperre der Wechselanteil unterdrückt werden kann. Aus dem so entstandenen Gleichanteil können dann mit dem quadrierten Signal die Abmischfunktionen gebildet werden. Man erhält die Funktionen

$$\begin{aligned} f_{al}'(t) &= \frac{1}{2} [1 + 2 \cos(2\pi\, f_H\, t)] \\ f_{ar}'(t) &= \frac{1}{2} [1 - 2 \cos(2\pi\, f_H\, t)] \end{aligned} \quad , \tag{2.367}$$

die den Wechselanteil der Abmischfunktionen cosinusförmig enthalten. Für den phasenrichtigen Zusatz des so zurückgewonnenen Hilfsträgeranteils ist somit eine Phasenverschiebung von 90° notwendig.

Betrachtet man die zu dem Multiplexsignal $v_{MPX}(t)$ gehörende Zahlenfolge

$$\begin{aligned} v_{MPX}(n) = {} & \frac{1}{2} [l(n) + r(n)] + \\ & \frac{1}{2} [l(n) - r(n)] \sin(2\pi \frac{f_H}{f_A} n) + \hat{p} \sin(\pi \frac{f_H}{f_A} n) , \end{aligned} \tag{2.368}$$

die sich ergibt, wenn man mit der Abtastfrequenz f_A die Substitution $t = n \frac{1}{f_A}$ durchführt, so lässt sich diese Phasenverschiebung durch Verzögerung um eine Taktperiode erreichen, wenn man $\frac{f_H}{f_A} = \frac{1}{4}$ wählt; es gilt nämlich:

$$\sin\left[2\pi \frac{1}{4}(n-1)\right] = \cos\left[2\pi \frac{n}{4}\right] \quad . \qquad (2.369)$$

2. 6. Algorithmische Systeme in der digitalen Übertragungstechnik

Während bei den Systemen der analogen Übertragungstechnik der Einsatz der digitalen Signalverarbeitung vorwiegend im Empfänger bei der Demodulation und Entzerrung erfolgt, ist diese Technik bei den Systemen der digitalen Übertragungstechnik auch auf der Senderseite bei der Modulation und Filterung von Bedeutung. Ein wichtiges Einsatzfeld digitaler Signalverarbeitung sind in diesem Zusammenhang die MODEM genannten Datenübertragungseinrichtungen bei der Datenübertragung über das analoge Telefonnetz. Auf Grund der geringen Bandbreite des Telefonkanals sind höhere Übertragungsgeschwindigkeiten nur durch den Einsatz komplizierter Modulationstechniken und aufwendiger adaptiver Entzerrungen zu erreichen. Die Komplexität der Systeme erfordert aus Wirtschaftlichkeitsgründen den Einsatz digitaler Signalverarbeitung, ohne die aber auch Aufgaben wie z.B. die adaptive Entzerrung technisch nicht beherrschbar wären.

2. 6. 1. Modulationssysteme

In der Übertragungstechnik gewinnt die Signaldarstellung durch Zahlenfolgen statt durch kontinuierliche Zeitfunktionen ständig an Bedeutung. Unter den Digitalsignalen, die physikalische Darstellungen von Zahlenfolgen sind, sind die isochronen Signale am wichtigsten. Sie zeichnen sich durch ein festes Zeitraster und einen festen Grundimpuls aus. Die Elemente der Zahlenfolge $\{a(n)\}$ werden durch verschiedene Amplituden des Grundimpulses dargestellt und der zeitliche Abstand zwischen den Elementen ist die Taktperiode T_0. Mit dem Grundimpuls $g(t)$ erhält man dann

$$u(t) = U_0 T_0 \sum_{n=-\infty}^{\infty} a(n)\, g(t - nT_0) \qquad (2.370)$$

als mathematisch-signaltheoretische Formulierung des Digitalsignals. Dabei handelt es sich um ein Tiefpaßsignal im Basisband. Soll dieses Signal über einen relativ schmalbandigen Bandpaßkanal übertragen werden, so ist die Modulation eines Sinusträgers erforderlich. Eine Datenendeinrichtung A, die über einen Bandpaßkanal mit einer Datenendeinrichtung B kommuniziert, wird mit dem Kanal über eine MODEM genannte Datenübertragungseinrichtung verbunden. Wesentliche Bestandteile dieses MODEM sind ein Modulator und ein Demodulator, die je nach Übertragungsrichtung gleichzeitig oder abwechselnd benötigt werden.

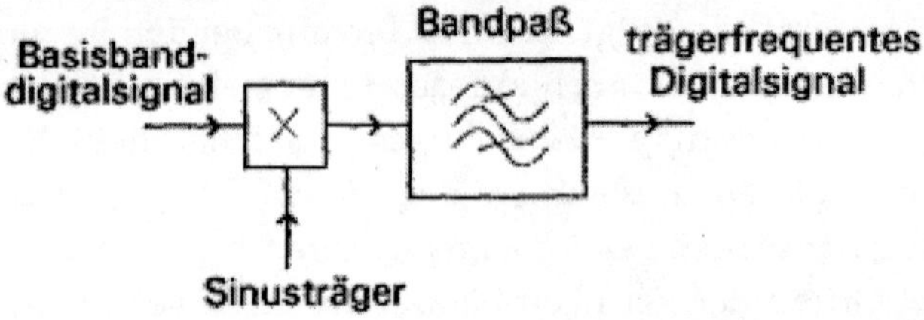

Bild 2.115. Modulation eines Sinusträgers mit einem Digitalsignal

Der klassische Weg der Modulation eines Trägers mit einem Digitalsignal im Basisband führt, wie in Bild 2.115 gezeigt, über eine Multiplikation. Dabei entsteht ein Bandpaßsignal, das durch ein Bandpaßfilter bandbegrenzt werden muß. Wesentliche Probleme der Übertragungstechnik sind die Überlagerung von Störungen und die linearen Verzerrungen, die hier im Vordergrund der Betrachtung stehen sollen.

Die Verzerrungen entstehen bereits im Sender durch das Bandbegrenzungsfilter und im Kanal durch seinen Amplituden- und Gruppenlaufzeitgang. Das durch digitale Signalverarbeitung zu realisierende Verfahren der Digitalen Echomodulation benötigt weder den Multiplikator noch den Bandbegrenzungsbandpaß und erzeugt ein Bandpaßsignal, das scharf bandbegrenzt ist.

2. 6. 1. 1. Bandpaß-Digitalsignal

Zunächst ist die Entstehung eines Bandpaß-Digitalsignals durch die Modulation eines Sinusträgers mit einem Basisband-Digitalsignal zu zeigen. Ein Signal ist die physikalische Darstellung einer Nachricht. Bei analogen Signalen ist die Nachricht eine Zeitfunktion, bei Digitalsignalen wird die Nachricht durch eine Folge z(n) von Zeichen aus einem Zeichenvorrat zv gebildet. Ein besonders häufiger Fall sind die binären Digitalsignale, die eine Zeichenfolge aus einem Zeichenvorrat zv = 2 darstellen. Die Zeichen werden "0" und "1" genannt; man spricht auch von einer Null-Eins-Folge.

Bei der Übertragung einer binären Zeichenfolge z(n) mit N Folgenelementen wird häufig im Interesse der Erhöhung der Übertragungsgeschwindigkeit eine Blockbildung mit Blöcken der Länge B vorgenommen. Diese Blöcke ergeben dann eine Zeichenfolge $z_B(n)$ mit einem Zeichenvorrat zv = 2^B. Für die Übertragung von N Folgenelementen von z(n) werden also nur N/B Folgenelemente von $z_B(n)$ benötigt. Bei der gleichen Anzahl von übertragenen Folgenelementen pro Sekunde wird somit die Übertragungsgeschwindigkeit auf das B-fache gesteigert.

Für die zv Zeichen der Zeichenfolge $z_B(n)$ sind nun zur elektrischen Darstellung der Zeichen zv verschiedene Signalelemente festzulegen. Diese Signalelemente sind Impulse; dabei wählt man nun nicht zv verschiedene Impulse, sondern einen festen Grundimpuls g(t), der mit zv verschiedenen Zahlen multipliziert wird. Diese Zahlen $\underline{A}$ werden als komplex angenommen. So erhält man ein komplexes Basisband-Digitalsignal

$$\sum_{n=-\infty}^{\infty} \underline{A}(n)\, g(t - n\,T_B) \qquad (2.371)$$

als Folge von Signalelementen der Form $\underline{A}(n)$ g(t) mit dem zeitlichen Abstand T_B zwischen den Signalelementen. Zwischen den Werten der Zahl $\underline{A}$ und den zv Zeichen der Zeichenfolge $z_B(n)$ wird an Hand einer Tabelle oder eines Diagramms, das die Zahlen $\underline{A}$ in der Gauß'schen Zahlenebene darstellt, eine Zuordnung vorgenommen. Bild 2.116 zeigt das Diagramm für eine mögliche

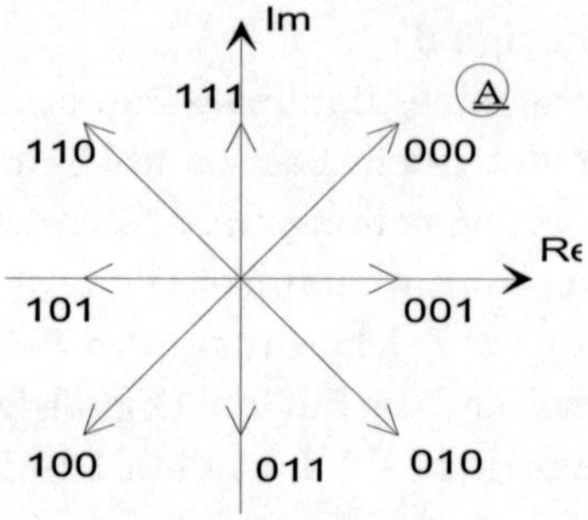

Bild 2.116. Zuordnung zwischen Zeichen und Werten von A

Zuordnung bei einer Blocklänge B = 3. In diesem Fall hat man den Zeichenvorrat

(000, 001, 010, 011, 100,101, 110, 111)

aus Blöcken der Zeichenfolge z(n).

Zur Bildung eines Bandpaßsignals wird eine Multiplikation mit $\exp(j\, 2\pi\, f_m t)$ durchgeführt. Man erhält dann

$$\sum_{n=-\infty}^{\infty} \underline{A}(n)\, g(t - n\, T_B)\, \exp(\, j\, [\, 2\pi f_m t\,]\,) \quad . \qquad (2.372)$$

Stellt man die komplexe Zahl $\underline{A}(n) = A(n) \exp[\, j\, \varphi(n)\,]$ in Exponentialform dar, so erhält man das komplexe Signal

$$\sum_{n=-\infty}^{\infty} A(n)\, g(t - n\, T_B)\, \exp(\, j\, [\, 2\pi f_m t + \varphi(n)\,]\,)\, . \qquad (2.373)$$

Durch anschließende Realteilbildung entsteht daraus

$$\sum_{n=-\infty}^{\infty} A(n)\, g(t - n\, T_B)\, \cos[\, 2\pi f_m t + \varphi(n)\,]\, , \qquad (2.374)$$

also ein gleichzeitig amplituden- und phasenmoduliertes Signal. Bild 2.117 zeigt das Systemdiagramm dieser Signalverarbeitung. Gl. (2.374) lässt erkennen, dass mit der

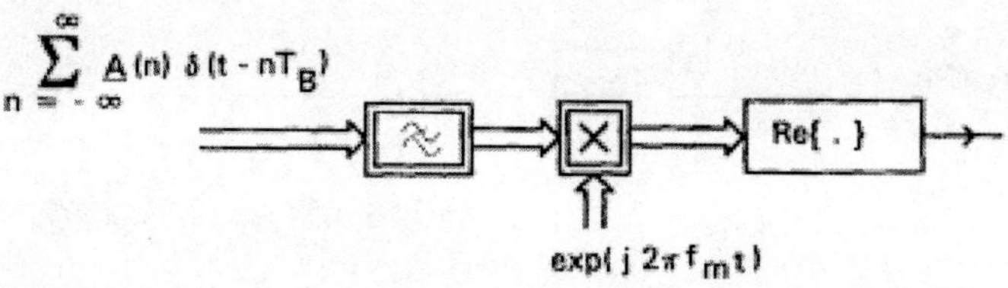

Bild 2.117. komplexes Systemdiagramm der Erzeugung eines trägerfrequenten Digitalsignals

erläuterten Signalverarbeitung folgende Fälle eines trägerfrequenten Digitalsignals erzeugt werden können: 1. Amplitudenumtastung, engl.: Amplitude Shift Keying, ASK: Die Werte der komplexen Zahl $\underline{A}$ liegen auf der reellen Achse. Ein häufiger Fall ist gegeben mit der Blocklänge B = 1 und den Werten +1 und 0. 2. Phasenumtasung, engl.: Phase Shift Keying, PSK: Die Werte der komplexen Zahl liegen auf dem Einheitskreis. Man hat eine reine Phasenmodulation; der Scheitelwert ist konstant. 3. Quadratur-Amplituden-Modulation, QAM: Die Werte der komplexen Zahl liegen z.B. auf den Eckpunkten und Kanten eines Quadrats um den Einheitskreis. Es liegt eine gleichzeitige Amplituden- und Phasenmodulation vor.

Zur Entwicklung eines reellen Systemdiagramms bildet man den Realteil des Signals nach Gl. (2.375), wobei die Faktoren $\underline{A}(n)$ und $\exp(\, j\, 2\pi f_m\, t)$ in Komponentenform multipliziert werden. Mit

$$\underline{A}(n) = a(n) + j\, b(n)$$
$$\exp(\, j 2\pi f_m t) = \cos(2\pi f_m t) + j \sin(\, 2\pi f_m t) \qquad (2.375)$$

erhält man für den Realteil

$$\sum_{n=-\infty}^{\infty} [\, a(n)\, g(t - nT_B) \cos(2\pi f_m t) - \, b(n)\, g(t - nT_B) \sin(2\pi f_m t)\,]\,. \qquad (2.376)$$

Bild 2.118 zeigt das sich daraus ergebende Systemdiagramm, wobei sich die Grundimpulse g(t) als Impulsantwort eines Filters auf Dirac-Impulse ergeben.

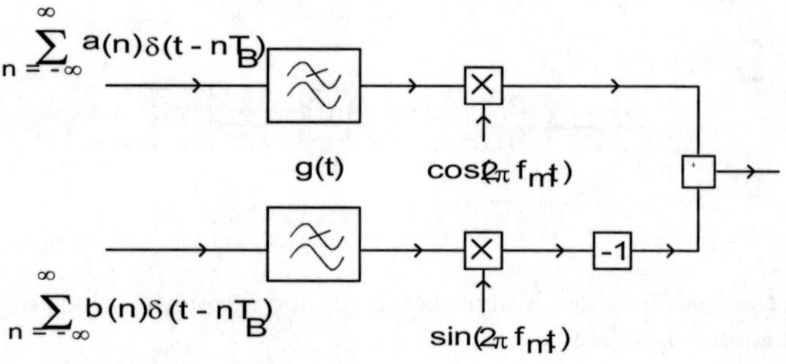

Bild 2.118. reelles Systemdiagramm für die Erzeugung eines trägerfrequenten Digitalsignals

Am Eingang der Filter liegen also die Signale

$$\sum_{n=-\infty}^{\infty} a(n)\,\delta(t - n\,T_B) \quad \text{und} \quad \sum_{n=-\infty}^{\infty} b(n)\,\delta(t - n\,T_B)\,. \tag{2.377}$$

2. 6. 1. 2. Digitale Echomodulation

Bei der Übertragung eines Digitalsignals mit Hilfe eines modulierten Sinusträgers treten u.a. 3 wichtige Probleme auf: 1. Bandbegrenzung des Bandpaßsignals, 2. Nachbarzeichenbeeinflussung, 3. Erzeugung von 2 um 90° phasenverschobenen Trägern.

Die Bandbegrenzung des erzeugten Bandpaßsignals, das u.U. ein ausgedehntes Spektrum hat, erfordert den Einsatz eines Bandfilters. Abgesehen von dem damit verbundenen Aufwand verursacht das Bandfilter Phasenverzerrungen, die eine Regeneration im Empfänger erschweren, weil als Folge davon Nachbarzeichenbeeinflussung auftritt. Das Prinzip der digitalen Echomodulation ermöglicht es nun, die Bandbegrenzung, die Nachbarzeichenbeeinflussung und die Erzeugung zweier um 90° phasenverschobener Träger zu vermeiden.[44] Zur Erläuterung dieses Prinzips wird der obere Zweig des Systemdiagramms nach Bild 2.118 betrachtet. Am Ausgang des Multiplikators entsteht das Signal

---

[44] Vgl. Choquet, M. Friedrich u.a.: *Microcoded Modem Transmitters,* IBM J. Res. Develop., 1974, 18, S.338-351 und ders.: *Generation of Synchronous Data Transmission Signals by Digital Echo Modulation,* IBM J. Res. Develop., 1971, S.364-377.

$$\sum_{n=-\infty}^{\infty} \{ a(n)\, g(t - n\, T_B) \cos(2\pi\, f_m t) \} \quad , \qquad (2.378)$$

das sich ohne wesentliche Änderung seines Spektrums durch

$$\sum_{n=-\infty}^{\infty} \{ a(n)\, g(t - n\, T_B) \cos(2\pi\, f_m\, [t - n\, T_B]) \} \qquad (2.378)$$

ersetzen läßt. Am Eingang des Multiplikators liegt das Basisband-Digitalsignal

$$\sum_{n=-\infty}^{\infty} \{ a(n)\, g(t - n\, T_B) \} \quad , \qquad (2.380)$$

das aus Signalelementen der Form a g(t) besteht. Das Bandpaßsignal (2.378) lässt sich nicht in einzelne Signalelemente zerlegen, weil in den Zeitabschnitten der Tiefpaß-Signalelemente unterschiedliche Ausschnitte der Trägerschwingung liegen. Ersetzt man nun das Signal (2.378) durch das Signal (2.379), so ist eine Zerlegung in Bandpaß -Signalelemente der Form

$$a\, g(t) \cos(2\pi f_m t) \qquad (2.381)$$

möglich. Das Bandpaßsignal (2.379) entsteht nun am Ausgang eines Filters mit der Impulsantwortfunktion (2.381), wenn an dessen Eingang das Signal

$$\sum_{n=-\infty}^{\infty} a(n)\, \delta(t - n\, T_B) \qquad (2.382)$$

liegt. Dabei wird also, wie es Bild 2.119 zeigt, die Modulation

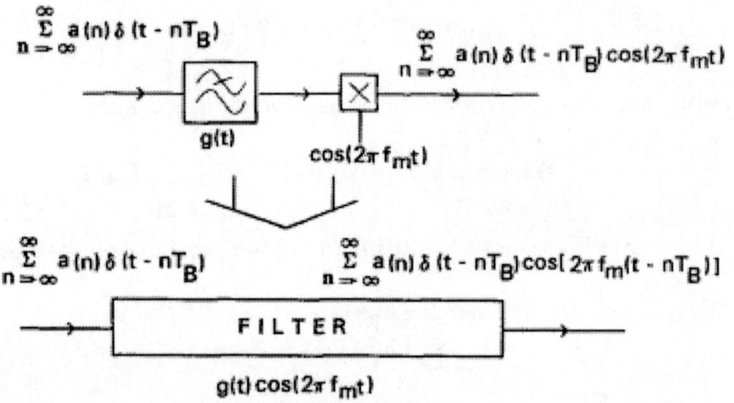

Bild 2.119. Erzeugung des Bandpaßsignals mit einem Filter

durch Multiplikation mit einer Trägerschwingung von einem Filter übernommen. Das Spektrum am Ausgang wird durch das Spektrum des Bandpaß-Signalelements (2.381) bestimmt, wobei für die spektrale Formung der Grundimpuls g(t) verantwortlich ist. Wählt man als Grundimpuls

$$g(t) = f_M \frac{\sin(\pi f_M t)}{\pi f_M t} \quad , \tag{2.383}$$

so erhält man durch Fourier-Transformation das entsprechende Spektrum

$$\underline{G}(f) = \mathrm{rect}(f/f_M) \tag{2.384}$$

mit der Bandbreite f_M. Für das Bandpaß-Signalelement (2.381) ergibt sich dann das Spektrum

$$\underline{G}_B(f) = \frac{1}{2}\mathrm{rect}(\frac{f - f_m}{f_M}) + \frac{1}{2}\mathrm{rect}(\frac{f + f_m}{f_M}) \tag{2.385}$$

durch Faltung mit der Fourier-Transformierten der Schwingung cos(2pf_mt) Das einfachste Verfahren zur Realisierung einer bestimmten Impulsantwortfunktion ist das Transversalfilter. Allerdings muss diese dann begrenzt sein. Das ist jedoch bei dem Grundimpuls (2.383) nicht der Fall. Multipliziert man diesen Impuls mit der Fensterfunktion

$$w(t) = \frac{\cos(\pi r f_M t)}{1 - (2 r f_M t)^2} \quad , \tag{2.386}$$

die einen Roll-Off-Faktor r enthält, so wird ein schnelleres Abklingen erreicht, ohne dass die für das Verschwinden der Nachbarzeichenbeeinflussung wichtigen Nullstellen verändert werden. In Kauf nehmen muss man dabei eine etwas größere Ausdehnung des Spektrums. Die Fourier-Transformierte des Impulses

$$g_W(t) = f_M \frac{\sin(\pi f_M t)}{\pi f_M t} \; w(t) \qquad (2.387)$$

ergibt das Spektrum des Impulses im Basisband:

$$\underline{G}_W(f) = \begin{cases} 1 & |f| < f_1 \\ \frac{1}{2}\left[1 - \sin\left(\frac{\pi}{2} \frac{f - f_M/2}{r f_M/2}\right)\right] & f_1 < |f| < f_2 \\ 0 & |f| > f_2 \end{cases} \qquad (2.388)$$

mit $f_1 = \frac{f_M}{2}(1 - r)$, $f_2 = \frac{f_M}{2}(1 + r)$ und r als Roll-Off-Faktor.

Bild 2.120 zeigt das Spektrum des auf der Frequenzachse um f_m verschobenen, zugehörigen Bandpaß-Signalelements mit einer Fensterfunktion nach Gl. (2.386) und einer absoluten Bandbreite $f_M(1 + r)$.

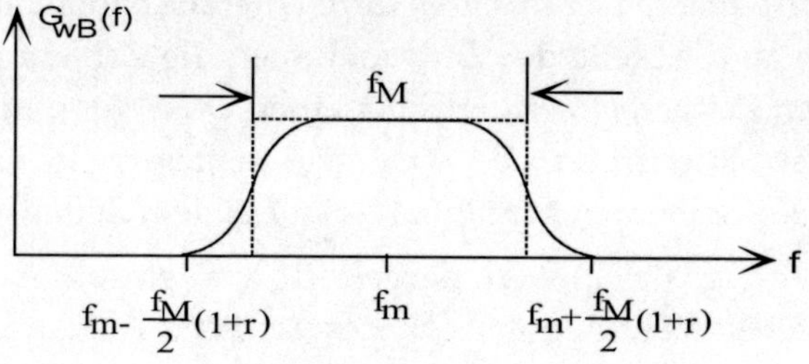

Bild 2.120. Spektrum des Bandpaßsignalelements mit Fenster

Nachdem die Wahl des Grundimpulses g(t) das Problem der Bandbegrenzung des Bandpaßsignals löste und der Einsatz des Fensters w(t) die Realisierung als Transversalfilter ermöglichte, sind die Bedingungen verschwindender Nachbarzeichenbeeinflussung zu untersuchen. Da im Empfänger die Signalelemente nach der Demodulation durch Abtasten identifiziert werden, darf jedes Signalelement bei den Abtastzeitpunkten entsprechend dem Nyquist-Kriterium nur einen von Null verschiedenen Wert haben. Dies ist gewährleistet, wenn bereits das Bandpaß-Signalelement die Bedingung erfüllt. Erforderlich ist dazu ein bestimmtes Verhältnis von f_M zur Folgefrequenz der Bandpaß-Signalelemente f_B und ggf. zur Mittenfrequenz f_m. Betrachtet man die Nullstellen des Bandpaß-Signalelements, so verschwindet der Faktor

$$f_M \frac{\sin(\pi f_M t)}{\pi f_M t} \text{ an den Stellen } t_n = \frac{n}{f_M}, \quad n = 0, \pm 1, \pm 2, \ldots$$

und der Faktor

$$\cos(2\pi f_m t) \text{ an den Stellen } t_m = \frac{2m - 1}{4 f_m}, \quad m = 0, \pm 1, \pm 2, \ldots$$

Die Abtastzeitpunkte im Empfänger liegen an den Stellen $t_i = i \frac{1}{f_B} = i\, T_B$. Erfüllt ist das Nyquist-Kriterium dann z.B. für $f_B = f_M$.

Abschließend sei noch angemerkt, dass die Bezeichnung Echomodulation auf den Einsatz des Transversalfilters zurückgeht, das ja auch als Echofilter bezeichnet wird.

2. 6. 1. 3. Digitales System

Wird das trägerfrequente Digitalsignal durch digitale Signalverarbeitung erzeugt, so treten an die Stelle der Zeitfunktionen die Zahlenfolgen und der Übergang in den Zeitbereich erfolgt über einen D/A-Wandler mit anschließendem Rekonstruktionsfilter. Die wichtigste Festlegung ist dann zunächst, mit wieviel Folgenelementen der Signalverlauf in dem Zeitabschnitt T_B zwischen 2 Bandpaß-Signalelementen dargestellt werden soll. Aus der Anzahl T_B' dieser Folgenelemente ergibt sich der zeitliche Abstand $T_A = T_B / T_B'$ zwischen ihnen. Der Kehrwert f_A dieses zeitlichen Abstandes T_A ist die Folgefrequenz der an den Wandler gegebenen Zahlen und wird in diesem Zusammenhang auch als Abtastfrequenz bezeichnet. Diese Abtastfrequenz legt fest, mit wieviel Folgenelementen die höchste spektrale Komponente, die an der Stelle $f = f_m + \frac{f_M}{2}(1 + r)$ liegt, dargestellt wird und bestimmt dadurch den Interpolationsaufwand nach dem D/A-Wandler. Das Abtasttheorem verlangt, dass die höchste spektrale Komponente durch mindestens 2 Folgenelemente darzustellen ist.

Bild 2.121 zeigt das Systemdiagramm zur Erzeugung des trägerfrequenten Digitalsignals unter Anwendung des Prinzips der digitalen Echomodulation. Die Zeichen der Zeichenfolge $z_B(n)$ werden den Zahlen der Zahlenfolgen a(n) und b(n) zugeordnet. Auf die Eingänge der Transversalfilter werden die Zahlenfolgen

$$\sum_{i=-\infty}^{\infty} a(i)\,\delta(n - i\,T_B') \quad \text{und} \quad \sum_{i=-\infty}^{\infty} b(i)\,\delta(n - i\,T_B') \qquad (2.389)$$

gegeben. Für eine detailliertere Beschreibung werde ein Beispiel für den Telefonkanal entwickelt. Man legt die Trägerfrequenz $f_m = 1850$ Hz in die Mitte des Frequenzbereichs 300 Hz ... 3400 Hz des analogen Telefonkanals. Macht man bei einem Roll-Off-Faktor r = 0.55 die Bandbreite $\Delta f = 3100$ Hz des Kanals gleich der Breite des Signalspektrums, so ergibt sich aus

$$\Delta f = f_M\,(1 + r) \qquad (2.390)$$

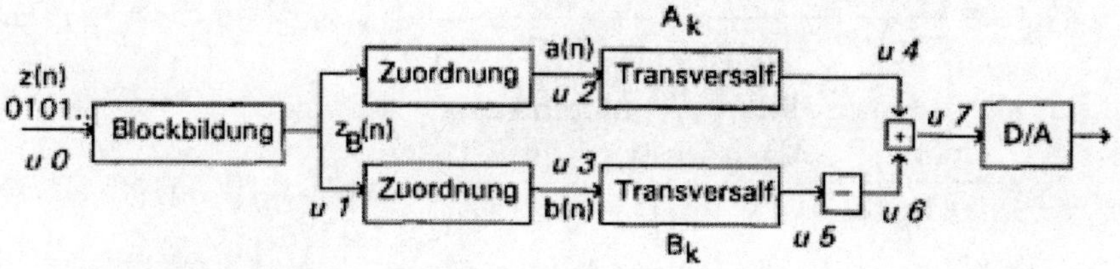

Bild 2.121. trägerfrequentes Digitalsignal nach dem Prinzip der digitalen Echomodulation

die Frequenz $f_M = 2000$ Hz. Aus Gründen verschwindender Nachbarzeichenbeeinflussung wird $f_M = f_B$ gesetzt. Sollen nun für den Signalverlauf zwischen 2 Signalelementen 6 Folgenelemente aufgewendet werden, so ergibt sich aus $T_B' = f_A/f_B = 6$ eine Abtastfrequenz $f_A = 12000$ Hz. Bei einer Übertragung auf der Grundlage eines PSK_8-Systems werden von der Zeichenfolge z(n) Blöcke mit B = 3 gebildet. Die Folgefrequenz f_0 der Elemente von z(n) ist somit B mal so groß wie die Folgefrequenz f_B der Folge $z_B(n)$ und beträgt $f_0 = 6000$ Hz.

Zu bestimmen sind noch die Koeffizienten der beiden Transversalfilter. Man erhält sie, indem man in den Bandpaß-Signalelementen

$$\frac{\sin(\pi f_M t)}{\pi f_M t} \, \frac{\cos(\pi r f_M t)}{1 - (2 r f_M t)^2} \cos(2\pi f_m t) \qquad (2.391)$$

der Folge a(n) und

$$\frac{\sin(\pi f_M t)}{\pi f_M t} \, \frac{\cos(\pi r f_M t)}{1 - (2 r f_M t)^2} \sin(2\pi f_m t) \qquad (2.392)$$

der Folge b(n) einsetzt: $t = i\,T_A$ und $f_M = f_B$. Bei einem Wertebereich

$$- 3\,T_B' \pounds\, i \pounds + 3\,T_B'$$

sind auf Grund des Fensters die Werte außerhalb der Bereichsgrenzen vernachlässigbar klein geworden. So erhält man mit $k = i + 3\,T_B'$, weil k nur positive Werte haben darf, die Koeffizienten für das Transversalfilter im oberen Kanal

$$A_k = \frac{\sin(\pi f_B'[k - 3T_B'])}{\pi f_B' (k - 3T_B')} \, \frac{\cos(\pi r f_B'[k - 3T_B'])}{1 - (2 r f_B'[k - 3T_B'])^2} \cos(2\pi f_m'[k - 3T_B']) \qquad (2.393)$$

und für das Transversalfilter im unteren Kanal

$$B_k = \frac{\sin(\pi f_B'[k - 3T_B'])}{\pi f_B' (k - 3T_B')} \, \frac{\cos(\pi r f_B'[k - 3T_B'])}{1 - (2 r f_B'[k - 3T_B'])^2} \sin(2\pi f_m'[k - 3T_B']) \,. \qquad (2.394)$$

Die folgende Pascal-Prozedur beschreibt einen Algorithmus für die digitale Echomodulation. Gemäß Bild 2.116 legt die Blockbildung und die Zuordnung der mehrwertigen Folgenelemente $z_B(n)$ zu den komplexwertigen Folgenelementen $\underline{A}(n)$ die Modulationsart fest. Die Zuordnung erfolgt durch indizierten Zugriff auf die zwei Konstantenarrays *an* und *bn,* in denen die Real- und Imaginärteile der komplexen Zahlen $\underline{A}(n)$ stehen. Als Index wird der Integer-Wert des Folgenelementes $z_B(n)$ benutzt. Das Beispiel hat die Blockgröße 2 (CONST block =2); die Werte in *an* sowie *bn* ergeben dann die Modulationsart PSK_4. Durch Ändern der Blockgröße und Arrayelemente *an* sowie *bn,* lassen sich auch andere Modulationsarten einstellen.

Die Prozedur berechnet zunächst die Filterkoeffizienten A_k und B_k und legt sie in Arrays *ak* sowie *bk* für die beiden Transversalfilter ab. Die Signalerzeugung erfolgt dann in einer Endlosschleife. Wenn *tb* Taktschritte vergangen sind, wird eine neue Binärinformation eingelesen, ansonsten werden Nullen in die Folgen $z_B(n)$, a(n) und b(n) eingefügt. Die Zuordnung geschieht nur, wenn die Blockgrenze erreicht ist. Die Filter werden bei jedem Taktschritt durchlaufen, so dass sie mit jedem Impuls in den Folgen a(n) und b(n) mit den gewünschten Signalelementen über *tb* Taktschritte antworten können.

```
PROCEDURE echo_mod;
VAR i,j                          : integer;
w,wort,schritt          : integer;
u0,u1                            : integer;
u2,u3,u4,u5,u6,u7       : real;
CONST block=2;          {2 Binärschritte pro Block}
CONST an : array [0..7] of real =(1,0,-1, 0,0,0,0,0);
CONST bn : array [0..7] of real =(0,1, 0,-1,0,0,0,0);
CONST N = 60                     {Filterordnung};
VAR ak : array[0..N] of real;
{Filterkoeffizienten}
VAR bk : array[0..N] of real;
VAR as : array[0..N] of real; {Filterspeicher}
VAR bs : array[0..N] of real;
ar,nenner : real;
sum1,sum2 : real;
CONST fm = 0.15;                 {Mittenfrequenz}
r = 0.55;               {roll-off-Faktor}
tb = 10;
{Anzahl Abtastwerte pro Signalelement}
BEGIN
w:=0; schritt:=0; wort:=0;
for i := 0 to N do
begin
ar:=pi*(i-3*tb)/tb;
nenner:=1-sqr(2*r*ar/pi);
                        {Filterkoeffizienten berechnen}
          ak[i]:=sin(ar)/ar * cos(r*ar)/nenner *cos(2*pi*fm*(i-3*tb));
          bk[i]:=sin(ar)/ar * cos(r*ar)/nenner * sin(2*pi*fm*(i-3*tb));
as[i]:=0; bs[i]:=0; {Filterspeicher löschen}
```

```
end;

REPEAT              {Beginn der Signalerzeugung}
w:=w+1;             {Taktschritte zählen}
u0:=0;              {Nullen einfügen}
u1:=0;
u2:=0;
u3:=0;
if w > tb then
begin
u0 := binaer_info;
                              {Einlesen der 0/1-Binärinformation}
inc(schritt);
wort := wort shl 1; {Blockbildung}
wort:= wort + u0;
if schritt=block then
begin
schritt:=0;
u1:=wort;
u2:=an[u1];                   {Zuordnung}
u3:=bn[u1];
wort:=0;
end;
end;
as[0]:=u2; bs[0]:=u3; {filtern}
 sum1:= 0; sum2:=0;
for j:=0 to N do
begin
sum1:=sum1 + ak[j]*as[j];
sum2:=sum2 + bk[j]*bs[j];
end;
u4:=sum1; u5:=sum2;
u6:=-u5;
for j:=N downto 1 do
                              {umspeichern in Filterspeichern}
begin
as[j]:=as[j-1];
 bs[j]:=bs[j-1];
end;
u7:= u4 + u6;
```

```
DA_WANDEL(u7); {Ausgeben auf D/A-Wandler}
UNTIL....;
END {Procedure}
```

In den Bildern 2.122 und 2.123 ist das Ausgangssignal des Modulators im Zeit- und Spektralbereich zu sehen. Das Signal u_0 ist das eingangsseitige, binäre Basisbandsignal und das Signal u_7 das modulierte Ausgangssignal. Das Spektrum wurde mit einer 256-Punkte FFT gewonnen. Man erkennt die scharfe Bandbegrenzung im Ausgangssignals. Die relative Bandbreite ergibt sich nach Gl.(2.390) und mit $f'_M=1/T'_B$ bei den gewählten Programmparametern zu

$$\Delta f' = \frac{1+r}{T'_B} = 0{,}1\cdot(1+0{,}55) = 0{,}155 \quad .$$

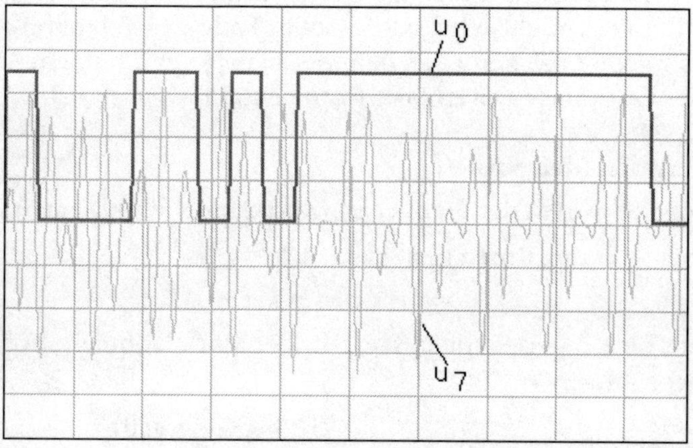

Bild 2.122. Zeitfunktionen des Echomodulators für PSK4u0: Eingangssignal u7: Ausgangssignal

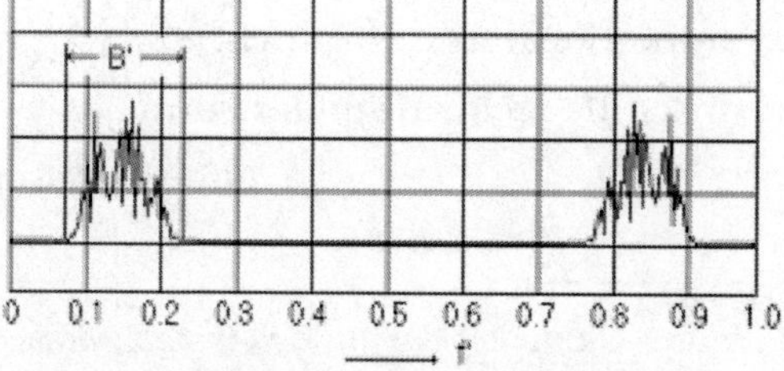

Bild 2.123. Spektrum (256 Punkte-FFT) des PSK4-Signals

2. 6. 2. Demodulationssysteme

Grundsätzlich sind alle Demodulationstechniken der analogen Übertragungstechnik auch in der digitalen Übertragungstechnik anwendbar. Charakteristisch für die digitalen Übertragungssysteme ist die gleichzeitige Modulation des Scheitelwerts und des Nullphasenwinkels einer Sinusschwingung. Daher wird zunächst das Konzept eines Universaldemodulators vorgestellt, der nicht nur die gleichzeitige Modulation des Scheitelwertes und des Nullphasenwinkels, sondern auch eine Frequenzmodulation verarbeiten kann.[45]

Bei der Modulation eines Sinusträgers erhält man ein Bandpaßsignal. Im folgenden wird davon ausgegangen, dass dieses Signal in eine tiefe Frequenzlage herabgemischt wird oder wie im Falle des Telephon-MODEM's sich bereits in einer solchen Lage befindet. Es erfolgt dann eine Digitalisierung auf der Grundlage des Abtasttheorems für Tiefpaßsignale.

2. 6. 2. 1. Universaldemodulator

Mit dem Scheitelwert $\hat{x}$, der Frequenz f_0 und dem Nullphasenwinkel ψ wird eine Sinusschwingung durch den Ausdruck

$$x(t) = \hat{x} \cos(2\pi f_0 t + \psi) \tag{2.395}$$

beschrieben. Eine Zweiseitenbandamplitudenmodulation ergibt sich, wenn man den Scheitelwert

$$\hat{x}(t) = K_{AM} \cdot x_{NF}(t) \tag{2.396}$$

zeitabhängig, d.h., proportional zur Nachricht $x_{NF}(t)$ macht. Bei der Phasenmodulation wird der Nullphasenwinkel

$$\psi(t) = K_{PM} \cdot x_{NF}(t) \tag{2.397}$$

zeitabhängig, d.h., proportional zur Nachricht $x_{NF}(t)$ gemacht. Die Frequenzmodulation, bei der die Frequenz in der Form

$$f(t) = f_0 + K_{FM} \cdot x_{NF}(t) \tag{2.398}$$

---

45 Vgl. Langston, J. Linda: *uC chip implements high speed modems digitally,* electronic design, 24.6.1982 und Bachmann, Wolfgang: *Signalanalyse, Grundlagen und mathematische Verfahren,* Vieweg 1992.

zeitabhängig, d.h., proportional zur Nachricht $x_{NF}(t)$ gemacht wird, kann auf einen zeitabhängigen Nullphasenwinkel

$$\psi(t) = 2\pi K_{FM} \int_0^t x_{NF}(\vartheta)\, d\vartheta \tag{2.399}$$

zurückgeführt werden. Somit werden durch den Ausdruck

$$x(t) = \hat{x}(t) \cos[\, 2\pi f_0\, t + \psi(t)\,] \tag{2.400}$$

die 3 Modulationsfälle erfaßt. Nach der Digitalisierung entsteht daraus die Eingangsfolge des Universaldemodulators

$$x(n) = \hat{x}(n) \cos[\, 2\pi f_0'\, n + \psi(n)\,]\,, \tag{2.401}$$

die zunächst durch die Bildung ihrer Hilbert-Transformierten zu dem analytischen Signal

$$\underline{x}(n) = \hat{x}(n) \exp\{\, j\, [2\pi f_0'\, n + \psi(n)]\, \} \tag{2.402}$$

ergänzt wird (Bild 2.124).

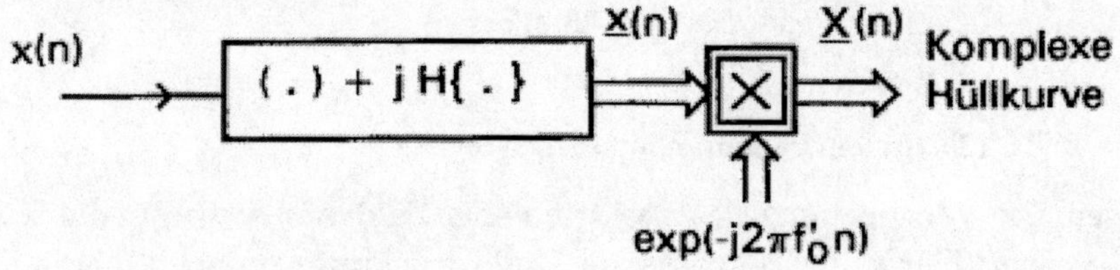

Bild 2.124. Bildung der komplexen Hüllkurve

Durch Multiplikation mit der Zahlenfolge $\exp\{-\, j\, [2\pi f_0'\, n]\, \}$ wird das Signalspektrum in die Nullage verschoben und man erhält die komplexe Hüllkurve

$$\underline{X}(n) = \hat{x}(n) \exp\{\, j\, [\, \psi(n)\,]\, \} \quad . \tag{2.403}$$

Als Grundlage für eine algorithmische Beschreibung des Universaldemodulators ist jedoch ein Blockbild mit reellen Signalen erforderlich. Um dieses zu erhalten, multipliziert man die dem Multiplikator zugeführten komplexen Signale in ihrer Komponentenform. Man erhält dann für die komplexe Hüllkurve

$$\underline{X}(n) = [\, x(n) + j\, H\{x(n)\}\,]\ \ [\, \cos(\, 2\pi f_0'\, n) - j \sin(\, 2\pi f_0'\, n)\,]$$

$$= [\, x(n)\ \cos(\, 2\pi\, f_0'\, n) + H\{x(n)\}\ \sin(\, 2\pi\, f_0'\, n)\,]$$

$$+ j\, [\, H\{x(n)\}\ \cos(\, 2\pi\, f_0'\, n) - x(n)\ \sin(\, 2\pi\, f_0'\, n)\,] \quad . \qquad (2.404)$$

Der komplexen Multiplikation entsprechen 4 reelle Multiplikationen. Aus Gl. (2.404) lässt sich das in Bild 2.125 dargestellte Systemdiagramm

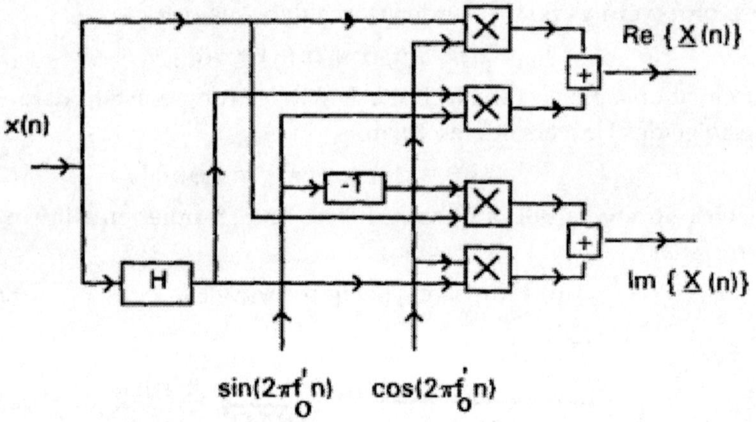

Bild 2.125. Systemdiagramm mit reellen Signalen

ablesen. Die Verschiebung des Spektrums der Zahlenfolge x(n) in die Null-age erfordert hier keine Tiefpässe zur Unterdrückung von Spektralanteilen bei doppelter Trägerfrequenz.

Die weitere Signalverarbeitung hat ausgehend von Real- und Imaginäteil der komplexen Hüllkurve die Bildung des Scheitelwertes

$$\hat{x}(n) = \sqrt{Re^2\{\underline{X}(n)\} + Im^2\{\underline{X}(n)\}} \qquad (2.405)$$

und des Nullphasenwinkels

$$\psi(n) = \arctan(\frac{Im\{\underline{X}(n)\}}{Re\{\underline{X}(n)\}}) \qquad (2.406)$$

zum Ziel. Bild 2.126 zeigt diesen Teil der Signalverarbeitung in graphischer Beschreibung. Der Aufwand wird bestimmt durch 2 nichtlineare Kennlinien für die

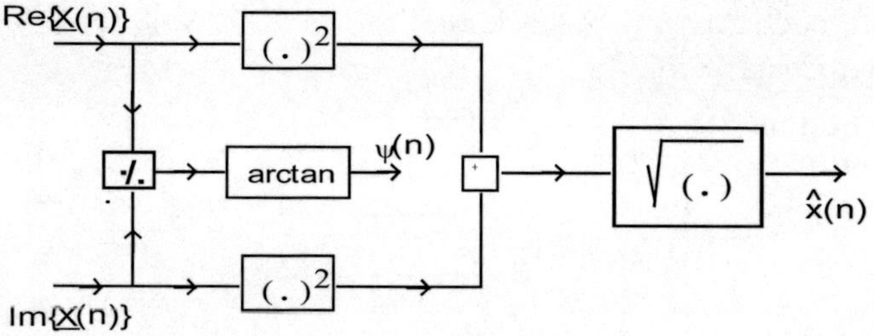

Bild 2.126. Bildung von Betrag und Winkel der komplexen Hüllkurve

Bildung der Wurzel und des Arcustangens sowie für die Division, wobei diese bei kleinem Nenner zu Problemen führ kann. Am wirkungsvollsten lässt sich dieser Teil der Signalverarbeitung durch den im Abschn. 3.3.3 beschriebenen Baustein CORDIC-Algorithmus durchführen.

Führt man die Folge $\psi(n)$ des Nullphasenwinkels einem differenzierenden Netzwerk (s. Abschn. 2.3.1.7) zu, so erhält man die Momentanfrequenz. Damit ist ein Demodulator entstanden, der auf alle 3 Modulationsarten die entsprechenden Ausgangssignale liefert.

2. 6. 2. 2. Trägerrückgewinnung

Bei dem im vorigen Abschnitt erläuterten Universaldemodulator wird das Spektrum eines empfangenen Bandpaßsignals durch Quadraturmischung in die Nullage verschoben. Dabei ist die Bereitstellung zweier um 90° gegeneinander verschobenen Trägerschwingungen erforderlich. Die Gewinnung dieser Träger, die in der Regel mit einer digitalen Phasenregelschleife (s. Abschn. 2.4.3) durchgeführt wird, soll im Zusammenhang mit dem Universaldemodulator betrachtet werden. Besondere Beachtung verdient diese Trägerrückgewinnung bei Signalen, die bei der Trägerfrequenz keine Spektrallinie aufweisen. Dies ist z.B. der Fall bei einer Übertragung mit Quadratur-Amplitudenmodulation oder mit Phasenumtastung. Diese in Anlehnung an die englische Bezeichnung phase shift keying PSK-Systeme genannten Verfahren haben in der digitalen Übertragungstechnik große Bedeutung. Neben der exakt erfüllten 90°-Bedingung ist die phasenstarre Kopplung des zurückgewonnenen Trägers mit dem Senderträger erforderlich. Ein wichtiges System zur phasenstarren Trägerrückgewinnung aus einem Bandpaßsignal ohne Träger ist die Costas-Schleife, die eine Erweiterung der Phasenregelschleife nach Abschn. 2.4.3 darstellt. Bild 2.127 zeigt das System-Diagramm einer Costas-Schleife.

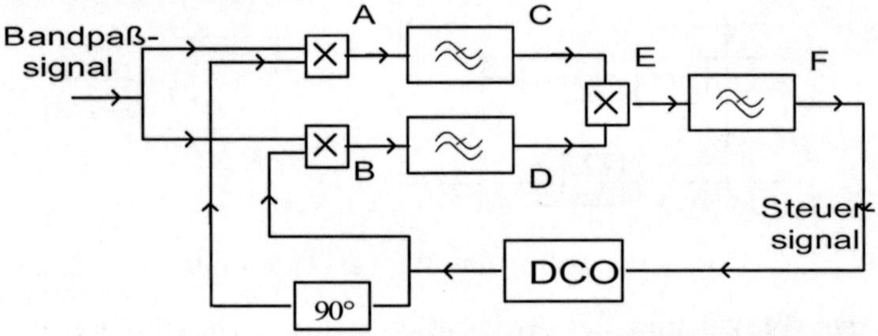

Bild 2.127. Costas-Schleife zur Trägerregeneration

Das Bandpaßsignal wird 2 Multiplikatoren A und B zugeführt, deren Ausgangssignale die 2 gleichen Tiefpässe C und D durchlaufen. Die jeweils anderen Eingänge der Multiplikatoren werden von 2 um 90° gegeneinander verschobenen Trägerschwingungen eines steuerbaren Trägeroszillators (DCO) gespeist. Am Ausgang der Tiefpässe C und D entstehen dann Real- und Imaginärteil der komplexen Hüllkurve des Bandpaßsignals, die beim Universaldemodulator mit Hilfe des Hilbert-Transformators erzeugt werden. In beiden Fällen liegt eine Quadraturabwärtsmischung in die Nullage vor. Real- und Imaginärteil der komplexen Hüllkurve werden bei der Costas-Schleife nach Bild 2.127 dem Multiplikator E zugeführt, dessen Ausgangssignal den Tiefpaß F durchläuft. Multiplikator und Tiefpaß bilden ein von der Differenz der Nullphasenwinkel der DCO-Schwingung und des senderseitigen Trägers abhängiges Steuersignal für den DCO. Ein solches Signal wird im Universaldemodulator entweder durch den CORDIC-Algorithmus oder durch Division und Arcustangens-Bildung in Form des Signals ⊚(n) (s. Bild 2.126) erzeugt. Somit enthält der Universaldemodulator die wichtigsten Elemente einer Costas-Schleife; es ist lediglich die Ergänzung durch einen DCO mit 2 um 90° verschobenen Sinusschwingungen erforderlich.

2. 6. 3. Adaptive Entzerrung eines Basisband-Digitalsignals

Zunehmende Übertragungsgeschwindigkeiten erfordern in der digitalen Übertragungstechnik zur Vermeidung der Nachbarzeichenbeeinflussung infolge der Signalverzerrungen immer aufwendigere Entzerrer-Netzwerke.

Bei unterschiedlichen bzw. zeitlichen Änderungen der Kanaleigenschaften und den dadurch bedingten Änderungen der Signalverzerrungen sind dabei einerseits Filter mit leicht einstellbarem Übertragungsverhalten erforderlich und andererseits Verfahren, mit deren Hilfe die Filtereinstellung adaptiv, d.h. selbsttätig gemäß den sich ändernden Verzerrungen vorgenommen wird. Zur Übertragung über den Bandpaßkanal des analogen Telephonnetzes wird im MODEM die Modulation eines Sinusträgers durchgeführt. Bei linearer Modulation, d.h. im Falle der ASK-, PSK- und QAM-Verfahren ist dann wahlweise entweder eine Entzerrung im Basisband oder im Bandpaßkanal durchzuführen. Im folgenden wird ein Entzerrersystem für die Entzerrung eines Basisband-Datensignals erläutert.[46]

2. 6. 3. 1. Gesamtsystem

Ein adaptiver Entzerrer enthält 3 Funktionseinheiten: (siehe Bild 2.128) das über Koeffizientenglieder einstellbare Entzerrerfilter, die Signalauswertung und die Koeffizienteneinstellung.

Mit diesen Einheiten wird ein Regelkreis gebildet. Ein verzerrtes Digitalsignal durchläuft das Entzerrerfilter, an dessen Ausgang die Verzerrungen mit Hilfe der Signalauswertung gemessen werden. Diese Signalauswertung bildet an Hand eines Fehlerkriteriums eine skalare Fehlergröße F, die der Koeffizienteneinstellung zugeführt wird. Ziel der Adaption ist es, die Koeffizienten des Entzerrerfilters so zu verändern, dass die Fehlergröße ein Minimum annimmt. Jede Änderung der Kanaleigenschaften, die am Ausgang des Entzerrerfilters wieder Signalverzerrungen hervorruft, wird von der Signalauswertung registriert, die dann eine entsprechende Änderung der Koeffizienten veranlaßt.

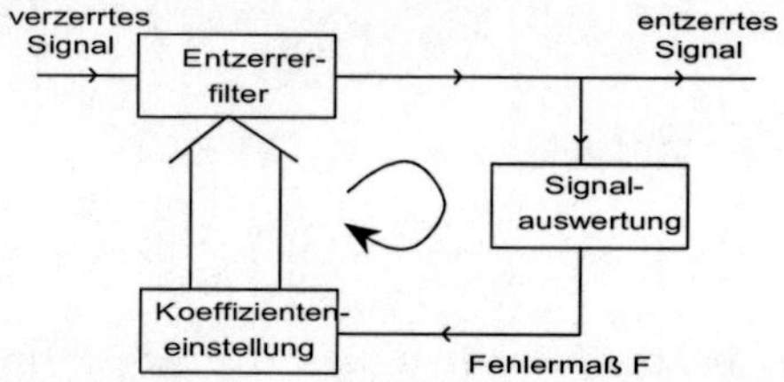

Bild 2.128. Systemdiagramm des adaptiven Entzerrers

[46] Vgl. Rupprecht, Werner: *Orthogonalfilter und adaptive Datensignalentzerrung*, Datakontext-Verlag 1987.

Die Funktionseinheiten dieses Entzerrers lassen sich wirtschaftlich und mit ausreichender Präzision und Stabilität nur in digitaler Signalverarbeitung realisieren.

2. 6. 3. 2. Entzerrerfilter

Der für die Entzerrung am häufigsten benutzte Filtertyp ist das Transversalfilter, das in dieser Anwendung auch als Echoentzerrer bezeichnet wird. Dieses Filter besteht aus Verzögerungsgliedern, Koeffizientengliedern und einer Additionsstelle. Ersetzt man in diesem Transversalfilter die Verzögerungsglieder durch Allpässe 1. Ordnung, so entsteht ein neuer, für Entzerrerzwecke gut geeigneter Filtertyp. Beide Filter sind Sonderfälle eines Orthogonalfilters. Im folgenden soll das Orthogonalfilter mit Allpässen 1. Ordnung für die Entzerrung betrachtet werden. Das entsprechende Filternetzwerk zeigt Bild 2.129.

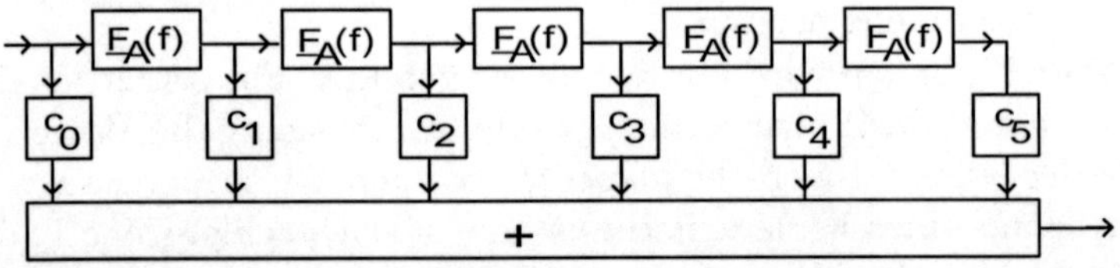

Bild 2.129. Orthogonalfilter 5. Ordnung mit Allpässen

Der komplexe Frequenzgang dieses Filters ergibt sich für die Ordnungszahl N, indem man in

$$\underline{F}(f) = \sum_{i=0}^{N} c_i \left(\underline{F}_A(f) \right)^i \tag{2.407}$$

den Frequenzgang des Allpasses

$$\underline{F}_A(f) = \frac{1 - j\ f/f_m}{1 + j\ f/f_m} = \exp\left[-j\ 2 \arctan\left(f/f_m \right)\right] \tag{2.408}$$

mit der Frequenz f_m, bei der sich eine Phasenverschiebung von 90° einstellt, einsetzt. Die Wirkung des Entzerrerfilters kann für bestimmte Kanalfrequenzgänge untersucht werden, wie im folgenden an einem Beispiel erläutert wird. Ein Kanal habe den Frequenzgang

$$\underline{F}_k(f) = \frac{1}{(1 + j\, f/f_1)\,(1 + j\, f/f_2)} = \frac{1}{1 + A\, j\, f/f_g + B\,(j\, f/f_g)^2} \tag{2.409}$$

mit den charakteristischen Frequenzen f_1 und f_2, den Koeffizienten A und B sowie der Kanalgrenzfrequenz f_g. Es gilt:

$$A = 1 \qquad B = \frac{f_1\, f_2}{(f_1 + f_2)^2} \qquad f_g = \frac{f_1\, f_2}{f_1 + f_2} \quad . \tag{2.410}$$

Eine Entzerrung ist mit einem Orthogonalfilter 2. Ordnung möglich, für dessen Frequenzgang man

$$\underline{F}(f) = c_0 + c_1 \frac{1 - j\, f/f_m}{1 + j\, f/f_m} + c_2 \left(\frac{1 - j\, f/f_m}{1 + j\, f/f_m} \right)^2$$

$$= \frac{(c_0 + c_1 + c_2) + 2(c_0 - c_2)\, j\, f/f_m + (c_0 - c_1 + c_2)\,(j\, f/f_m)^2}{(1 + j\, f/f_m)^2} \tag{2.411}$$

erhält. Den Gesamtfrequenzgang als Produkt aus Kanal- und Entzerrerfrequenzgang wählt man in der Form

$$\underline{F}_{ges}(f) = \underline{F}_k(f)\ \underline{F}(f) = \frac{1}{(1 + j\, f/f_m)^2} \quad , \tag{2.412}$$

mit $f_m \gg f_g$, der Grenzfrequenz des Kanals. Dazu muss man die Koeffizientengleichungen

$$\begin{aligned} c_0 + c_1 + c_2 &= 1 \\ 2\,(c_0 - c_2) &= A\, f_m/f_g \\ c_0 - c_1 + c_2 &= B\,(f_m/f_g)^2 \end{aligned} \tag{2.413}$$

erfüllen. Die Berechnung der Koeffizienten aus diesen Gleichungen ergibt:

$$\begin{aligned} c_0 &= \frac{1}{4}\,[\,1 + A\, fm/fg + B\,(fm/fg)^2\,] \\ c_1 &= \frac{1}{2}\,[\,1 - B\,(fm/fg)^2\,] \\ c_2 &= \frac{1}{4}\,[\,1 - A\, fm/fg + B\,(fm/fg)^2\,] \quad . \end{aligned} \tag{2.414}$$

Der Gesamtfrequenzgang nach der Entzerrung erhält also eine Grenzfrequenz, die durch Wahl der Allpaß-Frequenz f_m so hoch gelegt werden kann, dass die verbleibende Verzerrung vernachlässigbar ist.

2. 6. 3. 3. Signalauswertung

Zu entzerren sei ein binäres Digitalsignal im bipolaren NRZ-Format. Dabei sollen die Signalverzerrungen am Ausgang des Entzerrerfilters durch Verändern der Koeffizienten möglichst klein gemacht werden. Als Maß für die Verzerrungen kann die relative Augenöffnung des Augendiagramms dienen. Durch Auswertung des Signals wird ein zu den Verzerrungen proportionales Fehlermaß gebildet. Bild 2.130 zeigt das Augendiagramm und eine wünschenswerte

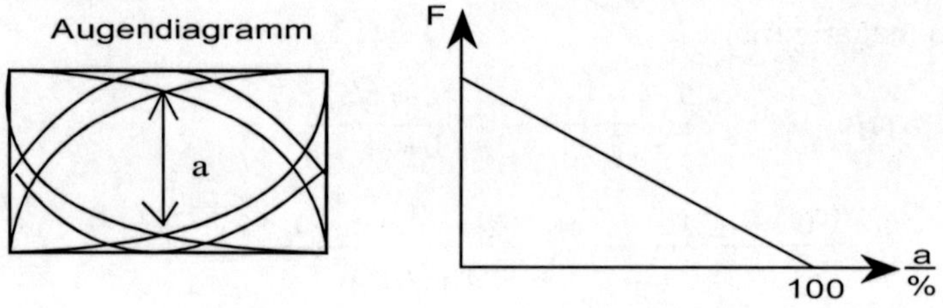

Bild 2.130. Augendiagramm und Regelkennlinie

Abhängigkeit des Fehlermaßes F von der relativen Augenöffnung a als Regelkennlinie für die adaptive Entzerrung. Eine von den verschiedenen Möglichkeiten der Signalauswertung geht von der Wahrscheinlichkeitsdichtefunktion des Signals am Entzerrerausgang aus. Bild 2.131 zeigt das verzerrte

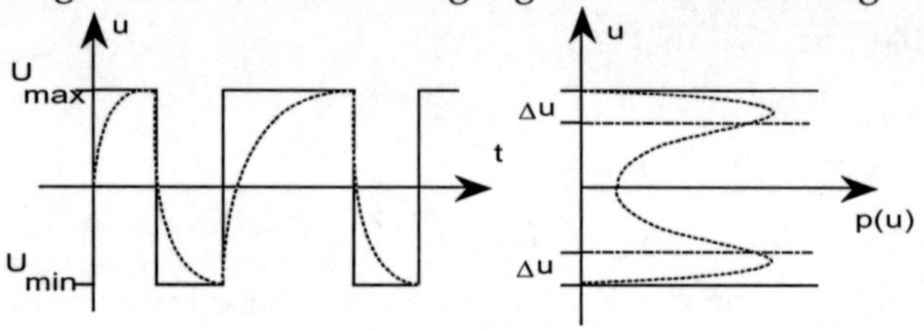

Bild 2.131. Digitalsignal mit Dichtefunktion

und unverzerrte Digitalsignal mit der entsprechenden Dichtefunktion. Sind U_{max} und U_{min} die Signalwerte des unverzerrten binären Signals, so zeigt die Dichtefunktion im unverzerrten Fall bei diesen Werten Dirac-Funktionen. Mit zunehmenden Verzerrungen werden dann Signalwerte zwischen U_{max} und U_{min} häufiger. Daher ist das Integral

$$F = \int_{U_{min} + \Delta U}^{U_{max} - \Delta U} p(u)\, du \qquad (2.415)$$

als Wahrscheinlichkeit dafür, dass die Signalwerte im Bereich

$$U_{min} + \Delta U < u < U_{max} - \Delta U \qquad (2.416)$$

liegen, ein geeignetes Fehlermaß F. Eine wichtige Größe ist dabei die Spannungsabweichung ΔU. Für $\Delta U = 0$ hat das Integral unabhängig von den Verzerrungen den Wert 1, während sich für $\Delta U = (U_{max} - U_{min})/2$ immer der Wert null ergibt. Somit gibt es für ΔU einen optimalen Wert im Bereich

$$0 < \Delta U < (U_{max} - U_{min})/2 \quad . \qquad (2.417)$$

2. 6. 3. 4. Koeffizienteneinstellung

Dieser Block des Regelkreises soll die Koeffizienten des Entzerrerfilters so einstellen, dass die Fehlergröße ein Minimum wird. Bei einem Entzerrerfilter mit zwei Koeffizienten c_1 und c_2, wobei $c_0 = 1$ sein soll, hängt die Fehlergröße F bei gegebenen Verzerrungen von diesen Koeffizienten ab. Dabei kann die Funktion $F = f(c_1;c_2)$ als Fläche aufgefaßt werden. Probleme bei der Einstellung hängen von der Beschaffenheit dieser Fläche ab. Im einfachsten Fall lässt man bei der Einstellung die Koeffizienten nacheinander ihren ganzen Wertebereich durchlaufen, um sie dann auf den Wert einzustellen, bei dem die Fehlergröße ein Minimum hat. Um zu verhindern, dass bereits eine sehr kleine Änderung des Kanalfrequenzgangs einen Regelvorgang auslöst, wird ein Schwellwert für die Fehlergröße vorgesehen.

2. 7. Algorithmische Systeme in der Meßtechnik

In der modernen Meßtechnik liegt zwischen dem Meßpunkt, also dort, wo eine Größe gemessen werden soll, und der Anzeige des Ergebnisses durch ein Zeigerinstrument, einer Digitalanzeige oder einer Elektronenstrahlröhre als Bildschirm in der Regel eine aufwendige Signalverarbeitung, die in dem sog. MESSGERÄT zusammengefaßt sind.

Wichtige Anforderungen an ein solches Gerät sind Stabilität, Präzision und Flexibilität. Stellt man analoge und digitale Lösungen einer Signalverarbeitung mit sich ergänzenden Vor- und Nachteilen einander gegenüber, so hat besonders auf dem Gebiet der Meßgeräte angesichts der oben genannten Forderuungen die digitale Signalverarbeitung große Bedeutung.

Zu den Meßgeräten gehören nicht nur solche, die eine bestimmte Größe zur Anzeige bringen, sondern auch Geräte zur Erzeugung von Meßsignalen. In diesem Abschnitt sollen beispielhaft Algorithmen für Meßgeräte auf den Gebieten der Spektrumanalyse, der Gleichrichtung und der Meßsignalerzeugung entwickelt werden. Dabei ergeben sich auch Lösungen, für die es in der analogen Technik kein Äquivalent gibt.

2. 7. 1. Spektralanalysator mit Zooming

Auf Grund des Leckeffektes ergibt sich bei der Spektralanalyse eine begrenzte spektrale Auflösung. Verfahren zur Erhöhung der spektralen Auflösung sind entscheidend für die Einsetzbarkeit eines Analysators. Spektrumanalysatoren der klassischen analogen Technik sehen in der Regel folgende Einstellvorgänge vor: Einstellung eines Frequenzfensters hinsichtlich Lage und Breite und Einstellung der Hauptkeule, mit der eine Spektrallinie dargestellt wird.

Diese Möglichkeiten müssen auch bei einem nach dem Prinzip der digitalen Signalverarbeitung arbeitenden Analysator vorhanden sein. Hat man ein rechteckförmiges Zeitfenster mit der Fensterbreite T_F

$$g(t) = \frac{\varepsilon(t) - \varepsilon(t - T_F)}{T_F} \quad , \tag{2.418}$$

so wird eine Spektrallinie mit der Frequenzfunktion

$$\left|\underline{G}(f)\right| = \left|\frac{\sin \pi f T_F}{\pi f T_F}\right| \tag{2.419}$$

dargestellt. Diese si-Funktion besitzt bei f=0 eine Hauptkeule der Breite $B=1/2T_F$, die die spektrale Auflösung bestimmt. Fensterbreite und spektrale Auflösung sind also miteinander verknüpft. Geht man zur diskreten Fourier-Transformation über, so gilt mit der Anzahl der abgetasteten Zeitwerte N und der Abtastfrequenz f_A die Gleichung $T_F=N/f_A$. Eingesetzt ergibt sich dann für die Breite der Hauptkeule B=2fA/N. So erhält man bei der DFT zwei Ansatzpunkte zur Erhöhung der spektralen Auflösung: Erniedrigung der Abtastfrequenz oder Erhöhung der Zahl der Abtastwerte.

Allerdings haben diese beiden Möglichkeiten entscheidende Nachteile. Während die Erhöhung der Zahl der Abtastwerte die Rechenzeit erheblich ansteigen läßt, schränkt die Erniedrigung der Abtastfrequenz den analysierbaren Frequenzbereich ein. Verfahren zur Erhöhung der Auflösung werden Frequenzlupenverfahren, engl. Zoomverfahren, genannt.

Das Prinzip besteht darin, dass man aus dem Frequenzbereich $0<f<f_A/2$ ein kleines Frequenzfenster auswählt und in diesem N Frequenzwerte berechnet, die sich sonst über den ganzen Bereich verteilen. Von Bedeutung sind zwei Methoden, die in Spektralanalysatoren realisiert sind[47]: 1. Überlagerungsprinzip, 2. Subtransformation.

Vor deren Erläuterung werden zunächst die Verhältnisse bei der Basistransformation, d.h. der FFT ohne Frequenzlupe untersucht.

2. 7. 1. 1. Basistransformation

Die wichtigsten Teile eines FFT-Analysators ohne Frequenzlupe sind (Bild 2.132): der Bandbegrenzungstiefpaß, die Digitalisierung des Signals und der FFT-Rechner.

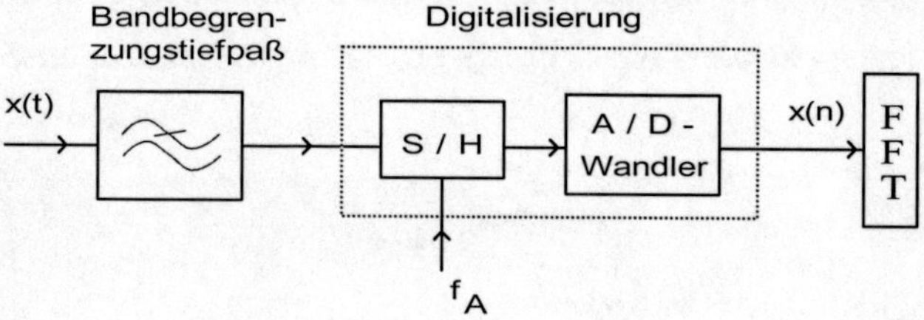

Bild 2.132. Systemdiagramm eines FFT-Analysators ohne Frequenzlupe

Bei dem Bandbegrenzungstiefpaß sind 2 Grenzfrequenzen zu unterscheiden: 1. die **a_1-Grenzfrequenz** f_{a1} mit z.B. $a_1 = 1$ dB, bis zu der das Signalspektrum untersucht wird. 2. die **a_2-Grenzfrequenz** f_{a2} mit z.B. $a_2 = 60$ dB oberhalb derer die spektralen Komponenten am Tiefpaßausgang

47 Vgl. Hesselmann, Nrbert: *Digitale Signalverarbeitung,* Vogel-Verlag 1983; Kolerus, Josef: *Zoom-FFT nach neuen Gesichtspunkten,* Bruel & Kjaer GmbH, Sonderdruck aus Messen + Prüfen, Band 16, 1980, H.11, S. 811 und ders: *FFT-Echtzeitanalysatoren, ihre Funktion und Anwendung,* Bruel & Kjaer GmbH, Sonderdruck aus elekronik praxis, Jg.13, H.10, Okt. 1978.

hinsichtlich des Aliasing-Effektes vernachlässigt werden können und die somit für die Festlegung der Abtastfrequenz maßgebend ist.

Die aus einem Abtast-Halte-Glied (S/H) und einem Analog-Digital-Wandler bestehende Digitalisierung wird durch die Abtastfrequenz f_A und die Wortbreite des Wandlers bestimmt, die die Amplitudenauflösung festlegt. Ein Qualitätskriterium für den FFT-Rechner ist neben seiner Rechengenauigkeit die Anzahl N der Abtastwerte, die gespeichert und dem FFT-Algorithmus unterzogen werden.

2. 7. 1. 2. Überlagerungsprinzip

Ausgangspunkt bei der Entwicklung dieses Verfahrens ist die Zahlenfolge x(n) am Ausgang des A/D-Wandlers mit ihrem Spektrum $\underline{X}(f')$. Diese Zahlenfolge wird zur Verschiebung eines bestimmten spektralen Ausschnitts aus dem Bereich

$$0 < f' < \frac{1}{2}$$

in die Nullage mit der Exponentialfolge $\exp(-j\,2\pi\, f_V'\, n)$ multipliziert. Zur Festlegung des spektralen Ausschnitts erfolgt anschließend eine Tiefpaßfilterung.

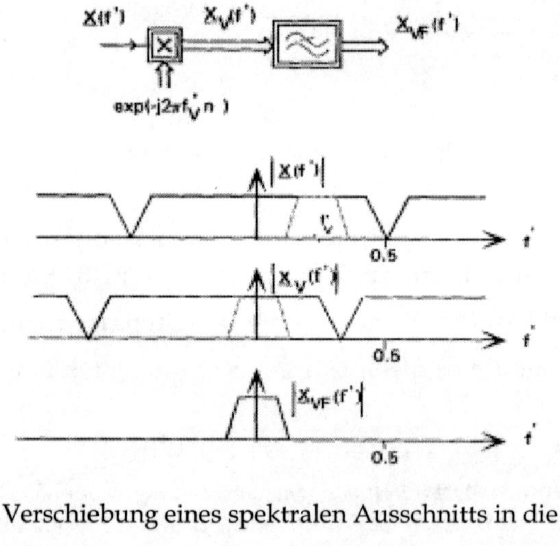

Bild 2.133. Verschiebung eines spektralen Ausschnitts in die Nullage

Bild 2.133 zeigt das komplexe Systemdiagramm dieser Signalverarbeitung sowie die Beträge der Spektren $\underline{X}(f')$ am Eingang, $\underline{X}_V(f')$ nach der Verschiebung und $\underline{X}_{VF}(f')$ nach der Filterung. Im Abschn. 1.4.2 wurde gezeigt, dass sich nach der Eingrenzung des Spektralbereichs durch einen Tiefpaß eine Dezimation durchführen läßt, d.h., dass von der Tiefpaßausgangsfolge nur der jeweils z-te Wert weitergegeben wird, mit z als natürlicher Zahl. Dies ist möglich, weil, wie im Bild 2.134 gezeigt, die höchste spektrale Komponente am Tiefpaßausgang eine Frequenz $f' \ll 0.5$ und somit eine Periodendauer $T' \gg 2$ hat. Die Rekonstruktion einer Sinusschwingung erfordert im Grenzfall jedoch nur 2 Folgenelemente pro Periode. Das Spektrum $\underline{X}_{VF}(f'')$ nach der Dezimation ergibt sich aus dem Spektrum $\underline{X}_{VF}(f')$ am Tiefpaßausgang mit dem im Abschn. 1.4.2 hergeleiteten Ausdruck

$$\underline{X}_{VF}(f'') = \frac{1}{z} \sum_{i=0}^{z-1} \underline{X}_{VF}\left(\frac{f''-i}{z}\right). \qquad (2.420)$$

Das Spektrum, das im unteren Teil von Bild 2.134 zu sehen ist, ist also identisch mit dem am Tiefpaßausgang, ergänzt um die Vielfachen von 1/z verschobenen Spektren. Am Dezimiererausgang wird die Frequenzvariable f'' verwendet, weil dieser eine Änderung der Bezifferung der Frequenzachse bewirkt.

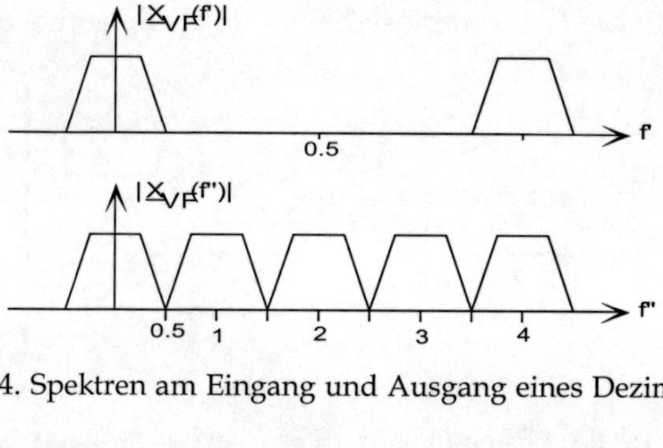

Bild 2.134. Spektren am Eingang und Ausgang eines Dezimierers für z = 4

Damit ist ein schmaler Ausschnitt des Eingangsspektrums $\underline{X}(f')$ auf den Bereich $0 < f' < 0.5$ gespreizt worden. Bei der anschließenden Berechnung der

FFT verteilen sich die ermittelten N Frequenzpunkte statt auf den ganzen Bereich jetzt nur auf den schmalen Ausschnitt.

Der den Frequenzausschnitt festlegende Tiefpaß habe eine a_1-Grenzfrequenz f_{TPa1}' und eine a_2-Grenzfrequenz f_{TPa2}'. Damit keine spektralen Überlappungen stattfinden, muß

$$1 \geq \frac{1}{z} > 2\, f_{TPa2}' \tag{2.421}$$

gelten. So ist im Frequenzbereich des Eingangsspektrums ein Frequenzfenster entstanden, dessen linker Rand durch die Verschiebefrequenz f_V' und dessen Breite durch die Tiefpaßgrenzfrequenz f_{TPa1}' festgelegt wird.

Bild 2.135 zeigt zusammenfassend das komplette Systemdiagramm des Analysators mit Frequenzlupe nach dem Überlagerungsprinzip in komplexer Darstellung.

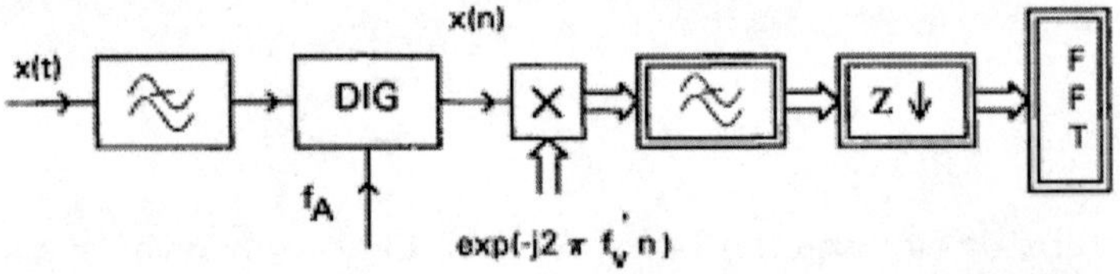

Bild 2.135. Komplexes Systemdiagram des Analysators mit Frequenzlupe

Daraus lässt sich das entsprechende reelle Systemdiagramm ableiten (Bild 2.136), bei dem für die FFT komplexe Zeitwerte als Eingangsfolge entstehen.

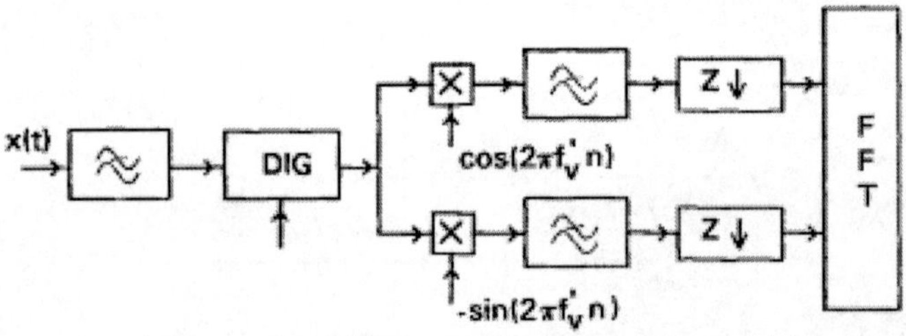

Bild 2.136. Reelles Systemdiagramm des Analysators mit Frequenzlupe

2. 7. 1. 3. Subtransformation

Die Erhöhung der spektralen Auflösung erfordert bei gegebener Abtastfrequenz f_A im Bereich der Zahlenfolgen eine entsprechende Vergrößerung der Fensterbreite M in der DFT-Summe

$$\underline{F}(m) = \frac{1}{M} \sum_{n=0}^{M-1} z(n) \; \exp\left(-j\, 2\pi \frac{m\, n}{M}\right) \qquad , \qquad (2.422)$$

die zu M Elementen der Zahlenfolge z(n) eine Anzahl M an Frequenzwerten $\underline{F}(m)$ berechnet. Zur Verringerung des Rechenaufwandes wird die aus M Summanden bestehende Summe in K Teilsummen aus je N Summanden zerlegt. Die i - te Teilsumme enthält dabei aus der Folge z(n) die Elemente mit den Nummern $K \cdot n + i$ mit $n = 0 \,..\, N\text{-}1$. Bild 2.137 veranschaulicht dies für $M = 12$ Elemente der Folge z(n) und $K = 3$ Teilsummen zu je $N = 4$ Summanden.

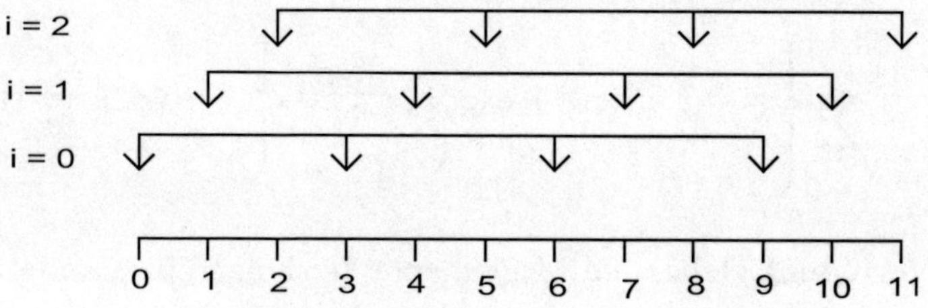

Bild 2.137. Zerlegung in Teilsummen

Für die DFT-Summe erhält man dann:

$$\underline{F}(m) = \frac{1}{M} \sum_{i=0}^{K-1} \left\{ \sum_{n=0}^{N-1} z(K\, n + i) \exp\left(-j\, 2\pi \frac{m\,(Kn+i)}{M}\right) \right\}. \qquad (2.423)$$

Zur Umformung dieses Ausdrucks wird $M = K\,N$ gesetzt, 1/M in die Faktoren 1/K und 1/N zerlegt, die Faktoren auf die beiden Summenzeichen verteilt und

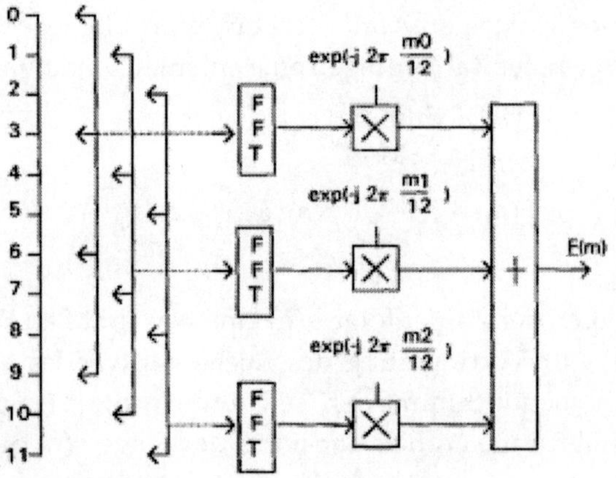

Bild 2.138. Analysator nach dem Subtransformation-Verfahren die e-Funktion in 2 Faktoren zerlegt. Damit ergibt sich

$$\underline{F}(m) = \frac{1}{K} \sum_{i=0}^{K-1} \left\{ \frac{1}{N} \sum_{n=0}^{N-1} z(K\,n + i) \exp(-j\,2\pi \frac{m\,n}{N}) \right\} \exp(-j\,2\pi \frac{m\,i}{M}) \quad (2.424)$$

Die zur Verfügung stehenden M Elemente der Folge z(n) ermöglichen die Berechnung von M Frequenzwerten. lässt man jedoch die Nummern m der Frequenzwerte von m = 0 bis m = N - 1 laufen, so können die Teilsummen

$$\frac{1}{N} \sum_{n=0}^{N-1} z(K\,n + i) \exp(-j\,2\pi \frac{m\,n}{N}) \quad (2.425)$$

mit dem FFT-Algorithmus berechnet werden. Man erhält also die Spektralwerte $\underline{F}(m)$ für m = 0 ... N - 1 durch die Berechnung von K Teilspektren mit einer N-Punkte FFT, indem man diese mit den Faktoren exp(-j 2π m i/M) multipliziert und die Ergebnisse addiert. Diese Vorgehensweise wird in Bild 2.138 für M = 12, K = 3 und N = 4 dargestellt.

Die Berechnung von Teilspektren und deren Zusammensetzung zu den endgültigen Spektren wird **Subtransformation** genannt. Zusammengefaßt gilt also: 1. Es werden N Frequenzwerte in einem Frequenzabstand $\Delta f = f_A/M$ berechnet. 2. Die Anzahl der komplexen Multiplikationen ist $K \cdot N \cdot ld(N) + K$ und damit wesentlich kleiner als dies bei der DFT der Fall wäre; auch eine M-Punkte FFT ergäbe einen erheblich größeren Aufwand. Zunächst erweckt das Verfahren den Eindruck, als könne die Lage des aus N Spektralwerten im Abstande $\Delta f = f_A/M$ bestehenden Frequenzfensters nicht verändert werden. Der Ausdruck (2.424) ist für beliebige m aus dem Wertebereich m=0...M-1 richtig. Die bei der Subtransformation entstehenden FFT-Teilspektren liefern Frequenzwerte im Bereich m = 0 ... N - 1; diese Teilspektren

$$\underline{F}_{FFT}(m) = \underline{F}_{FFT}(\mu + l\,N) \qquad l = 0, 1, 2, \ldots \tag{2.426}$$

sind aber periodisch mit der Periode N und gelten somit auch für m> N. Daher kann (2.424) auch in der Form

$$\underline{F}(\mu + l\,N) = \frac{1}{K} \sum_{i=0}^{K-1} \left\{ \frac{1}{N} \sum_{n=0}^{N-1} z(K\,n + i)\; \exp(-j\,2\pi \frac{\mu\,n}{N}) \right\} \cdot \exp\left\{-j\,2\pi \frac{(\mu + l\,N)\,i}{M}\right\} \tag{2.427}$$

geschrieben werden, wobei l den Beginn des Frequenzfensters als ganzzahliges Vielfaches von N festlegt und μ die Nummer des Spektralwertes innerhalb des Fensters.

Zur Formulierung eines Algorithmus für die Subtransformation ist Gl. (2.427) in Komponentenform für den Realteil und den Imaginärteil zu schreiben. In dem auf den nächsten Seiten abgedruckten Pascal-Programm werden folgende Zuordnungen zwischen Formelzeichen und Variablen getroffen:

Formelzeichen	Variable
K	zoom_faktor
N	feldlaenge
M	em
i	i
μ	u
l	l_begin

Die Zoom-FFT wird mittels einer zweifachen Laufanweisung realisiert (siehe Programmausdruck). Die äußere Laufanweisung erstreckt sich über

i := 0...zoom_faktor-1

und bildet die äußere Summe der Gl.(2.427) Für jeden Summanden i dieser äußeren Summe ist eine FFT durchzuführen, dann die Phasenkorrektur anzubringen und schließlich die korrigierten FFT-Werte aufzusummieren. Dies geschieht in den Arrays *sum_r* und *sum_i*. Die Phasenkorrektur und die Summation der Teilspektren erfolgt innerhalb einer Anweisung. Der Algorithmus für die FFT wurde bereits beschrieben und ist hier als Unterprozedur in das Programm übernommen worden. Die FFT verarbeitet in diesem Programmbeispiel 256 Zeitwerte.

Bei Start des Programms sind zunächst der Fensterbeginn, der gezoomt werden soll, und dann der Zoomfaktor einzugeben. Das Programm errechnet daraus die Länge des zu verarbeitenden Zeitfensters M, innerhalb dessen die Zahlenfolgen zeitversetzt zu übernehmen sind. Die Zahlenfolgen werden aus dem Array *inputfeld_lang* gelesen.

Am Schluß der Prozedur werden die Ergebnisse für Real- und Imaginärteil in zwei Ausgabe-Arrays *outputfeld* geschrieben.

```
{Zoom-FFT-Programm mit Subtransformation}

PROCEDURE dsv; {DSV-Programm}
var u0,u1,u2,u3 :real;

var zr,zi: array[0..feldlaenge-1] of real;
                                        {Re,Im der Zeitwerte}
fr,fi: array[0..feldlaenge-1] of real;
                                        {Re,Im der Frequenzwerte}
br : array[0..feldlaenge-1] of integer;
                                        {Umsortier-Index-Feld}
si,co: array[0..feldlaenge-1] of real;
                                        {sinus u. cos-Tabelle}
i,j: integer;
 z,la,r,a : integer;
tr: real;

sum_r,sum_i: array[0..feldlaenge-1] of real;
                                        {Re, Im der Summen}
```

```
const g = 8; {2^g-Punkte FFT}
var d : array[0..g-1] of integer; {Umwandlung}
var l_begi : integer;
zoom_faktor              : integer;
em,u,n : integer;


PROCEDURE FFT;
var l,i,j,ar,v : integer;
z1,z2,z3,z4,xr,xi,yr,yi :real;

BEGIN

for i:=0 to feldlaenge-1 do {Umsortieren der Zeitwerte}
begin
la := br[i];
fr[i]:=zr[la]; fi[i]:=zi[la];
end;

for l:= 1 to g do
begin
for i:=0 to 1 shl(g-l) -1 do
begin
for j:=0 to 1 shl(l-1) -1 do
begin
r := j + i* 1 shl(l);
ar:= j * feldlaenge shr(l);
v := 1 shl(l-1);

z1 := co[ar] * fr[r+v];
z2 := co[ar] * fi[r+v];
z3 := si[ar] * fr[r+v];
z4 := si[ar] * fi[r+v];
xr := fr[r] + z1 + z4;
xi := fi[r] - z3 + z2;
yr := fr[r] - z1 - z4;
yi := fi[r] + z3 - z2;
fr[r] := xr; fi[r] := xi;
fr[r+v] := yr; fi[r+v] := yi;
end;
```

```
end;
end;
for i:= 0 to feldlaenge-1 do
begin
fr[i]:=fr[i]/feldlaenge;
fi[i]:=fi[i]/feldlaenge;
end
END; {FFT}

{---------------Beginn der Prozedur-------------}
BEGIN
tr := 2*pi/feldlaenge;
clrscr;
write('Beginn : ');
readln(l_begin);
write('Zoomfaktor: ');
readln(zoom_faktor);
em:=zoom_faktor*feldlaenge;
kdelta:= 1 shl g;

for i:=0 to feldlaenge-1 do {sin und cos-Tabelle anlegen}
begin
si[i] := sin(i*tr);
co[i] := cos(i*tr);
zr[i]:=0;
zi[i]:=0;
sum_r[i]:=0; sum_i[i]:=0;
end;

for i:=0 to feldlaenge-1 do
{Bit-Reversal- Tabelle b[0..] anlegen}
begin
z:=i;
for j:=0 to g-1 do {dezi -> dual}
begin
a := z div 2;
d[j] := z - 2*a;
z := a;
end;
```

```
for j := 0 to g div 2 -1 do {Bit-Reversal}
begin
a := d[j];
d[j] := d[g-j-1];
d[g-j-1] := a;
end;

r := 0;
for j := 0 to g-1 do {dual -> dezi}
begin
r := r + 1 shl(j)*d[j];
end;
br[i] := r; {umsortierter Index}
end;


{-----------------ab hier die Zoom-FFT---------}
for i:=0 to zoom_faktor-1 do
begin
for n:=0 to feldlaenge-1 do {n-te Subtransformation}
begin
zr[n]:=inputfeld_lang[zoom_faktor*n + i + 1];
zi[n]:=0; {versetzte Abtastung}
end;
fft;
for u:= 0 to feldlaenge-1 do
begin
tr:=2*pi*(u+l_begin*feldlaenge)*i/em;
                        {Argument für Phasenkorrektur}
sum_r[u] := sum_r[u] + fr[u]*cos(tr) + fi[u]*sin(tr);
sum_i[u] := sum_i[u] - fr[u]*sin(tr) + fi[u]*cos(tr);
end;
end;

for i := 1 to feldlaenge do                    {Ausgabe}
begin
outputfeld1[i] := sum_r[i-1]/zoom_faktor;
outputfeld2[i] := sum_i[i-1]/zoom_faktor;
end;
```

end; {PROCEDURE}

Die folgenden beiden Bilder demonstrieren den Zoom-Vorgang am Beispiel des Spektrums eines frequenzmodulierten Signals und zwar in Bild 2.139 ohne zooming (K=1) und Bild 2.140 mit 5-fachem Zooming (K=5).

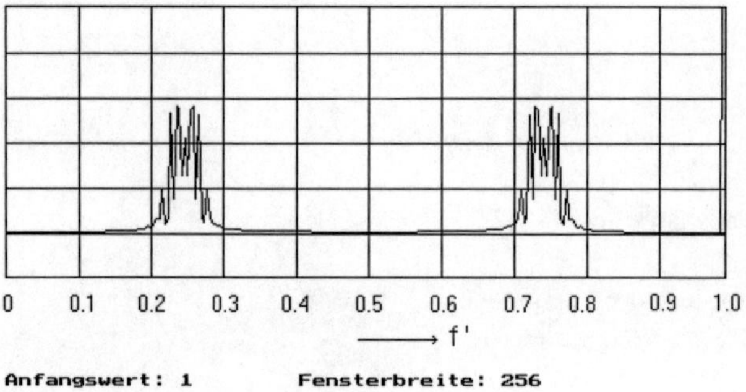

Bild 2.139. Zur Subtransformation: Spektrum eines FM-Signals ohne Zooming

Fensterbeginn l = 0, Zoomfaktor K = 1

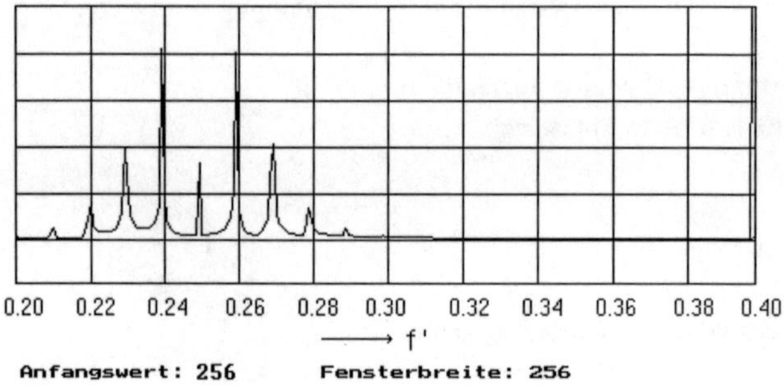

Bild 2.140. Zoomvorgang mit Subtransformation am Beispiel eines FM-Signals Fensterbeginn l = 1, Zoomfaktor K = 5

Bei einem Zommfaktor K =5 wird die spektrale Auflösung von N =256 auf

M =5 * 256 =1280

Spektrallinien erhöht. Der dargestellte gezoomte Frequenzbereich ergibt sich mit

$$f' = \frac{\mu + l\,N}{M} \qquad 0 \le \mu \le 255$$

und l = 1 zu

$$0.20 \leq f' \leq 0.40 \quad .$$

Gegenüber dem Überlagerungsverfahren können bei der Subtransformation 2 Aspekte herausgestellt werden. Es ist kein Tiefpaß sehr hoher Ordnungzahl erforderlich, der einen entsprechend hohen Rechenaufwand erfordert. Die Subtransformation zeigt, wie eine große Anzahl von FFT-Teilspektren mit wenig Punkten zu einem resultierenden Spektrum großer Punktzahl zusammengesetzt werden kann.

2. 7. 2. Voltmeter

Eine wichtige Gruppe von Meßgeräten sind die Voltmeter oder Spannungsmesser. Dabei handelt es sich um Geräte, die aus einem Signal ohne Gleichanteil, d.h., mit einem verschwindendem linearen Mittelwert zunächst durch Gleichrichtung ein Signal mit positivem linearen Mittelwert erzeugen. Der Mittelwert wird dann als analoge Größe durch ein Drehspulinstrument oder als digitale Größe durch ein Display zur Anzeige gebracht. Vor der Gleichrichtung und Mittelwertbildung findet in der Regel eine Filterung statt. Dabei sind verschiedene Zielsetzungen zu unterscheiden:

1. Das Signal enthält Anteile aus verschiedenen Frequenzbereichen, von denen jeweils nur ein Anteil ausgewertet werden soll. In diesem Fall käme ein Hochpaß oder ein Tiefpaß zum Einsatz.
2. Das Signal einhält als Störung eine Sinusschwingung, die nicht verarbeitet werden soll. In diesem Fall käme ein Notchfilter, d.h. ein Bandfilter mit sehr kleiner Bandbreite, zum Einsatz. Enthält die überlagerte Störung Oberschwingungen, so ist ihre Unterdrückung mit einem Kammfilter möglich. Charakteristisch für diesen Fall ist, dass Signal- und Störspektrum im gleichen Frequenzbereich liegen.
3. Die Fälle 1. und 2. entsprechen der Gerätegruppe der Breitbandvoltmeter. Sollen bestimmte Spektrallinien eines Signals gemessen werden, so kommt in der Regel ein selektives Voltmeter zum Einsatz.

Somit zeigt sich, dass in der Meßgerätegruppe der Voltmeter eine sehr komplexe Signalverarbeitung vorliegt. Sind die zu messenden Signale bandbegrenzt, so können die Signalverarbeitungsaufgaben in einem Voltmeter durch digitale Signalverarbeitung hinsichtlich Flexibilität und Präzision besser gelöst werden als dies in herkömmlicher Weise der Fall ist, sofern die

Grenzfrequenz des zu messenden Signals das Rechenwerk hinsichtlich seiner Verarbeitungsgeschwindigkeit nicht überfordert. Insbesondere ist es möglich in wirtschaftlicher Weise alle denkbaren Fälle der Signalverarbeitung bei einem Voltmeter in einem Gerät zusammenzufassen.

2. 7. 2. 1. Gleichrichtwert und Effektivwert

Zwei Größen, die in der Meßtechnik besonders häufig gemessen werden, sind der Gleichrichtwert und der Effektivwert.

Beim Gleichrichtwert wird das Signal x(t) einer Zweiweggleichrichtung (s. Abschn. 2.3.2.6), die einer Betragsbildung entspricht, mit anschließender Mittelwertbildung unterzogen. Somit ergibt sich für den Gleichrichtwert die Definition

$$X_{gl}(t) = \frac{1}{T_F} \int_{t-T_F}^{t} \left| x(\vartheta) \right| d\vartheta \quad . \qquad (2.428)$$

Die endliche Integrationszeit T_F bezeichnet man als Fensterbreite.

Beim Effektivwert wird das Signal x(t) einer Quadrierung mit anschließender Mittelwertbildung und Radizierung unterzogen. Somit ist der Effektivwert die Wurzel aus dem quadratischen Mittelwert. Für die Definition erhält man

$$X_{eff}(t) = \sqrt{\frac{1}{T_F} \int_{t-T_F}^{t} x^2(\vartheta)\; d\vartheta} \quad . \qquad (2.429)$$

Besondere Beachtung verdient die Mittelwertbildung. Sie vollzieht sich über die Signalwerte in der Vergangenheit bis zur Gegenwart mit einem Zeitfenster T_F. Durchgeführt wird die Mittelwertbildung mit einem Tiefpaß, dessen Frequenzgang die Form und die Länge des Zeitfensters bestimmt. Damit erhält man die in Bild 2.141 dargestellten Systemdiagramme.

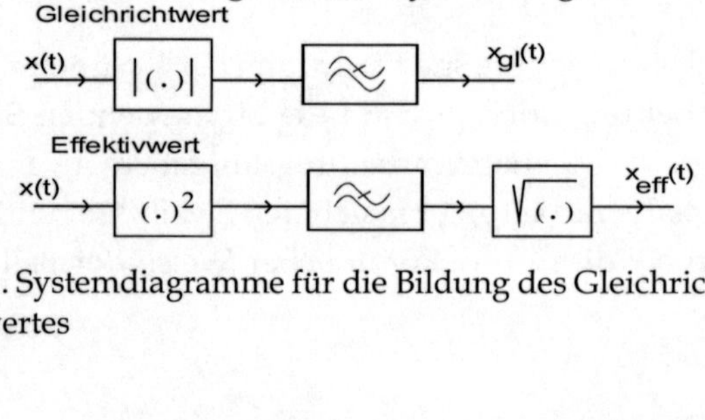

Bild 2.141. Systemdiagramme für die Bildung des Gleichricht- und des Effektivwertes

Durch Faltung des Eingangssignals x(t) mit der Impulsantwortfunktion der Tiefpässe g(t) erhält man für den Gleichrichtwert und den Effektivwert

$$X_{gl}(t) = \int_{-\infty}^{t} |x(\vartheta)|\, g(t-\vartheta)\, d\vartheta \qquad (2.430)$$

$$X_{eff}(t) = \sqrt{\int_{-\infty}^{t} x^2(\vartheta)\, g(t-\vartheta)\, d\vartheta} \quad . \qquad (2.431)$$

Wählt man für die Impulsantwortfunktion eine Rechteckfunktion

$$g(t) = \frac{1}{T_F}\,[\,\varepsilon(t) - \varepsilon(t - T_F)\,] \quad , \qquad (2.432)$$

so gehen die allgemeinen Definitionen für den Gleichrichtwert und den Effektivwert nach Gl. (2.430) und (2.431) in die speziellen nach Gl.(2.428) und (2.429) über. Das Zeitfenster der Integration ergibt sich also als Impulsantwortfunktion der Tiefpässe.

In einer Reihe von Meßgeräten wird die Integration bzw. Mittelwertbildung durch die Trägheit eines Drehspulinstruments bewirkt, dessen mechanisches System einem Tiefpaß 2. Ordnung entspricht. Die Einstellbarkeit der Parameter des Zeitfensters hinsichtlich der Form und Breite ist in digitaler Signalverarbeitung leichter zu verwirklichen als in herkömmlicher Technik.

2. 7. 2. 2. Selektives Voltmeter

Diese Gruppe von Meßgeräten soll es ermöglichen, die Höhe einer Spektrallinie eines Signalspektrums zu messen. Ein einfacher Ansatz zur Lösung dieser Aufgabe wäre es, mit einem Bandfilter die Spektrallinie herauszufiltern. Am Ausgang des Bandfilters erscheint dann eine Sinusschwingung mit einer Frequenz, die mit der Mittenfrequenz des Bandfilters übereinstimmt, und mit einem Scheitelwert, der gleich dem Betrag der Kurzzeit-Fourier-Transformierten des Signals bei der Mittenfrequenz des Bandfilters ist. Bei einem selektiven Voltmeter muss die Meßfrequenz kontinuierlich veränderbar sein. In analoger Technik wird das Problem der Verschiebung der Bandmittenfrequenz eines Bandfilters bekanntlich dadurch umgangen, dass man mit

Hilfe eines Mischers das Signalspektrum am Frequenzfenster eines Zwischenfrequenzbandfilters vorbeischiebt. Nach diesem Zwischenfrequenzbandfilter folgt die Bildung des Gleichrichtwertes, der dann zur Anzeige gebracht wird.

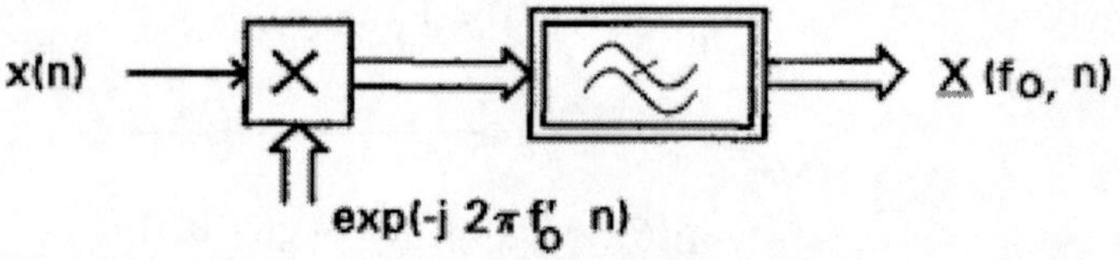

Bild 2.142. Realisierung eines selektiven Voltmeters in digitaler Signalverarbeitung

Bei einer Realisierung in digitaler Signalverarbeitung bietet es sich an, durch Quadraturmischung die zu untersuchende Spektrallinie in die Nullage zu verschieben und mit einem Tiefpaß herauszufiltern. Dabei entfällt dann die Bildung des Gleichrichtwertes. So ergibt sich das System nach Bild 2.142. Das Signal x(n) wird mit der Exponentialschwingung $\exp(-j\,2\pi\, f_0'\, n)$ multipliziert und im Tiefpaß mit der Impulsantwortfolge g(n) gefiltert. So entsteht das von n und f_0' abhängige Signal

$$\underline{X}(f_0', n) = \sum_{i=-\infty}^{n} x(i)\, g(n-i)\, \exp(-j\, 2\pi\, f_0'\, i) \tag{2.433}$$

am Ausgang des Tiefpaß durch Faltung des Eingangssignals mit der Impulsantwortfolge. Der Tiefpaß wird mit einem Transversalfilter realisiert; dann ist seine Impulsantwortfolge begrenzt. Setzt man für die Imulsantwortfolge, die die Funktion eines Fensters hat,

$$g(i) = \frac{1}{N}\,[\,\varepsilon(n) - \varepsilon(i-N)\,]\quad , \tag{2.434}$$

so erhält man für das Ausgangssignal des Tiefpasses

$$\underline{X}(f_0', n) = \frac{1}{N} \sum_{i=n-(N-1)}^{n} x(i)\, \exp(-j\, 2\pi\, f_0'\, i) \quad , \tag{2.435}$$

also die Kurzzeit-Fourier-Transformierte des Signals x(n). Beim selektiven Voltmeter wird der Betrag der Kurzzeit-Fourier-Transformierten gemessen.

Entwickelt man zu dem System nach Bild 2.142 das entsprechende reelle Blockschaltbild und ergänzt dieses durch eine Betragsbildung, so ergibt sich das Blockbild nach Bild 2.143. Dabei kann die Betragsbildung auch durch den Baustein CORDIC-Algorithmus verwirklicht werden.

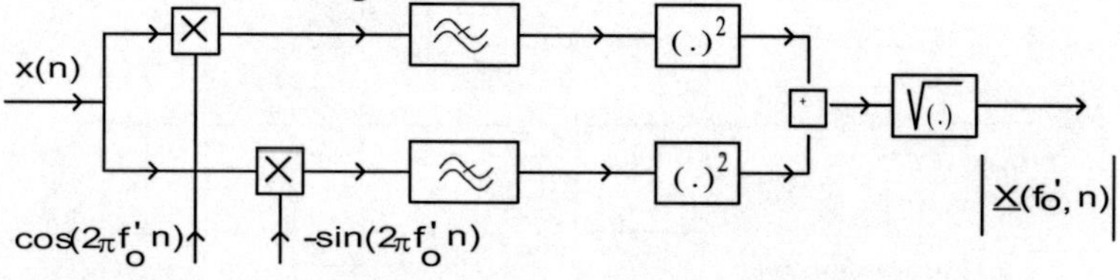

Bild 2.143. Blockbild eines selektiven Voltmeters in digitaler Signalverarbeitung

2. 7. 3. Mehrwegeempfangs-Simulator

Mehrwegeempfang bedeutet, dass ein Sendesignal den Empfänger auf verschiedenen Wegen erreicht. Somit addieren sich im Empfänger mehrere Signale unterschiedlichen Scheitelwertes und verschiedener Phasenlage zu einem resultierenden Signal. Bei einer Übertragung mit Frequenzmodulation treten dann nach der Demodulation erhebliche Verzerrungen auf, die sich durch den Einsatz von adaptiven Entzerrerfiltern mildern lassen. Von besonderer Bedeutung sind diese adaptiven Entzerrer beim mobilen Empfang. Soll nun die Qualität von Mobilfunkempfängern untersucht werden, so spielt dabei die Fähigkeit zum Ausgleich von durch Mehrwegeempfang hervorgerufenen Verzerrungen eine wichtige Rolle. Will man sich nicht mit Fahrtests im Automobil begnügen, die letztlich keine reproduzierbaren Ergebnisse ermöglichen, so entsteht die Notwendigkeit eines Meßsignalgenerators, der die Simulation des Mehrwegeempfangs ermöglicht.

2. 7. 3. 1. Aufgabenstellung und Realisierungsmöglichkeiten

Der Mehrwegeempfangs-Simulator nach Bild 2.144 enthält einen Frequenzmodulator, dem im Falle des UKW-Rundfunks ein Trägersignal mit Frequenzen im Bereich von 87,5 MHz bis 108,0 MHz zugeführt wird. An den Modulationseingang wird ein Stereo-Multiplex-Signal gelegt. Soweit werden die Anforderungen von einem Signalgenerator abgedeckt. Beim Mehrwegeempfangs-Simulator wird der Ausgang des FM-Modulators auf eine Anzahl M verschiedener Kanäle gegeben, die jeweils ein einstellbares

Dämpfungsglied a und Verzögerungsglied τ enthalten. Die Ausgangssignale der Kanäle werden addiert und auf den Ausgang des Mehrwegeempfangs-Simulators gegeben.

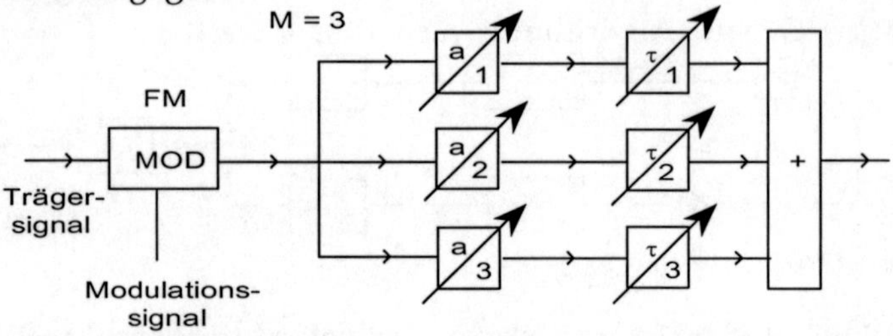

Bild 2.144. Modell eines Mehrwegeempfangs-Simulators

Während die einstellbaren Dämpfungsglieder keine Realisierungsprobleme aufwerfen, stößt die Realisierung einstellbarer Verzögerungsglieder mit Laufzeiten im Bereich $0 < \tau < 100\ \mu s$, wie sie beim Mehrwegeempfang auftreten, auf erhebliche Schwierigkeiten. Bei einer Trägerfrequenz von 100 MHz ist für eine Laufzeit von 100 μs eine Verzögerung des Signals um 10000 Perioden erforderlich. Eine Diskussion verschiedener Lösungsansätze wie z.B. die lange Leitung oder Allpaß-Ketten zeigt, dass eine Lösung des Problems mit analoger Schaltungstechnik nicht möglich ist.

2. 7. 3. 2. Digitales Realisierungskonzept

Geht man von einem bereits vollständig realisierten Mehrwegeempfangs-Simulator aus, so lässt sich das Spektrum seines Ausgangssignals durch Quadraturmischung in die Nullage verschieben. Die Bandbreite des FM-Signals lässt sich mit Hilfe der Carson-Formel ermitteln. Mit dem Frequenzhub $\Delta F = 75$ KHz und der im Falle des Stereo-Multiplex-Signals maximalen Modulationsfrequenz $f_m = 53$ KHz erhält man für die Carson-Bandbreite

$$B_c = 2\,(\,\Delta F + f_m\,) = 256\ \text{KHz} \qquad , \qquad (2.436)$$

innerhalb derer 99% der Gesamtsignalleistung konzentriert sind. Werden die Quadratursignale am Ausgang des Mischers digitalisiert, so ist eine Abtastfrequenz $f_A > B_c$ erforderlich.

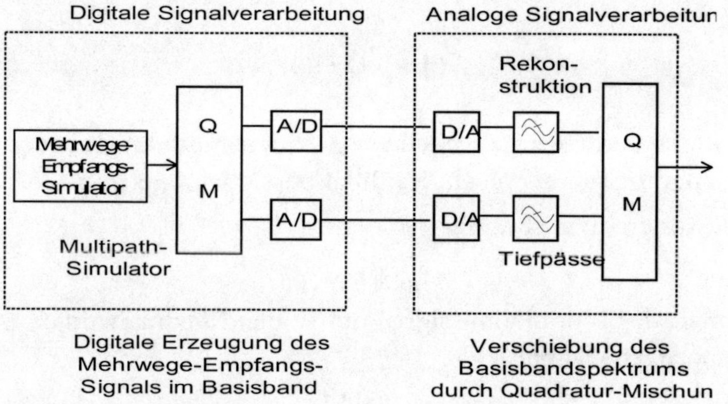

Bild 2.145 Digitales Realisierungskonzept

Will man nun aus dem digitalisierten Basisband-FM-Signal das Originalsignal wiedergewinnen, so müssen die Quadratur-Zahlenfolgen zunächst Digital-Analog-Wandlern und Rekonstruktionsfiltern zugeführt werden. Die so gewonnenen analogen Signale werden einem Quadraturmischer zugeführt, der das Basisbandspektrum in die Originalfrequenzlage verschiebt. Das Diagramm in Bild 2.145 zeigt diese Vorgänge. Man erkennt, dass sich die Erzeugung des Mehrwegeempfangs-Signals in einen Block mit digitaler Signalverarbeitung und in einen Block mit analoger Signalverarbeitung zerlegen läßt. Das Mehrwegeempfangs-Signal wird als Basisbandsignal durch digitale Signalverarbeitung erzeugt mit dem im nächsten Abschnitt zu zeigenden Vorteil, dass die Realisierung der erforderlichen Laufzeiten kein Problem sind.

2. 7. 3. 3. FM-Basisband-Signal

Zunächst wird ein FM-Modulator im analogen Bereich betrachtet. Allgemein gilt für das frequenzmodulierte Signal mit dem Scheitelwert a und dem Winkel $\Phi(t)$

$$x(t) = a \cos[\,\Phi(t)\,] \qquad . \tag{2.437}$$

Aus der Definitionsgleichung für die Momentanfrequenz

$$f = \frac{1}{2\pi}\,\frac{d\,\Phi(t)}{dt} \tag{2.438}$$

läßt sich der Winkel

$$\Phi(t) = \int_0^t 2\pi\, f(\vartheta)\, \delta\vartheta \tag{2.439}$$

aus der Momentanfrequenz berechnen. Frequenzmodulation bedeutet, dass die Momentanfrequenz f einem Modulationssignal $x_{NF}(t)$ proportional ist. Mit der Mittenfrequenz f_m gilt:

$$f = f_m + K\, x_{NF}(t) \quad . \tag{2.440}$$

Bezieht man das Modulationssignal auf seinen Maximalwert $\hat{x}$, so erhält man das bezogene Signal

$$v(t) = \frac{x_{NF}(t)}{\hat{x}} \quad . \tag{2.441}$$

Mit dem Frequenzhub

$$Df = K\, \hat{x}_{NF} \tag{2.442}$$

ergibt sich dann für die Momentanfrequenz

$$f = f_m + \Delta f\, v(t) \quad . \tag{2.443}$$

Mit den Gl. (2.437), (2.439) und (2.443) erhält man somit die Zeitfunktion des frequenzmodulierten Signals

$$x(t) = a \cos[\, 2\pi\, f_m\, t + 2\pi\, \Delta f \int_0^t v(\vartheta)\, d\vartheta \,] \, . \tag{2.444}$$

Zum FM-Basisbandsignal gelangt man durch eine Quadraturabwärtsmischung in die Nullage. Nach dem Systemdiagramm in Bild 2.146 wird dazu durch Hinzufügen

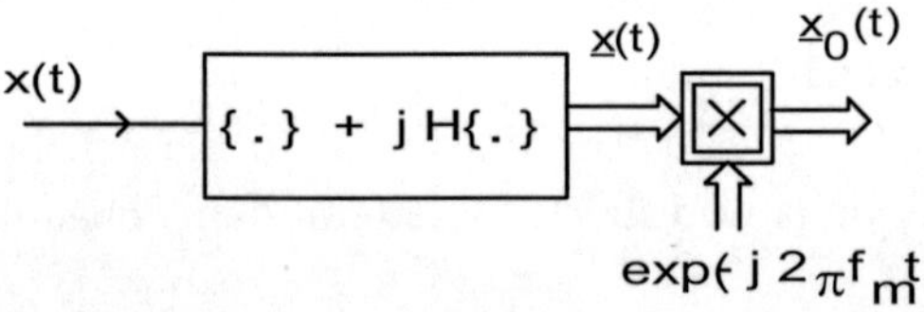

Bild 2.146. Quadraturabwärtsmischung

der Hilbert-Transformierten das analytische Signal gebildet

$$\underline{x}(t) = a \cos[\, 2\pi\, f_m\, t + 2\pi\, \Delta f \int_0^t v(\vartheta)\, d\vartheta \,]$$

$$+ j\, a \sin[\, 2\pi f_m t + 2\pi \Delta f \int_0^t v(\vartheta)\, d\vartheta \,]$$

$$= a \exp\left\{ j\, [\, 2\pi f_m t + 2\pi \Delta f \int_0^t v(\vartheta)\, d\vartheta \,] \right\} . \qquad (2.445)$$

Die anschließende Multiplikation mit $\exp(-j\, 2\pi f_m t)$ bewirkt die Verschiebung des Signalspektrums in die Nullage und man gewinnt für das FM-Basisbandsignal

$$\underline{x}_o(t) = a \exp\left[j\;\; 2\pi \Delta f \int_0^t v(\vartheta)\, d\vartheta \right]$$

$$= a \cos [2\pi \Delta f \int_0^t v(\vartheta)\, d\vartheta\,] + j\, a \sin[\, 2\pi \Delta f \int_0^t v(\vartheta)\, d\vartheta\,] . \qquad (2.446)$$

Führt man für das reelle frequenzmodulierte Signal x(t) eine Verzögerung τ ein, mit

$$x_v(t) = x(\, t - \tau\,) \quad , \qquad (2.447)$$

so ergibt sich aus (2.445) mit $t \rightarrow t-\tau$ das entsprechende, um τ verzögerte FM-Basisbandsignal zu

$$\underline{x}_{ov}\, (t) = a \cos[\, 2\pi \Delta f \int_0^{t-\tau} v(\vartheta)\, d\vartheta \; - 2\pi f_m \tau]$$

$$+ j\, a \sin[\, 2\pi \Delta f \int_0^{t-\tau} v(\vartheta)\, d\vartheta \; - 2\pi f_m \tau] \qquad . \qquad (2.448)$$

2. 7. 3. 4. Digitaler FM-Basisband-Modulator

Aus der im vorigen Abschnitt entwickelten Gl. (2.448) eines FM-Basisbandsignals wird jetzt das Blockschaltbild eines digitalen FM-Basisband-Modulators hergeleitet. Dafür sind 2 Schritte erforderlich: 1. Zerlegung in Einzelblöcke, 2. Transformation in den Bereich der Zahlenfolgen.

Aus der Gl. (2.448) des FM-Basisband-Signals können folgende Funktionsblöcke abgelesen werden: Integration des Modulationssignals, Verzögerung um τ, Addition eines Nullphasenwinkels $- 2\pi f_m \tau$, Sinus- und Cosinuskennlinie, Multiplikation mit dem Scheitelwert a.

Man erhält damit das Systemdiagramm eines **FM-Basisband-Modulators** nach Bild 2.147.

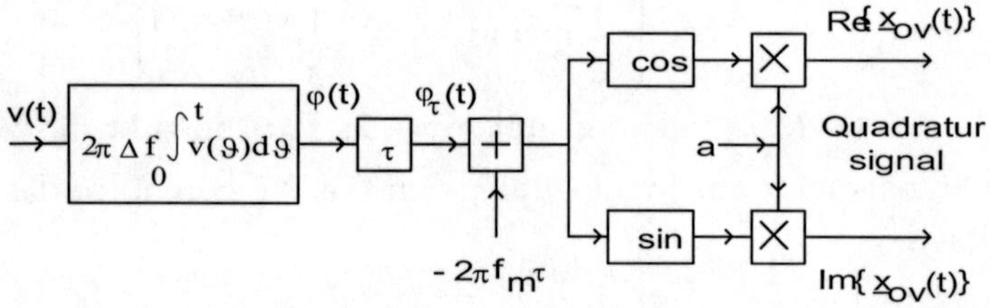

Bild 2.147. FM-Basisband-Modulator

Als nächstes erfolgt die Transformation in den Bereich der Zahlenfolgen. Das Modulationssignal v(t) wird mit der Frequenz f_A abgetastet und mit einem A/D-Wandler in eine Folge v(n) von Dualzahlen verwandelt. Diese Zahlen gelangen in einen digitalen Integrator, der aus dem analogen Integrator des Blockschaltbildes abzuleiten ist. Dabei ist zunächst zu beachten, dass der Integrator kein stabiles System ist; liegt am Eingang eine Konstante, so steigt das Ausgangssignal über alle Grenzen. Dabei ist die Periodizität der Sinus- und Cosinusfunktion zu berücksichtigen. Das Ausgangssignal des Integrators ist ein Winkel; überschreitet er den Wert $+\pi$, so kann 2π abgezogen werden, ohne dass sich ein anderer Funktionswert der Sinus- bzw. der Cosinusfunktion ergibt. Entsprechendes gilt für das Unterschreiten des Wertes $-\pi$. Somit lässt sich am Ausgang des Integrators ein Block mit einer Kennlinie nach Bild 2.148 einfügen. Diese Kennlinie hat den gleichen Verlauf wie

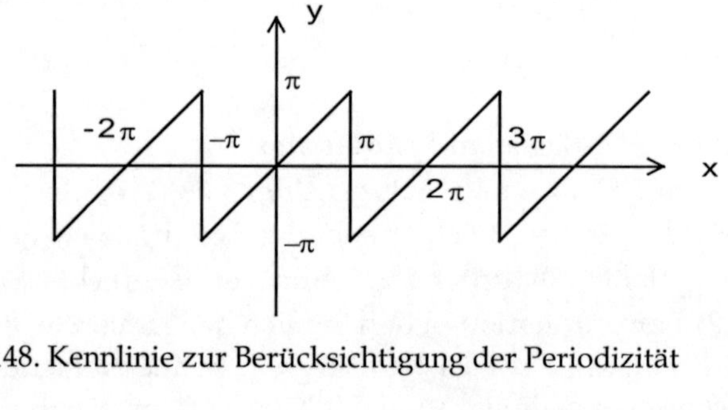

Bild 2.148. Kennlinie zur Berücksichtigung der Periodizität

die Überlaufkennlinie der Zweierkomplement-Zahlendarstellung. Somit kann die Überlaufkennlinie bei der Realisierung des Blocks ausgenutzt werden.

Als digitale Realisierung des Integrators wird hier die direkte Überführung in eine Summe gewählt (vgl. Abschn. 2.3.1.6). Man erhält dann für den Winkel am Integratorausgang

$$\varphi(n) = 2\pi\, \Delta f' \sum_{k=0}^{n} v(k) \tag{2.449}$$

mit $\Delta f' = f / f_A$. Die entsprechende Differenzengleichung ist

$$\varphi(n) = 2\pi\, \Delta f'\, v(n) + \varphi(n-1) \quad . \tag{2.450}$$

Der nächste Block nach Bild 2.147 ist die Signalverzögerung um eine Zeit ◎ im Bereich

$$0 < \tau < 100\ \mu s\ .$$

Im Folgenbereich entspricht dem eine Verschiebung der Eingangsfolge um N Folgenelemente nach rechts. Für die verschobene Folge gilt:

$$\varphi_\tau(n) = \varphi(n - N)\ . \tag{2.451}$$

Der Zusammenhang mit dem Zeitbereich ergibt sich mit der Abtastperiodendauer T_A. Dabei ist die Verzögerungszeit

$$\tau = N\ T_A \quad . \tag{2.452}$$

Den für den Mehrwegeempfangs-Simulator erforderlichen Verzögerungszeiten $0 < \tau < 100\ \mu s$ entspricht bei einer Abtastfrequenz von 500 KHz eine Verschiebung im Bereich

$$0 < N < 50$$

Elemente.

Die Addition des verzögerungsabhängigen Nullphasenwinkels, die Sinus- und die Cosinuskennlinie sowie die Multiplikation mit dem Scheitelwert a sind im Abschnitt Bausteine bereits behandelt.

2. 7. 3. 5. Mehrwege-FM-Basisband-Modulator

Mit den Ergebnissen der vorangegangen Abschnitte lässt sich das Gesamtblockschaltbild des Mehrwege-FM-Basisband-Modulators entwickeln. Vorzusehen sind ein analoger Eingang für das Modulationssignal v(t) und 2 analoge Ausgänge für das Quadratursignal, wie es Bild 2.149 zeigt. Der Eingang benötigt einen

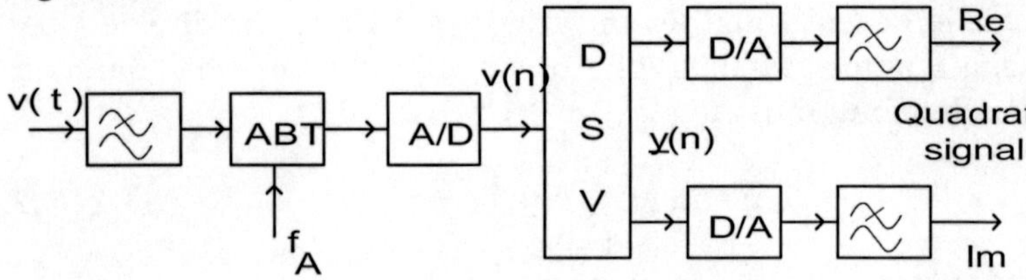

Bild 2.149. Mehrwege-FM-Basisband-Modulator

Bandbegrenzungstiefpaß, ein Abtast-Halte-Glied und einen Analog-Digital-Wandler. Die Ausgänge erfordern Digital-Analog-Wandler und Rekonstruktionsfilter zur Interpolation und Entzerrung. Dabei ist der Block DSV mit einer Anzahl M Blöcken entsprechend Bild 2.147 des vorigen Abschnitts auszufüllen. Da nur der Scheitelwert a und die Verzögerungszeit τ für die einzelnen Pfade einzustellen sind, ist der Integrator allen Pfaden gemeinsam. Bild 2.150 zeigt den Block DSV, beispielhaft für M = 3.

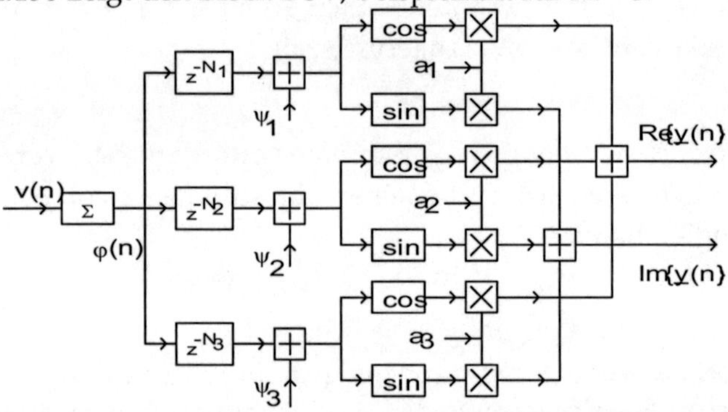

Bild 2.150. Digitale Erzeugung des Mehrwege-FM-Basisbandsignals

Mit der Integratorausgangsfolge

$$\varphi(n) = 2\pi\,\Delta f' \sum_{k=0}^{n} v(k)\,, \tag{2.453}$$

den Folgenverschiebungen

$$N_i = \tau_i \; f_A \, , \tag{2.454}$$

den Nullphasenwinkeln

$$\psi_i = - 2\pi \, f_m \, \tau_i \tag{2.455}$$

und den Scheitelwerten a_i bekommt man die Ausgangsquadraturfolgen:

$$Re\{ \underline{y}(n) \} = \sum_{i=1}^{M} a_i \; \cos[\varphi(n - N_i) + \psi_i] \tag{2.456}$$

$$Im\{ \underline{y}(n) = \sum_{i=1}^{M} a_i \; \sin[\varphi(n - N_i) + \psi_i] \quad . \tag{2.457}$$

3. Realisierung der DSV

In diesem Kapitel soll in geraffter Weise eine Antwort gegeben werden auf die beiden Fragen: Wie sieht die Realisierung eines Systems der digitalen Signalverarbeitung aus? Welche Probleme treten bei der Realisierung auf ? Dazu werden die analoge und die digitale Signalverarbeitung vergleichend betrachtet, der Weg vom Algorithmus zum Rechenweg skizziert und die Auswirkungen der Zahlendarstellung untersucht.

3. 1. Analoge und digitale Signalverarbeitung

Für Systeme der Signalverarbeitung in der Nachrichtenübertragungstechnik gibt es zwei Methoden der Realisierung: analoge Signalverarbeitung, digitale Signalverarbeitung.

Dabei handelt es sich nicht um miteinander konkurrierende, sondern um einander ergänzende Methoden. Seitdem sich die digitale Signalverarbeitung als eine Realisierungsmethode durchgesetzt hat, gilt es, das breite Spektrum an Signalverarbeitungsaufgaben daraufhin zu untersuchen, ob eine bestimmte Aufgabe hinsichtlich technischer Qualität und Wirtschaftlichkeit besser in analoger oder in digitaler Signalverarbeitung gelöst werden kann. So werden gegenwärtig in zunehmenden Maße Aufgaben statt in analoger in digitaler Signalverarbeitung realisiert. Grundsätzlich ist es aber so, dass innerhalb eines Gesamtsystems beide Methoden der Signalverarbeitung Anwendung finden.

Am Anfang der Realisierung eines signalverarbeitenden Systems steht die Formulierung der Anforderungen als Antwort auf die Frage: Was soll es leisten? Das Endergebnis der Realisierung ist dann eine Hardware, bestehend aus einer Leiterplatte mit Bauelementen und integrierten Schaltungen und, wenn es sich um Prozessoren handelt, ergänzt durch Software. Der Weg von den Anforderungen bzw. von der Aufgabenstellung zum Endergebnis ist bei der analogen und der digitalen Signalverarbeitung naturgemäß unterschiedlich. Bild 3.1 stellt die unterschiedlichen Realisierungswege schematisch dar. In beiden Fällen folgt in der Regel auf die Aufgabenstellung die Formulierung einer Lösung in der Symbolsprache der Mathematik. Bei analogen Systemen ist die nächste Stufe die SCHALTUNG, die festlegt, in welcher Weise

Widerstände, Spulen, Kondensatoren, Transformatoren, Dioden, Transistoren und integrierte Schaltungen zusammenzuschalten sind. Die Schaltungen der analogen Signalverarbeitung entsprechen den ALGORITHMEN in der digitalen Signalverarbeitung. Diese Algorithmen, die das Hauptthema dieses Buches sind, stellen nichts anderes dar als Handlungsanweisungen für ein Rechenwerk.

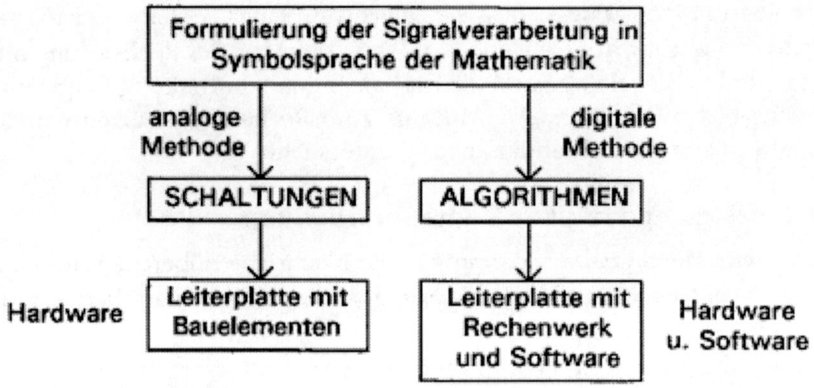

Bild 3.1 Realisierungsschema für analoge und digitale Signalverarbeitung

Bei der Realisierung eines signalverarbeitenden Gesamtsystems stellen sich unter dem Blickwinkel dieses Buches dann 2 Fragen: In welcher Weise ist das Gesamtsystem auf analoge und digitale Signalverarbeitung aufzuteilen ? Wie sind die Rechenwerke zur Ausführung der in den Algorithmen festgelegten Handlungsanweisungen zu gestalten ?

3. 2. Echtzeit- und Stapelverarbeitung

Die digitale Verarbeitung analoger Signale bedeutet, dass aus einem bandbegrenzten analogen Signal durch Digitalisierung eine Zahlenfolge abgeleitet wird. Aus den Elementen dieser Eingangsfolge werden nach einer bestimmten Rechenvorschrift die Elemente der Ausgangsfolge berechnet. Die Elemente der Ausgangsfolge werden dann durch Digital-Analog-Wandlung und Rekonstruktion in ein analoges Signal verwandelt. Bei dem zeitlichen Ablauf dieser Vorgänge können 2 Fälle unterschieden werden: Echtzeitverarbeitung, Stapelverarbeitung.

Echtzeitverarbeitung bedeutet, dass die Elemente der Ausgangsfolge genauso schnell berechnet werden, wie die Elemente der Eingangsfolge dem Rechenwerk angeboten werden. Damit ist die maximale Rechenzeit, die für die Berechnung jeweils eines Elementes der Ausgangsfolge zur Verfügung steht, gleich der Abtastperiodendauer T_A. Nach dem Abtasttheorem muss die Abtastfrequenz f_A bei Tiefpaßsignalen größer sein als die doppelte Signalgrenzfrequenz. Somit werden mit steigender Signalgrenzfrequenz die Abtastfrequenzen und die Anforderungen an die Rechengeschwindigkeit immer größer.

Wie im Abschnitt Grundlagen ausgeführt gehören die Gebiete der digitalen Filter und der diskreten Fourier-Transfomation zum Kernbereich der Theorie der digitalen Signalverarbeitung. Ein transversales Filter N-ter Ordnung wird durch die Differenzengleichung

$$y(n) = \sum_{i=0}^{N} A_i \, x(n-i) \tag{3.1}$$

beschrieben. Die diskrete Fourier-Transformation ordnet einer Zahlenfolge $\underline{x}(n)$ eine Zahlenfolge

$$\underline{Y}(m) = \sum_{n=0}^{N-1} \underline{x}(n) \, \exp(-j\, 2\pi \frac{m\,n}{N}) \tag{3.2}$$

zu. Damit erweist sich die Bildung einer Summe von komplexen Produkten als eine sehr häufig vorkommende Grundoperation der digitalen Signalverarbeitung.[48] In Bezug auf eine Echtzeitverarbeitung ist demnach zu kalkulieren, in welcher Zeit das Rechenwerk in der Lage ist, eine Summe von komplexen Produkten innerhalb einer Abtastperiodendauer zu berechnen.

Stapelverarbeitung bedeutet, dass das Eingangssignal eine begrenzte zeitliche Dauer hat. Die begrenzte Anzahl an Elementen der Eingangsfolge wird dann vor der Verarbeitung zunächst gespeichert. Dann kann die Verarbeitung, d.h., die Berechnung der Elemente der Ausgangsfolge beliebig langsam erfolgen. Die Stapelverarbeitung wird häufig eingesetzt, wenn sehr schnelle Eingangsvorgänge zu i.a. langsam veränderlichen Ausgangsgrößen

48 Vgl. Winterer, Markus: *Signalprozessor löst rechenintensive Probleme,* Elektronik 22, 2.11.1984.

führen, z.B. in der Meßtechnik bei der Bildung von Mittelwerten und bei der Spektralanalyse über einen begrenzten Zeitabschnitt.

Digitale Signalverarbeitung in der Nachrichtenübertragungstechnik ist immer eine Echtzeitverarbeitung. Dies wird besonders deutlich, wenn durch Schaltungstechnik realisierte Systeme der analogen Signalverarbeitung durch entsprechende Systeme der digitalen Signalverarbeitung ersetzt werden.

3. 3. Wortlängeneffekte

Die der digitalen Signalverarbeitung zugrunde liegende Theorie geht von wertkontinuierlichen Zahlenfolgen aus. Ein digitales System kann beispielsweise durch eine lineare Differenzengleichung mit konstanten Koeffizienten beschrieben werden. Die Differenzengleichung ist dann die Rechenvorschrift zur Berechnung der Ausgangszahlenfolge aus der Eingangszahlenfolge. Bei der technischen Realisierung des digitalen Systems müssen alle Zahlen als Dualzahlen dargestellt werden. Dies bedingt die Festlegung einer Stellenzahl und damit auch eines maximalen Zahlenbereichs. Als Konsequenzen dieser Systemrealisierung ergeben sich:

1. Die begrenzte Stellenzahl des Analog-Digital-Wandlers bedingt eine Amplitudenquantisierung, die im Ausgangssignal ein Quantisierungsgeräusch zur Folge hat.
2. Die Darstellung der Koeffizienten der Differenzengleichung als Dualzahlen mit begrenzter Stellenzahl bedingt eine Ungenauigkeit, durch die die Pole der Übertragungsfunktion die Stabilitätsgrenze überschreiten können oder die zumindest eine Verfälschung von Amplitudengang und Grenzfrequenz zur Folge hat.
3. Bei der Berechnung der Differenzengleichung müssen die Multiplikationsergebnisse in der Stellenzahl durch Abschneiden oder Runden begrenzt werden. Dies verursacht in der Ausgangszahlenfolge ein Rundungsgeräusch.
4. Im Laufe der Berechnung der Differenzengleichung können Fehler durch Überschreitung des Zahlenbereichs entstehen.

Somit entstehen bei der Realisierung eines digitalen Systems numerische Probleme, die die Eigenschaften digitaler Systeme entscheidend beeinflussen.

3. 4. Wortlänge der Wandler

Die Zahlenfolgen, die einer digitalen Signalverarbeitung zugeführt werden, sind in der Regel Abbilder analoger Signale. Sie entstehen aus den analogen Signalen durch Zeit- und Amplitudenquantisierung. Im Gegensatz zur Zeitquantisierung durch den Abtastvorgang ist die Amplitudenquantisierung mit einem Informationsverlust verbunden. Dieser, durch die begrenzte Amplitudenauflösung bedingte Informationsverlust wird durch die Wortlänge der Analog-Digital- und der Digital-Analog-Wandler bestimmt. Grundsätzlich tritt als Folge der Amplitudenquantisierung nach der Digital-Analog-Wandlung und Rekonstruktion des analogen Signals ein überlagertes Quantisierungsgeräusch auf. Die Wortlänge hängt von dem Irrelevanzanteil der Signale ab. Sie ist gerade so groß zu wählen, dass das Quantisierungsgeräusch nicht mehr wahrnehmbar ist. Während bei Tonsignalen häufig 16 Bit Wortlänge gefordert werden, sind bei Bildsignalen in der Regel 8 Bit ausreichend. Für die Systeme der digitalen Signalverarbeitung sind die aus der Digitalisierung hervorgehenden Zahlenfolgen Eingangsgrößen. Deshalb muss neben der Wortlänge der Wandler auch die erforderliche Wortlänge im Rechenwerk betrachtet werden. Sie entscheidet über die Funktionfähigkeit und Präzision der Signalverarbeitung.

3. 5. Wortlänge im Rechenwerk

An dieser Stelle sollen die Effekte der Wortlängenbegrenzung beispielhaft bei digitalen Filtern erläutert werden. Hauptsächlich sind hierbei drei Auswirkungen ins Auge zu fassen: 1. Ungenauigkeit des komplexen Frequenzgangs, 2. Rauschen, 3. Instabilität.

3. 5. 1. Frequenzgang

Die Wortlängenbegrenzung der Koeffizienten der Übertragungsfunktion hat wegen der Ungenauigkeit bei der Darstellung der Koeffizienten u.U. erhebliche Abweichungen zwischen errechnetem und gemessenem Frequenzgang zur Folge.

Grundlage für die Realisierung einer Übertragungsfunktion H(z) sind die in Abschn. 2.3.1.1 entwickelten digitalen Netzwerke. Dabei können zu einer Übertragungsfunktion verschiedene Netzwerke angegeben werden, die sich in zweierlei Hinsicht unterscheiden: 1. Toleranzempfindlichkeit: Sie gibt an, wie stark sich Ungenauigkeiten bei den Koeffizienten auf den Frequenzgang auswirken. 2. Absolute Größe: Die Koeffizienten können bei niedrigen Grenzfrequenzen so klein werden, dass sie bei gegebener Stellenzahl überhaupt nicht mehr darzustellen sind.

3. 5. 2. Rauschen

Ein digitales System berechnet aus einer Eingangszahlenfolge eine Ausgangszahlenfolge. Die dabei auftretende Rechenungenauigkeit wirkt wie ein überlagertes Geräusch, d.h., wie eine überlagerte stochastische Zahlenfolge. Überwiegend entsteht dieses Geräusch bei den Multiplikationen wegen der hier notwendigen Wortlängenbegrenzung. Dieser Effekt kann durch ein Übertragungsglied mit der Rundungskennlinie nach Bild 3.2 veranschaulicht werden.

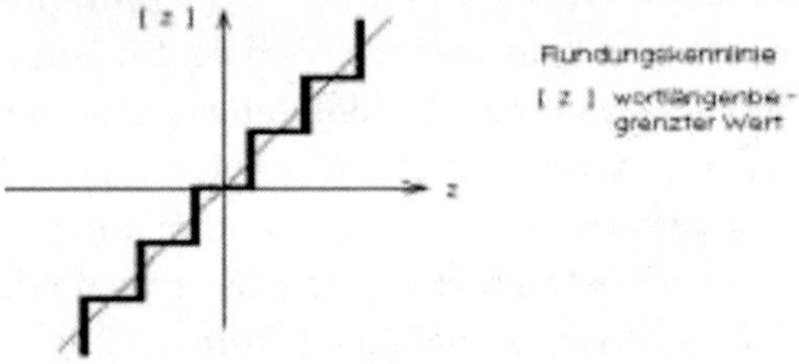

Bild 3.2 Rundungskennlinie

Die Kennlinie lässt sich nun als Addition einer idealen Kennlinie (durchgezogene Linie) und einer Kennlinie auffassen, die die Abweichungen vom Idealfall darstellt und an der somit das Geräusch entsteht. Für den Fall der Multiplikation zweier Variabler wird in Bild 3.3 die Entstehung des Rundungsgeräusches

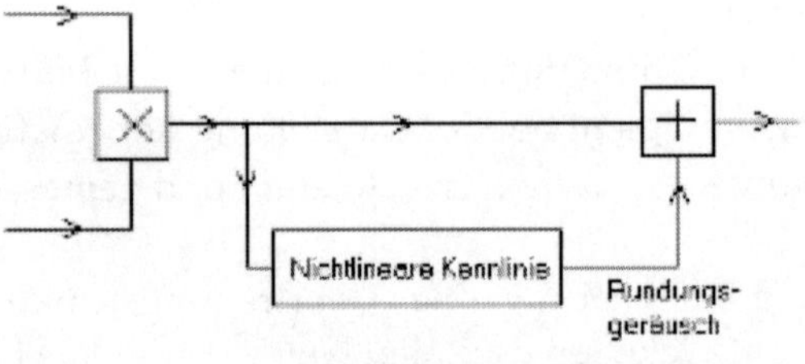

Bild 3.3. Entstehung des Rundungsgräusches

durch ein Systemdiagramm dargestellt. Dabei entspricht die ideale Kennlinie der Durchverbindung und der Block NICHTLINEARE KENNLINIE erzeugt das Rundungsgeräusch.

3. 5. 3. Instabilität

Man unterscheidet bei digitalen Systemen rekursive und nichtrekursive Strukturen. Nur die rekursiven Systeme können instabil werden, weil bei ihnen Rückführungen vorhanden sind. Bei ihnen treten u.U. Schwingungen auf, die auf arithmetissche Probleme zurückzuführen sind.

3. 5. 3. 1. Koeffizientenungenauigkeit

Voraussetzung für die Stabilität eines digitalen Systems mit der Übertragungsfunktion H(z) ist die Lage ihrer Pole im Inneren des Einheitskreises der z-Ebene. Wird nun bei einem ordnungsgemäß dimensionierten System eine Wortlängenbegrenzung durch Abschneiden oder Runden durchgeführt, so kann dies zur Folge haben, dass die Pole dabei den Einheitskreis überschreiten. Dadurch wird das System instabil. Es entstehen Schwingungen mit einer durch die Lage der Pole gegebenen Fequenz.

3. 5. 3. 2. Grenzzyklen

Hier spielt die Multiplikation eine wichtige Rolle. Werden zwei 8-Bit-Zahlen miteinander multipliziert, so entsteht ein 16-Bit-Ergebnis, das dann wieder auf 8 Bit gerundet wird. Dies ist die Ursache für das Rundungsrauschen. Durch die zufälligen Rundungsfehler kann es geschehen, dass das Ausgangssignal in gewissen Zeitpunkten zu klein, in anderen Zeitpunkten aber zu groß wird. Daraus ergibt sich in manchen Fällen eine Art von Pendeln um einen Mittelwert. Man spricht dann von Grenzzyklen.[49] Es lässt sich zeigen, dass die Amplituden solcher Grenzzyklen stets in der Größenordnung weniger LSB liegen. Zur Veranschaulichung des Problems der Grenzzyklen wird ein System 1. Ordnung mit der Eingangsfolge x(n) und der Ausgangsfolge y(n) betrachtet. Es hat die Differenzengleichung

$$y(n) = x(n) + A\,y(n-1) \qquad (3.3)$$

und die Übertragungsfunktion

[49] Vgl. Wupper, Horst: *Einführung in die digitale Signalverarbeitung*, Hüthig 1989.

$$H(z) = \frac{Y(z)}{X(z)} = \frac{1}{1 - A\,z^{-1}} \tag{3.4}$$

mit einer positiven Konstanten A. Das System besitzt einen Pol an der Stelle z=A. Damit es stabil ist, muss sein Pol innerhalb des Einheitskreises der z-Ebene liegen, d.h. A<1 sein. Das entsprechende, in Bild 3.4 gezeigte digitale Netzwerk

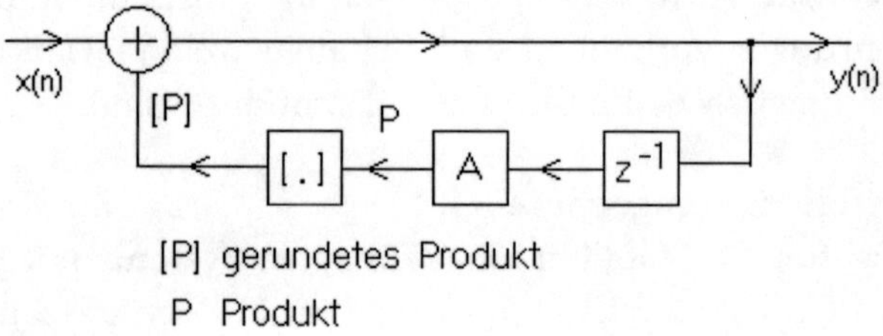

Bild 3.4. Zur Entstehung der Grenzzyklen in einem System 1. Ordnung

enthält nach der Multiplikation mit der Konstanten A einen Block $[\cdot]$, der die Rundungsoperation beschreibt.

Für das weitere sei angenommen, dass die Eingangsfolge ab einer bestimmten Folgennummer verschwindet. Die Differenzengleichung lautet dann für x(n)=0 und unter Berücksichtigung der Rundungsoperation

$$y(n) = [A\,y(n-1)\,] \quad . \tag{3.5}$$

Bei unbegrenzter Wortlänge wird die Ausgangsfolge y(n) wegen A<1 monoton gegen Null streben. In diesem Fall ist also

$$|\,y(n)\,| < |\,y(n-1)\,| \quad . \tag{3.6}$$

Die Wortlängenbegrenzung kann nun zur Folge haben, dass ab einer bestimmten Folgennummer statt (3.6)

$$y(n) = \pm\, y(n-1) \tag{3.7}$$

eintritt und demzufolge y(n) nicht mehr monoton fällt.

Das positive Vorzeichen bedeutet, dass die Ausgangsfolge konstant ist und bei negativem Vorzeichen oszilliert die Ausgangsfolge zwischen zwei konstanten Werten, entgegengesetzten Vorzeichens. Im folgenden soll untersucht werden, unter welcher Bedingung der Grenzzyklus beispielsweise mit positivem Vorzeichen eintreten kann.

Im Fall des positiven Vorzeichens erhält man aus (3.5) und (3.7)

$$[A\, y(n\text{-}1)\,] = y(n\text{-}1) \quad . \qquad (3.8)$$

Die Differenz zwischen dem Produkt A y(n-1) und dem gerundeten Produkt [A y(n-1)] ist maximal eine halbe Quantisierungsstufe groß. Mit der Stellenzahl w gilt dann

$$|[A\, y(n-1)] - Ay(n-1)| \leq 0.5\, 2^{-w} \quad , \qquad (3.9)$$

bzw. mit (4.8)

$$|y(n-1) - Ay(n-1)| \leq 0.5\, 2^{-w} \quad . \qquad (3.10)$$

Hieraus ergibt sich die Ungleichung

$$|y(n-1)| \leq 0.5 \frac{2^{-w}}{1-A} \quad . \qquad (3.11)$$

Nun ist der Betrag eines Elementes der Ausgangsfolge y(n) wegen der begrenzten Wortlänge grundsätzlich ein ganzzahliges Vielfaches der Größe 2^{-w}. Somit gilt:

$$|y(n\text{-}1)| = K\, 2^{-w} (\text{ K natürliche Zahl }) \qquad (3.12)$$

Durch Einsetzen von (3.11) in (3.12) erhält man

$$K \leq \frac{0{,}5}{1\text{-}A} . \qquad (3.13)$$

Wenn also bei fallender Ausgangsfolge y(n), d.h. fallenden Werten K, ab einer bestimmten Folgennummer (3.13) erfüllt ist, dann wird ein Grenzzyklus dergestalt erreicht, dass die Ausgangsfolge bei einem Wert

$$|y(n)| = \text{const} = \text{integer}\left(\frac{0{,}5}{1\text{-}A}\right) 2^{-w} \quad . \qquad (3.14)$$

konstant bleibt.

3. 5. 3. 3. Überlaufschwingungen

Sie entstehen aufgrund der Begrenzung des darstellbaren Zahlenbereichs. Das bedeutet, dass das System nichtlinear ist. Die Stabilität, die unter der Voraussetzung der Linearität erfüllt war, ist nicht mehr unbedingt gegeben. Es können Schwingungen entstehen, die auch beim Verschwinden des Eingangssignals erhalten bleiben. Besonders störend ist, dass diese Überlaufschwingungen Momentanwerte von der Größenordnung des Aussteuerbereichs enthalten.

Während für die Erzeugung von Grenzzyklen die Wortlängenbegrenzung nach Multiplikationen verantwortlich ist, resultieren Überlaufschwingungen aus einer möglichen Überschreitung des Zahlenbereichs bei Additionen.

Die Überlaufschwingungen entstehen insbesondere bei der Zweierkomplementüberlaufkennlinie. Bei der Überschreitung des Zahlenbereichs entsteht entsprechend der Kennlinie ein Sprung am Ausgang, der über die Rückkopplungszweige des rekursiven Systems wieder an den Eingang zurückgekoppelt wird.

Zur Verdeutlichung von Überlaufschwingungen werde ein System 2. Ordnung mit der Eingangsfolge x(n) und der Ausgangsfolge y(n) nach Bild 3.5 betrachtet, das einen Block Ü für die Berücksichtigung der Überlaufkennlinie enthält.

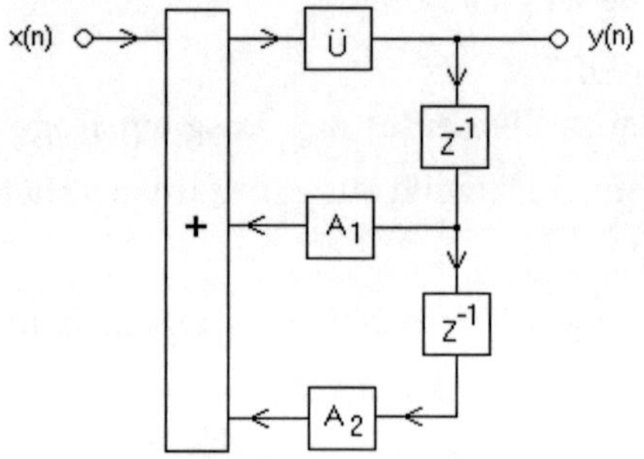

Bild 3.5. Zur Entstehung der Überlaufschwingungen

Es werde angenommem, dass zu einem bestimmten Zeitpunkt das Eingangssignal verschwinde. Dann ergibt sich aus Bild 3.5 mit x(n)=0 die Differenzengleichung

$$y(n) = Ü[\, A_1\, y(n-1) + A_2\, y(n-2)\,] \qquad (3.15)$$

Der darstellbare Zahlenbereich ist -1 z <+1. Ein Überlauf wird somit vermieden, wenn

$$\left| A_1\, y(n-1) + A_2\, y(n-2) \right| < 1 \qquad (3.16)$$

für alle möglichen Werte

$$\left| y(n-1) \right| < 1 \quad , \quad \left| y(n-2) \right| < 1 \qquad (3.17)$$

erfüllt ist. Damit muss zur Vermeidung von Überlaufschwingungen

$$\left| A_1 \right| + \left| A_2 \right| < 1 \qquad (3.18)$$

erfüllt sein.

4. Entwicklungsmethodik in der DSV

4. 1. Entwicklungsphasen

Der Entwurf und die Realisierung von Systemen der digitalen Signalverarbeitung erfordert, ähnlich der Entwicklung anderer, komplexer Systeme, eine systematische Vorgehensweise. Das Gliedern in einzelne Entwicklungsschritte (Phasen) hat sich auch bei DSV-Systemen bewährt. Die Phasenentwicklung mit definierten, überprüfbaren Zwischenergebnissen am Ende jeder Phase schafft die Vorausssetzungen eines möglichst fehlerfreien Produktes bei einer sehr wirtschaftlichen Entwicklung.

Die Phasen und die dazugehörigen Bearbeitungsschritte einer DSV-Entwicklung sind maßgeblich von der Notwendigkeit einer Gliederung komplexer Systeme in überschaubare Teilsysteme geprägt. Die Vorteile einer Phasenentwicklung kommen jedoch nur dann wirtschaftlich zur Geltung, wenn hinreichend effiziente und lückenlose Überprüfungsmöglichkeiten der Entwicklungsergebnisse am Ende jeder Phase zur Verfügung stehen. Dies setzt eine gute Dokumentation und den Einsatz effizienter Testmittel für die einzelnen Phasen voraus. Es ist deshalb nicht verwunderlich, dass die Methode der Phasenentwicklung und ihre Detaillierung in dem Maße wirtschaftlich durchzuführen ist, wie leistungsfähige Software-Entwicklungswerkzeuge auf dem Markt angeboten werden. Für DSV-Systeme kommen hierbei folgende SW-Werkzeuge zum Einsatz: allgemeine Dokumentationswerkzeuge (Text, Formeln und Graphik), Simulatoren auf verschieden Ebenen, Programmeditor, Compiler, Assembler, Emulatoren.

Die nachfolgende Tabelle stellt die für DSV-Systeme typischen Entwicklungsphasen mit den dazugehörigen Bearbeitungsschritten dar.

Tabelle 4.1 DSV-Entwicklungsphasen und ihre Bearbeitungsschritte

Phase	Bearbeitungsschritte
Definition	- Signalverarbeitungsidee - verbale Beschreibung
Entwurf	- mathematische Formulierung - Hierarchiebildung mit - Funktions-Simulation - algorithmische Beschreibung mit - Programm-Simulation
Realisie-rungs-konzept	- Echtzeitanforderungen - Aufteilung HW/SW - Auswahl Prozessor/Peripherie - Festlegung Schnittstellen
Implemen-tierung	- Programm-Editieren - Assemblieren mit - Prozessorsimulation - HW-Aufbau (Rechner und Peripherie) mit - Programm-Emulation - ROM-Version - Systemerprobung

Die Tabelle erhebt keinen Anspruch auf Vollständigkeit. Je nach Komplexitätsgrad des zu entwickelnden DSV-Systems oder produktspezifischen Belangen, kann auch eine höhere oder niedrigere Phasendetaillierung erforderlich sein.

Definition: Am Anfang der Entwicklung steht die Idee einer Signalverarbeitung. Oftmals kristallisiert sich diese Idee aus der Entwicklung eines größeren Systems mit der Fragestellung heraus, ob und inwieweit sich Teilsysteme mit Mitteln der digitalen Signalverarbeitung wirtschaftlicher lösen lassen als in konventioneller analoger Schaltungstechnik. Daneben gibt es aber auch Aufgaben, die nur mit einem DSV-Teilsystem zu realisieren sind.

Die Definitionsphase schließt i.a. mit einer verbalen Beschreibung der Signalverarbeitungsaufgabe und Festlegung der Schnittstellen zu den übrigen Systemkomponenten ab (in Form von Funktionsblockschaltbildern).

Entwurf: In der Entwurfsphase werden die informellen Beschreibungen der Definitionphase nun mathematisch exakt formuliert. Die Signalverarbeitungsaufgabe wird in die Symbolsprache der Mathematik umgesetzt. Eine umfangreiche Aufgabe ist unter Beachtung der Hierarchiestufen in Teilaufgaben unter Nennung der Schnittstellensignale zwischen den Teilaufgaben zu zerlegen. Die Hierarchiestufung entspricht der in Abschnitt 2.1 genannten; der Entwickler zerlegt das Gesamtsystem also in Teilsysteme, Bausteine und Elemente. Die mathematische Formulierung und das Zergliedern wurde in Abschnitt 2 ausführlich angewendet und braucht hier nicht weiter erläutert zu werden. Das Ergebnis dieses Schrittes liegt dann i.a. in graphischer Form von Teilblockschaltbildern, digitalen Netzwerken und Operator-Symbolen vor.

Vor einer weiteren Bearbeitung in Richtung Implementierung empfiehlt sich die Umsetzung des mathematisch formulierten Systems blockweise in ein algorithmisch formuliertes System mit einer algorithmischen Beschreibungssprache (z.B. Pascal-Programm). Man hat so die Möglichkeit, Kontrollstrukturen sowie Wortlängenreduktion und deren Auswirkungen einzuführen, die bei der späteren Implementierung auf dem Zielprozessor zu beachten sind.

Sehr wichtig in der Entwurfsphase ist eine Simulation des entworfenen DSV-Systems. Die Simulation hat zum Ziel, Fehler im Entwurf frühzeitig zu erkennen, bevor die Programmentwicklung für den jeweiligen Zielprozessor erfolgt. Die Simulation vollzieht sich in i.a. in zwei Schritten, Funktions-Simulation und Programm-Simulation, die wir im folgenden Abschnitt näher betrachten werden.

Realisierungskonzept: Bei der Realisierung des Systems wollen wir von der vereinfachten und einschränkenden Möglichkeit einer reinen Software-Implementierung des DSV-Systems bzw. Teilsystems ausgehen.

Die Grenzen der digitalen Signalverarbeitung in SW sind durch den Umfang an Verarbeitungsschritten, die Wahl des Zielprozessortyps, seiner Taktrate und durch den verfügbaren Datenspeicher festgelegt. In einem Ralisierungskonzept sind die Echtzeitanforderungen des Systems bzw. Teilsystems zu ermitteln, und festzulegen, welche Teile des Gesamtsystems mit einer Signalverarbeitungs-SW auf einer entsprechenden Prozessor-HW in Echtzeit zu bewältigen sind. Wesentliche Aufgabe dieser Entwicklungsphase ist daher die Aufteilung des Gesamtsystems in Funktionsteile, die in SW und solche die in analoger Schaltungstechnik zu realisieren sind. Die Schnittstelle zwischen beiden Funktionsbereichen ist zu definieren.

In Bezug auf analoge Übertragungssysteme ist die Schnittstelle meist am Ausgang der ZF-Stufe anzusiedeln. Bei digitalen Übertragungssystemen ist meist eine vollständige Realisierung in digitaler Technik einzusetzen. Allerdings ist dann aus Geschwindigkeitsgründen eine Realisierung in der Form digitaler Rechenenwerke notwendig.

Implementierung: In dieser Entwicklungsphase wird das Signalverarbeitungsprogramm für den ausgewählten Zielprozessor erstellt. Dafür werden die Hochsprachenprogramme der einzelnen Funktionsblöcke schrittweise in die Assemblersprache umgesetzt. Sofern man die Grenzen dieser Funktionsblöcke bei der Programmerstellung nicht durchbricht, könnten bei der Umsetzung nur noch Schreibfehler auftreten, die jedoch vom Assemblierprogramm angezeigt werden. In einigen Fällen ist es heute auch schon möglich, direkt das Hochsprachenprogramm mit Hilfe eines Compilers in die Assemblersprache des Signalprozessors zu übersetzen, so dass auch diese Fehlerquelle bei der manuellen Erstellung vermieden wird. Zum Testen des Programms unter Echtzeitbedingungen muss i.a. die Peripherie-HW des Zielsystems verfügbar sein. Dazu wird das in Maschinensprache übersetze Programm in ein Entwicklungssystem übertragen, welches den Zielprozessor beinhaltet und welches erlaubt, das Programm oder Abschnitte davon unter Echtzeitbedingungen ablaufen zu lassen. Zur Steuerung des Programmlaufs und zur Auswertung der verarbeiteten Daten bietet das Entwicklungssystem ein spezielles Programm und die notwendige Anpassungs-HW an (In-Circuit-Emulator). Ziel der In-Circuit-Emulation ist es, Laufzeiteffekte und Synchronisationsprobleme zu erkennen, und ggf. durch nachträgliche Optimierungen im Assemblerprogramm zu verbessern.

Steht eine funktionsfähige HW nicht oder noch nicht zur Verfügung, so lässt sich das Echtzeitverhalten in Grenzen auch mit Hilfe eines Prozessorsimulators simulieren. Er simuliert das komplette HW-Rechenwerk des Prozessors sowie seine unmittelbare Peripherie. Prozessorsimulationen sind allerdings zeitaufwendig, so dass auf eine Emulation meist nicht verzichtet werden kann.

Am Ende der Implementierungsphase wird eine ROM-Version des Microprogramms erstellt und das nun fertige System im Einsatz erprobt.

4. 2. Simulation in der Entwurfsphase

Unter Simulation eines Systems versteht man den Systemlauf auf einer Modellebene im Unterschied zur tatsächlichen Implementierungsebene. Das System und seine Umgebung werden dabei durch ein Computerprogramm nachgebildet. Dazu ist es zunächst einmal notwendig, das System auf der

Modellebene zu beschreiben. Für die Simulation muss dann das Modellsystem mit simulierten Signalen gespeist werden und man muss sich das Antwortverhalten an verschiedenen Schnittstellen des Systems mit einem Monitor ansehen können. Die Simulation tritt also an die Stelle der tatsächlichen Meßtechnik bzw. des Testens eines fertig implementierten Systems. Begriffe der Meßtechnik sind deshalb synonym auch im Bereich der Simulation wiederzufinden (Signalgenerator, Meßobjekt, Oszilloskop, Spektrumanalysator u.a.)

Die Simulation während des Entwurfs orientiert sich an den Teilschritten der Entwurfsphase (vgl. Tabelle 4.1) und vollzieht sich in zwei Schritten. Eine **Funktionssimulation** soll die Richtigkeit der mathematischen Formulierung und die Hierarchiebildung überprüfen und eine **Programmsimulation** überprüft den letzten Entwurfschritt, die algorithmische Beschreibung.

Zur **Funktionssimulation** setzen die Entwickler heute nicht nur im Bereich der digitalen Signalverarbeitung käufliche Simulationsprogramme ein. Sofern die Simulationsprogramme auf einem PC lauffähig sind, sind sie meist relativ kostengünstig und verfügen über einen hohen Leistungskomfort. Die Simulationsprogramme lassen sich grob nach Anwendungsgebieten einteilen: analoge Schaltungstechnik, analoge Systeme, digitale Schaltungstechnik, digitale Systeme.

Für Systeme der digitalen Signalverarbeitung sind Simulationsprogramme aus den Bereichen analoge und digitale Systeme geeignet. Für unseren Anwendungsfall müssen die Simulationsprogramme den mathematischen Entwurf überprüfen, keinesfalls das Zielprozessorverhalten nachbilden.

Wesentlicher Aspekt der **Programmsimulation** ist die Überprüfung der Algorithmen, der Kontrollstrukturen des DSV-Programms (Start, Ende, Schleifen, Abfragen usw.) sowie die Simulation der Wortlängenbegrenzung. Ausgehend von der Tatsache, dass DSV-Programme zunehmend in einer Hochsprache formuliert werden (z.B. in C) und mit Compilern in den jeweiligen Zielprozessorcode übersetzt werden, müssen Simulationen notwendigerweise auf der Ebene dieser verwendeten Hochsprache stattfinden. Das bedeutet für eine PC-gestützte Simulation, dass eine Simulationsumgebung in Form von Signalgeneratoren und Monitoren in der jeweiligen Hochsprache des PCs vorhanden sein muß. Häufig muss man deshalb bei diesen Simulationen auf Eigenentwicklungen für die Simulationsumgebung zurückgreifen.

4. 2. 1. Funktionssimulation (MATLAB/SIMULINK)

Aus der Fülle der auf dem Markt angebotenen Rechner-Simulationsprogramme wollen wir hier ein Simulationswerkzeug auswählen, das die Entwurfsbelange, wie sie in diesem Buch dargestellt wurden, in idealer Weise erfüllt. Das Programmsystem **MATLAB/SIMULINK(R)** der Fa. **MathWorks Inc.** (Massachusetts) ist für den graphischen Entwurf, die Hierarchiebildung und die Funktionssimulation sehr gut geeignet. Das Programm läuft auf handelsüblichen Personalcomputern und ist mittlerweile weltweit verbreitet. Es ist daher nicht verwunderlich, das es in vielen Entwicklungsabteilungen, technischen Hochschuleinrichtungen und in Forschungsabteilungen vorzufinden ist, in denen nachrichtentechnische und regelungstechnische Systeme entworfen und getestet werden.

MATLAB/SIMULINK ist aus dem Mathematik-Programm **MATLAB(R)** entstanden. Mit ihm lassen sich mathematischen Operationen und Funktionen auf der Basis von Matrizenoperationen nachbilden. Eine umfangreiche Toolbox für gängige mathematische Funktionen steht zur Verfügung.

SIMULINK ist eine Ergänzung zu MATLAB. Es ist auf einem PC unter Microsoft-WINDOWS lauffähig und bietet dem Benutzer eine graphische Oberfläche für die Funktionen von MATLAB. Es lassen sich damit (graphisch) Blockschaltbilder am Bildschirm editieren, deren einzelne Blöcke in der Regel aus einer mitgelieferten Bibliothek ausgewählt werden. Diese Simulink-Bibliothek beinhaltet bereits eine Vielzahl von signalverarbeitenden Bausteinen, Signalgeneratoren und Anzeigemeßgeräten als Blöcke, die mit dem Editor zu neuen Systemen zusammengestellt werden können. Man kann aber auch eigene, frei definierbare mathematische Funktionen als signalverarbeitende Blöcke erstellen. Die Blöcke sind über Signalpfade untereinander verbindbar.

Nachdem ein komplettes System graphisch editiert wurde, kann man es simulieren und dabei die Signalverläufe an verschiedenen Schnittstellen im Zeit- und Frequenzbereich beobachten.

Besonders erwähnenswert und wichtig ist die Tatsache, dass man mit Simulink ein System hierarchisch aufbauen kann und sich das zu simulierende System auf allen Hierarchie-Ebenen der Signalverarbeitung editieren läßt. Dies sind hier: die Ebene der Elemente, die Ebene der Bausteine, die Ebene der Teilsysteme und die Ebene der Systeme.

Die Symbole der verschiedenen Ebenen sind auch kombiniert in einem Systembild anzuwenden. Die Funktionssimulation empfiehlt sich in zwei

Schritten: 1. zeitkontinuierliche Modellierung des Systems und Simulation, 2. Übergang zum zeitdiskreten System und Simulation.
Wir wollen nun an einem kleinen Beispiel in groben Zügen die Simulationsmethodik erläutern,

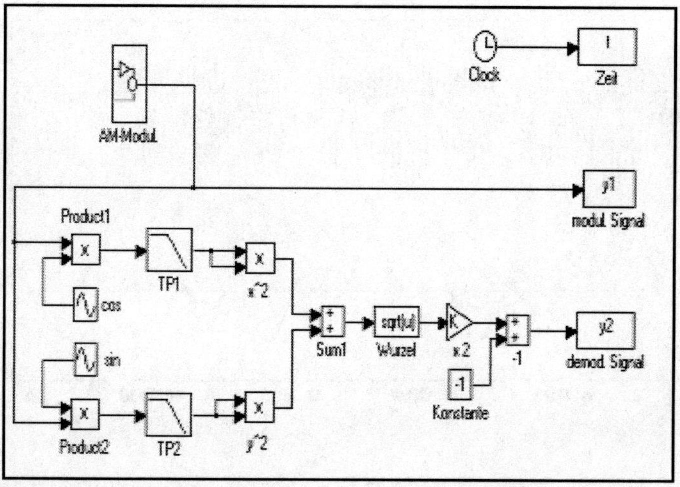

Bild 4.1. SIMULINK-Modell eines analogen AM-Demodulators

ohne an dieser Stelle auf die Detaills dieses Programms einzugehen. Hierzu sei auf die Beschreibungen im Anhang verwiesen (Abschn. 6.5 und 6.6) und zudem soll eine genauere Beschäftigung mit diesem Programm und seiner Anwendung für die Signalverarbeitung im Rahmen der praktischen Übungen des nächsten Abschnittes 5 erfolgen.

Als Beispiel möge der AM-Produktdemodulator aus Abschnitt 2.5.2.1 dienen. Das fertig editierte Simulink-Modell ist in Bild 4.1 zu sehen. Es zeigt den AM-Demodulator, der von einem AM-Signalgenerator (AM-Modul.) gespeist wird.

4. 2. 1. 1. Zeitkontinuierliches System

Aus der analogen SIMULINK-Bibliothek wird am Bildschirm durch Hinzufügen von Elementen und Bausteinen ein Analogmodell des AM-Quadraturdemodulators graphisch editiert. Als Elemente finden Verwendung: Addierer, Multiplizierer, und Konstantenmultiplikation. Als Bausteine werden Tiefpässe, Signalgeneratoren und eine Wurzelfunktion (sqrt) eingesetzt. Die

Tiefpässe müssen hinsichtlich ihrer Grenzfrequenz richtig dimensioniert werden.

Am Ausgang des Demodulators soll das demodulierte NF-Signal y2(t) entstehen.

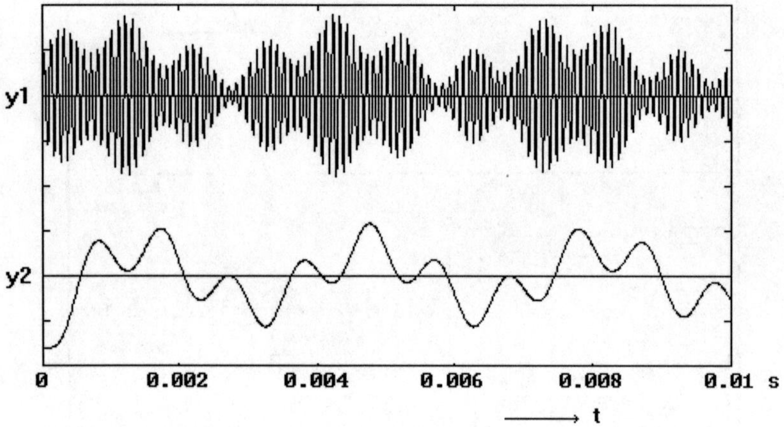

Bild 4.2. Oszillogramme der AM-Demodulator-Simulation *y1*: modulierte HF, *y2*: Demodulator-Ausgang, Träger: 10 KHz

Bevor eine Simulation des graphisch, eingegebenen Modells stattfinden kann, sind die Simulationsparameter Anfangszeit, Schrittweite und Endzeit, abgestimmt auf die Frequenzwerte für die AM-Schwingung, festzulegen. Ferner müssen die zu betrachtenden Signale mittels sog. Sinkensymbole *t* (für die laufende Zeit), *y1* und *y2* (für Eingangs- u. Ausgangssignal) definiert werden. MATLAB kann dann Oszillogramme für die Signale y1(t) bzw. y2(t) erzeugen, an denen die Richtigkeit oder Fehlerhaftigkeit des DSV-Modells zu studieren ist. Bild 4.2 zeigt ist ein solches Oszillogramm für das AM-Signal y1 und das demodulierte Signal y2. Die Simulation erstreckt sich über einen Zeitbereich $0 < t < 10^{-2}$ s; zu Beginn ist das Einschwingverhalten des Demodulators zu erkennen.

Auch der AM-Signalgenerator (Block AM-Modul.) ist aus Elementen der SIMULINK-Bibliothek gebildet worden (Bild 4.3). An seinem mit "HF" bezeichnetem Ausgang entsteht die amplitudenmodulierte Schwingung

$$y1 = (1 + m\, u_{NF}(t) \sin(2\pi f_{HF} t) \qquad (4.1)$$

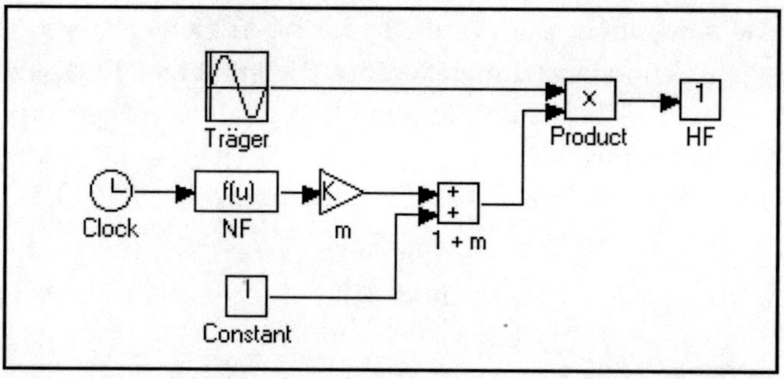

Bild 4.3. Blöcke des AM-Signalgenerators

Ein Sinusgenerator erzeugt die Trägerschwingung. Die NF wird z.B. mit Hilfe einer MATLAB-Funktion f(u) aus dem Zeittakt (Clock-Symbol) gewonnen. Der Modulationsgrad m ist am Konstantenmultiplizierer einzustellen.

4. 2. 1. 2. Zeitdiskretes System

Der Übergang zu einem zeitdiskreten System erfolgt derart, dass schrittweise die einzelnen Blöcke des zeitkontinuierlichen DSV-Systems durch zeitdiskrete Teilsysteme oder Bausteine ersetzt werden. Im nachfolgenden Bild 4.4 sind die beiden zeitkontinuierlichen Tiefpässe des Demodulators aus Bild 4.1 durch entsprechende zeitdiskrete aus der SIMULINK-Bibliothek ersetzt worden. Jeder zeitdiskrete Baustein (hier Tiefpässe 2. Ordnung) impliziert in SIMULINK einen vorgeschalteten Abtaster, für den die Abtastzeit anzugeben ist. Dabei ist das Abtasttheorem für eine korrekte, aliasingfreie Funktion des Modells einzuhalten.

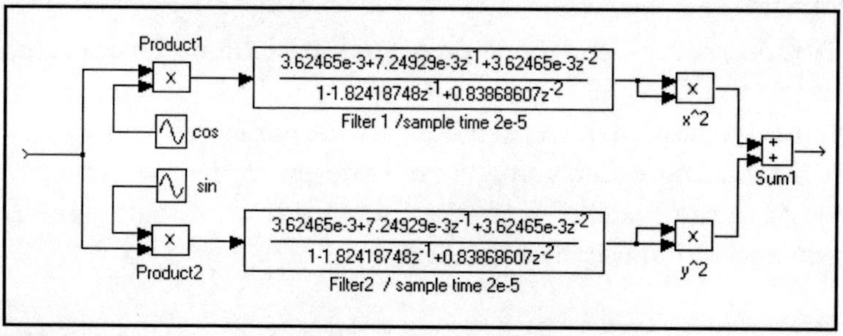

Bild 4.4. zeitdiskrete Bausteine im DSV-Modell

Die Tiefpässe sind durch die Wahl für die Koeffizienten der zeitdiskreten Übertragungsfunktion H(z) dimensioniert. Die im obigen Bild gezeigten Koeffizienten ergeben sich mit den folgenden Signal- und Systemparametern aus der Bilineartransformation.

Niederfrequenz f_{NF} = 1 kHz	rel. Grenzfrequenz	f'_g = 0,02
Trägerfrequenz f_{HF} = 10 kHz	Dämpfung	δ = 0,7
Abtastfrequenz f_A = 50 kHz	Abtastzeit	T_A = 20 µs

4. 2. 2. Programmsimulation (DSV_SIM)

Die algorithmische Beschreibung des DSV-Systems mit seinen Teilsystemen und Bausteinen erfolgt in diesem Buch in der Hochsprache Pascal. Zur Überprüfung der Algorithmen setzt man die Programmsimulation auf Hochsprachenebene ein. Die in Pascal formulierten DSV-Prozeduren benötigen eine Simulationsumgebung, in der die Prozeduren nach der Compilierung ablauffähig sind. Eine solche Umgebung besteht aus einem steuernden Hauptprogramm, der Einspeisung von zu verarbeitenden Daten (Zahlenfolgen) und der Ausgabe von Daten (Zahlenfolgen) auf einem Monitor.

Das Simulationssystem **DSV_SIM**[50] erfüllt genau diese Zwecke (siehe Bild 4.5).

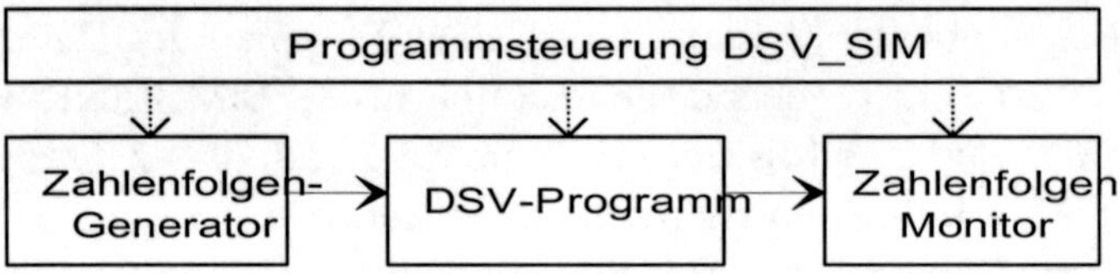

Bild 4.5. Programmsystem DSV_SIM zur Simulation der DSV-Algorithmen

Das in Turbo-Pascal geschriebene Programm besteht aus einem steuernden Hauptprogramm DSV_SIM, in das verschiedene Prozeduren für den DSV-Algorithmus eingebunden werden können. Ferner lassen sich wahlfrei Prozeduren für benötigte Zahlenfolgengeneratoren in das Programm einbinden. Eine Monitorprozedur kann die Ergebnisse der Simulation auf dem Bildschirm als Oszillogramm darstellen.

---

[50] DSV_SIM, von den Autoren entwickelt, befindet sich auf der Begleitdiskette als Pascal-Quellcode.

Die Begleitdiskette enthält den vollständigen Quellcode des Programms einschließlich der meisten, in diesem Buch abgedruckten Algorithmen. Man kann also die im Buch behandelten Algorithmen simulieren. Da der Quellcode verfügbar ist, kann (und darf) der interessierte Anwender sowohl das Hauptprogramm als auch die DSV-Prozeduren für seine eigene Zwecke modifizieren. Hiervon wird im Übungsabschnitt 6 Gebrauch gemacht.
DSV_SIM, seine Bedienung und Installation sind detailliert im Anhang beschrieben (s. Abschnitte 6.7 und 6.8).

4. 3. Implementierung

Nach der Simulation der Signalverarbeitungsalgorithmen in einer Hochsprache müssen diese Algorithmen in Form eines Microprogramms für den jeweilig verwendeten Signalprozessor zur Verfügung gestellt werden. Implementierung bedeutet, ein Microprogramm zu entwickeln, dieses in der Umgebung der Ziel-Hardware unter Echtzeitbedingungen zu testen und schließlich das fehlerfreie Microprogramm in dem ROM des Prozessors zu speichern. Die Vorgänge der Implementierung hängen zwar in ihrer konkreten Ausführung vom jeweilig verwendeten Prozessor ab, hinsichtlich ihrer Abläufe und der dabei benutzten Hardware- und Software-Hilfsmittel haben sich jedoch einige grundsätzliche Standards herausgebildet, die mehr oder weniger bei allen gängigen Prozessoren unterstützt werden. Wir wollen sie im folgenden kurz erläutern.

4. 3. 1. Entwicklungsumgebung

Die für Signalprozessoren typische, gerätetechnische Entwicklungsumgebung zeigt Bild 4.6. Herzstück ist ein sog. Incircuit-Emulator. In ihm befindet sich der Prozessor mit Programm- und Datenspeicher. Aus dem Gerät sind die Prozessorpins über ein Kabel herausgeführt, das auf den Prozessorsockel der Platine der Ziel-Hardware gesteckt wird.

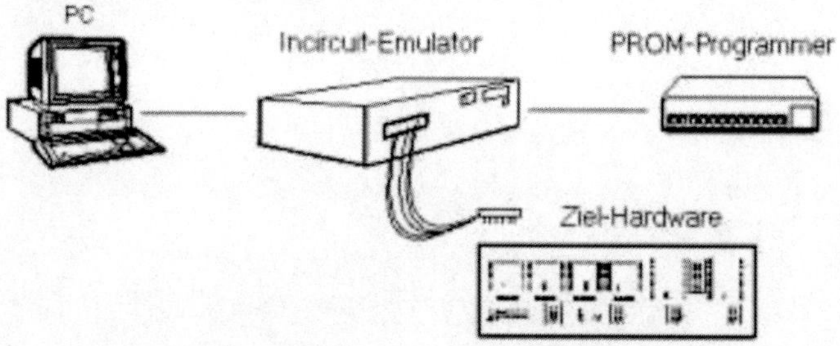

Bild 4.6. Typische Gerätekonfiguration einer Signalprozessor-Entwicklung

Das übersetzte Signalverarbeitungsprogramm wird von einem Personalcomputer in den Incircuit-Emulator geladen und kann dort unter Bedienungskontrolle schrittweise oder komplett in Echtzeit ablaufen. Man kann u.a. gezielt Unterbrechungspunkte im Programm vorsehen, an denen man am PC den Prozessorstatus beobachten möchte, z.B. das Anzeigen der Registerinhalte des Signalprozessors. Auf diese Weise ist ein Testen des Programms in der Umgebung der Ziel-Hardware möglich. Diese Art des Testens wird als Debugging bezeichnet.

Die Programmentwicklung, d.h. das Editieren in der prozessoreigenen Assemblersprache und das Übersetzen in den Microcode, erfolgt vor dem Debugging ausschließlich auf dem PC.

Das getestete Microprogramm kann schließlich in ein PROM-Programmiergerät geladen werden, mit dem eine PROM-Programmversion für die Ziel-Hardware gebrannt werden kann.

4. 3. 2. Implementierungsschritte

Der generelle Entwicklungsablauf während der Implementierung ist in Bild 4.7 dargestellt. Zu den einzelnen Schritten gibt es Software-Werkzeuge, die die Entwicklungsarbeit, insbesondere das Auffinden von Fehlern, erleichtern.

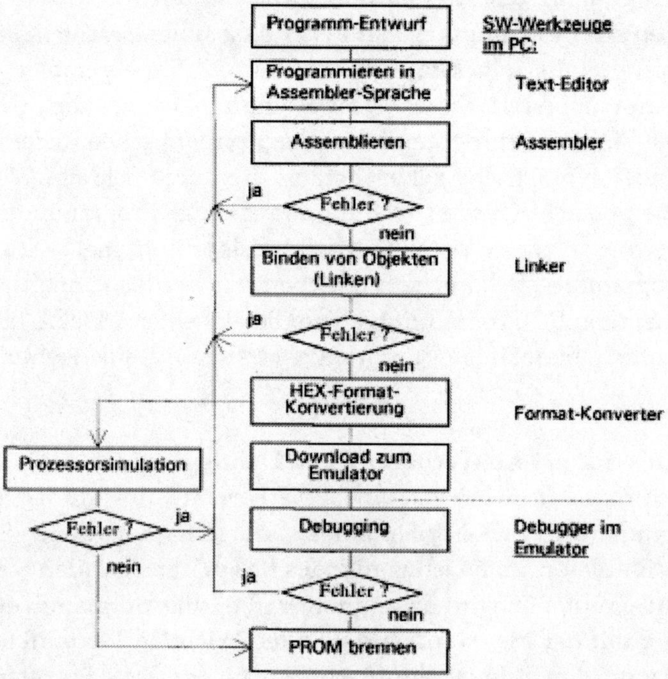

Bild 4.7. Entwicklungsschritte und Hilfsmittel während der Implementierung

4. 3. 2. 1. Programm-Entwurf

In dieser Phase wird überlegt, wie die in der Hochsprache formulierten Signalverarbeitungsalgorithmen sowie bestimmte, häufig vorkommende Operationen optimal in die Assemblersprache des Prozessors umzusetzen sind. Dabei spielen die Fähigkeiten des Prozessors sowie Speicher- und Geschwindigkeitsfragen eine wichtige Rolle. Dieser, wie auch der nächste Schritt können umgangen werden, wenn ein Hochsprachen-Compiler für den eingesetzten Signalprozessor zur Verfügung steht, z.B. ein C-Compiler und wenn dieser einen laufzeiteffizienten Code für die Signalverarbeitungsaufgabe liefert.

4. 3. 2. 2. Programmieren, Assemblieren und Linken

Das Erfassen des Programms erfolgt in der Assemblersprache in Form eines sog. Quellprogramms mit Hilfe eines Text-Editors. Ein Assembler genanntes PC-Programm übersetzt dieses Quellprogramm in ein sog. Objekt-Programm. Das Assemblerprogramm unterliegt syntaktischen Regeln. Der Assembler findet syntaktische Fehler heraus, die durch Schreibfehler bei der Texteingabe gemacht wurden. Wenn umfangreiche Programme zu schreiben sind, erfordert dies meist eine Modularisierung in mehrere kleine Assemblerprogramme, die dann getrennt übersetzt werden können. Mit einem Linker genannten PC-Programm können die einzelnen Objekte dann zu einem gesamten, ablauffähigen Programmsystem zusammengebunden werden.

4. 3. 2. 3. Hex-Format-Konvertierung und Debugging

Das Objektprogramm wird von einem als Format-Konverter bezeichneten PC-Programm in ein HEX-Format umgewandelt. Es kann in den Signalprozessor des Emulators zum Debugging des Programms geladen werden. Bei der Incircuit-Emulation wird das Signalverarbeitungsprogramm erstmals in Verbindung mit der Ziel-Hardware getestet. Wichtige Testpunkte sind, ob das Programm den Echtzeitanforderungen in der Ziel-Hardware genügt und ob die Eingabe und Ausgabe der Signale über den A/D- und D/A-Wandler richtig erfolgt.

4. 3. 2. 4. Debugging durch Prozessorsimulation

Alternativ zur Emulation bieten die meisten Hersteller von Signalprozessoren heute auch die Möglichkeit einer Simulation des Microprogramms zum Debugging. Der Simulator ist ein PC-Programm, welches die Hardware des Prozessors und seine Befehlsabläufe nachbildet. Diese Form des Debuggings benötigt dann nicht den meist kostspieligen Incircuit-Emulator. Sie hat allerdings den Nachteil, dass das Microprogramm nicht mehr in Echtzeit ablaufen kann und dass der Simulator keine Verbindung zur Ziel-Hardware hat. Deshalb müssen die Eingabe- und Ausgabedaten des Prozessors auf einer Dateibasis bearbeitet werden.

5. PC-Übungen mit MATLAB/SIMULINK und DSV_SIM

In diesem Abschnitt soll der Stoff des Buches durch praktische Übungen vertieft werden. Der Leser kann hier zu ausgewählten Themen eigenständig Entwurfsübungen auf seinem Personal Computer durchführen, in denen er die im Buch behandelten Bausteine der Digitalen Signalverarbeitung entwirft, sie zu neuen Bausteinen erweitert und daraus schließlich komplette Systeme konstruiert.

Die Übungen sind so konzipiert, dass die in der Entwurfsphase typischen Beschreibungsverfahren signalverarbeitender Systeme angewendet werden sollen, um so auch diesen wichtigen Aspekt bei der Konstruktion solcher Systeme lernen zu können. Nach Abschn. 2.1.2 werden dabei folgende Ebenen mit zunehmender Implementierungsnähe bzw. abnehmender Abstraktion durchlaufen: mathematische Beschreibung in der Symbolsprache der Mathematik, graphische Beschreibung durch graphische Symbole und algorithmische Beschreibung in einer Programmiersprache.

Die mathematischen Beschreibungen als Vorstufe des Entwurfs findet man thematisch gegliedert in den vorangegangenen Kapiteln dieses Buches wieder; in den Übungen werden dazu Verweise gegeben. Der Schwerpunkt der Übungen liegt auf den letzten beiden Entwurfs-Ebenen. Wichtig dabei ist, daß, nachdem ein System in der einen oder anderen Form einmal beschrieben wurde, es auch auf dieser Ebene getestet werden kann. Neben der formalen Beschreibung (Editieren) ist eine Simulation bzw. ein Programmlauf notwendig, um eine Beschreibung zu verifizieren. Wie in den Abschnitten 4.2.1 und 4.2.2 ausgeführt, wird für die graphische Beschreibung mit anschließender Simulation das PC-Programm MATLAB/SIMULINK[51] einge-

---

[51] Das Programmsystem MATLAB/SIMULINK wird in Lizenz vertrieben und ist nicht Bestandteil der Diskette. Die Diskette enthält lediglich die für die Übungen speziell editierten m-Files zu dem Programm.

setzt. Für die algorithmische Beschreibung mit anschließender Programmsimulation wird das PC-Programm DSV_SIM[52] verwendet. Beide Programme müssen vor Beginn der Übungen auf Ihrem Computer installiert sein.

Die Programme sind im Anhang ausführlich beschrieben. Wichtig zur erfolgreichen Durchführung der Übungen sind Kenntnisse über die Funktion und die Bedienung dieser Programme, weshalb unbedingt zu empfehlen ist, vor Beginn der Übungen ausführlich die folgenden Kapitel des Anhangs zu lesen:

Abschn. 6.5	Einführung in MATLAB
Abschn. 6.6	Einführung in SIMULINK
Abschn. 6.7	Einführung in DSV_SIM
Abschn. 6.8	Programme und Dateien auf der Diskette

Man findet hier auch wichtige Installationshinweise, insbesondere für die auf der Begleitdiskette enthaltenen Dateien, die für die Übungen benötigt werden.

In den Übungen werden detaillierte Arbeitsanweisungen zur Durchführung gegeben. Die Übungen sind in Aufgaben A,B,..F organisiert. Übung A ist eine Grundlagenübung zur Einführung in Matlab/Simulink, die übrigen Übungen behandeln ausgewählte Themen der Digitalen Signalverarbeitung:

Übung B:	Filter
Übung C:	Mischung und Abtastung von Bandpaßsignalen
Übung D:	Modulation
Übung E:	Spektralmeßtechnik
Übung F:	Nichtlineare Kennlinie und Schwingungserzeugung

Zu allen Übungsaufgaben sind die Lösungen im Anhang abgedruckt (siehe hierzu Abschn. 6.9).

Zur Arbeitserleichterung sind für viele Übungsteile bereits Simulink-Dateien, sog. Werkbänke angelegt, in denen man schon fertige, maskierte Signalverarbeitungsbausteine und spezielle Meßgeräte vorfindet. Zur Lösung der Aufgabe wird einfach die betreffende Werkbank geladen. Dann werden die dort vorhandenen Bausteine verbunden und für die spezielle Aufgabe in ihren Parametern eingestellt. Zu erwähnen ist noch, dass diese Bausteine und auch die Meßgeräte der auf der Diskette mitgelieferten Toolbox *DsvCom*

---

52 DSV_SIM ist in Form von PASCAL-Source-Code komplett auf der Diskette enthalten. Zum Betrieb und zur Übersetzung wird Turbo-Pascal (ab Version 5.5) benötigt.

entstammen, einer speziell für die Nachrichtenübertragung von den Autoren entwickelten Matlab-Toolbox (siehe Anhang, Abschn. 6.8.5).

5. 1. Übung A: Matlab/Simulink

Die erste Übung soll mit den Funktionen und der Bedienung der Programme MATLAB und SIMULINK vertraut machen. Die Grundlagen dieses Programmsystems sind im Anhang (Abschnitte 6.5 und 6.6) beschrieben. Zur Vorbereitung wird empfohlen, diese Abschnitte zuvor zu lesen und weiterhin einen Blick in die einschlägigen Handbücher, zu werfen.[53]

Zur Durchführung der Übung wird die installierte Software MATLAB/SIMULINK sowie die für Signalverarbeitungen wichtige Signal Processing Toolbox vorausgesetzt. Diese besteht aus einer Ansammlung von m-Files für die Signalverarbeitung.

Die Ergebnisse der einzelnen Übungsaufgaben sollten so weit wie möglich mit den MATLAB/SIMULINK-Printfunktionen ausgedruckt werden.

5. 1. 1. Matlab

MATLAB ist eine technisch-wissenschaftliche Software für numerische Berechnungen auf der Basis von Vektoren und Matrizen. Auf Signalverarbeitung bezogen bedeutet dies, dass Eingangs- und Ausgangssignale in Form von Vektoren vorliegen und dass Verarbeitungsfunktionen auf Eingangsvektoren so wirken, dass sie nach bestimmten mathematischen Funktionen Ausgangsvektoren erzeugen. Die Signale (Vektoren) können tabellarisch mit ihren Werten angezeigt werden oder aber mit Hilfe leistungsfähiger Plot-Funktionen in Diagrammen visualisiert werden. Man unterscheidet grundsätzlich zwei Modi beim Betrieb dieser Software: Command Driven Mode und File Driven Mode.

---

[53] Math Works, Inc.: PC-MATLAB for MS-DOS Personel Computers, User's Guide, The Math Works Inc., 21 Eliot Street, South Natik, MA 01760; Math Works, Inc.: SIMULAB a program for simulating dynamic systems, User's Guide for use with the Microsoft Windows System, The Math Works Inc., 21 Eliot Street, South Natik, MA 01760 und MATLAB for Windows, User's Guide, The Math Works Inc.

5. 1. 1. 1. Command Driven Mode

In diesem Modus befindet sich die Software nach dem Programmaufruf unter Windows. Es wird das Matlab Command Fenster angezeigt, in das man Matlab-Befehle eingibt.

Aufgabe A1: Grundbegriffe

Starten Sie MATLAB über ein Doppelklicken auf das entsprechende Programmsymbol. Es erscheint nun das MATLAB-Command-Window. In diesem Fenster können nun einzelne MATLAB-Befehle eingegeben werden, die der MATLAB-Interpreter direkt ausführt und die Ergebnisse anzeigt. Wird eine Kommandozeile mit einem Semikolon abgeschlossen, so bleibt die Anzeige unterbunden.

a) Geben Sie skalare Größen und Vektoren verschiedener Länge und verschiedener Vektorvariablen von der Tastatur ein (mit Semikolon am Ende der Kommandozeile). Durch erneute Eingabe des Variablennamens erscheinen die Variablenwerte bzw. die Vektorkomponenten auf dem Bildschirm. (Hinweis: Komplexe Größen werden in der Form *a+bj* mit Realteil a und Imaginärteil b eingegeben).
b) Überschreiben Sie einzelne Komponenten des eingegebenen Vektors und zeigen Sie den Inhalt erneut an.
c) Mit zwei Vektoren sind einfache mathematische Operationen (z.B. Addition) durchzuführen und das Ergebnis einem dritten Vektor zuzuweisen.
d) Mit dem Befehl *clear x* sind einzelne Variable (hier x) aus dem Workspace zu löschen. Der Befehl *clear* ohne Parameter löscht alle Variablen aus dem Workspace.

Aufgabe A2: Help-Funktion

Mit der Help-Funktion kann man sich einen Überblick aller MATLAB-Funktionen verschaffen.

a) Ohne Angabe weiterer Parameter liefert der Help-Befehl eine Übersicht aller MATLAB-Verzeichnisse[54] mit einer Inhaltsbeschreibung. Benutzen Sie den Help-Befehl.

---

[54] MATLAB-Verzeichnisse sind solche, die in der MATLAB-Startup-Datei *matlabrc.m* eingetragen sind, die also dem Programm beim Starten bekannt gemacht

b) Mit Angabe eines Unterverzeichnisses werden die Kurzbeschreibungen der in diesem Verzeichnis vorhandenen MATLAB-Files ausgegeben. Benutzen Sie den Help-Befehl mit Angabe eines Unterverzeichnisses (Beispiel: *help elfun* zeigt alle elementaren mathematischen Funktionen von MATLAB an).

c) Die Angabe einer MATLAB-Datei als Parameter im Help-Befehl liefert eine genaue Beschreibung des jeweiligen Befehls bzw. der Funktion, die diese Datei erfüllt. Man erhält hierbei auch detaillierte Informationen über die Syntax und Semantik der Funktionsparameter. Benutzen Sie den Help-Befehl mit Angabe einer MATLAB-Datei (Beipiele: *help log, help sin, help abs* usw. geben Informationen zum natürlichen Logarithmus, zur Sinusfunktion und zum Absolutbetrag usw.).

Aufgabe A3: Funktionsaufrufe

a) Einfache mathematische Funktionen. Im Command-Fenster sind einfache Funktionsaufrufe mit elementaren mathematischen Funktionen durchzuführen (mit und ohne Zuweisung an eine Variable).

b) Funktionen einfacher Signalverarbeitung. Es ist ein Signalvektor einzugeben, mit dem über einen Funktionsaufruf und einer Zuweisung einfache Signalverarbeitungen wie z.B.

max - Largest component,
min - Smallest component,
mean - Average or mean value,
std - Standard deviation,
sort - Sort in ascending order durchzuführen sind.

c) Funktionen zur Spektralanalyse (FFT, IFFT). Die Spektralanalyse erfolgt bei MATLAB mit einer Diskreten Fouriertransformation in Form einer Fast Fourier Transformation (*fft-function*). Zur Rücktransformation kann die *ifft-function* benutzt werden. Wenden Sie diese Funktionen auf Vektoren an, die Ihnen bekannte Transformationen liefern (z.B. Vektor mit konstanten Elementen oder äquidistante Sinus-Werte).

d) MATLAB stellt in der Signal Processing Toolbox eine Reihe von

---

werden.

Funktionen zur Berechnung von Filterkoeffizienten bereit (s. Tabelle 5.1). Über die Help-Funktion sind detaillierte Informationen über die Benutzung, die Parameter und die Ergebnisse dieser Funktionen zu erlangen.

Tabelle 5.1. MATLAB-Funktionen zum Filter-Entwurf

function	**Anwendung: IIR Filter-Design**
besself	Bessel analog filter design
butter	Butterworth filter design
cheby1	Chebyshev type I filter design
cheby2	Chebyshev type II filter design
ellip	Elliptic filter design
yulewalk	Yule-Walker filter design
	Anwendung: IIR filter order selection
buttord	Butterworth filter order selection
cheb1ord	Chebyshev type I filter order selection
cheb2ord	Chebyshev type II filter order selection
ellipord	Elliptic filter order selection
	Anwendung: FIR filter design
fir1	Window based FIR filter design - low, high, band, stop
fir2	Window based FIR filter design - arbitrary response
firls	FIR filter design - arbitrary response with transition bands
intfilt	Interpolation FIR filter design
remez	Parks-McClellan optimal FIR filter design
remezord	Parks-McClellan filter order selection

An dem Beispiel der Funktion *butter* soll stellvertretend für die anderen Funktionen eine Berechnung von Filterkoeffizienten erfolgen. Es ist ein Butterworth-Tiefpaß 4. Ordnung mit einer 3dB-Grenzfrequenz von 1 kHz bei einer Abtastfrequenz f_A=10 kHz zu dimensionieren. Die Filterkoeffizienten sind den Vektoren A (Nenner) und B (Zähler) zuzuweisen.

Aufgabe A4: Plot-Befehl

MATLAB stellt einen sehr leistungsfähigen plot-Befehl zur Verfügung, mit dem sich x-y-Graphen darstellen, skalieren und beschriften lassen. Hier sollen nur die einfachen Funktionen untersucht werden (einfacher x-y-Graph ohne Beschriftung).

a) Man informiere sich mit der help-Funktion über die Fähigkeiten des Plot-Befehls.

b) Es ist ein Vektor X mit äquidistanten Werten x_i für die Abzisse und ein zugehöriger Vektor Y mit Funktionswerten y_i=f(x_i) einzugeben. Danach ist die Funktion y_i=f(x_i) zu plotten.

Aufgabe A5: Aus- und Eingabe von Datenfiles

Mit dem MATLAB-Befehl *save* können Variable im Workspace als Dateien auf der Harddisk gespeichert werden, die dann später mit dem *load*-Befehl wieder geladen werden (siehe hierzu *help save* und *help load*).

a) Definieren Sie einen Vektor und speichern Sie ihn unter einem bestimmten Dateinamen auf der Festplatte ab.

b) Löschen Sie den Workspace und laden sie den Vektor erneut von der Festplatte.

c) Erstellen Sie mit einem Editor eine Datei im ASCII-Format und speichern Sie diese unter einem Namen mit der Extension *.TXT* ab (z.B. A.TXT für Vektor A im Text-Format).

d) Laden Sie den Vektor A von der Festplatte in den Workspace und zeigen Sie ihn an.

5. 1. 1. 2. File Driven Mode

Im File Driven Mode von MATLAB werden die in den Script-Files und Function-Files stehenden Befehle der Reihe nach von einem Interpreter bearbeitet. Hierdurch kann MATLAB als Programmiersprache verwendet werden.

Wie in anderen Sprachen können auch hier Laufanweisungen, bedingte Programmverzweigungen sowie Ein- und Ausgaben realisiert werden.
In den nachfolgenden Aufgaben soll das Erstellen von Script- und Function-Files geübt werden.

Aufgabe A6: einfache Sinus-Funktionstabelle mit Laufanweisung
Es ist ein Script-File zur Berechnung der Funktion y(x)=sin(x) für 100 Funktionswerte im Bereich $0<x<2\pi$ zu schreiben. Die x- und y-Werte sind Vektoren mit jeweils 100 Elementen zuzuweisen. Das Ergebnis ist zu plotten.

Aufgabe A7: Laufanweisung mit Eingabe
Das Programm der Aufgabe A6 ist so zu modifizieren, dass die Anzahl der Berechnungsschritte innerhalb der Sinus-Periodenlänge vom Programm mit einer *input*-Anweisung abgefragt wird.

Aufgabe A8: 2 Sinus-Funktionen mit Plot
Das Programm der Aufgabe A6 ist so zu modifizieren, dass nun 2 Sinus-Funktionen y1(x)=sin(x) und y2(x)=sin(2x) berechnet und in einem Plot dargestellt werden (z.B. mit unterschiedlichen Farben).

Aufgabe A9: Fallunterscheidung
Fallunterscheidungen können durch *if-else*-Konstruktionen realisiert werden. Es ist ein Programm zu schreiben, das die Signum-Funktion y(x)=sgn(x) im Bereich $-5<x<+5$ berechnet und plottet.

Aufgabe A10: Spektralberechnung mit FFT-Funktion
Unter Benutzung der MATLAB-FFT-Funktion ist ein Programm zu schreiben, das zunächst 1024 Werte einer Zahlenfolge

$$y(n) = 2\sin(2\pi f_o'n) + 4\sin(4\pi f_o'n) \qquad \text{mit } f_o'=0{,}1$$

ermittelt und dann die Fouriertransformierte $\underline{Y}(f')$ der Zahlenfolge berechnet. Das Betragsspektrum $|\underline{Y}(f')|$ ist als Funktion der bezogenen Frequenz f'=k/1024 zu plotten.

Aufgabe A11: Function-File

Häufig benutzte mathematische Operationen lassen sich am besten in einer MATLAB-Function realisieren. Dabei können Parameter an die Funktion übergeben werden.

a) Schreiben Sie ein Function-File *mittel.m*, das aus den Elementen eines beliebig langen Vektors den arithmetischen Mittelwert berechnet. Als Parameter soll der Variablenname des Vektors an die Funktion übergeben werden. Testen Sie die Funktion im Command Fenster von MATLAB.

b) Unter Benutzung von *mittel.m* ist ein Programm zu erstellen (Script-File), das folgende Eigenschaften besitzt: Eingabe einer Signalfolge als Vektor von der Tastatur, Berechnung des arithmetischen Mittelwertes, Plotten der Signalfolge und ihres Mittelwertes.

5. 1. 2. Simulink

In diesem Teil der Übung soll der Umgang mit dem Simulationsprogramm SIMULINK erlernt werden. Simulink wird im MATLAB-Command-Fenster durch Eingabe des Befehls *simulink* gestartet. Daraufhin erscheint ein Gruppenfenster mit Signalverarbeitungsgruppen, unter denen man durch Doppelklicken mit der Maus verschiedene Signalverarbeitungsblöcke findet. Eigene Systemblockschaltbilder werden grundsätzlich in einem neuen Fenster editiert (Menü File/New).

Die Übungsaufgaben haben folgende Schwerpunkte: zeitkontinuierliche Simulation, Abtastung zeitkontinuierlicher Signale, zeitdiskrete Simulation mit Zahlenfolgen, Entwurf einfacher Systeme und Simulation, Arbeiten mit Workspace-Vektoren, Hierarchiebildung durch Gruppieren, Dimensionierung und Variation von Modellparametern, Maskieren von Blöcken mit Parametermaske.

5. 1. 2. 1. Simulationsarten und Simulationsparameter

Hinsichtlich der Wahl der Simulationsparameter bei einem speziellen Simulationsmodell muss man unterscheiden zwischen einer zeitkontinuierlichen Simulation und einer zeitdiskreten Simulation. Beide Arten können auch kombiniert auftreten, wenn eine Abtastung eines kontinuierlichen Signals Bestandteil des Modells ist.

Aufgabe A12: zeitkontinuierliche Simulation

In dieser Aufgabe soll anhand eines einfachen Systems gelernt werden, wie die Simulationsparameter geignet an das zu simulierende System mit seinen Eingangssignalen angepaßt werden, so dass gewissermaßen von einer zeitkontinuierlichen Simulation ausgegangen werden kann. Die hier interessierenden Simulationsparameter sind: das Verfahren (i.a. Runge-Kutta 5), Start Time (in Sekunden, i.a. auf 0 gesetzt) Stop Time (in Sekunden), Min Step Size / Max Step Size (in Sekunden, i.a. gleich gesetzt).

a) Erstellen Sie ein System aus Sinus-Generator (unter Sources) und Oszilloskop (Block *Graph* unter Sinks) und verbinden Sie diese.
b) Stellen Sie den Sinus-Generator auf eine Frequenz von 1kHz und eine Amplitude von 1 V ein. Das Oszilloskop soll während der Simulation 5 Schwingungszüge abbilden und ist dementsprechend einzustellen.
c) Wählen Sie geignete Simulationsparameter, so dass pro Sinus-Periode mindestens 20 Rechenschritte ausgeführt werden und insgesamt über 5 Perioden simuliert wird.
d) Simulieren Sie das System.

Aufgabe A13: Abtastung eines zeitkontinuierlichen Signals

Zur Abtastung zeitkontinuierlicher Signale stellt SIMULINK ein Abtast-Halte-Glied (Block *Zero Order Hold*) oder ein Verzögerungsglied (z^{-1}) zur Verfügung. Beide befinden sich in der Symbolgruppe *Discrete*.

a) Wie in der Aufg. A12 ist ein System aus Sinus-Generator und Oszilloskop zu erstellen, wobei nun aber das Sinus-Signal über ein Abtast-Halte-Glied abgetastet werden soll.
b) Stellen Sie den Sinus-Generator wieder auf eine Frequenz von 1kHz und eine Amplitude von 1 V ein. Das Oszilloskop soll während der Simulation einen Zeitbereich von 5 ms (5 Schwingungszüge) abbilden. Das Sinussignal ist pro Periode 5 mal abzutasten.
c) Wählen Sie geignete Simulationsparameter, so dass für jede Abtastung genau ein Rechenschritt ausgeführt wird und über 5 ms simuliert wird.
d) Starten Sie die Simulation.

Aufgabe A14: zeitdiskrete Simulation (Zahlenfolgenverarbeitung)

Eine rein zeitdiskrete Simulation beschreibt die Erzeugung und Verarbeitung von Zahlenfolgen. Sie lässt sich in SIMULINK am einfachsten realisieren, wenn die Signalgeneratoren aus dem *Clock*-Block in Verbindung mit einem *Function*-Block und einem Abtast-Halte-Glied dargestellt werden, dessen Abtastzeit auf 1(=1s) gesetzt wird. Die Simulation erfolgt dann in der ganzahligen Schrittweite 1 (=1s). Die Stop Time ist ebenfalls ganzzahlig und repräsentiert nun die Anzahl der Simulationsschritte bzw. Länge der Zahlenfolgen.

a) Konstruieren Sie einen Generator für eine Sinusfolge

$$u(n)=\sin(2\pi f_o'n) \qquad \text{mit } f_o'=0{,}05=1/20$$

und schließen Sie daran ein Oszilloskop an.

b) Stellen Sie die Simulationsparameter so ein, dass genau über eine Periode der Sinusfolge Zahlen erzeugt werden.

c) Simulieren Sie das System.

d) Wiederholen Sie die Simulation für andere, selbst definierte Zahlenfolgen.

5. 1. 2. 2. Entwurf einfacher Systeme

An dieser Stelle soll der Umgang mit dem SIMULINK-Editor und die Simulation einfacher Systeme geübt werden.

Aufgabe A15: System mit Tiefpaß und Signaleinspeisung

Mit Hilfe der *simulink*-Standard-Bibliothek ist ein zeitkontinuierliches System, bestehend aus einem analogen Tiefpaß 1. Ordnung (Transfer-Function) und vorgeschaltetem Verstärker zu entwerfen.

a) Konstruieren Sie das System und dimensionieren Sie den Tiefpaß auf eine Grenzfrequenz von 1 KHz. An den Eingang ist ein Sinusgenerator zu legen. Ein- und Ausgangssignal sind zu oszilloskopieren (Multiplexer vor dem Oszilloskop).

b) Wählen sie geeignete Simulationsparameter, stellen das Oszilloskop ein und simulieren Sie das System bei verschiedenen Eingangsfrequenzen um die Tiefpaßwirkung zu demonstrieren.

c) Speisen Sie nun den Tiefpaß mit einer Sprungfunktion und oszilloskopieren Sie die Sprungantwort.

Aufgabe A16: Generator für amplitudenmodulierte Schwingung

Aus vorhandenen Blöcken der Simulink-Bibliothek ist ein Generator zu entwerfen, der eine amplitudenmodulierte Schwingung (AM)

$$u_{hf} = (1+m \cdot u_{nf}) \cos(2\pi f_T\, t)$$

erzeugt. Die Trägerfrequenz ist f_T=1 KHz; m ist der Modulationsgrad. Der Generator soll gemäß Bild 5.1 aus einem selbst zu entwerfenden AM-Modulationsteil und aus einem aus der Standardbibliothek zu entnehmenden NF-Generator bestehen. Am Modulator soll der Modulationsgrad m einstellbar sein. Verwenden Sie dazu einen Konstanten-Block der Simulink-Bibliothek.

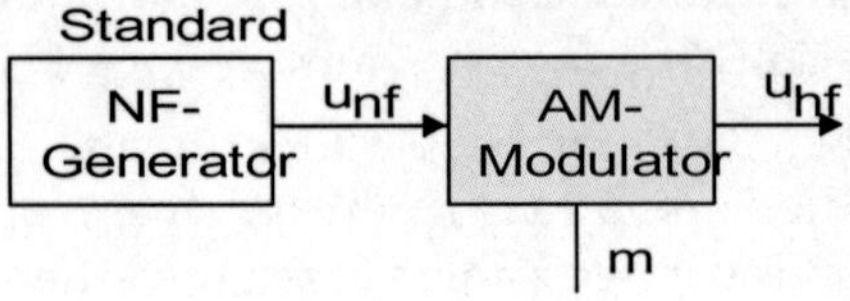

Bild 5.1. AM-Signalgenerator

a) Konstruieren Sie den Modulator, speisen Sie ihn mit einem Sinusgenerator (f_{nf}=100 Hz) und oszilloskopieren Sie Eingangs- und Ausgangssignal für verschiedene Modulationsgrade m. Zum Oszilloskopieren ist ein Graph-Block und zur Erzeugung der Zeitvariable t ein Clock-Block aus der Standard-Bibliothek zu benutzen. Simulieren Sie das System. Das System ist nach der Simulation unter dem Namen *am_gener.m* abzuspeichern, um es für die folgenden Aufgaben weiter nutzen zu können.
b) Wiederholen Sie die Simulation unter Verwendung eines anderen NF-Signalgenerators (z.B. Rechteck niedriger Frequenz).

Aufgabe A17: Signalausgabe in Vektoren des Workspace

Die Simulation kann erheblich beschleunigt werden, wenn Signalausgaben nicht auf Oszilloskope, sondern in Vektoren des Workspaces erfolgen. Diese Vektoren können dann nach der Simulation im MATLAB-Command Fenster mit dem Plot-Befehl dargestellt werden. SIMULINK bietet den Block *To_Workspace* in der Gruppe *sinks* an, um Signale in Vektoren zu schreiben.

a) Benutzen Sie das AM-System aus Aufg. A16 und ersetzen Sie das Oszilloskop durch Vektor-Blöcke (Oszilloskop löschen). Es sind Vektoren für das NF-, das HF- und das Zeitsignal festzulegen, deren Größe zu dimensionieren ist.

b) Simulieren Sie das System erneut und plotten Sie danach das Eingangs- und das Ausgangssignal über der Zeit.

5. 1. 2. 3. Hierarchiebildung

Bei umfangreichen Systemen soll zum Zweck besserer Übersicht, zur Gliederung und zur Wiederverwendung eine hierarchische Blockbildung des Gesamtsystems erfolgen. In SIMULINK kann man dazu eine Gruppe von Symbolen zu einem Gesamtblock zusammenfassen, der dann nach außen nur noch die Schnittstellen zu den übrigen Blöcken besitzt.

Aufgabe A18: Gruppenbildung

In der Aufg. A16 ist nach Bild 5.1 ein Block AM-Modulator, bestehend aus mehreren Einzelsymbolen, konstruiert worden. Dessen Blöcke und der vorgeschaltete NF-Generator sollen nun mit Hilfe der Gruppenbildung in 3 Stufen zu einem übergeordneten Gesamtblock *AM-Generator* zusammengefaßt werden. Die Gruppenbildung erfolgt durch Markieren der jeweils zu einer Gruppe zusammenzufassenden Symbole und anschließendes Anwählen des Menüpunktes *Options/Group*. Damit ist eine neue Untergruppe gebildet worden.[55]

Bild 5.2 zeigt die 3 Hierarchiestufen, wie sie in der vorliegenden Aufgabe zu bilden sind.

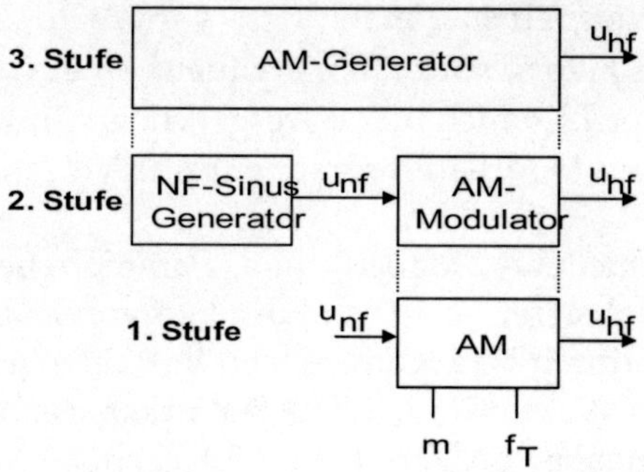

Bild 5.2. Stufenweiser, hierarcharchischer Bau eines kompletten Blocks AM-Generator aus Teilblöcken

---

[55] Eine so gebildete Gruppe kann auch wieder in die Einzelsymbole durch Anklicken der Gruppe und anschließende Wahl des Menüpunktes *Options/Ungroup* zerlegt werden.

a) Laden Sie das Simulink-Modell *am_gener.m* der Aufg. A16 und ändern Sie den Modulator so, dass zusätzlich zum Modulationsgrad auch die Trägerfrequenz über einen Konstanten-Block einstellbar ist.
b) Markieren Sie in Stufe 1 alle Blöcke des Modulators, so dass die NF-, die HF- und die Schnittstellen m und f_T außen bleiben. Bilden Sie eine neue Gruppe in Stufe 1 mit Namen *AM* .
c) Markieren Sie in Stufe 2 alle Blöcke des Modulators, so dass die NF- und die HF-Schnittstelle außen bleiben. Bilden Sie eine neue Gruppe in Stufe 2 mit Namen *AM-Modulator*.
d) Markieren Sie in Stufe 3 alle Blöcke einschließlich Sinus-Generator, so dass nur die HF-Schnittstelle außen bleibt. Bilden Sie eine neue Gruppe in Stufe 3 mit Namen *AM-Generator*.
e) Überprüfen Sie die Funktion des neu entstandenen AM-Generators durch Starten der Simulation und speichern Sie das Ergebnis zur weiteren Verwendung unter *am_gener.m* ab.

5. 1. 2. 4. Dimensionierung und Variation der Modellparameter

Modellparameter werden benötigt, um dem Simulink-Modell hinsichtlich dieser Parameter ein variierbares Verhalten zu geben. Beispiele dafür sind varierbare Verstärkung eines Verstärkers, varierbare Koeffizienten oder Grenzfrequenz eines Filters, varierbare Frequenz eines Oszillators usw.

Ein typisches Beispiel ist auch in der Aufg. A18 zu finden, bei der die Trägerfrequenz und der Modulationsgrad eines AM-Generators einstellbar sind.

Es gibt drei verschiedene Möglichkeiten, Parametrisierung eines SIMULINK-Modells zu realisieren: 1. durch Editieren von Konstanten-Blöcke im Simulink-Modell, 2. durch Verwendung von Variablen im Simulink-Modell und Zuweisung von Werten im MATLAB-Workspace, 3. durch Maskieren von Blöcken und Eingabe von Variablen in Masken.
Grundsätzlich muss in allen Fällen eine Wertzuweisung für alle Modellparameter erfolgt sein, bevor die Simulation gestartet und fehlerfrei ablaufen kann.

Die Möglichkeit 1., nämlich das Editieren von Konstanten-Blöcken im Simulink Modell ist bereits in Aufg. A18 gezeigt worden. In den folgenden beiden Aufgaben sollen die Möglichkeiten 2. und 3. der Parameterdefinition und ihrer Wertzuweisung geübt werden.

Aufgabe A19: Variable im Simulink-Modell

a) Laden Sie das Simulink-Modell *am_gener.m* der Aufg. A18 und ändern Sie die Konstanten-Blöcke für m und f_T, indem Sie nun anstelle konstanter Werte die Variablen *m* und f_T in die Blöcke eintragen. Speichern Sie das Modell unter dem Dateinamen *am_gener.m* ab.
b) Weisen Sie den Variablen m und f_T im Matlab-Command-Fenster Werte zu und simulieren Sie das Modell.
c) Schreiben Sie ein Script-File, das nacheinander die Werte für m und f_T von der Tastatur abfragt, sie den Variablen zuweist und dann am Ende das Simulink-Modell *am_gener.m* aufruft. Nach dem Erscheinen des Simulink-Modells im Window-Fenster sind die Wertzuweisungen bereits erfolgt und das System kann simuliert werden.

Aufgabe A20: Maskieren von Blöcken

In dieser Aufgabe soll als weitere Variable die Frequenz f_N der niederfrequenten Schwingung eingebbar sein. Laden Sie das Simulink-Modell *am_gener.m*.

a) öffnen Sie den Block für den Sinusgenerator und geben Sie anstelle einer konstanten Frequenz die Variable f_N ein (Frequenz : 2*pi*fN).
b) Markieren Sie den Gesamtblock *AM_Generator* und maskieren Sie den Block. Erstellen Sie eine Maske, in der die Trägerfrequenz, der Modulationsgrad und die Niederfrequenz eingebbar sind.
c) Durch Doppelklicken auf den Block *AM_Generator* erscheint nach dem Maskieren die Maske, in der man nun Werte eingeben kann. Simulieren Sie das Modell erneut für verschiedene Werte der Modellvariablen Trägerfrequenz, Modulationsgrad und Niederfrequenz.

5. 2. Übung B: Filter

Ein grundlegender Baustein in der digitalen Signalverarbeitung ist das Filter. Die Eigenschaften des Filters werden durch die Koeffizienten der Übertragungsfunktion H(z) festgelegt. Wichtige Themen der Digitalen Filter sind

die Berechnung der Koeffizienten für bestimmte Eigenschaften, die Implementierungsverfahren, die Wortlängeneffekte und der Zahlenbereich.
In dieser Übung sollen digitale Filtern grundsätzlich untersucht werden. Nicht ein spezielles Filter mit einem bestimmten Frequenzgang steht im Vordergrund, sondern die allgemeinen Probleme der Realisierung von Filtern in der digitalen Signalverarbeitung:

1. Digitalisierung eines analogen Signals und seine Rekonstrunktion aus einer Zahlenfolge,
2. Berechnung der Koeffizienten der Übertragungsfunktion,
3. Berechnung der Frequenzgänge eines Filters,
4. Funktionssimulation des Filters,
5. Simulation der Meßtechnik zur Untersuchung der Eigenschaften,
6. Untersuchung eines digitalen Netzwerks,
7. Untersuchung von Wortlängeneffekten.

5. 2. 1. Grundlagen

Die theoretischen Grundlagen für die Durchführung der Übung findet man in den folgenden Kapiteln diese Buches:

1.3 Digitale Filter: Filterung von Zahlenfolgen,
2.2.1 Zahlendarstellung,
2.3.1 Digitale Filter,
3.3 Wortlängeneffekte,
3.4 Wortlänge der Wandler,
3.5 Wortlänge im Rechenwerk.

5. 2. 2. Dateiübersicht

Für die Durchführung der Übung werden folgende Dateien benötigt:
M-Files für Matlab / Simulink

SIMULINK-FILES: Werkbänke	
GDGT0S.M	Übertragungsstrecke mit Zeit- und Amplitudenquantisierung
GFLMS0S.M	Messtechnische Untersuchung von Filtern: Aufbau der Meßtechnik aus Bausteinen
GNTZ0S.M	Aufbau eines Digitalen Netzwerkes aus Bausteinen: Oszilloskopische Untersuchung

GWORT0S.M	Untersuchung des Rundungsgeräusches nach der Filtermethode
FUNCTION-FILES	
GABPS_F.M	Analoger Bandpaß 1. Ordnung: Einstellung von Mittenfrequenz und Güte
GABSP_F.M	Analoge Bandsperre 1. Ordnung: Einstellung von Mittenfrequenz und Güte
GAAEZR_F.M	Analoges Filter zur Abtastentzerrung: Eingabe der Abtastfrequenz
GDBPS_F.M	Digitaler Bandpaß 1. Ordnung: Einstellung von Mittenfrequenz und Güte
GDBSP_F.M	Digitale Bandsperre 1. Ordnung: Einstellung von Mittenfrequenz und Güte
GDVRSC_F.M	Koeffizienten eines Transversalfilters zur Verschiebung einer Folge
SCRIPT-FILES	
KOSZI_P.M	Oszilloskop
GAFRQG_P.M	Frequenzgang eines analogen Filters
GDFRQG_P.M	Frequenzgang eines digitalen Filters
GSPEK_P.M	Spektrum eines analogen Signals oder einer Zahlenfolge

5. 2. 3. Übertragungsstrecke mit Zeit- und Amplitudenquantisierung

Die Verarbeitung analoger Signale nach dem Prinzip der digitalen Signalverarbeitung erfordert die Umwandlung zwischen zwei Signaltypen: das analoge Signal und die Zahlenfolge. Die Digitalisierung genannte Umwandlung eines analogen Signals in eine Zahlenfolge erfolgt mit einem Abtast-Halte-Glied und einem Analog-Digital-Umsetzer, in dessen Ausgangsregister die aus einem abgetasteten Funktionswert entstandene Zahl zur Verfügung steht. Durch die Verarbeitung der Eingangszahlenwerte entstehen neue Ausgangszahlenwerte, die wieder in ein analoges Signal umzusetzen sind. Diese Umwandlung erfolgt mit einem Digital-Analog-Umsetzer, einem Abtast-Entzerrerfilter und einem Interpolationsfilter. Bild 5.3 zeigt eine Übertragungsstrecke zur digitalen

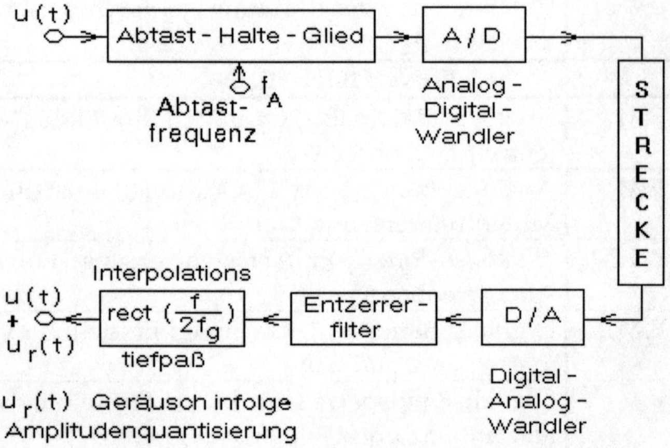

Bild 5.3. zeitdiskrete Übertragungsstrecke

Signalverarbeitung. Dabei wird für die Signalverarbeitung ein Kurzschluß angenommen, d.h., der Zahlenwert im Ausgangsregister des Analog-Digital-Umsetzers wird direkt in das Eingangsregister des Digital-Analog-Umsetzers geschrieben. Im folgenden sind durch Simulation mit dem Programm Matlab/Simulink die mit der erforderlichen Umwandlung der Signaltypen zusammenhängenden Probleme zu untersuchen.

Aufgabe B1: Werkbank in der Simulink-Datei GDGT0S.M

Gegenstand der Untersuchung sind: die Bedingungen des Abtasttheorems, der erforderliche Filtergrad des Interpolationstiefpasses und das Quantisierungsgeräusch.

Die dafür notwendigen Bausteine finden sich in der Simulink-Datei GDGT0S.M. Es sind folgende Simulationsparameter einzustellen:

Verfahren: Runge-Kutta 5
Start Time: 0.0
Stop Time: 60*(1/1000)
Min Step Size: 1e-5
Max Step Size: 1e-5

Bei diesen Einstellungen findet die Simulation über 60.000 Schritte statt. Diese große Schrittzahl ist speziell für den Aufgabenpunkt d) und e) notwendig, damit das Einschwingverhalten einiger Bausteine abgeklungen ist.

a) Aus den Bausteinen ist eine Strecke mit Zeit- und Amplituden-Quantisierung zusammenzubauen. Dazu sind die erforderlichen Graphiksymbole aus der Werkbankdatei in ein neues System Window zu übernehmen. Die Workspaces für das quantisierte Abtast-Halte-Signal und für das rekonstruierte Signal sind anzuschließen.

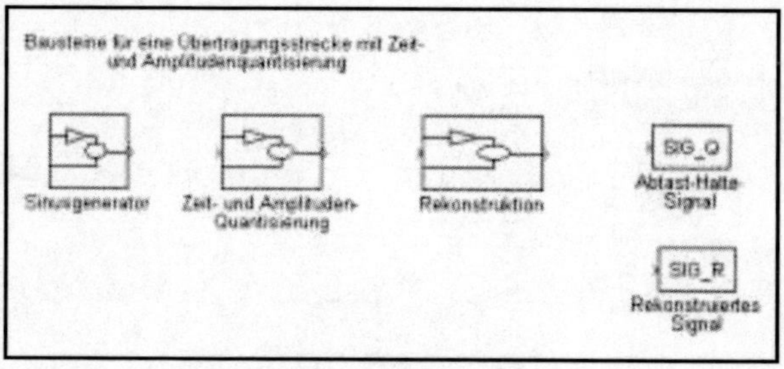

Die Blöcke ›Zeit- und Amplitudenquantisierung‹ und ›Rekonstruktion‹ sind mit dem Befehl Ungroup zu öffnen und zu diskutieren.

b) Die Parameter der Strecke sind einzustellen. z.B.: Sinusgenerator: Amplitude 1, Frequenz 1000 Hz, Nullphasenwinkel 0 ; Zeit- und Amplituden-Quantisierung: Abtastfrequenz 8000 Hz, Quantisierungsintervall 1/2^8 und Zahlenbereich -1 <z <+1; Abtastentzerrung: Abtastfrequenz 8000 Hz ; Interpolationsfilter: Grenzfrequenz 4000 Hz, Ordnungszahl 8. Das System ist zu simulieren.

c) Mit Hilfe des Script-File *koszi_p.m* sind die Signale nach der Digitalisierung und nach der Rekonstruktion zu oszilloskopieren. Dabei können durch Variation die Einflüsse der Abtastfrequenz und der Ordnungszahl des Interpolationfilters studiert werden.

d) Die Übertragungsstrecke nach a) ist durch einen Aufbau zur Messung des Signal-Geräusch-Abstandes nach der Rekonstruktion mit Hilfe der Sinusmethode zu ergänzen. Die erforderlichen, nachfolgend gezeigten Bausteine finden sich in der Werkbank-Datei und sind von dort in das System Window zu übernehmen.

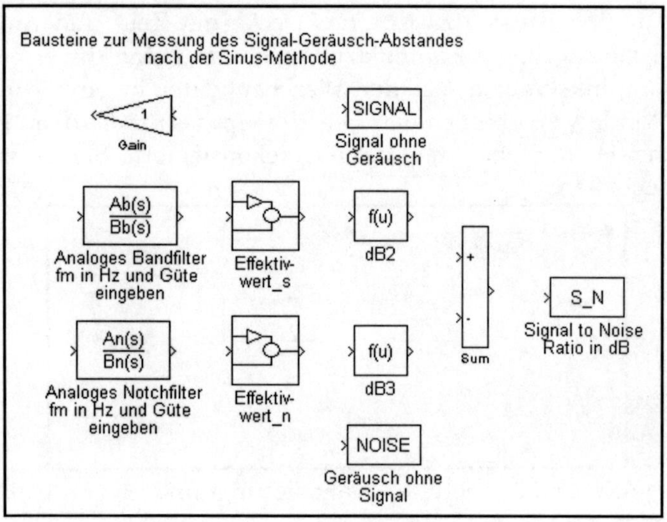

Von den Bausteinen Bandsperre, Bandpaß, Effektivwertbildung und Logarithmierer ist zunächst der Block Effektivwertbildung zu diskutieren. Er kann durch Doppelmausklick geöffnet werden. Neben den Funktionen Quadrieren und Radizieren enthält der nachstehend gezeigte

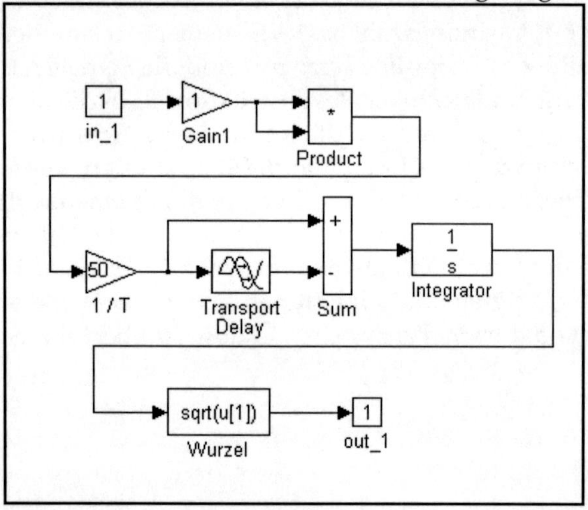

Block ein Filter mit rechteckiger Impulsantwort, bei dem im Block Transport Delay die Integrationszeit einzustellen ist: z.B. 20 Perioden des Sinus-Signals.

e) Zu messen ist mit Hilfe des Aufbaus nach d) der Signal-Geräusch-Abstand in dB bei verschiedenen Quantisierungsstufenzahlen und Eingangspegeln des Sinussignals.

5. 2. 4. Entwurf von Digitalfiltern

Digitalfilter werden allgemein durch ihre Übertragungsfunktion H(z) beschrieben, die in der Regel in der Normalform, z.B. für ein System 2. Ordnung,

$$H(z) = \frac{A_0 + A_1 z^{-1} + A_2 z^{-2}}{1 + B_1 z^{-1} + B_2 z^{-2}}$$

angegeben wird. Ein wesentlicher Teil der im Zusammenhang mit Digitalfiltern durchzuführenden Berechnungen bezieht sich auf die Ermittlung der Koeffizienten der Übertragungsfunktion H(z). Dabei ist die Matlab Signal Processing Toolbox eine Hilfe. Von den vielen Function Files zur Berechnung der Koeffizienten von Digitalfiltern seien die folgenden herausgestellt:

butter.m	cheby2.m	remez.m
buttord.m	cheb2ord.m	remezord.m
cheby1.m	fir1.m	freqz.m
cheb1ord.m	fir2.m	grpdelay.m

Aufgabe B2: Function-File GDFRQG_P.M

Die Function-Files ermöglichen die Koeffizienten-Ermittlung bei rekursiven und bei nichtrekursiven Filtern und zwar für Butterworth-, Tschebyscheff- und Cauer-Charakteristik. Für vorgegebene Toleranzschemata des Amplitudengangs von Filtern sind folgende Berechnungen durchzuführen:

a) Berechnung der Koeffizienten an Hand der Function-Files
b) Berechnung der Frequenzgänge mit dem Script-File GDFRQG_P.M
  b1) Amplitudengang
  b2) Phasengang
  b3) Gruppenlaufzeitgang

Die Function-Files liefern die Vektoren der Zähler- und der Nennerkoeffizienten und das Script-File graphische Darstellungen der Frequenzgänge.

Als Ergebnis des Entwurfs sind die Koeffizientenvektoren und Ausdrucke der Frequenzgänge festzuhalten.

5. 2. 5. Untersuchung der Eigenschaften durch Simulation

Nach der Berechnung der Koeffizienten liegt die Übertragungsfunktion eines Filters fest. Dann können aus der Übertragungsfunktion H(z) die Eigenschaften ermittelt werden. Beides war Gegenstand der vorigen Aufgabe. In diesem Abschnitt sollen fertig modellierte digitale Filter meßtechnisch untersucht werden. Zur Ermittlung der Frequenzgänge wird mit Hilfe von Simulink eine geeignete Meßtechnik modelliert.

Aufgabe B3: Werkbank in der Simulink-Datei GFLMS0S.M

Gegenstand der Untersuchung sind die Ermittlung1. der Impulsantwortfolge, 2. der Sprungantwortfolge, 3. des Amplitudengangs durch Fourieranalyse der Impulsantwort, 4. desAmplitudengangs durch Wobbeltechnik. Die erforderlichen Bausteine findet man in der Simulink-Datei GFLMS0S.M. Die Simulationsparameter sind wie folgt einzustellen:

Verfahren:	Runge-Kutta 5
Start Time:	0.0
Stop Time:	1000
Min Step Size:	1
Max Step Size:	1

Meßobjekte sind die nachstehend aufgeführten in der Werkbank-Datei vorhandenen Simulink-Filter-Blöcke:

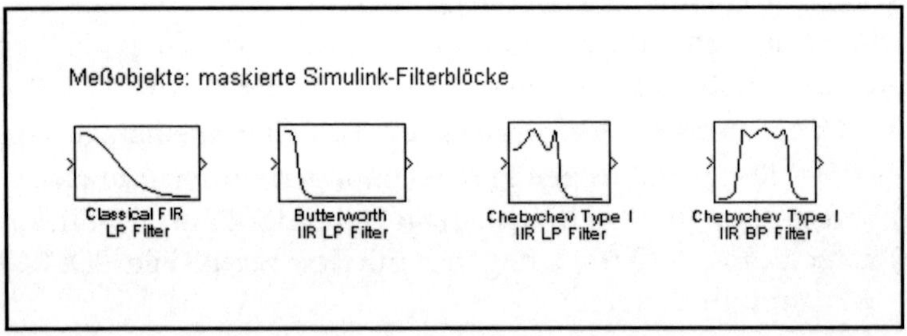

Die erforderlichen Bausteine zum Aufbau der Meßtechnik finden sich ebenfalls in der Werkbank-Datei:

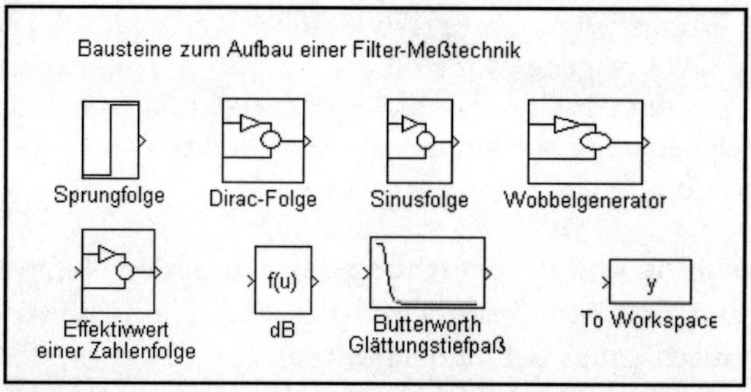

a) Die Meßanordnung zur Ermittlung der Impulsantwortfolge ist aufzubauen. Die Simulationsparameter sind einzustellen. Dafür ist ein neues System Window zu öffnen, in das die erforderlichen Graphiksymbole zu übernehmen sind.

b) Für die einzelnen Meßobjekte ist mit Hilfe des Sript-Files *koszi_p.m* die Impulsantwortfolge aufzunehmen. Dabei sind bei den Meßobjekten Grenzfrequenzen und Dämpfungswerte einzugeben.

c) Die Meßanordnung zur Ermittlung der Sprungantwortfolge ist aufzubauen. Dafür wird ebenfalls wieder ein neues System Window angelegt, in das die erforderlichen Graphiksymbole übernommen werden.

d) Für die einzelnen Meßobjekte ist mit Hilfe des Script-Files *koszi_p.m* die Sprungantwortfolge aufzunehmen. Dabei sind bei den Meßobjekten Grenzfrequenzen und Dämpfungswerte einzugeben.

e) Zur Ermittlung des komplexen Frequenzgangs ist mit Hilfe des Script-Files *gspek_p.m* der Quotient der Fourier-Transformierten von Ausgangs- und Eingangsfolge zu bilden[56]. Diese Messung ist mit dem Aufbau zur Ermittlung der Impulsantwortfolge durchzuführen.

f) Die Meßanordnung zur Ermittlung des Amplitudengangs durch Wobbelmeßtechnik ist in einem neuen System Window, in das die erforderlichen Graphiksymbole aus der Werkbankdatei übernommen werden, aufzubauen. Daraufhin sind für ein gegebenes Meßobjekt die Parameter einzustellen. Besonders wichtig sind dabei

[56] *gspek_p.m* bildet die Fouriertransformierten zweier Workspace-Vektoren X (Realteil) und Y (Imaginärteil), die bei Einspeisung mit einem Impuls den komplexen Frequenzgang wiedergeben.

der Wobbelgenerator und die Effektivwertbildung. Die Parameter beim Wobbelgenerator sind die Amplitude, die Anfangsfrequenz, das Frequenzintervall und die Anzahl der Folgenelemente bis zum Erreichen der Endfrequenz. Bei der Effektivwertbildung ist die Integrationszeit geeignet einzustellen.

5. 2. 6. Entwicklung und Untersuchung eines digitalen Netzwerks

Systeme der digitalen Signalverarbeitung lassen sich auf drei Arten beschreiben: mathematisch, graphisch und algoritmisch.

Die graphische Beschreibung eines digitalen Filters erfolgt in Form eines digitalen Netzwerks, das als eine graphische Darstellung der Übertragungsfunktion H(z) aufgefaßt werden kann. Allerdings gibt es zu einer Übertragungsfunktion mehrere digitale Netzwerke. Die verschiedenen Netzwerke dienen als Grundlage für eine Filter-Implementierung. Dabei gibt es Unterschiede hinsichtlich der Zahlenbereichsüberschreitung.

Aufgabe B4: Digitales Netzwerk Werkbank-Datei GNTZ0S.M

Die erforderlichen Bausteine für ein digitales Netzwerk finden sich in der Simulink-Werkbank-Datei, bei

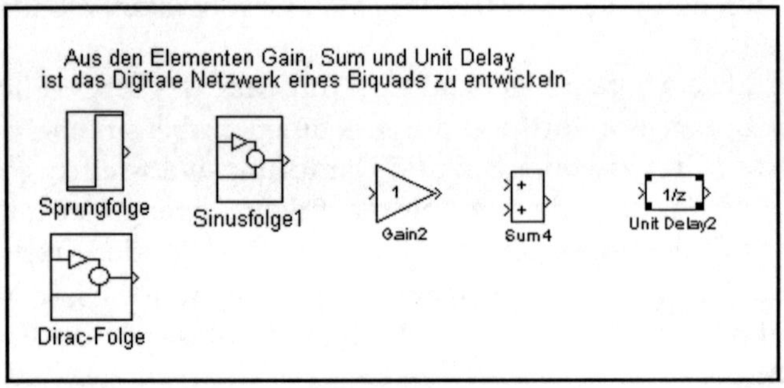

der folgende Simulationsparameter einzustellen sind:

Verfahren:	Runge-Kutta 5
Start Time:	0.0
Stop Time:	1000
Min Step Size: 1	
Max Step Size: 1	

a) Ein digitales Netzwerk eines rekursiven Digitalfilters 2. Ordnung ist aufzubauen und von einem Generator zu speisen. An die Knoten des Netzwerks sind Workspaces anzuschließen.

b) Vom Matlab Command Window aus sind die Koeffienten mit Hilfe geeigneter Matlab-Funktionen zu berechnen, z.B. mit der Funktion *butter*.

c) Verschiedene Punkte des digitalen Netzwerkes sind zur Kontrolle möglicher Zahlenüberläufe mit Hilfe des Script Files *koszi_p.m* zu oszilloskopieren.

5. 2. 7. Untersuchung von Wortlängeneffekten

Bei der Umsetzung wertkontinuierlicher Signale in Zahlenfolgen entsteht das Quantisierungsgeräusch, das in der Aufgabe B1 untersucht wurde. Ein zusätzliches Geräusch entsteht bei der Berechnung der Differenzengleichung infolge der endlichen Stellenzahl im Rechenwerk. Dabei wird von der Vorstellung eines Festkomma-Rechenwerkes ausgegangen. Der Zahlenbereich wird auf $-1 < z < +1$ festgelegt. Dann können Multiplikationen keine Zahlenbereichsüberschreitungen hervorrufen. Allerdings ist dies bei fortlaufenden Additionen möglich. Multiplikationen rufen eine Rechenungenauigkeit hervor. Die Multiplikation zweier 8-Bit-Zahlen liefert ein 16-Bit-Ergebnis.

Aufgabe B5: Werkbank in Simulink GWORT0S.M

Gegenstand der Aufgabe ist die Messung des Rundungsgeräusches für ein digitales Biquad-Filter. Dabei werden die Wortlängeneffekte durch die nachstehend gezeigten Simulink-Blöcke

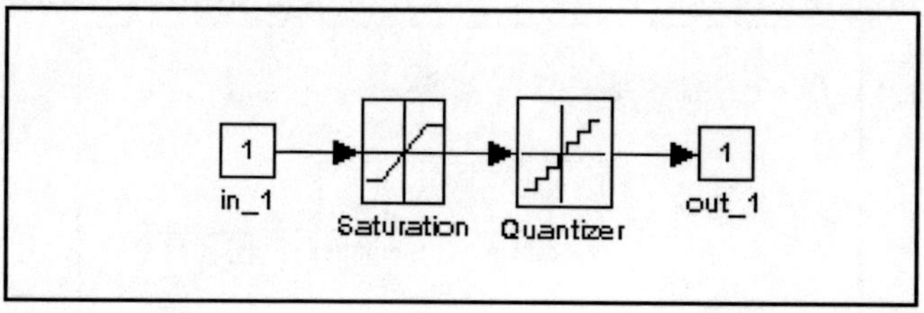

Saturation und Quantizer dargestellt. Das Meßobjekt ist ein fertig modellierter Biquad:

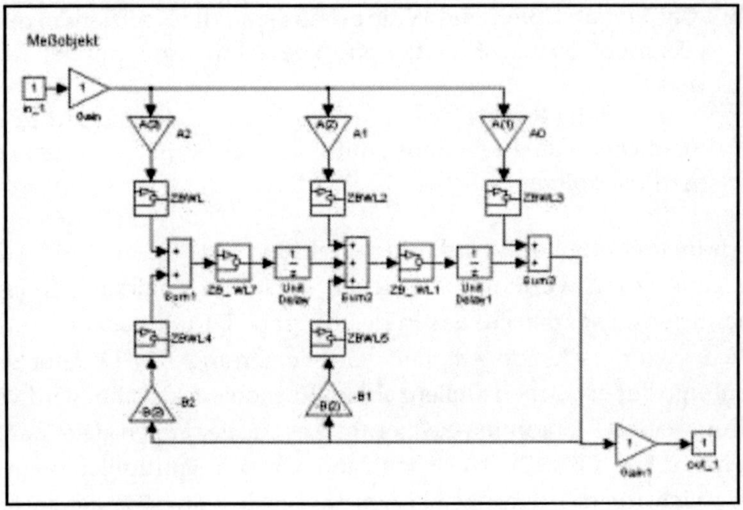

Als Grundlage dient das m-File GWORT0S.M, das die erforderlichen Bausteine zur Messung des Rundungsgeräusches nach der Sinusmethode enthält.

a) Die Meßanordnung zur Messung des Rundungsgeräusches nach der Sinusmethode ist aufzubauen. Dabei sind an verschiedenen Punkten der Schaltung Workspaces anzuschließen, damit die Signale oszilloskopiert werden können. Als Meßsignal wird eine Sinusfolge genommen. Der Block Biquad mit Wortlängenbegrenzung ist zu De-Maskieren und in seinem Aufbau zu diskutieren.

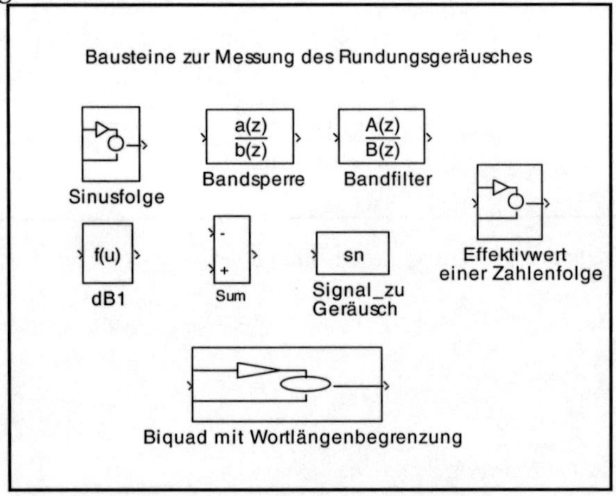

b) Die Parameter des Filters und des Meßaufbaus sind einzustellen: z.B. Frequenz $f_0'=0.05$, Scheitelwert 0.5, Zahlenbereich $-1<z<+1$, Wortlänge n=8. Besonders zu beachten sind dabei die Güte von Bandsperre und Bandpaß sowie die Integrationszeit bei der Effektivwertbildung. Die Simulationsdauer muss so gewählt werden, dass die Effektivwertbildung einen stationären Zustand erreicht. Z.B.: Güte Q=30, Integrationsdauer 200, Stop Time 5000.

c) Der Signal-Geräusch-Abstand ist für verschiedene Wortlängen zu messen. Dazu wird nach einer Simulation der Workspace-Vektor *sn* mit dem Script File *koszi_p.m* geplottet.

5. 3. Übung C: Mischung und Abtastung von Bandpaßsignalen

Gegenstand dieser Übung sind 2 Anwendungsgebiete der Digitalen Signalverarbeitung in der Nachrichtentechnik: 1. Anwendung des Verschiebungssatzes der Fouriertransformation zur Realisierung von Quadraturmischern und 2. Abtastung von Bandpaßsignalen.

Die Übung ist eine Konstruktionsaufgabe, in der die Bausteine zur Quadraturmischung nach verschiedenen Prinzipien aufgebaut und getestet werden sollen. Ferner soll die Abtastung von Bandpaßsignalen unter gleichzeitiger Herabmischung in die Nullage demonstriert werden.

Sämtliche Aufgabenteile sowie deren Ergebnisse sind mit Hilfe des Programmsystems MATLAB/SIMULINK zu erledigen und durch Ausdrucke zu dokumentieren. Der Schwerpunkt dieser Übung liegt in dem Entwurf der Bausteine und der Dimensionierung von Teilkomponenten und in der Funktionssimulation der Bausteine.

5. 3. 1. Grundlagen

Grundlage für die Durchführung der Übung sind folgende Themen der Digitalen Signalverarbeitung, die in Abschn. 2.4.1 und 2.4.2 beschrieben sind: Quadratursignalverarbeitung, Hilbert-Transformation, analytisches Signal und komplexe Hüllkurve, Quadraturmischung, Digitalisierung eines Bandpaßsignals.

5. 3. 2. Dateiübersicht

Für diese Übung werden die folgenden Dateien benötigt:

MATLAB/SIMULINK:

Datei	Funktion
kuhilb0s.m	Simulink Werkbank-Datei zur Lösung der Aufgabe Hilbert-Transformator
khimix0s.m	Simulink Werkbank-Datei zur Lösung der Aufgabe Mischer mit Hilbert-Transformator
kqumix0s.m	Simulink Werkbank-Datei zur Lösung der Aufgabe Abwärtsmischer
kzeitv0s.m	Simulink Werkbank-Datei zur Lösung der Aufgabe Zeitversetzte Abtastung eines Bandpaßsignals
koszi_p.m	MATLAB-Script File für ein Mehrkanal-Oszilloskop
gspek_p.m	MATLAB-Script-File zur Berechnung und Darstellung von Spektren und Frequenzgang
butter.m	MATALAB-Function File zur Berechnung von Filterkoeffizienten

5. 3. 3. Hilbert-Transformator

Ein wichtiger Baustein zur Erzeugung analytischer Signale ist der Hilbert-Transformator. Die Auf- und Abmischung lässt sich mit einem Netzwerk nach Bild 5.4 erreichen.

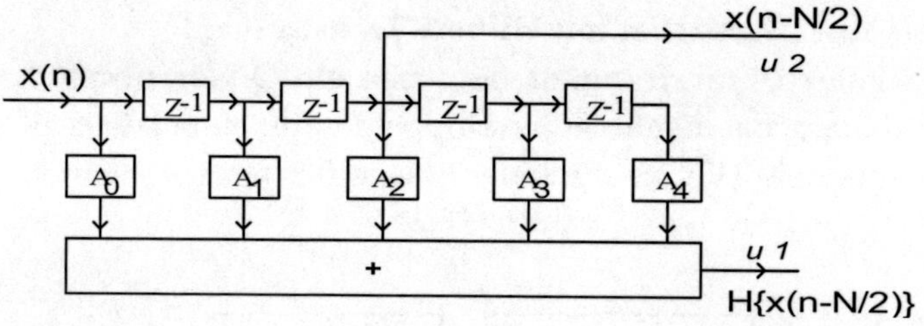

Bild 5.4. Zeitdiskreter Hilbert-Transformator für eine Ordnungszahl N=4

Die Realisierung erfolgt mit einem Transversalfilter hoher Ordnungszahl, wobei die Ordnungszahl die Qualität des Netzwerkes hinsichtlich des geforderten Frequenzgangs bestimmt.

Aufgabe C1: Werkbank in der Simulink-Datei kuhilb0s.m

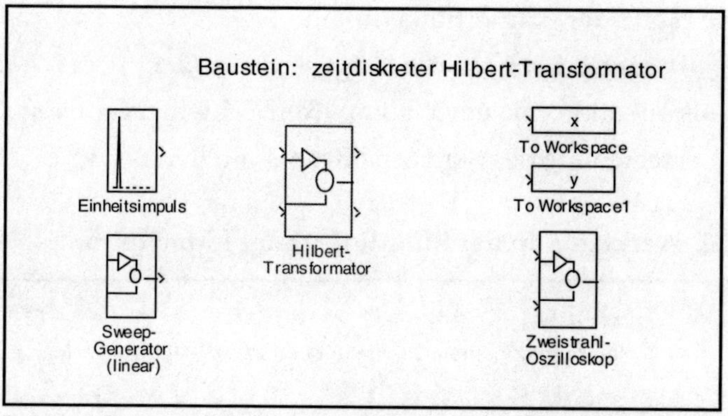

a) Untersuchen und diskutieren Sie den Aufbau des Hilbert-Transformators (*Unmask* des Blockes Hilbert-Transformator).
b) Dimensionieren Sie die Ordnungszahl des Hilbert-Transformators.
c) Nehmen Sie die Impulsantwortfolgen an den Ausgängen des Netzwerkes bei verschiedenen Ordnungszahlen auf.
d) Messen Sie die den komplexen Frequenzgang des Netzwerkes bei verschiedenen Ordnungszahlen mit Hilfe des MATLAB-Programms *gspek_p.m.*[57]
e) Oszilloskopieren Sie die Antwort auf ein Wobbelsignal.

[57] Ebenda.

5. 3. 4. Auf/Abwärtsmischer mit Hilbert-Transformator

Mit einem Hilbert-Transformator lässt sich ein Quadraturmischer gemäß Bild 5.5 aufbauen, bei dem es keine Doppeldeutigkeit bei der Auf- und Abwärtsmischung gibt (Vermeidung des Spiegelfrequenzproblems).

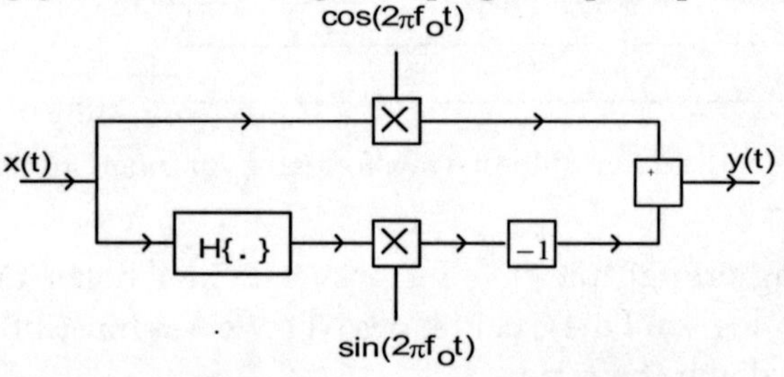

Bild 5.5. Quadraturmischer mit Hilbert-Transformator

Das Mischer basiert auf einem analytischen Eingangssignal $\underline{x}(t)$ und dem Verschiebungssatz der Fouriertransformation

$$\underline{x}(t)\exp(j\,2\pi f_0 t) = \underline{x}(t)\cos(2\pi f_0 t) + \underline{x}(t)\sin(2\pi f_0 t) \quad \circ\!\!-\!\!\!-\!\!\bullet \quad \underline{X}(f-f_0)\,,$$

d.h. die Multiplikation mit einer komplexen Schwingung $\exp(j\,2\pi f_0 t)$ bewirkt eine Verschiebung des Signalspektrums um den Betrag f_0.

Aufgabe C2: Werkbank in der Simulink-Datei khimix0s.m

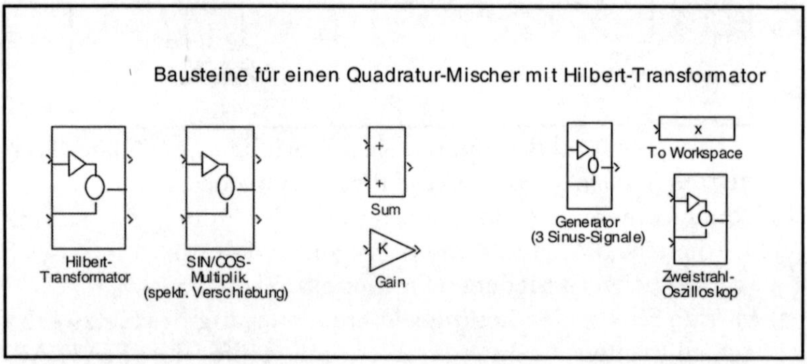

a) Aus den vorhandenen Bausteinen ist ein Quadraturmischer aufzubauen.
b) Stellen Sie die Ordnungszahl des Hilbert-Transformators ein.
c) Für verschiedene Mischfrequenzen ist der Vorgang der Mischung

zu oszilloskopieren (Eingangssignal und Ausgangssignal in Aufwärts- und Abwärtsmischung). Dazu kann man im Block SIN/COS-Multiplikation die Verschiebefrequenz mit positiven Werten (Aufwärtsmischung) und negativen Werten (Abwärtsmischung) einstellen. Wählen Sie für das Eingangsspektrum und die Mischfrequenzen einen Frequenzbereich $0 < f < 0.5$.

d) Messen Sie die Spektren am Eingang und Ausgang des Mischers und zeigen Sie die Frequenzverschiebung des Eingangssignals. Benutzen Sie dazu das MATLAB-Programm *gspek_p.m*, mit dessen Hilfe man 2 Vektoren spektral untersuchen und Plotten kann.

5. 3. 5. Quadratur-Abwärtsmischer ohne Hilbert-Transformator

Von besonderer Bedeutung bei der Digitalen Signalverarbeitung von Bandpaßsignalen ist die Abwärtsmischung in die Nullage. Sie lässt sich durch ein Quadraturnetzwerk erreichen, das ohne einen Hilbert-Transformator auskommt (Bild .6).

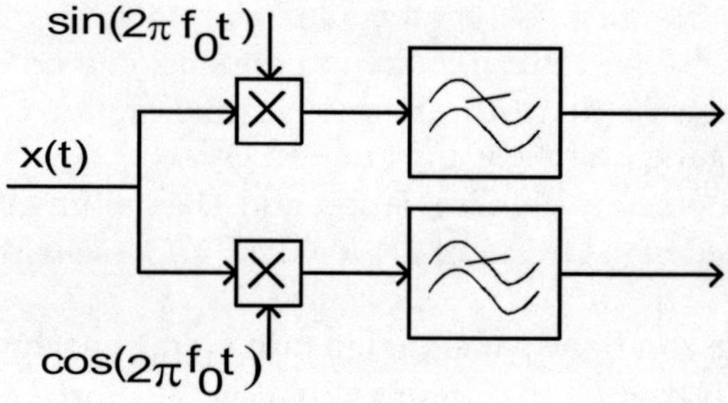

Bild 5.6. Abwärts-Quadraturmischer ohne Hilbert-Transformator

Aufgabe C3: Werkbank in der Simulink-Datei kqumix0s.m

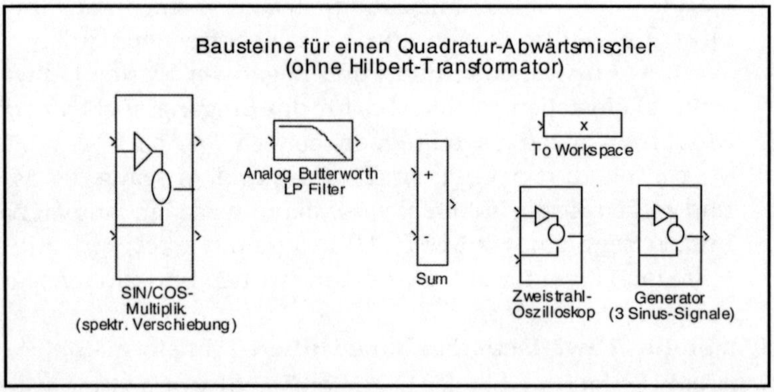

a) Aus den vorhandenen Bausteinen der Werkbankdatei ist ein Quadratur-Abwärtsmischer aufzubauen und der Generator anzuschließen. Von Interesse ist das Eingangs- und das Ausgangssignal.

b) Stellen Sie den Generator und die Mischfrequenz am Block SIN/COS-Multiplizierer ein und dimensionieren Sie die TP-Filter.

c) Simulieren Sie den Abwärtsmischer und nehmen Sie die Spektren am Eingang und Ausgang auf (mit *gspek_p.m*).

d) Wiederholen Sie die Simulation und Darstellung der Spektren bei verschiedenen Ordnungszahlen der Tiefpässe (z.B. n=1,2,4)

5. 3. 6. Abtastung von Bandpaßsignalen und Herabmischung

Die digitale Sinalverarbeitung von Bandpaßsignalen erfordert oft eine Abtastung nach dem Abtasttheorem für Bandpaßsignale unter gleichzeitiger Herabmischung des Bandpaßsignals in die Nulllage. Beide Forderungen sind unter bestimmten Bedingungen sehr einfach durch eine zeitversetzte Abtastung zu erreichen, die in diesem Übungsteil untersucht werden soll.

Aufgabe C4: Werkbank in der Simulink-Datei kzeitv0s.m

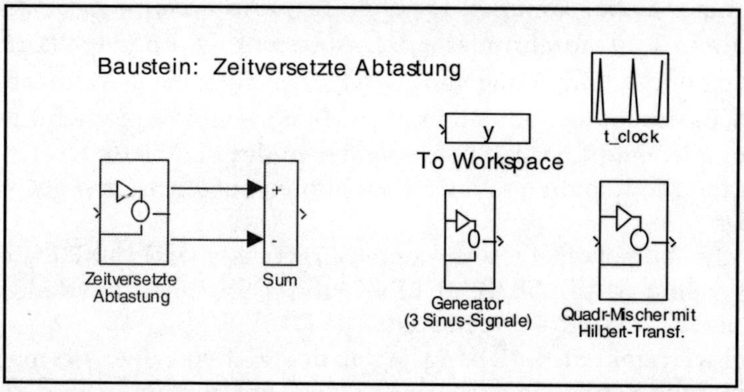

Als Quadraturmischer wird hier der Block ›Zeitversetzte Abtastung‹ benutzt. Er wird realisiert durch eine 4-fache Überabtatsung, einen Zeitversatz und anschließende Dezimation um den Faktor 4. Ein Mischer erzeugt das Bandpaßsignal, gespeist von einem NF-Generator (3 Sinussignale einstellbarer Frequenz, additiv überlagert). Das NF-Signal wird zunächst hochgemischt und dann durch eine zeitversetzte Abtastung heruntergemischt. Bei richtiger Wahl der Bandmittenfrequenz und der Abtastfrequenz findet eine Abmischung in die Nulllage statt, so dass am Ausgang der zeitversetzten Abtastung wieder das NF-Signal entsteht.

a) Verbinden Sie die Blöcke zu einem Bandpaßsystem und geben Sie die reellen Signale auf Vektoren im Workspace. Der Block *t_clock* ist nur für die anschließende Darstellung der Meßergebnisse von Bedeutung. Er braucht mit keinem anderen Block verbunden zu werden.

b) Stellen Sie den Generator ein und wählen Sie eine geeignete Misch- sowie Abtastfrequenz.

c) Simulieren Sie das System und oszilloskopieren Sie anschließend das Eingangssignal des Mischers, das hochfrequente Ausgangssignal des Mischers sowie das Ausgangssignal der zeitversetzten Abtastung (mit MATLAB-Programm *koszi_p.m*).

d) Zeigen Sie, dass die Herabmischung zu falschen Ergebnissen führt, wenn die Abtastfrequenz und die Bandmittenfrequenz in ungeeignetem Verhältnis stehen.

5. 4. Übung D: Modulation

Diese Übung beschäftigt sich mit Modulationssystemen in Digitaler Signalverarbeitung. Dabei kommen folgende Signalverarbeitungsbausteine zur Anwendung: 1. Quadraturmischer, 2. Abtastung von Bandpaßsignalen, 3. Erzeugung und Verarbeitung von analytischen Signalen in Modulationssystemen, 4. Basisbanddemodulation für AM-, ESB- und FM-Systeme.
Die Übung ist eine Konstruktionsaufgabe, in der komplette Übertragungssysteme mit Modulatoren und Demodulatoren aufgebaut und getestet werden sollen.

Sämtliche Aufgabenteile sowie deren Ergebnisse sind mit Hilfe der Programmsysteme MATLAB/SIMULINK und DSV_SIM zu erledigen und durch Ausdrucke zu dokumentieren.

Der Schwerpunkt dieser Übung liegt in dem Entwurf der Systeme und Dimensionierung verwendeter Bausteine, der Funktionssimulation, der algorithmische Realisierung und der algorithmischen Simulation der Realisierung.

5. 4. 1. Grundlagen

Grundlage für die Durchführung der Übung sind folgende Themen der Digitalen Signalverarbeitung, die in den Abschn. 2.4 und 2.5 beschrieben sind: analytisches Signal und komplexe Hüllkurve, Quadraturmischung, Digitalisierung eines Bandpaßsignals, Empfängerkonzept, Amplitudenmodulation, Frequenzmodulation.

5. 4. 2. Dateiübersicht

Für diese Übung werden die folgenden Werkbank-Dateien benötigt, die sich auf der Diskette befinden.

MATLAB/SIMULINK:

Datei	Funktion
kampro0s.m	Simulink Werkbank-Datei zur Lösung der Aufgabe AM-System mit Produktdemodulator
kesbam0s.m	Simulink Werkbank-Datei zur Lösung der Aufgabe ESB-AM-System
kfmvez0.m	Simulink Werkbank-Datei zur Lösung der Aufgabe FM-System mit Verzögerungs-Demodulator

koszi_p.m	MATLAB-Script File für ein Mehrkanal-Oszilloskop
gspek_p.m	MATLAB-Script-File zur Berechnung und Darstellung von Spektren und Frequenzgang
butter.m	MATALAB-Function File zur Berechnung von Filterkoeffizienten

DSV_SIM: Haupprogramm *dsv_sim.pas*

DSV_UEBG-Datei	GEN-DATEI	Funktion
kampro0v.pas		DSV_SIM-Werkbank-Datei für PASCAL-Algorithmus AM-Demodulator
	am_sig2.pas	AM-Generator mit Zweitonmodulation
	am_limod.pas	AM-Generator mit linear ansteigender Amplitude

5. 4. 3. Zweiseitenband-AM mit Produktdemodulator

Für das Zweiseitenband-AM-System ist ein MATLAB/SIMULINK-System und ausserdem ein Algorithmus mit DSV_SIM für die Empfangsseite zu programmieren und zu testen.

Aufgabe D1: Werkbank in der Simulink-Datei kampro0s.m

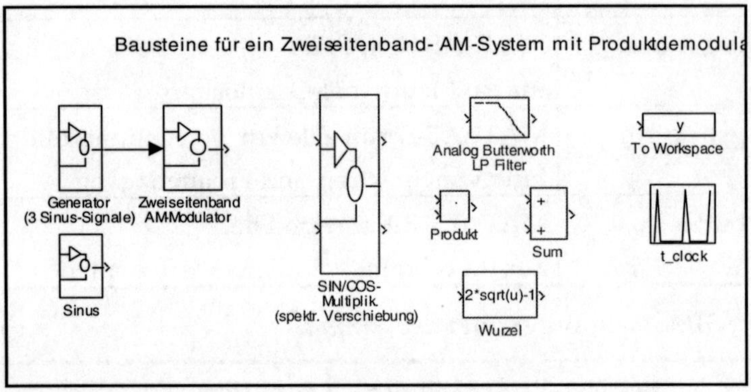

Mit MATLAB/SIMULINK ist ein Zweiseitenband AM-System mit folgenden Vorgaben zu entwerfen:

Trägerfrequenz:	$f_O = 1$ kHz
NF-Signal (3-Ton-Sinus):	B < 300 Hz
Abmischung:	Quadraturabwärtsmischer(ohne Hilbert-Tranf.)
Demodulator:	Produktdemodulator

a) Verbinden Sie die Blöcke zu einem AM-System und geben Sie das NF-Eingangssigal, das HF-Signal und das demodulierte NF-Signal auf Vektoren im Workspace. Der Block *t_clock* ist nur für die anschließende Darstellung der Meßergebnisse von Bedeutung. Er braucht nicht verbunden zu werden. Erstellen Sie einen Ausdruck des Systems. Dieser wird später für die Programmrealisierung unter DSV_SIM benötigt.

b) Dimensionieren Sie die Blöcke hinsichtlich der obigen Vorgaben und simulieren Sie das System.

c) Messen Sie die Spektren am Eingang und Ausgang des AM-Modulators (mit dem Matlab-Programm *gspek_p.m*)

d) Überprüfen Sie die Funktion des Systems durch oszilloskopieren der verschiedenen Signale (mit Matlab-Program *koszi_p.m*)

Aufgabe D2: Werkbank in der DSV_SIM-Datei kampro0v.pas

Für das oben entworfene System soll nun ein Empfangs-Algorithmus für den Quadraturmischer und den Demodulator programmiert werden. Dieses geschieht unter Turbo-Pascal.

Im Unterverzeichnis DSV_UEBG von DSV_SIM befindet sich eine Werkbank-Datei *kampro0v.pas,* in der einige Deklarationen vorbereitet sind und die zu einem fertigen Programm editiert werden soll:

```
{AM-Demodulator mit Quadraturabwaertsmischung}

PROCEDURE dsv; {DSV-Programm}
var u0,u1,u2,u3,u4,u5,u6,u7,u8,u9,u10,u11,u12,u13,u14 :real;
const a0 = __________; {Filterkoeffizienten fuer TP eintragen}
a1 = __________;
a2 = __________;
b1 = __________;
b2 = __________;

fo = ____; {Traegerfrequenz eintragen}
psi = 75; {beliebige Traegerphase fuer}
{Abwaertsmischung}
begin
{Ruecksetzen aller Schnittstellen}
u1:=0; u2:=0; u3:=0; u4:=0; u5:=0; u6:=0; u7:=0; u8:=0; u9:=0; u10:=0; u11:=0; u12:=0;
u13:=0; u14:=0;

for i:=1 to feldlaenge do
begin
{***hier die Verarbeitungsprozeduren editieren*****}
 u0:=inputfeld[i]; {Abtastung}
 _______
 _______
 _______
{*************************************************}
```

Vorbereitend zum Editieren dieses Werkbank-Quelltextes sind folgende Arbeiten durchzuführen:

a) Benutzen Sie das Blockschaltbild des vorigen Übungsteils und legen Sie darin die Schnittstellennamen an den Ausgängen der einzelnen Blöcke fest. (u1, u2, usw.). Dieses sind die Programmvariablen für das zu entwickelnde DSV-Programm. **Anmerkung**: Die Schnittstelle bzw. Variable u0 ist grundsätzlich die Eingangsschnittstelle des DSV-Programms.

b) Die Systemparameter (Trägerfrequenz 1 KHz , NF-Bandbreite B<300 Hz) sind umzusetzen auf das Abtastsystem von DSV_SIM.

Der Trägerfrequenz soll eine relative Frequenz f_O'=0,1 zugeordnet sein. Damit ergibt sich für die relative NF-Bandbreite B' < 0,03 .

c) Als Tiefpässe sollen einfache rekursive Tiefpässe 2. Ordnung programmiert werden. Bestimmen Sie die deren Filterkoeffizienten a0, a1,a2, b1 und b2. Zur Koeffizientenberechnung kann man das MATLAB-Function-Filebutter (n , 2*fg)
benutzen. Hierbei ist n die Ordnungszahl und fg die bezogene Grenzfrequenz. Die Anweisung
[A,B]=butter (2 , 2*0.01)
liefert die Zählerkoeffizienten in Vektor A und die Nennerkoeffizienten in Vektor B für einen Tiefpaß 2. Ordnung mit einer bezogenen Grenzfrequenz von 0,01.

Für das Erstellen des Programms gehen Sie folgendermaßen vor, nachdem Sie Turbo-Pascal aufgerufen haben:

d) Tragen Sie die Werte für die Trägerfrequenz und die errechneten Koeffizienten in den Programmtext *kampro0v.pas* ein.

e) Erstellen Sie den Programmtext in *kampro0v.pas* unter Verwendung der oben festgelegten Variablen für die Schnittstellen. Für die Filter sind zusätzliche Hilfsvariable zur Programmierung der Differenzengleichung zu verwenden. Der fertige Programmtext soll folgende Abschnitte haben: Abmischung, TP-Filterung, AM-Demodulation.

Zum Testen und zur Durchführung von Messungen am fertigen Programm müssen Sie die Programmdatei und die Generator-Datei *am_sig2.pas* im Hauptprogramm *dsv_sim.pas* eintragen.

f) Übersetzen und starten Sie das Programm. Wählen Sie ein Eingangssignal (Funktionstaste F1), das den festgelegten Systemparametern HF-Träger und NF-Bandbreite entspricht.

g) Nachdem Sie die zu oszilloskopierenden Schnittstellen ausgewählt haben (Funktionstaste F3), starten Sie den DSV-Lauf (Funktionstaste F9).

h) Oszilloskopieren Sie die Signale an verschiedenen Schnittstellen des DSV-Systems (Funktionstaste F2) und überzeugen Sie sich von der richtigen AM-Demodulations-Funktion des Programms.

i) Wiederholen Sie die Tests für verschiedene NF-Eingangsfrequenzen und verschiedene Modulationsgrade.

j) Abschließend für diesen Übungsteil ist die statische Demodulationskennlinie aufzunehmen. Hierzu ist die Generator-Datei *am_limod.pas* in das Hauptprogramm *dsv_sim.pas* einzutragen und das Programm erneut zu übersetzen.

5. 4. 4. Einseitenband-AM-System

Dieser Übungsteil soll den Aufbau und die Funktion eines Einseitenband-AM-System verdeutlichen. Es wird ein fertiges System, bestehend aus mehreren Sendern, die ein Frequenzmultiplex bilden und einem ESB-Empfänger, der einen der Frequenzkanäle selektiv empfängt und demoduliert, betrachtet.

Aufgabe D3: Werkbank in der Simulink-Datei kesbam0s.m

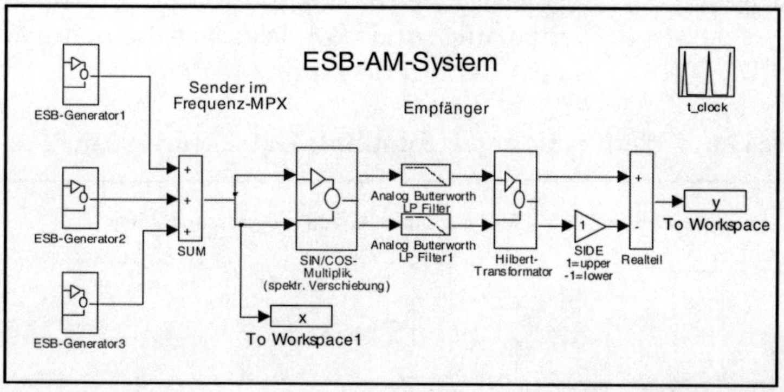

Bei dem System werden 3 ESB-Generatoren verschiedener Trägerfrequenz additiv zu einem Frequenzmultiplexsignal überlagert. Der Empfänger besteht aus einem Quadraturabwärtsmischer und Hilbert-Transformator. Die Tiefpässe sorgen für die Frequenzselektivität. Über die am Block SIN/COS-Multiplikation einstellbare Mischfrequenz kann ein Kanal ausgewählt werden, der in die Nullage heruntergemischt wird. Das System ist mit folgenden Parametern fertig dimensioniert:

Träger Kanal 1:	1,0 kHz
Träger Kanal 2:	1,5 kHz
Träger Kanal 3:	2,0 KHz
Kanalbandbreite:	400 Hz
NF:	mehrere, unterschiedliche Sinussignale innerhalb der ESB-Generatoren (Vektoren x1, x2, und x3)

Für verschiedene Kanalauswahl im Empfänger sind zu messen:

a) Spektren an der Multiplex-Schnittstelle (x) und am Empfängerausgang (y)
b) Oszillogramme der NF-Eingänge (x1,x2 und x3) und des NF-Ausgangs (y)

5. 4. 5. FM-System mit Basisband-Verzögerungsdemodulator

In diesem Aufgabenteil soll ein komplettes FM-System in MATLAB/SIMULINK entworfen und anschließend simuliert werden. Das System besteht aus folgenden Komponenten:

Sendeseite: NF-Generator und FM-Modulator mit AM-Störeingang

Empfangsseite: Abtaster (zeitversetzte Abtastung), Amplitudenbegrenzung und FM-Basisband-Demodulator nach dem Verzögerungsprinzip

Aufgabe D4: Werkbank in der Simulink-Datei kfmvez0.m

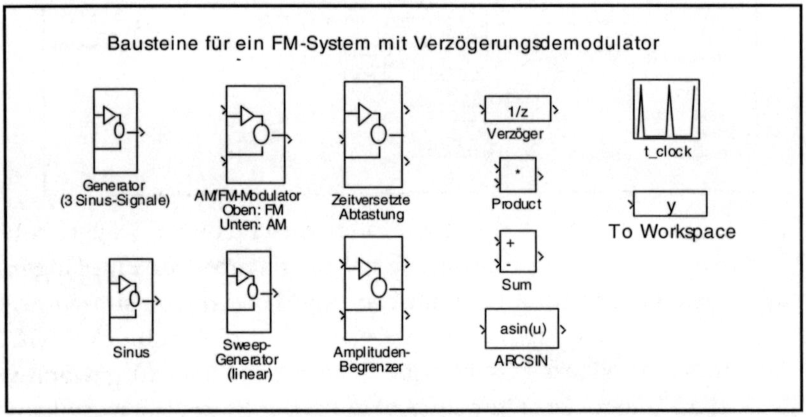

a) Verbinden Sie die Blöcke zu einem FM-System und geben Sie das NF-Eingangssigal, das HF-Signal und das demodulierte NF-Signal auf Vektoren im Workspace. Der Block *t_clock* ist nur für die anschließende Darstellung der Meßergebnisse von Bedeutung. Er braucht nicht verbunden zu werden.
b) Dimensionieren Sie die Blöcke für ein FM-System mit folgenden Daten:, Trägerfrequenz f_0 = 9 kHz, NF-Bandbreite: < 300 Hz, HF-

Bandbreite: <1 kHz (durch geignete Wahl des Frequenz-hubes), Abmischung auf der Empfangsseite durch zeitversetzte Abtastung, FM-Demodulation mit Basisband-Verzögerungsdemodulator.

c) Simulieren Sie das System und oszilloskopieren Sie die Signale (mit *koszi_p.m*)

d) überlagern Sie der HF eine störende Amplitudenmodulation und wiederholen Sie c)

e) Messen Sie die statische Demodulationskennlinie zwischen 8900 Hz und 9100 Hz.

f) Erklären Sie die Nichtlinearitäten in der Demodulationskennlinie an den Bandgrenzen aus der Verletzung des Abtasttheorems für Bandpaßsignale.

5. 5. Übung E: Spektral-Meßtechnik

Ein weites Einsatzgebiet für die digitale Signalverarbeitung ist die Spektralmeßtechnik. Die Messung des Spektrums gehört zu den wichtigen Verfahren der Signalanalyse. Von besonderer Bedeutung sind dabei die Interpolation, die Fensterfunktionen und das Zoomverfahren. Sie sollen daher in der sich vorwiegend auf Matlab und Simulink abstützenden Übung durch Simulation experimentell untersucht werden.

5. 5. 1. Grundlagen

Die theoretischen Grundlagen für die Durchführung der Übung findet man in den folgenden Kapiteln des Buches:

1.2.2.1 Herleitung der DFT,
1.2.2.2 Spektraler Leckeffekt und Lattenzauneffekt,
2.3.5.4 Chirp-Z-Transformation,
2.7.1.2 Überlagerungsprinzip.

5. 5. 2. Dateiübersicht

M-Files für Matlab / Simulink

SIMULINK-FILES	
GZOOM0S.M	Werkbankdatei: ZOOM-FFT
GCHIRP0S.M	Werkbankdatei: Chirp-Z-Transformation

SCRIPT-und Function FILES	
GSPEK_P.M	Matlab Script-File zur Spektrumanalyse und Anzeige
GPLOTZ_F.M	Matlab Function-File zum Plotten von Zahlenfolgen

5. 5. 3. Diskrete Fourier Transformation

In Abschnitt 2.3.5 wurde die Diskrete Fouriertransformation als Baustein behandelt. Dort wurde die direkte Programmierung und der Algorithmus der Schnellen Fourier Transformation hergeleitet.

Aufgabe E1: Untersuchung mit DSV_SIM

Die direkte Programmierung der DFT ist mit DSV_SIM zu untersuchen. Zu analysieren ist ein Zweiseitenband-AM-Signal mit Eintonmodulation. Das Spektrum ist abzubilden und zu interpretieren. Dazu werden die Dateien *am_sig1.pas* aus dem DSV_SIM-Verzeichnis \GEN und *dft_dir.pas* aus dem Verzeichnis \PRG als Include-Dateien in *dsv_sim.pas* eingebunden. Für den Generator sind folgende Signalparameter einzustellen:

$f_{HF}=0.25$ $f_{NF}=0.03$ $m=1$

5. 5. 4. Interpolation

Die diskrete Fourier-Transformierte

$$y(f') = \frac{1}{N} \sum_{n=0}^{N-1} x(n)\, e^{-j\, 2\pi\, f' n} \tag{5.1}$$

einer Zahlenfolge x(n) der Länge N ist eine periodische Funktion der kontinuierlichen Variablen f'. Diese, Spektrum genannte Funktion ist nach Abschn. 1.2.2.1 vollständig durch die Angabe der Abtastwerte y(m) an den Stellen $f'=\frac{m}{N}$ bestimmt. So entsteht die für numerische Berechnungen geeignete Form der diskreten Fourier-Transformation

$$y(m) = \frac{1}{N} \sum_{n=0}^{N-1} x(n)\, e^{-j\, 2\pi \frac{mn}{N}} \quad . \tag{5.2}$$

Liegt nun eine gemessene Spektrallinie zwischen zwei Abtastwerten der Frequenzfunktion, so entsteht das Problem der Interpolation. Dargestellt wird eine Spektrallinie durch die Fourier-Transformierte der Fensterfunktion, die von der Höhe der Hauptkeule abhängig ist. Zunächst bietet sich für die Interpolation die Interpolationsformel des Abtasttheorems nach Gl. (1.4) und Gl. (6.14) an, es besteht aber auch die Möglichkeit dies durch Anfügen von Nullen zu erreichen.

Aufgabe E2: Interpolation durch Anfügen von Nullen

Die folgende Übung ist mit Hilfe von einfachen Matlab-Programmen durchzuführen. Das zu untersuchende Signal ist eine Sinusfolge.

a) Man erzeuge mit Hilfe eines Matlab-Programms zwei Sinusfolgen mit den Frequenzen f'=0,1 und f'=0,15, berechne deren Spektrum mit der Matlab-Funktion *fft* und stelle sie mit der *plot*-Funktion dar. Die Folgenlänge sei N=10. Das Ergebnis ist zu diskutieren. Bei f'=0,15 liegt die Spektrallinie zwischen zwei Abtastwerten der Frequenzfunktion. Für die Darstellung des Spektrum benutze man das Function-File *gplotz_f*.

b) Bei der Sinusfolge mit der Frequenz f'=0,15 und der Folgenlänge N=10 ist durch Anfügen von Nullen die Frequenz aus dem Spektrum zu bestimmen. Man erzeuge die Sinusfolge mit den angefügten Nullen durch ein Matlab-Programm und ermittle das Spektrum mit dem Script-File *gspek_p*. Der Amplitudenfehler entsteht, weil bei der Spektrumanalyse von der Gesamtlänge einschließlich der Nullen ausgegangen wird.

5. 5. 5. Leckeffekt und Lattenzauneffekt

Gegenstand der Untersuchung ist der in Abschn. 1.2.2.2 beschriebene Leckeffekt, der die Genauigkeit der Spektralanalyse beeinträchtigt. Durch den Einsatz von Fensterfunktionen können Verbesserungen hinsichtlich der spektralen Auflösung und des Amplitudenfehlers erzielt werden.

Aufgabe E3: Untersuchung des Leckeffektes

Bei einer Folgenlänge von N=100 erzeuge man zwei Sinusfolgen x und y mit den Frequenzen f_1'=0.105 und f_2'=0.11 sowie eine dritte Folge z, die sich als additive Überlagerung der ersten beiden Folgen ergibt.

a) Man entwickle ein Matlab-Programm zur Erzeugung der Folgen x, y und z. Die Spektren sind mit dem Script-File *gspek_p.m* zu messen. Man interpretiere die Ergebnisse: Das Spektrum der Folge y weist auf Grund des Lattenzauneffektes nur eine Linie auf. Die Frequenz der Folge x liegt zwischen zwei Abtastwerten des Spektrums; es ergeben sich von Null verschiedene Abtastwerte einer si-Funktion, die auf Grund des Leckeffektes als Folge des Rechteckfensters entsteht. In dem Spektrum der Überlagerung beider Folgen wird die Spektrallinie der Folge z mit der Frequenz $f_2'=0.11$ um etwa 20% zu hoch angezeigt. Dieser Fehler entsteht infolge der Überlagerung mit den Abtastwerten der si-Funktion des Spektrums der Folge x.

b) Man ergänze das Matlab-Programm nach a) durch eine Bewertung mit einem Hanning-Fenster und messe das Spektrum der Folge x und der bewerteten Folge, z.B. xx. Dabei ist eine logarithmische Teilung der Ordinate zu wählen. Man interpretiere das Ergebnis.

5. 5. 6. Zoomverfahren

Gegenstand der Untersuchung ist das in Abschn. 2.7.2.3 beschriebene Überlagerungsverfahren zur Erzielung des Zoomeffektes. Die spektrale Auflösung der Analyse hängt von der Fensterbreite, d.h. von der Anzahl der ausgewerteten Folgenelemente ab. Dabei ist die Anzahl der durch die DFT berechneten Abtastwerte der kontinuierlichen Frequenzfunktion gleich der Anzahl der Folgenelemente. Die Zoomverfahren erreichen nun, dass z.B. bei einer 1024-Punkte-FFT die 1024 berechneten Frequenzwerte sich nicht auf den ganzen Frequenzbereich von 0 bis 1, sondern auf einen kleineren, wählbaren Bereich von z.B. 0.24 bis 0.25 verteilen.

Aufgabe E4: Werkbank in der Simulink-Datei gzoom0s.m

Die Werkbankdatei enthält einen Block zur spektralen Verschiebung auf der Grundlage des Verschiebungssatzes der Fouriertransformation, einen komplexen Tiefpaß, zwei Dezimierer, einen reellen FFT-Analysator, einen komplexen FFT-Analysator mit einem Realteileingang und einem Imaginärteileingang sowie einen AM-Generator. Die Dezimierer wurden mit einem MATLAB-Function-Block realisiert, der der Simulink Block Library entstammt. In diesem Block wird ein Matlab Function File aufgerufen, das die

Global-Vereinbarung einer Variablen verwendet. Zur Vermeidung von Variablenkollisionen wurden daher zwei Dezimierer mit unterschiedlichen Variablen in der Werkbank-Datei verwendet.

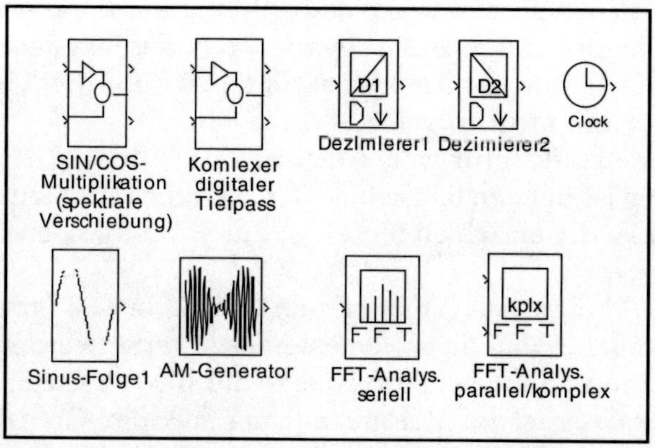

Der *Clock*-Block kann zur Kontrollanzeige des Simulationsfortschritts benutzt werden, denn die Simulationen in dieser Aufgabe benötigen z.T. viel Rechenzeit. Die Dezimierer wandeln die seriell einlaufenden, einen Spaltenvektor ergebenden Folgenelemente in Zeilenvektoren um, bei denen entsprechend der Dezimierung Folgenelemente fortgelassen werden. Bis alle Folgenelemente eingelaufen sind, werden die Zeilen als Nullvektoren ausgegeben.

a) Der komplexe FFT-Analysator, der bei diesem Zoomverfahren erforderlich ist, wird untersucht. Dazu werden zwei Sinussignale auf die beiden Eingänge gegeben. Beide haben eine Frequenz $f_0'=0.1$ aber unterschiedliche Phasenwinkel: 0° und 90°. Sind beide Signale Real- und Imaginärteil einer komplexen Exponentialschwingung $\exp(j\,2pf_0'n)$, so ist im Spektralbereich $0 < f_0' < 1$ nur eine Linie zu erwarten. Es ist zu berücksichtigen, dass der komplexe FFT-Analysator Zeilenvektoren erwartet; daher sind zwei Dezimierer mit z=1 vor den FFT-Analysator zu schalten. Sie erzeugen aus Spaltenvektoren Zeilenvektoren. Der Meßaufbau ist fertigzustellen und die Werte einzustellen. Darauf ist das Spektrum zu bestimmen.

b) Das Signal eines Generators mit einer Zweiseitenband-Amplitudenmodulation mit Träger wird zunächst einer Spektrumanalyse ohne Zooming unterzogen. Dabei werden folgende Werte eingestellt: Hochfrequenz f_{hf}'=0.25, Niederfrequenz f_{nf}'=0.005. Es wird ein Meßaufbau erstellt und das Spektrum mit dem reellen, seriellen FFT-Analysator der Werkbank bestimmt. Dabei soll eine 100-Punkte-FFT durchgeführt werden, d.h. der Simulationsparameter ist auf 100 einzustellen. Es zeigt sich, dass die drei Linien des AM-Spektrums nicht aufgelöst werden können.

c) Der Meßaufbau für eine Zoom-FFT nach dem Überlagerungsverfahren ist mit den Bausteinen der Werkbankdatei zu erstellen. Der Aufbau der einzelnen Blöcke ist durch De-Maskieren zu diskutieren.

d) Das AM-Signal nach b) wird nun einer Zoom-FFT unterzogen. Dabei sollen 1000 Folgenelemente ausgewertet werden, d.h. der Simulationsparameter Stop Time ist auf 1000 zu setzen. Der Dezimationsfaktor ist im Zusammenhang mit der Grenzfrequenz des komplexen Tiefpasses zu sehen. Die Grenzfrequenz sei f_g'=0.04 und die Ordnungszahl 8. Dann kann ein Dezimationsfaktor z=10 eingestellt und für die FFT wie unter b) eine Blocklänge 100 vorgesehen werden. Die Verschiebefrequenz sei f_v'=-0.24, so dass die Trägerfrequenz der AM von f_{hf}'=0.25 nach f'=0.1 verschoben wird. Der Einfluß der Dezimierung auf das Spektrum ist zu diskutieren. Da die Anzahl der Folgenelemente um den Dezimierungsfaktor z reduziert werden, erhöhen sich die Frequenzwerte um den Faktor z.

5. 5. 7. Chirp-Z-Transformation

Gegenstand der Untersuchung ist die Anwendung der Chirp-Z-Transformation in der Spektralmeßtechnik. Dabei handelt es sich um ein Filterverfahren mit der Eigenschaft, dass eine kontinuierliche, in den Analysator hineinlaufende Zahlenfolge eine Ausgangsfolge hervorruft, deren Elemente die Frequenzwerte des Spektrums sind.

Aufgabe E5: Werkbank in der Simulink-Datei gchirp0s.m

Die folgende Bild enthält die Bausteine aus der Werkbankdatei *gchirp0s.m*. Die beiden Chirp-Filter und die Blöcke zur Erzeugung der Chirp-Signale sind zu demaskieren und zu öffnen, um ihren Aufbau zu studieren.

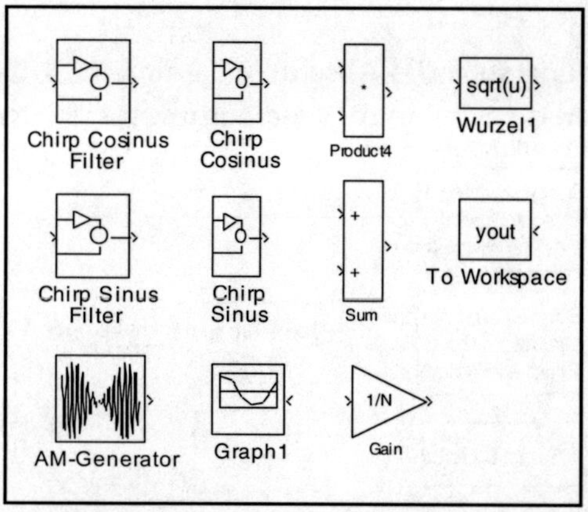

a) Mit den Elementen und Bausteinen der Werkbankdatei sind der Chirp-Z-Analysator nach Abschn. 3.3.5.4 und Bild 3.53 zu einem funktionsfähigen System zu modellieren und die Chirp-Generatoren sowie die Chirp-Filter hinsichtlich der Blocklänge einzustellen.

b) Mit dem Aufbau nach a) ist das Spektrum eines amplitudenmodulierten Sinussignals zu messen. Dabei wird der Generator der Werkbankdatei verwendet. Die Hochfrequenz wird auf $f_{hf}'=0.25$ und die Niederfrequenz auf $f_{nf}'=0.05$ eingestellt. Eine geeignete Blocklänge ist z.B. N=100. Das Ausgangssignal wird auf das Oszilloskop und auf einen Workspace-Vektor geleitet. Man diskutiere die Frequenzskalierung des Oszillogramms. Der Simulationsparameter *Stop Time* ist auf 500 zu setzen. Beim Oszilloskop wird der Parameter *Time Range* auf die gewählte Blocklänge gesetzt. Damit wird genau eine Periode des Spektrums angezeigt.

5. 6. Übung F: Nichtlineare Kennlinie und Schwingungserzeugung

Diese Übung beschäftigt sich mit der Realisierung von nichtlinearen Kennlinien und der Konstruktion von Generatoren für periodische Zahlenfolgen.

Sämtliche Aufgabenteile sowie deren Ergebnisse sind mit Hilfe der Programme MATLAB/SIMULINK und DSV_SIM zu erledigen und durch Ausdrucke zu dokumentieren. Der Schwerpunkt dieser Übung liegt in den spektralen Gesichtspunkten und den Algorithmen bei der Erzeugung nichtlinearer Kennlinien in Digitalen Systemen und den verschiedenen Verfahren zur Schwingungserzeugung.

5. 6. 1. Grundlagen

Grundlage der Übung sind die Abschn. 2.3.2 und 2.3.4 dieses Buches. Bild 5.7 faßt noch einmal die Schwingungserzeugungsverfahren zusammen.

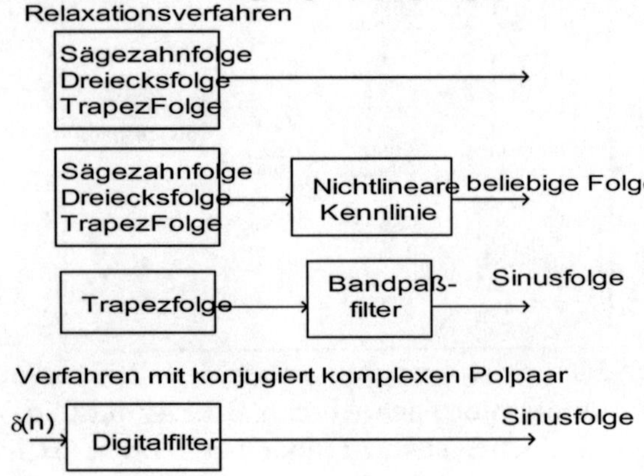

Bild 5.7. Verfahren der Schwingungserzeugung

Man unterscheidet das *Relaxationsverfahren*, bei dem Sägezahn-, Dreiecks- oder Trapezfolgen der Ausgangspunkt einer Schwingung mit beliebiger Kurvenform sind und das *Filterverfahren* mit konjugiert komplexem Polpaar, bei dem ein nahezu ungedämpfter digitaler Bandpaß durch eine Dirac-Folge angeregt wird.

5. 6. 2. Dateiübersicht

Für diese Übung werden die folgenden Dateien benötigt, die sich auf der Diskette befinden.

MATLAB/SIMULINK:

Datei	**Funktion**
knkspc0s.m	Simulink-Werkbank-Datei zur Untersuchung der spektralen Eigenschaften bei nichtlinearer Kennlinie
knk-tab_0s.m	Simulink-Werkbank-Datei zur Konstruktion einer nichtlinearen Kennlinie nach dem Tabellenverfahren

krelax0s.m	Simulink-Werkbank-Datei zur Konstruktion eines Relaxations-Oszillators
krelnk0s.m	Simulink-Werkbank-Datei für Sinusgenerator mit Relaxationsoszillator und nichtlinearer Kennlinie
krelbp0s.m	Simulink-Werkbank-Datei für Sinusgenerator mit Relaxationsoszillator und Bandpaß
kkonjk0s.m	Simulink-Werkbank-Datei für Sinus-Cosinus-Generator mit konjugiert komplexem Polpaar
gspek_p.m	Matlab-Script-File zur Spektraldarstellung
kbutbp_p.m	Matlab-Script-File zur Berechnung der Filterkoeffizient. eines digitalen Butterw.Bandpasses

DSV_SIM: Haupprogramm *dsv_sim.pas*

DSV_UEBG-Datei	**GEN-DATEI**	**Funktion**
KSINUP0V.PAS	SAEGE.PAS	Nichtlineare Kennlinie (Sinus) nach dem Polynomverfahren

5. 6. 3. Nichtlineare Kennlinie

Die folgenden Aufgaben sollen sich mit den zwei Standardverfahren zur Realisierung nichtlinearer Kennlinien beschäftigen. Zuvor soll jedoch mit einem Simulink-Modell der Einfluß einer nichtlinearen Kennlinie auf die spektralen Eigenschaften der Zahlenfolgen untersucht werden (vgl. Abschn. 2.3.2.3).

Aufgabe F1: Spektren Werkbank in der Simulink-Datei knkspc0s.m

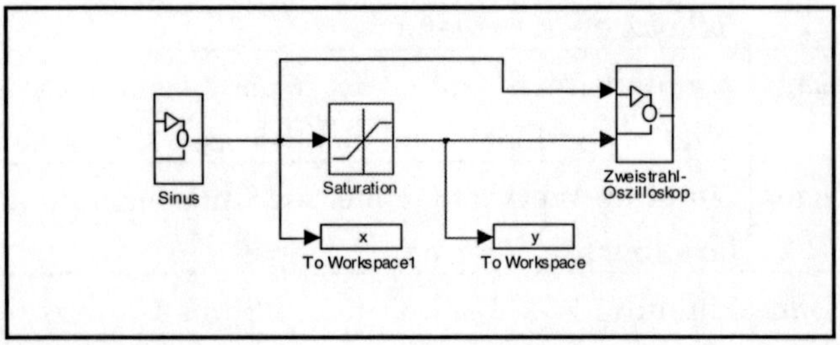

In der Werkbank-Datei speist ein Sinus-Zahlenfolgengenerator eine Begrenzerkennlinie. Eingangs- und Ausgangszahlenfolge laufen in Vektoren des Workspaces.

Simulieren Sie das System und weisen Sie durch Aufnahme der Spektren die Entstehung von Oberschwingungen am Begrenzerausgang nach (mit Matlab-Spektrum-Analysator *gspek_p.m*).

Aufgabe F2: Polynomapproximation (Werkbank: DSV_SIM-Datei ksinup0v.pas)

Es ist ein Algorithmus für die Realisierung einer nichtlinearen Kennlinie nach dem Polynomverfahren zu entwickeln (siehe Abschn. 3.3.2.4). Die Entwicklung geschieht unter Turbo-Pascal mit DSV_SIM. Als nichtlineare Kennlinie soll eine Sinuskennlinie gewählt werden.

Im Unterverzeichnis DSV_UEBG von DSV_SIM befindet sich eine Werkbank-Datei *ksinup0v.pas*, in der einige Deklarationen vorbereitet sind und die zu einem fertigen Programm editiert werden kann:

```
{Muster für nichtlinare Kennlinie nach Polynomverfahren (Sinus)}

PROCEDURE dsv; {DSV-Programm}
var u0,u1,u2,u3,u4,u5,u6,u7,u8,u9,u10,u11,u12,u13,u14 :real;
const a0 = __________; {Polynomkoeffizienten eintragen}
a1 = __________;
a2 = __________;
a3 = __________;
a4 = __________;
a5 = __________;

begin
{Rücksetzen aller Schnittstellen}
```

```
u1:=0; u2:=0; u3:=0; u4:=0; u5:=0;
u6:=0; u7:=0; u8:=0; u9:=0; u10:=0; u11:=0; u12:=0; u13:=0; u14:=0;

for i:=1 to feldlaenge do
begin

 {****hier die Verarbeitungsprozeduren editieren****}

 u0:=inputfeld[i]; {Abtastung}
 ______
 ______
 ______
 {**********************************************}
```

a) Bestimmen Sie die Polynomkoeffizienten a0 bis a5 für eine Sinuskennlinie und tragen Sie diese im Programmtext ein.
b) Erstellen Sie den Algorithmus nach dem Horner'schen Schema unter Verwendung der Variablen u0, u1, u2 usw. für die Schnittstellen.

Zum Testen des fertigen Programms wird zweckmäßigerweise eine Sägezahnfolge an den Eingang der DSV-Prozedur gelegt. Dazu müssen Sie die Programmdatei und die Generator-Datei *saege.pas* im Hauptprogramm *dsv_sim.pas* einbinden.

c) Übersetzen und starten Sie das Programm. Erzeugen Sie die Sägezahnfolge mit der Funktionstaste F1 zwischen den Werten $-\pi/2$ und $+\pi/2$. (Scheitel=$\pi/2$ Offset=0).
d) Nachdem Sie die zu oszilloskopierenden Schnittstellen ausgewählt haben (Funktionstaste F3), starten Sie den DSV-Lauf (Funktionstaste F9).
e) Oszilloskopieren Sie die Signale am Ein- und Ausgang des DSV-Systems (Funktionstaste F2) und überzeugen Sie sich von der richtigen Funktion des Programms.

Aufgabe F3: Tabellenverfahren Werkbank
n der Simulink-Datei knktab0s.m

Hinsichtlich der Rechengeschwindigkeit ist das Tabellenverfahren zur Erzeugung von nichtlinearen Kennlinien das schnellste. Hierbei stehen die möglichen Ausgangswerte y der Kennlinie y(x) in einer Tabelle und die Eingangswerte x weisen auf Adressen der Tabelle. Zur Funktionssimulation mit

SIMULINK benutzt man für den Tabellenzugriff den Simulink-Block *Look-Up-Table* unter der Symbolgruppe Nonlinear. In der algorithmischen Formulierung ist der Tabellenzugriff ein adressierter Zugriff auf den Tabellenplatz x_k, so z.B.

$$y := \text{tabelle}\ [x_k]\ . \qquad (5.3)$$

Der Tabellenplatz x_k muss eine ganze Zahl sein. Besitzt die Tabelle N Plätze und sind die Eingangs- und Ausgangsfolge im Wertebereich $-1 < x < 1$ festgelegt, so erhält man den Tabellenplatz mit der Formel

$$x_k := \text{runden}\ (x\ N)\ . \qquad (5.4)$$

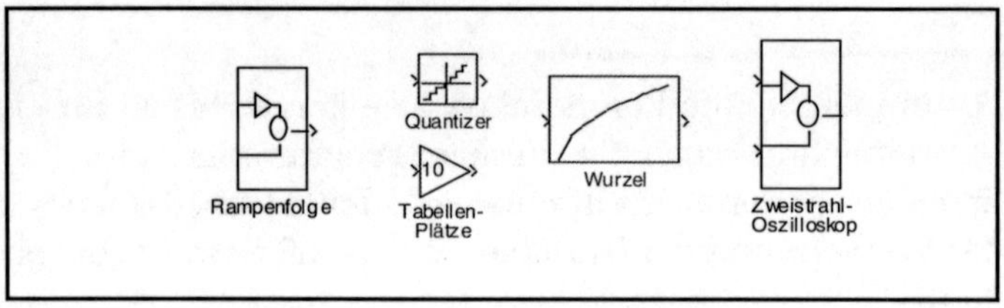

In der Werkbankdatei befindet sich eine Look-Up-Table mit eingestellter Wurzelkennlinie. Die Tabelle ist auf N=10 Tabellenplätze eingestellt. Zum Runden wird ein Simulink-Quantisierungsblock benutzt.

a) Konstruieren Sie die Kennlinie und simulieren Sie das System mit einer Rampenfolge am Eingang, so dass alle Tabellenplätze im Verlauf der Rampe angesprochen werden.
b) Die Simulation ist für eine Anzahl von 100 Tabellenplätzen zu wiederholen.
c) Es sind verschiedene nichtlineare Kennlinien in der Look-Up-Table einzustellen und zu erproben.

5. 6. 4. Schwingungserzeugung

Wie in Bild 5.7 dargestellt, ist ein Grundbaustein bei der Schwingungserzeugung nach dem Relaxationsverfahren ein Generator für eine Sägezahnfolge. Er ist mit der folgenden Aufgabe zu entwickeln und wird dann bei Zahlenfolgen anderer Kurvenformen wieder verwendet.

Aufgabe F4: Sägezahnfolge Werkbank in der Simulink-Datei krelax0s.m

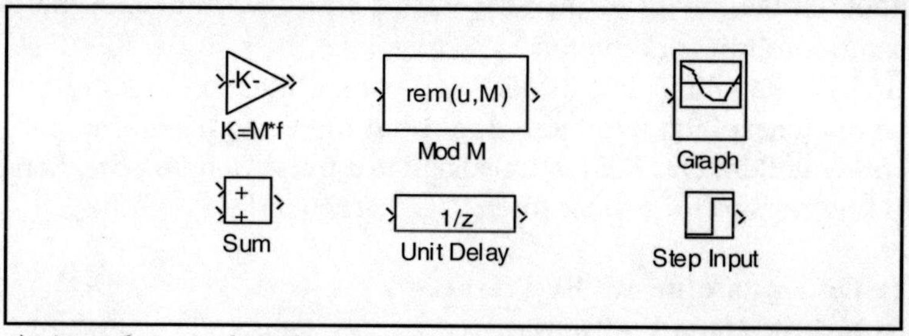

a) Aus den vorhandenen Bausteinen in der Werkbank-Datei ist ein Generator für eine Sägezahnfolge nach dem *Relaxationsverfahren* zu konstruieren, dessen Amplitude M und dessen Frequenz f'einstellbar sind. M und f' sind Variable und sollen im Matlab-Command-Fenster zugewiesen werden.

b) Simulieren Sie das System für verschiedene Amplituden und Frequenzen.

Aufgabe F5: Sinusfolge (Tabelle) Werkbank in der Simulink-Datei krelnk0s.m

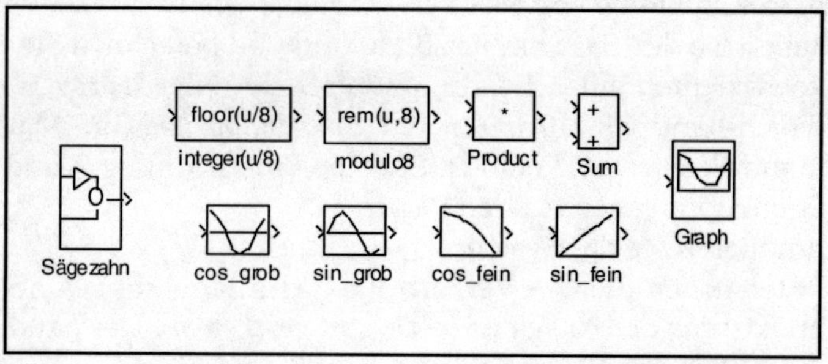

In Simulink ist ein Sinusfolgen-Generator, bestehend aus Relaxationsoszillator und nachgeschalteter nichtlinearer Kennlinie, zu konstruieren und zu simulieren.

Die nichtlineare Sinus-Kennlinie ist nach dem Tabellenverfahren mit Grob- und Feintabelle gemäß Abschn. 2.3.2.5 zu realisieren. Dazu werden Look-Up-Tabellen von Simulink verwendet. Sind α und β Grob- bzw. Fein-

Argumente der Sinusfunktion, so sind die Tabellen entsprechend dem Additionstheorem sin(α +β) =sinα cosβ + cosα sinβ zusammenzuschalten, um die Gesamtkennlinie zu erhalten.[58]
Grob- und Feintabellen sind in der Werkbank-Datei so eingestellt, dass sie jeweils 8 Speicherplätze besitzen; damit hat die Sinus-Kennlinie insgesamt 8x8=64 Stützstellen. Der Relaxationsoszillator muss dementsprechend in einer Schwingungsperiode die Zahlen 0....63 erzeugen.

Aufgabe F6: Sinusfolge mit BP Werkbank in der Simulink-Datei krelbp0s.m

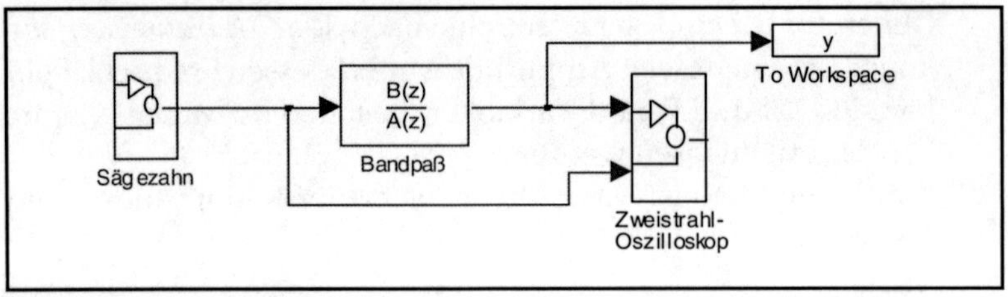

In der Simulink-Werkbank filtert ein zeitdiskreter Bandpaß die Grundschwingung aus der Sägezahnfolge heraus. Der so gebildete Sinus-Zahlenfolgengenerator soll mit einer relativen Frequenz von f'=0,02 schwingen.

a) Stellen Sie den Sägezahnoszillator ein und berechnen Sie die Filterkoeffizienten mit Hilfe des Matlab-Script-Files *kbutbp_p.m* (Butterworth-Bandpaß). Dazu rufen Sie *kbutbp_p.m* im Matlab-Command-Fenster auf. Wählen Sie eine Filterordnung 2 und geeignete Grenzfrequenzen für den Bandpaß.
b) Simulieren Sie das System.
c) Untersuchen Sie die Verzerrungen des Sinussignals anhand des Spektrums der Ausgangsfolge (mit *gspek_p.m*). Der Bandpaß muss dazu eingeschwungen sein.

58 Es werden hier für die sin- und die cos-Funktion getrennte Tabellen verwendet. In der Praxis benötigt man nur eine Grob- und eine Feintabelle für die sin-Funktion, aus denen man durch Adressenversatz auch die cos-Werte gewinnt.

Aufgabe F7: Konj. Kompl. Polpaar Werkbank: Simulink-Datei kkonjk0s.m

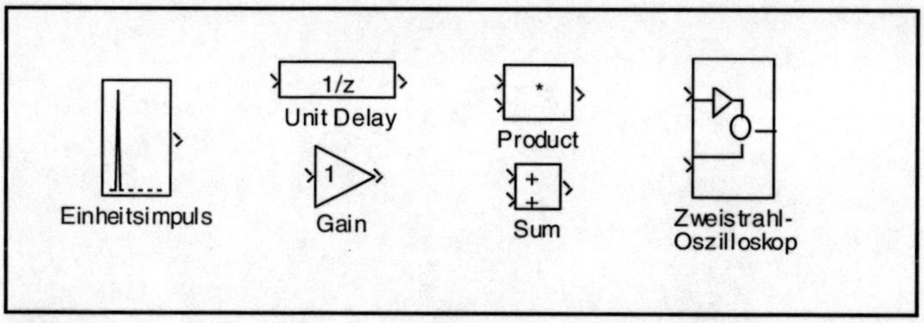

Mit Simulink ist ein Sinus-Cosinus-Generator nach dem Verfahren des konjugiert komplexen Polpaares ist zu entwerfen (siehe Abschn. 2.3.4.6 und Bild 2.42).

a) Konstruieren Sie aus den Werkbank-Blöcken einen Generator.
b) Dimensionieren Sie die Filterkoeffizienten für eine relative Frequenz $f_o'=0.02$ und simulieren sie den Generator. Hinweis: In den Konstantenmultiplizierern sind Variable zu verwenden und die Berechnung sowie Zuweisung der Koeffizienten sind im Matlab-Command-Fenster vorzunehmen.

6. Anhang

Die Beschäftigung mit Themen der theoretischen Nachrichtentechnik erfordert die Verwendung von Ergebnissen aus den Grundlagen. Besonders wichtig sind dabei die Fourier-Transformation, die diskrete Fourier-Transformation und die Hilbert-Transformation mit ihren Korrespondenzen. Um das Lesen des Buches zu erleichtern, sind in diesem Anhang wichtige Grundlagen und Tabellen zu den Transformationen zusammengestellt.

Ein großer Teil des Anhangs beschreibt die im Übungsabschnitt 5 benutzten Programme MATLAB/SIMULINK und DSV_SIM. Funktion, Installation und Bedienung dieser Programme werden ausführlich erläutert. Dateien zu den Programmen findet man auf der Begleitdiskette. Zur Funktionssimulation von Systemen und Teilsystemen der Nachrichtenübertragungstechnik und speziell der Systeme dieses Buches wurde in Ergänzung zur Signal Processing Toolbox der Fa. The MathWorks eine Toolbox DsvCom entwickelt, die ebenfalls Bestandteil der Diskette ist. Eine Beschreibung dieser Toolbox findet man in Abschn. 6. 8. 5.

Am Schluß des Anhangs sind die Lösungen zu den Übungsaufgaben des Abschnittes 5 zu finden.

6. 1. Fourier-Transformation

Diese Transformation ist für den Nachrichtentechniker von grundlegender Bedeutung. Sie begründet das Denken im Zeit- und im Frequenzbereich. Zu einer Zeitfunktion lässt sich eine korrespondierende Frequenzfunktion berechnen. Bestimmte, mit den Zeitfunktionen durchzuführende Rechenoperationen haben andere korrespondierende Rechenoperationen für die entsprechenden Frequenzfunktionen. Nützlich sind daher Korrespondenz-Tabellen für die Funktionen selbst, aber auch für die Rechenoperationen.

6. 1. 1. Definition

Einer Zeitfunktion u(t) wird durch das Integral

$$\underline{U}(f) = \int_{-\infty}^{+\infty} u(t) \exp(-j\, 2\pi f\, t)\, dt \qquad (6.1)$$

die Frequenzfunktion $\underline{U}(f)$ zugeordnet. Die Zeitfunktion kann mit Hilfe des Umkehrintegrals

$$u(t) = \int_{-\infty}^{+\infty} \underline{U}(f) \exp(j\, 2\pi f\, t)\, df \qquad (6.2)$$

aus der Frequenzfunktion $\underline{U}(f)$ berechnet werden.

6. 1. 2. Korrespondenzen der Funktionen

Zeitfunktion	Frequenzfunktion
$\delta(t)$	1
1	$\delta(f)$
$\varepsilon(t)$	$\frac{1}{j2\pi f} + \frac{1}{2}\delta(f)$
$-\frac{1}{j2\pi t} + \frac{1}{2}\delta(t)$	$\varepsilon(f)$
$\mathrm{sgn}(t)$	$\frac{1}{j\pi f}$
$-\frac{1}{j\pi t}$	$\mathrm{sgn}(f)$
Zeitfunktion	Frequenzfunktion
$e^{j2\pi f_0 t}$	$\delta(f - f_0)$
$\delta(t - t_0)$	$e^{-j2\pi f t_0}$

$\cos(2\pi f_o t)$	$\frac{1}{2}\ [\delta(f-f_o) + \delta(f+f_o)]$
$\sin(2\pi f_o t)$	$\frac{1}{2j}\ [\delta(f-f_o) - \delta(f+f_o)]$
$\delta(t + t_o) + \delta(t - t_o)$	$2\cos(2\pi f t_o)$
$\delta(t + t_o) - \delta(t - t_o)$	$2j\sin(2\pi f t_o)$
$\mathrm{rect}(\frac{t}{T})$	$T\ \mathrm{si}(\pi f T)$
$\mathrm{si}(2\pi f_o t)$	$\frac{1}{2f_o}\ \mathrm{rect}(\frac{f}{2f_o})$
$\cos^2(\pi\ \frac{t}{T})\ \mathrm{rect}(\frac{t}{T})$	$\frac{T}{2}\frac{\mathrm{si}(\pi f T)}{1-f^2T^2}$
$2f_g\ \frac{\mathrm{si}(4\pi f_g t)}{1-(4f_g t)^2}$	$\cos^2(\frac{\pi}{4}\frac{f}{f_g})\ \mathrm{rect}(\frac{f}{4f_g})$
$\left(1-\frac{\|t\|}{T}\right)\mathrm{rect}(\frac{t}{2T})$	$T\ \mathrm{si2}(2\pi fgt)$
Zeitfunktion	Frequenzfunktion
$2f_g\ \mathrm{si}^2(2\pi f_g t)$	$\left(1-\frac{\|f\|}{2f_g}\right)\mathrm{rect}(\frac{f}{4f_g})$
$\frac{1}{2T}\exp\left(-\frac{\|t\|}{T}\right)$	$\frac{1}{1+(2\pi f T)^2}$

$f_g \sqrt{2\pi} \exp\left(-\pi(\sqrt{2\pi} f_g t)^2\right)$	$\exp\left[-\pi\left(\frac{1}{\sqrt{2\pi}} \frac{f}{f_g}\right)^2\right]$
$T_o \sum_{n=-\infty}^{\infty} \delta(t - nT_o)$	$T_o \sum_{n=-\infty}^{\infty} \exp(j\, 2\pi f n T_o)$ $= \sum_{k=-\infty}^{\infty} \delta\left(f - \frac{k}{T_o}\right)$

6. 1. 3. Korrespondenzen der Rechenoperationen

Zeitfunktion	Frequenzfunktion
$g(t)$ $g_1(t)$ $g_2(t)$	$\underline{G}(f)$ $\underline{G}_1(f)$ $\underline{G}_2(f)$
$a_1\, g_1(t) + a_2\, g_2(t)$	$a_1\, \underline{G}_1(f) + a_2\, \underline{G}_2(f)$
$g(t - t_o)$	$\underline{G}(f)\, e^{-j 2\pi f t_o}$
$g(t)\, e^{j\, 2\pi f_o t}$	$\underline{G}(f - f_o)$

Zeitfunktion	Frequenzfunktion
$\frac{d\, g(t)}{dt}$	$j\, 2\pi f\, \underline{G}(f)$
$(-j\, 2\pi t)\, g(t)$	$\frac{d\, \underline{G}(f)}{df}$

$g_1(t)\, g_2(t)$	$\underline{G}_1(f) * \underline{G}_2(f)$
$g_1(t) * g_2(t)$	$\underline{G}_1(f)\ \underline{G}_2(f)$
$\int_{-\infty}^{t} g(\tau)\, d\tau$	$\frac{\underline{G}(f)}{j\, 2\pi f} + \frac{1}{2}\underline{G}(0)\, \delta(f)$
$g(at)$	$\frac{1}{\lvert a \rvert}\, \underline{G}\left(\frac{f}{a}\right)$
$\underline{G}(t)$	$g(-f)$

6. 2. Z-Transformation

Diese Transformation leistet im Bereich der Zahlenfolgen das gleiche wie die Laplace-Transformation bei den kontinuierlichen Funktionen. Differenzengleichungen werden mit Hilfe der Z-Transformation in algebraische Gleichungen überführt. Die Z-Transformierte des Ausgangssignals eines Systems ergibt sich durch Multiplikation der Z-Transformierten des Eingangssignals mit der Übertragungsfunktion H(z).

6. 2. 1. Definition

Einer Zahlenfolge x(n) wird durch die unendliche Summe

$$X(z) = \sum_{n=-\infty}^{+\infty} x(n)\, z^{-n} \tag{6.3}$$

eine gebrochen rationale Funktion X(z) zugeordnet. Beim praktischen Gebrauch dieser Transformation spielen Korrespondenztabellen eine wichtige Rolle. Man strebt an, die Transformation vom Folgenbereich in den z-Bereich sowie auch in umgekehrter Richtung mit Hilfe der Tabellen durchzuführen. Dabei soll wieder zwischen Korrespondenzen für die Zahlenfolgen und Korrespondenzen für die Rechenoperationen unterschieden werden.

In der Regel wird die Z-Transformation als einseitige Transformation durchgeführt. Dabei werden kausale Zahlenfolgen transformiert, d.h. Folgen, deren Elemente für n <0 verschwinden.

6. 2. 2. Korrespondenzen der Folgen

In den periodischen Funktionen der nachfolgenden Tabelle ist f_o' eine bezogene, dimensionslose Frequenz, die angibt, wieviele Folgenelemente auf eine Periode der Funktion entfallen.

Folgenbereich	z-Bereich
$f(n)$	$F(z)$
$\delta(n)$	1
$\varepsilon(n)$	$\frac{z}{z - 1}$
$\varepsilon(n)\, e^{\alpha n}$	$\frac{z}{z - e^{\alpha}}$

Folgenbereich	z-Bereich
$\varepsilon(n)\, e^{j\, 2\pi f_o' n}$	$\frac{z}{z - e^{j\, 2\pi f_o'}}$
$\varepsilon(n) \sin(2\pi f_o' n)$	$\frac{z \sin(2\pi f_o')}{z^2 - 2 z \cos(2\pi f_o') + 1}$
$\varepsilon(n) \sin(2\pi f_o' n + \varphi)$	$\frac{z^2 \sin\varphi + z \sin(2\pi f_o' - \varphi)}{z^2 - 2 z \cos(2\pi f_o') + 1}$

$\varepsilon(n)\cos(2\pi f_o'n)$	$\dfrac{z\left[z-\cos(2\pi f_o')\right]}{z^2-2z\cos(2\pi f_o')+1}$
$\varepsilon(n)\, e^{\alpha n}\sin(2\pi f_o'n+\varphi)$	$z\,\dfrac{z\sin\varphi+e^{\alpha}\sin(2\pi f_o'-\varphi)}{z^2-2z\,e^{\alpha}\cos(2\pi f_o')+e^{2\alpha}}$
$\varepsilon(n)\, e^{\alpha n}\cos(2\pi f_o'n)$	$\dfrac{z\left[z-e^{\alpha}\cos(2\pi f_o')\right]}{z^2-2z\,e^{\alpha}\cos(2\pi f_o')+e^{2\alpha}}$
$\varepsilon(n)\, n$	$\dfrac{z}{(z-1)^2}$
$\varepsilon(n)\,\frac{1}{2}n^2$	$\dfrac{z\,(z+1)}{2\,(z-1)^3}$
$\varepsilon(n)\, n\, e^{\alpha n}$	$\dfrac{z\,e^{\alpha}}{\left(z-e^{\alpha}\right)^2}$

6. 2. 3. Korrespondenzen der Rechenoperationen

$f(n)=0$ für $n<0$

Folgenbereich	z-Bereich
$f(n)$ $f_1(n)$ $f_2(n)$	$F(z)$ $F_1(z)$ $F_2(z)$
$c_1\, f_1(n)+c_2\, f_2(n)$	$c_1\, F_1(z)+c_2\, F_2(z)$
$f(n-N)$	$z^{-N}\, F(z)$

$f_1(n) * f_2(n)$	$F_1(z)\, F_2(z)$
$n\, f(n)$	$-z \frac{d\,F(z)}{d\,z}$
$e^{\alpha n} f(n)$	$F\left(\frac{z}{e^{\alpha}}\right)$
$f(n) - f(n-1)$	$\frac{z-1}{z} F(z)$
$\sum_{k=0}^{n} f(k)$	$\frac{z}{z-1} F(z)$

6. 3. Hilbert -Transformation

Diese Transformation kann auf Funktionen des Zeitbereichs wie auch des Frequenzbereichs angewendet werden. Ist bei einer Frequenzfunktion der Imaginärteil die Hilbert-Transformierte des Realteils, so muss die entsprechende Zeitfunktion kausal sein, d.h. sie muss für $t < 0$ verschwinden. Soll andererseits eine Frequenzfunktion für $f < 0$ verschwinden, so muss bei der entsprechenden Zeitfunktion der Imaginärteil die Hilbert-Transformierte des Realteils sein. Man nennt eine solche komplexe Zeitfunktion ein analytisches Signal.

6. 3. 1. Definition

Man erhält die Hilbert-Transformierte $H\{g(x)\}$ einer Funktion $g(x)$, indem man die Funktion mit $\frac{1}{\pi x}$ faltet. Somit gilt:

$$H\{g(x)\} = \frac{1}{\pi x} * g(x) = \frac{1}{\pi} \int_{-\infty}^{+\infty} \frac{g(y)}{x-y}\, dy\,. \qquad (6.4)$$

6. 3. 2. Korrespondenzen für Funktionen

g(x)	H{g(x)}
const	0
$\delta(x)$	$\frac{1}{\pi x}$
$\varepsilon\left(\lvert x \rvert - x_o\right)$	$\frac{1}{\pi} \ln\left\lvert \frac{x + x_o}{x - x_o} \right\rvert$
$\frac{1}{1 + x^2}$	$\frac{x}{1 + x^2}$
cos (ax)	sin (ax) für $a > 0$
sin (ax)	- cos (ax) für $a > 0$

g(x)	H{g(x)}
f(x) cos (ax)	f(x) sin (ax) für $\underline{F}(\lvert\omega\rvert \geq a) = 0$ $\underline{F}(\omega)$ ist die Fouriertransformierte von f(x)
f(x) sin (ax)	- f(x) cos (ax) für $\underline{F}(\lvert\omega\rvert \geq a) = 0$ $\underline{F}(\omega)$ ist die Fouriertransformierte von f(x)
$si^2\left[\frac{x}{2}\right]$	$2\,\frac{x - \sin x}{x^2}$

si (ax)	$2\,\frac{\sin^2\left[\frac{ax}{2}\right]}{ax} = \frac{1-\cos(ax)}{ax}$
sgn(x)	$\ln\lvert x\rvert$
$\ln\left\lvert\frac{x}{x_o}\right\rvert^n$	$\frac{n\pi}{2}\,\mathrm{sgn}(x)$
$-\frac{1}{x}\ln\left\lvert\sqrt{1+\left(\frac{x}{x_o}\right)^2}\right\rvert$	$\frac{1}{x}\arctan\left(\frac{x}{x_o}\right)$
$-\frac{1}{4}\left[\,\delta(x-x_o)-\delta(x+x_o)\,\right]$	$\frac{x_o}{x_o^2-x^2}$

6. 3. 3. Korrespondenzen für Rechenoperationen

g(x)	H{g(x)}
$a_1\,g_1(x)+a_2\,g_2(x)$	$a_1H\{g_1(x)\}+a_2H\{g_2(x)\}$
$g(x-x_o)$	$H\{g(x-x_o)\}$
g(a x)	$\mathrm{sgn}(a)\cdot H\{g(ax)\}$

6. 4. Abtasttheorem für Zeitfunktionen

Ein reelles bandbegrenztes Signal u(t) hat eine Signalgrenzfrequenz f_{gs}. Für die Fourier-Transformierte $\underline{U}(f)$ dieses Signals gilt:

$$\underline{U}(f) = 0 \text{ für } \lvert f\rvert > f_{gs} \quad . \tag{6.5}$$

Durch periodische Wiederholung von $\underline{U}(f)$ mit der Periode $2\,f_{gs}$ entsteht eine periodische Frequenzfunktion, die in eine Fourier-Reihe

$$\underline{U}_{per}(f) = \sum_{n=-\infty}^{\infty} \underline{c}_n \exp\left(-j\, 2\pi\, n \frac{f}{2\, f_{gs}}\right) \tag{6.6}$$

entwickelt werden kann. Die Zeitfunktion

$$u(t) = \int_{\infty}^{\infty} \underline{U}(f) \exp(j\, 2\pi\, ft)\, df \tag{6.7}$$

ergibt sich als inverse Fourier-Transformierte der Frequenzfunktion $\underline{U}(f)$. Da diese nur im Bereich

$$-f_{gs} < f < +f_{gs} \tag{6.8}$$

von null verschieden ist und innerhalb dieses Bereiches mit $\underline{U}_{per}(f)$ übereinstimmt, kann für die Zeitfunktion auch

$$u(t) = \int_{-f_{gs}}^{f_{gs}} \left\{ \sum_{n=-\infty}^{\infty} \underline{c}_n \exp\left(-j\, 2\pi\, n \frac{f}{2f_{gs}}\right) \right\} \exp(j\, 2\pi ft)\, df \tag{6.9}$$

geschrieben werden. Man faßt die e-Funktionen zusammen und bildet die Summe der Integrale. So erhält man:

$$u(t) = \sum_{n=-\infty}^{\infty} \underline{c}_n \int_{-f_{gs}}^{f_{gs}} \exp\left(-j\, 2\pi f\left[t - \frac{n}{2f_{gs}}\right]\right) df \ . \tag{6.10}$$

Die Lösung des Integrals in dieser Summe ergibt:

$$\int_{-f_{gs}}^{f_{gs}} \exp\left(-j\, 2\pi f\left[t - \frac{n}{2f_{gs}}\right]\right) df = 2\, f_{gs} \frac{\sin\left(2\pi f_{gs}\left[t - \frac{n}{2f_{gs}}\right]\right)}{2\pi f_{gs}\left[t - \frac{n}{2f_{gs}}\right]} \ . \tag{6.11}$$

Zur Bestimmung der Fourier-Koeffizienten $\underline{c}_n$ wird

$$t = k \frac{1}{2\,f_{gs}} \qquad \text{k ganze Zahl} \tag{6.12}$$

gesetzt. Dann sind in der Summe (6.10) alle Terme mit $n \neq k$ null. Damit gilt für die Koeffizienten:

$$\underline{c}_n = \frac{1}{f_{gs}}\; u(\,n \frac{1}{2\,f_{gs}}\,) \quad . \tag{6.13}$$

So entsteht aus (7.10) die Interpolationsformel

$$u(t) = \sum_{n=-\infty}^{\infty} u(\,n \frac{1}{2\,f_{gs}}\,) \frac{\sin(2\pi f_{gs}[t - \frac{n}{2f_{gs}}])}{2\pi f_{gs}[t - \frac{n}{2f_{gs}}]} \quad , \tag{6.14}$$

die aussagt, dass ein bandbegrenztes Signal u(t) mit der Signalgrenzfrequenz f_{gs} vollständig beschrieben ist durch seine Abtastwerte zu den Zeiten

$$t_k = k \frac{1}{2\,f_{gs}} \qquad \text{k ganze Zahl} \quad . \tag{6.15}$$

Dieses Abtasttheorem für Zeitfunktionen ist von grundlegender Bedeutung für die digitale Signalverarbeitung.

6. 5. Einführung in MATLAB

Matlab ist eine technisch-wissenschaftliche Software für leistungsstarke numerische Berechnungen und professionelle Visualisierung von Daten und Ergebnissen. Auch im deutschen Sprachraum erfährt Matlab an Hochschulen und in der Industrie eine zunehmende Verbreitung. Wichtige Charakteristika dieses Programms sind unmittelbare graphische Darstellungsmöglichkeiten, eine große Vielfalt eingebauter Funktionen, die Möglichkeit des Hinzufügens eigener Funktionen und eine sehr einfache Programmierung.

Im Rahmen dieses Buches ist auf die besondere Eignung von Matlab für die Berechnung und Simulation von Systemen der digitalen Signalverarbeitung hinzuweisen. Ziel dieser Einführung ist es, dem Leser eine benutzerorientierte Beschreibung des Programm-Pakets Matlab zu geben. Dabei sollen die Fragen 1. was ist Matlab, 2. wie arbeitet man mit Matlab und 3. wie wird Matlab in der Signalverarbeitung eingesetzt?

beantwortet werden. Insbesondere soll, ohne die Matlab-Handbücher[59], ersetzen zu wollen, soviel spezifische Information zusammengestellt werden, dass der Leser in die Lage versetzt wird, die Beispiele und Übungen dieses Buches zu verstehen und selbständig durchzuführen.

6. 5. 1. Statischer Aufbau

Das Blockdiagramm nach Bild 6.1 soll die Funktionseinheiten von Matlab veranschaulichen, so wie sie sich dem Benutzer darstellen. Das Bild dient zur Beschreibung des statischen Aufbaus. Nach dem Starten des Programm erscheint auf dem Bildschirm zunächst das Matlab Command Window. Gleichzeitig werden zwei weitere Einheiten aktiviert: der Interpreter, der sich mit dem Bereitschaftszeichen >> meldet, und der Command Line Editor, der es ermöglich, über die Tastatur Eingaben zu machen.

Zur Durchführung von Berechnungen bietet Matlab als Interpreter-Sprache zwei Betriebsweisen:

1. Command Driven Mode: Mit dem Command Line Editor werden im Matlab Command Window Anweisungen eingegeben. Das Abschließen der Anweisung mit der Return-Taste veranlaßt dann die sofortige Ausführung der Anweisung.
2. File Driven Mode: Mit einem externen Text-Editor wird ein Matlab-Programm als Folge von Matlab-Anweisungen geschrieben und unter einem MS-DOS-Namen mit der Extension *m* abgespeichert. Wird dann im Matlab Command Window dieser MS-DOS-Name eingegeben und mit der Return-Taste abgeschlossen, so wird das Programm gestartet und damit die Anweisungsfolge des Programms ausgeführt.

Der Interpreter arbeitet mit einem Workspace genannten Speicherbereich zusammen, in dem alle Variablen gespeichert werden. Dabei besteht die Möglichkeit, den Inhalt des Workspace in einem externen File mit der Extension *mat* abzuspeichern und von dort auch wieder zu laden.

---

[59] Math Works, Inc.: PC-MATLAB for MS-DOS Personel Computers, User's Guide, The Math Works Inc., 21 Eliot Street, South Natik, MA 01760; Math Works, Inc.: SIMULAB a program for simulating dynamic systems, User's Guide for use with the Microsoft Windows System, The Math Works Inc., 21 Eliot Street, South Natik, MA 01760 und MATLAB for Windows, User's Guide, The Math Works Inc.

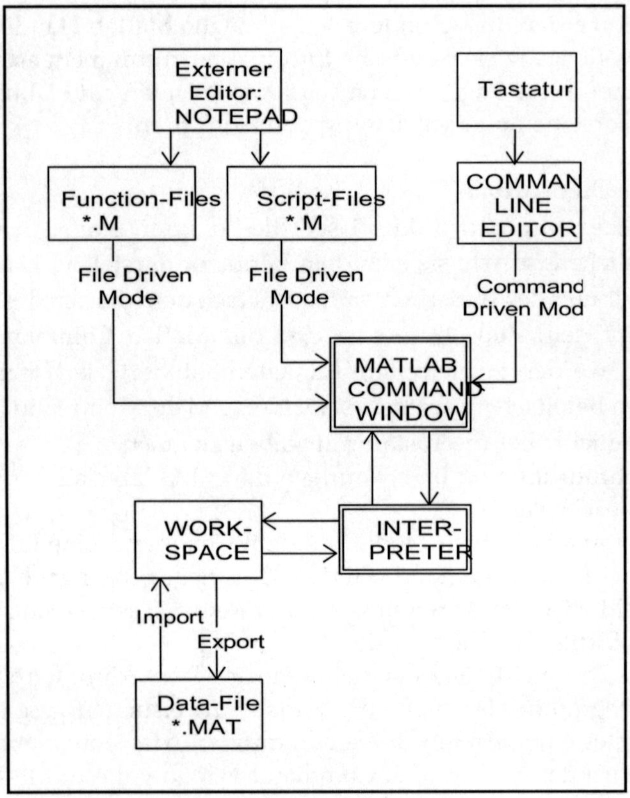

Bild 6.1. Statischer Aufbau von Matlab

6. 5. 2. Programme

Mit dem in Bild 6.1 angeführten Texteditor lassen sich auf zwei verschiedene Weisen Programme schreiben: Script Files und Function Files. Beide werden in Dateien mit der Extension *m* abgespeichert. Damit auf diese Files bzw. Programme zurückgegriffen werden kann, muss Matlab der MS-DOS-Pfad, auf dem die Files zu erreichen sind, mitgeteilt werden.

Dies kann auf zwei Weisen geschehen: 1. Durch direktes Eintragen des Pfades in die Master-Start-Up-Datei *matlabrc.m* mit Hilfe eines Texteditors. 2. Vom Matlab Command Window aus mit Hilfe des Path-Befehls.

6. 5. 2. 1. Script-Files

Diese Programme werden mit ihrem Namen vom Matlab Command Window aufgerufen. Dabei handelt es sich um Folgen von Matlab-Anweisungen, die beim Aufruf nacheinander ausgeführt werden. Betrachtet werde z.B. das Script-File *signal.m*:

```
% Script File signal.m
n = 1:100;          % Erzcugung eines Zeilenvektors
x = sin(2*pi*0.01); % Erzeugung einer Sinusfolge
plot(n,x);          % graphische Darstellung der Sinusfolge
```

Bei der Eingabe von *signal* im Command Window werden die 3 Befehle ausgeführt. Die Variablen n und x bleiben im Workspace gespeichert. In Matlab modellierte Systeme sind Script-Files.

6. 5. 2. 2. Function-Files

Matlab verfügt über einen Vorrat intern implementierter Funktionen. Dazu gehören die Kreisfunktionen, die Hyperbelfunktionen, die Logarithmusfunktion usw. Von entscheidender Bedeutung ist nun, dass mit Hilfe der Function Files dem System benutzerdefinierte Funktionen hinzugefügt werden können. Dazu werde das folgende Beispiel zur Berechnung des Mittelwerts eines Zeilenvektors x betrachtet:

```
function y = mittel(x);
% Funktion zur Ermittlung des Mittelwerts eines Signals
N=length(x);
y=sum(x)/N;
```

Die erste Zeile kennzeichnet das File durch das Schlüsselwort *function* als Function-File. Ferner enthält sie die Eingabe- und Ausgabe-Parameter sowie den Funktionsnamen. In der letzten Zeile wird der berechnete Wert dem Ausgabe-Parameter zugewiesen. Wichtig ist, dass die in einem Function File verwendeten Variablen nur lokal bekannt sind. Abgespeichert wird der Programm-Text in einer Datei mit der Extension *m*, wobei File-Name und Funktionsname übereinstimmen. Befindet sich das File in einem Matlab bekannten Directory, so ist neben der Funktion *sin(x)* fortan auch eine Funktion *mittel(x)* verfügbar. Auf diese Weise kann der Vorrat an benutzerdefinierten Funktionen beliebig erweitert werden. Für verschiedene Anwendungsbereiche wurden Sammlungen von Function Files in Tool Boxen zusammengefaßt. Im Rahmen dieses Buches wird so z.B. auf die sog. *Signal Processing Tool Box* zurückgegriffen.

6. 5. 3. Programmiersprache

Die Bezeichnung Matlab leitet sich von ›Matrix Laboratorium‹ her; denn die Basis-Größe in Matlab ist die Matrix. Matlab ist eine höhere Programmiersprache auf der Basis eines Interpreters. Der Operand für die Programmiersprache Matlab ist die Matrix und ihre Sonderfälle: Skalar, Spaltenvektor, und Zeilenvektor. Die Elemente der Matrizen sind reelle Zahlen, komplexe Zahlen oder Ausdrücke aus reellen oder komplexen Zahlen. Ausdrücke entstehen durch Verknüpfung von Matrizen mit Hilfe von Operatoren. Gespeichert werden die Matrizen in Variablen. Insgesamt ist Matlab eine Fortranähnliche Programmiersprache. Im folgenden werden einige, besonders häufig vorkommende Details zusammengestellt.

6. 5. 3. 1. Operatoren

Tabelle 6.1. Matlab-Operatoren und Schreibweise

OPERATOREN							
Matrix		Array		relational		logisch	
+	Addition	+	Addition	<	kleiner	&	UND
–	Subtraktion	–	Subtraktion	<=	kleiner gleich	|	ODER
*	Multiplikation	.*	Multiplikation	>	größer	~	NICHT
/	rechtsseitige Division	./	rechtsseitige Division	>=	größer gleich		
\	linksseitige Division	.\	linksseitige Division	==	gleich		
^	Potenz	.^	Potenz	~=	ungleich		
'	transponiert						

Tabelle 6.1 gibt eine Übersicht über die in Matlab verfügbaren Operatoren, mit denen mathematische Ausdrücke gebildet werden können. Es werden

Matrix-, Array-, relationale und logische Operatoren unterschieden. So ist es z.B. bei der Multiplikation wichtig, den Matrizencharakter der Variablen zu beachten. Neben der Matrizenmultiplikation gibt es auch die Multiplikation als Array-Operation, bei der die Elemente beider Matrizen mit gleicher Indizierung miteinander multipliziert werden.

Die folgenden beiden Matlab-Zeilen zur Erzeugung einer amplitudenmodulierten Sinusfolge enthalten eine Multiplikation als Array-Operation.

```
n=1:100;
x=(1+0.5*sin(2*pi*0.05*n).*sin(2*pi*0.25*n);
```

6. 5. 3. 2. Matrizen und Vektoren

Einige wichtige Grundregeln sind: 1. Jede Variable ist eine Matrix. 2. Es gibt keine Variablen Deklaration. 3. Es gibt keine Matrix-Dimensionierung; sie erfolgt automatisch durch Wertzuweisung. 4. Bei den Variablennamen werden große und kleine Buchstaben unterschieden.

Eine Matrix kann im Matlab Command Window manuell mit einer Wertzuweisung in eckigen Klammern eingegeben werden, z.B.:

```
A=[1 2 3 4 5;6 7 8 9 10;11 12 13 14 15];
```

Die Trennzeichen zwischen den Elementen einer Zeile sind Spaces oder Kommata; als Trennzeichen zwischen den Zeilen dient das Semikolon oder ein CR (carriage return). Der Abschluß einer Matlab-Anweisung mit einem Semikolon unterdrückt die sonst automatisch erfolgende Ausgabe auf dem Bildschirm. Nach der Eingabe der Matrix A erfolgt die Speicherung im Workspace. Die Matrix lässt sich durch die Eingabe des Variablennamens wieder ausgeben. Man erhält:

```
A= 1 2 3 4 5
6 7 8 9 10
11 12 13 14 15
```

Häufig wird die Erzeugung eines Zeilenvektors erforderlich. Drei Verfahren seien angeführt. Eine Eingabesyntax lautet:

```
Z=[<Anfangswert>:<Inkrement>:<Endwert>];
```

So ergibt die Eingabe von Z=[2:3:11] den Zeilenvektor Z=[2 5 8 11].

Benötigt man Vektoren oder Matrizen mit Nullen oder Einsen, so können sie mit den Funktionen *zeros* oder *ones* erzeugt werden. Die Syntax ist:

```
B =zeros(<Zeilenanzahl>,<Spaltenanzahl>);
C = ones(<Zeilenanzahl>,<Spaltenanzahl>);
```

So liefert zeros(1,6) einen Zeilenvektor mit 6 Nullen.

Möglich ist die Indizierung eines Elements der Matrix oder einer Teilmatrix. So liefert die Eingabe von A(2,3) aus dem obigen Beispiel den Wert 8 und von A(2:3,3:4) die Teilmatrix

```
8 9
13 14
```

Die Werte in Vektoren und Matrizen können auch komplex sein. Ein Imaginärteil wird durch den nachgestellten Bezeichner i oder j gekennzeichnet. So wird durch die Anweisung x=5i der Variable x der imaginäre Wert 5 zugewiesen. Eine komplexe Wertzuweisung erfolgt durch eine Addition von Realteil und bezeichnetem Imaginärteil, z.B. durch x=3+5i.

6. 5. 3. 3. Schleifen

Natürlich kennt Matlab, wie die anderen Programmiersprachen auch, eine Laufanweisung für die wiederholte Ausführung einer Folge von Anweisungen. Sie hat die Form

```
for i=1:n, <Folge von Anweisungen>, end;
```

Die wiederholte Ausführung wird ebenfalls mit Hilfe einer while-Schleife errreicht, in der eine Folge von Anweisungen solange wiederholt wird, wie eine Bedingung erfüllt ist. Sie hat die Form

```
while <Bedingung>, <Folge von Anweisungen>;end;
```

6. 5. 3. 4. Ein- und Ausgabe

Hierbei geht es um Eingaben von der Tastatur und Ausgaben auf dem Bildschirm. Hier seien zwei in den m-Files dieses Buches häufig verwendete Konstruktionen angeführt: *input* und *disp*.

Die input-Anweisung ermöglicht es, während des Programmlaufs bestimmten Variablen Werte zuzuweisen. Dabei wird der Programmlauf unterbrochen, über die Tastatur eine Eingabe vorgenommen und diese einer Variablen zugewiesen. Die Anwendung zeigt das folgende Beispiel:

```
x=input('Der Parameter x = ');
```

Die disp-Anweisung ermöglicht es, während des Programmlaufs Meldungen auf den Bildschirm zu bringen. Die Anwendung zeigt das folgende Beispiel:

```
disp('Dies ist eine Meldung für den Bildschirm');
```

6. 5. 4. Funktionen zur Signalanalyse

Bei der Untersuchung von Systemen der Signalverarbeitung sind Funktionen zur Analyse von Signalen unerläßlich. Signalverarbeitung bedeutet, dass Signale verarbeitet, d.h. verändert werden. Daher sind die Signale am Eingang und am Ausgang eines Systems zu analysieren. Die wichtigsten Analysemethoden sind das Oszillogramm und das Spektrum. Daher sollen die beiden wichtigsten, dabei zur Anwendung kommenden Matlabfunktionen näher betrachtet werden.

6. 5. 4. 1. Oszillogramm: PLOT

Besondere Stärken hat Matlab bei der Visualisierung von Daten. Im Rahmen dieses Buches geht es vorwiegend um die Darstellung von Signalen, Spektren und Frequenzgängen. Die Werte dieser Größen können als Zeilen- oder als Spaltenvektor vorliegen. Die Matlab-Funktion PLOT ist dabei der zentrale Befehl. Seine Syntax kann wie folgt angegeben werden.

plot(xmin,ymin,xmax,ymax,x,y,'df');

Darin sind:

xmin,ymin	Koordinaten des linken unteren Eckpunktes des Plotfensters.
xmax,ymax	Koordinaten des rechten oberen Eckpunktes des Plotfensters.
x	Zeilenvektor für die Abszisse.
y	Zeilenvektor für die Ordinate, d.h., das Signal.
d	Zeichen, die festlegen, ob die Signalwerte als Punkte dargestellt werden oder durch Linien miteinander verbunden werden. Linien: d ist -/ --/ :/ -. Punkte: d ist ./ +/ */ o/ x
f	Zeichen zur Festlegung der Farbe: r /g /b /y /i

Bis auf den Zeilenvektor des Signals sind alle Angaben optional.

6. 5. 4. 2. Spektrum: FFT

Die Fast Fourier Transformation, abgekürzt FFT, ist ein effizientes Verfahren zur Berechnung der Diskreten Fourier Transformation, d.h. der DFT-Summe. Die DFT einer, i.a. komplexen Zahlenfolge $\underline{x}(n)$ mit N Folgenelementen

$$\underline{y}(m) = \frac{1}{N} \sum_{n=0}^{N-1} \underline{x}(n)\, e^{-j\, 2\pi \frac{mn}{N}} \qquad (6.16)$$

wird durch die Matlab-Funktion FFT mit zwei Abwandlungen folgendermaßen realisiert:

$$\underline{y}(m+1) = \sum_{n=0}^{N-1} \underline{x}(n+1)\, e^{-j\, 2\pi \frac{mn}{N}} \quad . \qquad (6.17)$$

Der Faktor 1/N fehlt in der Matlab-FFT; er taucht bei der inversen DFT auf. Zusätzlich tritt ein Versatz bei der Indizierung auf; dies ist notwendig, weil bei der Indizierung von Matrizen die Null nicht verwendet wird. Damit ergibt sich die folgende Zuordnung zwischen dem Index des Frequenzvektors $\underline{y}(i)$ und der bezogenen Frequenz

$$f\,' = \frac{i-1}{N} \, . \qquad (6.18)$$

Dies ist bei der Darstellung des Spektrums zu berücksichtigen. Die DFT-Formel nach Gl. (6.16) ergibt bei der Analyse einer Sinusfolge eine Spektrallinie mit der Höhe des halben Scheitelwerts. Somit sind bei der Programmierung der Faktor 1/N, der Faktor 2 und der Versatz bei der Indizierung zu berücksichtigen Die Syntax der FFT-Funktion ergibt sich aus:

<Frequenzvektor>=**fft**(<Folgenvektor>,<Anzahl der Folgenelemente>);

6. 5. 5. Signalverarbeitung

Die Anwendungsgebiete von Matlab sind sehr weit gestreut; daher sollen hier einige spezifische Hinweise zum Einsatz von Matlab in der digitalen Signalverarbeitung zusammengestellt werden.

6. 5. 5. 1. Signale

Im Rahmen dieses Buches werden in erster Linie eindimensionale Signale der Nachrichtenübertragung behandelt. Solche Signale sind in Matlab Vektoren, d.h. Matrizen mit nur einer Zeile oder nur einer Spalte. Was bei dem *digitalen* Signaltyp offensichtlich ist, dass die Signale in Matlab als Vektoren darzustellende Zahlenfolgen sind, bedarf bei dem *analogen* Signaltyp einiger

Anmerkungen. Analoge Signale sind kontinuierliche Zeitfunktionen; die Verarbeitung dieser Signale in Matlab erfordert natürlich ihre Darstellung ebenfalls durch Zahlenfolgen.

6. 5. 5. 2. Systeme: Simulation

Ein lineares Übertragungssystem für Zahlenfolgen kann durch eine Übertragungsfunktion

$$H(z) = \frac{Y(z)}{X(z)} = \frac{A_0 + A_1\,z^{-1} + A_2\,z^{-2} + \ldots + A_M\,z^{-M}}{1 + B_1\,z^{-1} + B_2\,z^{-2} + \ldots + B_N\,z^{-N}}$$

dargestellt werden. Eine Implementierung dieses Systems kann in Matlab mit Hilfe der Funktion *filter* erfolgen. Diese Funktion berechnet die Elemente der Ausgangsfolge y aus den Elementen der Eingangsfolge x und benötigt dafür die Koeffizienten der Übertragungsfunktion H(z). Eingangs- und Ausgangssignal sowie Zähler- und Nennerkoeffizienten sind Zeilenvektoren. Da bei Vektoren und Matrizen der Index Null nicht verwendet wird, ergibt sich eine abgewandelte Schreibweise:

$$H(z) = \frac{Y(z)}{X(z)} = \frac{A(1) + A(2)\,z^{-1} + A(3)\,z^{-2} + \ldots + A(M)\,z^{-M}}{1 + B(2)\,z^{-1} + B(3)\,z^{-2} + \ldots + B(N)\,z^{-N}} \quad .$$

Das folgende Matlab-Beispielprogramm berechnet eine Sinusfolge der Frequenz f_0=0.01 mit 50 Folgenelementen. Die Koeffizienten eines Butterworth-Tiefpasses mit der Grenzfrequenz f_g=0.05 werden ermittelt. Darauf errechnet die Funktion *filter* das Ausgangssignal y.

```
fo=0.01; fg=0.05;
[A,B]=butter(4,2*fg);
n=1:50;
x=sin(2*pi*f0*n);
y=filter(A,B,x);
```

6. 5. 5. 3. Systeme: Berechnung

Zur Berechnung von Systemen der digitalen Signalverarbeitung, die sich auf eine Übertragungsfunktion H(z) zurückführen lassen, stellt Matlab eine Reihe von sehr leistungsfähigen Matlab-Function Files zur Verfügung. Die folgende Tabelle zeigt eine Zusammenstellung der für Systemberechnungen wichtigsten Function-Files.

Tabelle 7.2. Matlab Function-Files für Systemberechnungen

DIGITALE SIGNALVERARBEITUNG		
Anwendungsbereich	**M - FILE**	**BESCHREIBUNG**
REKURSIVE FILTER: Dimensionierung der Übertragungsfunktion H(z)	bilinear	Ermittlung aus F(s)
	butter	Butterworth - Filter
	cheb1	Chebyshev - Tiefpass Typ 1
	cheby2	Chebyshev - Tiefpass Typ2
	ellip	Cauer - Tiefpass
TRANSVERSALE FILTER Dimensionierung der Übertragungsfunktion H(z)	fir1	Fenster-Methode
	fir2	Fenster-Methode
	remez	Parks Mc Clellan
BERECHNUNG aus Übertragungsfunktion H(z)	freqz	Amplitudengang, Phasengang
	conv	Faltung zweier Folgen
	grpdelay	Gruppenlaufzeitgang

Bei den Berechnungen können zwei Bereiche unterschieden werden: 1. Berechnung der Koeffizienten der Übertragungsfunktion aus gegebenen Anforderungen und 2. Berechnung von Amplitudengang, Phasengang und Gruppenlaufzeitgang aus den Koeffizienten der Übertragungsfunktion.

6. 6. Einführung in SIMULINK

Simulink ist ein graphisch orientiertes Programm zur Simulation von allgemeinen, dynamischen Systemen. Zusammen mit Matlab bietet Simulink eine komplette, integrierte Arbeitsumgebung für Analyse, Modellierung, Visualisierung und Simulation von dynamischen Systemen an. Es eignet sich sehr gut für die Funktionssimulation nachrichtentechnischer Systeme.

Folgende Systemtypen werden von Simulink unterstützt: lineare, nichtlineare, diskrete, kontinuierliche und hybride. Für die Modellbildung von Systemen stehen drei verschiedene Möglichkeiten zur Auswahl: Graphischblockorientierte Arbeitsweise, das Programmieren in Matlab und die C- oder Fortran-Programmierung.

Ziel dieser Einführung ist es, dem Leser eine benutzer-orientierte Beschreibung des Programm-Pakets Simulink zu geben. Dabei sollen die Fragen: was ist Simulink, wie arbeitet man mit Simulink und wie wird Simulink in der Signalverarbeitung eingesetzt? beantwortet werden. Die Beschreibung soll nicht die Handbücher ersetzen, sondern hauptsächlich praktische Hinweise geben und besondere Akzente auf die Anwendungen dieses Buches setzen. Eine vollständige Beschreibung dieses, sehr mächtigen Werkzeuges ist also in keiner Weise beabsichtigt.

6. 6. 1. Statischer Aufbau

Zunächst soll der statische Aufbau von Simulink erläutert werden. Als Windows-Programm spielen dabei verschiedene Fenster eine wichtige Rolle, deren Bedeutung erklärt werden soll.

6. 6. 1. 1. Übersicht

Simulink verfügt über einen Graphik-Editor, der eine Verbindung zu Matlab besitzt. Der Graphik-Editor ermöglicht die graphische Beschreibung von Systemen der digitalen und analogen Signalverarbeitung. Durch die Verbindung mit Matlab ist die Simulation solcher Systeme möglich. Bild 6.2 zeigt die grundsätzlichen zwei Arbeitsschritte im Umgang mit Simulink.

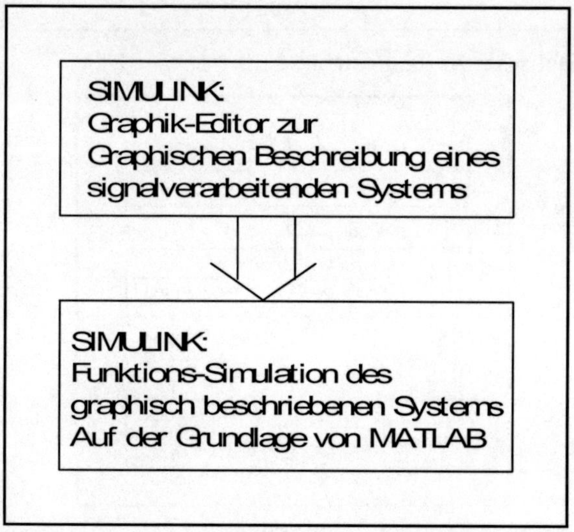

Bild 6.2. Arbeitsschritte und Werkzeuge in Simulink

Das mit Hilfe des Graphik-Editors beschriebene System ermöglicht eine Simulation durch die Inanspruchnahme von Matlab. Das Zusammenwirken der einzelnen Blöcke und Fenster beim Arbeiten mit Simulink zeigt Bild 6.3 und Bild 6.4 zeigt das Zusammenspiel der einzelnen Fenster.

Nachdem Matlab gestartet wurde, erscheint das Matlab Command Window. Von diesem Fenster aus wird das Programm Simulink mit dem Befehl *simulink* gestartet. Darauf erscheint das Simulink Window, das die Simulink-Block-Library enthält.

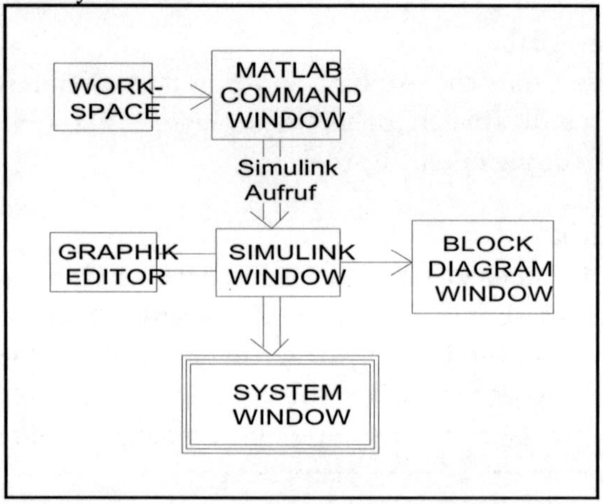

Bild 6.3. Statischer Aufbau von Simulink

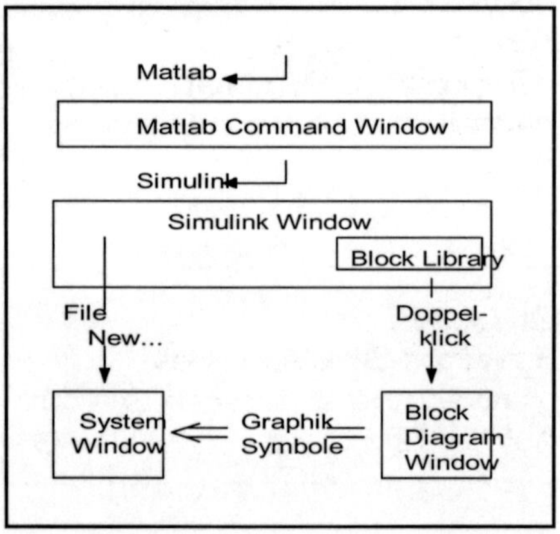

Bild 6.4. Zusammenhang der Simulink Fenster

Vom Simulink Window aus führt der Weg zu zwei weiteren Fenstern. Über den Menü-Punkt File New... wird das System Window geöffnet. In diesem Fenster findet die Modellierung von Systemen der digitalen und analogen Signalverarbeitung statt. Durch einen Maus-Doppelklick auf einen Block der Simulink Block Library öffnet sich ein Block Diagramm Window mit einem großen Vorrat an Graphik-Symbolen. Das Editieren eines Systems erfolgt dann prinzipiell so, dass Graphik-Symbole durch Ziehen mit der Maus in das System Window übernommen werden und dort zu Systemen zusammengefügt werden.

6. 6. 1. 2. Simulink Window

Nachdem im Matlab Command-Window durch die Eingabe von *simulink* das Programm Simulink gestartet wurde, erscheint zunächst das Simulink Window.

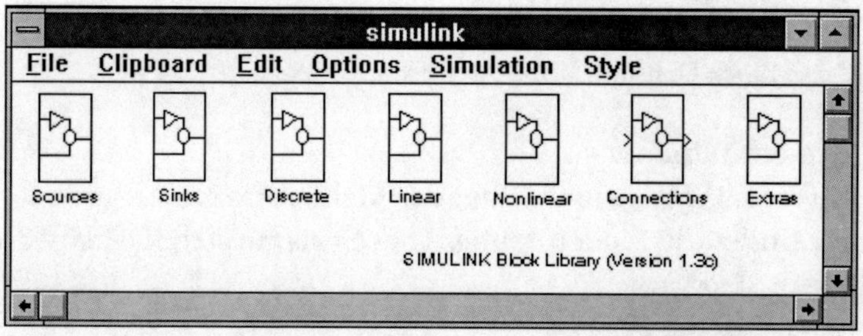

Bild 6.5. Simulink Window

Dieses Fenster enthält, wie auch alle von hier geöffneten Fenster eine Menue-Leiste mit den Punkten File, Clipboard, Edit, Options, Simulation und Style. Im folgenden wird nur der Menue-Punkt File angesprochen werden. Er ist eine Zusammenfassung der Datei-bezogenen Operationen. Zunächst werden die beiden Punkte New und Open betrachtet. Über New wird ein Simulink-System-Window geöffnet, in dem ein neues System modelliert wird. Nach der Modellierung kann es über Save als Datei unter einem MS-DOS-Namen mit der Extension *m* abgespeichert werden. Der Punkt Open ermöglicht das erneute Laden von System Windows mit bereits modellierten Systemen.

6. 6. 1. 3. Block Diagram Window

Durch einen Doppelklick auf ein Symbol der Block Library des Simulink Windows öffnet sich ein Block Diagram Window, wie es Bild 6.6 für die Gruppe Discrete Systems zeigt. Damit erscheint mit einem Block Diagram Window das Innere der Library.

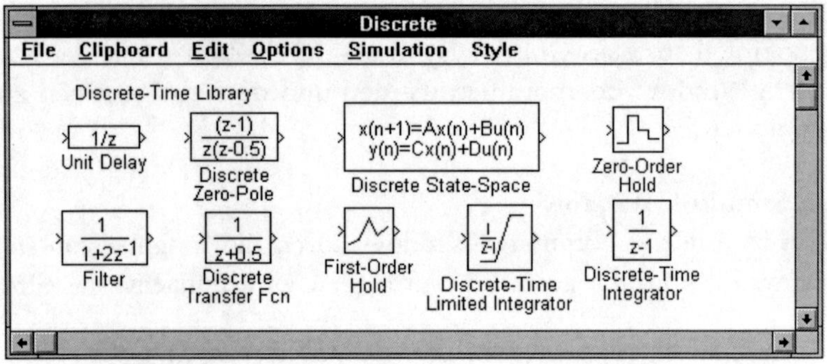

Bild 6.6. Block Diagram Window: Discrete Systems

6. 6. 1. 4. System Window

Ein neues System Window wird über das Menue File New... geöffnet. In diesem Fenster findet die Modellierung eines Systems statt. Dabei werden die Bestandteile

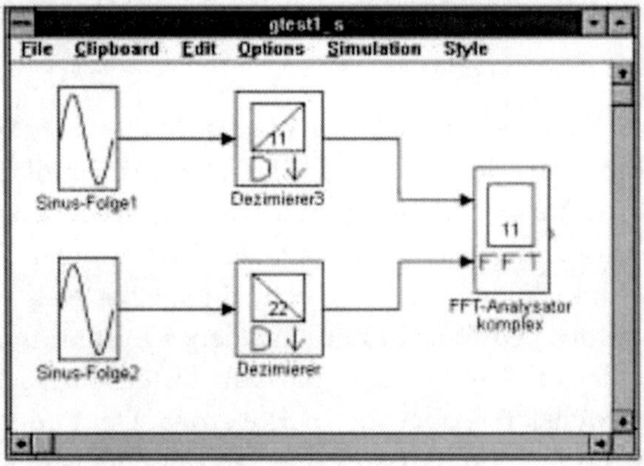

Bild 6.7. System Window

den bei Bedarf zu öffnenden Block Diagram Windows entnommen und miteinander verbunden. Bild 6.7 zeigt ein kleines System, bestehend aus zwei

Sinusgeneratoren, zwei Dezimierern und einem FFT-Analysator, das unter dem Namen *gtest1_s.m* abgespeichert wurde.

6. 6. 1. 5. Graphik Editor

Als letztes ist auf den Graphik Editor hinzuweisen. Er beinhaltet letztlich die Möglichkeit, mit der Maus eine Reihe von graphischen Operationen vorzunehmen. Eine wichtige Rolle spielt dabei das Menue Edit der Menue-Leiste des System Windows. Es enthält die Menue-Punkte Cut, Copy, Paste, Clear und Select All. Diese Punkte müssen hier nicht weiter erläutert werden, da sie auch Bestandteil vieler anderer Programme mit einem Graphik-Editor sind. Wesentlich in diesem Zusammenhang ist, dass mit der Maus Graphik-Symbole auch von einem Fenster ins andere verschoben werden können und dass die Symbole durch Linien zu Systemen miteinander verbunden werden können. Hinter jedem Graphik-Symbol steht ein Matlab-Programm; der Verbindung der Symbole durch Linien entspricht automatisch eine Variablenübergabe zwischen den Matlab-Programmen.

6. 6. 2. Starten von Simulink Systemen

Dieses elementare und triviale, aber für den Anfänger wichtige Thema hat zwei Aspekte. Ein fertig modelliertes System liegt in einem m-File abgespeichert vor. Dann gilt es, ein System Window mit diesem System zu öffnen. Dies ist möglich über das Matlab Command Window oder über das Simulink Window. Danach muss dann die Simulation gestartet werden.

6. 6. 2. 1. Matlab Command Window

Hier ist es im Menue File der Menue-Punkt *Run M-File*, der das Öffnen des System Windows eines bestimmten Systems ermöglicht. Dazu muss in das sich öffnende Fenster *Enter M-File to run* der MS-DOS-Name einschließlich des Pfades der Datei eingegeben werden, in der das modellierte System abgespeichert wurde. Mit dem Button *ok* wird dann das entsprechende System Window geöffnet. Ist der Pfad und die Datei-Bezeichnung des Systems nicht bekannt, kann der im gleichen Fenster vorhandene Browser benutzt werden. Dieser ermöglicht das Suchen des gewünschten Files in den Directories der Festplatte des Rechners. Ein Doppelklick auf den File-Namen bewirkt die Übernahme in das Fenster *Enter M-File to run* einschließlich des Pfades. Der

Vorgang setzt nicht voraus, dass vorher das Simulink Window gestartet wurde.

6. 6. 2. 2. Simulink Window

Hier wird mit dem Menue-Punkt *File Open...* das Öffnen des System Windows ermöglicht, das zu einem bestimmten, modellierten System gehört. Ein Doppelklick auf den File-Namen bewirkt den Start.

6. 6. 2. 3. Start der Simulation

Ist die Modellierung eines Systems im System Window abgeschlossen, so liefert das Menue *Simulation* der Menue-Leiste Festlegungen für die Durchführung der Simulation. Hier sind es hauptsächlich die Menue-Punkte *Start/Stop, Restart, Continue, Parameters...*, die dabei immer wieder benötigt werden. Vor dem Start müssen die Simulationsparameter eingestellt worden sein.

6. 6. 3. System-Modellierung

Grundlage der Modellierung eines Systems der analogen oder digitalen Signalverarbeitung sind die in Bibliotheken (Library) zusammengefaßten Graphik-Symbole, die Elemente, Bausteine, Teilsysteme oder ganze Systeme darstellen. Auf diesen Bibliotheken beruht zu einem großen Teil die Leistungsfähigkeit des Programms Simulink. Zudem besteht wie bei Matlab die Möglichkeit, diese Bibliotheken durch eigene Systeme zu ergänzen.

6. 6. 3. 1. Block Library

Beim Aufruf von Simulink erscheint das in Bild 6.8 gezeigte Simulink Window mit einer Library aus 7 Gruppensymbolen, die, wenn man in sie hineinschaut, wieder

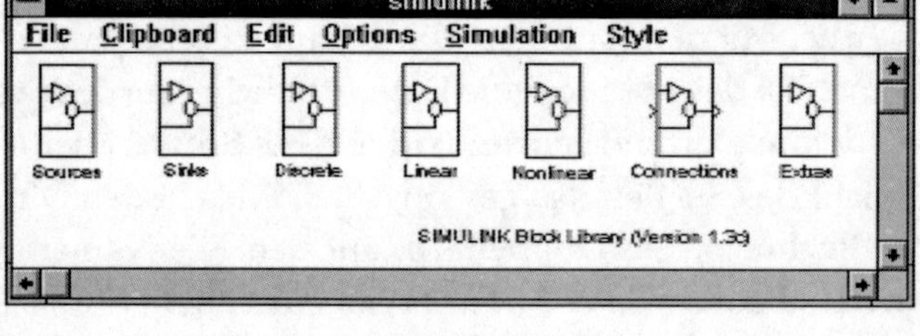

Bild 6.8. Simulink Window mit Block Library

einen großen Vorrat an weiteren Untergruppen und Blöcken erkennen lassen. Die Bezeichnungen der Gruppensymbole sind Sources, Sinks, Discrete, Linear, Nonlinear, Connections, Extras. Ein Doppelklick auf einen dieser Gruppensymbole öffnet das entsprechende Block Diagram Window mit den Graphik-Symbolen. In Abschnitt 2.1 wird entwickelt, dass Systeme der Signalverarbeitung einen hierarchischen Aufbau haben. Diesen Systemaufbau zeigt Bild 6.9.

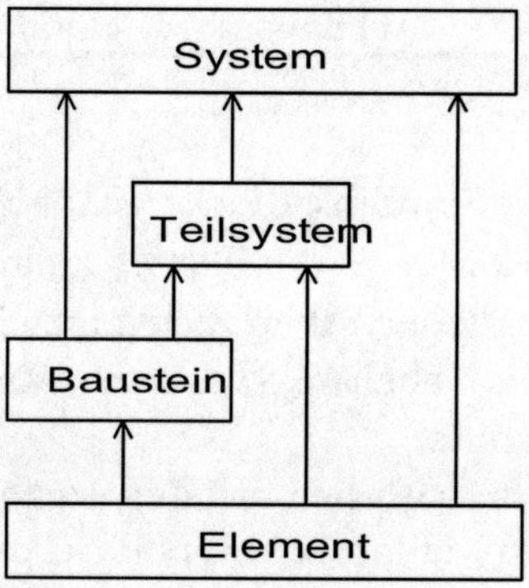

Bild 6.9. Hierarchischer Aufbau von Systemen

Tabelle 6.3. Häufig verwendete Symbole der Simulink Block Library

Gruppe	Symbol	Ebene	Beschreibung
Signal Sources	Clock	System	Simulationsschrittakt
	Constant	System	konstante Folge
	Step Input	System	Sprungfolge □(n)
Signal Sinks	Graph	System	Oszilloskop
	XY-Graph	System	XY-Oszilloskop
	To Workspace	Variable	Speicherung als Vektor
Discrete Systems	Unit Delay	Element	Verzögerung um 1 Schritt
	Filter	Baustein	Digitalfilter
Linear Systems	Sum	Element	Additionsglied
	Gain	Element	Koeffizientenglied
	Product	Element	Multiplizierer
	Saturation	Baustein	Sättigungskennlinie

Nonlinear Systems	Quantizer	Baustein	Amplitudenquantisierung
	Lookup Table	Baustein	Tabelle(Speicher)
	Transport Delay	Element	Verzögerung(analog)
	Function	Baustein	Block mit skalarer Function
	Matlab Function	Teilsystem	Block mit Matrix-Function
Connections	Mux	Baustein	mehrere Skalare in Matrix
	Demux	Baustein	Umkehrung von Mux

Die Graphik-Symbole der Simulink-Blöcke gehören verschiedenen Hierarchie-Ebenen an. So gibt es Blöcke, die Elemente sind, wie Addierer, Multiplizierer und Konstantenglieder. Aber auch ganze Bausteine wie z.B. Filter sind als Blöcke vorhanden. Tabelle 6.3 gibt eine Übersicht über die am häufigsten verwendeten Symbole.

Diese Block Library kann natürlich beliebig ergänzt werden. Dazu besitzt Simulink Schnittstellen zu Matlab, so dass Blöcke auf der Grundlage selbstgeschriebener Function Files definiert werden können. Die Buch-Diskette enthält eine ergänzende Library, SIMU_S genannt, die typische Bausteine und Systeme dieses Buches aufweist. Die Übungen des Abschnitts 6 beziehen einen Teil ihrer Bausteine aus dieser Bibliothek.

6. 6. 3. 2. Vorgehensweise

Bei der Modellierung eines Systems können verschiedene Phasen unterschieden werden: 1. Öffnen eines System Windows über das Menue *File New...*des Simulink Windows, 2. Zusammenstellung der Elemente, Bausteine und Systeme mit den Bibliotheks-Symbolen, 3. Verbinden der Systemteile an den Schnittstellen. 4. Hierarchiebildung durch Gruppieren von Systemteilen. 5. Wertzuweisung der Systemparameter.

Die Hierarchiebildung wird in Abschn. 6.6.7 und die Wertzuweisung der Systemparameter in Abschn. 6.6.5 ausführlicher beschrieben.

6. 6. 4. Zusammenwirken von Simulink mit Matlab

Die Möglichkeit der Simulation mit dem graphisch editierten System beruht auf der Verbindung der Graphik-Symbole mit Matlab. Wichtig ist, dass der

Benutzer selbst definierte Graphik-Symbole erstellen kann, in welche Matlab-Anweisungen oder Matlab Function Files eingebaut werden. In Simulink gibt es 4 verschiedene Möglichkeiten, das mathematische Verhalten von selbst erstellten Symbolen durch Matlab Anweisungen festzulegen: 1) durch Verwendung eines *Function-Blocks,* 2) durch Verwendung eines *Matlab-Function-Blocks,* 3) durch Editieren einer *S-Function,* 4) durch Beschreibung eines *Initialization Commands* in einem maskierten Block.

6. 6. 4. 1. Function Block Fcn

Der Block *Fcn* in der Gruppe *Nonlinear Systems* ermöglicht die Definition von Symbolen mit einem Funktions-Verhalten, das durch einen Matlab-Ausdruck festgelegt wird. Das Ausgangssignal dieses Blockes ist eine selbstdefinierte mathematische Funktion des Eingangssignals. Wenn man den Block durch Doppelklick öffnet, kann man in einer Maske z.B. eine Matlab-Funktion

```
2*sin(2*pi*0.05*u)
```

eintragen. Hierin ist die Variable u die Eingangsgröße des Blocks *Fcn* und das Ergebnis des Funktionsausdrucks ist die Ausgangsgröße. Schließt man an den Eingang dieses Blocks ein Clock-Symbol an,

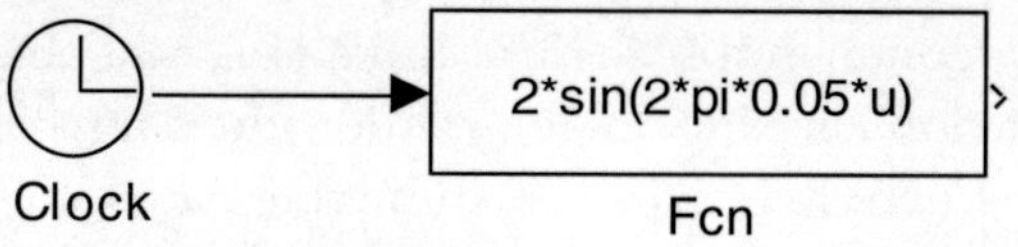

Bild 6.19. Modellierung eines Sinus-Generators mit einem Fcn-Block

so wird die Eingangsgröße u in jedem Simulationsschritt um ein Zeitinkrement erhöht. Dann erzeugt der Fcn-Block an seinem Ausgang ein Sinussignal mit dem Scheitelwert 2 und der Frequenz 0,05. Der Function Block ist beschränkt auf skalare Eingangsgrößen und bestimmte, festgelegte mathematische Ausdrücke (siehe Help-Text).

6. 6. 4. 2. Matlab Function Block

Dieser Simulink-Block ermöglicht in zweierlei Hinsicht eine weitergehende Anwendung: Es können beliebige selbstgeschriebene Function Files eingesetzt werden und diese können zudem Matrizen als Ein- und Ausgangsgrößen haben.

6. 6. 4. 3. S-Function Block

Während der Function-Block und der Matlab-Function-Block Matlab-Functionen aufnehmen können, wird in einen S-Function-Block eine Matlab-System-Funktion eingetragen. Eine solche Matlab-System-Function entsteht, wenn in einem System Window ein System modelliert und als Datei abgespeichert wird. Diese Datei ist dann eine Matlab-Beschreibung des modellierten Systems mit einer speziellen Syntax. Unter Beachtung dieser Syntax kann der Anwender eigene Simulink Blöcke entwerfen und benutzen, indem er ein Matlab S-Function-File schreibt und den Namen dieses Files in den S-Function Block einsetzt.

6. 6. 4. 4. Initialization Command

Durch eine Maskierung von gruppierten Symbolen ergibt sich die Möglichkeit, den Parametern eines Systems oder Teilsystems Werte zuzuweisen. Diese Werte müssen in der Regel zunächst berechnet werden. Dann kann in einer Initialization- Command-Zeile der Maske eine Matlab-Anweisung oder ein Matlab-Function File eingetragen werden, die dann beim Starten der Simulation zunächst berechnet wird. Auch hierbei handelt es sich um eine Zusammenwirken von Simulink mit Matlab. Auf die Möglichkeit der Maskierung von Blöcken und deren Parametrisierung wird in Abschn. 6.6.7.2 noch einmal detailliert eingegangen.

6. 6. 5. Parameter modellierter Systeme

Bei der Modellierung von Systemen entsteht häufig der Wunsch, den Böcken variierbares Verhalten zu geben. Dies löst man durch Verwendung von Parametern in den entsprechenden Böcken, denen man vor der Simulation spezielle Werte zuweist. Dabei ergeben sich diese Werte in der Regel durch umfangreichere Berechnungen. Betrachtet man z.B. den Block *Filter* aus der Gruppe *Discrete Systems*, so erfordert er die Festlegung der Koeffizienten der

Übertragungsfunktion. Die Koeffizienten sind daher Parameter in dem Block. Im folgenden werden vier Verfahren der Wertzuweisung angeführt.

6. 6. 5. 1. Matlab Command Window

Bei diesem Verfahren werden in den Blöcken des modellierten Systems nicht Werte eingetragen, sondern jeweils die Variablennamen. Dann können den Variablen im Matlab-Command-Window Werte zugewiesen werden. Vorteilhaft ist diese Methode, wenn in einer Reihe von Blöcken des modellierten Systems die gleichen Werte erforderlich sind und bei verschiedenen Simulationsläufen geändert werden sollen. Es braucht dann nur in diesen Blöcken der gleiche Variablenname eingetragen zu werden.

6. 6. 5. 2. Script File

Sind in den Blöcken des Systems statt der Werte Variablennamen eingetragen und werden die Werte als Ergebnis umfangreicherer Berechnungen erhalten, so ist die Erstellung eines Script-Files eine naheliegende Lösung. Beim Starten des Script-Files können dann über input-Befehle die erforderlichen Eingaben, wie z.B. Grenzfrequenz und Ordnungszahl bei einem Filter, vorgenommen werden. Darauf werden die Koeffizienten der Übertragungsfunktion des Filters berechnet und die Werte den entsprechenden Variablennamen zugewiesen.

In das Script-File kann man schließlich am Ende einen Aufruf desjenigen Simulink- Files einbauen, mit dem das modellierte System gestartet wird. Mit folgenden, wenigen Programmzeilen werden z.B. die Filterkoeffizienten eines digitalen Filters dimensioniert und danach ein Simulink-Modell *own_system* gestartet. In diesem System findet ein Filter Verwendung, in dem die Koeffizienten als Vektor-Variable A(z) und B(z) für das Zähler- und das Nennerpolynom der Übertragungsfunktion H(z) definiert sind.

```
% Script-File für System mit Filter
% und Koeffizientenberechnung
input(...);
[A,B]=butter(..,..);
own_system;
end.
```

Variable, deren Werte über ein Script-Files zugewiesen werden, sind global im Workspace vereinbart. Dies kann u.U. zu Namenskollisionen oder zu unerwünschten Wertüberschreibungen für die Variablen führen. Eine bessere

Lösung ist hier die Verwendung von maskierten Blöcken (siehe Abschn. 6.6.7.2).

6. 6. 5. 3. Konstante

Hier handelt es sich um das direkteste Verfahren der Wertzuweisung. In den Blöcken des modellierten Simulink Systems werden die erforderlichen Zahlenwerte eingetragen. Gelegentlich ist dies ein unkomplizierter Weg. Ergeben sich diese Werte allerdings durch Berechnungen im Matlab Command Window, so ist das Verfahren mit einer Variablen günstiger.

6. 6. 5. 4. Maske

Dieses Verfahlen wird in Abschn. 6.6.7.2 ausführlich beschrieben. Durch Gruppierung entstandene Systeme oder Teilsysteme können zwecks Wertzuweisung der Systemparameter maskiert werden. Ein Doppelklick auf das Symbol öffnet dann ein Fenster, in dem Eingangswerte wie z.B. Grenzfrequenz und Ordnungszahl bei einem Filter eingetragen werden. Diese Werte sind dann die Eingangsgrößen für ein Function-File, das beim Maskierungsvorgang eingetragen wurde und das dann daraus z.B. die Filterkoeffizienten berechnet.

6. 6. 6. Systemarten

Bei den im Rahmen dieses Buches untersuchten Systemen der Nachrichtenübertragung sollen drei Systemarten unterschieden werden: 1. Systeme der digitalen Signalverarbeitung: Der Signaltyp ist hier eine Zahlenfolge, die z.B. in einer Differenzengleichung verarbeitet wird. 2. Systeme der analogen Signalverarbeitung: Der Signaltyp ist hier eine kontinuierliche Zeitfunktion, die z.B. in einer Differentialgleichung verarbeitet wird. 3. Systeme die sowohl analoge Signale als kontimuierliche Zeitfunktionen als auch Zahlenfolgen enthalten. Hier ist die Digitalisierung ebenfalls Gegenstand der Simulation.

Bei diesen drei Fällen sind die Simulationsparameter unterschiedlich einzustellen. Daher sollen diese, für die Simulation wichtigen Parameter etwas näher beschrieben werden.

6. 6. 6. 1. Simulationsparameter

Von der Menueleiste des Simulink-Window wird der Punkt *Simulation* näher erläutert. Das Pull Down Menue des Punktes Simulation zeigt u.a. die Unterpunkte:

Start / Stop
Restart
Pause / Continue
Parameter...

Dabei verdient der Punkt Parameter besondere Beachtung. Durch seinen Aufruf erscheint das in Bild 6.11 abgebildete Simulink Control Panel.

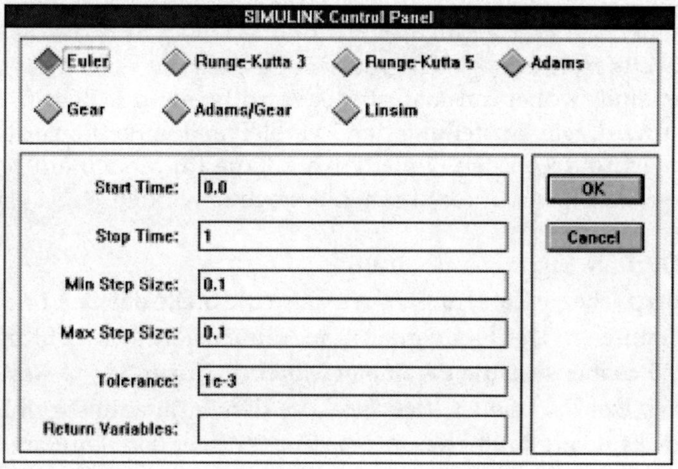

Bild 6.11. Simulink Control Panel

Im oberen Teil des Control Panel sind die zur Verfügung stehenden numerischen Simulations-Verfahren aufgeführt. Für die Simulation ist eines dabei auszuwählen. Die folgende Tabelle gibt eine Orientierung zur Auswahl des Verfahrens.

Tabelle 6.4. Simulationsverfahren

Verfahren	Anwendungsgebiet
Euler	kleine, einfache Modelle, erste abschätzende Simulation

Runge-Kutta 2/3	Hohe Dynamik, Nichtlinearitäten, niedrige Genauigkeit
Runge-Kutta 4/5	Hohe Dynamik, Nichtlinearitäten, hohe Genauigkeit
Adams	kontinuierliche Systeme
Gear	kontinuierliche Systeme
Linsim	lineare Systeme

Von den weiteren Simulationsparametern des Control Panel sind besonders wichtig: Start Time, Stop Time, Min Step Size, Max Step Size.

Dabei sollten die Werte *Min Step Size* und *Max Step Size*, die die Simulationsschrittweite festlegen, gleich groß sein, so dass nur noch drei Werte von Bedeutung sind, wobei hinsichtlich der Schrittweite der Begriff *Step Time* verwendet wird. Die Einstellung der 3 verbleibenden Parameter hängt von der Systemart und von den Signaltypen ab, die im Modell auftreten. Dies soll in den nachfolgenden Abschnitten betrachtet werden.

6. 6. 6. 2. Digitale Signalverarbeitung

Der Signaltyp ist eine Zahlenfolge {x(n)}. An die Stelle der Zeit t tritt hier die Folgen-Nummer n. Die Frequenz ist eine dimensionslose Zahl im Bereich $0 \leq f' \leq 0{,}5$. Daher sind die Parameter *Min Step Size* und M*ax Step Size* auf 1 einzustellen. Der Parameter *Start Time*, der den Simulationsbeginn festlegt, wird in der Regel auf Null gesetzt. *Stop Time* enthält den Simulationsschritt, bei dem die Simulation beendet wird. In Bild 6.12 wird ein System-Window gezeigt, das das Clock Symbol enthält. Ein Doppelklick auf dieses Symbol öffnet das daneben abgebildete Fenster. Der Block Clock erzeugt eine Zahlenfolge, bei der die Werte mit jedem Simulationsschritt um den Simulationsparameter *Step Time* inkrementiert werden.

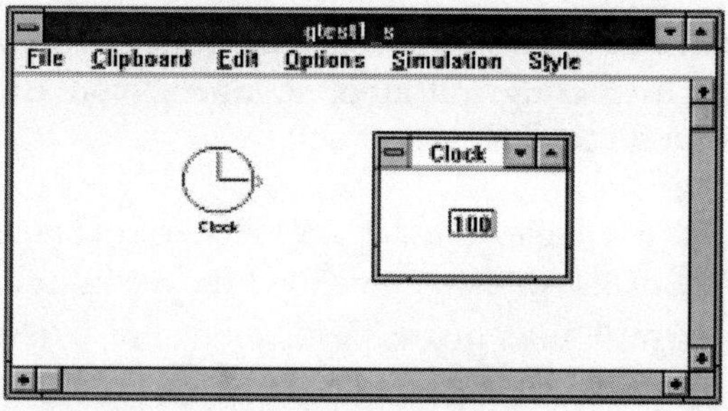

Bild 6.12. System Window mit Clock Symbol

Hat der Parameter *Step Time* den Wert 1, so zeigt der Clock die Folgennummer der Zahlenfolge an.

6. 6. 6. 3. Analoge Signalverarbeitung

Der Signaltyp ist eine kontinuierliche Zeit-Funktion x(t). Die Zeit t wird in Sekunden [s] und die Frequenz in Hertz [Hz] gemessen. Die Eintragungen für Start Time, Stop Time und Step Time erfolgen in Sekunden.

Die Simulation kontinuierlicher Signale und Systeme durch numerische Verfahren mit einem Digitalrechner bedeutet natürlich, dass auch die kontinuierlichen Signale durch Zahlenfolgen dargestellt werden. Die Step Time-Werte sind dann der zeitliche Abstand zwischen den Stützstellen. Als Richtschnur für die Wahl der Step Time kann dienen, dass die spektrale Komponente mit der höchsten Frequenz durch mindestens 10 Stützstellen dargestellt wird. Damit ist die Zeit eine Variable, die sich um ganzzahlige Vielfache der Step Time ändert.

6. 6. 6. 4. Analoge und digitale Signalverarbeitung

Hat man in einem Simulink-System-Window sowohl analoge Signale als auch Zahlenfolgen, so sind drei Fragen zu untersuchen:m1. die Einstellung der Step Timem, 2. die Realisierung der Digitalisierung und, 3. die Interpretation des Ablaufs.

Die Fragen sollen an Hand eines Beispiels behandelt werden. Ausgangspunkt sei ein analoges Sinussignal mit einer Frequenz f_0=100 Hz und einer Periodenauer $T_0=1/f_0$=10 ms. Zur Darstellung dieses analogen Signals in Simulink werden für eine Periode 100 Stützstellen gewählt. Dann erhält man für den Simulationsparameter *Step Time* einen Wert von 10^{-4}. Zur Erzeugung einer Sinusschwingung mit einer Frequenz von 100 Hz mit einem Function Block ist in diesem der Ausdruck

sin(2*pi*100*u)

einzutragen. Für die Modellierung der Digitalisierung bieten sich die Simulink-Blöcke *Unit Delay* als Abtast-Halte-Glied für die Zeitquantisierung und *Quantizer* für die Amplitudenquantisierung an. Ein Doppelklick auf den Block *Unit Delay* öffnet ein Fenster, in das die Abtastfrequenz als Delay Time eingetragen werden kann. Eine Abtastfrequenz von z.B. 1 KHz erfordert dann eine Delay Time von 0,001. Damit entsteht ein Abtast-Halte-Signal, das eine Zahlenfolge physikalisch durch eine kontinuierliche Zeitfunktion darstellt (treppenförmiges Signal). Die Simulation des digitalen Systems erfolgt dann statt mit Zahlenfolgen mit Abtast-Halte-Signalen.

6. 6. 7. Hierarchiebildung

Das Pull Down Menue des Punktes Option der Menueleiste des Simulink Windows zeigt u.a. die Unterpunkte *Group*, *Ungroup*, *Mask* und *Unmask*. Damit verbindet sich die für die Modellierung größerer Systeme so wichtige Hierarchiebildung.

6. 6. 7. 1. Gruppieren

Der Menuepunkt *Group* ermöglicht eine Gruppenbildung. Eine Gruppe von Symbolen, die zusammen ein Teilsystem bilden, kann durch Markieren mit der Maus und mit *Group* in einem neuen Symbol zusammengefaßt werden. Dieser Vorgang kann natürlich hierarchisch fortgesetzt werden. Mehrere Gruppensymbole können auch zusammen mit weiteren Einzelsymbolen wieder in einem Gruppensymbol zusammengefaßt werden. Auf diese Weise können Hierarchieebenen gebildet werden.

Eine Gruppierung kann schließlich wieder aufgelöst werden, indem der Block markiert und dann im Menue *Ungroup* gewählt wird.

6. 6. 7. 2. Maskieren

Mask ermöglicht die Maskierung eines Blocks. Das bedeutet die Einrichtung einer Maske, die durch Doppelklicken auf den Block geöffnet wird. In der Maske können Blockparameter, wie z.B. Ordnungszahl und Grenzfrequenz im Falle eines Filters, eingegeben werden. Aus diesen Parametern werden dann z. B. die Koeffizienten des Filters berechnet. Das Verfahren zur Berechnung der Koeffizienten wird ebenfalls durch die Maskierung eingegeben. Die Einzelheiten zu dem Maskierungs-Vorgang werden am Beispiel eines Filters erläutert.

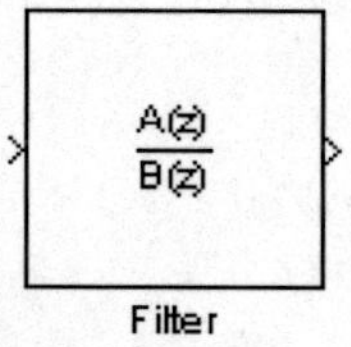

Bild 6.13. Graphik-Symbol: Filter

Der Block *Filter*, der dem Block-Diagram-Window *Discrete Systems* entstammt, ermöglicht die manuelle Eingabe der numerischen Werte der Filter-Koeffizienten oder die Eingabe der Koeffizienten-Vektoren als Variable A(z) und B(z), wie dies in dem entsprechenden Graphik-Symbol nach Bild 6.13 gezeigt ist. Allerdings

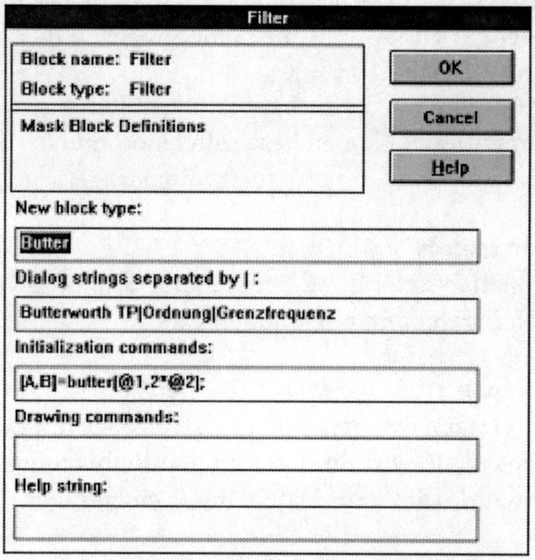

Bild 6.14. Maskierungsfenster des Blocks Filter

müssen diesen Koeffizienten-Vektoren im Matlab-Command-Window Werte zugewiesen werden. Zudem haben diese Variable globale Gültigkeit. Diese Situation kann durch die Maskierung vermieden werden. Der Mask-Befehl öffnet nach der Markierung eines Blocks oder eines Gruppensymbols das Fenster nach Bild 6.14. In dem Fenster sind folgende Eintragungen vorzunehmen:

New Block Type
Dialog Strings, separated by |
Initialization Commands
Drawing Commands
Help String

New Block Type
Hier wird ein neuer Block-Typ definiert, dessen Name in das Feld eingetragen wird, z.B. Butter, wenn es sich um einen Butterworth-Tiefpaß handelt.

Dialog Strings
Hier werden zunächst ein Oberbegriff wie z.B. Parameter und dann die Namen der Parameter getrennt durch ein | eingetragen, z.B.

Butterworth-TP|Ordnung|Grenzfrequenz

Dadurch werden in der Maske des geöffneten Blocks zwei Eingabezeilen eingerichtet, die mit diesen Namen beschriftet sind und in die man die Zahlenwerte von Ordnung und Grenzfrequenz eingetragen kann.

Initialization Commands
Hier werden die Matlab-Befehle zur Berechnung der Filter-Koeffizienten aus den eingegebenen Parametern eingetragen, z.B.

[A,B]=butter[@1,2*@2);

Die Namen der Variablen A und B sind die gleichen, wie sie in dem unmaskierten Block eingetragen wurden. Wichtig ist, dass sie nur lokale Bedeutung haben. Die Variablenliste wird in der richtigen Reihenfolge, die im Dialog-String festgelegt wurde, mit dem Platzhalter @ eingetragen.

Drawing Command
In diese Zeile kann ein Plot-Befehl zur graphischen Gestaltung des maskierten Blocks eingetragen werden. Die Parameter des Plot-Befehls können Zeilenvektoren mit festen Werten sein; möglich ist aber auch die Berechnung dieser Vektoren, so dass z.B. auf der Symboloberfläche der aktuelle Amplitudengang des Filters erscheint. Dabei müssen dann entsprechende Matlab-Anweisungen in die Drawing-Command-Zeile eingetragen werden.

Help String
Hier kann ein längerer Help-Text eingetragen werden, der nach Abschluß der Maskierung abgefragt werden kann und mit dem dem Benutzer eines derart maskierten Blocks Hinweise über die einzustellenden Parameter gegeben werden können.

Nachdem diese Eintragungen mit einem ok bestätigt wurden, ist die Maskierung beendet. Ein Doppelklick auf den Block *Filter* öffnet nun die Maske nach Bild 6.15. Darin können die Zahlenwerte von Ordnungszahl und Grenzfrequenz eingegeben werden.

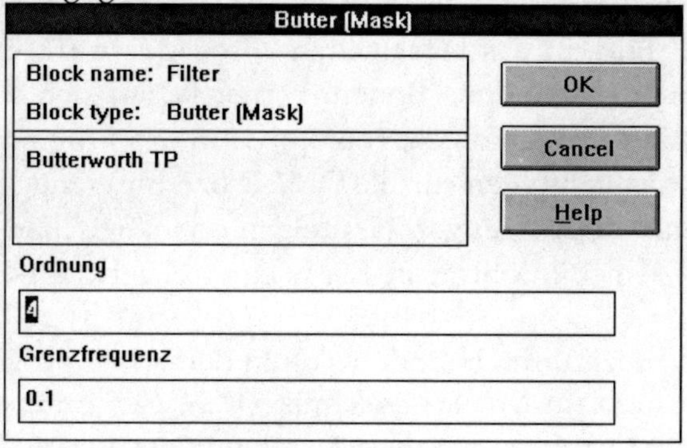

Bild 6.15. Maske des Blocks Filter

Mitunter soll die Maskierung von Böcken wieder aufgehoben werden, so z.B., wenn man den inneren Aufbau eines Blocks ansehen möchte, oder wenn man dort etwas verändern möchte. Dazu wird der (maskierte) Block markiert und im Menue der Punkt *Unmask* gewählt. Danach erscheint bei einem Doppelklick nicht die Blockmaske sondern das Innere des Blocks. Zwischen *Mask* und *Unmask* kann hin- und hergeschaltet werden.

6. 7. Einführung in DSV_SIM

Auf der Begleitdiskette befindet sich das Programmsystem DSV_SIM. Es enthält die behandelten DSV-Algorithmen als Quelltexte in Turbo-Pascal (ab Version 5.5) sowie eine Ablauf- und Simulationsumgebung für die Programme. Man kann damit die Algorithmen auf jedem handelsüblichen PC ablaufen lassen (nach Übersetzung mit dem Compiler). Die Algorithmen lassen sich modifizieren oder durch eigene DSV-Prozeduren ergänzen. DSV_SIM ist daher ein Werkzeug für die Programm-Simulation (vgl. Abschn. 4.2.2). Das Programmsystem ist, da es in Quellform vorliegt, ein offenes System. Dementsprechend wurden keine besonderen Maßnahmen zur Sicherung gegen Fehlbedienung während der Laufzeit getroffen. Während es das Prinzip von komfortablen Simulationsprogrammen ist, die Einzelheiten der Simulation unter Bedienungsoberflächen zu verbergen, soll das Programm DSV_SIM diese Details vor dem Anwender ausbreiten.

6. 7. 1. Übersicht

Das Programmsystem besteht gemäß Bild 6.16 aus einem steuernden Hauptprogramm DSV_SIM, in das verschiedene Prozeduren für den DSV-Algorithmus eingebunden werden können. Ferner lassen sich wahlfrei Prozeduren für benötigte Zahlenfolgengeneratoren in das Programm einbinden, die die Eingangszahlenfolgen für die DSV-Prozedur erzeugen. Eine Monitorprozedur kann die Ausgangszahlenfolgen oder Zwischenergebnisse der Simulation auf dem Bildschirm in Form eines Zweistrahl-Oszillogramms darstellen.

Die Generatorprozeduren befinden sich in dem Unterverzeichnis \GEN; die DSV-Prozeduren im Unterverzeichnis \DSV_PRG. Für die Simulation wird jeweils eine Prozedur aus diesen Unterverzeichnissen in das Hauptprogramm eingebunden. Nähere Angaben hierzu findet man in der Bedienungsbeschreibung (siehe Abschn. 6.7.2).

Das Programm ist menügesteuert. Zur Laufzeit des Programms kann der Benutzer entscheiden, welche (zwei) Schnittstellensignale im Oszillogramm dargestellt werden sollen. Dabei ist u0 immer die Eingangsschnittstelle der DSV-Prozedur und die Schnittstellen u1,u2,u3.. usw. sind Ausgangsschnittstellen oder innere Schnittstellen der DSV-Prozedur. Die Zuordnung der Schnittstellennummer zum Monitor erfolgt innerhalb der jeweiligen DSV-

Prozedur durch eine Variablenzuweisung. Welche Schnittstellenvariable benutzt werden, hängt von der jeweiligen DSV-Prozedur ab und ist aus deren Quelltext ersichtlich.

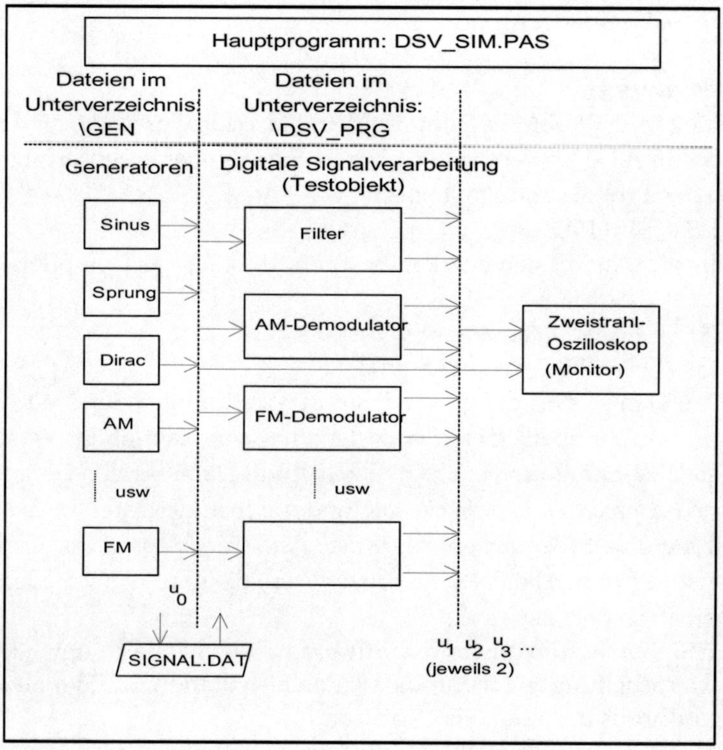

Bild 6.16. Pascal-Programmsystem DSV_SIM zur DSV-Programmsimulation

Durch das Hinzufügen von DSV-Modulen im Unterverzeichnis DSV_PRG und Generator-Modulen im Unterverzeichnis GEN ist das System für den Eigenbedarf ergänzbar. Der interessierte Leser möge hiervon regen Gebrauch machen, indem er eigene Algorithmen entwickelt und sie in das Programmsystem DSV_SIM einbindet.

Zusätzlich gegenüber der 1. Auflage wurde in DSV_SIM ein sog. virtueller Signalprozessor mit einem Pseudo-Befehlssatz implementiert. Dies eröffnet die Möglichkeit, den DSV-Algorithmus in einer Pseudo-Assemblersprache, also sehr prozessornah zu schreiben. Dabei kann dann in dem Programm-

Abschnitt, der den virtuellen Prozessor realisiert, die Stellenzahl des Rechenwerkes, der Register und der Speicher verändert werden. Auf den virtuellen Signalprozessor und seine Handhabung in DSV_SIM wird noch gesondert in Abschn. 6.7.3 eingegangen.

6. 7. 2. Bedienung

Der Einstieg in DSV_SIM beginnt mit dem Start von Turbo Pascal. Das Einbinden bestimmter DSV-Prozeduren und Signalgeneratoren erfolgt durch Editieren des Programm-Quelltextes:

DSV_SIM.PAS .

Im Quelltext befinden sich dazu an bestimmter Stelle die Compiler-Include Befehle:

{$I \GEN\<Dateiname>},
{$I \DSV_PRG\<Dateiname>}.

Unter ›Dateiname‹ sind die gewünschten Prozeduren einzugeben und das Programm neu zu übersetzen. Damit ist eine neue, lauffähige Version der jeweiligen DSV-Simulation erzeugt. Die Include-Datei für den Generator ist eine Prozedur *procedure berech_eingang* und die Include-Datei für die Signalverarbeitung eine Prozedur *procedure dsv.* Alle Generatoren und Signalverarbeitungsprogramme sind solche Prozeduren, die unter verschiedenen Datei-Namen abgespeichert sind.

Bei den Signalverarbeitungsprozeduren sind zwei Fälle zu unterscheiden: 1. Signalverarbeitungsalgorithmus in Pascal-Notation. 2. Signalverarbeitungsalgorithmus in Assembler-Notation.

Der Fall der Assembler-Notation erfordert eine Reihe weiterer Vorkehrungen:

1. Aus dem Verzeichnis \DSV_PROZ ist die Datei *virtproc.pas,* die den virtuellen Signalprozessor in Form eines Moduls definiert, zusätzlich zu der Generator- und der Signalverarbeitungsdatei in DSV_SIM.PAS einzufügen, und zwar als Include-Datei vor den beiden anderen Dateien. Die Datei *virtproc.pas* enthält eine Ansammlung von Vereinbarungen und Pascal-Prozeduren für die Implementierung der Pseudo-Assemblerbefehle.
2. Die Signalverarbeitungsprozedur hat für den Fall der Assembler-Notation einen abgeänderten Aufbau, der dem Beispielprogramm weiter unten entnommen werden kann. Zudem ist die Prozedur *Initialisiere_Prozessor,* die in DSV_SIM.PAS mit der Include-Datei

virtproc.pas eingefügt wird, aufzurufen.

Vor dem Starten des Programms sollte man sich nochmals anhand des betreffenden Kapitels im Buch eingehend mit den Spezifika des DSV-Algorithmus beschäftigen. Insbesondere ist auf die verwendeten Schnittstellenvariablen in den Blockdiagrammen zu achten, damit die Simulation das gewünschte Ergebnis liefert.

Nach dem Starten des Programms erscheint das in Bild 6.17 gezeigte Hauptmenü. Über Funktionstasten erfolgt die Auswahl eines Menüpunktes.

```
                 A L G O R I T H M E N
                         d e r
    D I G I T A L E N   S I G N A L V E R A R B E I T U N G
                 Gerdsen/Kröger 1996

                 Eingangssignal berechnen...F1
                 Oszilloskop................F2
                 Messschnittstelle..........F3
                 ...........................F4
                 ...........................F5
                 ...........................F6
                 ...........................F7
                 ...........................F8
                 DSV-Programmlauf...........F9
                 Ende des Programms.........F10
```

Bild 6.17. Hauptmenü des Programmsystems DSV_SIM

Mit der Funktionstaste F1 erhält man zunächst das Untermenü in Bild 6.18, mit dem die Parameter des Eingangssignals u0 eingestellt werden. Dieses Untermenü ist hier beispielhaft für einen AM-Signalgenerator dargestellt. Für andere Signalgeneratoren ist es jeweils den einstellbaren Parametern angepaßt.

```
BERECHNUNG einer SIGNALFOLGE:
                                         Feldlänge:  2500
Amplitudenmoduliertes Sinussignal

Signalfolge berechnen..F1
Inkrement..............F2
Dekrement..............F3
Niederfrequenz.........F4      Niederfrequenz:       0.010 *fa
Hochfrequenz...........F5      Hochfrequenz:         0.200 *fa
Modulationsgrad........F6      Modulationsgrad:      0.50
Hauptmenue.............F10
```

Bild 6.18. Untermenü zur Berechnung einer Eingangssignalfolge (Signalgenerator)

Mit F4, F5 und F6 können die Niederfrequenz, die Hochfrequenz und der Modulationsgrad eingestellt werden. Die Frequenzwerte beziehen sich immer auf die Abtastfrequenz f_A. Erhöhung oder Erniedrigung aller Werte wird mit F2/F3 vor der Einstellung gewählt.

Nachdem alle Parameter justiert sind, ist mit F1 die Eingangsfolge zu erzeugen. Das Programm legt die Folge in einem Eingangs-Array *inputfeld* sowie in der Datei *signaldatei.dat* ab (vergl. Bild 6.16).

Die Taste F10 führt schließlich in das Hauptmenü zurück (Bild 6.17). Vor der eigentlichen DSV-Berechnung werden nun im Hauptmenü mit F3 die Meßschnittstellen eingestellt, deren Signale während der Simulation gespeichert und die später oszilloskopiert werden sollen.

Die Simulation startet man mit F9 (DSV-Programmlauf) im Hauptmenü. Je nach Umfang der DSV-Prozedur tritt eine mehr oder weniger große Wartezeit auf. Die DSV-Prozedur liest nun die Eingangszahlenfolge aus dem Array *inputfeld* bzw. aus der Datei *signaldatei.dat*, berechnet die Ausgangszahlenfolge und schreibt die zu oszilloskopierenden Schnittstellensignale in zwei Ausgangs-Arrays *outputfeld1* und *outputfeld2*. Die Ausgangszahlenfolgen dieser Arrays sind dann mit F2 oszilloskopisch darzustellen.

Die Funktionstaste F2 des Hauptmenues lässt ein Zweistrahloszillogramm sichtbar werden:

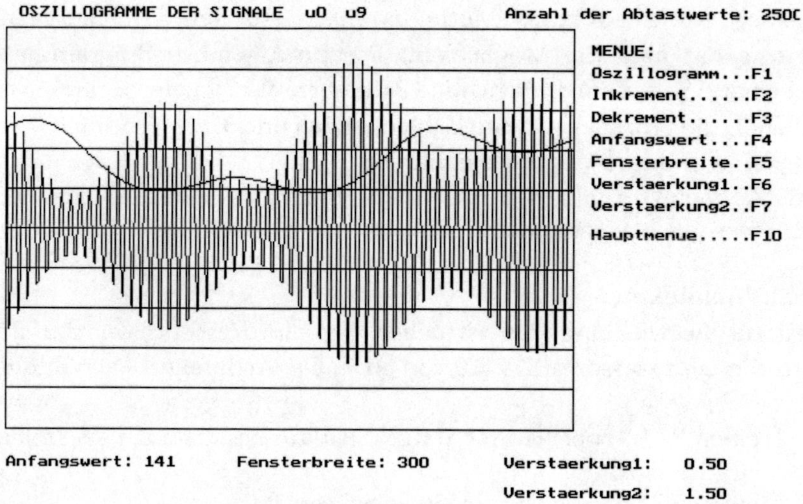

Bild 6.19. Zweistrahloszillogramm

Mit den Funktionstasten lassen sich der dargestellte Folgenbereich und die Verstärkung auf den Kanälen einstellen. Nach jeder Einstellung kann das Oszillogramm mit F1 neu gezeichnet werden. Die Rückkehr zum Hauptmenü erfolgt mit F10.

Sollen andere Schnittstellen oszilloskopiert werden, so sind im Hauptmenü erneut F3 und F9 aufzurufen. Das Eingangssignal verbleibt dabei im Speicher und braucht nicht neu erzeugt zu werden.

Wichtiger Hinweis: Die Größe der Arrays für die Eingangs- und Ausgangszahlenfolgen sollte an die jeweilig benutzte DSV-Prozedur angepaßt werden. Das erfolgt in einer Konstantendeklaration für die Variable *feldlaenge* in der Quelle DSV_SIM.PAS. In der Regel kann folgender Wert gewählt werden:

```
const feldlaenge = 2500;
```

Einige Prozeduren, so z.B. einige DFT-Algorithmen, erfordern dagegen eine Größe von

```
const feldlaenge = 256;
```

6. 7. 3. Virtueller Signalprozessor

Zur Erweiterung der Möglichkeiten algorithmischer Simulation wurde in DSV_SIM der Befehlsatz eines virtuellen Festkomma-Signalprozessors implementiert. Mit einem Pascal-Modul *virtproc.pas* für den virtuellen Signalprozessors hat man die Möglichkeit, Pseudo-Assembler-Programme zu schreiben und weiterhin drei wichtige Parameter der Signalprozessoren einzustellen: 1. die Wortlänge, 2. den Zahlenbereich und 3. die Kennlinie (Zweierkomplement- oder Sättigungskennlinie).

Damit können Wortlängeneffekte in Abhängigkeit von der Stellenzahl untersucht werden, was mit einem realen Prozessor nicht möglich ist.

6. 7. 3. 1. Architektur

Modell für Entwicklung des virtuellen Signalprozessors war der Festkomma-Signalprozessor µPD 7720 von NEC. Die Architektur nach Bild 6.20 zeigt:

1. einen RAM-Speicher mit Matrix-Struktur bestehend aus 8 Zeilen und 16 Spalten.
2. einen ROM-Speicher mit 256 Speicherplätzen.
3. einen Multiplizierer mit den beiden Eingangsregistern MULT1 und MULT2 sowie dem Ausgangsregister PROD.
4. eine arithmetisch logische Einheit ALU mit zwei Akkumulatoren ACCA und ACCB.
5. ein Interner Daten-Bus IDB für den Datentransfer innerhalb des Prozessors.
6. ein Serielles Eingangsregister SERIN.
7. ein Serielles Ausgangsregister SEROUT.
8. Zwei Transientenregister TRANS1, TRANS2.

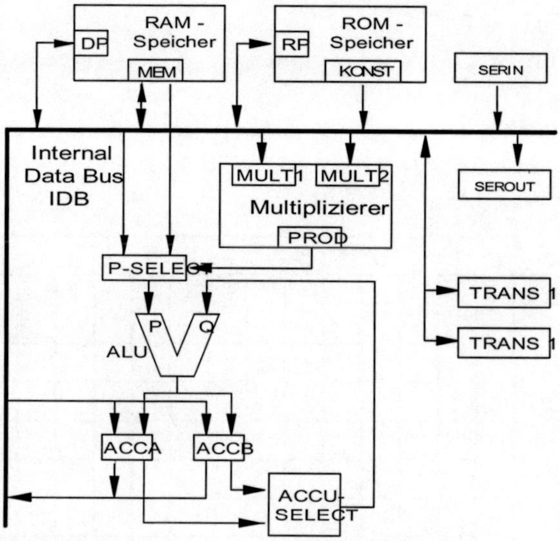

Bild 6.20. Architektur des DSV_SIM-Signalprozessors

Die arithmetisch logische Einheit erhält ihre Eingangsdaten über P-Select vom internen Datenbus IDB, vom RAM-Speicher MEM oder vom Multiplizierer-Ausgangsregister PROD. Der Block Accu-Select wählt den Akkumulator aus, mit dem die arithmetisch logische Einheit zusammenarbeitet. Der Multiplizierer arbeit im Hintergrund; wenn seine Eingangsregister neue Daten erhalten, bildet er automatisch das Produkt im Ausgangsregister. Die beiden Speicher, das Daten-RAM und das Konstanten-ROM werden über Pointer adressiert. Durch Laden des Pointer-Registers ist eine absolute Adressierung möglich. Eine relative Adressierung ergibt sich durch Inkrementieren oder Dekrementieren.

Der RAM-Speicher enthält 128 Speicherplätze. Zur Adressierung dient ein Data-Pointer DP mit einer Wortbreite von 7 Bit. Dabei werden die drei höchstwertigen Bits mit Data Pointer High DPH und die vier niederwertigen Bits mit Data Pointer Low DPL bezeichnet. Somit gilt in Pascal Notation:

```
DP := DPH SHL 4 + DPL;
DPL := DP MOD 16;
DPH := DP DIV 16;
```

In diesem Zusammenhang ist es wichtig, sich die Speicherplätze matrixartig angeordnet vorzustellen, wobei der Data Pointer High mit

0 <= DPH <= 7

die Zeile und der Data Pointer Low mit

0 <= DPL <= 15

die Spalte kennzeichnet. Die zeilen- und spaltenorientierte Anordnung der Speicherplätze des RAM-Speichers zeigt Bild 6.22.

Data Pointer		DPL															
		0	1	2	3	4	5	6	7	8	9	A	B	C	D	E	F
DPH	000																
	001																
	010																
	011																
	100																
	101																
	110																
	111																

Bild 6.22. RAM-Speicher mit Matrix-Struktur

Die Pascal-Beschreibung des RAM und der Data Pointer kann durch folgende Vereinbarungen erfolgen.

```
var     RAM : array[0..7,0..15] of word;
        DPH : byte; {Data Pointer High: Zeile }
        DPL : byte; {Data Pointer Low : Spalte}
        DP : byte; {Data Pointer}
```

Der ROM-Speicher mit den 256 Speicherplätzen wird durch die Pascal-Notation

```
var ROM : array[0..255] of real;
```

beschrieben.

6. 7. 3. 2. Befehlssatz

Der DSV_SIM-Signalprozessor verfügt über insgesamt fünf Befehle, die im folgenden erklärt werden sollen. Ausgehend von dem Befehlsaufbau wird zunächst die Assemblerschreibweise erläutert, wobei diese durch eine äquivalente Pascal-Notation erklärt wird. Bei der Anwendung der Befehle ist das Architekturmodell des Prozessors zu berücksichtigen (siehe Bild 6.20).

a) Transfer-Befehl

In Assembler-Notation hat der Befehl die Syntax

MOVE(<destination>,<source>);

Die entsprechende Pascal-Notation ist

<destination>:=<source>;

b) Arithmetik-Befehle

Addition:

Assembler-Notation:	ADD(<ACCU-Select>,<P-Select>);
Beispiel:	ADD(ACCA,PROD);
Pascal-Notation:	ACCA:= ACCA+PROD;

Subtraktion:

Assembler-Notation:	SUB(<ACCU-Select>,<P-Select>);
Beispiel:	SUB(ACCA,PROD);
Pascal-Notation:	ACCA:= ACCA-PROD;

Dekrementieren:

Assembler-Notation:	INC(<ACCU-Select>);
Beispiel:	INC(ACCA);
Pascal-Notation:	ACCA:= ACCA+1;

Inkrementieren:

Assembler-Notation:	DEC(<ACCU-Select>);
Beispiel:	DEC(ACCA);
Pascal-Notation:	ACCA:= ACCA-1;

Verschieben nach links:

Assembler-Notation:	SHFTL(<ACCU-Select>,<Anzahl>);
Beispiel:	SHFTL(ACCA,4);
Pascal-Notation:	ACCA:= ACCA*2^4;

Verschieben nach rechts:

Assembler-Notation:	SHFTR(<ACCU-Select>,<Anzahl>);
Beispiel:	SHFTR(ACCA,4);
Pascal-Notation:	ACCA:= ACCA*2^-4;

Die folgende Tabelle gibt eine Übersicht über die Mnemonics der Source- bzw. Destination-Register.

Tabelle 6.8. Mnemonics der Source und Destination Register

	DESTINATION	**SOURCE**
AKKUMU-	ACCA	ACCA

LATOREN	ACCB	ACCB
MULTIPLIZIERER	MULT1 MULT2	PROD
SPEICHER	MEM KONST	MEM KONST
ADRESSIERUNG	DP RP	DP RP
SERIELL INPUT / OUTPUT	SEROUT	SERIN
	TRANS1 TRANS2	TRANS1 TRANS2

c) Adressierung

Bei der Programmierung ist eine Adressierung des RAM-Speichers und des ROM-Speichers vorzunehmen. Durchgeführt wird dies mit einem Pointer. Tabelle 6.6 stellt die Adressierungsmöglichkeiten zusammen und gibt die zugehörige Pascal-Notation an.

d) Ladebefehl

Dieser Befehl ermöglicht die Übernahme einer Konstanten in ein Register oder in eine Speicherzelle innerhalb eines Programms.
Es gilt die folgende Syntax:

LOAD(<Zielmnemonic>,<Konstante>) ;

Tabelle 6.6. Relative Adressierung mit Pointern, Assemblerbefehle und Pascal-Notation

	ASSEMBLER	**PASCAL**
SPALTE: DPL RAM-SPEICHER	DPINC DPDEC DPCLR	DPL := (DPL + 1) MOD 16 DPL := (DPL - 1) MOD 16 DPL := 0
ZEILE: DPH RAM-SPEICHER	DPHJP(<Sprung>)	DPH := (DPH+Sprung) MOD 8
ROM SPEICHER	RPCLR RPINC RPDEC	RP :=0 RP :=RP+1 MOD 256 RP := RP - 1 MOD 256

e) Abtastbefehl

Dieser Befehl bewirkt die Übernahme eines neuen Abtastwertes in das serielle Eingangsregister. Dabei gilt folgende Pascal-Notation:

```
SERIN:=inputfeld[i];
```

6. 7. 3. 3. Realisierung

Der virtuelle Prozessor wird mit Hilfe der Datei *virtproc.pas* aus dem Verzeichnis \DSV_PROZ realisiert. Diese Datei wird als Include-Datei in das Hauptprogramm DSV_SIM eingefügt.

Die Register des Prozessors werden als Record-Variable des Typs *param* vereinbart:

```
type param = record
                    name:string[10];
        variable:real;
        end;
```

Die Mnemonics der Assemblerbefehle sind Namen von entsprechenden Pascal-Prozeduren in der Datei *virtproc.pas*. Das Prinzip sei anhand der Prozedur für den Transferbefehl MOVE erläutert:

```
procedure MOVE(var mnem1:param;var mnem2:param);
begin
if mnem2.name='MEM' then mnem2.variable:=RAM[DPH,DPL];
mnem1.variable:=mnem2.variable;
if mnem1.name='MEM' then RAM[DPH,DPL]:=MEM.variable;
PROD.variable:=MULT1.variable * MULT2.variable;wort(PROD);
end;
```

Die Prozedur *wort* nimmt die Wortlängenbegrenzung vor, deren Eingangsgrößen in der Datei *virtproc.pas* als Konstantenvereinbarung festgelegt werden:

```
const kennlinie:   char = 's';{Festlegung des Kennlinientyps
's' : Saettigungskennlinie 'z' : Zweierkomplementkennlinie }
zbereich : real=1;{Festlegung des Zahlenbereichs }
stellen : shortint=8 {Festlegung der Wortlaenge }
```

6. 7. 3. 4. Beispielprogramm

Bei DSV_SIM sind Assembler-Algorithmen auf der Basis des virtuellen Signalprozessors in eine Pascal-Laufanweisung einzubinden:

```
FOR i:=1 TO feldlaenge DO
BEGIN
```

```
u0:=inputfeld[i];
        ...
 <ASSEMBLER-PROGRAMM-Zeilen>
        ...
u1:=SEROUT.variable;
END:
```

Dem nachfolgenden Beispielprogramm für einen Tiefpaß 2. Ordnung können die Einzelheiten zur Benutzung der Assemblerbefehle entnommen werden. Bei dem Programm handelt es sich, wie auch sonst, um eine Programm-Datei, die als Include-Datei in das Hauptprogramm DSV_SIM einzufügen ist und die *procedure dsv* enthält. Die Prozedur ist auf der Diskette enthalten (fi_assem.pas). Am Beginn des Hauptteils wird die Prozedur *Initialisiere_Prozessor* gestartet.

```
{****************************************************}
PROCEDURE DSV;
{>>>>>lokale Vereinbarungen<<<<<<<<<<<<<<<<<<<<<<<}
const A0:real = 0.0200083366; {Koeffizienten fuer Tiefpass}
 A1:real = 0.0401667311;
 A2:real = 0.0200083366;
 B1:real = -1.5610180758;
 C1:real = -0.5610180758;
 B2:real = 0.6413515381;

var u0,u1 : real;
{<<<<<Beginn des Anweisungsteils<<<<<<<<<<<<}
BEGIN
Initialisiere_Prozessor; {Prozedur aus der Datei VIRTPROC.PAS}
{---------Beginn der Signalverarbeitung------------}
clrscr;
writeln('DSV laeuft');
{===Assemblerprogramm:RAM-Belegung,Anfangsbedingungen==}
 { Konstanten in den RAM }
 LOAD(DP, 64);LOAD(MEM,A0);
 LOAD(DP, 65);LOAD(MEM,A1);
 LOAD(DP, 66);LOAD(MEM,A2);
 LOAD(DP, 67);LOAD(MEM,C1);
 LOAD(DP, 68);LOAD(MEM,B2);
 { Anfangsbedingungen }
```

```
 LOAD(DP, 0);LOAD(MEM,0);
 LOAD(DP, 1);LOAD(MEM,0);
 LOAD(DP, 2);LOAD(MEM,0);
 LOAD(DP, 3);LOAD(MEM,0);
 LOAD(DP, 4);LOAD(MEM,0);
 LOAD(SEROUT,0);
{-------Signalverarbeitungs-Laufanweisung-----}
FOR i:=1 TO feldlaenge DO
 BEGIN
 u0:=inputfeld[i];
{==== Assemblerprogramm ==========================}

{ Diferenzengleichung:
y0 = A0 * x0 + A1 * x1 + A2 * x2 - B1 * y1 - B2 * y2
B1 = C1 - 1
y0 = A0 * x0 + A1 * x1 + A2 * x2 - C1 * y1 + y1 - B2 *
y2 }
{ RAM - Belegung:

DPL
 DPH 0 1 2 3 4 5 6 ....
 0 x0 x1 x2 y1 y2
 1
 2
 3
 4 A0 A1 A2 C1 B2
 5
 6
 7
}
 LOAD(DP,0);LOAD(ACCA,0);
 ABTAST; { SERIN := AD_Wandler }
 MOVE(MEM,SERIN); { x0 := SERIN }
 MOVE(TRANS1,MEM); { TRANS1 := x0 }
 MOVE(MULT1,MEM); { MULT1 := x0 }
 DPHJP(4); { DPH := 4 }
 MOVE(MULT2,MEM); { MULT2 := A0 }
 ADD(ACCA,PROD); { ACCA := ACCA + A0 * x0 }
```

```
DPINC;DPHJP(4); { DPL := 1; DPH := 0 }
MOVE(MULT1,MEM); { MULT1 := x1 }
MOVE(MEM,TRANS1); { x1 := x0 umspeichern }
DPHJP(4); { DPH := 4 }
MOVE(MULT2,MEM); { MULT2 := A1 }
ADD(ACCA,PROD); { ACCA := ACCA + A1 * x1 }
MOVE(TRANS1,MULT1); { TRANS1 := x1 }
DPINC;DPHJP(4); { DPL := 2; DPH := 0 }
MOVE(MULT1,MEM); { MULT1 := x2 }
MOVE(MEM,TRANS1); { x2 := TRANS1 umspeichern }
DPHJP(4); { DPH := 4 }
MOVE(MULT2,MEM); { MULT2 := A2 }
ADD(ACCA,PROD); { ACCA := ACCA + A2 * x2 }
DPINC; { DPL := 3 }
MOVE(MULT2,MEM); { MULT2 := C1 }
DPHJP(4); { DPH := 0 }
MOVE(MULT1,MEM); { MULT1 := y1 }
MOVE(MEM,SEROUT); { y1 := y0 umspeichern }
SUB(ACCA,PROD); { ACCA := ACCA - C1 * y1 }
ADD(ACCA,MEM); { ACCA := ACCA + y1 }
MOVE(TRANS1,MULT1); { TRANS1 := y1 }
DPINC; { DPL := 4 }
MOVE(MULT1,MEM); { MULT1 := y2 }
MOVE(MEM,TRANS1); { y2 := y1 umspeichern }
DPHJP(4); { DPH := 4 }
MOVE(MULT2,MEM); { MULT2 := B2 }
SUB(ACCA,PROD); { ACCA := ACCA - B2 * y2 }
MOVE(SEROUT,ACCA); { SEROUT := ACCA }
    {======Assemblerprogramm: Ende =============}

    u1:=SEROUT.variable;
    case schnittstelle1 of
    0: outputfeld1[i]:=u0;
    1: outputfeld1[i]:=u1;
    end;
    case schnittstelle2 of
    0: outputfeld2[i]:=u0;
    1: outputfeld2[i]:=u1;
    end;
```

```
END;
END;
{*************************************************}
```

6. 8. Programme und Dateien auf der Diskette

Auf der Buch-Diskette befinden sich die zwei Unterverzeichnise

DSV_SIM mit Programm-Dateien im Quelltext für DSV_SIM

DSV_MATL mit M-Files für das Programm Matlab/Simulink[60] .

6. 8. 1. Installation von DSV_SIM

Die Installation kann manuell oder automatisch erfolgen.

a) manuelle Installation

Es ist ein Verzeichnis/Unterverzeichnis im Ziellaufwerk einzurichten, unter dem DSV_SIM installiert werden soll (z.B. DSV_SIM). Unter diesem Verzeichnis DSV_SIM sind die Unterverzeichnisse

DSV_PRG
GEN
DSV_PROZ
DSV_UEBG

einzurichten.

Die Installation erfolgt dann durch Kopieren aller DSV_SIM-Dateien von der Diskette in die der Diskette entsprechenden Verzeichnisse auf der Festplatte.

b) automatische Installation

Die Diskette enthält im Hauptverzeichnis eine Batch-Datei

INST_SIM.BAT ,

mit der die Installation von DSV_SIM automatisch ablaufen kann. Folgende Schritte sind zur Installation durchzuführen:

a) Diskette einschieben und Diskettenlaufwerk anwählen,
b) Installations-Befehl

INST_SIM <Ziel-LAUFWERK>:\ <Ziel-PFAD>

eingeben. Ziel-Laufwerk und Ziel-Pfad müssen vollständig im Installations-Befehl angegeben werden. Im Ziel-Laufwerk wird dann automatisch der Ziel-Pfad erstellt, die notwendigen Unterverzeichnisse angelegt und die Dateien des Programmsystems kopiert.

---

60 Das Programmsystem MATLAB/SIMULINK ist nicht Bestandteil der Begleitdiskette.

Beispiel: INST_SIM C:\DSV_SIM
Nach erfolgreichem Abschluß der Installation müssen folgende Verzeichnisse und Dateien auf der Festplatte vorhanden sein:

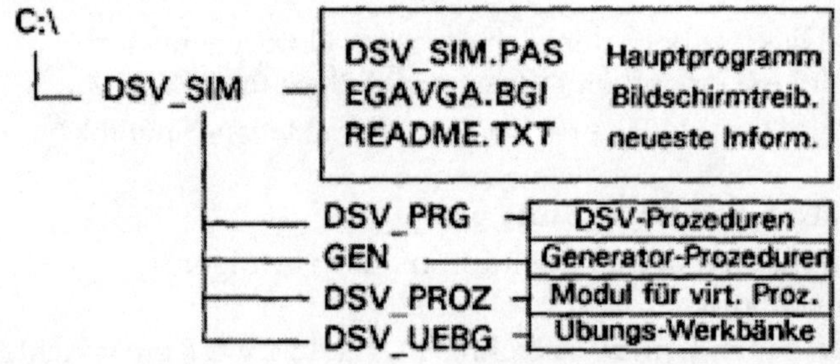

Bild 6.23. Programmverzeichnisse und Dateien von DSV_SIM

6. 8. 2. Installation von Matlab/Simulink-Dateien (DSV_MATL)

Auf der Buch-Diskette befinden sich unter einem Verzeichnis DSV_MATL eine Reihe von Matlab- und Simulink-Dateien (m-Files), die u.a. für die Übungen des Abschn. 6 benötigt werden und die auf Ihrer Festplatte zu installieren sind. Dies sind: eine Sammlung von vorgefertigten **Werkbank-Dateien** für die Übungen und eine neue Toolbox **DsvCom** mit DSV-Bausteinen sowie Script- und Function-Files, die speziell in diesem Buch behandelt werden.

Diese Dateien sind eine Ergänzung zum Programm *Matlab/Simulink*. Die Benutzung der Disketten-m-Files setzt voraus, dass auf Ihrem Computer eine Programmversion von Matlab/Simulink installiert ist. Ferner wird in diesen m-Files z. T. auf Funktionen der sog. *Signal Processing Toolbox* zurückgegriffen, die deshalb ebenfalls auf Ihrem Rechner verfügbar sein muß. Matlab/Simulink und die Signal Processing Toolbox sind Programme der Firma

The Math Works, Inc.
Cochituate Place
24 Prime Park Way
Natick, Massachusetts 01760

und nicht Bestandteil der Buch-Diskette.

Matlab existiert als DOS- und als Windows-Version. Grundlage für Simulink ist Matlab für Windows. Für die Beispiele dieses Buches wurden die Matlab Version 4.2c.1 und die Simulink Version 1.2c benutzt.

Die Leistungsfähigkeit von Matlab/Simulink beruht auf der großen Anzahl von m-Files (meist Function-Files), die thematisch in verschiedenen Directories des Programmsystems geordnet sind. Zur Erweiterung des Grundbestandes stehen weitere Sammlungen von m-Files in Form von Toolboxen zur Verfügung. Ein Beispiel dafür ist die Signal Processing Toolbox. Hier wird nun die Erweiterung um die Disketten-m-Files beschrieben.

Um die neu hinzukommenden m-Files thematisch bessser von Ihren bereits vorhandenen Matlab-Dateien abgrenzen zu können, empfehlen wir, die neuen Diskette-Dateien in einem eigenen Verzeichnis bzw. Unterverzeichnis *DSV_MATL* zu installieren. Die Installation kann manuell oder automatisch erfolgen.

a) Manuelle Installation

Die Diskette enthält ein Verzeichnis DSV_MATL und darunter die in Bild 6.24 gezeigten Unterverzeichnisse und Dateien. Auf Ihrer Festplatte ist ein Verzeichnis DSV_MATL und eine entsprechende Unterverzeichnisstruktur anzulegen. Danach sind die Dateien von der Diskette in die entsprechenden Unterverzeichnisse der Festplatte zu kopieren.

b) Automatische Installation

Die Diskette enthält im Hauptverzeichnis eine Batch-Datei

INST_MAT.BAT,

mit der die Installation aller Matlab-Dateien automatisch ablaufen kann. Folgende Schritte sind zur Installation durchzuführen: a) Diskette einschieben und Diskettenlaufwerk anwählen b) Installations-Befehl

INST_MAT <Ziel-LAUFWERK>:\<Ziel-PFAD>

eingeben. Ziel-Laufwerk und Ziel-Pfad müssen vollständig im Installations-Befehl angegeben werden. Im Ziel-Laufwerk wird dann automatisch der Ziel-Pfad erstellt, die notwendigen Unterverzeichnisse angelegt und die Dateien des Programmsystems kopiert.

Beispiel: INST_MAT C:\DSV_MATL

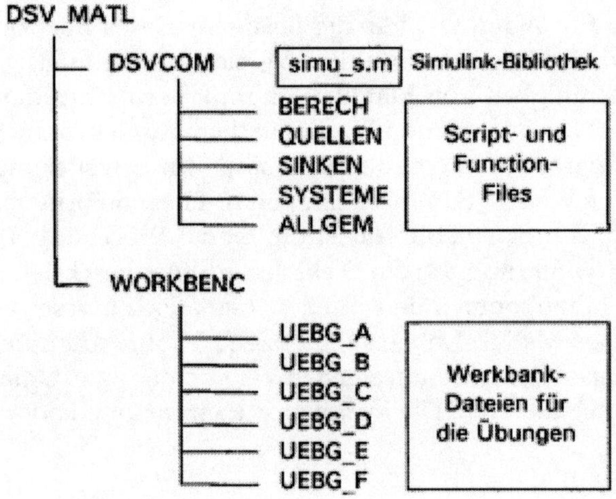

Bild 6.24. Verzeichnisse und Dateien in DSV_MATL

Nach erfolgreichem Abschluß der Installation müssen die Matlab-Verzeichnisse und Dateien, wie in Bild 6.24 gezeigt, auf der Festplatte vorhanden sein.

Damit das Programm Matlab/Simulink auf neu installierte Toolboxen zugreifen kann, müssen die neuen Pfade, in denen sich m-Files befinden, in einem sog. Master-Start-Up-File mit der Bezeichnung *matlabrc.m* enthalten sein. Nach der Installation der Disketten-Files auf Ihrer Festplatte müssen Sie deshalb in dem Master-Start-Up-File *matlabrc.m* folgende Eintragungen mit einem Standard-Editor vornehmen[61]:

```
';C:\DSV_MATL\DSVCOM',...
';C:\DSV_MATL\DSVCOM\QUELLEN',...
';C:\DSV_MATL\DSVCOM\SINKEN',...
';C:\DSV_MATL\DSVCOM\SYSTEME',...
';C:\DSV_MATL\DSVCOM\ALLGEM',...
';C:\DSV_MATL\DSVCOM\BERECH',...
';C:\DSV_MATL\WORKBENC\uebg_a',...
';C:\DSV_MATL\WORKBENC\uebg_b',...
';C:\DSV_MATL\WORKBENC\uebg_c',...
```

[61] Bei diesen Eintragungen wurde der Pfad C:\DSV_MATL als Quellverzeichnis für die neuen Files angenommen.

';C:\DSV_MATL\WORKBENC\uebg_d',...
';C:\DSV_MATL\WORKBENC\uebg_e',...
';C:\DSV_MATL\WORKBENC\uebg_f',...

Zum Abschluß der Installation sollte man das Programm Matlab/Simulink starten und sich noch einmal davon überzeugen, ob dem Programm die neuen Pfade bekannt sind. Dies kann mit dem *path*-Befehl im Matlab-Command-Fenster erfolgen, dessen Ergebnis eine Liste aller Matlab bekannten Pfade auf Ihrem Rechner ist.

6. 8. 3. DSV_SIM-Prozeduren

Das Programmsystem DSV_SIM ist ein von den Autoren selbst entwickeltes Programm. Es ist komplett als Pascal-Quelltext auf der Diskette vorhanden und befindet sich im Verzeichnis DSV_SIM.

6. 8. 3. 1. Signalverarbeitungsalgorithmen

Die im Buch behandelten Algorithmen stehen Verzeichnis ... \DSV_PRG. Die folgende Tabelle faßt alle hierzu auf der Diskette vorhandenen Pascal-Prozeduren zusammen. Es wird dabei die Ausgangsvariable der betreffenden Prozedur (OUT) und das entsprechende Kapitel angegeben, in dem der Algorithmus behandelt wird. Alle, in den Prozeduren verwendeten Signalvariablen u0, u1, u2 usw. kann man in den Blockbildern des Abschnittes 2 wiederfinden.

DSV_PRG\....	**BESCHREIBUNG**	**OUT**	**Kapitel**
Filter			
FI_BI_R1.PAS	TP 1. Ordnung mit Bilineartransformation und Tabellenmultiplikation	u2	1.3.1.1
FI_BI_R2.PAS	TP 2. Ordnung mit Bilineartransformation und Tabellenmultiplikation	u2	1.3.1.1
FI_KA_R2.PAS	Rekursives Filter 2. Ordnung nach kanonischem Blockdiagramm	u3	
FI_KA_T4.PAS	Nichtrekursives Filter 4. Ordnung nach kanonischem Blockdiagramm	u2	

FI_UM_TN.PAS	Nichtrekursives Filter N.Ordnung mit Umspeichermechanismus (gleiche Koef-fizient.)	u2	
FI_TA_T4.PAS	Nichtrekursives Filter 4. Ordnung mit Tabellenmultiplikation	u2	
FI_ASSEM.PAS	Beispiel-Filterprogramm mit den Proze-duren eines virtuellen Signalprozessors	u1	6.7.3.4
HILB.PAS	Hilbert-Transformator	u1 u2	2.3.1.6
Schwing.-Erzeug.			
RELAX_SZ.PAS	Sägezahnfolge nach Relaxationsverfah-ren	u3	2.3.4.2
RELAX_DR.PAS	Dreieckfolge nach Relaxationsverfahren	u7	2.3.4.2
RELAX_BP.PAS	Sinusfolge mit Relaxationsverfah-ren/Bandpaß	u10	2.3.4.2
Nichtlineare Kennl.			
SINUSKP.PAS	Sinuskennlinie nach Polynomverfahren	u6	2.3.2.4
DFT			
DFT_DIR.PAS	DFT; direkte Programmierung 2)	u3	2.3.5.1
FFT_256.PAS	256-Punkte Fast Fourier-Transformation 2)	u3	2.3.5.2
GOERTZEL.PAS	Goertzel-Algorithmus der DFT	u9	2.3.5.5
RDFT.PAS	Rekursive DFT	1)	2.3.5.3
RDFT_TAB.PAS	Rekursive DFT mit cos-/sin-Tabelle	1)	2.3.5.3
CHIRP_Z.PAS	DFT nach Chirp-Z-Algorithmus	u12	2.3.5.4
ZOOM_SUB.PAS	Zoom-FFT mit Subtransformation 2)	u3	2.7.1.3

ZOOM_UEB.PAS	Zoom-FFT mit Überlagerungsprinzip 2)	u3	2.7.1.2

DSV_PRG\....	BESCHREIBUNG	OUT	Kapitel
AM-Demodulat.			
AM_SYNC.PAS	AM-Demodulator (synchr. Trägerphase)	u5	
AM_PROD.PAS	AM-Produktdemodulator	u12	2.5.2.1
ESB_DEM.PAS	ESB-Demodulator	u11	2.5.2.3
FM-Demodulat.			
FM_DEMF1.PAS	FM-Flankendemodulator (Übertr. Funktion 1)	u5	2.5.3.3
FM_DEMF2.PAS	FM-Flankendemodulator (Übertr. Funktion 2)	u6	2.5.3.3
FM_DEMQ1.PAS	FM-Quadraturdemodulator mit Abmischung und Amplitudenbegrenzer	u14	2.5.3.5
FM_DEMQ2.PAS	FM-Quadraturdemodulator mit zeitversetzter Abtastung und Amplitudenbegrenzer	u14	
sonstige			
KURZSCHL.PAS	Kurzschlußprogramm (Eing. = Ausg.)	u1	
TEILER.PAS	Teilung der Eingangsfolge um Faktor	u1	
QUAD_VER.PAS	Quadratursignalerzeugung mit versetzter Abtastung eines Bandpaßsignals	u4 u5	2.4.2.4
CORDIC.PAS	Cordic-Algorithmus (eigenständ. Programm)		2.3.3.3

1) Die Ausgangsvariable entfällt; bei laufendem DSV-Programm wird direkt das Spektrum dargestellt.

2) Die Arraygröße der Zahlenfolgen ist auf 256 einzustellen (const feldlaenge im Hauptprogramm.

6. 8. 3. 2. Signalgeneratoren

Im Unterverzeichnis ...\GEN stehen mitgelieferten Signalgenerator-Prozeduren.

DSV_GEN\....	BESCHREIBUNG	Kapitel
SIN_SIG.PAS	Sinusfolge	
SIN_UM.PAS	Sinusfolge mit schrittweiser Frequenzerhöhung	
DIRAC.PAS	Dirac-Folge	
SPRUNG.PAS	Sprungfolge	
RECHTECK.PAS	Rechteckfolge	

DSV_GEN\....	BESCHREIBUNG	Kapitel
SAEGE.PAS	Sägezahnfolge mit Offset	
WOBBEL.PAS	gewobbelte Sinusfolge	
RAUSCHEN.PAS	bandbegrenzte Rauschfolge	
DIGI_BAS.PAS	digitales Basisbandsignal mit Codierung	
AM_SIG1.PAS	AM-modul. Schwingung (Eintonmodulation)	
AM_SIG2.PAS	AM-modul. Schwingung (Zweitonmodulation)	
AM_LIMOD.PAS	AM mit linearer Erhöhung des Modul.-Grades	
FM_SIG.PAS	FM-modul. Schwingung (Eintonmodulation)	
FM_AM.PAS	FM-Signal mit AM-Störung	
ESB_MOD1.PAS	ESB-modul. Schwingung (Eintonmodulation)	

ESB_MOD2.PAS	ESB-modul. Schwingung (Zweitonmodulation)	
ECHO_MOD.PAS	Digitales, echomoduliertes Signal	2.6.1.2

6. 8. 3. 3. Prozeduren für den virtuellen Signalprozessor

Die Prozeduren und Vereinbarungen für den virtuellen Signalprozessor stehen insgesamt in einer Datei *virtproc.pas* in dem Verzeichnis ...\DSV_PROZ. Diese Prozeduren werden benötigt, wenn ein Signalverarbeitungsprogramm in Assembler formuliert werden soll. Die Datei ist dann in das Hauptprogramm *dsv_sim.pas* mit einem Include-Befehl einzubinden (siehe Abschn. 6.7.3.3)

DSV_PROZ\....	BESCHREIBUNG	OUT	Kapitel
VIRTPROC.PAS	Pascal-Modul mit einer Ansammlung von Prozeduren eines virtuellen Signal-Prozessors		6.7.4

6. 8. 3. 4. DSV_SIM-Werkbank-Prozeduren für die Übungen des Abschnittes 6

Diese Prozeduren sind speziell für den Übungsteil (Abschnitt 5) gedacht und stehen im Unterverzeichnis ...\DSV_UEBG. Es handelt sich hierbei um Musterprozeduren, in die man Pascal-Quelltext ergänzen soll.

DSV_UEBG\....	BESCHREIBUNG	Kapitel
KAMPR0V.PAS	Werkbank-Datei für AM-Produkt-Demodulator	5.4
KSINUP0V.PAS	Werkbank-Datei: Nichtlineare Kennlinie (Sinus)	5.6

6. 8. 4. Simulink-Werkbänke für die Übungen des Abschnittes 5

Für die Übungen mit Simulink gibt es zum Editieren vorgefertigte Werkbank-Dateien, die sich auf der Diskette im Unterverzeichnis DSV_MATL\WORKBENC befinden. Zur Unterscheidung von Script-Files und

Function-Files haben Simulink-Files ein _*s* als letzte Zeichen im Dateinamen. Die folgenden Tabellen fassen, nach Übungen getrennt, die Namen der Werkbankdateien zusammen.

...\UEBG_A	BESCHREIBUNG	Kapitel
keine Datei		5.1

...\UEBG_B	BESCHREIBUNG	Kapitel
GDGT0S.M	Übertragungsstrecke mit Zeit- und Amplitudenquantisierung	5.2
GFLMS0S.M	Messtechnische Untersuchung von Filtern: Aufbau der Messtechnik aus Bausteinen	5.2
GNTZ0S.M	Aufbau eines Digitalen Netzwerkes aus Bausteinen Oszilloskopische Untersuchung	5.2
GWORT0S.M	Untersuchung des Rundungsgeräusches nach der Filtermethode	5.2

...\UEBG_C	BESCHREIBUNG	Kapitel
kuhilb0s.m	Simulink Werkbank-Datei zur Lösung der Aufgabe Hilbert-Transformator	5.3
khimix0s.m	Simulink Werkbank-Datei zur Lösung der Aufgabe Mischer mit Hilbert-Transformator	5.3
kqumix0s.m	Simulink Werkbank-Datei zur Lösung der Aufgabe Abwärtsmischer	5.3

kzeitv0s.m	Simulink Werkbank-Datei zur Lösung der Aufgabe Zeitversetzte Abtastung Bandpaßsignal	5.3

...\UEBG_D	BESCHREIBUNG	Kapitel
kampro0s.m	Simulink Werkbank-Datei zur Lösung der Aufgabe AM-System mit Produktdemodulator	5.4
kesbam0s.m	Simulink Werkbank-Datei zur Lösung der Aufgabe ESB-AM-System	5.4
kfmvez0.m	Simulink Werkbank-Datei zur Lösung der Aufgabe FM-System mit Verzögerungs-Demodulator	5.4

...\UEBG_E	BESCHREIBUNG	Kapitel
GZOOM0S.M	Simulink-Werkbank-Datei für Zoom-FFT	5.5
GCHIRP0S.M	Simulink-Werkbank-Datei für Chirp-z-DFT	5.5

...\UEBG_F	BESCHREIBUNG	Kapitel
knkspc0s.m	Simulink-Werkbank-Datei zur Untersuchung der spektralen Eigenschaften bei nichtlinearer Kennlinie	5.6

knktab_0s.m	Simulink-Werkbank-Datei zur Konstruktion einer nichtlinearen Kennlinie nach dem Tabellenverfahren	5.6
krelax0s.m	Simulink-Werkbank-Datei zur Konstruktion eines Relaxations-Oszillators	5.6
krelnk0s.m	Simulink-Werkbank-Datei für Sinusgenerator mit Relaxationsoszillator und nichtlinearer Kennlinie	5.6
krelbp0s.m	Simulink-Werkbank-Datei für Sinusgenerator mit Relaxationsoszillator und Bandpaß	5.6
kkonjk0s.m	Simulink-Werkbank-Datei für Sinus-Cosinus-Generator mit konjugiert komplexem Polpaar	5.6

6. 8. 5. Matlab/Simulink-Toolbox DsvCom

Die mitgelieferte Toolbox DsvCom enthält eine Sammlung selbst erstellter Simulink-Blöcke und Matlab-Dateien, die speziell für häufig benutzte Bausteine und Berechnungen dieses Buches entwickelt wurden. Die Toolbox ist sehr hilfreich bei der Konstruktion und beim Testen umfangreicher Bausteine und Systeme einzusetzen, da man hiermit auf fertig konstruierte Teile zurückgreifen kann. Die Toolbox befindet sich im Unterverzeichnis DSV_MATL\DSVCOM und ist folgendermaßen gegliedert:

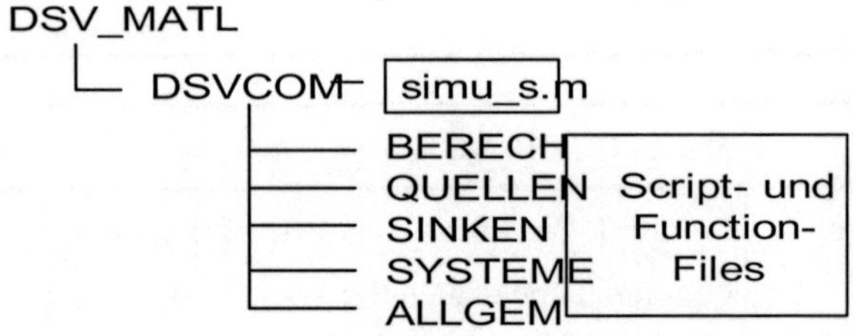

Bild 6.25. Aufbau der Toolbox DsvCom

Der geneigte Leser möge von der Toolbox regen Gebrauch machen und sie ggf. durch eigene Konstruktionen ergänzen.
Zur Unterscheidung der Dateitypen haben Script-Files ein *_p*, Function-Files ein *_f* und Simulink-Files ein *_s* als letzte Zeichen im Dateinamen.

Die Bibliotheks-Datei *simu_s.m* enthält eine umfangreiche Sammlung fertiger Simulink-Blöcke für Generatoren, Bausteine und Systeme, die in diesem Buch behandelt werden. Außerdem findet man hier eine Reihe nützlicher und speziell auf die Belange der Nachrichtentechnik konstruierte Meßgeräte. Die weiteren Unterverzeichnisse von DSVCOM enthalten nützliche Matlab- Script- und Function-Files, so z.B. zur Berechnung von Filterkoeffizienten, zur Spektralberechnung und zur Spektraldarstellung.

Es sei noch erwähnt, dass einige Blöcke der Datei *simu_s.m* und auch die Werkbankdateien des Übungsabschnittes 6 Gebrauch von diesen Script- und Function-Files machen und deshalb für die praktischen Übungen des Abschnittes 6 eine komplette Installation von DSVCOM notwendig ist.

6. 8. 5. 1. Simulink-Bibliothek SIMU_S.M

Die Toolbox beinhaltet die Simulink-Bibliothek *simu_s.m*. Diese Bibliothek kann vom Matlab Command Fenster aus mit dem Befehl

SIMU_S

aufgerufen werden. Nach dem Aufruf erscheinen 4 Gruppensymbole:

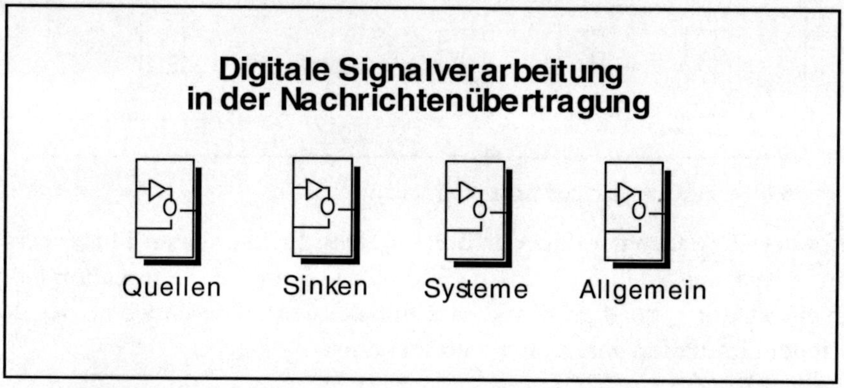

Bild 6.26. Gruppen der Bibliothek SIMU_S.M

In ihnen findet man Bausteine der Nachrichtentechnik. Die Einteilung aller Bausteine in diese 4 Gruppen orientiert sich an der Standard-Simulink-Bibliothek und zwar findet man

- in Quellen: Signalgeneratoren (Bausteine, die nur Ausgänge haben),
- in Sinken: Meßgeräte (Bausteine, die nur Eingänge haben),
- in Systeme: Bausteine mit Ein- und Ausgängen,
- in Allgem: sonstige Bausteine für allgemeine Verwendung.

Wir wollen die Bausteine dieser 4 Gruppen im folgenden kurz betrachten. Die Bausteine sind zum größten Teil maskierte Blöcke. Durch De-Maskieren kann man sich ihren inneren Aufbau ansehen und so die Funktionsweise am besten direkt am Objekt nachvollziehen. Deshalb soll an dieser Stelle auch nur auf Besonderheiten einzelner Bausteine hingewiesen werden.

Quellen

In dieser Gruppe findet man häufig verwendete Generatoren der Nachrichtentechnik.

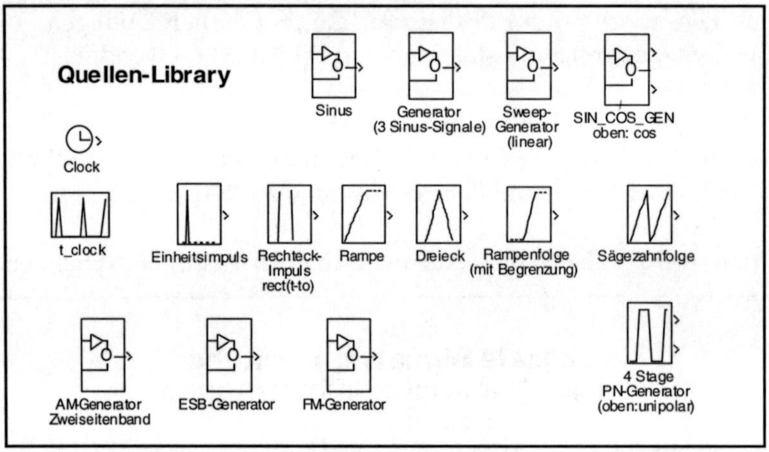

Bild 6.27. Bausteine der Gruppe Quellen

Besondere Erklärung bedarf der Block *t_clock*. Er hat keinen Eingang und keinen Ausgang. In ihm wird nach Bild 6.28 während der Simulation lediglich ein Vektor t_clock im Workspace mit Zeitwerten beschrieben, der dort nach der Simulation verarbeitet werden kann.

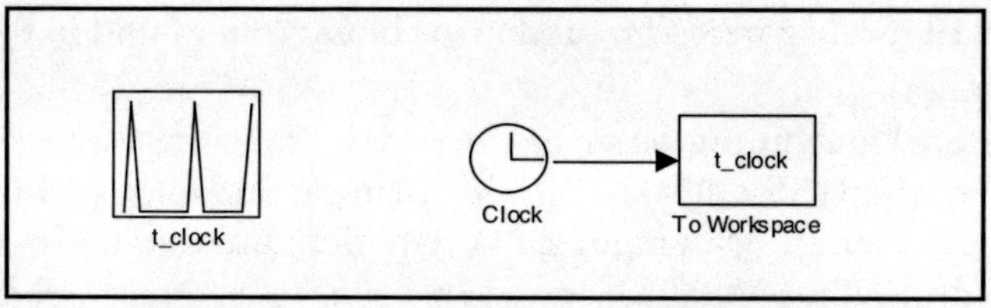

Bild 6.28. Der Block t_clock und sein innerer Aufbau

Man kann diesen Vektor insbesondere bei Plots im Zeit- und Frequenzbereich verwenden, wenn Absolutwerte für die Zeit bzw. die Frequenz auf der Abzisse eines Plots angezeigt werden sollen. So machen beispielsweise die Script-Files *koszi_p.m* und *gspek_p.m* von diesem Vektor Gebrauch (siehe Abschn. 6.8.5.2).

Sinken

Diese Gruppe beinhaltet häufig benötigte Meßgeräte.

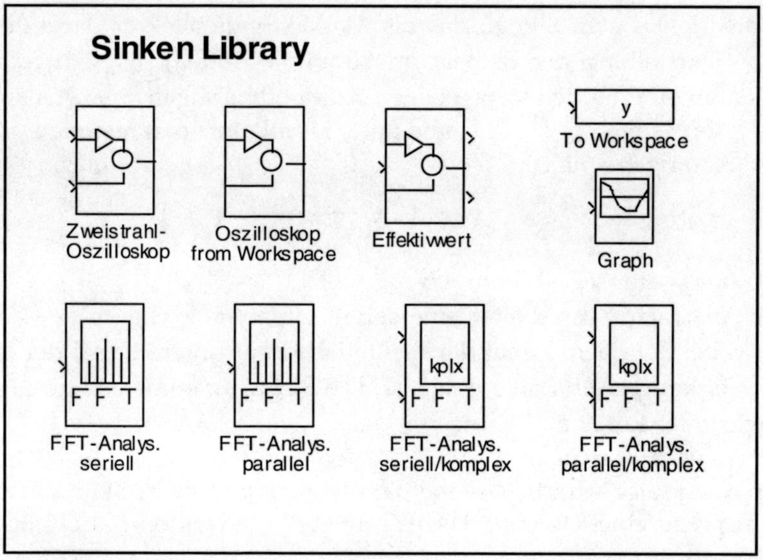

Bild 6.29. Bausteine der Gruppe Sinken

Der Block *Effektivwert* mißt den Kurzzeiteffektivwert des einlaufenden Signals über der Zeit. Die Integrationszeit ist einstellbar. Der Effektivwert liegt an den zwei Blockausgängen an, und zwar linear (oben) und in dB (bezogen auf 0.775, unten).

Zur direkten Berechnung einer Fast Fourier Transformation (FFT) innerhalb eines Simulink-Modells sind in der Gruppe Sinken verschiedene *FFT-Analysatoren* enthalten. Man kann sie verwenden, um innerhalb einer Simulation, d.h, ohne über Vektoren des Workspaces zu gehen, Spektren von Zahlenfolgen an verschiedenen Schnittstellen aufzunehmen[62]. Schnittstellen, deren Spektren man betrachten möchte, verbindet man mit dem betreffenden Eingang des Analysators.

Alle 4 FFT-Analysatoren bilden eine FFT für die einlaufenden Zahlenfolgen und stellen am Ende der Simulation den Betrag der komplexen Fouriertransformation in einem Plot als Funktion der bezogenen Frequenz f' dar. Die bezogene Frequenz liegt im Bereich 0 £ f' < 1. Die FFT-Bausteine und ihre Einstellparameter werden im folgenden näher erläutert.

a) FFT-Analysator seriell
Dieser Analysator verarbeitet eine seriell einlaufende, reelle Zahlenfolge. Das entspricht einem Signal, das als Matlab-Spaltenvektor dargestellt ist (übliche Darstellung der Signale im Simulink-Modell). Es sind folgende Block-Parameter mit den angegebenen Randbedingungen einzustellen:

Stop Time	wie unter Simulationsparameter
Anfangsfrequenz	> 0
Endfrequenz	$< 1 - \frac{1}{\text{Stop Time}}$

b) FFT-Analysator seriell/komplex
Dieser Analysator verarbeitet eine seriell einlaufende, komplexe Zahlenfolge, wobei der obere Kanal der Realteil und der untere Kanal der Imaginärteil der komplexen Zahlenfolge ist. Die Eingabeparameter sind die gleichen wie unter Punkt a).

c) FFT-Analysator parallel
Dieser Analysator verarbeitet eine parallel einlaufende, reelle Zahlenfolge. Das entspricht einem Signal, das als Matlab-Zeilenvektor dargestellt ist. In

---

62 Achtung: Die Analysatoren verwenden ein gemeinsames Function-File mit einer globalen Variablen. Deshalb darf in einem Modell nur jeweils ein Typ und ein Exemplar eines solchen FFT-Analysators verwendet werden.

der Simulink-üblichen Darstellung sind Signale als Spaltenvektor dargestellt. Um diesen Analysator zu verwenden, muss also ein Seriell/Parallelwandler-Baustein vorgeschaltet werden. Dieser steht in Form eines Dezimierers in der Gruppe Systeme zur Verfügung (siehe nächster Abschnitt: System-Bausteine, Dezimierer). Es sind folgende Block-Parameter mit den angegebenen Randbedingungen einzustellen:

Stop Time	wie unter Simulationsparameter
Blocklänge	$N = \frac{\text{Stop Time}}{Z}$, N ganzzahlig
Anfangsfrequenz	$> \quad 0$
Endfrequenz	$< 1 - \frac{1}{N}$

Hierin ist Z der eingestellte Dezimationsfaktor des vorgeschalteten Dezimierers, der bei einer normalen FFT immer zu 1 gewählt wird. Abweichende Werte hiervon stellt man ein, wenn man z.B. eine Zoom-FFT nach dem Überlagerungsverfahren modellieren möchte.

d) FFT-Analysator parallel/komplex
Dieser Analysator verarbeitet, wie der unter c), eine parallel einlaufende, jedoch komplexe Zahlenfolge. Der obere Kanal ist der Realteil und der untere Kanal der Imaginärteil der komplexen Zahlenfolge. Auch ihm sind Dezimierer zur Seriell/Parallel-Wandlung voranzuschalten. Die Eingabeparameter sind in gleicher Weise wie unter Punkt c) zu wählen.

Systeme

Diese Gruppe beinhaltet die folgenden Übertragungsbausteine:

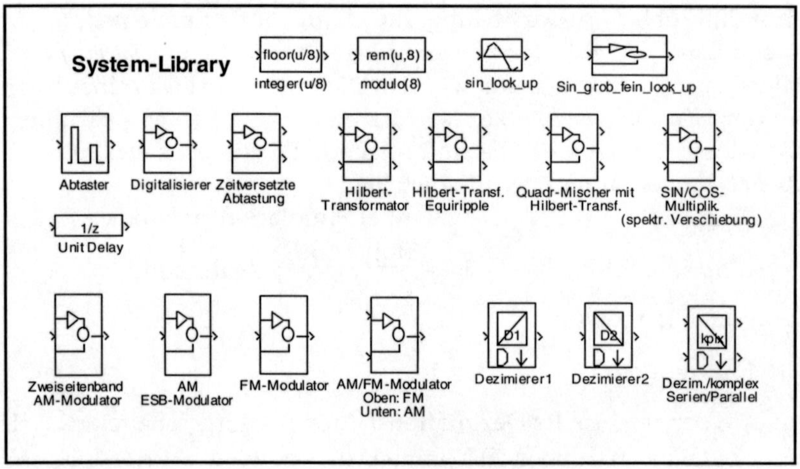

Bild 6.30. Bausteine der Gruppe Systeme

Die Bedeutung der meisten Blöcke ist im Zusammenhang mit Abschnitt 3 des Buches selbsterklärend, ebenso auch deren Einstellparameter. Durch De-Maskieren lässt sich die Konstruktion der Bausteine anhand der theoretischen Abhandlungen des Abschnittes 3 leicht nachvollziehen. Einige besondere Bausteine seien kurz erläutert.

In der oberen Zeile findet man Blöcke, die bei der Simulation von Wortlängeneffekten und bei der Konstruktion von nichtlinearen Kennlinien nach dem Tabellenverfahren nützlich sind. Dies sind zunächst die Modulo-Funktion (*modulo*) und die Rundungsoperation *(integer*). Außerdem gibt es zwei Blöcke, in denen man mit dem Simulink-Block *look-up-table* Tabellen und ihren Zugriff über Adressen simulieren kann.

Der Block *Abtaster* ist ein Abtast-Halte-Glied mit unabhängiger Einstellung der Abtastfrequenz und der Pulsbreite. *Digitalisierer* ist ein Block, der eine Zeit- und Amplitudenquantisierung beinhaltet. Der Block *Zeitversetzte Abtastung* ist ein Abtaster für Bandpaßsignale nach Abschn. 2.4.2.4.

Bei den *Dezimierern* handelt es sich im Unterschied zu Abtast-Halte-Gliedern um echte Zahlenfolgen-Dezimierer, also um Bausteine, die entsprechend einem eingestellten Dezimationsfaktors Z in der Ausgangsfolge nur jede Z-te Zahl der Eingangsfolge erscheinen lassen und die übrigen Z-1 Zahlen fortlassen. Die Dezimierer wandeln die einlaufenden Zahlenfolgen seriell/parallel um. In der Simulink-üblichen Darstellung sind Signale seriell, d.h. als Spaltenvektor dargestellt. Das Ausgangssignal der Dezimierer ist also ein Zeilenvektor, wie er z.B. als Eingangssignal bei den parallelen FFT-Analysatoren der Gruppe Sinken benötigt wird. Bei den Dezimierern sind folgende Block-Parameter mit den angegebenen Randbedingungen einzustellen:

Stop Time	wie unter Simulationsparameter
Dezimationsfaktor Z	mit $\frac{\text{Stop Time}}{Z}$ ganzzahlig

Die beiden Dezimierer 1 und 2 sind baugleich und dezimieren reelle Zahlenfolgen unter gleichzeitiger Seriell/Parallel-Wandlung. Wenn in einem Simulink-Modell zwei Dezimierer benötigt werden, sind diese beiden zu verwenden.[63]

Allgemein

Diese Gruppe ist für allgemeine Blöcke reserviert (Beschreibungsblock etc.)

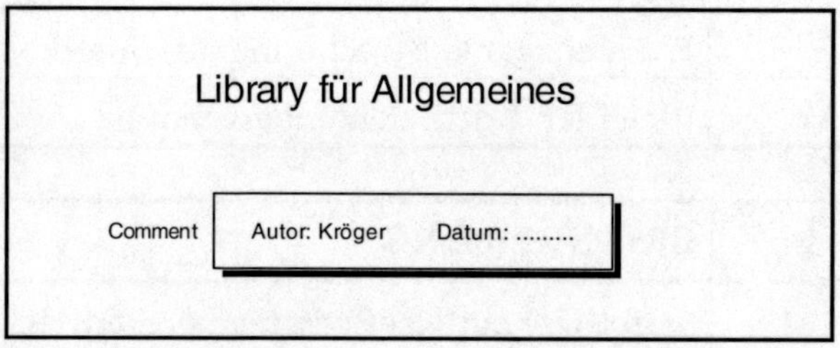

Bild 6.31. Gruppe Allgemein

6. 8. 5. 2. DsvCom Script- und Function-Files

Die folgende Tabelle gibt eine Übersicht und Kurzbeschreibung der unter DSVCOM in Unterverzeichnissen enthaltenen Script- und Function Files (siehe Bild 6.25). Die detaillierte Funktion der Dateien und die benutzten Parameter kann man mit Hilfe der Matlab-Help-Funktion abrufen.

Zur Unterscheidung enden die Script-Files mit einem *_p* und die Function-Files mit einem *_f* im Dateinamen.

File	BESCHREIBUNG
in ...\BERECH	

63 Die Dezimierer verwenden Function-Files mit einer globalen Variablen. Sie dürfen deshalb in einem Simulink-Modell nicht kopiert werden.

GAAEZR_F.M	Abtastentzerrer, Koeffizientenberechnung
GABPS_F .M	Analoger Bandpaß 1. Ordnung, Koeffizientenberechnung
GABSP_F .M	Analoge Bandsperre 1. Ordnung, Koeffizientenberechnung
GAFRQG_P.M	Analoger Frequenzgang, Berechnung aus Filterkoeffizienten
GDBPS_F .M	Digitaler Bandpass 1. Ordnung, Koeffizientenberechnung
GDBSP_F .M	Digitale Bandsperre 1. Ordnung, Koeffizientenberechnung
GDFRQG_P.M	Frequenzgang, Berechnung aus Filterkoeffizienten
GDIFIR_P.M	ifir-Filter, Koeffizientenberechnung

File	**BESCHREIBUNG**
KBUTBP_P.M	Script-File zur Koeffizientenberechnung eines rekursiven digitalen Butterworth-BP
KBUTHP_P.M	Script-File zur Koeffizientenberechnung eines rekursiven digitalen Butterworth-HP
KBUTLP_P.M	Script-File zur Koeffizientenberechnung eines rekursiven digitalen Butterworth-LP
KCHELP_P.M	Script-File zur Koeffizientenberechnung eines digitalen Chebytchev-TP
KHILKO_F.M	Function-File zur Berechnung der Filterkoeffizienten eines Hilbert-Transformators mit Transversalfiltern
KHIREM_F.M	Function-File zur Berechnung der Filterkoeffizienten eines Hilbert-Transformators mit Equiripple-Amplitudengang n. Parks-McClellan

KTRATP_P.M	Script-File zur Koeffizientenberechnung eines transversalen Tiefpasses mit Fourierapproximation
in ...\SINKEN	
GDOSZI_P.M	Oszilloskop fuer Zahlenfolgen
GDSPEK_P.M	Spektrumanalysator fuer Zahlenfolgen
GSPEK_P.M	3-Kanal Spektrum-Analysator (FFT) für Vektoren im Workspace. File verarbeitet *t_clock* (siehe Quellen-Library von *SIMU_S.M*)
GPLOTZ_F.M	Plot zur speziellen Darstellung von Zahlenfolgen als Linien
KOSZI_P.M	3-Kanal-Oszilloskop für Vektoren im Workspace. File verarbeitet *t_clock* (siehe Quellen-Library von *SIMU_S.M*)
KFREQ_P.M	Script-File zur Frequenzgangberechnung mit Plot
KPLOT2_P.M	Script-File zum Plotten von 2 Vektoren des Workspace
KSPEC2_P.M	Script-File zur Spektralberechnung und Plot (2 Spektren)
KSPEC_P.M	Script-File zur Spektralberechnung und Plot (Betrag, Phase)
in ...\systeme	
GDVRSC_F.M	Verschiebung einer Folge um N Elemente
in ...\allgem	
GPAFT_F.M	Hilfsfunktion in simu_s Block FFT-Analysator/parallel/reell
GPAFTK_F.M	Hilfsfunktion in simu_s Block FFT-Analysator/parallel/komplex
GPAOS_F.M	Function-File Parallel / Parallel Wandlung mit Oszilloskop

GPAPA1_F.M	Function-File Parallel / Parallel Wandlung mit Dezimation
GPAPA2_F.M	Function-File Parallel / Parallel Wandlung mit Dezimation

File	**BESCHREIBUNG**
GPAPA_F.M	Function File Parallel / Parallel Wandlung
GSEPA1_F.M	Function File zur Serien/Parallel-Wandlung
GSEPA2_F.M	Function File zur Serien/Parallel-Wandlung
GSEPA_F.M	Function File zur Serien/Parallel-Wandlung

in ... \QUELLEN sind keine Dateien vorhanden.

6. 9. Lösungen zu den Übungsaufgaben

In den folgenden Kapiteln sind die Lösungen zum Übungsabschnitt mit Matlab/Simulink und DSV_SIM (Abschn. 6) angegeben.

6. 9. 1. Übung A: Matlab/Simulink

Aufgabe A1: **Grundbegriffe MATLAB**

a) -b)

Eingabe einer skalaren Größe x: »x=5;
Eingabe eines Vektors A: »A=[1 0 1 2 3 4];
Eingabe einer komplexen Zahl r: »r=1+5j;
Eingabe eines komplexen Vektors B: »B=[1+2j 4+2j 3-j];

c) Addition zweier Vektoren und Anzeige des Ergebnisses:

```
»A=[1 2 3 4];
»B=[2 4 6 8];
»C=A+B;
»C
C = 3 6 9 12
```

Aufgabe A2: **Beispiel für Help-Funktion**

```
»help sin
```

SIN Sine.
SIN(X) is the sine of the elements of X.

Aufgabe A3: Funktionsaufrufe

a) Aufruf der Sinus-Funktion, Zuweisung und Anzeige:

```
»b=pi/2;
»a=sin(b);
»a
a = 1
```

b) Funktionen eines Vektors:

Eingabe des Vektors: »A=[1 2 3 4 5 6 7 8 9];
Maximum: »max(A) ans =9
Minimum: »min(A) ans =1
Mittelwert »mean(A) ans =5

c) FFT-Funktion:

Eingabe eines Vektors: »A=[1 1 1 1];
FFT und Zuweisung an B: »B=fft(A);
Anzeige B: »B
Ergebnis: B = 4 0 0 0

d) Berechnung von Filterkoeffizienten:

Die Funktion butter kann Filter verschiedener Durchlaßcharakteristiken dimensionieren. Die help-Funktion liefert im ersten Teil:

```
»help butter
BUTTER Butterworth digital and analog filter design.
[B,A] = BUTTER(N,Wn) designs an N'th order lowpass digital Butterworth filter and
returns the filter coefficients in length N+1 vectors B and A. The cut-off frequency
Wn must be 0.0 < Wn < 1.0, with 1.0 corresponding to half the sample rate.
```

B ist der Vektor für die Zählerkoeffizienten einer rationalen Funktion in z^{-1} und A der Vektor für die Nennerkoeffizienten. N ist die Ordnungszahl und $Wn = 2\,f_g'$ die auf die halbe Abtastfrequenz bezogene Grenzfrequenz[64]. Für die hier geforderten Parameter

$$f_g' = \frac{f_g}{f_A} = \frac{1\text{ kHz}}{10\text{ kHz}} = 0{,}1 \text{ erhält man} \qquad Wn = 0{,}2$$

64 In MATLAB-Filter-Funktionen werden relative Frequenzen auf die halbe Abtastfrequenz bezogen angegeben.

und mit N=4 den Funktionsaufruf:
Aufrf u. Zuweisung: »[B,A]=butter(4,0.2);

Anzeige B:	»B	B =0.0048 0.0193 0.0289 0.0193 0.0048
Anzeige A:	»A	A =1.0000 -2.3695 2.3140 -1.0547 0.1874

Aufgabe A4: Plot-Befehl

Eingabe Y: »X=[0 1 2 3 4 5 6 7 8 9 10];
Eingabe Y: »Y=[1 2 3 2 1 2 3 4 5 4 3];
Plotten: »plot(X,Y);

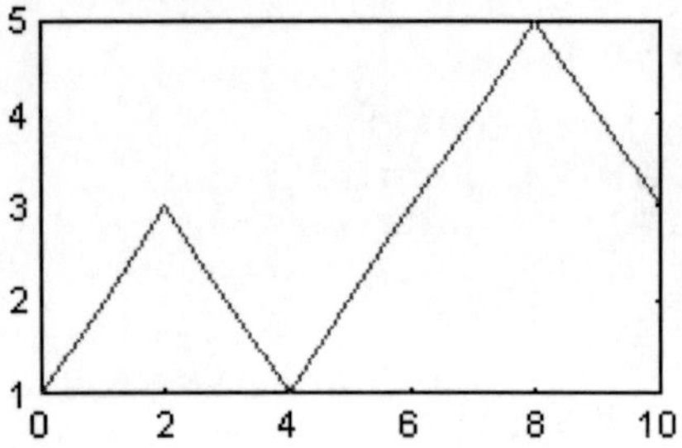

Aufgabe A5: Speichern und Laden von Daten

Eingabe eines Vektors:	»A=[1 2 3 4 5 6 7 8 9];
Speichern im ASCII-Format:	»save A.txt A -ascii;
Löschen des Workspaces:	»clear;
Laden des Vektors aus Datei:	»load A.txt;

Aufgabe A6: Script-File

```
% Berechnung von SINUS-Funktionswerten mit Plot
for i=1:100, x(i)=2*pi*i/100; y(i)=sin(x(i)); end;
plot(x,y);
```

Aufgabe A7: Script-File

```
% Berechnung von SINUS-Funktionswerten mit Eingabeparameter
imax=input(' Anzahl Schritte = ');
% Löschen der Vektoren
x=1:imax;
y=1:imax;
for i=1:imax, x(i)=2*pi*i/imax; y(i)=sin(x(i)); end;
plot(x,y);
```

Aufgabe A8: Script-File

```
% Berechnung von 2 SINUS-Funktionswerte-Tabellen
for i=1:100,
x(i)=2*pi*i/100; y1(i)=sin(x(i)); y2(i)=sin(2*x(i)); end;
plot(x,y1,'r'); hold; plot(x,y2,'g');
```

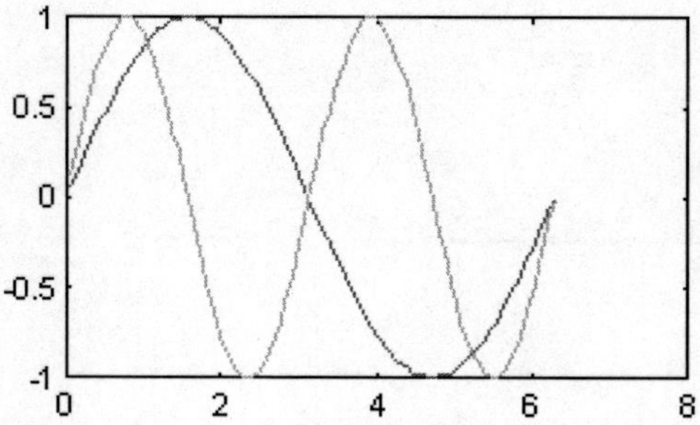

Aufgabe A9: Script-File (Fallunterscheidung)

Besondere Beachtung verlangt bei MATLAB die Indizierung von Vektorkomponenten, die i.a. von 1 beginnend gezählt werden. Für die Signum-Funktion werden negative Werte der unabhängigen Variablen x benötigt. Aus diesem Grund ist für die negative unabhängige Variable i im folgenden Programm eine Indexverschiebung zur positiven Variablen x vorzunehmen.

```
% Berechnung u. Darstellung der Signum-Funktion
for i=-5:5,
 x(i+6)=i;
 if i<0, y(i+6)=-1; elseif i==0, y(i+6)=0; else y(i+6)=1;end;
end;
plot(x,y);
```

Ergebnis des Script-Files:

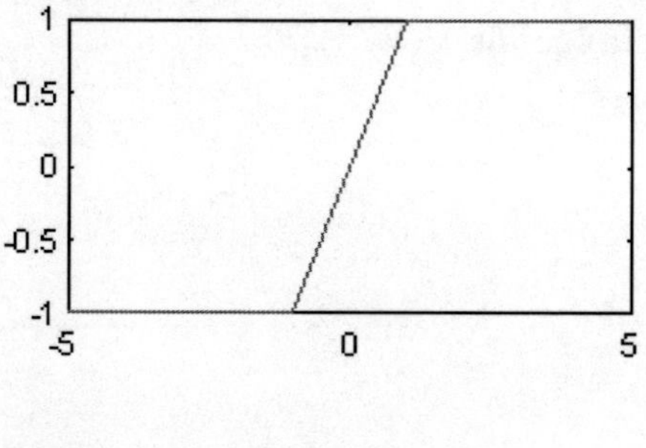

Aufgabe A10: Script-File zur FFT

```
% Berechnung u. Darstellung eines Spektrums
N=1024;
arg=2*pi*0.1;
for n=1:N,
X(n)=n/N;
y(n) =2*sin(arg*n) + 4*sin(2*arg*n);
end;
Y=1/N*fft(y);
plot(X,abs(Y));
```

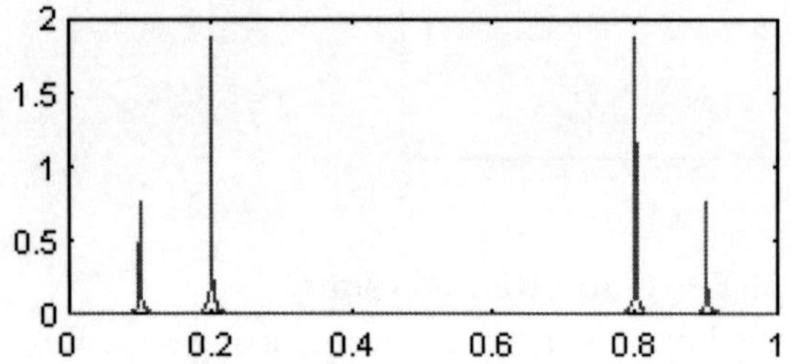

Aufgabe A11: Function-File und Anwendung

a)

```
function m=mittel(a)
% Berechnung des Mittelwertes
% eines Vektors
m=0;
L=length(a);
for i=1:L, m=m+a(i); end;
m=m/L;
```

b)

```
% Signalfolge und Mittelwert
A=input('Eingabe einer Signalfolge als Vek-
tor: ');
N=length(A);
B=1:N;
b=mittel(A);
for n=1:N, B(n)=b; end;
plot(A,'r'); hold; plot(B,'g');
```

Ergebnis:

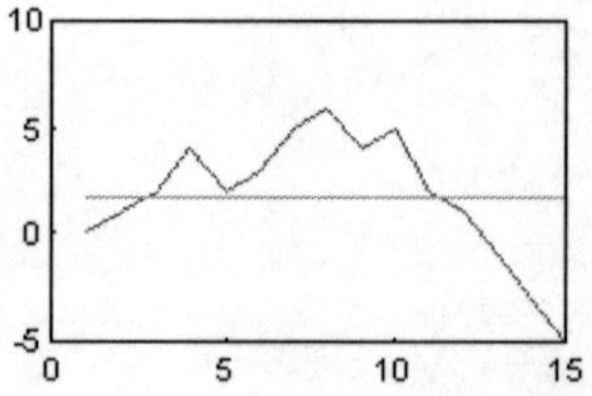

Aufgabe A12: zeitkontinuierliche Simulation

a)

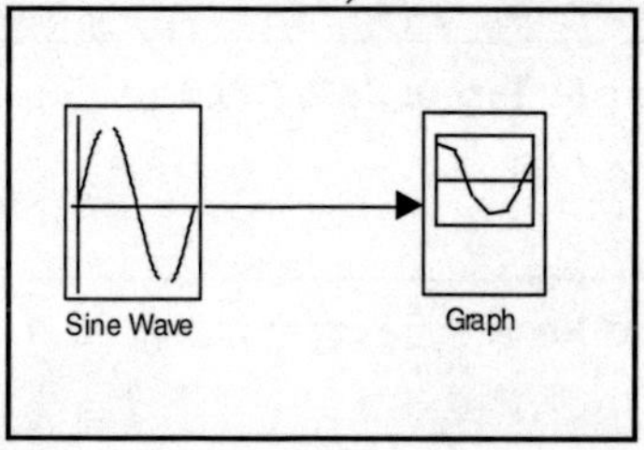

d)

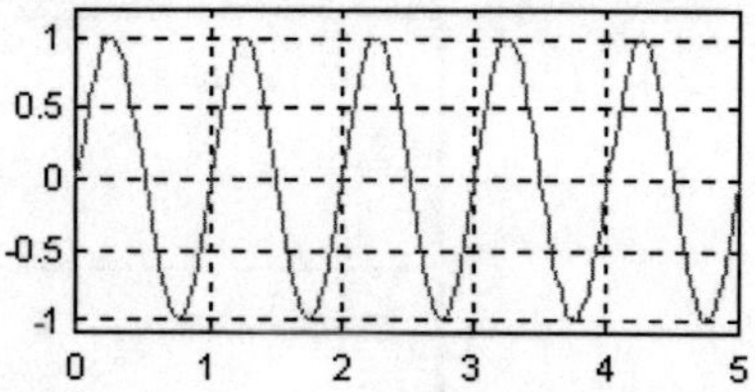

b) und c)

Objekt	**Einstellungen**
Sinus-Generator	Frequenz: 2*pi*1000 (=1000 Hz) Amplitude: 1 (=1 V)
Oszilloskop	Time-Range: 5e-3 (=5ms, 5 Perioden)
Simulationsparameter	Verfahren: Runge-Kutta 5 Start Time: 0.0 Stop Time: 5e-3 (=5ms) Min Step Size: 5e-5 (=50µs, 20 pro Periode) Max Step Size: 5e-5 (=50µs, 20 pro Periode)

Aufgabe A13: Abtastung zeitkontinuierlicher Signale

a)

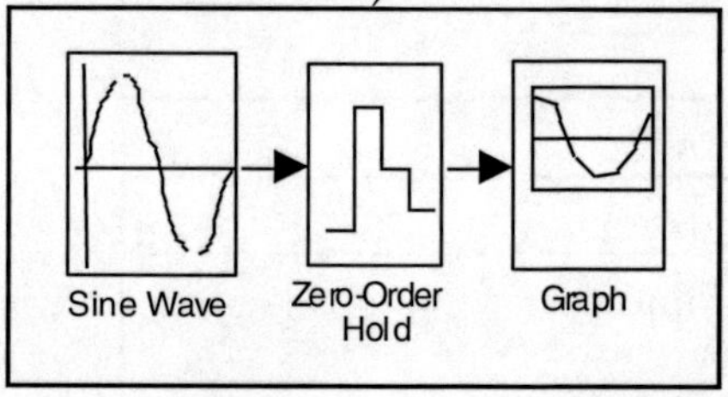

d)

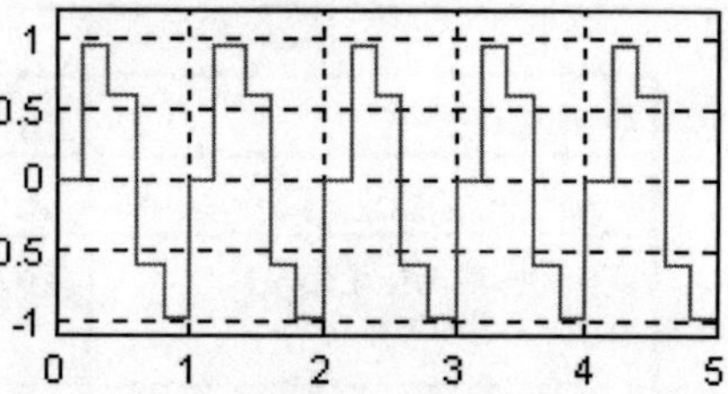

b) und c)

Objekt	**Einstellungen**

Sinus-Generator	Frequenz: 2*pi*1000 (=1000 Hz) Amplitude: 1 (=1 V)
Abtast-Halte-Glied	**Sample Time: 2e-4 (=0,2ms, 5 mal pro Periode)**
Oszilloskop	Time-Range: 5e-3 (=5ms, 5 Perioden)
Simulationsparameter	Verfahren: Runge-Kutta 5 Start Time: 0.0 Stop Time: 5e-3 (=5ms) **Min Step Size: 2e-4 (=0,2ms, 1 pro Abtastg)** **Max Step Size: 2e-4 (=0,2ms, 1 pro Abtastg)**

Aufgabe A14: zeitdiskrete Simulation (Zahlenfolgen)

a)

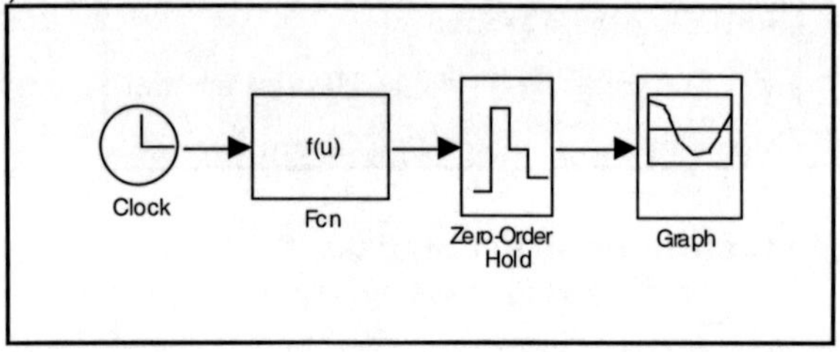

Block Fcn:

sin(2*pi*u/20)

b)

Objekt	Einstellungen
Function-Block Fcn	sin(2*pi*u/20)
Abtast-Halte-Glied	Sample Time: 1
Oszilloskop	Time-Range: 20

Simulationsparameter	Verfahren: Runge-Kutta 5 Start Time: 0.0 Stop Time: 20 Min Step Size: 1 Max Step Size: 1

c)

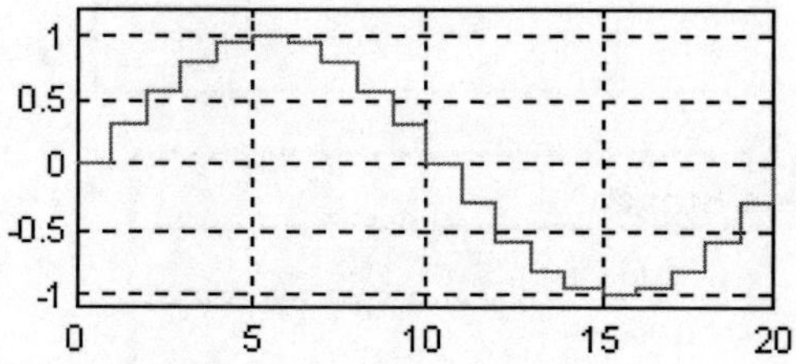

Aufgabe A15:

a)

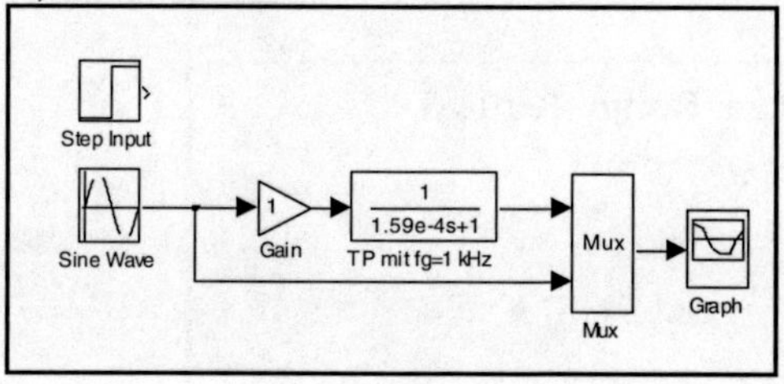

Übertragungsfunktion:

$$G(s) = \frac{1}{1 + sT}$$

$$\text{mit } T = \frac{1}{2\pi f_g} = 1{,}59 \cdot 10^{-4}$$

b)

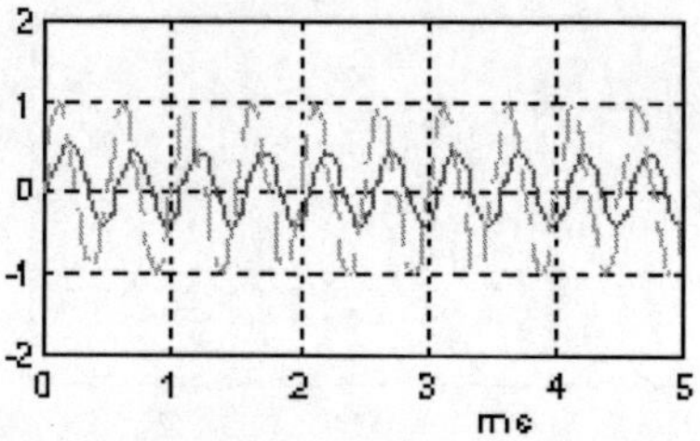

c)

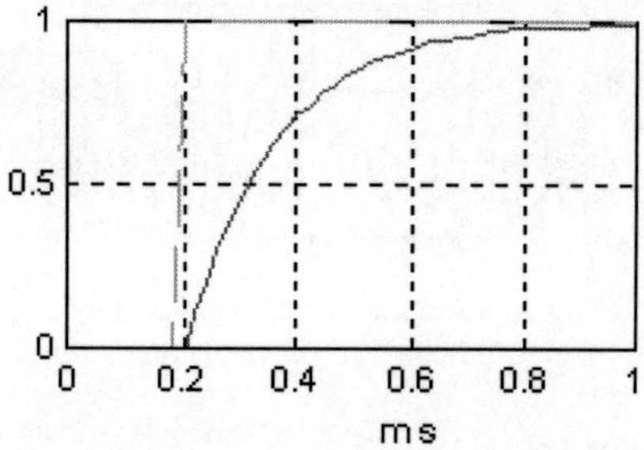

Aufgabe A16: Generator für amplitudenmodulierte Schwingung

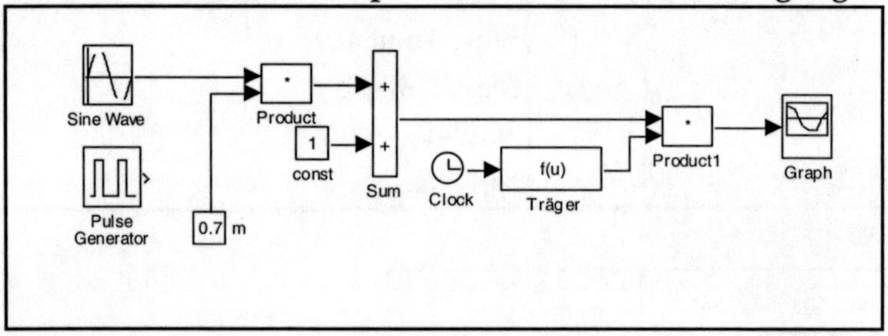

Objekt	Einstellungen
Function-Block Träger	sin(2*pi**1000*u)
Sinus-Generator	Frequenz: 2*pi*100
Oszilloskop	Time-Range: 20e-3
Simulationsparameter	Verfahren: Runge-Kutta 5 Start Time: 0.0 Stop Time: 20e-3 Min Step Size: 1e-4 Max Step Size: 1e-4

a)

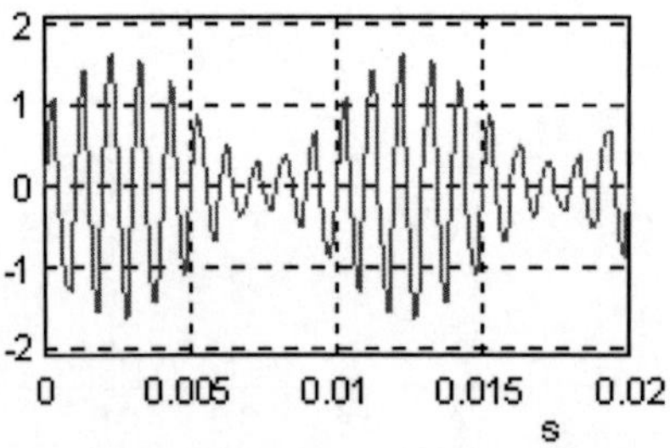

b)

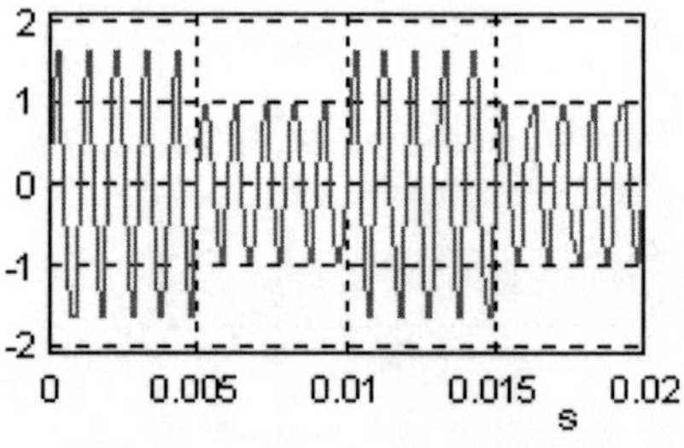

Aufgabe A17: Signalausgabe in Vektoren des Workspace

a)

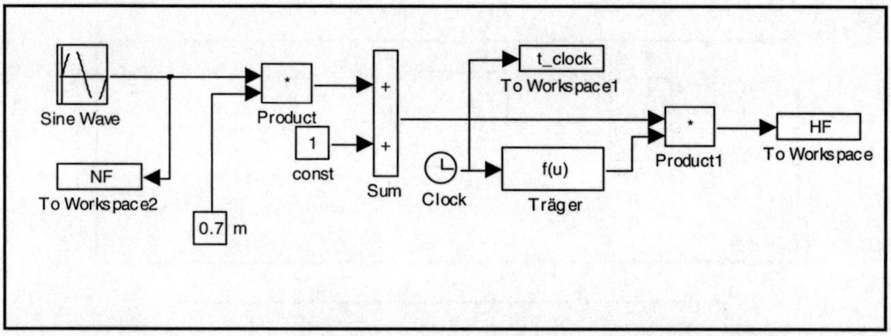

Aus den Simulationsparametern der Aufg. A6 ergibt sich

$$\text{Größe der Vektoren} = \frac{\text{Stop Time}}{\text{Step Time}} = \frac{20\text{ ms}}{0{,}1\text{ ms}} = 200$$

b) Plot-Befehle (Matlab-Command-Fenster): plot(t_clock,NF) plot(t_clock,NF)

Aufgabe A18: Gruppenbildung

a)

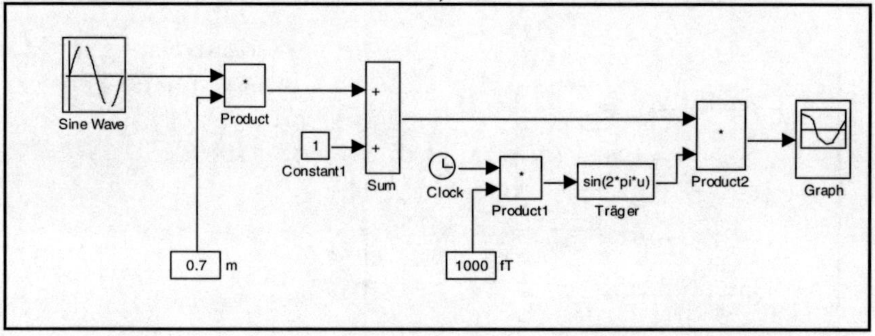

b)

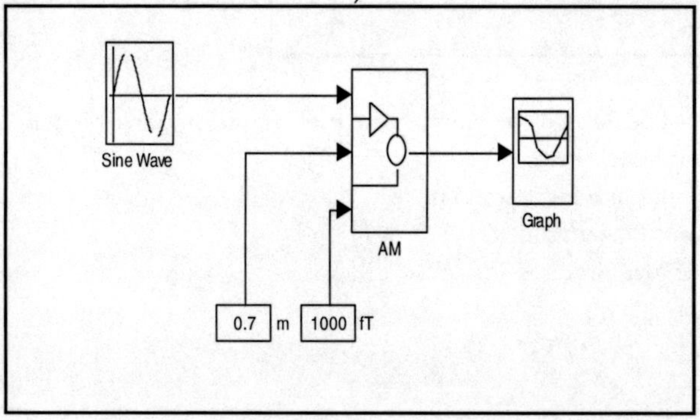

c)

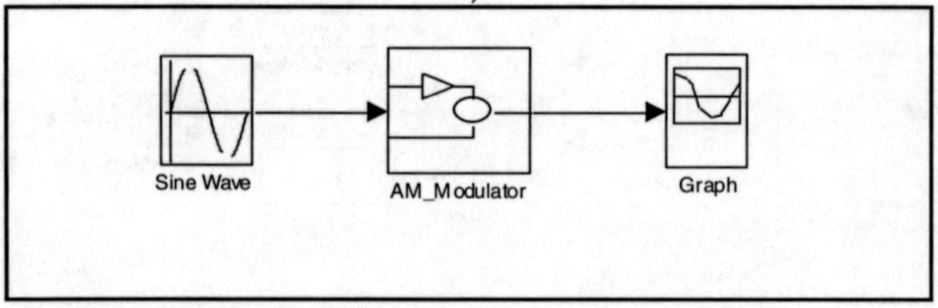

d)

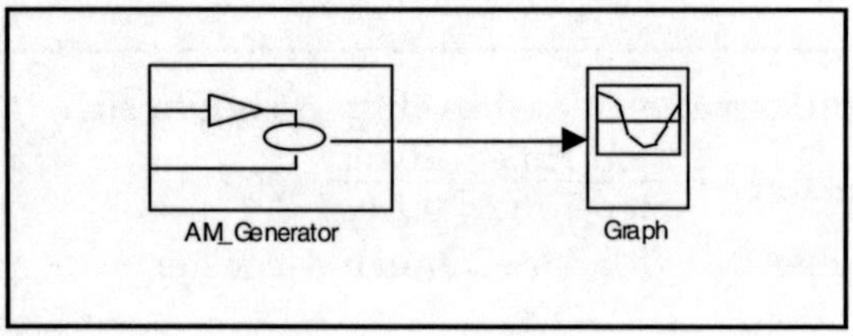

Aufgabe A19: Variable im Simulink-Modell

a)

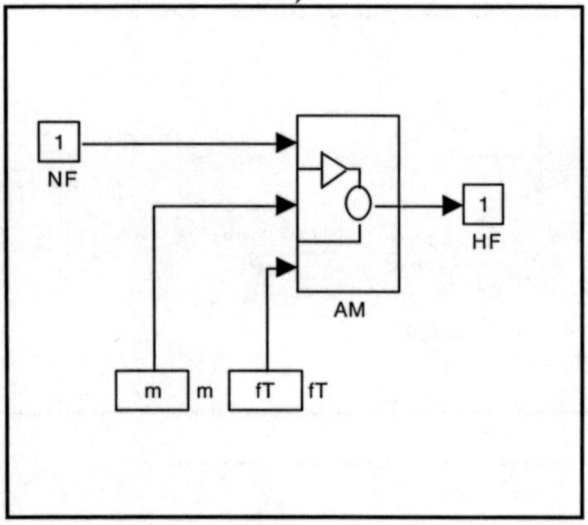

b)

Wertzuweisung im Matlab-Command-Fenster:
m = 0.3;
fT= 1000;

c)

```
% Script-File für AM-Generator mit Variablen im Simulink-Modell
% Eingabe der Werte
m = input('Modulationsgrad m: ');
fT= input('Trägerfrequenz fT: ');
% Aufruf des Simulink-Modells
am_gener;
```

Aufgabe A20: Maskieren von Blöcken

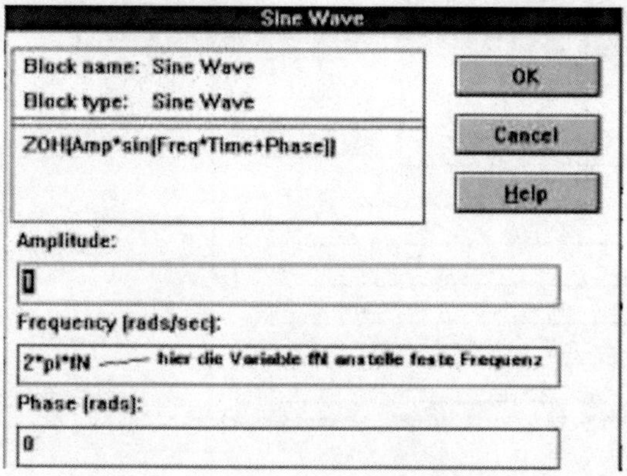

a)

variable Niederfrequenz fN verwenden

b) Erstellen der Maske für den AM-Generator:

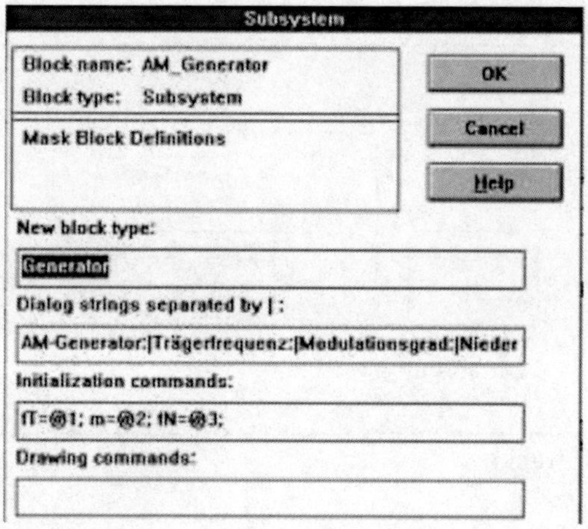

c) Eingabe der Variablen im maskierten Block:

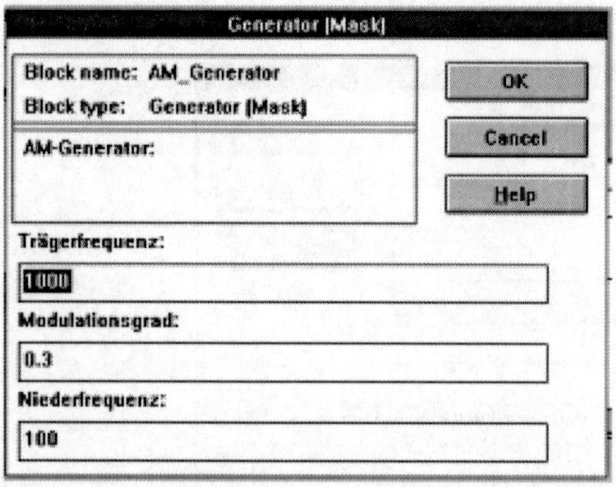

6. 9. 2. Übung B: Filter

Aufgabe B1: Abtasttheorem und Quantisierung

a) Übertragungsstrecke

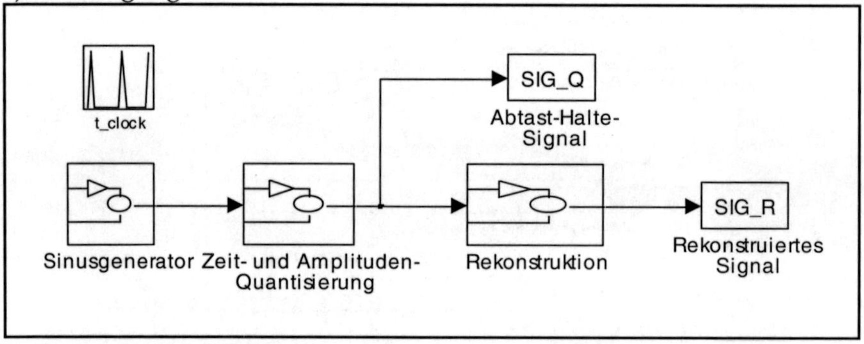

b) Parameter der Strecke

Amplitude: 1
Frequenz: 1000 Hz
Nullphasenwinkel: 0
Abtastfrequenz 8000 Hz
Quantisierungsintervall 2^{-8}
Zahlenbereich $-1<z<+1$
Ordnungszahl des Interpolationstiefpaß: 16

c) Oszillogramme

Signal nach Zeit- und Amplitudenquantisierung

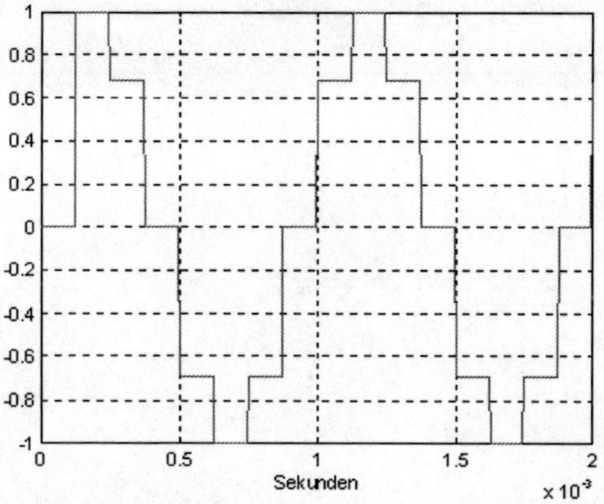

Signal nach Rekonstruktion mit Interpolationstiefpaß Ordnungszahl N=16

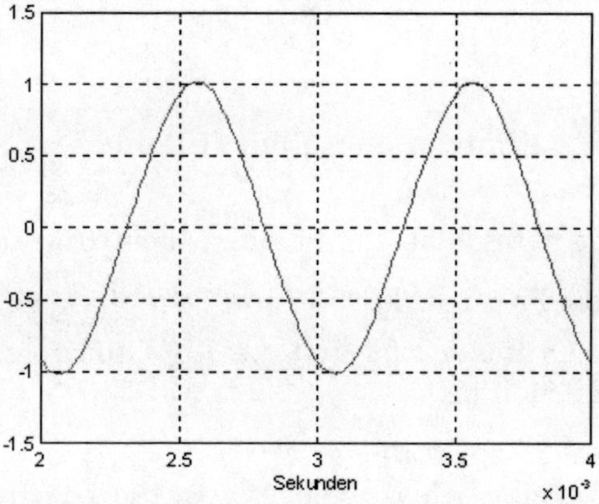

d) Meßaufbau Signal-Geräusch-Abstand

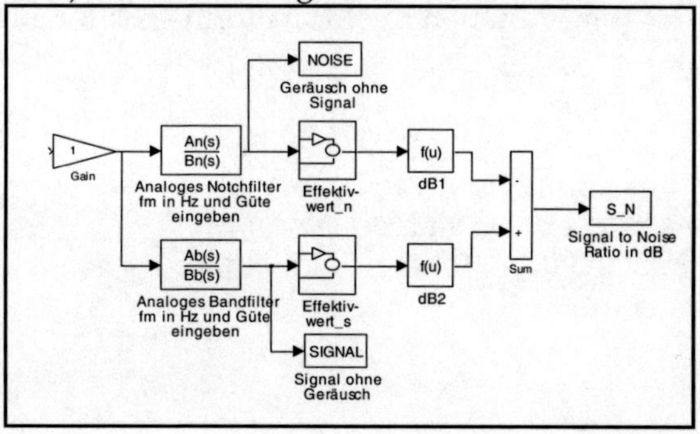

e) Messung Signal-Geräusch-Abstand bei 8 Bit

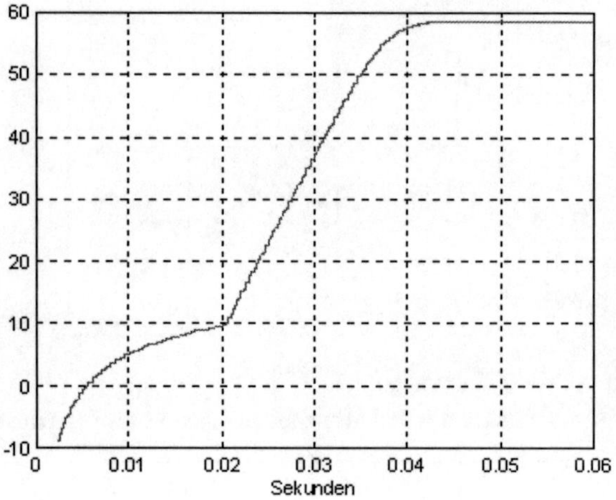

Aufgabe B2: Entwurf von Digitalfiltern

a) Berechnung der Koeffizienten:

Ein Butterworth-Tiefpaß soll bei der Frequenz f_1'=0.05 eine Dämpfung von a_1=2dB und bei einer Frequenz f_2'=0.15 eine Dämpfung von 40 dB haben.

Die erforderliche Ordnungszahl und die 3dB-Grenzfrequenz erhält man mit dem Matlab-Functionfile

```
[N,Wn]=buttord(2*f1,2*f2,a1,a2);
```

Die Ordnungszahl ergibt sich zu N=5. Wn ist die 2-fache 3 dB-Grenzfrequenz. Sie hat den Wert f_g=0.0637. Die Zähler- und Nennerkoeffizienten A und B der Übertragungsfunktion in Normalform erhält man mit dem Matlab-Function-File

```
[A,B]=butter(N,Wn);
```

zu

```
A=[0.0002 0.0009 0.0018 0.0018 0.0009 0.0002]
B=[1.0000 -3.7071 5.6255 -4.3464 1.7046 -0.2709]
```

b) Berechnung mit GDFRQG_P.M:

Amplitudengang, linear:

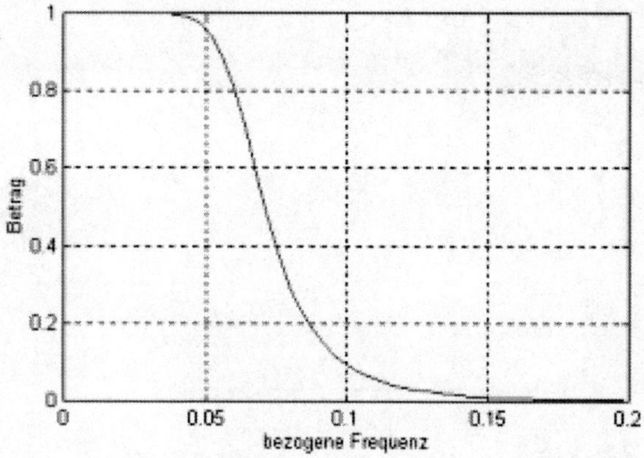

Amplitudengang in dB:

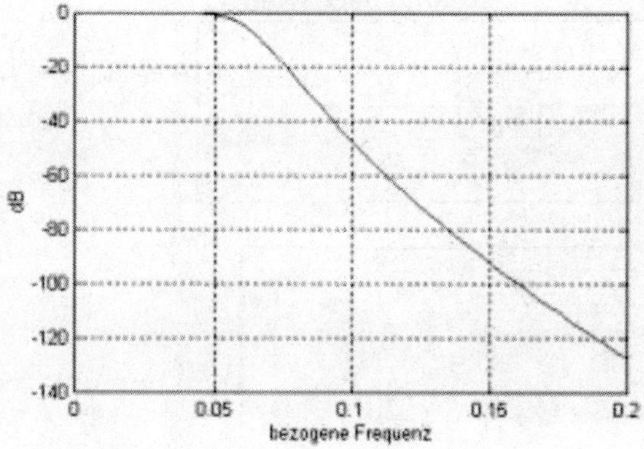

Phasengang/Gruppenlaufzeitgang

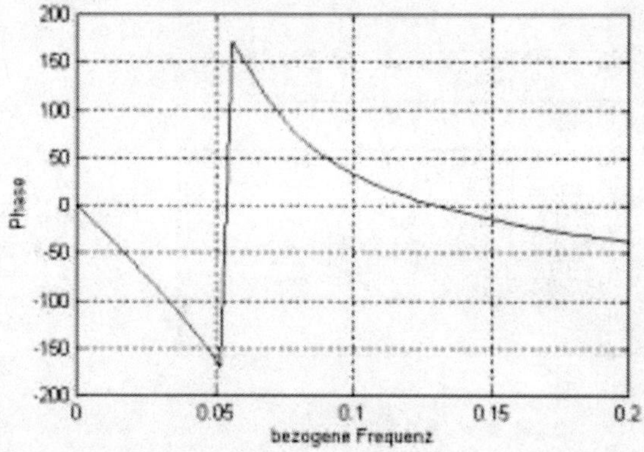

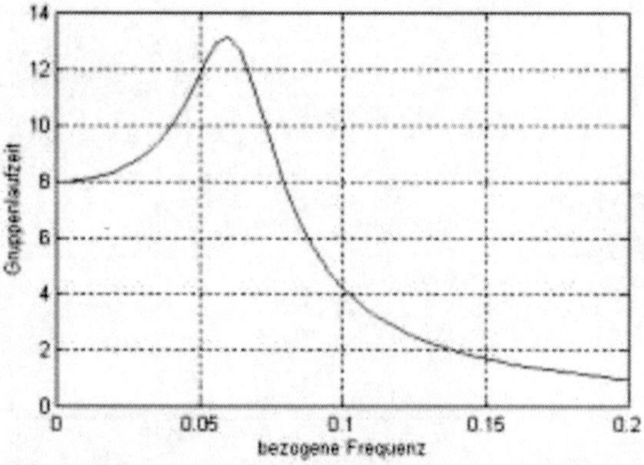

Aufgabe B3: Filtereigenschaften

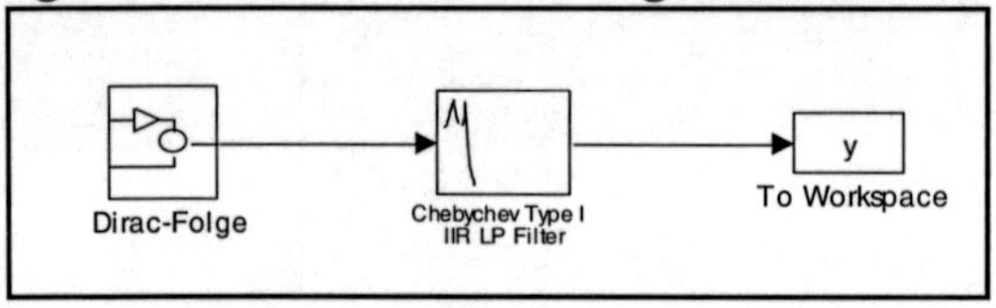

a) Meßaufbau Impulsantwortfolge

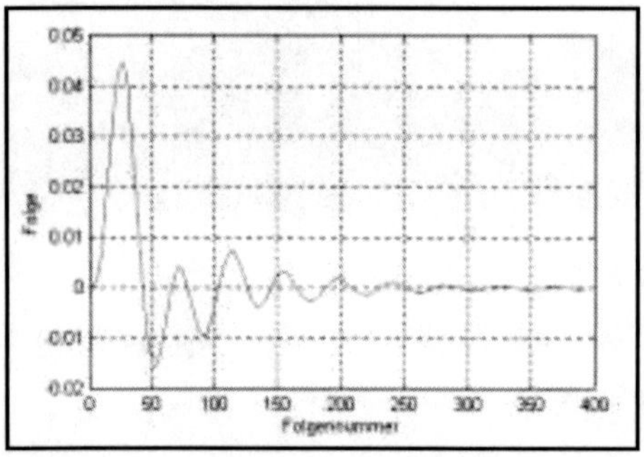

b) Impulsantwortfolge

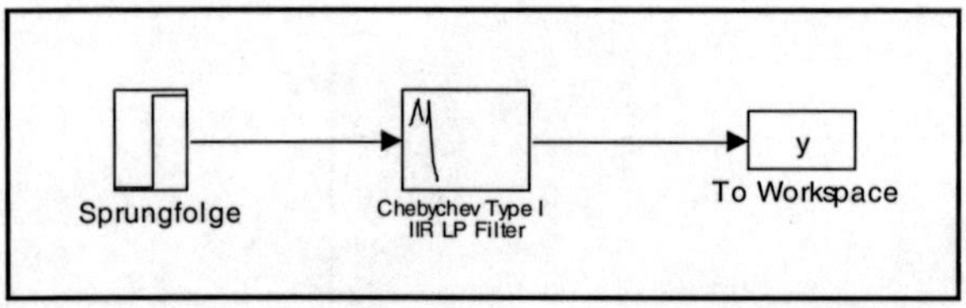

c) Meßaufbau Sprungantwortfolge

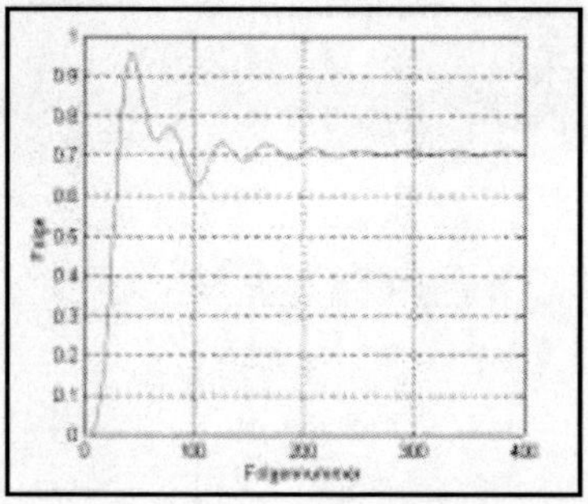

d) Sprungantwortfolge

e) Frequenzgang durch Impulsantwort

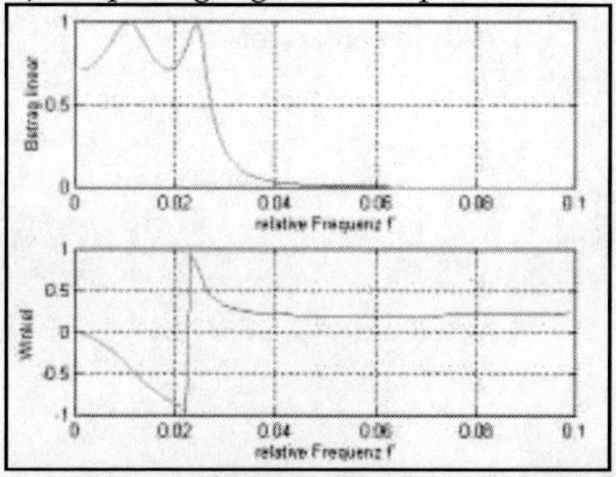

f) Amplitudengang durch Wobbelmeßtechnik

Meßaufbau:

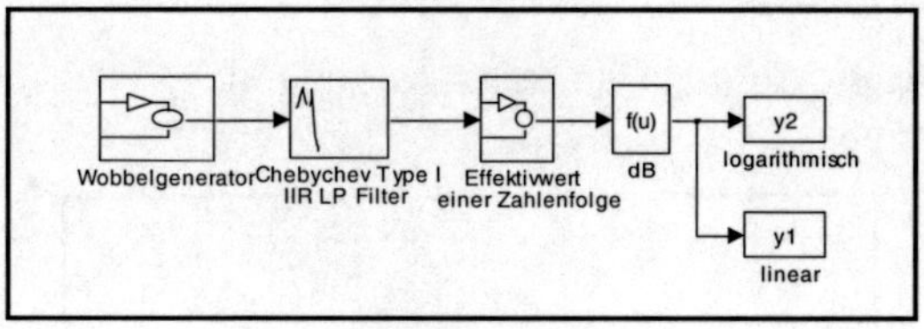

Amplitudengang:

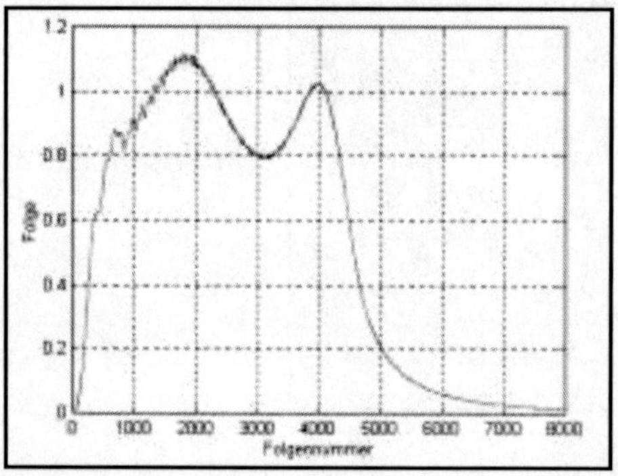

Aufgabe B4: Digitales Netzwerk

a) Digitales Netzwerk

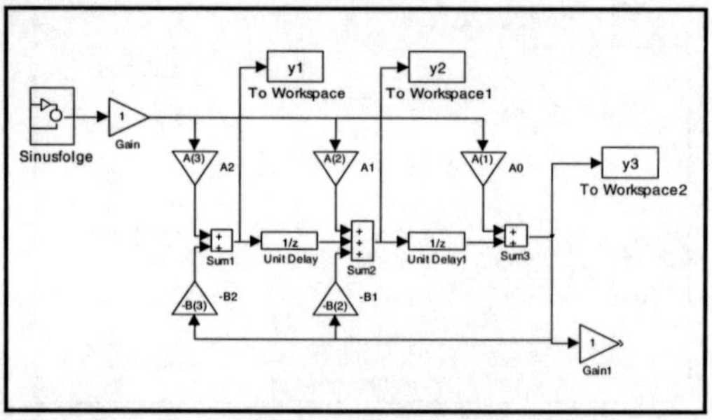

b) Koeffizienten

Butterworth-Tiefpaß, Grenzfrequenz fg'=0.05: [A,B]=butter(2,2*0.05); ergibt

A =[0.0201 0.0402 0.0201]; B =[1.0000 -1.5610 0.6414];

c) Oszillogramm: y3

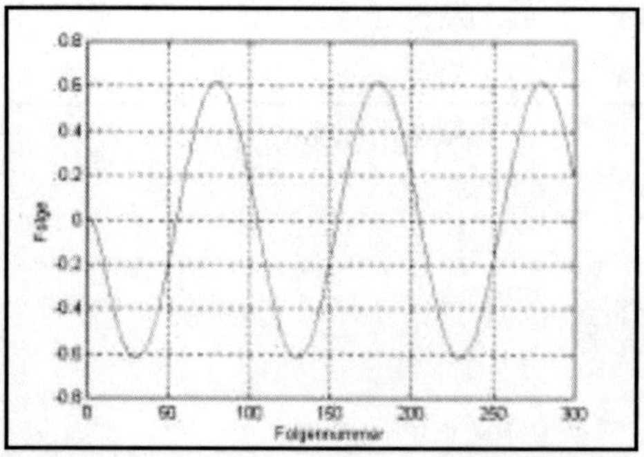

Aufgabe B5: **Wortlängeneffekte**

a) Meßanordnung

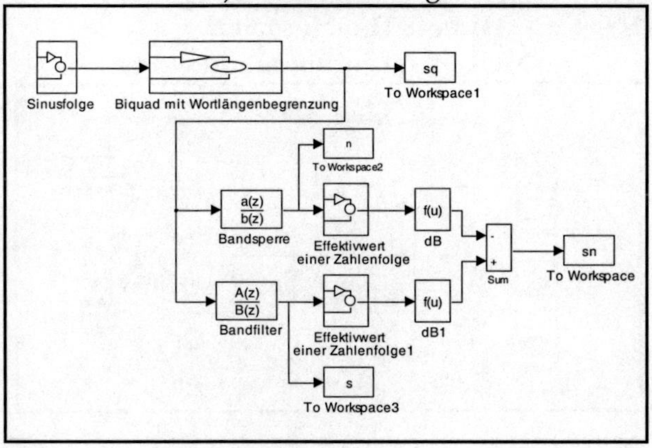

b) Parameter des Meßaufbaus und des Filters:

Scheitelwert: 0.5 Güte 30

Frequenz: 0.05 Integrationsdauer 200

Zahlenbereich -1<z<+1 Stop Time 5000

Wortlänge 8 Bit

c) Signalgeräuschabstand für eine Wortlänge von 8 Bit

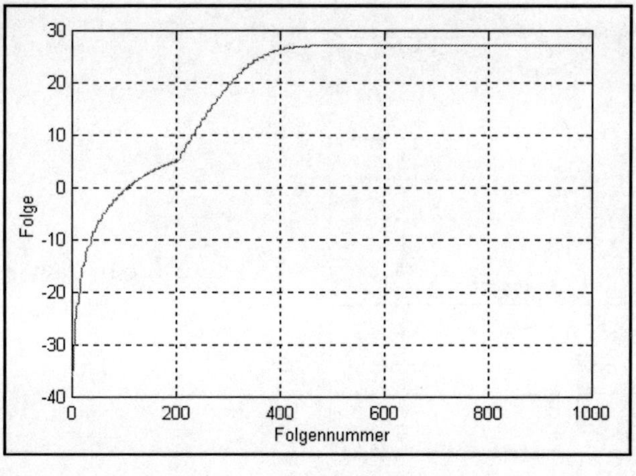

6. 9. 3. Übung C: Mischung und Abtastung von Bandpaßsignalen

Aufgabe C1: **Hilbert-Transformator**

Meßaufbau zur Impulsantwort:

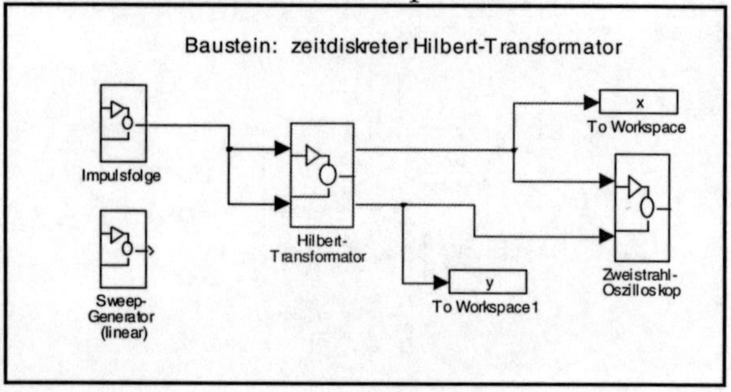

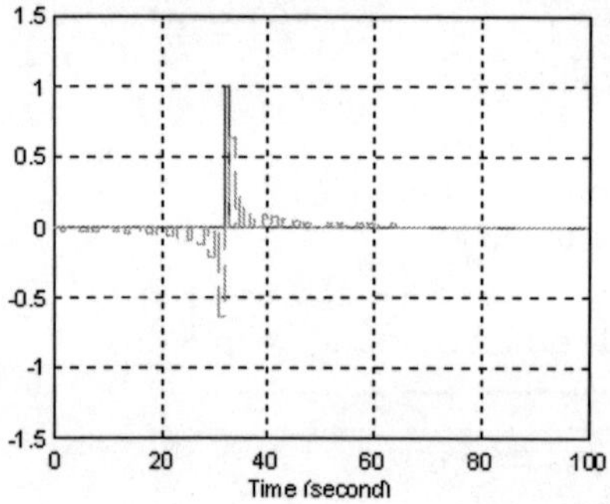

c) Impulsantwort für N=64 (beide Ausgangskanäle)

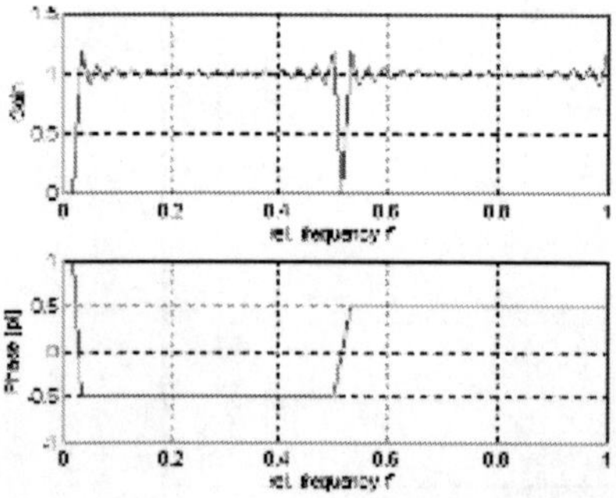

d) Frequenzgang (N=64)

e) Antwort auf Wobbelsignal

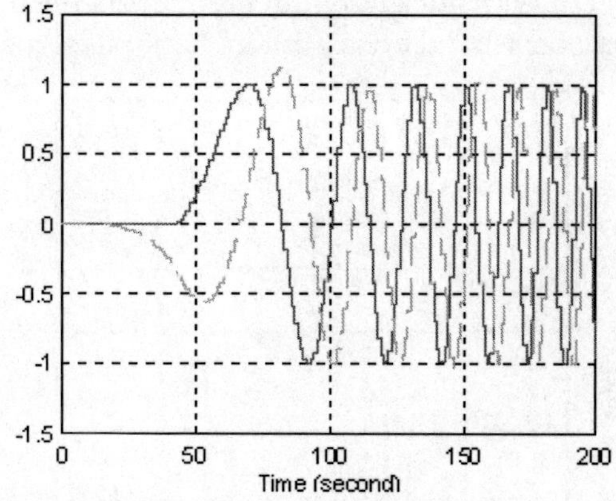

Aufgabe C2: **Mischer mit Hilbert-Transformator**

a) Aufbau

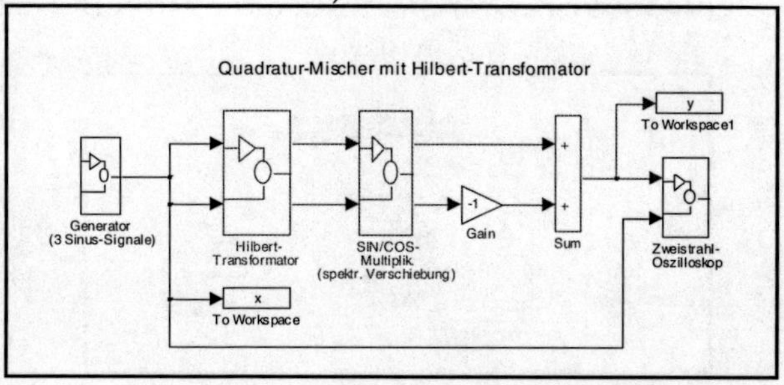

c) Abwärtsmischung im Zeitbereich (oben: Bandpaßsignal, unten: Basisbandsignal)

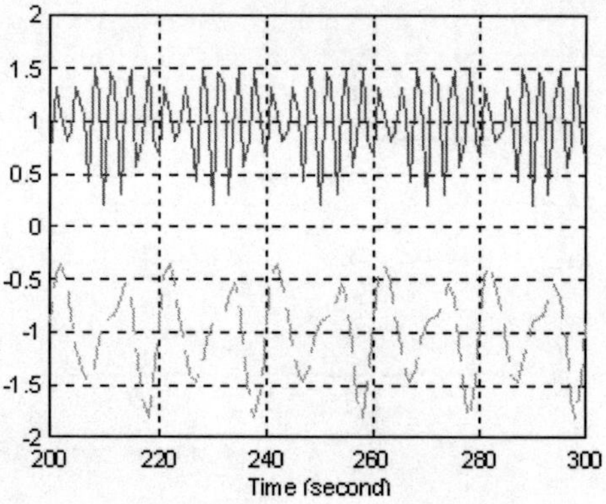

d) Aufwärtsmischung im Frequenzbereich
(oben: Basisbandsignal, unten: Bandpaßsignal)

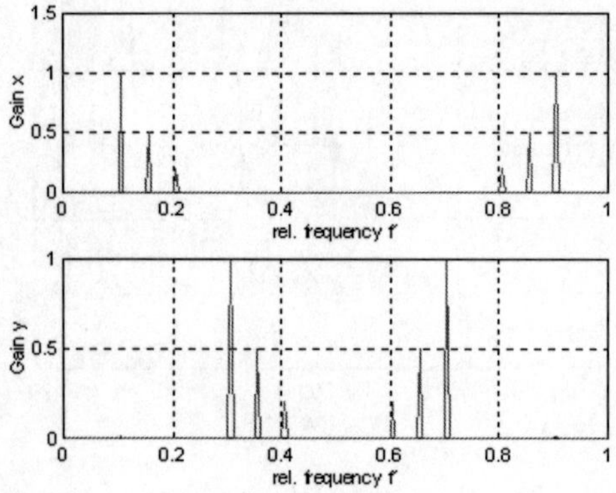

Aufgabe C3: Quadratur-Abwärtsmischer ohne Hilbert-Transformator

a) Aufbau

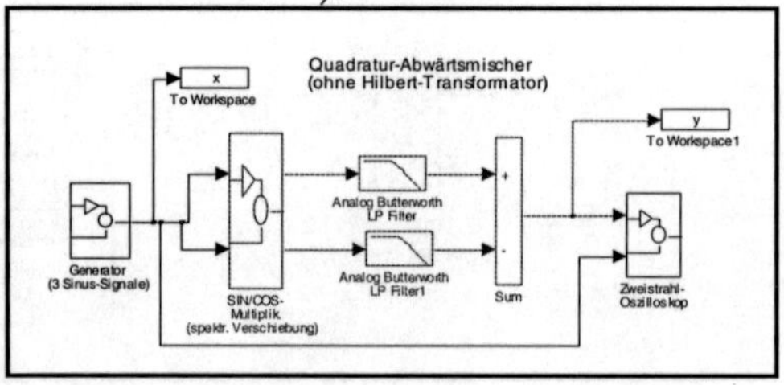

c) Spektren

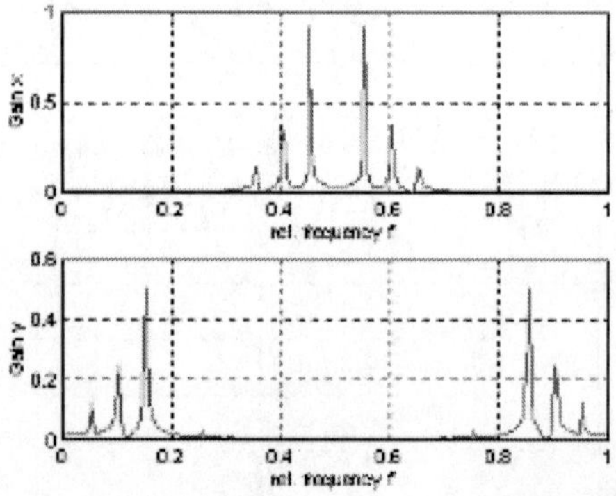

Aufgabe C4: Abtastung durch Zeitversatz mit Abmischung

a) Aufbau

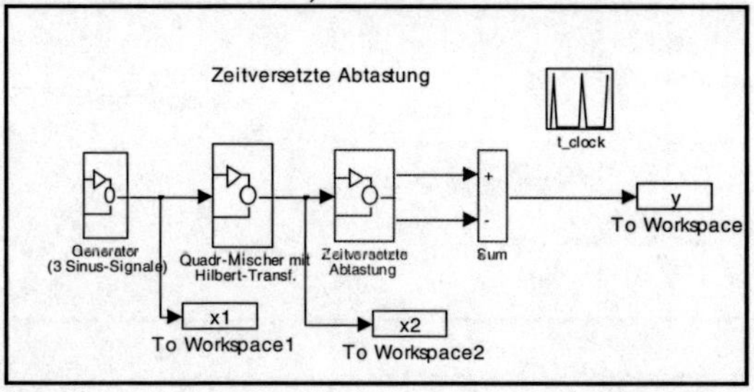

c) Oszillogramme

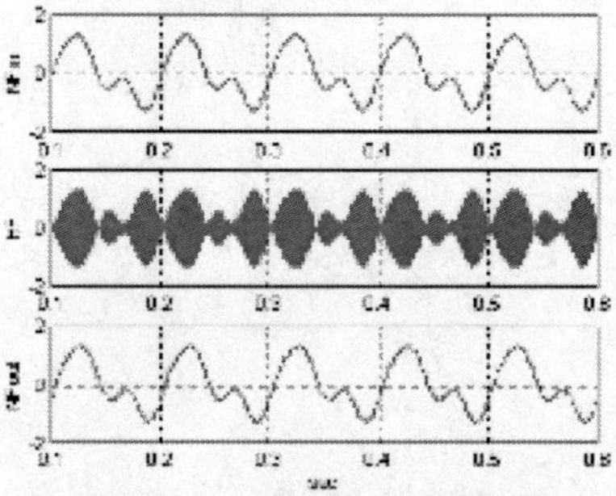

B=30 Hz

Bandmittenfrequenz f_o=9kHz

Abtastfrequenz f_A=1 kHz

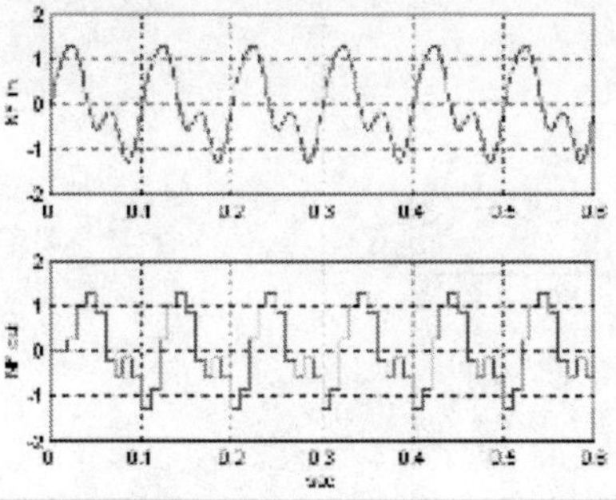

B=30 Hz

Bandmittenfrequenz

f_o=900Hz

Abtastfrequenz f_A=100 Hz

6. 9. 4. Übung D: Modulation

Aufgabe D1: AM-Produktdemodulator

a) Aufbau

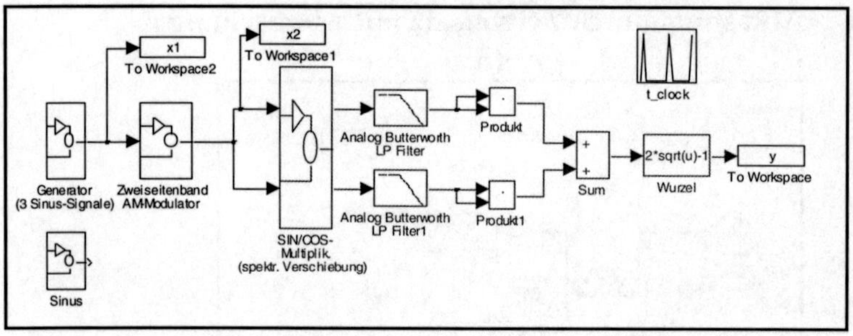

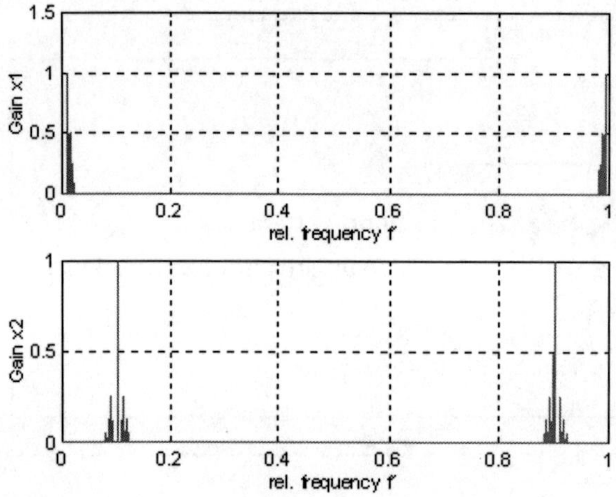

c) Spektren

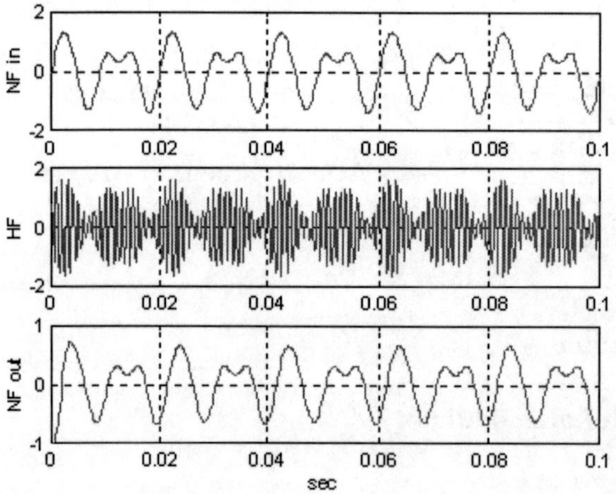

d) Oszillogramme

Aufgabe D2: Algorithmus-Entwicklung für einen Produktdemodulator

c) Koeffizienten für Ordnungszahl n=2 und Grenzfrequenz f'_g=0,03:

A = 0.00782020803350 0.01564041606699 0.00782020803350

B = 1.00000000000000 -1.73472576880928 0.76600660094326

h)

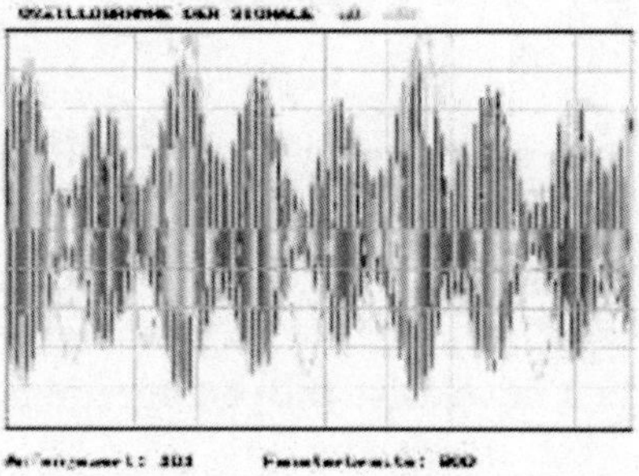

j) Messung statische Modulationskennlinie

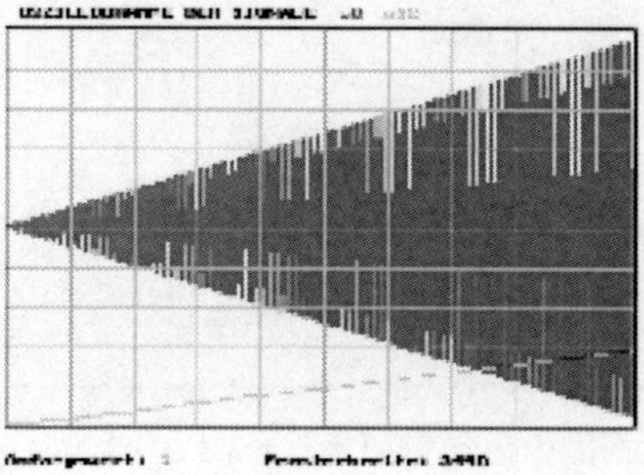

Aufgabe D3: Einseitenband-AM-System

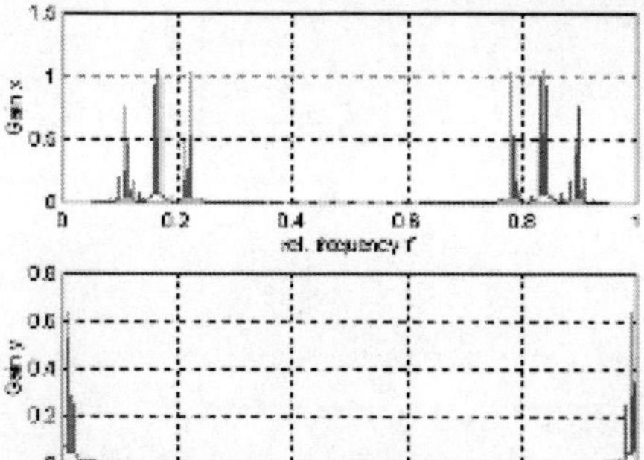

a) Spektren

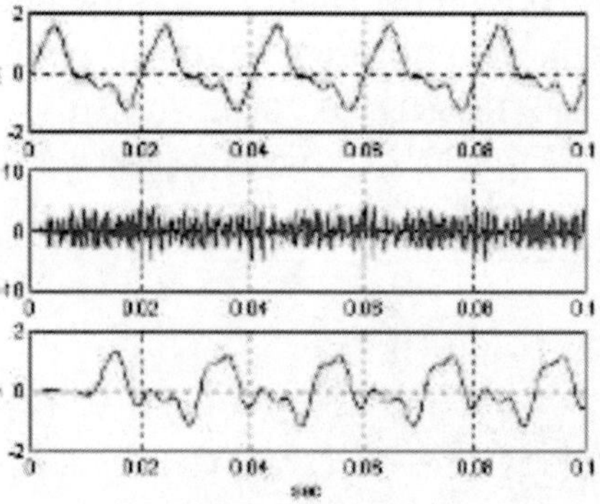

b) Oszillogramme

Aufgabe D4: FM-System mit Basisbandverzögerungsdemodulator

a) Aufbau

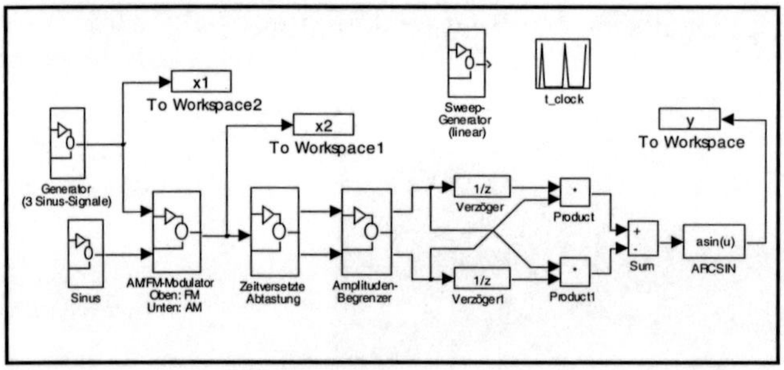

c) Oszillogramme Eingang und Ausgang

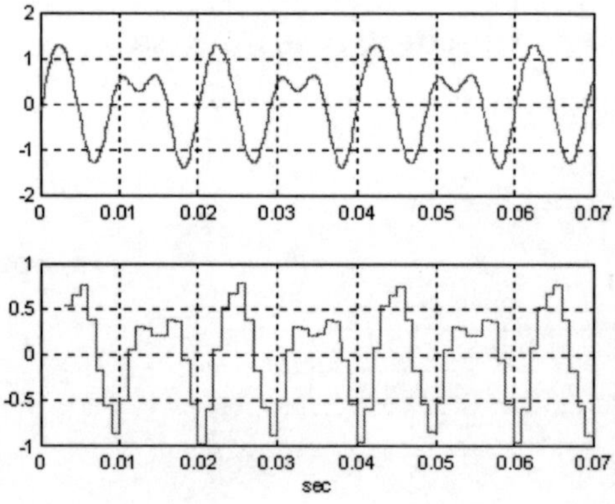

d) wie e) aber mit störender Amplitudenmodulation (Ausschnitt)

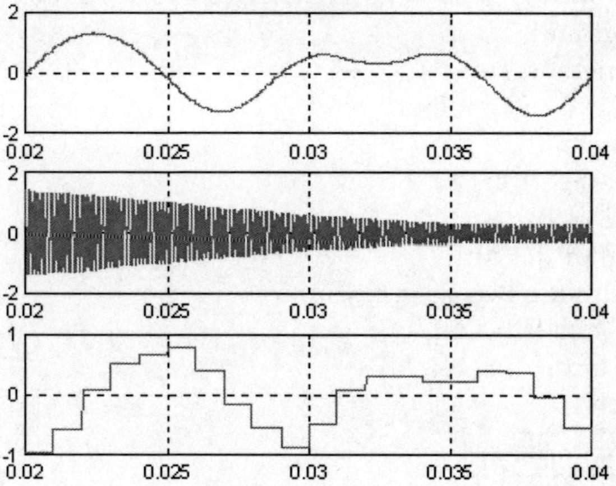

e) statische Demodulationskennlinie zwischen f_u= 8800 Hz und f_o = 9200 Hz

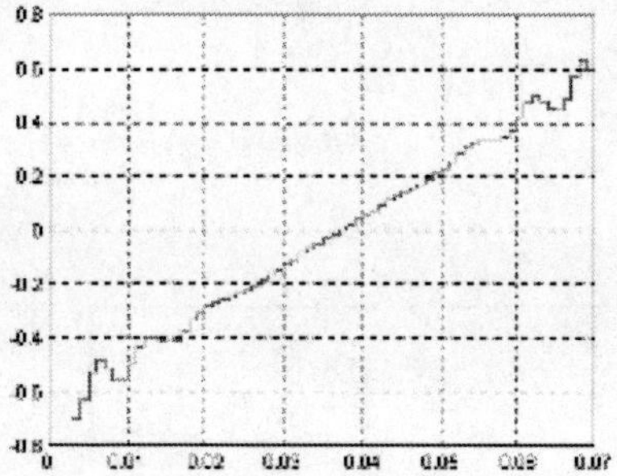

6. 9. 5. Übung E: Spektralmeßtechnik

Aufgabe E1: Untersuchung mit DSV_SIM

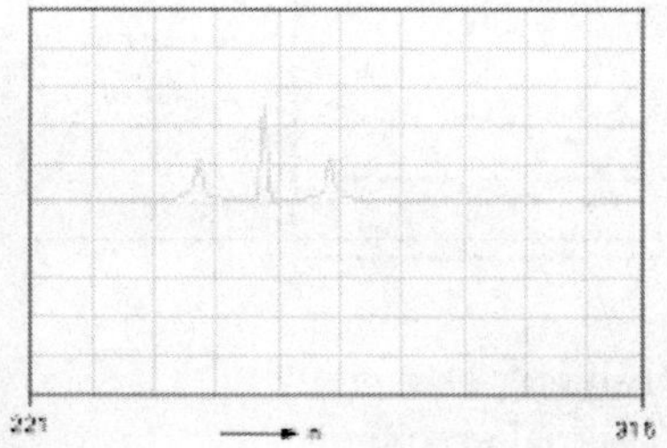

Spektrum

Aufgabe E2: Interpolation durch Anfügen von Nullen

a) Matlab-Programm:

```
% Parameter setzen
N=10;f01=0.1;f02=0.15;
% Signalerzeugung
n=1:N;n=n-1;ff=n/N;
x1=sin(2*pi*f01*n);
x2=sin(2*pi*f02*n);
% Berechnung Betragsspektrums
mag1=2*abs(fft(x1,N)/N);
mag2=2*abs(fft(x2,N)/N);
% Plotten
subplot(2,1,1);
gplotz_f(ff,mag1,'r');
xlabel('Frequenz');
ylabel('Betrag');
grid;
subplot(2,1,2);
gplotz_f(ff,mag2,'r');
xlabel('Frequenz');
ylabel('Betrag');
grid;
```

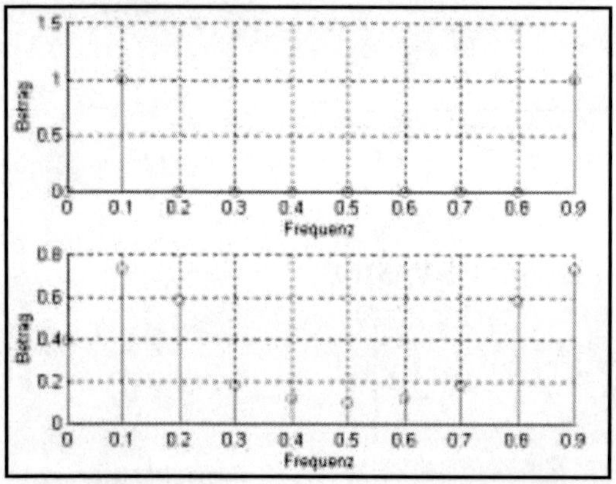

Spektrum

b) Matlab-Programm:

```
N=10;f0=0.15;N0=90; %Parameter setzen
n=1:N; x=sin(2*pi*f0*n); % Signal erzeugen
```

```
% Einfügen von Nullen
NN=N+N0;
nn=1:NN;
xx=zeros(1,NN);
xx(1:N)=x; % Signal mit angefügten Nullen
```

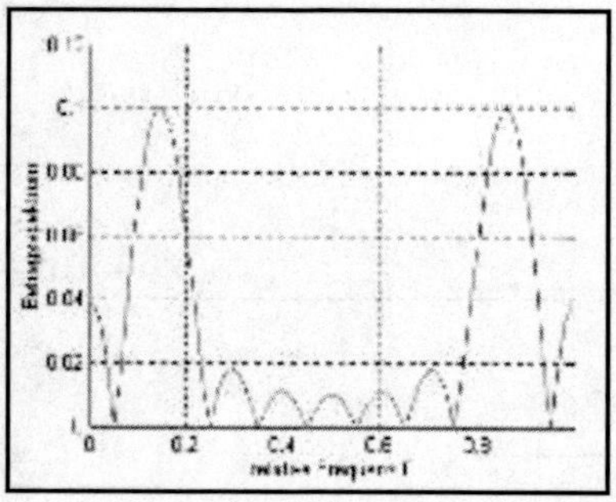

Oszillogramm

Aufgabe E3: Untersuchung des Leckeffektes

a) Matlab-Programm:

```
N=100;f01=0.105;f02=0.11;
% Signalerzeugung
n=1:N;
x=sin(2*pi*f01*n);
y=sin(2*pi*f02*n);
z=x+y;
```

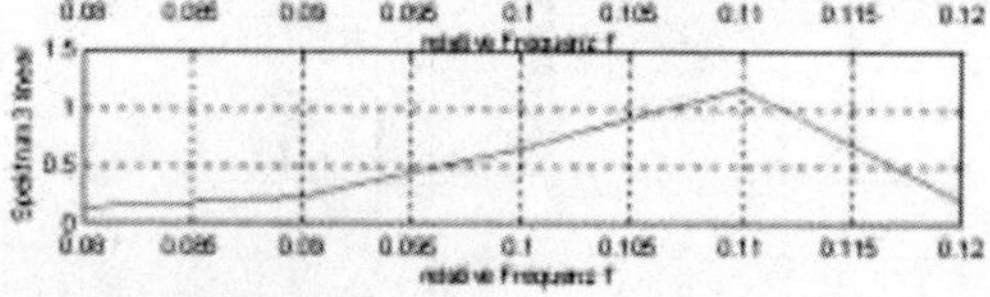

Spektren

b) Matlab-Programm:

```
N=100;f01=0.105;f02=0.11;
% Signalerzeugung
```

```
n=1:N;
x=sin(2*pi*f01*n);
y=sin(2*pi*f02*n);
z=x+y;
i=n-1;wh=(1-cos((2*pi*i)/(N-1)));
xx=x.*wh;yy=y.*wh;zz=z.*wh;
```

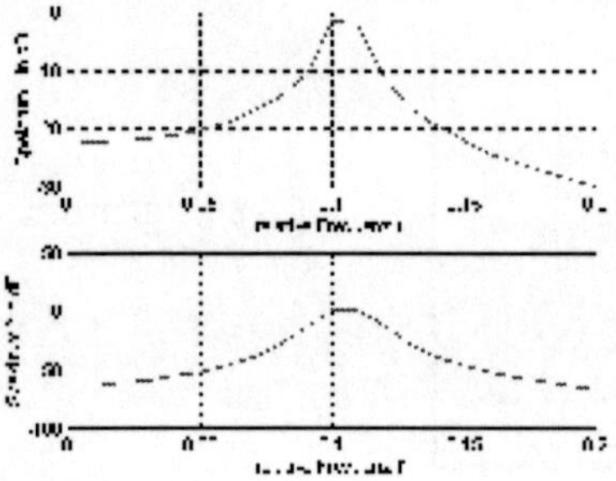

Spektrum

Aufgabe E4: **Zoomverfahren**

a) Meßaufbau:

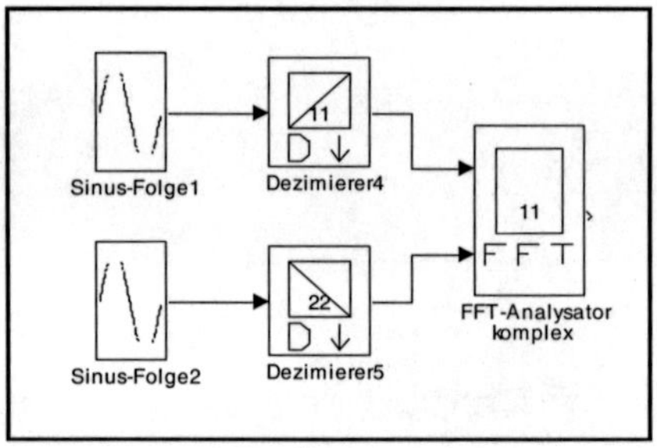

Spektrum:

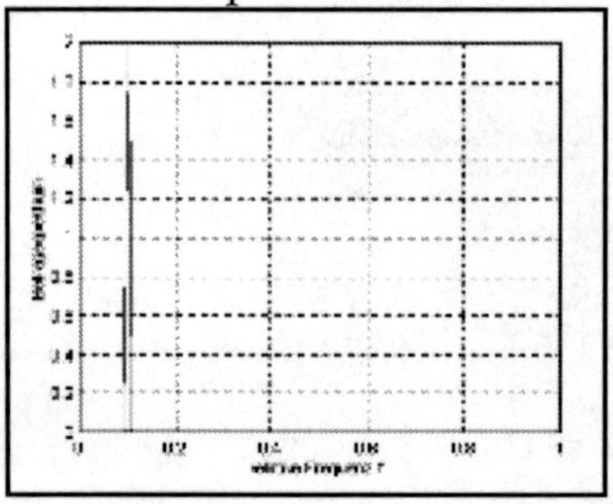

b) Meßaufbau:

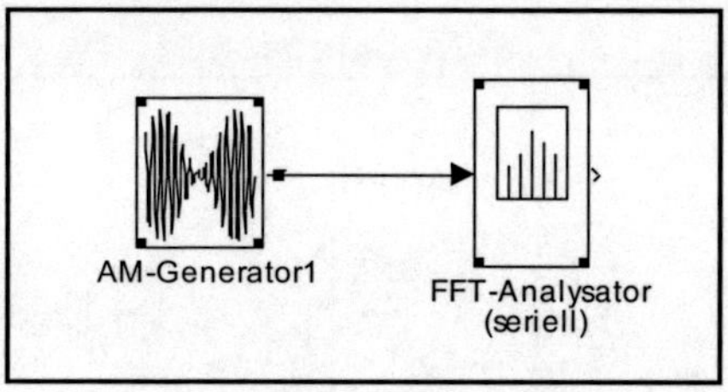

Spektrum:

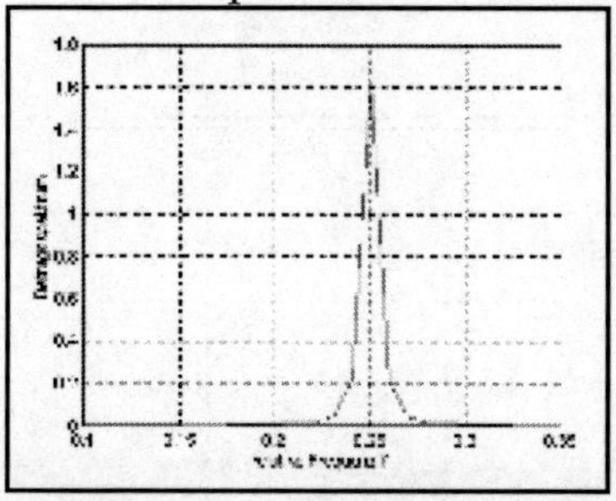

c) Meßaufbau für Zoom-FFT:

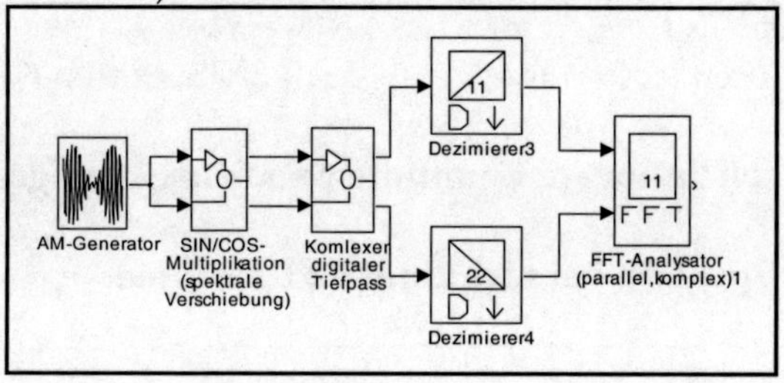

d) Spektrum:

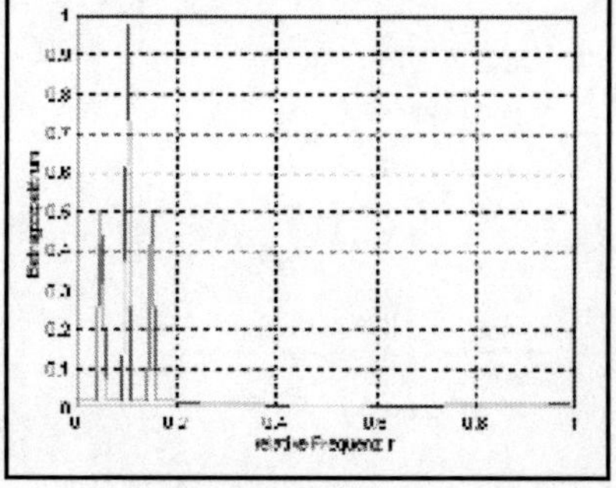

Aufgabe E5: Cirp-Z-Transformation

a) Meßaufbau:

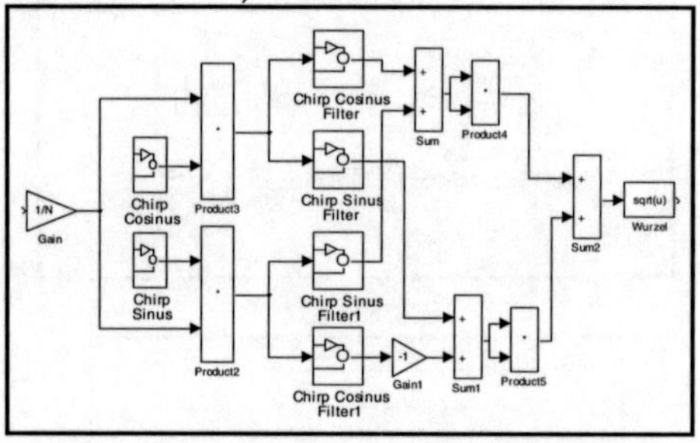

b) Spektrum:

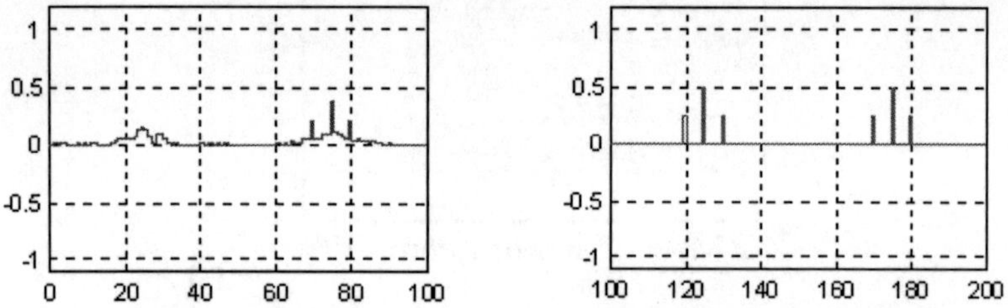

nach N Schritten (1. Periode) nach 2N Schritten (2. Periode)

6. 9. 6. Übung F: Nichtlineare Kennlinie und Schwingungserzeugung

Aufgabe F1: Spektren bei nichtlinearer Kennlinie

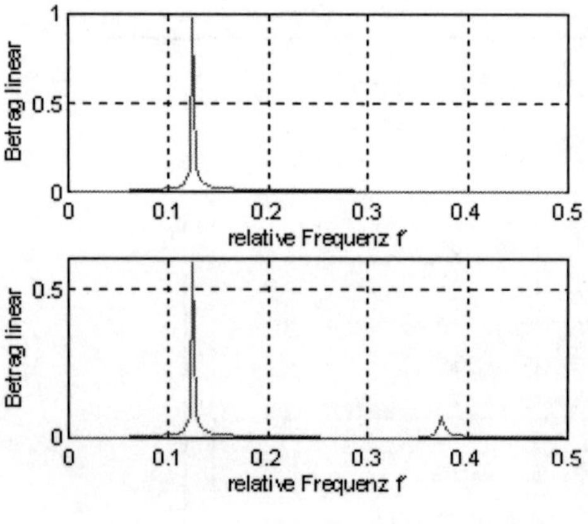

Eingang

Ausgang

Aufgabe F2: Nichtlineare Kennlinie durch Polynomapproximation

a) und b)

```
{DSV-Programm Sinuskennline mit Polynomdarstellung}

PROCEDURE dsv;

var u0,u1,u2,u3,u4,u5,u6,u7,u8,u9,u10 :real;

const
a0 : real = 0; {Koeffizienten für Sinus-Kennlinie}
a1 : real = 0.9997;
a2 : real = 0;
a3 : real = -0.165629;
a4 : real = 0;
a5 : real = 0.0074886;
begin
for i:=1 to feldlaenge do
begin
{ab hier die Verarbeitungsprozeduren}
u0:=inputfeld[i]; {Abtastung}
u5:= a5;
u4:=a4 + u0*u5;
u3:=a3 + u0*u4;
u2:=a2 + u0*u3;
u1:=a1 + u0*u2;
u6:=a0 + u0*u1;
....
....
```

e)

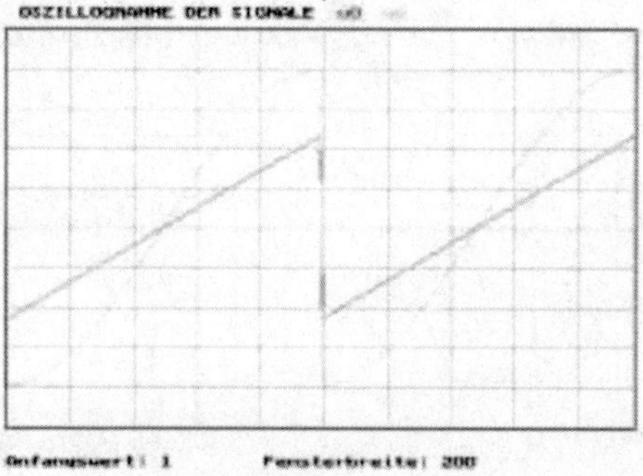

Aufgabe F3: Nichtlineare Kennlinie mit Tabelle

a)

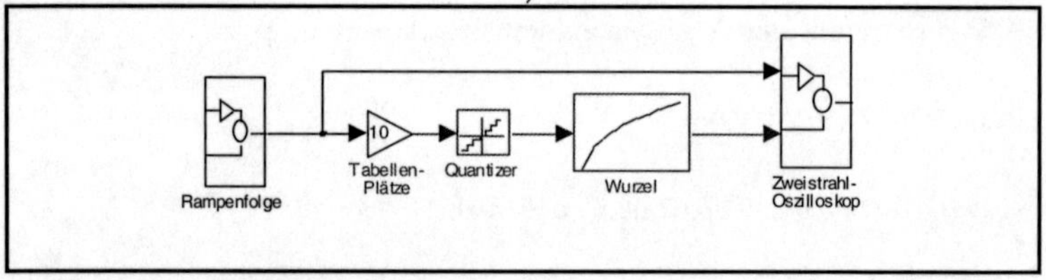

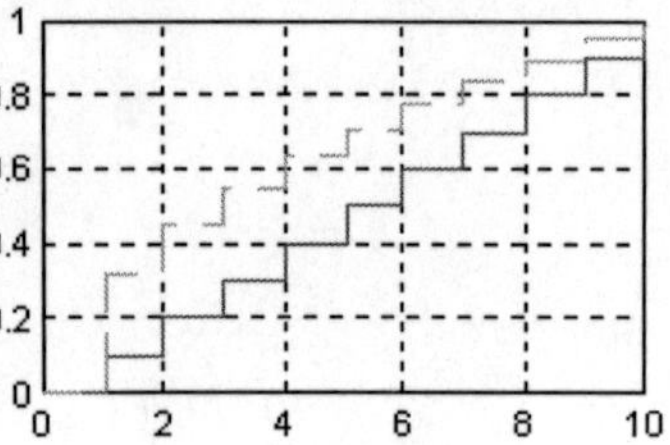

a) Wurzellennlinie mit 10 Tabellenplätzen

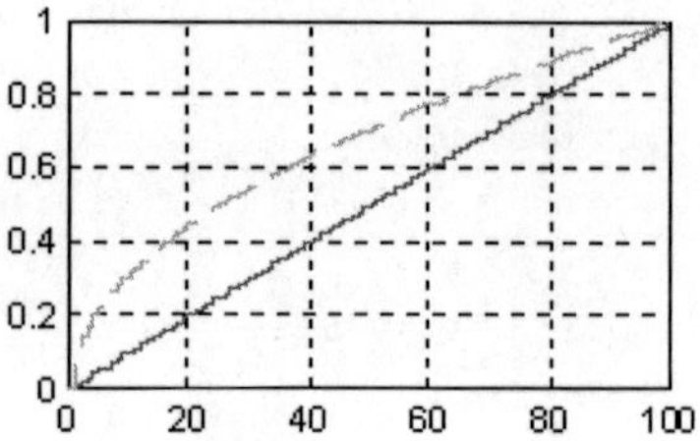

b) Wurzelkennlinie mit 100 Tabellenplätzen

Aufgabe F4: Sägezahnfolge mit Relaxationsverfahren

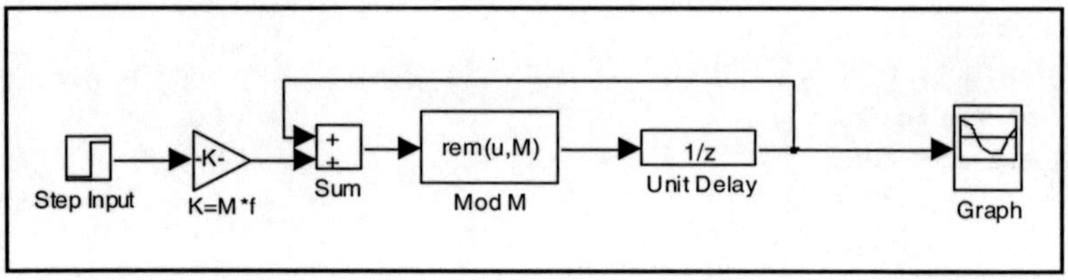

M und f sind Variable des Workspace, die im Command-Fenster zugewiesen werden. Der Konstantenmultiplizierer enthält das Produkt K=M·f . Weiterhin wird die Matlab-Funktion *rem* zur Restwertbestimmung in der Rücksetzkennlinie benutzt.

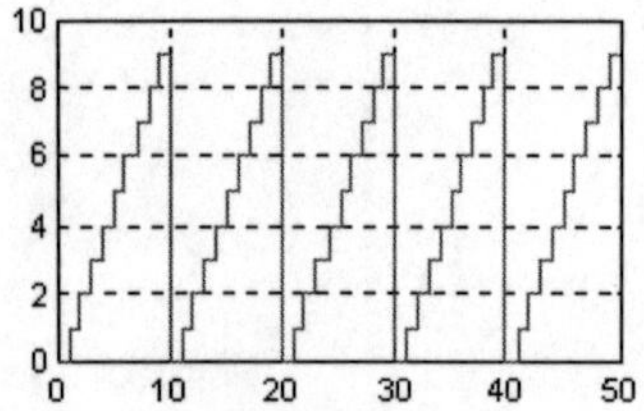

M=10 f'=0,1

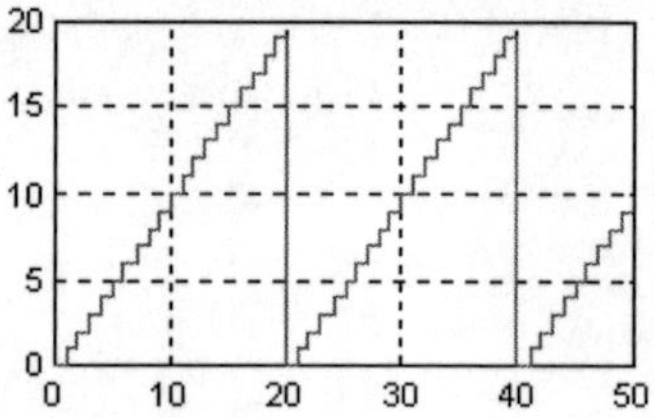

M=20 f'=0,05

Aufgabe F5: Sinusfolge mit Tabellenverfahren

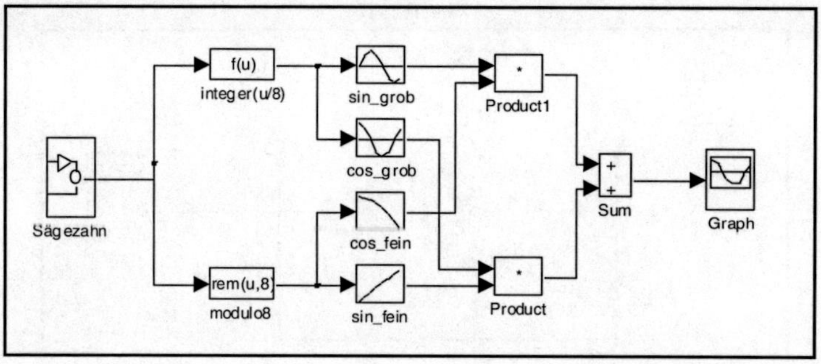

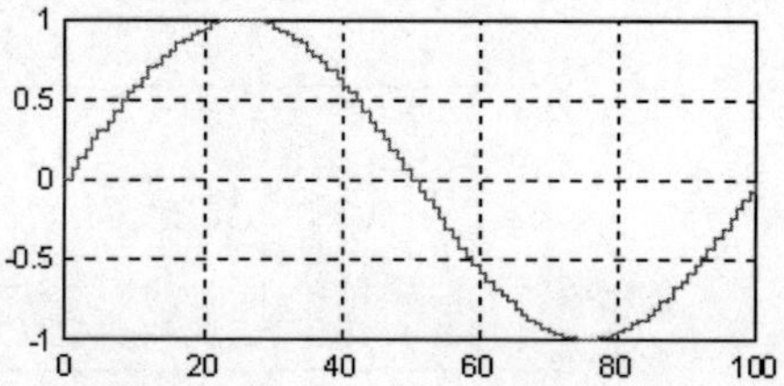

Oszillogramm:

Einstellungen des Sägezahn-Oszillators:
Amplitude M=64
Frequenz f = 0.01

Aufgabe F6: Sinusfolge mit BP

a)

Frequenz Sägezahn	: 0,02
Filterordnung	: 2
untere Grenzfrequenz	: 0.015
obere Grenzfrequenz	: 0,025

b)

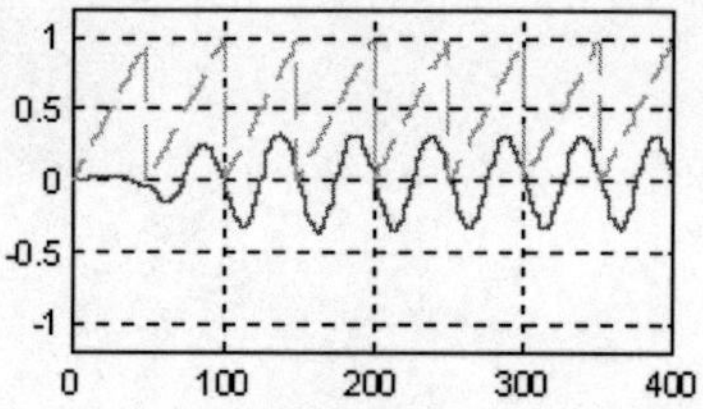

c)
Spektrum in logarithmischer Darstellung:
Grundschwingung bei f'=0,02 und Harmonische

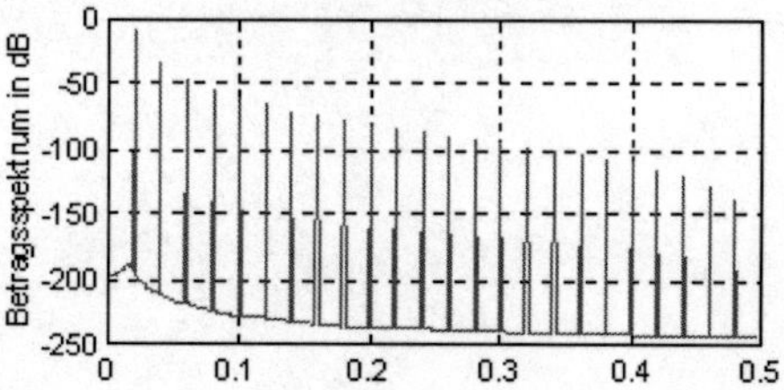

Aufgabe F7: Sinus-Cosinus-Generator (konj. komplexes Polpaar)

a) Aufbau:

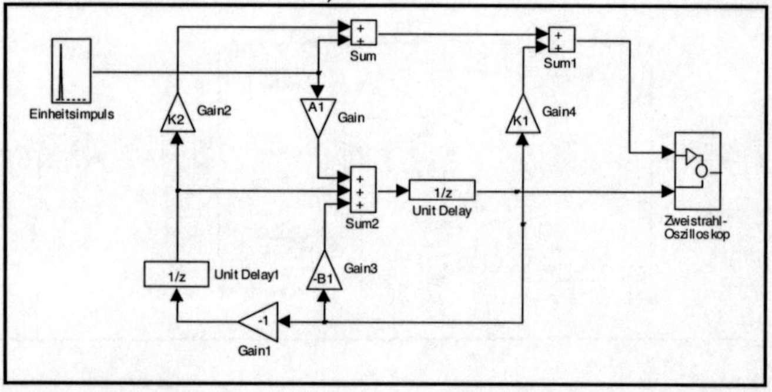

b)

Eingaben im Command-Fenster:
K1=1/tan(2*pi*0.02)
K2=1/sin(2*pi*0.02)
A1=sin(2*pi*0.02)
B1=-2*cos(2*pi*0.02)

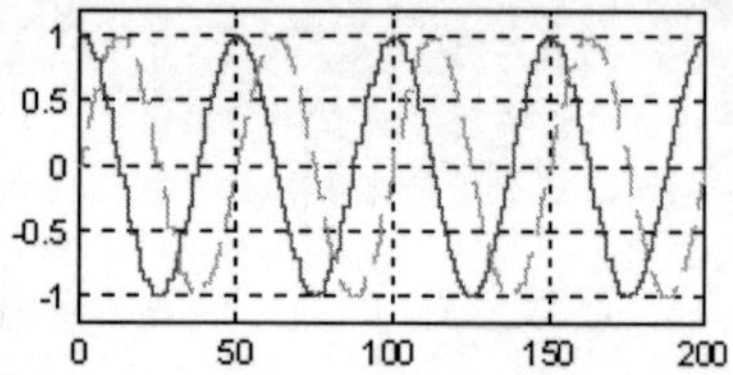